航母崛起

争夺海空霸权

航母崛起

争夺海空霸权

The Fast Carriers

The Forging of an Air Navy

[英] 克拉克· G.雷诺兹 著

谭星 译

张宇翔 审校

民主与建设出版社

·北京·

图书在版编目（CIP）数据

航母崛起：争夺海空霸权 / (英) 克拉克 · G.雷诺兹著；谭星译. -- 北京：民主与建设出版社, 2021.3

书名原文: The Fast Carriers: The Forging of an Air Navy

ISBN 978-7-5139-3377-3

Ⅰ.①航… Ⅱ.①克… ②谭… Ⅲ.①航空母舰 – 发展史 – 美国 Ⅳ.①E925.671

中国版本图书馆CIP数据核字(2021)第029015号

航母崛起：争夺海空霸权
HANGMU JUEQI ZHENGDUO HAIKONG BAQUAN

著　　者　[英] 克拉克 · G. 雷诺兹
译　　者　谭　星
责任编辑　彭　现
封面设计　王　涛
出版发行　民主与建设出版社有限责任公司
电　　话　（010）59417747　59419778
社　　址　北京市海淀区西三环中路 10 号望海楼 E 座 7 层
邮　　编　100142
印　　刷　重庆共创印务有限公司
版　　次　2021 年 3 月第 1 版
印　　次　2021 年 3 月第 1 次印刷
开　　本　787 毫米 ×1092 毫米　1/16
印　　张　35
字　　数　552 千字
书　　号　ISBN 978-7-5139-3377-3
定　　价　159.80 元

注：如有印、装质量问题，请与出版社联系。

中译本序

第二次世界大战令美国拥有了世界上最强大的海军，这也是一支以航母为核心的飞行海军。这些以舰载机为拳头的战舰具备强大的进攻能力，看似无往不利、无坚不摧——几乎在任何时候都是如此，无论是舰队决战、海空封锁，还是近距支援、要地轰炸。

除了数量众多的舰载机之外，强大的机动能力也是航母的力量源泉。拥有良好机动性的航母有权选择在何时何地向何种目标发动进攻，这是获得战场主动权的关键所在。本书的主角正是那些“身手敏捷”的移动机场——美国海军的快速航母，它们的故事可谓跌宕起伏、波澜壮阔。当然，书中也讲到了美国的盟友（英国）和敌人（日本）的情况。

“快速航母”是一个贯穿全书的核心概念，不过作者并没有给它下一个明确的定义。从书中的表述来看，它既包括三个国家在战前建造的正规舰队航母（都能开出不错的航速），也包括战时建造、性能优异的埃塞克斯级舰队航母（航速32节以上，载机超过90架）。此外，作为应急产品的独立级轻型航母也在其中。

作者对独立级的态度或许最能反映“快速”的重要性。这种航母利用巡洋舰的舰体改建而来，载机量只有埃塞克斯级的1/3至1/2，不过它的航速可达31节，能够与前者一同行动。虽然其只是埃塞克斯级的补充，可作者不仅把它归入了快速航母，更将其视为主力舰。正是出色的机动性让独立级拿到了参与舰队决战的入场券，舍此，它至多只能算稍大一些的护航航母。舰队航母无疑是一种进攻性武器，理想状态下应该兼具良好的机动性和足够的打击能力。然而，一艘能够担当主力舰的航母，首先必须是一艘快速航母。

航母是一件复杂的兵器，要充分发挥它的作战效能并非易事。当人们越来越强烈地意识到战列舰的局限性时，航母其实也没有做好准备，有些情况下甚至显得相当脆弱。航母取代战列舰成为美国海军的主力不是一蹴而就的，这离不开海军航空兵的不懈努力，他们不仅要在太平洋上与日本海军浴血奋战，而且要在美军内部同战列舰派、文官集团，以及陆军航空兵进行明争暗斗——其激烈程度一点也不亚于太平洋上的海空大战。对内和对外的斗争不仅关乎战争的结果，更决定了海军航空兵乃至整个海军的未来。海军航空兵最终赢得了胜利，他们击败了日本人，也如愿以偿地把美国海军打造成了一支飞行海军。

虽然快速航母和海军航空兵的故事从1922年就开始了，但是作者把叙述重点放在了1943年下半年之后，美军在太平洋战区的战略反攻上。那时，新的特混舰队获得了更好的航母和更好的舰载机，科学的理论和学说也融入了作战条令当中。然而，这并不意味着他们能轻而易举地赢得胜利，实力强大并不等于不会犯错误——有时为此付出的代价还相当惨重。前车之覆，后车之鉴，作为大型航母俱乐部的新成员，我们理应汲取其中的经验和教训。

诚如作者所言，1943—1945年是美国快速航母的巅峰岁月。二战结束之后，这样的辉煌往事再也没有重现，冷战初期海军航空兵的价值甚至一度受到质疑。不过美国海军还是保持住了自己的优势地位，特别是在航母力量方面。战后美国航母仍旧投入到了为数不少的局部冲突当中——为了维持“美国霸权下的和平”。这些冲突的力量对比，和本书中的情形非常相似：美国海军握有一支占据明显优势的航母舰队，而它的对手，或者舰队力量羸弱（如吉尔伯特群岛战役即将开始时），或者几乎没有舰队（如莱特湾海战结束后）。在可预见的未来，这样的力量对比不会发生根本性改变，因此这本书给我们提供了很有价值的参考：在占据明显优势的情况下，美国海军会如何思考、如何行动，会遇到什么问题，犯下哪些错误？

本书成书年代较早，受时代条件的制约，对部分武器装备性能数据的介绍有欠准确，对一些战事的叙述在今天看来也不够严谨，请读者朋友们注意甄别。虽然存在着些许瑕疵，但是本书的历史地位依然难以动摇。如果想要了解美国海军航空兵的成长经历和航母取代战列舰的历史进程，这就是一部无法绕过的经典著作。

再版前言

在1973年10月《美国海军学会会刊》创刊100周年之际，副总编罗伯特 · A. 兰伯特将《航母崛起：争夺海空霸权》一书评为“1873—1973年十大最佳英语海军书籍之一”。他写道：“这一本海军史著作典范式地融合了经典专著、教科书和资料集的特点，作者不仅传达了对历史中人物与事件的批判性评价，而且在描写暗流涌动的对内政治斗争与波澜壮阔的对外海上对决时，显得游刃有余。”

在此之前，会刊已经将《航母崛起：争夺海空霸权》一书评选为“1969年最佳海军书籍”（1969年12月）。曾在战时任海军飞行员，后来升任第六舰队司令的戴维·C. 理查德森中将也在会刊上发表了一篇四页篇幅的书评，其中称赞道：“这是一本需要认真研读，而不是随便翻翻的书。这可不是什么航海故事。书里引用的文献都是百里挑一的，书中涉及的个人观点都来自那些曾处于关键位置的人。作者把这些要素精心而巧妙地糅合，为这些历史的亲历者，或者以海军为职业的人创造了一本字字珠玑的著作。”

对本书作者而言，这本对某些海军人物颇有批判的作品能得到海军专业人士的慷慨欢迎，显然是个意外的惊喜。作者曾担心本作会引来与日后的军事历史学者路易斯 · 莫顿的风格类似的反馈，后者的刻薄评论曾让很多著书立说者颇受打击。例如，作者曾对半官方的美国海军二战史作者、声名斐然的萨穆尔 · 艾略特 · 莫里森的评判做出过大胆的批评。对此，身为美国陆军官方战史作者的莫顿在1969年1月12日的《纽约时报书评》中告诉大众读者，雷诺兹的这本书对历史的评价“常常是刻薄、笼统和反思式的，有人甚至会怀疑作者的观点更接近于飞行员，而非通过逻辑分析得出结论的历史学者”。一本书一般不会被书评家评价两次，但这本书显然是个例外，差不多两年后莫顿推翻了自己先前的评价——他在1970年12月的《美国历史评论》中告诉历史学者：“雷诺兹的这本书是权威性的论著，价值无可替代。”

其他人做出评论时的立场则大致位于莫顿的两极之间。杰拉尔德·E. 惠勒也对本书发表了两次评论，他在1969年9月的《美国历史月刊》上称本书“非常棒”，这个观点堪称他于同年6月在《海军战争学院评论》上的评价的凝练版。1969年8月的《海军陆战队报》称本书“值得优先阅读”，1970年2月的《军事事务》则指出，“相对于常见的拐弯抹角的文字，这本书的直白坦率可谓一股清流”。1969年2月9日的《休斯敦邮报》展现了大众媒体对本书的态度，称本书为“这一领域的必读书”，其行文“直接、清楚、而且简洁”。艾伦·R. 米莱特在《马里兰历史评论》1969年冬季刊上评价本书时用了这样一些语句：“一本重要的著作”“做出了实质性贡献”“具有颠覆性”“完美而令人振奋”，以及“一本行文流畅、易于阅读、参考范围广泛，而且内容可信的书”。

当然，针对书中诸多论点和文笔细节的负面评价仍然存在，有些批评也确有其事。但是作者很高兴看到在本书首次出版后的20余年里，没有一位历史学家质疑本书中的基本事实、中心思想，或是对某些事件的总体阐述（唯一的例外是对斯普鲁恩斯在菲律宾海海战中所做决定的辩护，不过类似观点由来已久）。实际上，一些作者对这一主题的研究甚至相当程度地依赖本书的内容，尤其值得一提的是鲁塞尔·怀格雷的《美国的战争之路》和贝罗茨的《海上巨人》，后者将《航母崛起：争夺海空霸权》一书誉为对任何想要认真研究海战的学者来说都“独一无二”，而且是“必须”阅读的作品。传记作家们对本书的态度则很复杂，尼米兹传记的作者波特和哈尔西传记的作者梅里尔、弗兰克充分利用了本书，其中后者在《哈尔西》一书的第122页称本书为“关于太平洋航母作战的权威性研究成果”。然而分别为斯普鲁恩斯和特纳作传的海军军官布伊尔和戴尔则毫无意外地忽略了《航母崛起：争夺海空霸权》一书对其传主的挑战。最后，西奥多·罗普（他实际上指导了本书初稿的编写）在1977年4月《军事事务》期刊创刊40周年专辑上发表了对本书的赞许。

至少到目前为止，《航母崛起：争夺海空霸权》一书经受住了时间和历史学界的检验，原书内容无须大改。因此，作者很乐于向新一代读者推荐这本书的修订版，其修订仅限于纠正一些细节错误、刷新参考书目，以及引入一些非常重要但在前一版中未能获得的文献资料。

最后，作者还很乐于向读者推荐《航母崛起：争夺海空霸权》一书的姊妹卷——《海军上将约翰·H. 托尔斯：夺取海空王座》，这本书通过介绍前后30余年里那些最重要的人物，向我们展示了从初创到冷战初期这段岁月里快速航母航空兵部队的发展历程，此外也提供了快速航母战史的更多细节。

克拉克·G. 雷诺兹

1991年8月

前言

人们对美国海军，尤其是海军航空兵历史的阐述，往往非常肤浅。其原因有二：首先，海军中的保守主义者并不希望以直白、尖锐或者有争议的方式阐述自己的历史；美国海军更希望自己的英雄被光环笼罩，而不愿历史学者对他们的所作所为进行深度的探索。其次，作为上一条原因的结果，一批军事“大众文学”涌现了出来，其探究的深度也不过是“看，妈妈，我飞起来了！”之类的水平。这样的作品通常都是些图史、血腥残酷的战争故事，以及那些业余作者、记者或者不负责任的出版社草草编写的多卷本军史系列丛书或选集。

后一个问题很严重，它直接影响了美国对军事史、军事乃至战争的整体态度与理解——或者毋宁说，对上述领域缺乏态度和理解。举个例子，如果一位新手想要了解航空母舰，那么他很可能去看马丁·凯丁主编的畅销丛书中罗杰·卡拉斯写的《金翼：美国海军航空兵的故事》（纽约，1965年版）。然而，从历史学的角度来看，该书如此地缺乏内容，第二次世界大战中的快速航空母舰特混舰队甚至从未在书中出现过，而这一题材恰恰是本书所关注的。面对这类糟糕的所谓历史作品，有能力的学者、负责任的出版社，以及有一些水平的大众读者需要携手努力，如此才能最好地消除它们的影响。

军事机构对批判性历史研究的审慎态度或许永远不会改变，尽管一些扎实的研究成果有可能让军方发言人相信，坦率的历史研究至少强于在大众中流传的种种传说、无知和误解。哈尔西将军是美国海军中威望颇高也饱受争议的人物之一，借用他话来说：“历史学家和学者有义务去理解战场指挥官是如何思考和分析的。他必须仔细权衡所有因素，再做出自己的决断。”（引自他为弗雷德里克·C.谢尔曼《作战指挥官》一书所写的序言，第8页）本书正是本着这种精神撰写的。

本书不仅是关于快速航母特混舰队发展全史的研究性作品，而且讨论了它在美国海军从以战列舰为主向以航空兵为主的转型中发挥的作用。在撰写本书的过程中，笔者得到了大部分亲历者的支持。笔者所接触到的大部分美英两国海军军官及其家庭对此都十分配合而且出力甚多。笔者对上述诸位深表感谢，也希望他们不要介意笔者将他们的姓名放在参考书目而非前言里。其中需要特别感谢的是：约翰·H. 托尔斯夫人和弗雷德里克·C. 谢尔曼夫人，她们大方地允许笔者使用夫君的私人文件；美国空军的查尔斯·M. 库克少校，他向笔者提供了其父亲的文件；皇家加拿大海军的退役中校约翰·H. 阿比克，他拿出了自己的文件供笔者使用。

笔者在整个研究过程中得到了多位导师、档案工作者、历史学者和同僚的无私帮助。感谢杜克大学的西奥多·罗普在笔者的研究生阶段指导这一课题的成形；该校的哈罗德·T. 帕克、埃尔文·B. 霍雷、罗伯特·C. 康纳利也对此给出了重要的意见。笔者的叔父弗兰克·罗伯特·雷诺兹和加州大学圣芭芭拉分校的A. 鲁塞尔·布坎南在创作之初给予了宝贵的鼓励，而档案管理员米尔德雷德·D. 梅尔絮夫人在笔者研究海军作战档案时给予了巨大的帮助。英国皇家海军退役上校斯蒂芬·W. 罗斯基尔阅读了本书中关于皇家海军的章节并给予了善意的批评；皇家海军退役少校P. K. 肯普则大度地提供了许多英国海军部的资料。同样感谢美国海军航空历史处的历史学者亚德里安·O. 范·韦恩、美国海军航空系统司令部的李·M. 皮尔森，以及日本战史研究所主任西浦进。美国海军学院的威廉·H. 鲁塞尔则凭借敏锐而睿智的思维为海军理论打开了新的疆域。

本书的终稿完成于1967年夏季，课题得到了美国海军学院的资助。

笔者对上述所有个人与机构致以诚挚的谢意，愿这部作品不辜负他们的期望。

克拉克·G. 雷诺兹
1968年8月

常用缩写

AAF	美国陆军航空兵
B.P.F.	英国太平洋舰队
BuAer	航空局（海军）
CASU	舰载机地勤部队
Cincpac	太平洋舰队总司令
Cincpoa	太平洋战区总司令
CNO	海军作战部部长
ComCarDiv	航母分队司令
Cominch	美国舰队总司令
ComAirPac	太平洋舰队航空兵司令
ComBatPac	太平洋舰队战列舰司令
CV	重型（或中型）航母
CVB	战列（或大型）航母
CVL	轻型航母
DCNO(Air)	分管航空的海军作战部副部长
IJN	旧日本帝国海军
JCS	参谋长联席会议
RCN	皇家加拿大海军
RN	英国皇家海军
Servron	后勤中队
TF	特混舰队
TG	特混大队
USNA	美国海军学院
VB	舰载轰炸中队（或轰炸机）
VBF	舰载战斗轰炸中队（或战斗轰炸机）
VF	舰载战斗中队（或战斗机）
VT	舰载鱼雷中队（或鱼雷轰炸机）

人物志

海军航空兵创始人

“兰利”号上的美国海军航空兵之父，左为约瑟夫·马逊·里夫斯，右为威廉·A. 墨菲特，摄于1926年9月

威廉·A. 墨菲特

·1921年任海军航空总监

·1921—1933年任航空局局长

昵称“比利”，美国海军学院1890届毕业生，在同届34人中排第31名，1922年（52岁）成为海军航空观察员。

这是一位性格强硬、坚定果敢但言语和善的南方人，被誉为“海军航空之父”。

约瑟夫·马逊·里夫斯

·1925—1931年任作战舰队航空中队司令

·1934—1936年任美国舰队总司令

绰号“公牛”或“山羊”，美国海军学院1894届毕业生，在同届47人中排第38名，1925年（52岁）成为海军航空观察员。

他是个善于鼓舞人心、坦率、言语有力的演说家，乐于尝试，为快速航母特混舰队的成形打下了最初的战术基础。

指挥体系改组的推动者

珍珠港的海军重组推动者，左为詹姆斯·V. 福莱斯特，右为约翰·H. 托尔斯，摄于1945年3月

约翰·H. 托尔斯

· 1942年—1944年2月任太平洋舰队航空兵司令

· 1944年2月—1945年7月任太平洋舰队副总司令

· 1945年9月任太平洋舰队第二快速航母部队司令

绰号“杰克”（即扑克牌中的J），美国海军学院1906届毕业生，在同届116人中排第31名，1911年（26岁）成为美国海军的第3名飞行员。

他为人严肃、恭谦，行事低调，乐于听取他人意见。他是海军航空事业的公开支持者，继承了墨菲特的领导力。用自己的话说，他是个“总有一只脚留在海里的飞行者”。总的来说，他是一名卓越的行政管理者。

詹姆斯·V. 福莱斯特

· 1940年—1944年4月任海军部次长

· 1944年4月至二战结束任海军部部长

第一次世界大战期间，26岁的他成了第154名海军飞行员。这是一位鞠躬尽瘁的行政领袖、充满活力而且乐于接受新事物的海军文职主官。

高级将领

“印第安纳波利斯”号上的高级将领，由左至右依次为切斯特・W. 尼米兹、欧内斯特・J. 金、雷蒙德・A. 斯普鲁恩斯，摄于 1944 年 7 月

欧内斯特・J. 金

・1942年至二战结束任美国舰队总司令兼海军作战部部长

昵称“厄尼”或者“多利”，美国海军学院1901届毕业生，同期67人中排第4名，1927年（48岁）获得飞行员资格。

这是个脾气又臭又硬、言行离经叛道又毫不让步的人，对充满改革热情的年轻飞行员毫无耐心，但在战时却成了意志坚定的海军领导者。海军学院年鉴曾对他写下这样的评论：“臭脾气？那是炸药！”

切斯特·W. 尼米兹

·1941年至二战结束任美国太平洋舰队总司令兼太平洋战区总司令

美国海军学院1905届毕业生，同期114人中排第7名。没有飞行经验，实际上坐飞机都会紧张。他是睿智而且思虑周全的行政管理者和严肃、耐心、得体、意志坚定的领导者，具有扎实的常识，对用人和战略问题判断力惊人，对负面批评很敏感，但也能承认错误。顺带一提，尼米兹喜欢讲故事、远足和打网球。

雷蒙德·A. 斯普鲁恩斯

·1943年5月至二战结束任中太平洋部队司令、第五舰队司令

美国海军学院1907届毕业生，同期209人中排第25名。对飞行既没有经验也没有兴趣，战术上倾向于使用战列舰。他是个优秀的战略家和复杂海军行动的优秀协调者，为人安静、礼貌，做事准确、审慎，是个思考者，但是有点懒，严重依赖重要参谋人员。另外，他在媒体面前不善言辞，公众形象有些冷淡。个人爱好方面，喜欢听音乐。

快速航母部队司令

马克·A. 米切尔

· 1944年1—3月任第3航母分队司令

· 1944年1—8月任太平洋舰队快速航母部队司令

· 1944年8月—1945年7月任太平洋舰队第一快速航母部队司令

· 1945年8月至二战结束任分管航空的海军作战部副部长

昵称“皮特”，美国海军学院1910届毕业生，同期131人中排第108名，1916年（29岁）时成为美国海军第33名飞行员。

他是个安静的人，说话声音很小，旁人经常听不清。他个子不高，秃头，但是强壮而精干。他是领袖中的领袖，赢得了所有飞行员的尊敬。厄尼·派尔采访他之后说道：“从今以后，他就是我的上帝之一。”

快速航母司令马克·A. 米切尔，1944年6月摄于“列克星敦”号

小威廉·F．哈尔西

·1942年—1944年6月任南太平洋战区及部队司令

·1943年至二战结束任第三舰队司令

媒体通常称其为“公牛”。美国海军学院1904届毕业生，同期62人中排第43名，1934年（52岁）获得飞行员资格。

他嗓音粗哑，充满活力和攻击性，是个斗士，但制订的作战计划通常不太周密。哈尔西对公众士气和自己的公众形象十分关注，不过在航空领域是个后来者。

约翰·S. 麦凯恩

·1942年—1943年8月任海军航空局局长

·1943年8月—1944年7月任分管航空的海军作战部副部长

·1944年7月—1945年8月任太平洋舰队第二快速航母部队司令

昵称“斯洛”或者“乔克”，美国海军学院1906届毕业生，同期116人中排第80名，1936年（52岁）获得飞行员资格。

他为人勇敢，积极进取，爱表现，非常容易相处，但同时有些离经叛道和神经质，有时候会头脑发热，无论是外表还是做事看起来都有些懒散（卷纸烟时常常把烟叶撒出来）。

弗雷德里克·C. 谢尔曼

·1942年—1943年7月任第2航母分队司令

·1943年7月—1944年4月，1944年8月—1945年7月任第1航母分队司令

·1945年7月至二战结束任太平洋舰队第一快速航母部队司令

昵称“泰德”，绰号“战斗弗雷迪”。美国海军学院1910届毕业生，同期131人中排第24名，1936年（47岁）获得飞行员资格。

他性格火暴，激情四溢，对他人要求很高，爱表现，因自负和严重的牙病而容易动怒。他是个睿智而卓越的战术家，喜欢打仗，在战斗中通常沉着冷静，但也喜欢冒险和自作主张，是海军航空兵的坚定支持者。

智将

德威特·C. 拉姆齐

· 1942年—1943年7月任第1航母分队司令

· 1943年8月—1945年6月任海军航空局局长

· 1945年7月至二战结束任第五舰队司令部参谋长

绰号“公爵”，美国海军学院1912届毕业生，同期156人中排第125名，1917年（28岁）成为美国海军第45名飞行员。

他是海军航空事业的先行者之一，管理能力突出，广受同僚欢迎。

亚瑟·W. 拉福德

· 1943年7—12月任第11航母分队司令

· 1943年12月—1944年2月任太平洋舰队航空兵司令部参谋长

· 1944年3—10月任分管航空的海军作战部副部长的助理

· 1944年10月至二战结束任第6航母分队司令

昵称“拉迪”，美国海军学院1916届毕业生，同期177人中排第59名，1920年（24岁）获得飞行员资格。

他是最优秀的管理者之一，在重压之下能表现出坚强的意志。他性格沉静，为人果断、严肃，说话从容不迫、声音低沉，因而广受尊敬。

福雷斯特·P. 谢尔曼

·1942年—1943年11月任太平洋舰队航空兵司令部参谋长

·1943年11月至二战结束任太平洋舰队司令部副参谋长，分管作战计划制订

绰号“绒毛”，美国海军学院1918届毕业生，同期199人中排第2名，1922年（26岁）获得飞行员资格。

他才华横溢，性格安静，博览群书，几近天才。人们尊敬他敏捷的思维，但也厌恶他蓬勃的野心。

唐纳德·B. 邓肯

· 1942年—1943年11月任“埃塞克斯”号航母（CV-9）舰长

· 1944年5月—1945年7月任海军总司令部参谋长助理，分管作战计划制订

· 1945年8月任第4航母分队司令

美国海军学院1917届毕业生，同期182人中排第24名，1921年（24岁）获得飞行员资格。

他拥有很敏锐的行政管理头脑，是个优秀的操舰手，因思维能力强而很受欢迎。不知道为什么，人们称他为“吴”。

战将

阿尔弗雷德·E. 蒙哥马利

· 1943年7月—1944年3月任第12航母分队司令

· 1944年3月—1945年1月任第3航母分队司令

· 1945年7月至二战结束任太平洋舰队航空兵司令

昵称“蒙蒂”，美国海军学院1912届毕业生，同期156人中排第29名，1922年（30岁）获得飞行员资格。

他没耐心，爱挖苦，好生气，然而一旦战斗开始就变得冷静而思虑周全。他饱受偏头痛折磨，有时会极度易怒，难以取悦，不太受欢迎但很受尊敬。

J. J. 克拉克

· 1943年3月—1944年2月任“约克城”号航母（CV-10）舰长

· 1944年2—6月任第13航母分队司令

· 1944年7月—1945年6月任第5航母分队司令

昵称“乔克”或者“乔可”，美国海军学院1918届毕业生，同期199人中排第47名，1925年（31岁）获得飞行员资格。

他是一员猛将，善于激发部队上下的信心，大嗓门，说话有点粗暴，身上流淌着切罗基族印第安人的血液，并且继承了族人的战斗精神。他意志坚强，浑身上下充满自信，喜欢自己动手解决问题。他腿上有伤，看起来有点跛，战前还患了胃溃疡，因此只能喝点牛奶，吃些清淡的东西。

杰拉尔德·F. 博根

·1944年7月至二战结束任第4航母分队司令

昵称“杰瑞”，美国海军学院1916届毕业生，同期177人中排第26名，1925年（30岁）获得飞行员资格。

他长着狮子鼻，十分健谈，喜欢和人斗嘴，是个机灵、坚定的战场指挥官和航母作战的行家。

小约翰·W. 里夫斯

·1943年10月—1944年7月任第4航母分队司令

绰号“黑杰克”，美国海军学院1911届毕业生，同期193人中排第74名。1936年（47岁）获得飞行员资格。

他吃苦耐劳，性格暴躁，渴望战斗。

拉尔夫·E. 戴维森

·1944年7月—1945年5月任第2航母分队司令

昵称“戴夫”，美国海军学院1916届毕业生，同期177人中排第3名，1920年（24岁）获得飞行员资格。

他十分聪明，知识渊博，文笔很好，爱开玩笑，通常安静又友好。

英国皇家海军菲利普·L. 维安爵士

·1944年11月至二战结束任英国皇家海军第1航母中队司令

皇家海军学院1911届毕业生，无飞行经验，但却是个卓越的舰艇指挥官和舰队组织者，海战天分似乎与生俱来。他为人安静而冷漠，脸上罕有笑容，常年制服笔挺，身上一尘不染，偶尔也会缺乏耐心，有时会爆粗口。

托马斯·L. 斯普拉格

·1943年8月—1944年3月任“勇猛”号航母（CV-11）舰长

·1945年2月至二战结束任第3航母分队司令

昵称“汤米”，美国海军学院1918届毕业生，同期199人中排第19名，1921年（26岁）获得飞行员资格。

这个秃头追求完美，为人友善，是卓越的飞行员、优秀的战术家，在战斗中沉着冷静，广受战友尊敬。

过客

查尔斯·A. 波纳尔

·1943年8月—1944年1月任第3航母分队司令兼太平洋舰队快速航母部队司令

·1944年2—8月任太平洋舰队航空兵司令

绰号“秃子”，美国海军学院1910届毕业生，同期131人中排第81名，1927年（39岁）获得飞行员资格。

他为人和善，容易相处，但过于客气，难以在陆上和海上树立权威。最让人惊讶的是，他不喜欢打仗，这可能和早年的贵格会经历有关。

萨穆尔·P. 金德

·1943年4—10月任“企业”号航母（CV-6）舰长

·1943年12月—1944年4月任第11航母分队司令

昵称“萨姆”或者“萨”，美国海军学院1916届毕业生，同期177人中排第99名，1921年（26岁）获得飞行员资格。

他是个不错的行政管理者和计划制订者，但是出海时对舰队的组织比较差劲，不过算是个勇士。

威廉·K. 哈里尔

·1944年4—7月任第1航母分队司令

昵称“基恩”，美国海军学院1914届毕业生，同期154人中排名第37名，1921年（29岁）获得飞行员资格。

他是位精于修饰的绅士，优柔寡断，虽然是个勇士，但不适合指挥作战。

目录

第一章　快速航母，1922—1942

威廉·S. 西姆斯将军在应对美国国会质询时曾说："一艘高速小型航母可以独自摧毁或打残一艘战列舰……一支舰队，如果其航母能够掌握敌方舰队上空的制空权，它就可以击败后者。"由此他得出结论："快速航母将会是未来的主力舰。"[1]此时是1925年，西姆斯将军是一位坦率的人，曾在第一次世界大战中任驻欧美国海军总司令。他对快速航母的定义是"具有35节航速的航空母舰，能搭载100架飞机"，这种武器"实际上是一种攻击力比任何战列舰都强大的主力舰"。[2]

和许多从19世纪走来的陆海军军官一样，西姆斯在航空技术问世早期也曾对其持怀疑态度。在19世纪和20世纪之交那个看似欢乐满满、无忧无虑的大洋上，无畏舰是毫无争议的海上霸主。所有买得起战列舰的国家都会竞相建造或购买这种伟岸的巨舰并开出来耀武扬威。深受本国海权论教父阿尔弗雷德·塞耶·马汉影响的美国人也不能免俗，他们也一样迫切地期待着能够加入这个战列舰的大时代。

1909年金秋的一天，几艘美国海军军舰静静地停泊在从纽约穿城而过的哈德逊河上，这不过是例行的节假日公众开放活动。然而这一次，外交官们和将领们观看了不同寻常的一幕——威尔伯·莱特驾驶一架飞机在舰队上空成功地进行了飞行表演，震撼了所有观众。6年前，正是威尔伯·莱特和他的兄弟在基蒂霍克海滩完成了人类历史上第一次活塞动力飞机的飞行。在威尔伯·莱特下方仰头观看的人群中，有当时还是中校的西姆斯，日后出任海军部次长的富兰克林·D. 罗斯福，以及当时还是上尉的欧内斯特·J. 金。[3]此时后两者并不了解他们看到的东西到底意味着什么，也不知道这个会飞的东西终有一天会改变他们的一生。

三年后的1912年秋，在盛大的横滨阅舰式上①，一场类似的飞行表演也同样

① 编注：原文如此，实际上1912年的横滨阅舰式在11月举行。

震撼了日本天皇和其他显贵。日本海军大尉金子养三驾驶一架水上飞机降落在日本海军旗舰旁的海面上，随后又腾空而起。与此同时，另一架水上飞机和一艘软式飞艇从日本舰队上空飞过。[4]和美国一样，日本也将在接下来的四分之一个世纪里大力发展海军航空兵，直到两国在一场巨大的海空对决中迎头相撞。

英国

最先将飞机正式装备到军舰上的国家既不是美国也不是日本，而是英国。另外，英国还是航空母舰的发明者。在1916年的日德兰海战中，英国皇家海军那些重炮轻甲的战列巡洋舰未能如期完成侦察和打击任务，于是他们便把注意力转向航空母舰，寻找新的解决之道。到第一次世界大战结束时，英国海军已经建成2艘粗陋的航空母舰，不过它们并未参战①。在接下来的10年里，英军又新建了3艘航母。然而从1918年开始，新成立的皇家空军接管了英国陆海军所有的航空兵，于是舰载航空兵在第一次世界大战后便“王小二过年，一年不如一年”，与蓬勃发展的陆基战略轰炸机部队相比真是天壤之别。在整个20世纪20年代，英国海军部里只有一名小小的上校充当这支小得可怜的海军航空兵分队的代表。[5]

虽然拥有5艘试验型航空母舰，但英国对海军航空兵并没有太大的兴趣，直到20世纪30年代中期纳粹德国崛起，情况才开始改变。1937年，英国皇家海军终于把舰队航空兵从皇家空军手里抢了回来，但这一变动还需再花上两年时间才能真正完成。在行政方面，首先由一名海军少将出任海军总参谋长助理（分管航空），并且作为海军部委员会的一员，继而又在1938年将航空兵的代表升格，由第五海务大臣兼任海军航空兵主任，军衔升为中将。[6]在舰船方面，1938年英国海军建成了第一艘真正的现代化快速航母——排水量22000吨、航速30节，可搭载60架飞机的“皇家方舟”号。另外，四艘排水量23000吨、航速31节，可搭载72架飞机的光辉级航母也已铺设龙骨②。上述这些，加上稍后开工的2艘改进型

---

① 译注：原文如此，实际上“暴怒”号在第一次世界大战中是有所表现的，例如著名的1917年空袭德国飞艇库之战。

② 译注：原文如此，实际上72架飞机只是光辉级的最初设计目标，早期型的实际载机量只有36架。

光辉级，组成了英国在第二次世界大战中的快速航母舰队。在舰载机方面，由于此前20年的蹉跎，二战爆发时英国舰载机的状态十分糟糕，舰队航空兵手中只有一些过时的双翼机、性能低劣的单翼机和一部分由陆基飞机改造而来的舰载机。这一状况直到美国租借飞机到来后才开始改观。

在英国海军的对德作战中，影响航母战术的决定性因素是地理环境而非其他。为了保护英国本土基地和直布罗陀、马耳他、亚历山大，以及新加坡之间的航线，这些新型航母都装备了装甲飞行甲板以承受敌方陆基飞机投下的重磅炸弹。不仅如此，每艘航母都装备了16门114毫米高平两用炮、大量的40毫米与20毫米高炮，还有竭力保卫母舰的舰载战斗机。重型装甲虽然保护了母舰，但也挤占了油槽和飞机停放设施的空间，这就大大降低了军舰的巡航半径和舰载机的数量。[7]

只要英国继续在大西洋和地中海保有基地，英军航母就很少需要超远程航行，也经常能够得到己方陆基航空兵的支援。在战争爆发之初，英国损失了2艘老式航母。1941年年末，“皇家方舟”号被德国潜艇发射的鱼雷击中，在拖曳返航途中倾覆。而“光辉”号及其姊妹舰的表现就好多了。驻扎在直布罗陀基地的是英国海军H舰队，这支特混舰队拥有一艘快速航母、一艘战列舰或战列巡洋舰，以及若干艘巡洋舰和驱逐舰。由于部署在地中海和大西洋的分界线上，它可以迅速应对两边的战局。1940年11月，“光辉”号上老掉牙的“剑鱼”鱼雷轰炸机突袭意大利海军基地塔兰托港，此时意大利海军全部6艘战列舰都在港内，其中3艘被“剑鱼”投下的鱼雷命中。这3艘战列舰全部丧失了战斗力（其中1艘被彻底击沉），因此意大利舰队不得不撤离塔兰托军港。次年3月，“可畏”号的舰载机在马塔潘角海战中成功击退了一支意大利舰队。1941年5月，“皇家方舟”号在击沉德国“俾斯麦”号战列舰的战斗中发挥了重要作用，不过这一次是在大西洋上。

直到1944年中期，英国海军的主要任务一直是保持海运线畅通，为了执行这类任务，他们的快速航母通常在护航舰的保护下单舰行动。至于对付U艇，皇家海军只能仰仗那些吨位小、航速慢，但更廉价而且更容易建造的护航航母。但是在1943年美国工业开始把护航航母源源不断送下海之前，英国海军就连这种小航母都得不到几艘。在此之前，英国一直都在为两次世界大战之间所犯的错误付出代价，这甚至使他们在大西洋之战中濒临失败的边缘。由于在欧洲疲于招架，当日本挑起战争时，英国海军在远东也遭受了毁灭性打击，他们的舰队在1942年年初就被迫撤出了锡兰。

英国顽强地对抗着欧洲大陆上的德意两国，并为此投入了绝大部分资源和舰队。他们的快速航母在维持英国作战的斗争中发挥了重要作用，但这也使其一直没能集中多艘航母连续作战，这一状况直到盟军的战略态势转守为攻才开始改变。此时，他们的主战场已经转移到西欧大平原上，英国的快速航母舰队这才得以重返远东。

日本

英国在日本舰载航空兵的发展过程中发挥了重要的作用。除了派出多名顾问指导日本海军训练航母部队之外，英国还在1921—1922年的华盛顿会议期间向日本和美国提议，每个国家可以把2艘未完工的战列巡洋舰改造成快速航空母舰[8]，两国都采纳了这一方案。于是，美国海军将2艘列克星敦级战列巡洋舰改造成排水量33000吨、航速33节、载机75架的航空母舰。与此类似，日本在1927年建成了排水量26900吨、航速32.5节、载机60架的“赤城”号，之后又在1930年用未完工的战列舰舰体建成了排水量29600吨、航速28.3节、载机72架的“加贺”号。在这两艘巨舰出现之前，日本还有一艘排水量7470吨、航速仅25节的小型航母“凤翔”号，它于1922年服役，被用作试验舰。[9]

不过，和英国不一样，日本人没有把陆海两军的航空兵抽出来建立独立的空军，因此日本海军航空兵很快发展起来并大获成功。1927年，日本海军建立了两个关键的行政管理部门，一是联合大本营内的海军联合航空司令部，二是由一名海军中将负责的航空本部。[10]当年7月，日本海军要求每一个初级军官都要“接受短期航空培训”[11]，如果他们想要晋升为将官，就要获得飞行员资格或者拥有指挥航空母舰、水上飞机母舰的履历。[12]舰载机飞行员的训练堪称百里挑一，每年入选参加舰载机飞行训练的飞行员只有约100人。在长达8年的严格训练之后，只有最好的飞行员才有幸登上航母。可以说，日本海军的航空母舰上集中了全国最精锐的飞行人员。[13]

虽然1933年时日本海军又得到了一艘排水量10600吨的小型航母“龙骧”号，

但他们仍然主要依靠“赤城”号和“加贺”号两舰来执行空中侦察和巡逻、水平轰炸，以及鱼雷攻击任务。[14] 20世纪30年代，日本开始在远东大肆侵略，航空母舰也由此成为其军事力量中的重要组成部分。实际上早在第一次世界大战结束后，日本海军就将自己的下一个假想敌选定为美国，美国也同样为了在辽阔的太平洋上作战而着力建设自己的航空母舰部队，美日两国的航母军备竞赛就此拉开序幕。

美国海军在航母和舰载机领域的进步令日本人得出结论：战争的天平“将向已把航母打击舰队开到日本近海的敌人严重倾斜”[15]。这一判断准确无误。因此，日本人认为如果不能通过外交手段消灭敌人航母，那就得用武力解决它们。英国海军分析家赫克特·C. 拜沃特在1934年时发现，日本海军“基于航空母舰显著的攻击性，希望将这一舰种彻底扼杀”。基于对未来的敏锐嗅觉，他认为日本“相对其他军舰而言更害怕航空母舰，这个国家担心敌人会出动大批航空母舰越过太平洋，放飞成群的轰炸机来空袭东京和其他中心城市”，而这些地方的房屋都是用易燃的轻质材料建造的。[16]显然，日本没能用外交手段消灭潜在敌国的航母，于是1934年晚些时候，日本决定退出海军条约，于1936年的最后一天正式生效。

1933年山本五十六得出结论：要对付美国航空母舰的进攻，最好的武器就是日本自己的航空母舰。此时的山本五十六还是海军少将，任第1航空战队司令官，两年后又出任航空本部长。他开始推动日本建造更多的航空母舰、设计和制造先进的国产舰载机。这两个方面工作都成果颇丰，到了20世纪30年代末期，新型舰载机——尤其是性能优越的零式战斗机——和新的航母纷纷装备舰队，老舰也进行了彻底的现代化改造。1936年年末，山本升任海军次官，另一位前第1航空战队司令官及川古志郎中将继任航空本部长。此后的短短三年内，山本成了联合舰队司令长官，及川则进入东条内阁出任海军大臣。这样，日本海军航空兵的代表在舰队指挥和国家行政机关的最高层都站稳了脚跟。[17]

然而，并非所有的日本海军将领都像山本和飞行员们那样支持海军航空兵。1938年①任联合舰队司令长官的吉田善吾将军甚至连飞机都不愿意坐。[18]此时日

① 编注：原文如此，吉田善吾出任联合舰队司令长官的时间似乎是1937年年底。

本海军的航空母舰是被拆散编入第一舰队（战列舰）和第二舰队（巡洋舰）的，而海军航空派则盼望着拥有一支独立的航空母舰舰队。虽然日本海军舰载机部队从1937年起就在侵华战争中滥施淫威，两年后这些飞机又在鹿岛靶场成功炸沉了美国航母“萨拉托加”号的复制模型，但是当“航空主兵派”和“舰炮主兵派”的矛盾公开化之后，那些保守的老一代海军将领还是顽固地坚持了他们的传统信念——战列舰才是真正的主力舰。为此，他们还支持日本海军建造75000吨的超级战列舰大和级。[19]

日本海军高层最终还是想把快速航空母舰纳入他们传统的本土防卫战略计划。日本的海军理论实质上是防卫性的：在本土附近水域拦截并击退来袭的敌方舰队。这一任务也体现在舰艇设计中：日军舰艇的巡航半径和英国海军的一样短，只要能开到距离本土不远或亚洲被占领地区的基地就行了。因此，20世纪30年代时日军舰队的演习基本都在本土附近举行，以便应对预想中美国海军舰队的进攻。按照日军的计划，当敌方舰队接近日本联合舰队的主力战列舰队时，日军指挥官将派出由巡洋舰组成的“游击部队”，迂回到敌方侧后实施打击，从而击败并赶走来袭敌军。日本海军的这一战术在1894—1895年的中日甲午战争和1904—1905年的日俄战争中都大获成功。

按照计划，日军航母将用于侦察敌方战列舰的位置，随后它们将加入巡洋舰部队（第二舰队），成为这支现代化“游击部队”的一部分，以包围并击败敌方海军。这些航母将分散行动，从不同方向向敌人发动进攻，尤其是发动夜间鱼雷攻击。这一战略的另一个关键因素是日本人手中“不沉的航母”体系——第一次世界大战结束后日本在中太平洋上获得了诸多托管岛屿：马里亚纳群岛、加罗林群岛和马绍尔群岛。1934年，日本开始在这些岛屿上建设机场，以求建立一张能够互相支援的空中防御网。因此来袭的敌方舰队除了要对付日本舰队的拦截外，还要面对遭到陆基飞机猛烈轰炸的风险。[20]

然而，海军航空兵不甘于扮演这种次要角色，尤其是其中最顶尖的战术家在1940年后期的一部新闻纪录片上看到四艘美国航母协同行动之后。源田实突然意识到如果能将四艘或更多航空母舰集中到一起，它们就能在面对敌方空袭时相互支援，舰队的防空火力将会更加猛烈，而各舰需要留下的防空战斗机数量也更少。

此时源田实正是第1航空战队司令官小泽治三郎少将的航空作战参谋，因此拥有影响日本海军政策的能力。源田把自己的建议沿着日本海军的指挥体系传达了上去，第二次世界大战中第一支真正的快速航母特混舰队的历史由此开始。[21]

源田的四航母特混舰队提案恰逢其时。1939年，由现代化改造后的"赤城"号、"加贺"号两舰组成的第1航空战队得到了新建立的第2航空战队的增援，这一战队拥有排水量16000吨、航速34节，可搭载55架飞机的新型航母"苍龙"号和"飞龙"号①。不仅如此，1941年10月，由崭新的排水量25675吨、航速34.2节、载机72架的"翔鹤"号、"瑞鹤"号两艘航母组成的新航空战队也加入进来。才华横溢的源田中佐告诉联合舰队司令长官山本五十六：一支由4 ~ 6艘航母组成的独立的航母舰队将是最有效的战斗力量。山本认真听取了他的说明，他有充分的理由这么做：从1941年1月起，山本就开始在极度机密的情况下筹划攻击夏威夷珍珠港的美国海军基地，一旦日本政府决定对美开战[22]，他就打算把计划付诸实施。这种攻击行动只有靠一支机动灵活而且强劲有力的航母舰队才能实现。

就这样，日本海军航空兵赢得了梦寐以求的胜利。1941年4月10日，日本海军军令部建立了第一航空舰队，不幸的是，司令长官是拥有多种类型舰艇履历却唯独没有上过航母的水雷②战专家南云忠一海军中将，同样不幸的是，他的指挥能力也正是从此时开始走下坡路的。[23] 不过，他也兼任了第1航空战队司令官，因此源田中佐得以在他麾下继续担任航空参谋。日军的第1和第2航空战队构成了重型航母编队，第3和后来新建的第4航空战队则是轻型航母编队。除了第一航空舰队之外，日本海军还建立了由大批陆基攻击机组成的第十一航空舰队，由塚原二四三中将任司令长官。

南云中将很快接受了源田的理念，并组织舰队演习来进行验证。1941年，他们开发出了两套战术。第一套是遵循日本海军的分进合击传统，包围敌方舰队的战术：两支大型航母编队将从不同位置放飞飞机，两支攻击机群直接在目标上空会合。这种战术从1936年起就已经被提出并得到了认可。第二套战术的目的——

① 译注："飞龙"号的排水量实际上比"苍龙"号多2000吨，但对本书而言，这不影响结论。
② 译注：日语中"水雷"指的是鱼雷。

支援陆军登陆——并未脱离日本海军传统，但内容却是全新的，其精髓是集中航母兵力：两支各拥有2艘大型航母的编队组成彼此相距7000米的箱型队形，这样各舰不仅能实现更为紧密和高效的舰载机放飞作业，也能在防空时相互支援。[24]无论在哪一套方案中，执行航母编队护航任务的舰艇都不会比驱逐舰更大。战列舰和巡洋舰仍然独立行动，而每一支航母编队中最多16艘驱逐舰能够提供的防空火力又过于薄弱，难以有效保卫航母。因此舰队的主要防空手段仍然是防空巡逻战斗机。

由于日本政府有了发动战争的打算，其战略规划部门开始讨论执行问题。日本陆军希望进攻东南亚和荷属东印度群岛，这需要得到联合舰队，特别是南云的四艘航母及塚原的海军陆基航空兵的支援。山本大将基本同意这一方针，但他还是担心珍珠港的美国海军战列舰队会跨越太平洋攻击自己的左翼，解救菲律宾并切断南洋日本陆军和本土的交通线。为此，山本开始考虑出动航空母舰空袭珍珠港，打沉那些战列舰。在把这一计划提交军令部之前，山本向日本海军航空兵的一位宿将，大西泷治郎少将征询意见——他是塚原的参谋长，也是日本海军中军衔最高、最受尊敬，却也最受争议的航空兵军官之一。大西对山本的计划十分欣赏，但他还是告诉这位司令官，若要攻击珍珠港，就要把他的全部四艘大型航母集中起来。不过既然这次进攻主要依靠航空母舰，塚原麾下的飞机派不上用场，大西便把方案转交给了在南云舰队担任参谋的源田中佐。[25]

源田分析了山本攻击珍珠港的计划并得出结论：计划可行。不过，这位精于谋划的航空兵军官坚定地提出了两点要求：第一，绝对保密是必不可少的；第二，航母攻击舰队将要编入6艘重型航母。新加入的2艘航母将是分别于1941年8月和9月竣工的“翔鹤”号与“瑞鹤”号。源田的结论让山本确信自己的计划能够奏效。7月——即日本政府决定开战时——山本开始在地形与夏威夷十分相似的鹿儿岛湾内组织模拟空袭训练。[26]到1941年10月1日时，日本海军的快速航母特混舰队成形：第一航空舰队编有南云的第1航空战队（下辖“赤城”号与“加贺”号）、山口多闻少将的第2航空战队（下辖“飞龙”号与“苍龙”号），以及原忠一少将的第5航空战队（下辖“翔鹤”号与“瑞鹤”号）。

山本的大胆计划遭到了多方反对：陆军方面，高级将领们担心塚原的陆基航空兵不足以掩护他们的南下进攻；海军军令部方面，那些保守的战列舰派将领认为这一计划过于冒险；就连南云中将也反对这个计划，他最近几年变得越来越谨小慎微。山本却坚持自己的计划，而且他还得到了第2航空战队足智多谋的山口少将的强有力支持。然而，困难并不只限于同僚的拆台，由于此前日本海军想定的大海战都是在接近日本海军基地的西太平洋展开的，他们的航母从未在海上配合油轮实施过燃油补给。为此，当年9月“加贺”号专门在海上进行了加油试验以证明这一做法的可行性。源田中佐还提出，此战必须使用全日本最优秀的舰载机飞行员，因此山本打破了海军航空兵既往的所有人员组织体系，把400名最好的飞行人员调入了第一航空舰队。另外，由于此前航母舰载航空兵过度强调进攻，绝大部分侦察和搜索任务是由陆基巡逻机部队来执行的，而在奇袭珍珠港的任务中，航母必须自己搜索敌人。这无疑是一大挑战，但山本从来都是个赌徒。[27]

日本人的时间并不充裕。出于各种政治和军事原因，他们必须在1941年12月中旬前对夏威夷的美军发动进攻，于是11月3日军令部批准了山本的珍珠港攻击计划。山本立刻马不停蹄地把2艘新型翔鹤级航母和其他4艘重型航母集合起来进行最后的合练——这是这6艘快速航母第一次也是唯一一次编成一支特混舰队进行集中训练。[28] 11月下旬，南云的航母舰队开始向东航行，南下登陆部队则在轻型航母的护卫下向中国南海开拔。珍珠港袭击舰队在途中补给了燃料，随后便在12月7日向珍珠港内的美国海军战列舰队发动了毁灭性打击，击沉或重创了绝大部分美军战列舰。日军飞机未能找到美军航母，但南云忠一并没有停留下来搜寻它们。他的任务已经完成，美国海军战列舰的威胁被消除了。南云退出了攻击，开往加油集合点，随后返航。[29]

珍珠港这一仗刚一打完，这支航母特混舰队就解散了，之后再也没有完整集结起来过。秉承着支援陆军的传统，这些快速航空母舰参与了日军在太平洋上的威克岛、拉包尔和荷属东印度群岛等一些关键地点的登陆作战。随后南云又把他的大部分航母带到了印度洋，在这里，他的舰载机击沉了英军航母“竞技神”号，轰炸了澳大利亚的达尔文港和锡兰的亭可马里海军基地，但它们的主要任务还是支援陆军，因此南云始终把手中的航母集中编组成源田当初提出的密集箱型编队。这样，从1941年12月到1942年4月这一段时间里，日本的快速航母部队没有进行任何一次舰队作战——既没有对敌方舰队实施分进合击并发动夜间鱼雷攻击，也没有遭受敌方的大规模空袭。[30]

简而言之，日本的快速航母特混舰队——第一航空舰队——此时还仅仅是一支配合陆军作战的“游击部队”，通过近距空中支援直接协助陆军，通过对珍珠港、达尔文港、亭可马里海军基地发动远程空袭间接协助陆军。虽然航母在海军中的地位空前提高，但战列舰仍然是日本海军的头等主力。航母既没有取代战列舰，也没有与战列舰共同组成相对固定的战术编组。日本的快速航母仍未经受一场海战的考验。

与历史上的惯例类似，日本的战略依然是防御性的。现在，美国海军已经被击溃，东印度群岛也落入掌中，日本开始计划在从威克岛到马绍尔群岛和吉尔伯特群岛，再到新几内亚和所罗门群岛一线建立防御圈。处于内线位置的日军舰队将依托马来亚的新加坡基地、俾斯麦群岛的拉包尔基地和加罗林群岛东部的特鲁克基地，应对出现在这道防御圈上任何地点的威胁。与此同时，日本的盟友纳粹德国也保证自己能打败苏联和英国，如果事情果真如此，那美国便只剩求和一条路可走了。[31]对这一战略，当时有评论家批评道：“一支防御型海军只不过是一条能游动到敌方想要登陆的地点的马其诺防线而已。”[32]山本大将深知这一弱点，他希望确保摧毁珍珠港的美军基地，并寻歼在1941年12月7日的珍珠港之战中逃过一劫的美军航母。

然而，日本陆军希望在此之前海军能为自己进攻新几内亚莫尔兹比港和所罗门群岛南部的作战提供空中掩护。为此，海军派出了原忠一少将下辖“翔鹤”号和“瑞鹤”号的第5航空战队，以及1艘轻型航空母舰。然而这一次，美国人有备而来，2艘美军航母已经在那里严阵以待。于是1942年5月上旬，两支规模不算大的航母舰队打响了人类历史上第一场航母对决——珊瑚海海战。美军飞机击沉了日军的轻型航母，重创了“翔鹤”号，还消灭了70架日军飞机。日军轰炸机则重创了全部2艘美军航母，其中一艘被美军放弃并沉没。虽然日本夺取了所罗门群岛南部，但进攻莫尔兹比港的部队却被迫折返。而日本在此战中遭受的最惨痛的损失还是“翔鹤”号被重创以及“瑞鹤”号飞行队的大量舰载机损失。在接下来几个星期中，这两艘威力强大的航母都不得不抱憾缺席。

虽然暂时失去了第5航空战队，但山本大将还是决意完成他压制珍珠港的意图。他的主要力量仍然是航空兵，不过这一次的任务分成两步。首先，联合舰队全军将护卫一支登陆部队开赴夏威夷群岛西部的中途岛。日军料想美军会派出自己剩余的全部2—3艘航母来防卫中途岛。如此，南云的四艘航母或者山本本人坐镇的战列舰队将会以压倒性优势摧毁缺少保护的美军航母。之后，日本陆军将登陆并占领中途岛，把岛上机场改造为塚原第十一航空舰队的基地，后者的陆基轰炸机随后对夏威夷群岛进行系统性轰炸。一旦航母被击沉，珍珠港又遭到持续轰炸，美国就可能认识到继续在太平洋作战将一无所获。

山本的中途岛作战计划复杂得令人难以置信，山本就喜欢如此，这也是日本人一直以来的作风。登陆部队将攻占中途岛和北方的阿留申群岛，赶赴北方救援阿留申群岛的美军航母舰队将遭到南云的航母部队或山本亲率的战列舰部队的迎击，不过日军的航母和战列舰仍然是分别行动的。虽然珍珠港的经验就摆在眼前，但日军还是坚持将战列舰作为其主要打击力量。此时日本海军的航母部队实力显然占有压倒性优势，但山本并没有把它们全部交给南云集中指挥，这倒也能说得通，因为两支登陆部队都需要空中支援。于是，南云第1航空战队的“赤城”号、“加贺”号和山口第2航空战队的“飞龙”号、“苍龙”号组成了第一支航母进攻舰队，担任此战的主力；角田觉治少将第4航空战队下辖新型航母“隼鹰”号（排水量24140吨）和老式轻型航母“龙骧”号，该部组成第二支航母进攻舰队，进攻阿留申；大林末雄大佐指挥的轻型航母“瑞凤”号（11262吨）负责掩护中途岛登陆部队；孱弱的轻型航母“凤翔”号则被山本留下来与战列舰队同行。

然而，航空兵们并不喜欢这个计划。它违背了源田提出的集中原则，而这对航母的防御是不可或缺的。鉴于这种情况，山口多闻干脆提出把整个舰队编为3支特混舰队，每支舰队编入3～4艘航母①，航母是特混舰队的中心，战列舰、巡洋舰和驱逐舰为其提供保护，但山本并没有接受这一提议。航母舰队的指挥也遭到了削弱，源田实负责制订具体作战计划，先前总是能够从上级大西和山

① 校注：日方的实际情况是，共7艘航母，航速差异巨大，且零式战斗机只够配备前往中途岛的4艘。

口那里得到专业的指导意见，但现在，毫无航空经验的南云完全给不了他任何帮助。“赤城”号的飞行队长渊田美津雄中佐后来对用快速航母舰队支援中途岛登陆的必要性表示怀疑：支援登陆意味着航母只能“按固定的日程表作战”，这会剥夺快速航母的“灵活机动性，而这对舰队作战的胜利是不可或缺的”。另外，山本坐镇的“大和”号战列舰距离航母太远了，关键时刻他根本无法利用自己丰富的航空指挥经验帮助前线。[33]最后，如果山本再等两个月，他就会再得到3艘大型航母：“翔鹤”号、“瑞鹤”号，或许还有“飞鹰”号——它是“隼鹰”号的姊妹舰，将于7月服役。这样他或许就有多达11艘航母可用了。

可山本本来就是个赌徒，军令部也被战争初期的胜利冲昏了头脑，甚至珊瑚海一战受挫也没能让他们冷静一些。山本一直有一个担忧：美国强大的工业实力能够让他们很快从开战之初的震惊和打击中恢复过来——事实也确实如此。于是，多路分进的中途岛攻略作战在6月初打响了，结果却是灾难性的。阿留申群岛很容易得手，但美军的三艘航母并没有参加那里的战斗。在日军找到美军航母并展开舰队作战之前，南云一直让他组成箱型编队的航母舰队着力轰炸中途岛的防御设施，他的鱼雷轰炸机也都挂上了炸弹。当日军侦察机最终发现了一艘美军航母时，南云也没有发动进攻，因为此时他手中可以起飞的护航战斗机数量不足①。此时山本不在场，虽然山口强烈要求迅速进攻，美军的陆基飞机和舰载鱼雷轰炸机也向他的舰队发动了一波又一波勇猛但未能奏效的进攻，但南云仍然坚持自己的主张。[34]

南云的犹豫不决最终让他丢掉了自己的整个舰队。日军的4艘航母虽然保持了密集的箱型编队，但其护卫力量仅有2艘战列舰、3艘巡洋舰和11艘驱逐舰，而且南云没有及时让舰队转而就舰队决战进行整备：两支航母编队并未按照源田先前的战术条令分散开来，南云同时还命令那些刚刚从中途岛返航的飞机抓紧加油，重新挂装鱼雷，准备攻击敌舰，此时日军的防空战斗机也都由于先前的作战降到了低空。就在这千钧一发之际，美军俯冲轰炸机突然杀了出来，向日军航母笔直地俯冲下来，多枚炸弹直接命中。炸弹爆炸后引燃了堆放在甲板上的航空汽油和弹药，日军航母立刻燃起无法扑灭的大火，进而在失去控制、漫无目的的机动中分散开来。“苍龙”

---

① 校注：原文如此，实际应是需要换弹。

号、“加贺”号、“赤城”号一艘接一艘地沉入海底，最后是“飞龙”号。日军的快速航母部队就这样走完了短暂而令人惊叹的一生——从成军到毁灭仅仅用了14个月。

在中途岛，日本人学到了快速航母作战中最重要的一课——代价也高得惊人。作为任何一支大型舰队的新骨干，航空母舰需要所有能用的战列舰、巡洋舰和驱逐舰来提供最大化的防空（当然还有反潜）保护。如果当时日军能够集中联合舰队的其他所有军舰来保护南云的航母，那么这4艘大型航母要对付美军的2艘、3艘甚至4艘航母都完全不成问题。让3艘比较小的航母去支援登陆当然也没错，但实际上在阿留申登陆毫无意义，那艘支援中途岛登陆的轻型航母也由于南云的惨败而完全没有发挥作用。如果把这7—8艘航母全部交给山本直接指挥，那么它们一定能打垮美国海军，之后再转过头来有效支援中途岛的登陆作战。对任何登陆战而言，制空和制海都是必不可少的前提条件。

1942年7月14日，日本海军终于以航母和陆基航空兵为核心重组了联合舰队。主战舰队被编为第三舰队，由南云中将指挥，基地设在特鲁克。舰队拥有两支各编入3艘航母的航空战队，由各种战列舰、巡洋舰、驱逐舰在外围提供掩护。南云继续直接指挥第1航空战队，包括“翔鹤”号、“瑞鹤”号与“瑞凤”号三舰。能力强悍的山口多闻少将已在中途岛海战中随“飞龙”号同沉，于是第2航空战队便交由角田觉治少将指挥，他在中途岛战役中成功掩护了阿留申的登陆作战，这支战队包括“隼鹰”号、“飞鹰”号和“龙骧”号三舰。第3、第4和第5航空战队已然不复存在[35]，对日本来说万幸的是，虽然在中途岛之战中有超过250架飞机与航母一同损失，但大部分精锐的飞行员（他们在登上航母之前平均接受了超过700飞行小时的严格训练）都跳海逃生并被驱逐舰救起[36]。因此日本海军仍能凑齐6艘航母的兵力，不过其中只有2艘翔鹤级可以搭载75架飞机，其他航母的载机量更少些。

日本人的尖牙利爪已经被拔除，他们随后的进攻目标只局限在塚原将军第十一航空舰队的作战半径之内。此时，这支部队的主要基地已经从马里亚纳群岛搬迁到了拉包尔。一夜之间，日本的造舰重点就从战列舰变成了航母，包括各种改造航母和新建航母。虽然拼尽了全力，但日本的工业机器还是要到1944年下半年才能再次拿出一支拥有多艘重型航母的大舰队来。工业，成了美日两国之间的另一个主战场。

美国

美国海军航空兵的经历和英国、日本同行都不一样。与英国不同，美国海军的航空兵始终由海军牢牢掌控，因此没有行政组织方面的重重困难；与日本不同，美国海军一直面临着开战后要跨越辽阔太平洋的局面，因此他们有明确的战术需求，从拿到第一艘航母开始就发展出一套进攻性的快速航母战术理论。

第一次世界大战时，初创的美国海军航空兵处于海军各局的“三不管地带”，享受了充分的自由。所有的飞行员都是由灵活性很强的“海军后备飞行团”组织培训起来的，约翰·H. 托尔斯上尉对这个组织实施了有效的管理。然而一战结束后海军航空兵的日子变得不好过了，它开始两头受气。一方面，海军作战部部长威廉·S. 本森上将认为海军航空部队在行政管理上的级别应该很低；另一方面，陆军航空兵的比利·米切尔将军四处游说，想要把海军和陆军的航空兵整合成独立的空军。[37]米切尔的理论和意大利的杜黑、英国的特伦查德的看法很相近，即单独依靠陆基战略轰炸机就可以摧毁敌国。米切尔还批评本森将军对待海军航空兵态度不端正，这令海军航空兵的处境更加尴尬。

但是在见识过飞机的海军将领们当中，支持海军航空兵的声音很快就出现了。1919年6月，负责就海军事务向海军部部长提供顾问服务的联合委员会签署了一份声明，声明中说：“必须建立一支海军航空兵，它要能在全球所有水域伴随舰队行动并执行作战任务。”[38]海军战争学院院长西姆斯将军则在这所高级海军学府里为未来的将军们组织了关于航空的研究[39]，他还告诉自己在国会中的好友，一支强势的航母舰队能够“将敌方舰队的飞机消灭干净，继而轰炸他们的战列舰，并利用鱼雷轰炸机实施鱼雷攻击。如果装备80架飞机的航空母舰不能成为未来的主力舰，那就会出大问题”。[40]最后，被米切尔将军骂得狗血淋头的本森将军在1920年同意成立海军航空局，希望能让他闭嘴。[41]米切尔将军还向世人展示了战列舰在空中打击面前的脆弱性：1921年，他的陆基轰炸机击沉了多艘由老旧战列舰改造而来的靶舰，其中最为著名的是在当年7月击沉了原德国战列舰“东弗里斯兰”号。此举也为海军航空兵的发展壮大做出了贡献。[42]

1921年8月10日，航空局（BuAer）正式挂牌，首任局长是威廉·A. 墨菲特少将，这是美国海军60年来第一个新成立的局。有了这个航空局，海军航空兵便不再惧怕不怀好意的海军作战部部长了，因为航空局只对海军部部长负责，而海军部部长的主要关注点在于保持海军时刻处于文官集团的有力掌控之下，他并不买海军作战部部长的账。与其他各局相比，航空局的一个特别之处在于它代表的是舰队行动的一个完整方面，需要所有其他各局——建造、人事、供给、轮机、医药和武器——的直接参与。这就使航空局在某种意义上成了一个上级部门，但它的规模又不大，而且人员紧密团结在墨菲特周围，海军作战部部长和各局主任都需要向他咨询航空事务。墨菲特成绩斐然，把海军航空事业的各方面工作全都从无到有地创建了起来，因此他后来又三次出任航空局局长，直到1933年那次死伤惨重的飞艇事故发生后，他才结束了长达12年的任期。

20世纪20年代，墨菲特最头痛的事就是比利·米切尔对撤销陆海军航空兵、组建独立空军的狂热。矛盾到了1925年已经变得难以调和。当时发生了一起海军飞艇坠毁事故，之后米切尔公开指责陆海两军领导是杀人凶手和叛国贼，正是他们软弱的航空兵政策引发了这场灾难。米切尔的口不择言再次给海军航空兵帮了忙，他自己由于过于轻率的言论被送上军事法庭，美国总统则指派了一个以德怀特·莫洛为首的航空政策委员会，于1925年秋季就军用和民用航空的所有方面听取拥护者和专业人士的意见。

莫洛调查报告公布之后，美国国会在1926年立法，确立了海军尤其是航母舰载航空兵在此后15年间的发展路线。除了要求增购更多的海军飞机外，新法案还对海航进行了两项重要改革。首先，它新设立了分管航空的海军部副部长一职，海军航空兵在海军的最高层文官系统中有了代言人。1932年，受大萧条的影响，该职位空缺，成了削减开支的牺牲品，但此时它已经起到了提高海军航空兵地位的作用。其次，法案规定所有航空母舰、水上飞机支援舰、海军航空站的指挥官都要具备飞行员资格。[43]不过作为权宜之策，有兴趣的高级军官也可以进行一轮短期飞行训练并获得“海军观察员”资格，从而继续指挥航空兵单位。

不少高年资的上校军官参加了海军观察员的课程，其中包括约瑟夫·马逊·里夫斯、哈里·E. 亚纳尔和弗雷德里克·J. 霍恩，正是他们带领美国航母走过了婴儿期。获得飞行员资格的军官分成两类。一类是航空先驱，他们早在第一次世界大战时期就开始驾驶海军飞机了。这群人中为首的是约翰·H. 托尔斯上校（海军第3位飞行员),还有一些中校和少校,比如P. N. L. 贝林格(第8位飞行员)、乔治·D. 穆雷(第22位飞行员)、马克·A. 米切尔(第33位飞行员)、德威特·C. 拉姆齐(第45位飞行员)。当1927年美国海军获得第一艘舰队航母时，这些人的军衔还都很低。另一类是航空领域的“后来者”，他们都是上校和高年资的中校，大部分海军生涯都是在战列舰或其他非航空岗位上度过的，直到40多岁才跳上航空时代的浪头。千万不要小看这些人,他们的飞行员资格使海军航空兵获得了最急需的人——能够进入海军高层的高阶军官。这类人中的一个典型是弗雷德里克·C. 谢尔曼中校，接受飞行训练前他曾指挥过一支潜艇分队和两支驱逐舰分队，在战列舰上当过枪炮官，在一艘巡洋舰上当过副舰长，最后于1936年(47岁)获得了金翼徽章(飞行员资格)。这类人中还有一些我们熟知的将领:欧内斯特·J. 金上校，1927年(48岁)获得资格；小威廉·F. 哈尔西上校，1934年(52岁)获得资格。

另一个妨碍指挥协作的问题是新一代航空军官和老一辈偏爱战列舰的将军、上校们的冲突，后者自然对任何可能威胁乃至摧毁战列舰的新武器提不起兴趣。不仅如此,他们还觉得脏兮兮的飞机是他们战列舰后甲板上的一个麻烦[①],还习惯于把飞行员视为首先是航空兵，其次才是海军军官——事实当然不是这样。既然他们的主要武器是大炮，这些战列舰老水手自认为是海军枪炮局的同路人，在海军中他们并称为“大炮俱乐部”。

好在这些老保守很快就被进步的“航空派”推翻，后者此时已经充分理解了舰队航空兵的优越性。“航空派”中有三个响当当的人物——威廉·V. 普拉特将军、蒙哥马利·M. 泰勒将军和弗兰克·M. 舒菲尔德将军。当依照《华盛顿条约》规定改建的2艘列克星敦级航空母舰(排水量各为33000吨)即将建成之际，他们站到了航空兵一边，提出舰队需要明确航空母舰的使用方式。1927年4月，泰勒将军召集了一个委员会来考虑这一问题并建议称：航母既可以保护战列舰队，又可以“在远离战列线处执行侦察和攻击任务”。[44]泰勒的这个委员会包括墨菲特将军、舒菲尔德将军、里夫斯上校、亚纳尔上校，以及米切尔少校。

① 译注：当时许多战列舰都在后甲板配备了弹射器，可以放飞水上飞机。

一张1931年的照片，哈里·E. 亚纳尔少将和留着山羊胡的约瑟夫·马逊·里夫斯少将正在指导战前早期的航母舰队演习。照片摄于“萨拉托加”号，在二人背后，最左边是亚纳尔的参谋长约翰·H. 托尔斯上校，位于二人之间的是作战参谋拉尔夫·戴维森少校。

这样，在第一艘快速航母加入美国海军之前，高层就已经普遍接受了海军航空兵这一新事物，这其实也是总体战略的要求。第一次世界大战结束后，列强之间的海军军备竞赛愈演愈烈，最终导致华盛顿裁军会议的召开，尽管如此，美国的战略家们还是开始将日本视为下一个潜在敌国。于是，从1922年下半年起，美国海军的重心就开始从大西洋转向太平洋方向。次年在太平洋上举行的第一届“舰队问题”演习中，2艘战列舰以模拟航母的身份参演，显示出了航母在跨洋作战中的重要性。在两年后的第五届“舰队问题”演习中，小小的“兰利”号航母放飞了10架飞机，进行了一场规模不大但却意义深远的舰载航空力量展示。[45]为了提升航母的攻击力，约瑟夫·马逊·里夫斯上校从1925年开始在圣迭戈率队钻研航空兵战术。1926年，弗兰克·D. 瓦格纳上尉带领着他的战斗机中队进行了美国海军的第一次俯冲轰炸演示。[46]

1927年在加勒比海举行了第七届“舰队问题”演习，“兰利”号再次披挂上阵。这一次演习显示，面对天气的变化和敌方舰队的机动，航母需要更强的机动性。有人据此提议:航空母舰部队指挥官——即航空母舰将官——应当拥有“部署舰载机的完全行动自由”。[47]这样美国海军在真正获得快速航母之前就已经掌握了快速航母作战的成功要诀:机动性，以及不受限于战列线的行动自由。

1927年下半年，“列克星敦”号（CV-2）和“萨拉托加”号（CV-3）[48]两艘快速航母闪亮登场，它们随后的行动验证了之前的结论。在1929年那次被广为报

1931年年初，停泊在夏威夷钻石角的姊妹舰“萨拉托加”号（图中近处）和“列克星敦”号，飞行甲板上停放着双翼战斗机、俯冲轰炸机和鱼雷轰炸机。这两艘“平顶船”是美国最初的“快速”航母，航速达到了33节，经由它们验证的战术被战时特混舰队采纳，并引领了美军的太平洋进攻作战。

道的第九届“舰队问题”演习中，普拉特中将让里夫斯少将带领“萨拉托加”号向受到对方舰队和航母保护的巴拿马运河快速冲刺，并发动突然袭击。“萨拉托加”号取得了决定性的打击效果。唯一的问题是，一旦航母闯进敌方战列舰重炮的射程，它很快就会被击沉。那些保守的战列舰将领抓住了这一点。美国舰队总司令亨利·V. 威尔雷①上将就提出：“所有关于第九届‘舰队问题’演习的分析都是不公平的，它们都没能指出战列舰才是海军最终的决胜力量。”[49]

在大部分不熟悉航空的将领们看来，航母是“舰队之眼”——其首要任务是侦察，是战列巡洋舰的理想替代者。然而，各种事实都表明，航母更适合进攻。1930年，普拉特上将就任海军作战部部长，他要求在演习中让航母执行进攻任务，这一要求随后得到了每一次舰队演习指挥官的严格执行。[50]最值得一提的是，1932年2月7日星期天的破晓时分，亚纳尔少将率领“列克星敦”号和“萨拉托加”号两舰奇袭了珍珠港——这完全就是10年后日本人那次偷袭的预演。[51]因此，亚纳尔提议美国海军应当在太平洋上部署6—8艘航母以对付日本海军。[52]

美国海军在1922年之前建造的那些战列舰最快只能达到21节的航速，无法跟上航速达25—33节的快速航母，因此航母脱离主力舰队独立作战的问题进一步复杂化。在敌方飞机的威胁之下，将航母和战列舰拆分开来，对二者都是严重的削弱；而在两栖作战中，因为需要同时掌握制海权和制空权，所以必然会出动海军重型舰只，此时一支由快速航空母舰构成的敌方分舰队将会极为致命。在1937年5月的第十八届“舰队问题”演习中，这一问题显露无遗。

这次演习中的航母指挥官指出：“一旦有敌方航母接近到能够对我方舰队发动空袭的距离，我方舰队就不再有安全可言，直到敌方航母被毁，或者航空兵中队损失殆尽，或二者都被摧毁为止。”在承认让航母远离主力舰队是一种赌博的同时，他也提出舰队就是要“下大注”，而且坐等敌方前来空袭才是更大的冒险。舰队指挥官拒绝了他的提议，反而把航母限制在主力舰队近旁，在战列舰队上空进行空

① 编注：原文如此，实际应为亨利·A. 威尔雷（Henry Ariosto Wiley）。

中巡逻并支援登陆部队。在这种限制之下，“兰利”号被空袭模拟击沉，“萨拉托加”号和“列克星敦”号都遭到大规模轰炸，后者还被附近潜伏的敌方潜艇伏击，遭到重创。虽然登陆行动成功了，但舰队失去了所有的航空力量。对航空兵来说，此次演习中最大的错误就是限制了航母的机动性。1943—1944年，太平洋战场上的美国海军将领仍然面临着这个问题，尤其是在1944年6月的塞班岛登陆战时。[53]

虽然航母作战学说的发展十分迅速，但美国海军还是很难为舰队理出航母作战指导意见大纲。尽管如此，一份《作战指导》仍于1934年出炉，在提到航母时只说，它们“主要是机动机场，其作用取决于对飞机的使用”[54]，这完全是泛泛而谈。

与此同时，美国海军在人事方面也进行了调整。1934年，约瑟夫·马逊·里夫斯上将——他此时已获得海军航空观察员资格——就任美国舰队总司令，这对航空兵来说绝对是个重大利好。然而，更为重大的变动实际发生于一年前墨菲特上将悲剧性地离世之际（1933年4月3日，墨菲特在前文提到的飞艇事故中遇难）墨菲特选择的继承人是“杰克”·托尔斯上校，他是最早那批美国海军飞行员中军衔最高的一个，但此时仍然资历尚浅，只是个上校，达不到担任航空局局长所需的将官资格。[55]于是，欧内斯特·J. 金少将取而代之，被任命为航空局局长，他是航空兵的后来者，但却十分适合担任这一职务。那些航空先驱和托尔斯手下的年轻飞行员们十分抵触这一人事安排，怎么能让一个后来者骑在他们的领袖上面呢？金是个优秀的航空局局长，但他和墨菲特或者墨菲特手下那些军官——包括托尔斯——的关系并不好。金拒绝接受托尔斯—墨菲特集团在年轻飞行员中的绝对影响力，他曾声称这帮人认为“只有天生带着翅膀的人才能飞”。[56] 1933年之后，“厄尼”·金和“杰克”·托尔斯一直不怎么对付。

从20世纪30年代中期富兰克林·D. 罗斯福总统上任开始，美国海军终于开始缓慢地重整军备。罗斯福是个对海军理解深刻的实干家。首先，1934年的《文森斯－特拉梅尔法案》授权海军添置2艘航母及大量飞机。同年，美国海军第一艘从一开始就作为航母建造的“纯血统”航空母舰“突击者”号（CV-4）服役。接下来的几年，“约克城”号（CV-5）、“企业”号（CV-6）、“黄蜂”号（CV-7）与“大黄蜂”号（CV-8）相继服役。随着航母和飞机数量的增长，1935年之后美国国会通过了一系列增加拨款的决议，并且要求招募6000名海军预备役飞行员。[57]和日本海军航空兵那种长期汰选的飞行员训练方式不同，这些美军飞行员只要经过12—15个月的地面和飞行训练就能服役并开始执行任务。所谓的海军航空候补生平时可以补足职业海军飞行员的缺额，一旦开战并大扩军，这些人就成了海军航空兵的核心骨干。[58]

随着舰队的扩大，航母部队的高级指挥官也发生了一些变化。金少将在1936年卸任航空局局长一职，A. B. 库克少将接了他的班，后者也是航空兵的后来者。3年后，已经晋升少将的托尔斯终于如愿以偿入主航空局，这是那批早期航空先驱第一次掌管航空局。在太平洋方向，作战航空部队司令一职被更名为“航母部队司令”。1938年，这一职务由金中将担任，1940年时又交给了小威廉·F. 哈尔西中将，这是位个性鲜明的将领，在驱逐舰上干了多年之后才加入航空人的行列。美国海军开战时所遵循的航母战术理论正是哈尔西在1941年3月创立的。[59]

到1940年中期，美国海军的航空母舰已经能够与战列舰队协同作战（包括登陆战）或独立作战，另外还掌握了一项新的关键能力——海上加油。1939年6月，“萨拉托加”号航母在加利福尼亚外海与一艘舰队油轮配合，进行了第一次海上加油试验，美军从此获取了在广阔的太平洋上对日作战不可或缺的关键性后勤技术演进。[60]在1940年的第二十一届，也是最后一届“舰队问题”演习后①，航空兵们形成了一个贯穿整个第二次世界大战的信条：只有海军航空人才能理解错综复杂的航母作战，也只有这些人才能决定航母舰队的行动。[61] 1940年时，所有的航空人都想要得到脱离战列舰队独立行动的自由，但在战争中，这一自由实际上意味着对整个舰队的控制。

当战争的脚步逼近时，美国海军航空兵的一切仍然都围绕着那个小小的航空局展开。很不幸，这个部门还没为即将到来的大规模飞机采购和人员训练做好准备，但是至少现在的局长托尔斯有过在美国参加第一次世界大战前动员飞机和飞行员的经验。此外，为了在海军顶层支持海军航空兵的备战，分管航空的海军部副部长一职于1941年9月重新设立。[62]美国海军飞机的性能远逊于日本

① 编注：据悉，美国海军在2015年至2016年间恢复了“舰队问题”演习。

海军，因此海军在新飞机生产订单合同的争夺中获得了高于陆军的优先级。然而，留给美国海军的时间已然不多。随着时间一天天地流逝，美国海军发现一些新型飞机无法按预定日期交付部队，它们最终装备部队的日子恰巧就是战争爆发之时。[63]

1941年秋季，美国海军拥有6艘快速重型航母（不包括小型的“突击者”号）和2艘必要时能够伴随其行动的新型快速战列舰。虽然航母的作战条令比较灵活，但航母仍然从属战列舰部队，甚至只是战列线的一部分。6艘航母原本可以像日军那样集中编组成一个大型战术编队，但是由于美国面临着来自日本和德国两个方向的战争威胁，这些航母不得不分散到大西洋和太平洋上。美国海军只能等待更多的航母和更好的飞机——并祈祷能获得更多的时间。

参战前夕，美国海军内外都有很多人怀疑快速航母能给海战带来变革。海军分析人士伯纳德·布罗迪就是其中之一，他在1941年写道：

> 航母……不太可能取代战列舰。……航母能够在很远的距离上向最灵活机动的目标发动攻击，但准确性和威力都无法与射程之内的大口径舰炮相提并论。[64]

珍珠港一战击沉了他的论调——来自6艘快速航母的舰载机打残了5艘战列舰。

第二章　筚路蓝缕，1942—1943

日军偷袭珍珠港拉开了第二次世界大战中太平洋航母战争的序幕。如果说英军航母对塔兰托的空袭还没能让美国海军的领导者彻底认清新时代海战的革命性变化，那么日军400架飞机突袭珍珠港一战就足以让他们清醒了。不仅如此，日军击沉了5艘战列舰（其中2艘再也没能打捞起来），几乎把太平洋舰队的战列舰消灭殆尽。美国剩余的几艘老舰也都撤回了加利福尼亚沿海，不得已，航母和潜艇部队扛起了整个太平洋上的战线。从1941年12月7日到1943年春，美国海军航空母舰的任务实质上只有一个：守卫盟军基地和补给线，护卫开往前进基地的运输船团。

顶住敌人的进攻

这一时期所有的作战行动都是在救火。战略和部队的投向都是为了应对危机和防止被打败。起先，"突击者"号和"黄蜂"号留在大西洋，其余所有航母——"列克星敦"号、"萨拉托加"号、"约克城"号、"企业"号和"大黄蜂"号——很快云集夏威夷。这寥寥数艘主力舰——没错，航母现在确实是主力舰了——通常都是以单航母特混编队的形式独立作战的。这种权宜之计事出有因：（1）多项互不相关的任务需要同时进行；（2）高层担心"把所有鸡蛋装在一个篮子里"有风险；（3）战争初期的惨重损失让美军手里可用的航母数量锐减。"萨拉托加"号在1942年1月被日军潜艇发射的鱼雷击中，离开战场；"列克星敦"号在5月的珊瑚海海战中重伤沉没；"约克城"号也在6月的中途岛海战中遭到打击，因缺乏损管经验而沉没。

航母运用的成功与否，与负责指挥它们的人息息相关，因此将领的任用是一个贯穿整个战争的问题。战争已然爆发，没有时间试错，所有没能达到战时要求的和平时代军官都被迅速撤换。关于航空兵的重要人事任命多多少少都是航空局局长托尔斯少将和对应的人事局局长切斯特·尼米兹少将之间相互妥协的结果。珍珠港一战提出了新的问题：什么样的人才能担负起战区指挥之责？快速航母都会被交到他们手中，他们还要负责指挥战区内的整个舰队，特混舰队也要由他们来组建。很显然，只有那些能够理解海军航空和快速航母作战的将领才能胜任，最好是那些获得了飞行员资格的将军。然而在1941年，这种“航母将军”还很少，除了托尔斯和贝林格之外所有的飞行员将军都是所谓“后来者”。这样，最终的决策权就交到了海军最高指挥层手里，由他们来决定谁来指挥战区、舰队和航母特混舰队。

很幸运，罗斯福总统、海军作战部部长哈罗德·斯塔克上将、海军部部长弗兰克·诺克斯，以及尼米兹少将做出了正确的选择。首先，大西洋舰队司令“厄尼”·金上将被任命为美国舰队总司令。其次，尼米兹本人被提拔为上将，任太平洋舰队总司令兼太平洋战区总司令。两人都在各自的岗位上干了相当久，金还从1942年3月开始兼任海军作战部部长。

欧内斯特·J. 金（美国海军学院1901届毕业生）是出了名的实干家，无论是行政管理还是作战指挥都是如此。他对手下所有人的要求都很高，而且赏罚分明。他脾气暴躁，行事风格冷酷。他在对付英军司令官时毫不客气，在美国参谋长联席会议（JCS）里对付陆军参谋长乔治·C. 马歇尔上将和陆军航空兵司令 H. H. “哈普”·阿诺德将军时也丝毫不留情面。金不仅具备在多个战线上协调舰船和人员的能力，也有能力在锤炼盟军大战略的工作中献计献策。对他承担的美国舰队总司令兼海军作战部部长的双重身份而言，上述能力可谓量身定制。他也很好地胜任了自己的工作，作为一名经验丰富的领导者，金不仅熟悉航空，还熟悉战列舰、驱逐舰、潜艇和参谋部。对航母部队的官兵而言，他虽然也是航空兵军官，但却是“后来者”，他和“杰克”·托尔斯的关系一直不好。[1]

切斯特·W. 尼米兹（美国海军学院1905届毕业生）脑瓜和金一样聪明，但在与手下人友好相处方面比金强。作为一个对细节和形式十分讲究的人，尼米兹很懂得授权，他只有在出现严重紧急事态或者自己搞不清楚状况的时候才会干预下属工作。正因为如此，他手下的人在整个战争期间对他都极其忠诚。尼米兹的大部分海军生涯与潜艇和水面舰艇有关，但他没有航空经验，不过在处理人事方面的广泛经验使他十分适合指挥太平洋舰队，在那里航空毕竟只是诸多问题之一。除了要领导航母和航空兵，尼米兹还需要和潜艇部队、辅助舰艇部队、战列舰部队、两栖战部队、后勤部队、海军陆战队，以及陆军的人打交道——尤其是他那个脾气古怪的搭档，陆军上将道格拉斯·麦克阿瑟。

美军航母在太平洋上的首次出击给尼米兹带来了第一个头疼的问题——战列舰派将领和航母派将领之间的冲突。每天早晨尼米兹都会在珍珠港的太平洋舰队司令部里召集各方最高级将领开会。既然此时美军的战列舰队已经失去了战斗力，那么所有的水面作战就都有航空兵将军和上校们的参与。那些不涉及航空的水面舰艇将领开始觉得自己被甩入二线，其中至少有两人——佩伊和西奥博尔德——已经在会上就此事发了脾气。尼米兹立即展示出了自己的圆滑老练，讲了几个故事，让他俩平静了下来。[2]可根本问题仍然没有解决，那就是在这场航母主导的战争中，战列舰派将领们完全没有发言权。

太平洋舰队航母部队官兵的指挥官是航空作战部队司令小威廉·F. 哈尔西中将，小哈尔西（美国海军学院1904届毕业生）在这个职位上已经干了几个月，在战争爆发时他都快要按原定计划离职了[3]，但哈尔西一贯以攻击性强、气场强大著称，这让他的地位在战争爆发后扶摇直上。原本准备接替他的 A. B. 库克少将并没有他的这些声誉。库克（美国海军学院1905届毕业生）曾是航空局局长，他脾气暴躁，难以相处，而且反复无常。因此，哈尔西在航空作战部队司令的岗位上又干了好几个月，而库克在整个战争期间一直没有获得出海指挥的机会。

除了哈尔西，珍珠港还有两位杰出的航空兵将领，分别是帕特·贝林格少将（美国海军学院1907届毕业生）和奥伯里·W.“杰克”·菲奇少将（美国海军学院1906届毕业生），各自负责指挥陆基/两栖巡逻机部队和当地的航母分队。在航母作战初期，各航空母舰的舰长们地位尤为重要。他们不仅需要向非航空兵出身的特混舰队将领建言献策，而且自身也即将晋升为将官。这些人包括“列克星敦”号舰长弗雷德里克·C.“泰德”·谢尔曼上校和“企业”号舰长乔治·D. 穆雷上校。这二人代表了两种不同类型的航母指挥官。穆雷（美国海军学院1911届毕业生）是个早期的航空先驱，行政管理方面的天赋极佳，堪称真正的绅士，富有人格魅力，他的航母生涯大部分白璧无瑕，不过在1941年9月犯了一个错误：当时他操作“企业”号开到了一艘正在前行的战列舰前方，导致了轻微擦撞。

谢尔曼（美国海军学院1910届毕业生）是个航空界的“后来者”，有些刚愎自用，直言不讳，也是个实干家。他是个无畏的人，对操舰和战术极其熟练。

当刚刚服役的“大黄蜂”号来到太平洋时，它带来了一位身材瘦小的舰长，美国海军航空兵的高层很早就对他青眼相加，除了托尔斯和贝林格，就数他最红了。他就是马克·A.“皮特”·米切尔上校（美国海军学院1910届毕业生），他说话声音很小，非常睿智，对己方人员、装备和敌人都了如指掌，是个优秀的指挥官。米切尔行事风格简单而直率，甚至有些顽固，但最重要的是，他是个天生的领袖。

1942年初期，美国海军中有几位非航空兵出身的重要战场指挥官，包括威尔逊·布朗中将、弗兰克·杰克·弗莱彻少将、雷蒙德·A. 斯普鲁恩斯和托马斯·C. 金凯德。其中尤为值得一提的是弗莱彻（美国海军学院1906届毕业生），他是个能力极强的军官，却又完全没有航母指挥经验。当战争打响时，前任太平洋舰队司令哈斯本·E. 金梅尔要从非航空人弗莱彻和航空人菲奇中选出一名主将，非航空人出身的金梅尔选择了弗莱彻。这一选择在第一次作战行动中带来了不利的结果，因为弗莱彻并不知道如何有效地使用手中的航空母舰。[4]战争中航空母舰的舰长们将数次悲愤地看到自己的航母未能得到合理的使用，而这仅仅是第一次。

除了航母数量不足、指挥关系不清晰之外，飞机性能落后也是个问题——这是对日作战准备不足带来的恶果。当时美国海军的主力战斗机是格鲁曼 F4F“野猫”式，这一型飞机还算不错，但还是对付不了日本的零式战斗机。俯冲轰炸机是道格拉斯 SBD“无畏”，它坚固、有效、可靠，而且能适应多种角色，可以充当侦察机、轰炸机，必要时还能客串战斗机。鱼雷轰炸机是道格拉斯 TBD“毁灭者”，这是当时美军舰队装备的唯一一型该类战机，它老旧、缓慢、机动性差，已经过时了，其替代机型的订单此时已经下达。每一艘航母搭载的舰载机大队编有72架飞机，包括18架战斗机（VF）、36架侦察/俯冲轰炸机（VSB）、18架鱼雷轰炸机（VT）。其战术的重点在于用飞机找到敌方舰队并发动攻击。

在1942年的头4个月里，哈尔西中将一直带着他的航空母舰四处空袭日军基地，从吉尔伯特群岛到马绍尔群岛，从威克岛到马尔库斯岛，之后他又指挥了一场上述所有行动加起来也无法与之比肩的空袭——4月，詹姆斯·杜立特带领的陆军轰炸机群从“大黄蜂”号的甲板上起飞空袭了东京。这一时期，每一艘航母都组成单独的特混舰队，拥有自己的护航巡洋舰和驱逐舰。如果需要多艘航母共同作战，那么多支这样的特混舰队就会开到一起，但在发动攻击前仍会分散开来，各舰的飞机直接在目标附近集合，这一过程与日军航母的“分进合击”理念十分相似。

这里有必要强调一点：这种多航母作战的组织样式实际上是多支“单航母”特混舰队，而非将多艘航母整合到护航舰艇统一防空圈内的“多航母”特混舰队。

不过1942年也有一个例外，就是“列克星敦”号和“约克城”号在威尔逊·布朗的带领下对新几内亚的莱城和萨拉莫阿的空袭。布朗将军自己对航母作战一无所知，于是干脆把“列克星敦”号舰长谢尔曼上校指定为“航空指挥官”。谢尔曼十分崇尚多航母集中使用，他在攻击机群远程奔袭的过程中始终将2艘快速航母集中部署在一起。虽然没有敌机前来挑战这支与众不同的快速航母特混舰队，但谢尔曼还是满意地看到“两艘或者更多的航母可以在战斗中组成一支队伍共同作战”。[5]

1942年4月，考虑到航母已经扛起了如此重任，尼米兹将军便改组了他的司令部，将战前老式的战列舰队体系变更为更有效的战时太平洋舰队体系。其航空兵部队被划分为巡逻联队（即此前的侦察部队）、通用联队和航母部队。哈尔西中将继续担任太平洋舰队航母部队司令。[6]三个独立的航空兵司令部很快就建立起来，但是下一次重组还要等到更大的战役打完之后才会进行。

当杜立特空袭东京时，日本已经攻占了整个东南亚——包括荷属东印度群岛、菲律宾，以及中太平洋诸岛。当“企业”号和“大黄蜂”号完成空袭东京的任务返回夏威夷时，日军已经开始向盟军在新几内亚的最后一个坚固据点莫尔兹比港开进。然而，美国海军破译了日军的通信密码，这使尼米兹将军知晓了日军的意图。他立即让弗莱彻率领菲奇麾下包含“约克城”号和“列克星敦”号的特混舰队和金凯德的巡洋舰部队奔赴珊瑚海。虽然弗莱彻在协调航空作战方面的表现堪称呆滞[7]，但是得益于航空兵指挥官菲奇将军的帮助，他还是在5月7日这一天得意扬扬地宣布击沉了一艘日军轻型航母。次日，珊瑚海海战的决战阶段，日军的“翔鹤”号、“瑞鹤”号与美军的“列克星敦”号、“约克城”号展开了正面对决。菲奇将军采纳了“列克星敦”号舰长“泰德”·谢尔曼的建议，将2艘航母集中编组，让所有驱逐舰统一编队护卫航母。这一战术原本可以发挥良好的作用，但是2艘航母在遭到日军空袭时各自机动规避，继而分散开来，由此大幅削弱了防御力量。结果是两艘美军航母都被击伤，其中“列克星敦”号还遭受了严重的内部爆炸，不得不自沉。它的损失让“泰德”·谢尔曼暂时下了岗。

在这些初期的海空战中，精锐的日军飞行员飞出了美国同行难以企及的水平，他们的训练和装备都高出对手一截。当时日军舰载机飞行员的平均训练飞行时长高达700小时——其中还有不少高级教官，而他们的美国对手在被分配到各中队之前平均只接受了305小时训练。[8]另外，日军使用的零式战斗机轻盈、敏捷，实际上几乎在所有方面都优于美军的F4F“野猫”式。美军硬是靠着空战战术和飞行员的技术才使得战斗机的损失不至于过高，但他们也发现，需要更多的战斗机方能同时执行为己方轰炸机护航和掩护己方舰队的任务。于是，珊瑚海海战后，每一支舰载机大队都增加了几架战斗机，从而提高了航母在战斗中的生存率。美军的另一个举措也被证明是不可或缺的——让飞行员轮流撤出战斗，回到后方去训练新人，这样他们就能把自己的知识和经验传授出去。与此相反，日军始终将最精锐的舰载机飞行员布置在第一线，这令他们的损失很难得到弥补。

三菱零式战斗机，它在整个太平洋战争中都是日军的主要战斗机。

由于空袭东京的任务耗时长久，哈尔西将军错过了珊瑚海海战，随后严重的皮肤病又让他一连几个月无法参加任何行动。当海军情报部门报告说日军舰队即将开赴中途岛时，他简直难过得要哭。然而病魔无情，哈尔西只好推荐他属下的巡洋舰部队司令雷蒙德·斯普鲁恩斯少将接替自己。斯普鲁恩斯（美国海军学院1907届毕业生）虽然不是航空兵出身，但也跟着哈尔西的航空母舰行动了好几个月，而且现在他还继承了哈尔西那个精于航母作战的指挥部。他的参谋长是迈尔斯·布朗宁上校，这个人性格暴躁，但很专业，而且在航母作战方面是毋庸置疑的专家。斯普鲁恩斯性格沉静，行事谨慎，考虑周全，并且十分睿智，他还到海军战争学院进修过几次，被普遍认为是高水平的战略家。

当哈尔西把航母交给斯普鲁恩斯时，舰队总司令大印被交给了弗莱彻。此时菲奇正返回美国西海岸的圣迭戈，去接修复了鱼雷损伤的“萨拉托加”号重返战场。不过“萨拉托加”号还是回来得太晚，没能赶上中途岛海战。就这样，这场航母大戏只能交给三个非航空兵出身的指挥官——尼米兹、弗莱彻和斯普鲁恩斯去指挥了，此外金凯德少将负责指挥巡洋舰。

美军中途岛一战取胜的关键在于斯普鲁恩斯在下达命令和发挥指挥班子能力方面的高超技巧。尼米兹将军命令弗莱彻和斯普鲁恩斯“根据风险计算的原则”[①]来组织对敌方舰队的攻击。虽然弗莱彻负责全盘战术指挥，但实际上斯普鲁恩斯最终还是独立行动的。有布朗宁给他当参谋，又有乔治·穆雷操控旗舰“企业”号，于是他在战前把自己这支双航母舰队一分为二，这就让“大黄蜂”号上的航空兵专家米切尔也得以独立行动。这两个战斗群率先接近日本舰队，弗莱彻的“约克城”号则直到6月4日战斗打响当天才追上来。当双方舰队相互逼近时，布朗宁上校做出了海军史上堪称神来之笔的一次计算：他算出如果斯普鲁恩斯比原计划提前2个小时放出轰炸机群，他们就能抓住日军舰载机在甲板上加油、母舰极易起火的时机予以打击。这是真正的风险计算，斯普鲁恩斯采纳了他的意见并放出了攻击机群，结果过时的TBD鱼雷轰炸机几乎被日军全部消灭，而

① 译注：意即审慎地评估风险，仅在风险收益比足以接受时行动。

道格拉斯 SBD“无畏”侦察 / 俯冲轰炸机，摄于“企业”号上空。

SBD 俯冲轰炸机群却看不到日军舰队。机群指挥官开始四处搜索，凭借过人的运气，他还是找到了南云的四艘航母，随即带队发动进攻，将“飞龙”号、“苍龙”号、“加贺”号、“赤城”号全部击沉[①]。[9]

弗莱彻的运气就没这么好了。虽然“约克城”号的飞机也立了大功，而且他们还独立找到了目标，但日军飞机的最后一轮反扑还是成功重创了“约克城”号。这艘航母被美军过早放弃，随后被一艘日军潜艇击沉。战役结束两天后，菲奇搭乘“萨拉托加”号抵达珍珠港，他的资历比斯普鲁恩斯高，因此接过了航母部队的指挥权。

这场大胜的原因很多，尤其要归功于勇于牺牲的“毁灭者”鱼雷轰炸机飞行员和决心坚定、发动致命一击的“无畏”式俯冲轰炸机飞行员。从高层指挥的角度看，尼米兹很明智地赋予各特混舰队指挥官自由行动的权力，斯普鲁恩斯则

---

① 校注：美方的这一轮攻击实际上只重创或击沉了除“飞龙”号外的3艘航母。

选择了依靠哈尔西航空兵参谋的专业建议，这些都是不应该忽略的因素。最后，对日军航母时机准确的进攻要归功于航空兵专家迈尔斯·布朗宁，他为此荣获海军杰出服役勋章。“通过精确的计算和出色的执行，他在中途岛海战全歼敌人航母舰队中功劳甚大。”①[10]

中途岛一战终结了日军大肆进攻的势头，双方舰队都退回基地舔舐伤口去了。现在日本和美国都不像之前那样积极求战，因为大家都赔不起。尼米兹把斯普鲁恩斯召回总部担任太平洋舰队副司令兼参谋长，弗莱彻则继续在海上指挥舰队。尼米兹和斯普鲁恩斯二人堪称两大最强头脑，但很显然，他们都不是航空人。实际上1942年上半年太平洋舰队司令部中级别最高的航空人只是一个上校——亚瑟·C. 戴维斯。

不过尼米兹还有他的各兵种司令呢，那些将领要分别对某一类型的军舰或飞机进行行政管理或提供后勤支持，有时还要率队上阵作战，譬如率领太平洋舰队巡逻机联队、航母部队、战列舰部队、巡洋舰部队、驱逐舰部队和潜艇部队。1942年7月，仍然躺在病床上的哈尔西中将被解除了航母部队司令职务，不久之后，先前将所有航空兵部队划分为巡逻机部队、航母部队、通用部队三大类的做法因为难以管理被废除了。1942年9月1日，这三类航空兵部队被合并为单一的司令部——美国海军太平洋舰队航空兵司令部，10月又简称为太平洋舰队航空兵司令部（ComAirPac）。其首任司令是菲奇少将，他也由此成了太平洋上所有航空人的大总管，负责所有航空人员、装备和舰船的行政管理。作为一个兵种司令部，它“从航空局接收飞机，从飞行训练司令部接收人员，将他们分配至各中队，负责飞行中队的训练和舰艇试航，并确保所有单位保持战备状态”。[11]不过太平洋舰队航空兵司令部并没有和舰队司令部一起制订作战计划的权限，没有一个航空人有此权限。

中途岛海战后不久，金上将就颁布了新的航母作战条令。珊瑚海海战中“列克星敦”号的沉没、中途岛海战中日军四艘航母被“一锅端”，这些都是在多航母编队内发生的事，这令金确信这种战术是不安全的，至少在当前护航舰艇不足的

---

① 校注：事实上他算错了敌舰位置。

情况下是不安全的。因此他明令禁止将两艘航母编入同一个护航圈，即战术上的集中编组。[12]每一艘航母都得由一名将军坐镇，并拥有由巡洋舰和驱逐舰组成的独立护航群。这一策略相当有意思，因为日本人在中途岛海战后的反应与此截然相反，他们建立了由3艘航母固定编组而成的多航母特混大队（战队）。

1942年上半年的战斗为航空母舰上的官兵们提供了宝贵的实战经验，所有的航母舰长也都晋升少将。这意味着航母特混舰队将越来越多地由那些有驾驭航空母舰的实战经验的航空兵军官来指挥。到1942年8月时，尼米兹麾下的航母特混舰队指挥官包括：中将弗莱彻（非航空兵）、哈尔西，少将米切尔、穆雷、谢尔曼、雷·诺伊斯和金凯德（非航空兵）。

当老一代舰长升为少将后，新一代航母舰长又成长了起来，他们早年都当过飞行员，其海军生涯都是在航空兵部队度过的，而且在行政管理和部队指挥的岗位上都有出色表现。德威特·C.“公爵”·拉姆齐上校（美国海军学院1912届毕业生）入主“萨拉托加”号，他的出色能力是航空局转入战时状态的关键因素之一，本人也得到了金的青睐。查尔斯·P. 马逊上校（美国海军学院1912届毕业生）入主“大黄蜂”号，他是美国海军第52名飞行员，担任舰长前不久一直忙于开设新的飞行训练设施以在战时大量培训飞行员。亚瑟·C. 戴维斯上校（美国海军学院1915届毕业生）入主“企业”号，此前他在太平洋舰队司令部当了两年的航空参谋；其诸多成就之一是在著名的“诺顿”轰炸瞄准镜的开发中扮演了主要角色。福雷斯特·P. 谢尔曼上校（美国海军学院1918届毕业生）得到了“黄蜂”号，他被认为是海军中最聪明的军官之一，在地中海完成了向被围困的马耳他岛运送飞机的任务之后，他就带着航母来到了太平洋上。[13]

人事之外唯一的重大变化发生装备方面。在快速航母对决中没有用武之地的TBD“毁灭者”鱼雷轰炸机全部退役，由全新的格鲁曼TBF“复仇者”取而代之，这是一种皮实的鱼雷轰炸机，若不是研发遭遇延误，它早就装备舰队了。

现在，快速航母部队已经成功顶住了敌人的进攻，战争的形势已然逆转，盟军的计划人员开始考虑进行一轮有限进攻。1942年7月2日，美国参谋长联席会议决定，太平洋上的第一个主要进攻目标是拉包尔——日军在俾斯麦群岛新不列颠岛上新建的一个大型基地。盟军西南太平洋战区司令道格拉斯·麦克阿瑟

正在投射鱼雷的格鲁曼 TBF“复仇者”。

上将希望沿着所罗门群岛和新几内亚一线发动一系列快速进攻，最终夺取拉包尔。在没有新建机场的情况下，他麾下的陆基陆军航空兵轰炸机部队无法覆盖如此遥远的目标，因此麦克阿瑟希望尼米兹的航空母舰能够掩护他的侧翼。[14]

金和尼米兹被这个要求惊呆了。由于飞机的质量和数量都逊于对手，防空火力也不足，美军已经损失了两艘航空母舰，他们绝对不想把这些航母送到所罗门海的狭窄水域，在那里沦为日军陆基飞机和潜艇的活靶子。然而在麦克阿瑟眼里，航空母舰只不过是他在突击拉包尔，进而重返菲律宾的大战略中一件可以牺牲的附属品。在菲律宾，美军的抵抗在1942年4月就差不多停止了。麦克阿瑟更想让他手下乔治·C. 肯尼少将的陆基航空兵充当主要的空中力量，航母的作用主要是支援陆基航空兵，以及消灭中太平洋上的日军机场和舰队。[15]

麦克阿瑟的方案迫使美国海军不得不拿出自己的战略来予以应对。有一点必须明确：快速航母需要足够实施机动的开阔水域，而且不能冒险暴露在敌方陆基航空兵的攻击之下。另一个需要考虑的问题是，麦克阿瑟并不把航母视为高机动远程战略性主力舰，把所剩无几的航母置于他的麾下，这是否明智。在战略方面，海军最终向麦克阿瑟妥协了。所罗门—新几内亚战区被分为两个部分：(1)南太平洋战区，这一区域归入尼米兹统一指挥的太平洋战区之下，由R. L.戈姆利中将直接指挥；(2)西南太平洋战区，归麦克阿瑟指挥。两个战区将协同发动有限进攻，目标直指拉包尔。如此，海军在1942年8月就可以使用自己的航空母舰掩护海军陆战队在所罗门群岛南部的图拉吉岛和瓜达尔卡纳尔岛（以下简称"瓜岛"）登陆。麦克阿瑟则可以使用陆军、盟国空军和他那支规模不大的第七舰队沿着新几内亚的巴布亚半岛一路攻击前进。考虑到麦克阿瑟对航母的态度，海军拒绝把快速航母置于其直接战术指挥之下。[16]

为了支援南太平洋的作战，海军成立了一个新的司令部：南太平洋航空兵司令部。其部队包括陆基巡逻机、水上飞机、轰炸机和战斗机，首任司令是约翰·S.麦凯恩少将，他是个彪悍的老水兵，航空兵中的"后来者"。这一战区内航母的行政管理仍由珍珠港的太平洋舰队航空兵司令菲奇负责，但是具体的战术指挥由南太平洋战区司令戈姆利负责。

对航空母舰部队来说，瓜岛战役意味着一次接着一次的心碎。1942年8月7日登陆当天，弗莱彻中将拥有3艘航母，他本人在"萨拉托加"号上升起了将旗；没有航空兵背景的金凯德指挥"企业"号特混舰队；初来太平洋战场的诺伊斯负责指挥"黄蜂"号。弗莱彻干得糟糕透顶，陆战队刚一上陆，他就通知进攻部队指挥官里奇蒙·凯利·特纳少将自己要比原计划提前一天撤离。让他手下的航空部队官兵郁闷的是，弗莱彻提前撤退是由于害怕日军驻扎在拉包尔的"翔鹤"号、"瑞鹤"号和三艘轻型航母会威胁到自己的舰队。他的草率撤离导致日军水面舰队第二天夜里就冲了过来，在萨沃岛附近击沉了几艘美军巡洋舰。弗莱彻麾下的将领们也无意劝阻，诺伊斯甚至无意转达福雷斯特·谢尔曼关于追击撤退中的日军舰船的提议。[17]

对航空母舰部队和那些在瓜岛上初次体验岛屿丛林战的陆战队员们来说，

萨沃岛海战之后的头六个星期简直是煎熬。弗莱彻将军还是一如既往地畏首畏尾，他和手下那些一头雾水的将军在各艘航母间飞来飞去，没完没了地开会。8月24日，南云中将带领“翔鹤”号、“瑞鹤”号、“龙骧”号三艘航母发动了东所罗门海战，弗莱彻则错判了局势。“企业”号被击中，好在舰长“亚特”·戴维斯上校还是把它带了回来，美军则击沉了日军轻型航母“龙骧”号。7天之后，一艘日军潜艇发射鱼雷击伤了“萨拉托加”号，这艘战争中第二次被鱼雷击伤的航母不得不退出战斗三个月。据称弗莱彻也在此次战斗中被冲击波所伤，彻底终结了航母生涯，不过这或许是一件好事。战争的最后两年，弗莱彻只能在遥远的北太平洋孤独地度过。不过另一方面，“萨拉托加”号的舰长“公爵”·拉姆齐上校却被晋升为少将，继续留在太平洋上作战。

现在情况恶化了。航空兵们开始抱怨自己不得不在狭窄水域作战，多航母特混舰队的支持者们也激烈反对分散使用航母以应对空袭的做法。[18] 9月15日，“黄蜂”号在护卫开往瓜岛的船队时被日军潜艇的鱼雷击中，舰长福雷斯特·谢尔曼上校无力拯救母舰，只能下令自沉。他的上级将领雷·诺伊斯也在此战中被烧伤，他在3天内12次使用同一条航线，给敌方潜艇留下了击沉自己的机会，因此饱受批评。[19]诺伊斯随即被召回珍珠港，临时担任太平洋舰队航空兵司令。前航空兵司令杰克·菲奇被调往南太平洋担任陆基航空兵部队司令。而被他替换的麦凯恩少将则接到命令，回到华盛顿担任航空局局长。这些变更拟于10月中旬生效。

10月16日，乔治·穆雷少将和查理·马逊上校指挥“大黄蜂”号痛击了南太平洋地区的日军飞机和军舰，这充分显示了这些航空兵将领的血性。不幸的是，此时美军手中只剩下“大黄蜂”号和“企业”号两舰，将军现在比航母多。随时能够接掌航母特混舰队的有哈尔西中将（他已经病愈归来）、“公爵”·拉姆齐少将和“泰德”·谢尔曼少将。最终，金和尼米兹再也忍受不了南太平洋司令部的毫无作为了，1942年10月18日，他们下令由哈尔西接替戈姆利指挥整个所罗门周围的作战。

老“公牛”（媒体这么称呼哈尔西）一来，南太平洋战区的士气立即飙升。此外，W. A.“大下巴”·李少将（美国海军学院1908届毕业生）也率领两艘新型快速战列舰来到了这里，他是个广受尊敬的炮术专家，但从来没有指挥战列舰和航母协同作战的经验——那时也没人这么干过。除此之外，南太平洋战区还有9艘巡洋舰、24艘驱逐舰，以及乔治·穆雷指挥的“大黄蜂”号和汤姆·金凯德指挥的已经修复的“企业”号，后者现在的舰长是奥斯本·B. 哈迪逊上校。哈尔西需要所有的一切，在上任之后第八天，他就判断日军司令山本大将会派遣南云的全部航母兵力再度前来赶走瓜岛美军——这些航母包括“翔鹤”号、“瑞鹤”号、“隼鹰”号和“瑞凤”号。

圣克鲁兹海战打了两天。从“大黄蜂”号起飞的SBD轰炸机重创了“翔鹤”号——这是它在六个月里第二次挨揍，但是金凯德指挥的航母未能对敌人发动有效攻击。日军抢得先机，他们的炸弹击中了“大黄蜂”号，令其通体起火直至沉没，“企业”号也挨了炸弹。战斗中真正的英雄是新型快速战列舰“南达科他”号，据称舰上大量的高射炮击落了数目可观的日军飞机。这场战斗让哈尔西确信，在这种狭窄水域中使用航母是愚蠢的，于是他立即把最后幸存的“企业”号撤往南方。“泰德”·谢尔曼和其他将领则确信将航母拆分为独立特混舰队的战术是错误的，但此时这一点也没什么意义，因为在“萨拉托加”号修复归来前，美军在太平洋上只剩“企业”号一艘航母了。[20]

哈尔西还担负着一项重大任务——击退日军最后一次重夺瓜岛的努力。这就是1942年11月13—15日的瓜达尔卡纳尔海战。虽然“企业”号的舰载机依托瓜岛机场参与击沉了1艘敌方战列舰和7艘运输船，同时日军第2航空战队的“隼鹰”号和“飞鹰”号也是日军舰队的组成部分，但这次战斗的主角并不是航空母舰。除了金凯德少将指挥的“企业”号，参战的还有菲奇指挥的陆基航空兵，而首功当属李将军，他的2艘战列舰在夜战中成功击败了日军舰队。这场为期三天的战斗为哈尔西赢得了他的第四枚银星勋章，也彻底终结了日军重夺瓜岛的努力，此后长达一年的时间里，美日两军的航母和战列舰都退出了主要战斗。

瓜岛战役令大部分海军航空兵指挥官倍感失落，因为他们的航母在战斗中未能发挥机动性，而且又一次由能力不足的非航空指挥官指挥，尤其是弗莱彻和金凯德，金关于每支特混舰队只能编入一艘航母的命令也让很多人感到失望。为了保持航母的机动性，哈尔西现在让他仅剩的2艘航母撤出了敌方陆基飞机的作战半径。为了解决指挥问题，他要求所有以航母为中心的特混舰队此后都要由航空兵将领来指挥，受命调往北太平洋的金凯德成了最后一个在快速航母上升起将旗的非航空兵将领。[21]麦凯恩就任航空局局长之后，被替换下来的“杰克”·托尔斯中将从1942年10月起接掌太平洋舰队航空兵司令一职，从而施展他的专业能力解决太平洋战场上航母面临的问题。“公爵”·拉姆齐指挥“萨拉托加”号舰队，“泰德”·谢尔曼则指挥“企业”号舰队。

1943年开年时，美军最急需解答的问题就是，到底是单航母特混舰队好，还是多航母特混舰队靠谱。令人哭笑不得的是，当时的两名特混舰队司令，拉姆齐和谢尔曼恰好分别是两个选项的代言人。哈尔西的态度则是无所谓，他此时最关注的是进一步加固瓜岛的盟军基地，因此在他看来，菲奇的陆基航空兵远比只能在日军飞机作战半径外承担船团护航任务的两艘航空母舰重要得多。不过，他还是遵照金在1943年1月初发布的命令，令航母独立行动。谢尔曼将军发现这种做法“和我们的理念截然相反”，于是在1月20日这天找哈尔西讨论了金的这条命令，发现彼此“一拍即合”。不过哈尔西还是倾听了两个方面的声音，在1943年3月改变了观点，这让谢尔曼觉得“一定是拉姆齐在关键时刻干了些见不得光的勾当”。[22]

鉴于自己身为战区指挥官，哈尔西实际上更倾向于把争议留给航空母舰指挥官们。迄今为止他还没有参加过一场真正的航母会战，只是指挥了1942年上半年的空袭东京之战，他最主要的贡献都是以战场指挥官的身份做出的，对战术理论之类的东西感不感兴趣还很难说。哈尔西更多的是一位战将，而非思考者，何况这个问题至少在1943年上半年时与他负责的所罗门战役没有什么直接关系。

不过，对太平洋上快速航母作战的前景深感忧虑的谢尔曼和拉姆齐向哈尔西提出，希望他允许他们利用“萨拉托加”号和“企业”号进行双航母编队试验。哈尔西同意了，谢尔曼和拉姆齐二人轮流上阵，指挥这支由2艘航母组成的编队。关心最大限度强化防空能力的谢尔曼认为，这些试验证明了多航母编队的可行性。拉姆齐则出于有效组织飞行和巡航的需要，得出了相反的结论。[23]哈尔西站在了拉姆齐一边，这也和“厄尼”·金最初的论断一致，事情就这么暂时告一段落。

航母的舰况也是个大问题。“企业”号现在需要大修，另一方面又不能指望“萨拉托加”号单独在南太平洋扛大梁，万一再遭到鱼雷攻击，谁也不知道它能否再躲过一劫。金上将只好向英国求援。此时北非战场战火正旺，盟军刚刚于

1942年11月在北非登陆，英国海军部不太情愿从大西洋—地中海战场抽调出一艘航母来。然而太平洋的局势危如累卵，于是英军还是派遣“胜利”号快速航母前往珍珠港，它于1943年3月4日抵达目的地并开始与美国太平洋舰队一同进行适应性训练。4月28日，“企业”号启程返回本土进行大修，谢尔曼少将则向菲奇报到，在他手下暂时谋个差事。拉姆齐和“萨拉托加”号只得在那里独自支撑，直到5月17日“胜利”号抵达南太平洋为止。在那之后，这两艘盟军快速航母共同行动了2个月。[24]

1943年春，虽然所罗门战场进入了平静期，但太平洋战场的盟军并没有闲下来。在中途岛战役中，日军占领了阿留申群岛的两个岛屿——阿图岛和基斯卡岛。现在，金凯德中将要率领他的部队（包括小J. W. 里夫斯少将的陆基航空兵部队）夺回这两个岛屿。3月，双方的巡洋舰和驱逐舰部队在科曼多尔群岛附近进行了一场小规模海战，以平局告终，但美军还是在当年夏末收复了阿留申群岛。在新几内亚，肯尼将军麾下的陆军中型轰炸机部队与日军飞机及运输船展开恶战，并在3月的俾斯麦海海战中击沉了若干艘日军运输船。随后，山本大将把他的舰载机飞行员从“瑞鹤”号、“隼鹰”号、“飞鹰”号和“瑞凤”号上派到陆地机场，在新几内亚东部抵抗麦克阿瑟的部队。肯尼的飞行员们狠狠收拾了这些日军舰载机飞行员，山本不得不在4月16日把残部召回航母。两天后，美军飞机伏击了山本座机，这位日军最优秀的海军将领命丧黄泉。[25]

1943年5月，太平洋战场上出现了一个短暂的停歇期。之后，哈尔西将开始从所罗门群岛北上进攻拉包尔，与此同时，新建成的快速航母也将接连抵达珍珠港，从而开辟太平洋上的“第二战场”。想让这些航母在南太平洋或中太平洋战场上有效发挥作用，就得解决一大堆战术条令方面的问题。正如“泰德”·谢尔曼在他4月的日记中恼火地记录的那样：“……在我看来，海军高层……对如何运用航母并无正确理解。我们到现在为止还没有用2艘或更多航母正式组成特混舰队并合练过……”“厄尼”·金同意把这个问题放在太平洋舰队这里解决，但正如谢尔曼说的那样，“海军航空兵亦未能在关于战争的总体战略和政策的制定中发出合适的声音”。[26]这也是许多航空人的心声，他们在积极主动地为这一发言权而战，不过他们的战场在华盛顿。

华盛顿的较量

美国参加第二次世界大战时，其海军航空兵在行政组织方面完全没有做好准备，这和25年前美国参加第一次世界大战时如出一辙。虽说已经建立了航空局，但这点进步还远远不够。1941年，以航母为代表的海军航空兵“已经经由各个局之间的协作深入到了海军组织结构的每一部分”。同时，随着编制规模的迅速扩张，航空兵“即将不再是一个局就能管得了的了”[27]。从珍珠港事件到1943年夏季，当美国海军的一线部队在遥远的太平洋上与日军血战时，华盛顿海军部里的航空兵军官们也为在海军的策略制定和行政管理层级获得适当的有利位置而展开了一场愈演愈烈的斗争。

第一个问题比较好理解，航空局要满足舰队的需求，采购性能更好、数量充足的飞机，再把它们分配到最急需的地方去，同时还要训练出足够的飞行员来驾驶这些飞机。新建航母也很重要，不过这主要由联合委员会和舰船局来研究解决。

战争爆发时，航空局并无成熟的计划制订程序，无论是针对飞机数量的管理还是全军各舰队的飞机分配都是如此。1940年7月，美国国会授权海军采购15000架飞机，为此，航空局在1940—1941年成立了海军飞行训练中心，以训练出和飞机数量匹配的飞行员。主要训练基地设在芝加哥和杰克逊维尔，此外还有大量候补生被分配到阿拉梅达、诺福克、彭萨科拉、圣迭戈和西雅图。[28]珍珠港之战打响时，海军订购的飞机仅生产了5000架，与此同时，原先计划的15000架飞机采购量在激增的实际需求面前立刻显得无济于事。于是，1942年1月16日，国会又把海军飞机采购量提升到27500架。一时间，海军飞行训练中心和机场如雨后春笋般在美国各地冒了出来，这项庞杂的工作由能力极强的训练总监亚瑟·W. 拉福德上校负责协调。可是，这些措施都只是应急性的，并没有经过系统的计划。[29]

好在航空局局长托尔斯少将早在1917年时就深度参与了海军航空政策的制定，而且他能够预见到一些风险并提前采取规避措施。同样重要的还有他手下的计划与分配处负责人小乔治·W. 安德森少校。安德森（美国海军学院1927届毕业生）早已因在飞行和行政管理方面的天赋而为人所知，他在航空局里负责计划和政策制定，工作内容包括飞机的采购和分配。在战争爆发之初，托尔斯和安德森密切配合，保证了航空局的政策制定工作能跟上战争的节奏。在如此重要的岗位上，安德森少校还需要对战争的全局情况有所了解，因此托尔斯把安德森当成了自己的非正式助理，参加所有重要会议时都会叫上他，“通常这些会议仅允许最高级的政策制定者参与……”。这些会议使安德森“了解了全盘的战争计划和战略，这毫无疑问给他的处室所做的决定带来了重大影响”。[30]

托尔斯和安德森为航空局在1942年夏季建立起系统性的计划制定规则打下了基础。此后还增设了一位航空计划处总监——哈罗德·B. 萨拉达上校。可问题依旧堆积如山，航空局不仅要协调飞机采购和飞行员训练，还要负责零备件供应、岸基航空兵基地建设，以及新航母的交付。对航空局的要求愈来愈高，譬如1943年6月15日，航空局获得国会批准的海军飞机编制数量就从27500架提高到了31000架。计划工作确实得到了改善，但是当1942年美国海军航空兵在大西洋上与德国U艇斗法、在太平洋上与日军对决时，这些计划大部分不过是“穷凑合”的权宜之计。当新航空母舰开始大批加入舰队、1943年太平洋大反攻就此行将展开之际，飞机采购和分配方面的协调工作还远远做不到尽如人意。[31]

在航母方面，航空局对27100吨的新型快速舰队航母“埃塞克斯”号（CV-9）翘首以待，这艘巨舰在1938年获准建造，1941年4月动工。1940年六七月间，和那15000架海军飞机一道，国会批准海军再建造10艘这一级航母。珍珠港事件两周后，埃塞克斯级的数量再度增加2艘。这些新舰的建造需要时间，尤其是战时经验教训又导致了设计的修改。为了增加快速航母的战斗力，美国海军在1942年1月决定进行一次“不顾一切的尝试”，把克利夫兰级轻巡洋舰“阿姆斯特丹”号改造为一艘11000吨级的轻型航母，并更名为“独立”号（CVL-22）。当年2月追加了2艘改造计划，3月又增加3艘。这些航母的载机量只有埃塞克斯级重型航母的一半，但能够开出31节的航速，因此作为埃塞克斯级的补充倒也没什么问题。[32]

联合委员会里大都是些没有航空经验的退役将领，不过在埃塞克斯级和独立级航母的设计演进中，大量基本元素出自他们之手。珍珠港事件后不久，“萨拉托加”号便被一枚鱼雷击伤，暂时退出战场。联委会研究了美军航母的易损性，并得出结论：海军需要“更坚固的航母……它们在参加进攻作战时不至于被几枚小型炸弹、1～2枚鱼雷或中型炸弹击中就退出战斗”。1942年3月14日，委员会提议设计一型45000吨级的装甲甲板航母，要能达到33节的航速，并且搭载6支中队的飞机（战斗机36架，轰炸机48架，鱼雷轰炸机36架）。金上将和托尔斯表示“完全同意”，他们立即批准了这一提案。[33]

中途岛海战为航母建造计划又注射了一针兴奋剂。1942年7月，国会拨款再建造14艘航母。其中1艘在六个月后被取消，但最终还是又有10艘埃塞克斯级重型或者说中型航母（CV）和3艘排水量为45000吨级的中途岛级战列航母或者说大型航母（CVB）开始铺设龙骨。此外，又有3艘独立级轻型航母的改造工程被列入计划，使得该级舰的建造总数达到了9艘。到瓜岛战役之前，航空局账下的航空母舰数量已经达到了法定战时数量，虽然后来又有3艘埃塞克斯级和2艘新型轻型航母在战争结束前开始施工。

到1942年中期，航空局已经可以期待在战争胜利之前得到或者开工至少35～40艘攻击型航母了。不仅如此，为了满足大西洋反潜战的需要，海军此时还计划建造至少32艘小型、慢速的护航航母（CVE），同时还要为英国皇家海军建造一大批这种军舰。航空局还计划在1945年6月前采购27500架飞机。如此庞大的数量显然代表了航母舰载机对现代海战的影响。

与此相反，传统战列舰在海军的造舰计划中毫不起眼。1942年8月中旬，“大炮俱乐部”能拿出来吹牛的只有1941年年初以来新服役的6艘战列舰——2艘北卡罗来纳级（35000吨，9门406毫米主炮）和4艘南达科他级（35000吨，9门406毫米主炮），而这还是1923年以来首批建造的战列舰。不过这6艘舰的最高航速只有27节，因此在高速作战中很难跟上航速33节的快速航母。不过战列舰部队的将军们还有其他更惊人的计划：6艘依阿华级快速战列舰（45000吨，9门406毫米主炮，航速33节）和5艘蒙大拿级超级战列舰（65000吨，12门406毫米主炮）。尽管如此，珍珠港一战和几天之后英军“反击”号和“威尔士亲王”号两舰在中国南海被日军飞机击沉一事，已经决定了战列舰的未来。到1943年中期，当新型航母开始涌向太平洋战场时，依阿华级战列舰只有2艘建成服役，计划中的6艘最终只有4艘建成。1943年7月21日，5艘蒙大拿级——其中无一开始动工——被全部取消建造了。[34]

尽管如此，在1941年12月7日，海军部和海军的组织结构都是围绕着将战列舰作为首要主力舰的原则设计的——尽管许多老式战列舰在这一天被送到了珍珠港的烂泥里。若要将组织原则转变为以航空兵或任何其他兵种为核心，就要推翻从50年前马汉时代起就生根发芽的海军指挥和晋升体系。即便战争形式早已不同以往，海军中的保守派对这样的变革仍然会倾力抵制。航空兵们则不然，预见到日后太平洋上的攻势将由航空母舰主导之后，航空派在1942—1943年间一直想方设法加强自身在华盛顿的地位。

根据现代海上战争现实重组海军行政架构一事，视野开阔的文官领导不可或缺。富兰克林·罗斯福总统对太平洋战争十分关注，这种兴趣或许发轫于1909年第一次看见飞机从军舰上空飞过。他的海军部部长弗兰克·诺克斯自身或许并不算一个出色的部门领导，但却有个一流的副手——詹姆斯·V. 福莱斯特，诺克斯赋予了后者自由发挥的权力。福莱斯特在第一次世界大战中就获得了飞行员专属的金翼徽章，他是海军航空兵第154名飞行员，擅长行政管理，对航空兵这样的新事物十分支持。福莱斯特唯一的问题是和“厄尼”·金上将不对付，不过诺克斯很好地扮演了调解人的角色，直到二人开始惺惺相惜。[35]另一个关键性的文官是分管航空的海军部副部长阿特慕斯·L. 盖茨。和福莱斯特一样，盖茨也在第一次世界大战中获得了飞行员资格，是第65名海军飞行员，他拥有广泛的行政工作背景，同时其政治上的关系亦发挥了重要作用。[36]

海军部直接统管各局，这意味着像托尔斯少将这样的局长完全可以合法合规地绕过海军作战部部长处理航空局事务。航空局主要通过海军部管理部门来操持物资和采购工作。除此之外，这个局还对航空兵领域的人事任免拥有相当的控制权，这就令人事局局长兰道尔·雅各布斯少将相当不快。“杰克”·托尔斯则十分愉快地从老对头金和雅各布斯手里拿过了这份自主权，大家都知道雅各布斯“是金的人”。[37]不过金对此并不满意，他想要把所有采购工作，尤其是航空方面的，交由海军作战部部长（也就是他自己）集中管理，于是1942年5月他下令重组海军部。5月15日，托尔斯被任命为分管航空的海军作战部副部长，接受金的直接管辖，同时雅各布斯也欢天喜地地接管了“当前由其他局、处负责的所有人事职能”。不过金在下达这些命令之前没有征得罗斯福总统和诺克斯部长的同意。罗斯福总统听到这一消息后十分恼火，直接命令金收回成命。[38]这样，航空局局长就继续通过盖茨在诺克斯手下工作，托尔斯也就这样被从金手里“解救”了出来。

对持续扩大航空兵的影响力而言，在军队体制内获得善意与在文官体制内获得善意同样重要，而前者就意味着获得金上将的支持。金戴着海军作战部部长和舰队总司令两个头衔，身兼两个彼此独立的职务。海军作战部部长这个职位负责后勤和舰队整备，因此航空兵实际上并不太介意其管辖。实际上金早已把海军作战部部长的职责放手交给了海军作战部次长弗雷德里克·J. 霍恩中将，他和分管航空的海军部副部长盖茨直接对接，盖茨则直接管辖航空局。霍恩（美国海军学院1899届毕业生）是最后一名仍未退役的海军航空观察员，他在1930年指挥过“萨拉托加”号，并在1936—1937年指挥过航空作战部队，不过他还是太过保守，对海军高层指挥机构转向以航空为中心的变革持反对态度。

金上将的舰队总司令一职则引起了航空兵的极大关注，因为他这个职位负责舰队指挥、行政管理、政策和战略制定。1943年开年时，舰队总司令部参谋长是理查德·S. 爱德华兹中将，他思路很清晰，在整个战争期间一直是金最倚重的顾问。总司令以下的两个关键部门分别是计划处和作战处，两个部门的领导都拥有总参谋长助理头衔，部门内各有一名航空兵上校担任其顾问。1943年年初，金的计划处负责人是查尔斯·M.“聪明人”·库克，就像他绰号体现的那样，他是个睿智的军官，但不是航空人。库克的航空兵计划制订官是马西亚斯·B. 加德纳上校。1943年3月，航空兵第一次进入最高指挥层：那个曾把负伤的“企业”号带出所罗门海域的“亚特”·戴维斯少将就任金的作战处处长。戴维斯的航空助理，即金的航空处负责人是托马斯·P. 杰特尔上校。正是这些人在1943年金计划太平洋大反攻时发挥了关键作用。[39]

1942年年末到1943年年初，金在海军作战部部长和舰队总司令两个职位上都感受到了来自航空兵的压力。他关于改组海军部以控制航空局的尝试遭到了托尔斯的强烈反对。虽然金的计划最终被罗斯福总统否决，但他还是决定把麻烦制造者赶出华盛顿。于是太平洋舰队航空兵司令一职甫一出缺，金就把托尔斯打发到了那里。虽然托尔斯由此升任中将，但金的这一命令也把他困在了岸上。1942年10月，约翰·S. 麦凯恩少将接任航空局局长。麦凯恩是航空兵的后来者，他不可能继续走托尔斯的老路去当航空兵们在华盛顿的老大哥，这一点金心知肚明。麦凯恩是个直肠子的粗人，据说会说两种语言——“英语和脏话”[40]，在华盛顿，比起和托尔斯那帮人的关系，麦凯恩和高贵的非航空派也好不到哪儿去。不过他正是金需要的人，金很尊重他，把他当领袖人物来对待。

然而航空局仍然是个麻烦，金还得继续想办法改组。当时有一个难题是采购回来的海军飞机在交付部队后的去向。1941—1942年，航空局总是将飞机送到最急需的地方。到了1943年春季，飞机短缺的情况不复存在，而关于替换和维修老旧、受损飞机的政策还没有出台。另外，飞行员们也因长期作战疲惫不堪。航空局负责人员训练，但是各航空大队在前沿地域的轮换却是舰队自己的事。随着越来越多的飞机和飞行员来到太平洋，航空兵的后勤供应已然成了能够影响战争进程的大问题。金当机立断，这个问题轮到自己动用总司令的权威来解决了，这次他倒是看准了。[41]

在金需要出手干预的同时，航空兵对高层指挥中缺少代言人的抗议也愈演愈烈。虽然金是个后来的航空兵，霍恩是航空观察员，“亚特”·戴维斯少将也是总部作战处处长，但航空人还是希望能有一个自己人以中将军衔出任正式的指挥和政策制定职位。在某些持此期望者看来，这种改变意味着海军航空兵在实质上获得自主权，从而与海军其余部分分割开来，就像陆军中的陆军航空兵那样。航空兵的主流意见倒没指望出一个“海军航空兵总司令”，他们实际期望的不过是一个直属舰队总司令兼海军作战部部长的高级航空兵军官而已——虽然不少航空人都希望真的能有这么一位“总司令”。1943年春季时，支持航空兵这一诉求的也只有海军部部长诺克斯一人，他告诉罗斯福总统，海军作战部部长的部门里缺少一个负责作战策略制定的航空兵军官。[42]

1943年5月，“厄尼”·金开始动手解决困扰航空局的后勤与作战问题，这一方面是为了安抚航空兵，另一方面也是为了实现他期待已久的目标：通过重组将海军部各局纳入自己麾下。他向罗斯福和诺克斯提出，可以设立四个海军作战部副部长，分别负责作战、物资、人员和航空，其中每个人都要“兼具管理能力和专业技能”。若如此办理，海军部各局就将被降级为“执行与技术部门”[43]而不再是管理机关了。

金还是没能让总统、海军文官首脑和各局局长相信，这种颠覆性的变革在战争时期是合适的，但是关于设立分管航空的海军作战部副部长的提议生效了。总统批准了与此相关的提案，当年7月金宣布自己计划把一名海军航空兵军官晋升为中将，作为自己的副手，统管涉及航空的所有事务，“联络和协调航空兵的所有方面，包括政策、计划、后勤……”[44]原航空局下属的计划、人事、训练、飞行事务，以及陆战队航空兵诸处都将被剥离，转入新的部门，后者还有权就航空兵的人事任免向人事局提出建议。[45]

这个部门的名称和首任负责人的人选都很重要。金把这个职位命名为分管航空的海军作战部副部长［英文缩写为DCNO(Air)］，这样他和海军作战部次长霍恩中将之间的关系就很模糊了。不仅如此，作为海军作战部部长下属单位，这个海军作战部副部长的办公室只是一个负责具体事务的部门，其权限仅限于舰队整备和后勤，对策略制定和舰队作战则无能为力。事实也正是如此，1943—1945年，这位分管航空的海军作战部副部长还要派通过潜伏在舰队总司令部的“间谍”了解关于政策的情况。这个“间谍”就是金的航空处长华莱士·M. 贝克利上校，他在1943年12月接替了杰特尔上校先前的职务。[46]金其实并不希望这个新部门参加策略制定和计划工作，否则他就应该将其命名为分管航空的舰队副总司令，或者副总司令兼海军作战部副部长。在航空兵出身的首任主官的人选方面，金手里其实只有两个中将可以选择：托尔斯和菲奇。他当然不打算把刚刚被赶出华盛顿的托尔斯再请回来，而菲奇在至关重要的南太平洋身负重任。于是最好的解决方案就是把麦凯恩从航空局拉出来，晋升为中将。麦凯恩是个航空人，经验丰富而且了解航空局的问题，对金也很忠诚。

1943年8月18日，“分管航空的海军作战部副部长”一职正式设立，由麦凯恩中将担任。这个岗位和航空人们想要的东西还不完全一样，但它却是在正确方向上迈出的重要一步。分管航空的海军作战部副部长现在可以在比航空局更高的层级上制定航空兵的后勤政策，航空局则成为专业服务于海军作战部副部长的计划执行部门。降级后的航空局迎来了新的局长“公爵”·拉姆齐，他也是个熟悉航空局事务的老手。

金在集权化方面的努力——很多人说这是过度集权——不只是遭到了反对，

文官高层和众多海军将领，包括航空人对此都十分憎恨。其中一项反映就是有人提议把金从战争爆发时就一直兼任的舰队总司令与海军作战部部长两个职务拆分开来。1943年8月在魁北克召开的盟军首脑会议上，海军部部长诺克斯向金提出后者本人可以作为舰队总司令亲自指挥太平洋方向上新的进攻，霍恩则留在华盛顿任海军作战部部长。这个主意很可能是诺克斯的副手福莱斯特想出来的。对此，金的答复是尼米兹在太平洋上干得很好，而他自己更适合坐镇华盛顿指导各条战线上的海军作战。[47]这并不意味着金不想出海，或许他最爱的正是出海。可作为旁证的是，前亚洲舰队司令哈里·亚纳尔将军1943年10月在给金的信中写道："你应该离开华盛顿，离开那里的政治、争论、演讲和所有牵扯时间精力的事情，把所有的一切集中在如何揍日本人上。这才是海军最需要去做的事。"亚纳尔建议金找一艘战舰升起将旗，率领舰队打过太平洋。[48]海军部的许多人都希望他这么做，在1943年秋季，这个主意得到了广泛的支持。

1943年夏，亚纳尔将军在退休4年后再次出现在海军部，在大约三个月的时间里捅了几个"马蜂窝"，之后再度归隐。亚纳尔的"壮举"至少有这么几个：(1)进行了一次调研，转述了航空兵们对自己在这场战争中所扮演角色的理解；(2)开启了对战后和平时期海军规模的研究；(3)再度开启关于统一各军种的争论。哈里·E. 亚纳尔(美国海军学院1897届毕业生)在海军航空兵中的资历比金上将更老，他负责过一个航空站，指挥过大西洋舰队航空兵中队，在1927年获得海军航空观察员资格之前还到海军战争学院进修过。亚纳尔曾带领"萨拉托加"号加入现役，1931—1933年还担任过航空作战部队的司令。1936—1939年，他还在日本在远东大肆扩张期间担任美国亚洲舰队司令，直至退休。他在1943年被召回现役，但究竟是谁将其召回现役则一直是一个谜，毕竟亚纳尔竟然在仅仅得到霍恩中将"首肯"的情况下就在航空兵中间进行调研，而金显然不可能参与此事的发起。[49]无论从哪方面看，亚纳尔的"三把火"其实都是及时雨，它们成了"华盛顿的较量"的主要议题，直到战争结束之后。

罗根·C. 拉姆齐上校在1943年5月的《海军学会会刊》上首次公开提出了这样一个问题：在太平洋战争即将到来的"航空—登陆战"阶段，应当由谁来指挥美国海军及其航母部队？作为一名海军航空兵，拉姆齐指出，这样的作战应当由一名“最好相当熟悉或者经历过航空作战”的海军将领来指挥。[50]亚纳尔接下了这一问题，在1943年8月把它写成了一封正式函件，发给了包括从中将到资深上尉在内的几十名最好的舰队指挥官和海军航空兵军官，“以寻求可能得到的关于这个问题的最好想法”[51]。他还向航空兵们征询了战时各兵种协同作战的体会。结果在首要问题上，亚纳尔收到了令人振奋的回应：所有航空兵军官都一致认为，这个兵种在海军指挥层级中的地位太低了。

航空兵们的答复包含了两个主题。首先，把航空母舰用于防御的做法是不恰当的。其次，所有的高级别指挥部中都需要有一位航空兵军官。关于将航母用于防御的做法，海军作战部部长办公室的哈罗德·萨拉达上校如此说道：“除非促成某些变化，否则海军航空兵日益增长的潜力将继续被舰队计划禁锢，即海军航空兵的机动性会被浪费。”[52] J. S.“吉米”·萨奇中校是一位老资格战斗机飞行员，也是个空战战术家，他留意到“墙上的涂鸦”，它显示“航空兵并不是海军的辅助力量或者说是‘一个分支’，它是海军的主要武力——无论进攻还是防御都是如此，其他各兵种才是海军的‘分支’”。[53]在罗德岛匡塞特角指挥海军航空兵部队的卡尔文·T. 杜尔金少将总结了航空兵对错误使用航母的阐述：“我们的航母特混舰队虽然取得了胜利，但其作战运用缺乏足够的攻击性，因为战术指挥官没有航空兵背景、缺乏航空经验，也不了解舰载机大队。”[54]联合战争计划委员会的C. R.“猫”·布朗上校由此提出“在所有层级上，主官和参谋长中应该至少有一人是海军航空兵”。[55]海军作战部部长办公室的马特·加德纳上校指出，当时（1943年8月）尼米兹的太平洋舰队司令部的参谋团队中只有一名航空兵军官（拉尔夫·A. 奥夫斯蒂上校），大西洋舰队的参谋团队中只有一名航空兵中校，南太平洋的哈尔西那里只有一名航空兵少校，新成立的中太平洋部队司令部的参谋中也只有一名航空兵军官，军衔是中校。[56]

总体而言，航空兵们的反馈中表达出一种愤怒的情绪，此次调查至少给了他们一个发泄的渠道。尤其令他们怒火中烧的是其他兵种军官们表现出来的那种“该死的航空兵”的态度。现在，他们终于得到了一个机会，绕过那些保守的非航空兵高官，说出这些后者不可能容忍，堪称“大逆不道”的话。那些身处美国本土的不满者——包括萨拉达、萨奇、杜尔金，他们的意见只会落入亚纳尔耳中，这样谁都不会尴尬。然而，亚纳尔的调查信函抵达珍珠港时，其效果不啻引爆了一枚炸弹。

尼米兹自己不是航空兵，司令部里也只有一名航空兵军官，他并不看好亚纳尔的调研。他第一时间否定了自己在航空问题上的发言权："我与航空界没有过任何长时间、紧密的接触，因此我觉得自己个人所能做的只是站在更宏观的角度，对转达给您的文件做些评论。"之后，尼米兹对亚纳尔这种开启"就这一问题直接在您本人与舰队军官之间交换意见"，从而绕过指挥层级的行为提出质疑。他先是质疑亚纳尔是否有权发起这项调研并总结道："日后如果您能提前告知我，我可以用更明智的方式处理相关交流。"[57]为了重组舰队内的指挥体系，尼米兹同时也向自己手下所有指挥航空兵的将官们下发了一份问卷函件，要求大家提出对亚纳尔函件的观点，必须直白并且把话说透。[58]

此举彻底让那些非航空兵出身的主要将领成了航空人发泄怒气的靶子。尼米兹收到的第一批猛烈抨击意见来自人称"战斗弗雷迪"的谢尔曼，他从珊瑚海战役之后就一直在南太平洋战区心怀愤恨。谢尔曼宣称，当前海军的组织形式和海战战术全都过时了。在海战中使用炸弹、鱼雷和火炮的方法都发生了革命性的变化，因此"水面舰艇必须跟随并配合海军航空兵——而不是反过来，最适合完成这一工作的是海军航空兵"。之后，谢尔曼又几乎是在尼米兹脸上扇了一记耳光："海军航空人，也就是那些在航空兵中接受训练并服役的军官，应该在海军所有政策，而非仅仅在海军航空兵政策的制订上，占据最重要的地位……我建议……（应当下达命令，明确）将海军转变为飞行海军是海军部的既定政策，而且如下岗位只能由事实上的海军航空人来担任，以此作为海军航空化组织的行动之一"——舰队总司令（金并不是"事实上"的海军航空人）、海军作战部部长、人事局局长、联委会的一半人员、"各主要舰队的总司令"（这显然包括太平洋舰队），以及所有编入了航空兵的混成部队的指挥官。[59]

平日里总是镇定自若的尼米兹对这封回信和其他与此话题有关的信件十分愤怒。[60]由于"泰德"·谢尔曼已经返回南太平洋，尼米兹的怒火只能发向他的航空兵司令——航空人的领袖"杰克"·托尔斯中将。好在托尔斯的参谋长福雷斯特·P. 谢尔曼上校（注意，和"泰德"·谢尔曼并无亲属关系）是个很会说话的人，尼米兹对他很尊重也很欣赏。这个谢尔曼通过尼米兹给亚纳尔将军回了信，复述了其他航空人的话，但言辞缓和了许多，而且着重强调了要将航空兵和其他兵种整合在一起，而不是让航空兵统管一切的观点。谢尔曼提出，自己的这一观点在22年的海军航空生涯中从未改变[61]，他还提议“航空兵部队可以由拥有丰富航空经验的有能力的将领直接指挥，也可以在其参谋团队里编入足够数量的有航空经验而且有能力的高级军官……”[62]尼米兹批准了谢尔曼的函件，回复给了亚纳尔。与此同时亚纳尔也回信给尼米兹，说自己的调研得到了霍恩中将的许可，这也令尼米兹不再有异议，他之后再未提及此事。[63]

1943年10月4日，等所有人都说完话，托尔斯将军给尼米兹写了一份长篇备忘录，其内容涉及海军航空兵的所有方面。备忘录批评新设立的分管航空的海军作战部副部长一职“不合理，甚至可能不合法，引发了混乱和功能重叠”，托尔斯还建议取消舰队总司令一职，代之以海军总参谋长，以及“一名上将军衔的副总参谋长……总参谋长和副总参谋长都必须是航空人”。托尔斯认为太平洋舰队的航空兵“很好”，但他也提出了一个重要提议：“在每支主要舰队的指挥机构中设置一位副总司令，其军衔仅次于总司令，同时还要规定舰队的总司令和副总司令之一必须是海军航空人。”这个提议毫无疑问激起了尼米兹的兴趣，事实也将证明这一点。

根据自己当了32年飞行员的经验，托尔斯驳斥了那些认为“该死的航空兵”态度在海军中不存在的观点：“我认为就整体而言，对在海上战争中发挥航空兵的作用，海军的态度并不开明。”他强调了海军航空兵的历史性问题：“它是靠航空人和很少一部分有远见的高级将领（其中包含金和亚纳尔）的推动才进入海军的。不幸的是，航空兵的周围怨声四起，而且从未停息。这对各兵种之间的协作是不利的。”托尔斯接着论述道，航空人也可以是优秀的部队主官和舰长，这是他努力推广了多年的观点。他立场鲜明地提出：“一个杰出的航空兵军官……无论做哪个专业都将同样优秀。”因此，这位航空兵司令认为：“如果这些最优秀的人能获得适当的岗位，将他们卓越的见解转化为策略和行动，海军和国家的利益就会得到更好的维护。”[64]

亚纳尔将军收集了相当丰富的数据，他发出去300余封信件，有127人回信。1943年11月6日，他据此编写了一份报告，提交给诺克斯部长和霍恩中将。报告得出结论：“我们在战争中并没有充分发挥海军航空兵的力量。”亚纳尔列出了一系列在态度上完全一边倒的提议。其中最极端的要求是把分管航空的海军作战部副部长应由海军上将出任，并在参谋长联席会议中给获得一个席位，就像陆军航空兵司令那样，他不应该只为海军作战部部长当参谋，而应该有权指挥整个海军航空兵。不仅如此，“太平洋舰队的总司令也应当是一个航空人”——这意味着要撤尼米兹的职，除非太平洋舰队司令部内设置“一个负责航空的作战官，军衔是少将”。[65]

航空兵们开始为权力开价了——向海军部，也向即将用快速航母舰队引领反攻的太平洋舰队。在华盛顿，“厄尼”·金自然不为所动。在太平洋，他们提出了一个合理的建议：在尼米兹的司令部新设两个关键岗位，一是副总司令，负责就航空事务向尼米兹提出建议，二是负责航空的作战官。这一需求将在快速航母首次进行反击时更加凸显。

亚纳尔提出的另外两个建议为这场航空兵将领之战凑齐了最后一块拼图。其一是要求在战时最高指挥层上，通过单一的战争部进行全盘统一指挥以强化各军种协同。1943年8月，亚纳尔在给航空人发函征询意见时，还在当月的《海军学会会刊》上发表了一篇有关统一指挥的文章。收回来的反馈意见不一，但却有一个共识：无论联合作战中发生什么事，海军航空兵都必须留在海军体系内。

然而，在空中力量使用方略的问题上，各方却出现了争议。陆军航空兵想要战略轰炸机，海军航空兵则还之以能够支援舰队作战的飞机。“猫”·布朗上校在1943年8月9日写给亚纳尔的信中总结了这个问题：

> ……这场争执的双方分别是“支援航空兵”的支持者和那些将飞机视为能够独立使用的兵器……（例如战略轰炸）的人。其间自然充满了源自人类劣根性的狭隘偏执以及个人野心。
>
> 两派思想最忠实的拥趸都有足够的理由来支持自己的论点。那些乐见飞机有效支援地面和水面部队作战的人提出，自己并不反对战略轰炸，但他们也提出了一个无可辩驳的事实，如果组建独立空军，航空兵们就会倾向于轻视对海对地支援，从而妨碍战争的胜利。
>
> 支持独立空军的一派则同样公正地指出，陆军和海军并不真正对战略轰炸感兴趣……[66]

这一中肯的分析既适用于1943年时围绕空中力量的讨论，也适用于1925年那次撼动了整个军界的争论，以及战后那次毁掉了军队团结的海空军之争。就海军而言，飞机和快速航母将支援向日本的进攻。战略层面，航空兵可以击沉日军舰队，摧毁他们的航空兵；从战术上看，航空兵可以支援登上滩头的陆战队和陆军。至于使用重型轰炸机对日本工业基地进行战略轰炸，那还是遥遥无期的事情。

自从1925年比利·米切尔被送上军事法庭和莫罗报告发布之后，成立独立空军的呼声便在陆军航空兵中平静了下来，但是亚纳尔的报告重新激发起了他们对独立空军的追求。将独立的陆、海、空三军整合起来的方案出现在了陆军决策者们的案头，但是当罗斯福总统明确了自己关于海军改组的态度后，他们意识到想在战时进行军种大整合是不可能的。或许战后才更适合开展政治斗争，但是陆军航空兵对在整合的国防体系下建立独立空军的热情已经被点燃了。[67]

1943年时，海军航空兵对战后时代的关注点并非国防组织结构的重组，而是战后海军的规模和组成。联合委员会的C. C. 布罗奇将军在1943年6月10日向霍恩中将提交了一份备忘录，其中首次提到了战后海军的问题。他建议战后美国海军应当保留12艘战列舰和12艘大型航母，还有20艘稍小一些的航母和5000架飞机。[68]霍恩由此意识到了战后复员和战后海军两个问题的重要性。为此，他在8月26日指派亚纳尔将军牵头组建了一个特别计划小组。虽然亚纳尔实际上是单枪匹马在做这件事，而且此时正在编写关于海军航空兵的报告，但他还是全身心地投入到了这项工作中，并在9月22日向霍恩提交了计划最终稿。他在这份计划中要求建立三支“齐装满员的特混舰队”，每支舰队拥有3艘航母、2艘战列舰、6艘巡洋舰和18艘驱逐舰，航空兵将主导这支舰队的指挥。[69]

当1943年11月美军快速航母部队在中太平洋上第一次发动大规模作战时，海军航空兵正在努力，想要实质性地提升自己在海军中的地位。他们成功与否——无论是在总司令兼海军作战部部长级别、在太平洋舰队司令部，还是在战后的海军和国防组织结构中——将完全取决于这些新的快速航母在对日作战中的表现。

第三章 航母部队准备进攻

1943年夏，大批新建航母即将抵达太平洋，这对盟军未来战略的起草产生了深远的影响。此时，西南太平洋的战事陷入胶着，尤其是在新几内亚，麦克阿瑟将军的陆军部队正在那里和日军苦战。在南太平洋，也就是所罗门群岛，哈尔西将军已经准备好从瓜岛北上，攻打日军的重要基地拉包尔。而在中太平洋，尼米兹将军则暂时按兵不动，他在等待新战舰的到来。快速航母在新几内亚和所罗门群岛周边的狭窄水域难以发挥作用，海军的计划制订者们也绝对不想重蹈瓜岛战役的覆辙。因此，南太平洋的天空将由陆基飞机唱主角，新建的航母则开赴夏威夷。

中太平洋是个合情合理的进攻方向。战前战略家们早已在这里进行了无数次推演，日本的岛屿机场和仍然可畏的舰队也封锁住了这里所有的通路。恢复了实力的美国太平洋舰队完全能够把对手吸引到这里一决雌雄，进而打通向日本本土发动快速进攻的通道。鉴于这种形势，1943年6月，美军最高级别的联合战略调查委员会提议，盟军在太平洋上的战略重心应当从麦克阿瑟的西南战区转移到尼米兹的中太平洋战区。[1]许多陆军将领，尤其是麦克阿瑟坚决反对这个提议，其原因显而易见：如此一来，西南太平洋战区和陆军就只能给尼米兹和海军当配角了。然而陆军参谋长乔治·马歇尔将军不得不同意，因为不能让庞大的新航母舰队闲着无所事事。于是参谋长联席会议6月15日通知麦克阿瑟，中太平洋部队将要进攻马绍尔群岛，可能还要进攻吉尔伯特群岛，攻势将从1943年11月开始。这些战斗将由海军担纲，以两个试验性战术理论为核心，即快速航母特混舰队和海军－陆战队两栖攻击队。[2]

陆军对此方案的反对主要是基于航母在日军陆基飞机空袭面前的脆弱性，半独立的陆军航空兵也持相同观点。1943年5月的盟军领袖卡萨布兰卡会议决定中太平洋进攻依计划进行，但麦克阿瑟及其支持者希望尼米兹麾下的航空母舰

J. J. “乔可” · 克拉克上校和亚瑟 · W. 拉福德少将在克拉克的“约克城”号上指挥舰队在夏威夷水域进行航行训练，摄于 1943 年夏。

仅在麦克阿瑟沿新几内亚海岸推进时担当侧卫角色。在陆军看来，航母只能干一些打了就跑的突袭战，主要的空中支援还得靠肯尼将军的陆基航空兵。这种脆弱的航空母舰无法得到有效防御的假说一方面基于战争初期的经验，另一方面来自陆军航空兵由来已久的执念：在陆基航空兵面前，海军已经过时了。强势的金上将扫除了参谋长联席会议中的这种顾虑，但无论如何，航母舰队的第一次进攻战役必须证明，航母不仅能打，而且能守住阵位。

夏季的战略讨论之后，参谋长联席会议在1943年8月6日签发了一份指导文件，要求两路并进穿越太平洋。尼米兹首先要在1943年11月15日进攻吉尔伯特群岛，为下一步进攻马绍尔群岛夺取前进基地。之后他将在1944年元旦登陆马绍尔群岛。哈尔西则应经由中所罗门和北所罗门群岛，在1944年2月1前摧毁或占领拉包尔。中太平洋部队的兵锋随后将指向令人生畏的特鲁克环礁——日本联合舰队设在加罗林群岛东部的堡垒和锚地，与之相邻的波纳佩岛则应在1944年6月1日被攻占。与此同时，麦克阿瑟将穿过新几内亚北部，于1944年8月1日从海上向霍兰迪亚港发动进攻。一个月后，尼米兹会登陆特鲁克并继续向前进攻，在1944年最后一天进攻加罗林群岛西部的帕劳群岛。[3]

双路进攻的最终汇合点是所谓的吕宋瓶颈，这条水道一侧是中国大陆从香港到厦门的部分，以及台湾岛，另一侧则是菲律宾吕宋岛的北端，是日军将石油、橡胶等重要原材料从东印度运回本土的必经之路。1945年，盟军将在亚洲大陆沿岸、台湾岛或者吕宋岛登陆，从而斩断日本的这条生命线。卡住这个“瓶颈”之后，盟军将在1945—1946年攻占西边的马来亚和北边的琉球群岛。对日本本土四岛的决战将在1947—1948年展开，包括封锁和可能的登陆。这一远期计划的前提是欧洲战事将在1944年取得胜利，而美国舰队司令部的“聪明人”·库克将军由此指出，美国民众会对打败德国之后还要再打四年仗感到厌倦。他提议两个敌国应当在1946年被同时打败，这一观点最后得到了高层的认可。这就是对日大反攻的第一个具体计划，这一大反攻的矛头正是新锐的快速航空母舰部队。[4]

新的武器

1943年，美国的快速航空母舰已经是工业、科学与技术大联合的产物，这种联合在历史上是前所未见的。美国将最优秀的大脑与丰富的原材料储备和熟练工人相结合，以前所未有的速度打造出了一台现代化战争机器，且取得了没人能预见到的战果。太平洋战争中的快速航母只是这一技术－工业复合体的产品之一，但却是美国军工能力最突出的代表。1943年春季之后，这一强大的能力在第二次世界大战的各条战线上开花结果。

埃塞克斯级航母超越了此前任何一型航空母舰。“萨拉托加”号更大，但是灵活性不足，而且载机量少一些。“企业”号在许多方面足以与埃塞克斯级相提并论，但是更老旧，亟需现代化改造，这一改造于1943年夏季实施。45000吨的中途岛级战列航母此时仍在绘图板上。“埃塞克斯”号排水量27100吨，其舰员包括150名军官和2550名水兵，外加由175名军官和130名士兵组成的航空大队，如果有将领上舰，那就要增加由35名军官和65名士兵组成的司令部。这样其总乘员数就可能达到3105人。[5] 独立级轻型航母排水量11000吨，舰员组和航空大队共有159名军官和1410名士兵。

“埃塞克斯”号航母，前方停放的是折叠机翼的 TBF/TBM 和 F6F，后方是机翼不可折叠的 SBD。舰上的无线电天线处于“放倒”状态。

除了飞行甲板，航母上的主要活动都是围绕着几个重要的指挥和通信中心展开的。坐落在岛形上层建筑前部的舰桥是全舰的总指挥部。下一层是信号和指挥舰桥，航空部门长正是在这里指挥飞行任务的，舰队司令也在这里指挥整个特混舰队。信号舰桥旁是火控室、无线电空情图室和摄影冲印室，这些舱室都装备了最新型的通信设备。飞行任务的中心是空情图室，这里会对所有信息数据进行监控，并把适当的信息提供给准备室里的飞行员和空勤人员，或者在他们升空后把信息发送给飞机。旗舰指挥室也布置在信号舰桥旁，雷达设备就装在这里，它的任务是记录舰船的位置和附近所有飞机的方位。舰长、旗舰指挥室和空情图室的信息全都来自作战情报中心（CIC）——一个乱糟糟的通信室，通常布置在飞行甲板下方的走廊甲板上。

先进的电子与通信设备是快速航母特混舰队在太平洋上取得成功的关键。单航母与多航母特混舰队之争很大程度上正是由于雷达的发展才得以解决的。雷达（“无线电探测与测距”的缩写）是英国人的发明，通常被用于做两件事：跟踪舰船和跟踪飞机。舰船跟踪是通过一台平面位置显示器（PPI）来实现的，这使得多航母编队能够在夜间和恶劣气象条件下一边高速航行一边保持队形，所有护航舰艇也得以和航母随时保持防空火力的互相支援。每艘新建成的航母和护航舰艇都装有 PPI 显示器，老舰也逐步换上了这种新设备。此外，新舰还装有航位推测跟踪仪（DRT）以进行导航和水面舰艇位置跟踪，老舰也在现代化改造时加装了这一设备。[6]

对飞机的探测至关重要，空情图室里的防空引导官要据此引导防空巡逻机，枪炮官也要据此引导高射炮火。每艘埃塞克斯级航母都装有对空搜索雷达，能够探测来袭机群的组成和高度。1943年时 Mk4型雷达唯一的缺陷在于水平扫描时无法探测到与水平线的夹角在10度以内的低角度目标。新的 Mk12型雷达本应随新航母一起投入战斗，以填补 Mk4型的性能缺陷，但是由于生产延误，这一新型雷达直到1944年上半年才装备舰队。[7]

确认接近飞机的身份是雷达无法解决的。美国海军在这里又一次采用了一型英国装备：敌我识别器（英文缩写为 IFF）。如果友军飞机上的 IFF 打开，舰队就不必担心。如果飞机未对 IFF 信号做出应答，舰队就会将其视为敌机。不过问题仍然存在，经常会有飞行员忘记打开IFF，而且这种人还不在少数。无论如何，这一设备到1943年下半年已经装备了美军所有的舰艇和飞机。

早在30年前，无线电就已经开始改变海战的形态了，它对航母作战同样是至关重要的。到1943年中期，美军舰艇已经可以与飞行员进行远距离的无线电通话了，但是常常被敌人窃听。此外，单一频道的无线电也限制了无线电通信流量。为此，美国的科技人员为新型快速航母开发了一型四频道甚高频（VHF）无线电，每艘舰都可以进行四路独立通话，而且都是短程通话，敌人无法窃听。这样一来，航母的各种无线电通话需求都可以同时得到满足：战场情报官能够使用其中一个频道与友舰上的同行交流，空情图室里的防空引导官能够使用另一个频道指挥他的飞行员，母舰可以通过一个频道与防空巡逻战斗机和舰队上空的反潜机保持联系，第四个频道还能留作海上训练之用。虽然装备趋于完善，但如何才能有效使用这些新型无线电设备，譬如合理分配频道以防止拥堵，只能在实战中摸索了。[8]

雷达和无线电对防空火力的协调十分重要，除了战斗机，这就是航母仅有的自卫手段了。1943年夏，美军的标准防空武器是127毫米/38倍径高平两用炮、瑞典开发的40毫米博福斯高炮、瑞士的20毫米厄利孔高炮，以及装有VT引信或者叫无线电近炸引信的炮弹。虽然战争期间雷达从未实际控制过防空火力，但所有这些高炮一齐开起火来，显然还是具有毁灭性效果的。其中40毫米高炮提供的防卫非常有效，美国海军官方史料宣称："战舰没有像战争初期的航空兵专家预言的那样轻易泯灭，40毫米高炮为此做出的贡献不亚于其他任何一种武器。"不过到了1943年中期，埃塞克斯级上17座四联装40毫米高炮（总共68门火炮）的重要性还是被65门左右的单管20毫米高炮压了一头，这种轻型高炮主要用于攻击极近距离内的来袭攻击机。轻型航母的火力弱得多，只有2座四联装40毫米高炮和9座双联装20毫米高炮。[9]

尽管如此，快速航母的主要自卫火力还是装备无线电近炸引信的127毫米/38倍径火炮。这种火炮装在埃塞克斯级舰岛周围的6座双联装炮塔里①，其射程远

① 译注：原文如此，实际应为舰岛前后的4座炮塔和舰岛对侧高炮平台上的4个单管炮座。

达16千米，最大射高9.6千米，射速为每分钟12～15发。从1943年年初开始，这种火炮就开始装备具有无线电近炸引信的炮弹。在1943年之前，美军高射炮发射的所有炮弹使用的都是触发引信[①]，攻击机动灵活的小型飞机时很难奏效。美国的科技人员花了两年半时间制造出了这种近炸引信，它在弹头上装有一套无线电收发设备，在炮弹爆炸之前，这套设备会随时测量炮弹与目标之间的距离。当炮弹与敌机的距离小于21.3米时，强大的无线电回波会引发引爆装置的一系列连锁反应，最终引爆炮弹，这样一枚近失弹通常就足以消灭一架飞机。这种引信使得127毫米炮的作战效能提高了3～4倍。瓜岛战役末期美军就开始少量使用无线电近炸引信，但大规模运用还是在快速航母身上。[10]

所谓的"致命一击"——航母的主要打击力量——来自舰载机大队。美国新一代舰载机的生产跟上了新型航母的服役进度。1943年夏，新型战斗机、新型侦察/俯冲轰炸机和新型鱼雷轰炸机要么已经服役，要么已在试飞。每艘埃塞克斯级航母搭载3支中队，拥有36架战斗机、36架侦察/俯冲轰炸机和18架鱼雷轰炸机。轻型航母的实力大约是埃塞克斯级的三分之一——24架战斗机和9架鱼雷轰炸机。

若没有能够匹敌强大的日本零式战斗机的新型战斗机，这些新型航母就无法把战火烧到日本去。F4F"野猫"式战斗机在零式战斗机面前尚能自保，但要夺取制空权就有些力不从心了。中途岛海战之后，三位最顶尖的海军战斗机飞行员——"屠夫"·奥黑尔、"吉米"·萨奇和"吉米"·弗拉特利告诉罗斯福总统，海军"有些东西需要升级得更快些"，它们"需要爬升率和速度"。[11]接下来，两型优秀的战斗机问世了。第一种是钱斯·沃特F4U"海盗"，这种飞机在战前就已经开始设计，设计方案经过迅速改良，很快就开始装备海军。1943年2月，"海盗"开始作为陆基战斗机装备海军陆战队，它们很快在日军中赢得了"尖啸的死神"的名声。不过由于引擎舱过长、座舱位置较低，加上起落架强度不足，"海盗"暂时还不适合登上航母。

① 编注：原文如此。这种说法有失准确，作者可能忽略了机械时间引信的存在。

格鲁曼公司后来居上，拿出了自己的新型战斗机方案。中途岛海战期间，参与进攻阿留申群岛的“龙骧”号上的一架零式战斗机在当地一座孤岛上迫降。盟军找到了这架飞机的残骸，把它运回美国进行测试。航空局的试飞员和工程师对零式战斗机仅用一台1000马力的发动机①就能获得如此优秀的性能大感震惊，当然这是以牺牲装甲防护和高空性能为代价的。[12]格鲁曼的工程师们立即夜以继日地设计一型能够打败零战（零式战斗机的简称）的战斗机，他们在不到三个月的时间里就造出了一架新型试验机——XF6F“地狱猫”。一台高空功率达到2000马力的普拉特 & 惠特尼发动机使“地狱猫”的时速比零战高出了50千米，升限也比对手高出了600米（达到约7000米）。[13]新飞机的俯冲性能和爬升性能都超越了零战，强大的发动机使其拥有更强的武器，同时也能装备更强的装甲以保护飞行员和油箱，并且实现了自封油箱的引入：这种油箱内壁由橡胶制成，外面包裹帆布，一旦油箱被子弹击穿，橡胶就会自动融合，填补弹孔。[14]第一架生产型F6F在1942年11月问世，第一支“地狱猫”中队则随同新型航母一起抵达夏威夷，等待它们的是实战的严酷考验。

“地狱猫”的武器是6挺12.7毫米机枪，每侧机翼装3挺，火力强于零战的2门20毫米航炮和2挺7.7毫米机枪。这种12.7毫米机枪每分钟可以发射超过1000发子弹②，它在1943年时已经成为美国海军中最受欢迎的航空机枪，这一方面是因为它的子弹足以撕开敌人的装甲，另一方面也因为新型悬挂式弹舱能够比先前容纳更多的弹药。然而，海军对武器性能和威力的追求是永无止境的，他们此时已开始对新型20毫米航炮进行测试了。1943年6月，武器局和航空局还受命启动了89毫米机载前射火箭弹的开发，并将其置于最高优先级。[15]

中途岛海战中的英雄——坚固耐用的SBD“无畏”式侦察/俯冲轰炸机此时在航程和速度方面已经跟不上新型战斗机了，其载弹量也已稍显不足。因此海军和寇蒂斯·莱特公司签订合同，制造了一种新型俯冲轰炸机——SB2C“地狱俯冲者”③。新飞机的开发问题多多，制造这些飞机的新工厂也麻烦不断，两者叠加导致

① 编注：原文如此，实际上零式二一型安装的荣一二型发动机起飞功率为940马力，额定功率为950马力。
② 编注：原文如此，实际上“地狱猫”装备的AN/M2机枪理论射速为750～850发/分。
③ 编注：鉴于寇蒂斯的战机多以鸟类命名，Helldiver或可译成“地狱潜鸟”，但考虑到约定俗成的习惯，本书仍采用“地狱俯冲者”的译法。

格鲁曼 F6F“地狱猫”，美国海军快速航母特混舰队的标准战斗机。

飞机的制造进度大大延迟，但是在1943年春，第一架“地狱俯冲者”还是登上新型航母进行试飞。测试结果是灾难性的：机翼折叠机构和拦阻机构失灵，机体和机翼蒙皮起皱，尾轮折断，液压系统漏油。心灰意冷的舰长们只得把这些 SB2C 退回工厂返工。[16]这样，快速航母部队只能依靠老旧的“无畏”式来执行俯冲轰炸任务。第一架改良后的“地狱俯冲者”直到1943年初秋才送到太平洋上，而且此时这种飞机的产量不大。在武器方面，SBD-5型“无畏”装有2挺12.7毫米固定前射机枪和2挺7.62毫米后座活动机枪，最大载弹量1吨。SB2C-1“地狱俯冲者”装有4挺固定式12.7毫米机枪和2挺7.62毫米活动机枪，可以携带1.2吨炸弹或者一枚鱼雷。[17]

格鲁曼飞机公司还制造了美国海军的一线鱼雷轰炸机 TBF-1“复仇者”，中途岛海战之后，这个型号垄断了美国海军的鱼雷中队。这只“火鸡”坚固而且用途多样，能够投掷一枚鱼雷或者726千克炸弹，此外海军还考虑为其加装火箭发射架。“复仇者”的自卫火力是2挺12.7毫米固定机枪、1挺装在球形旋转炮塔内的12.7毫米机枪，以及1挺活动式7.62毫米护尾机枪，后者装在炸弹舱后方。[18]美国海军对这种稍显老旧的飞机并不满意，于是与通用动力公司签订合同，开发了TBF-1的局部改进型TBM-3。此外，航空局还对钱斯·沃特公司开发的全新型鱼雷轰炸机TBU寄予厚望。按照航空局助理局长拉尔夫·戴维森少将在1943年9月的说法，“这一机型汇总了我们在鱼雷轰炸机方面学到的所有东西”。戴维森还说：“最后，世界上没有任何其他鱼雷轰炸机能够与之匹敌。”[19]不过这个型号的研发起初并不成功，于是开发工作转交给联合飞机公司，飞机型号也变更为TBY-2“海狼”。

1943年，美军舰载轰炸机的任务定位其实并不是很清楚。早在20世纪20年代，轰炸机就被赋予了执行侦察任务、充当“舰队之眼”的使命，因此从1927年起舰载侦察机又被改造为俯冲轰炸机，其编号也成了VSB（舰载侦察轰炸机）。但是在1942—1943年，随着机载无线电设备和雷达的体积越来越大，体型较小的侦察轰炸机已经无法再兼顾轰炸和侦察两项任务了。虽然航程问题可以通过外挂副油箱来解决，但是电子技术的发展还是让VSB退出了侦察的舞台。1943年11月起，这些侦察轰炸机正式转职为专用轰炸机，也就是VB。大块头的鱼雷轰炸机由于能容纳更多的通信和电子设备，从1943年年末起承担了大部分侦察任务。从1944年年初开始，战斗机也装备轻型机载雷达去执行侦察任务了。不过，鱼雷轰炸机的编号仍然是VT或者VTB，战斗机也是VF或者后来的VBF，二者的编号里都增加了“B”，也就是“轰炸”，但却没有侦察任务的名分。美国海军一直没有为快速航母开发适用的远程侦察机，和日本海军一样，他们也牺牲了一部分传统的信息获取能力以强化攻击能力。

对即将展开的航空母舰作战而言，日军的夜间空袭是个新威胁。麦凯恩少将1942年在所罗门群岛指挥海军航空部队时，就对瓜岛上空单机前来夜袭的日军“查理洗衣机”①头痛不已，这种飞机只能投下几枚50千克小炸弹，其目的就是让美军睡不好觉。由于没有夜间战斗机，美军舰队只能紧张地坐等这些讨厌的夜袭者前来找麻烦。[20]于是麦凯恩大声疾呼，要为对付这种威胁做些什么。

① 译注：日军一型夜袭水上飞机，因为发动机的声音与美国查理牌洗衣机相似而得名。

1942年10月调任航空局局长后，他便启动了关于对付日军夜间飞机的研究。负责海军飞行训练的亚瑟·W. 拉福德上校也把这个新课题传达给了手下的飞行教官们。1943年6月，一组海军陆战队航空兵从英国归来，带回一个消息：英国人“已经确定，双引擎夜间战斗机是必不可少的”。[21]于是航空局再度转向格鲁曼，此时这家公司正在开发一型重武装、装备雷达的双发夜间战斗机 XF7F“虎猫”，其生产型在1943年12月首飞。[22]

与此同时，急需夜间战斗机的海军选择了陆基型 F4U“海盗”作为临时解决方案。当年夏季，W. J.“古斯”·威德海姆中校训练了一小队飞行员并将其带到所罗门群岛进行实战试验，他们拥有5架装备雷达的夜战型“海盗”战斗机。如果试验成功，这些夜战型“海盗”就可以毫无悬念地登上快速航母。此时日军在所罗门群岛的夜间空袭日渐猖獗，这也预示了未来中太平洋上会发生什么事。为此，尼米兹上将建议托尔斯中将为每艘新建航母配备一支由4架飞机组成的夜间战斗机小队，但是托尔斯想先看看威德海姆的试验结果。[23]于是，这些新的快速航母在参战时暂且还没有夜间防卫能力。

一艘航母转向迎风航向以收放飞机，而同一快速航母大队的另一艘轻型航母和护航的战列舰、巡洋舰、驱逐舰仍然保持原航向不变。

以上这些就是即将随快速航母特混舰队加入战斗的新玩意儿，包括埃塞克斯级重型航母、独立级轻型航母、F6F“地狱猫”战斗机、多频道甚高频无线电，以及雷达、PPI显示器和航位推测跟踪仪。支持这些新舰作战的还有使用近炸引信的127毫米/38倍径火炮，数量庞大的40毫米和20毫米高炮，以及一大批新建成或者经过现代化改造的战列舰、巡洋舰和驱逐舰。

日本方面

1942年11月的瓜达尔卡纳尔海战之后，日军决定放弃瓜岛，这是日本赢得战争的希望的转折点。由于无法承受瓜岛之战的损失，山本大将不得不放弃寻歼美军舰队残余力量的企图。他此时只能坐等美军舰队得到后方强大工业的补充、日军取胜的最后一丝希望消失殆尽。轴心国在欧洲的胜利也越来越指望不上了。11月当月，盟军在北非登陆，两个多月后斯大林格勒城内的德军向苏军投降。1943年5月，北非德军也投降了。1943年2月，日军最终撤离瓜岛。当年5月，阿留申群岛中阿图岛的日本守军也被消灭。1943年4月，山本大将最后一次发力试图扭转日本的命运，他把自己四艘航母上的飞机派到陆地机场去和所罗门群岛和新几内亚的美军航空兵肉搏，结果这些舰载机部队被打得支离破碎，山本不得不把他们召了回去。几天之后，山本本人在乘坐飞机时遭到美军伏击，坠地身亡。

四面楚歌之下，日本天皇不得不承认应“毫不迟疑地结束战争”。1943年4月，日本政治高层中开始出现寻求和平的声音。[24]日军战略的由攻转守未能逃过对手的法眼，当年4月托尔斯将军就告诉手下的航空兵们“敌人已经明确转入战略防御……他们有限的航空力量将会被保留起来用于对付最有价值的舰船目标”。[25] 6月下旬，哈尔西的部队从瓜岛出发，向所罗门群岛中部的新乔治亚岛发动进攻，两个星期后岛屿落入美军手中。随着美军在南太平洋拿下越来越多的岛屿，美日两军巡洋舰、驱逐舰之间的交锋进行得如火如荼，有时还会有陆基航空兵参与进来。9月8日，意大利投降，英国海军得以把一部分舰艇从地中海调到印度洋以对付日本。

在日本国内，虽然有些务实的官员想要寻求和平，但在1943年中期，以首相东条英机为首的军阀集团仍然占据着统治地位。9月，日军战略高层举行御前会议，就继续进行战争决定总体方针。虽然在接下来的一年里需要想尽一切办法应对英美的进攻，但他们还是想“迅速建立起决战力量，尤其是航空兵……按我们自己的意图把战争打下去”，并且“准备工作将在1944年中期前后完成……”[26]这样的算计表明日本在工业较量中已经败北，美军的新建舰艇和新型飞机在1943年中期就纷至沓来，日本还要再等一年。

1943年8月，日本海军第三舰队（打击部队）——快速航母特混舰队——拥有6艘航母，不过其中4艘都由其他舰船改造而来。第1航空战队拥有久经沙场的“瑞鹤”号与“翔鹤”号，外加一艘轻型航母“瑞凤”号。第2航空战队拥有2艘改造而来的姊妹舰，24140吨的“飞鹰”号和“隼鹰”号，两舰各搭载54架飞机。此外，这支战队还有一艘1942年11月刚刚完成改造的轻型航母“龙凤”号（13360吨）。除此之外日军就只有老旧的“凤翔”号了，它已经严重过时，舰况也很糟糕，难以出海。支援航母作战的力量令人生畏，包括2艘大和级超级战列舰、5艘经过现代化改造的老式战列舰和10艘重巡洋舰。

为了在1944年中期之前继续加强舰队，日军开始紧急改造新航母。1943年秋，2艘11190吨的改造航母“千岁”号和“千代田”号将交付海军。2艘老式战列舰“伊势”和“日向”号也被拆除尾炮塔，装上短飞行甲板。日本的新舰队还是需要正规航母的，在这些新造航母中，排水量29300吨、载机75架、装备装甲甲板的“大凤”号不仅是最先建成的一艘，也是最先进的一艘。中途岛海战之后，日军在1942年修订舰队补充计划中规划了15艘飞龙级改进型和5艘大凤级改进型航母，这一计划足可媲美美国的埃塞克斯级建造计划，但是就凭日本那薄弱的工业基础，制订如此庞大的造舰计划无异于痴人说梦，不过还是有几艘新的飞龙级开始动工了。最后，日本也有了一艘能与中途岛级等量齐观的战列航母，那就是64800吨的巨兽“信浓”号，这艘航母由一艘大和级战列舰改造而来，用于为其他航母提供飞机运输和补给。该舰迟至1945年春季才竣工交付。[27]

日军在飞机性能和飞行员素质方面的优势早已一去不返，零式战斗机接受了改进，但仍然缺乏装甲保护。被美军12.7毫米机枪子弹击中的日军飞机常常会被打掉半边机翼，油箱也几乎是赤裸着暴露在美军12.7毫米燃烧弹面前，极易着火。日军拥有许多型号的轰炸机，尤其是陆基轰炸机。当美军开始进攻时，这些飞机就可以在岛屿，即所谓“不沉的航空母舰”之间往来穿梭，实现对敌包围，至少理论上是如此。日军的致命缺陷在飞行员方面，由于奉行精兵政策而且没有轮流安排老兵回国训练新手，日本海军最优秀的那批飞行员已经出现了损耗（日本陆军的飞行员则留在中国战场）。到1943年中期，日军飞行员的平均飞行训练时长已从珍珠港时的700小时下降到500小时。而美国海军飞行员的训练时长在这一年半时间里从305小时提高到了500小时。[28]

日军的战术理论充分吸取了中途岛的教训，当然美国海军的将领们是无从知晓这一点的。日本人和山本本人关于在大型战役中让舰队兵分几路的偏执很快被纠正，他们转而在战术上集中兵力。航母现在成了联合舰队的核心，战列舰及以下级别的火炮战舰主要负责为航母提供对空掩护。而丰富的多航母舰队使用经验让日军能够继续使用三航母特混大队的战术编组。在1942年后期的整个瓜岛战役中，日军采用的都是这种编组方式。

南云忠一中将在中途岛一败涂地，在瓜岛也未能挽回颓势，结果被撤销了第三舰队司令长官的职务，由小泽治三郎中将取而代之。小泽（日本海军兵学校1909届毕业生）虽然不是航空兵出身，但也在1939—1940年担任过第1航空战队司令官，此前他先后在巡洋舰、战列舰上当过舰长，还担任过联合舰队参谋长。后来他还指挥过一个战列舰编队。1942年日军进攻东印度群岛时，他指挥过一个分舰队，其中编有1艘航母。他没有参加灾难性的中途岛海战。1942年11月，小泽接掌第三舰队，开始用他敏锐的思维思考错综复杂的航母作战。他没有得到源田中佐的辅佐，后者在塚原中将的参谋部工作了两个月后，于1942年年末随他一同回到东京。塚原调任航空本部主任，源田则加入帝国大本营。

小泽同时取代南云接掌第1航空战队，与新组建的第2航空战队协同作战。1943年8月，城岛高次少将被任命为第2航空战队司令官。城岛也不是航空兵出身，但他指挥的水上飞机母舰编队却是瓜岛战役和所罗门群岛战役中的干将。小泽与城岛都把自己的司令部设在了拉包尔，一同在拉包尔升起将旗的还有草鹿任一中将，他刚刚接替塚原二三四中将担任第十一航空舰队司令长官。日军将舰载机派来攻击所罗门群岛水域的美军，但航母本身留在特鲁克。联合舰队的总司令部起初也设在拉包尔，但是1943年4月在山本大将的授意下搬离此地。山本死后，继任者古贺峰一大将完成了这一搬迁。古贺峰一也不是航空人，但却具有“见敌必战”的性格。

美国太平洋舰队在1943年夏季时面对的便是这样一个仍然令人敬畏的对手。驻扎在特鲁克的日军第三舰队的6艘航母，和大量支援舰艇一道，仍然能够对美军的任何进攻构成严重的挑战。日军还可以依托那些“不沉的航空母舰”，也就是可以互相支援的岛屿机场体系投入更多的航空兵力。日军积蓄实力所用的时间越久，其舰队和航空兵的实力就会越强大。1943年年底，他们将会得到2艘航母的加强，次年夏天还有3艘航母有望服役。提高飞行员的训练水平是这支舰队取胜的关键，当然训练也需要时间。然而，那些训练有素的陆基飞机和舰载机飞行员却在防守拉包尔和所罗门群岛的持续消耗战中损失殆尽。到1943年年末，日本已经在战争中损失了超过7000架飞机和同等数量的飞行员及机组成员，这简直是令人难以置信的损失。[29]

总而言之，在1943年秋，日本舰队还没有做好打大仗的准备。

指挥与条令

二战期间，两种主要战争理论主导了美国的军事思想。一是大陆战略，即大队的地面部队在陆基战略与战术航空兵的支援下在辽阔的大地上向前推进。奉行这一战略的是美国陆军及其下属的陆军航空兵。正是在这一战略的指导下，美军成功地在北非（1942年11月）、西西里（1943年7月）和意大利的萨莱诺（1943年9月）登陆。二是海权制胜战略，其奉行者是美国海军及其下属的海军陆战队。这一派追求的作战样式是大海战、对敌方前哨发动两栖突击，以及海上封锁。美国追求制海权的努力导致了中途岛、瓜岛和所罗门群岛的一系列恶战。

这样，美国陆军主导了对大陆国家德国的战争，美国海军主导了对岛国日本的战争，也就不是巧合了。陆军计划在西北欧登陆，从陆地上征服德国，虽然这一计划需要依靠海军来建立和保卫海运补给线。陆军航空兵则会通过对轴心国的工业设施进行轰炸来提供支援。海军计划首先攻占中太平洋和南太平洋的多个关键性岛屿，随后再对日本本土进行海空封锁。其海军陆战队将会对这些岛屿发动进攻，同时舰队则要消灭前来挑战的日本海空力量。在西南太平洋战场上，麦克阿瑟将军的陆军部队在新几内亚的推进则是海军战略的有益补充。

理论上讲，陆海两军分管欧洲和太平洋的划分合情合理，但是海军反攻日本战略的基础仅仅是一些理论，其成功有赖于两个未经验证的概念：舰队协同海军陆战队的两栖作战，以及新的快速航母特混舰队作战。在1943年2月海军陆战队统管所有两栖战训练和作战之前，陆军和陆战队的两栖训练和作战是分别进行的，其中只有陆战队在1942年8月经历过一次未遭受抵抗的瓜岛登陆实战。至于航空母舰，如前所述，它们还未曾有效支援过登陆作战，多航母编队的经验更是无从谈起。

由于这些原因，许多陆军和陆军航空兵将领都反对让海军来主导中太平洋进攻：新的两栖部队和航母部队太年轻了，没有经过实践检验，不应作为未来战役的基础。麦克阿瑟将军就是海军的头号对头。他希望他的西南太平洋战区能够保持主导地位，然后用陆军的方式推进到菲律宾，可能的话还要推进到亚洲大陆，由肯尼将军的陆军航空兵提供支援。在麦克阿瑟看来，海军的作用是掩护他的北侧，或者说是右翼。当参谋长联席会议决定以海军为中心展开中太平洋进攻时，陆军将领们还试图把尼米兹将军定位成太平洋"战区"总司令以限制其权力范围，"战区"总司令的权限仅限于协调军舰调动，而不像太平洋舰队总司令那样可以直接指挥进攻部队。不仅如此，如果尼米兹只是"战区"总司令，那么他就要受到参联会的严格控制，珍珠港的陆军指挥官则会在中太平洋方向拥有更大的权力。对此海军当然极力反对，尼米兹也就仍然是太平洋舰队总司令兼中太平洋战区总司令，没有受到参联会的束缚。[30]

不难理解，陆军自然会关注自己部队在这一新战区的地位。1943年8月，陆军取消了战前防御性的夏威夷司令部，代之以新的"美国陆军中太平洋战区司令部"，以配合新的攻势，该司令部以小罗伯特·C. 理查德森中将为首。8月6日，夏威夷的陆海两军总司令受命开始准备对吉尔伯特群岛的两栖进攻，这样，陆海两军谁是老大的问题便浮出了水面。[31]既然中太平洋进攻要由尼米兹和海军来主导，陆军就提议建立一个陆海军联合计划部，为尼米兹服务。9月6日，尼米兹同意了这一方案，但为了确保自己的绝对指挥权，他把这个联合计划部从太平洋舰队的主要行政体系里剥离了出来，不过此举很快便被证明是不现实的。[32] 8月24日，第五两栖军在珍珠港成立，由里奇蒙·凯利·特纳少将指挥①，他此前跟随哈尔西将军在南太平洋指挥两栖部队。令陆军尤其是理查德森将军失望的是，海军和陆战队被指定负责中太平洋的两栖作战，且一直保持着这种控制。

1943年3月，海军已经被指定对所有两栖作战负总责，主要的执行单位就是海军陆战队。美国陆军和英国军队当然也要继续准备在欧洲大陆的登陆作战，但是这些登陆战（萨莱诺、安齐奥、诺曼底和马赛）仅仅是后续大规模陆地战役的前奏。而在中太平洋上，很多时候登陆战就是整个战役的全部，因此海军陆战队要拿出一整套两栖战条令来，中太平洋上大量的两栖作战都要照此进行。为了指导新的进攻，海军陆战队在8月更新了《登陆作战条令》，新增了50页内容，这是这本手册在二战期间的最后一次大规模修订。[33]

陆军主要考虑针对大陆性目标的作战，这一点也体现在战术航空兵的运用上。中太平洋上两栖登陆战所需的近距空中支援与陆军航空兵的战法有很大区别。陆航的战术源于第一次世界大战中飞行英雄艾迪·里肯贝克留下的空对空作战传统和比利·米切尔流派对战略轰炸的执念。第一次世界大战后，陆军战术航空兵在支援地面部队时的战术转变成了“纵深打击”——对敌人后方部队、补给中心和交通线，例如铁路和桥梁这种在欧洲战场极为常见的重要交通设施，展开遮断轰炸。[34]海军陆战队航空兵则开发出了对距离己方前沿不足200米的敌方目标进行轰炸的近距离支援战术，美国陆军航空队1943年7月的野战手册对此评论道：“难以控制、代价高昂、效果不佳，而且对己方部队来说十分危险。”[35]陆军飞行员们觉得，中太平洋上的是一种“沉闷乏味的战斗……和敌机较量的机会很少……陆军航空兵学校里教过的战术很少能有效发挥作用”。[36]

不过既然陆军战术航空兵的主要舞台是欧洲，那就不该指望他们能为满足次要方向的需要变更训练条令。对海军来说，太平洋才是主要战场，在这里作战必须要学会近距空中支援并让其日趋完善。海军陆战队航空兵早在1935年的演

① 编注：原文如此。第五两栖军的首任军长为霍兰德·M. 史密斯少将。

习中就开始探索这方面的战术条令，但技术方面真正的进展直到1943年中期才取得，这要归功于中所罗门群岛的陆基海军飞行员和陆战队飞行员，以及新几内亚的陆军飞行员。为了保障中太平洋的进攻，快速航母及其舰载机大队也要学会这项技术。然而讽刺的是，虽然只有海军需要在各种场合执行近距离空中支援任务，但是中太平洋第一位近距空中支援联络官却是一位陆军航空兵上校。

领衔担纲中太平洋进攻战的美国海军太平洋舰队很快就要和日本海军在大洋上展开一场争夺制海权的较量。要打赢这一战，美国及盟国海军部队要完成三个主要目标：击沉或重创日军舰队；摧毁或占领中太平洋上的日本海军和航空兵基地并将其收为己用；对日本本土列岛进行海空封锁。然而一旦盟军在类似亚洲大陆、菲律宾、日本本土这样的大面积陆地战场登陆，陆军必然会要求在中太平洋战场的指挥中分一杯羹，这是海军无法回绝的。

陆军反对由海军主导进攻作战的一个主要理由又是舰队在日本陆基航空兵的空袭面前非常脆弱。事实上，以新的快速航母为核心重建的太平洋舰队确实面临着诸多巨大的难题，至少有一名睿智的海军研究者在1943年春季就充分意识到了这一点。富兰克林·G. 帕西瓦尔在1943年5月的《海军学会会刊》[37]中指出，一支由大量航母和大量战列舰组成并得到飞机支援的强大舰队，面临的主要问题是，是否有足够的防空和反潜能力来保障自己“自由行动”，“一个突出的难题尚未解决，对敌方航空母舰的防御……是当前我方即将建立的进攻作战体系的‘阿喀琉斯之踵’”。帕西瓦尔给出了一部分答案，那就是依靠战列舰。“一艘设计合理的战列舰能够为舰队提供比其他任何类型单舰更强大的防空火力。”不过在这里，他忽略了航空母舰本身，以及护航巡洋舰和驱逐舰上防空火力的增强。此外，防空战斗机的掩护也很重要。真正的困难——帕西瓦尔并没有看到——在于开发一种能够令航母获得最大限度自卫能力的多航母作战队形。

帕西瓦尔指出，这样一支由快速航母和战列舰组成的“在消灭敌方舰队所需的攻防能力方面具有压倒性优势”的舰队，将需要充足的弹药和用以维修舰艇的受到良好保护的浮船坞，后者将被用于修理舰船。帕西瓦尔指的是能够令新舰队保持整体机动能力的机动后勤体系。他说：“这样一支极富潜力的舰队将会书写海战史的新篇章。”

推送员正准备将一架“地狱猫”推到升降机上，从机库提升到飞行甲板。

关于对日占岛屿的进攻，帕西瓦尔继续写道：“这支舰队能以极其猛烈的支援炮火掩护登陆，之后再为登陆部队提供宝贵的持续支援。”讲登陆战时，帕西瓦尔再一次提到了战列舰：“它能向舰炮射程之内的任何滩头防御阵地施以更具毁灭性的炮击。”同等重要的是，机动性强大的快速航母“将使逐岛作战变得不再必要，这种行动自由可能带来的战略捷径也值得探讨”。换言之，帕西瓦尔已经预见到太平洋战区的战略家们不久之后就会看到的一点：一支灵活机动的快速航母舰队可以让两栖作战部队绕过一些守备森严的敌方岛屿，进而发起进攻。作者认为，这样一支强大的舰队根本无须“打了就跑”，它可以打了之后留下来。

和海军航空人一样，帕西瓦尔也预见到了一支妥善运作的快速航母 - 快速战列舰舰队将会在打败日本的过程中发挥巨大作用。与航空兵们类似，他对战斗打响后航母会成为舰队的核心毫不怀疑。“交战的结果当然大部分由空中优势的归属来决定。”帕西瓦尔如此附和着航空兵们的意见。

当时，建立一套有效的舰队战略的关键在于发展出行之有效的快速航母战斗条令，并指派合格的海军将领将其付诸实战。不过，既然人才是思路和条令的先决条件，那么大反攻中第一次舰队作战的成败还是取决于指挥这支快速航母特混舰队的人。此时，华盛顿的海军航空兵将领们已经开始推销只有航空兵才能担负这一使命的观点了，他们还在政治上取得了重大收获，成功推动了分管航空的海军作战部副部长一职的设立。不过能不能真正解决问题还要看太平洋方面，也就是珍珠港。在那里，航空兵们也开始不停地向尼米兹将军吹风。

1942年6月中途岛航母会战大胜的功劳完全归于尼米兹上将和斯普鲁恩斯少将。然而这两人都不是航空兵出身，尼米兹甚至连飞机都不大想坐。在中途岛海战中，级别最高的航空兵军官是斯普鲁恩斯的临时参谋长迈尔斯·布朗宁上校，以及三艘航母的舰长——穆雷、米切尔和巴克马斯特。中途岛一战后，尼米兹任命斯普鲁恩斯为太平洋舰队司令部参谋长，斯普鲁恩斯被誉为海军中最出色的战略头脑之一。1942年8月，当战场的重心转向南太平洋，航母和航空兵指挥官们都去了那里。不过尼米兹和斯普鲁恩斯还留在珍珠港，考虑整体战略并规划未来的太平洋战争。虽然司令部里并没有高级航空兵将领来处理航空问题，但尼米兹和斯普鲁恩斯还是在1942年9月1日成立了太平洋舰队航空兵司令部。

太平洋舰队航空兵司令理所当然的人选是“杰克”·托尔斯，此时他已经晋升为中将。“厄尼”·金想把他赶出华盛顿，但或许并不希望他在一线岗位上扬名立万。问题在于，托尔斯的年资本来就比斯普鲁恩斯高一年，现在肩上的将星也多了一颗。实际上，托尔斯在1942年10月到太平洋舰队报到时，他的资格是足够指挥一支舰队的。尼米兹在珍珠港之战前夕与托尔斯平级，二人都是局长，他也不太喜欢这位狂热的航空信徒，尤其是在金对这个人也十分冷淡的情况下。这样，托尔斯刚到夏威夷时几乎没有一个高级将领支持他。不过这种情况托尔斯经历得多了，他的整个海军生涯都在为让整个舰队接受海军航空兵而奋斗，这种情况实在是屡见不鲜。

关于托尔斯，金到底对尼米兹说了些什么，可能永远也不会有人知道了，但是从太平洋舰队航空兵司令的职责上看，托尔斯显然没有机会参加战斗。虽然这一岗位需要就所有航空事务向太平洋舰队司令部提出建议，但托尔斯的主要工作还是为太平洋上的海军航空兵准备战术说明和条令、在航空兵部队和航空母舰加入前线战斗之前为其进行作战准备和维护、对涉及海军航空兵需求和能力的战略环境进行分析，以及制定“关于太平洋舰队航空力量组织、维护和部署方面的政策”[38]。简而言之，托尔斯的职责是建立并维护一支航母航空兵力量，但不进行作战指挥。实际上太平洋舰队航空兵司令部干的都是些十分琐碎的活儿，次年夏季设立分管航空的海军作战部副部长一职时，后者也是这个命运。

虽然托尔斯在珍珠港的高层圈子里很不受欢迎，但是在那些从当中尉时起就一直在海军里开飞机的飞行员眼里，他却是精神上的领袖。也正因为如此，托尔斯在航空兵军官的任用方面独具慧眼，尤其是在1942年秋季航母损失愈加惨重，越来越多的航空兵军官找不到活儿干的时候。格外值得一提的是，托尔斯挽救了水平超群的福雷斯特·谢尔曼（被击沉的“黄蜂”号的舰长），把他从一个因战舰损失而倍受冷遇的败军之将变了自己的参谋长。托尔斯也接纳了“黄蜂”号的前舰载机大队长，能力很强的华莱士·M.贝克利，把他任命为分管航母的助理作战官。

太平洋舰队司令部的冷眼相待并没有影响到托尔斯，他和他的航空兵司令部很快开始系统化地推动海军航空兵和太平洋舰队在战略与战役方面的融合。这样，尼米兹也开始逐步接受并赞赏太平洋舰队航空兵司令部的工作。其中的原因之一在于尼米兹对福雷斯特·谢尔曼十分尊重，他不仅睿智，而且擅作说客，曾多次在意见不一的尼米兹和托尔斯之间充当协调人。在1943年夏季之前，航空兵司令部升级成为可参与作战的“野战”司令部的紧迫性一直没有显现出来，尼米兹在大部分时候都只有2艘航母，而且都在南太平洋归哈尔西指挥。然而航母部队的将领们却预见到了自己能够操盘航母战争的那一天。1943年3月28日，“泰德”·谢尔曼在写给哈尔西的信中直言不讳地说道：“建议设立太平洋舰队航母总司令一职，军衔是中将，让我来干。”[39]如果当时真的设立这一职位，托尔斯和“泰德”·谢尔曼都有资格上任，但是这一提议并不合乎尼米兹当时的想法。

1943年春季的3月15日，考虑到新的舰艇与飞机即将源源不断涌向太平洋战区，太平洋舰队被重组为三支舰队——第三、第五和第七舰队。第七舰队先后由A. S. 卡朋特中将和汤姆·金凯德中将指挥，主要包括在西南太平洋战区麦克阿瑟麾下的海军部队，其舰艇由尼米兹提供，麦克阿瑟负责作战指挥。第三舰队由哈尔西将军指挥，实际上就是先前的南太平洋战区司令部。第五舰队由中太平洋战区的舰艇组成——无论这些舰艇将于何时抵达，这支舰队都由尼米兹直接指挥。不过在1944年之前，第五舰队都很少被用数字来称呼，1943年时它通常被称为中太平洋部队。

在为了中太平洋的新战役组建司令部时，尼米兹并没有改变手下航空兵军官地位低下的状况。太平洋舰队司令部里仍然只有一名航空兵军官，即拉尔夫·奥夫斯蒂上校，不过当年夏末还有一名航空兵军官——加托·D. 格罗沃上校被调往联合计划部。太平洋舰队的计划处长对太平洋战略的成型至关重要，但就任这一职位的却是战列舰指挥官出身的詹姆斯·M. 斯蒂勒上校。舰队参谋长，以思维能力强大以及行事风格与尼米兹近乎一致而著称的雷·斯普鲁恩斯少将被选中指挥新建立的中太平洋部队，或者称为第五舰队，军衔也随之升为中将。如此，这支新的以航母为核心的庞大舰队的领导层中便不再有航空兵军官的位置了。斯普鲁恩斯也没有把他手下那些关键性的参谋岗位留给航空人。他的参谋长C. J.“卡尔”·摩尔上校是个著名的战略计划专家，尤其是战争初期在海军战争计划部供职期间。除了摩尔之外，斯普鲁恩斯对司令部里其他的人事任命并无兴趣，于是干脆把这个活计甩给了摩尔。后者选择埃米特·P. 福莱斯特上校担任自己的作战官。[40]福莱斯特是个优秀的军官，具有指挥战列舰的经验，但航空经验却是零。另外，由于斯普鲁恩斯经常把决策权甩给自己的主要参谋，摩尔和福莱斯特便注定要在中太平洋的战役中扮演重要角色。然而，假如斯普鲁恩斯需要在1943年年末再打一场中途岛海战的话，就不会再有一个迈尔斯·布朗宁来辅佐他了。斯普鲁恩斯的司令部里只有一名航空兵军官——罗伯特·W. 莫尔斯中校，但他的资历在司令部里很低，只能做一些具体而琐碎的事情。

1943年8月5日，新舰队正式成立，名为中太平洋部队，由斯普鲁恩斯中将指挥。这样，尼米兹的参谋长一职便出现了空缺，但是他并没有把这个位置留给航空人，而是给了查尔斯·H.“苏格”·麦克莫里斯少将（绰号“苏格”，意指他像苏格拉底一样睿智）。他在瓜岛和阿留申群岛战役中以巡洋舰部队司令官的身份脱颖而出。作为一名计划制订者，麦克莫里斯可以从堆积如山的巨量数据中抓出根本问题，并且能够牢牢记住进而随时运用需要的信息[41]，但他也没有航空兵经验。“杰克”·托尔斯仍然只是航空兵司令。

值得一提的是，当尼米兹在1943年春着手筹建新的中太平洋部队时，绝大部分前线航母指挥官都在南太平洋和日本人打仗。哈尔西是南太平洋战区兼第三舰队司令，布朗宁上校仍然是他的参谋长。杰克·菲奇中将是南太平洋战区所有航空兵的总指挥，“皮特”·米切尔少将指挥所罗门群岛的陆基航空兵，“公爵”·拉姆齐少将指挥“萨拉托加”号和“胜利”号航母。“泰德”·谢尔曼暂时无兵可带，但他是哈尔西的心腹，因此继续留在南太平洋。除了托尔斯，或许这5名航空兵将领是最有资格指挥新的快速航母部队的人，而且其中不少人对此满怀期待。

6月时，正在准备中所罗门群岛战役的哈尔西将军耐心地等着新航母的到来，他实力薄弱的水面舰队急需得到扩充。虽然航母无法在狭窄水域作战，但当南太平洋部队奔着大奖拉包尔而去时，这些航母能使哈尔西的侧翼更加安全。不过哈尔西不久之后就会发现，第一艘新型快速航母“埃塞克斯”号的去向是珍珠港而不是南太平洋，这就意味着他的战区在舰艇分配上不再拥有优先权。不仅如此，没有“埃塞克斯”号，“泰德”·谢尔曼就没事可做了，正如他自己说的，“包袱都打好了，却没有舰队可以出航”。哈尔西向尼米兹提出抗议，导致二人在1943年5月一度出现嫌隙。[42]

与此同时，新的航母陆续从美国本土出发，踏上征途。在加勒比海试航后，每艘航母都将由大西洋舰队航空兵司令帕特·贝林格中将检查并派发至战场。穿过巴拿马运河后，这些舰只又会移交给太平洋舰队航空兵司令托尔斯中将。此行沿途有多个航空站，每艘航母都会在其中一处与属于自己的舰载机大队汇合，而航母与舰载机大队的匹配要由西海岸舰队航空兵司令查尔斯·A.“秃子”·波纳尔少将来最终决定，此后航母和舰载机大队都会被送到夏威夷。第一

没有航空作业的时候，飞机升降机井就成了娱乐设施。在轻型航母“蒙特利”号上，金发碧眼的杰拉尔德·R.福特少尉正在开球。感谢他的同舰战友罗伯特·B.罗杰斯提供了这张未来美国总统的照片。

艘到达的是“埃塞克斯”号（CV-9），于5月30日开进珍珠港，舰长是唐纳德·B.邓肯上校。“吴”·邓肯是“厄尼”·金最欣赏的计划军官，他曾是美国第一艘护航航母“长岛”号（CVE-1）的首任舰长。在第一艘新型快速航母的原始设计接受了诸多修改之后，他将负责把该舰整备至战备状态。第二艘航母是新的“约克城”号（CV-10），于7月24日抵达夏威夷，舰长是J. J.“乔可”·克拉克上校，他身上有切罗基族印第安人的血统，是个积极进取的斗士。克拉克曾经带着他指挥的第一艘战舰，一艘护航航母，以创纪录的速度完成战备，之后参加了北非登陆战。这一年夏季，还有几艘新建成的独立级轻型航母加入太平洋舰队。

在远处旁观新航母陆续到达的哈尔西将军也没闲着，他成功地让尼米兹相信“泰德”·谢尔曼能够胜任航母司令，6月初谢尔曼奉命到珍珠港报到，在“埃塞克斯”号上升起将旗，担任第2航母分队司令。6月7日履新后，谢尔曼立即率领“埃塞克斯”号和“企业”号两艘航母展开了训练，直到后者于7月14日返回本土大修。托尔斯密切关注着谢尔曼这些成功的演练，此举的成功不仅仅归功于能力强悍的谢尔曼，几位能干的下属也功不可没，包括邓肯舰长、谢尔曼的参谋长H. S. 达克沃斯上校、“埃塞克斯”号的副舰长杜鲁门·J. 海丁中校。谢尔曼对能够参与新一轮进攻的准备工作十分高兴，但他也发现航母作战条令不仅内容模糊不清，而且制定进度十分缓慢。[43]

航母作战条令迟迟无法敲定的原因之一是，大家都在等候新的舰队整体作战条令，也就是后来的PAC10文件。1943年的整个春季，以斯普鲁恩斯将军为首、包括太平洋舰队航空兵司令部代表在内的一群计划军官，都在忙于为太平洋舰队制作一份新的战术指导手册大纲。1943年6月10日，PAC10条令对全舰队正式发布。在航母作战方面，条令着重强调了战术灵活性，硬性要求只有一条，那就是在遭到敌方空袭时要集中航母和护航舰队。条令介绍了地中海战场上英军集中编组航母的成功经验，也批评了1942年海空战中美军单航母编队带来的种种问题。“泰德”·谢尔曼一直大力推动的多航母特混舰队战术最终被海军高层认可，这种航母战术的必要性“随着航母数量的增加及其速度的下降（这是由于航母数量空前庞大）……而与日俱增，在大舰队作战时，集中编组必不可少”。[44]

关于快速航母的进攻作战，PAC10文件并未过多提及，只是提出“航母舰载机大队空中进攻作战的条令和战术要求详见航空类文件”。这就意味着制定进攻条令的重任交给了托尔斯将军和他的太平洋舰队航空兵司令部。PAC10写道：“本文不提供这方面的具体计划方案，因为这样的作战行动通常都是接到空中搜索报告后突然发起，战场指挥官在下令进攻并选定目标时也会受到时间和环境的限制。”[45]简言之，斯普鲁恩斯的计划制订者们把航空兵条令的制定工作交给了这方面的专家，也就是托尔斯和他的团队。然而，在实战中运用这些条令仍是个难题，因为中太平洋司令斯普鲁恩斯自己没有航空兵背景，手下也没有航空参谋。按照金的要求，托尔斯显然是出不了海的，这样剩下的便只有“泰德”·谢尔曼了，他显然有资格指挥航母舰队出海作战，因此也就成了斯普鲁恩斯航空部队指挥官的不二之选。

托尔斯是最早的那批飞行员之一，“泰德”·谢尔曼则是航空兵的后来者，两人从未一起共事过，行事温文尔雅的托尔斯还看不惯谢尔曼夸夸其谈的作风，因此一直没有把他当作自己人。然而，两人都对快速航母面临的问题有深刻的理解，他们花了很多时间在夏威夷探讨这些问题。托尔斯告诉谢尔曼，后者很难成为中太平洋航空母舰部队的司令，因为有两名资历更高的将领已经被召回珍珠港：谢尔曼是海军学院1910届毕业生，而第3航母分队司令“秃子”·波纳尔少将也是1910届的，第4航母分队司令约翰·H. 胡佛则是1907届的。这样谢尔曼就不是年资最长的航母指挥官了。托尔斯提出要把“埃塞克斯”号派往南太平洋，谢尔曼则回应他想要把两艘可用的航母——“埃塞克斯”号和“萨拉托加”号——“放在一起”[46]，无论是在夏威夷还是南太平洋。谢尔曼想要的显然还是他心心念念的多航母编队。

7月16日晚上，谢尔曼将军突然接到命令，要他前往南太平洋的“萨拉托加”号，接替“公爵”·拉姆齐担任第1航母分队司令。拉姆齐被调回去当航空局局长了，哈尔西当然会把他自己眼中的头号航母指挥官给要回来。然而，谢尔曼受命在24小时内离开自己的旗舰“埃塞克斯”号，这难免让他觉得自己实际是被贬谪发配了，并且认为珍珠港的太平洋舰队航空兵司令部不想要他，这或许也是事实。[47]谢尔曼就这样离开了中太平洋，把航母部队总司令的岗位留给了胡佛或者波纳尔。胡佛不久后被任命负责中太平洋所有的陆基航空兵，包括陆军航空队在内，波纳尔则奉命指挥航空母舰。斯普鲁恩斯将军对这一群航空兵将领的优缺点并不熟悉，他们从未共事过，因此他只能“对此任命无异议”。[48]于是，1943年8月6日，尼米兹将军任命波纳尔为航母部队司令。后者把原先的西海岸舰队航空兵司令一职转交给了“皮特”·米切尔少将。

虽然哈尔西没能给南太平洋争取到更多的航空母舰，但他手中的陆基航空兵数量充足。当谢尔曼在7月26日抵达努美阿接替拉姆齐时，战火正在新乔治亚岛周围的陆地、空中和海面上熊熊燃烧。在“萨拉托加”号上升起将旗之后，谢尔曼只享受了几天的多航母舰队待遇，英国皇家海军来援的“胜利”号航空母舰在7月31日就离开这里返回英国了。谢尔曼也没捞到仗打，因为哈尔西实在不想用自己手中仅有的一艘航母去冒不必要的险。对哈尔西的这种态度，谢尔曼抱怨道：“他把他的航母开了出来……但在现在这种情况下他不会让航母冒着被陆基飞机轰炸的风险去发动空袭或者执行其他任务。他把这些航母当成应对日本舰队进攻的主要依靠。”[49]无论如何，现在“胜利”号走了，来自珍珠港的援军一时半会儿也指望不上，哈尔西不肯用最后一艘航母去冒险的做法也是无可指摘的。

谢尔曼就这样发现了哈尔西为数不多的小心之处，这个老斗士对陆基飞机满怀敬畏。水面舰队在瓜岛周围遭到日军飞机猛烈空袭的惨痛经历让他对这些飞机的威力深信不疑。在1943年8月，虽然盟军的优势与日俱增，但哈尔西的飞行员们却仍然在与以拉包尔为基地的日军精锐飞行员苦战。实际上除了1942年4月运送杜立特机群轰炸东京之外，哈尔西从未在公海大洋上体验过快速航母的机动性，因此他对多航母集中作战的信仰远不如经验丰富的晚辈“杰克”·托尔斯和“泰德”·谢尔曼那般坚定。不仅如此，老“萨拉”也是真的老了，其战斗力已不能与埃塞克斯级相提并论。

虽然哈尔西是个航空人，谢尔曼也是他最欣赏的部下，但来到南太平洋的新舰却不是航母，而是战列舰、巡洋舰和驱逐舰。7月30日，哈尔西要求谢尔曼组织演训以“协调舰队中不同舰种的部署”，但是面对1艘航母、4艘战列舰、7艘轻巡洋舰和15艘驱逐舰，谢尔曼实在没法把这支舰队当一支航母特混舰队来操作。虽然“萨拉托加”号的舰长约翰·H. 卡萨迪和舰上的第12航空大队在8月3—4日的演训中表现极其出色，但谢尔曼还是忍不住悲伤地写道：“面对只有一艘旧航母担纲的局面，我实在是觉得此间一切与我何干。”这样的演训从夏末一直持续到秋初，但由于没有足够的航母，谢尔曼认为这种队形是“过时的，从水面舰艇（而不是航母）角度来设计的，就统一的舰队而言，训练远远不够”。[50]

珍珠港里的舰队就是另一副光景了。初夏时节，多艘崭新的重型航母陆续来到这里，包括“埃塞克斯”号、“约克城”号、新的“列克星敦”号（CV-16），还有轻型航母“独立”号（CVL-22）、“普林斯顿”号（CVL-23）和“贝劳·伍德”

为加快飞机在飞行甲板上的排列和调整速度，美军逐渐用带着两根拖曳棒的吉普车和拖拉机取代了推送员。这两架 F6F 属于轻型航母“普林斯顿”号。

号（CVL-24）[1]。当然开到珍珠港的不只是这些航母，还有新建的支援舰只，包括2艘巡洋舰、2艘战列舰和20艘驱逐舰。与众多舰艇一同到来的还有几位航母指挥官：第12航母分队司令阿尔弗雷德·E. 蒙哥马利少将（美国海军学院1912届毕业生）在“埃塞克斯”号上升起将旗；第11航母分队司令亚瑟·W. 拉福德少将（美国海军学院1916届毕业生）同时也负责航母部队，尤其是轻型航母的训练；最后，波纳尔少将登上了“约克城”号并将其作为旗舰。

航空母舰和航空兵将领数量的增长催化了舰队条令的诞生。依托 PAC10条令，托尔斯和太平洋舰队航空兵司令部的计划制订者们对中太平洋部队应当如何组织和指挥已是胸有成竹。而一旦尼米兹集结起了一支新的舰队，并接到了要他攻占

---

① 译注：“贝劳·伍德”原文为“Belleau Wood”，意指贝劳森林，位于法国，是第一次世界大战中美国海军陆战队一场重要战役的发生地，本书基于“遵从惯例”原则，根据国内习惯用此译名。

吉尔伯特群岛和马绍尔群岛的命令，他便别无选择，只能向托尔斯等人征询意见。1943年8月11日，太平洋舰队司令部给托尔斯发去一份备忘录，要求他提供一套关于航母运用策略的明确说明。尼米兹在备忘录中特地提到，敌人正处于守势，而美国海军的实力正与日俱增，因此是时候“计划并创立一套全新的概念”了。[51]

由此，航空兵最终被召集起来并就新的快速航母舰队在中太平洋进攻中的运用拿出专业意见。为了最大限度地利用珍珠港里所有的想法，托尔斯在8月16日召集了一场会议讨论新的航母策略。参会者包括太平洋舰队航空兵司令部里的4位参谋、4位航母分队司令和7位航母舰长。他们讨论了航母作战的诸多方面，最终确定了舰载机大队和航母分队的组成和规模。舰载机大队的编成定为36架战斗机、36架轰炸机和18架鱼雷轰炸机。航母分队的编组方案在初期为1艘重型航母搭配1艘轻型航母，最终演变为以2～3艘重型航母为核心，再视可用情况或可加入2艘轻型航母。这样，多航母版的条令终于付诸实施了。[52]

1943年8月21日，托尔斯就快速航母运用策略提交了一份正式声明，把航空兵们的全部诉求呈交给了尼米兹将军。托尔斯指出：快速航母要（1）打击陆地和海上的敌人——航母应当是舰队的首要攻击力量，（2）为两栖作战提供直接空中支援，（3）为那些未能以航母为核心编组的特混舰队提供空中支援；舰载机要夺取制空权并消灭敌人的空中力量、遂行空中搜索、为登陆战提供战斗机掩护，并在舰队上空保持防空巡逻；航母的作战效能取决于战术上的集中编组，分散使用将会削弱航母的威力。

随后托尔斯强调了他对新航母指挥权的意见：“能否熟练而且富于想象力地运用这支强大的力量，将决定太平洋战争是会高歌猛进，还是会陷入长期消耗战。”他还提出：“航母航空兵作战是一项十分专业的工作，只有受过完整专业训练的军官才能驾驭。‘航空思维’是无法取代长期的航空经验的。”他还声称，大型舰队的高级指挥官必须要么自己是航空兵出身，要么配备航空兵出身的高级幕僚。他也指出，“作战和后勤密不可分”。[53]

托尔斯的这份声明明确指出了一个明显事实，即如果不在航空作战中有一定的发言权，太平洋舰队航空兵司令部就不可能处理后勤和维护问题。因此，必须由托尔斯本人或其他高级飞行将官（如菲奇）指挥中太平洋部队，或由一位飞行员出任斯普鲁恩斯的参谋长。哈里·亚纳尔将军从华盛顿发来、有关海军航空兵的调查信件几乎与托尔斯这份声明一同抵达尼米兹案头，从而加强了托尔斯这封有关航母作战条令的信件的分量。这一巧合仿佛是精心设定爆炸时间的定时炸弹。

在中太平洋部队司令部建立之际，亚纳尔公开抛出有关海军航空兵的问题，尼米兹对此愤恨不已，他于8月19日给麾下所有航空兵将领写了一封亲笔信，建议他们通过正式的官方渠道回复亚纳尔的信函。托尔斯却告诉尼米兹，这些人正忙于制订作战计划，抽不出时间来正式回复尼米兹的信件。托尔斯在这件事上操之过急，把尼米兹惹火了，他确凿无疑地告知航空兵司令部，他会坚持等候这些新来的航空兵将领们给出正式回复。[54]托尔斯8月21日关于航母策略的正式文件再一次激怒了尼米兹，他在两天后公开否决了航空兵司令部关于海军航空兵的几条主张。[55]尼米兹坚定地维护自己任用非航空兵背景的斯普鲁恩斯指挥中太平洋部队的决定，否定了托尔斯的全部论证。托尔斯在给亚纳尔将军的信中写道："坦率地说，他的反应似乎在表示我完全不知道自己在说什么。"郁闷地回顾了几个月来在珍珠港的各种挫败后，托尔斯得出结论："根据我在这里的经验，我倾向于认为关于航母条令的正式舰队建议依然会老调重弹！"[56]

然而，随着越来越多的航母加入舰队并被纳入作战计划之中，航空兵在舰队中地位不断提高是不可避免的。此时，大批的飞机将要跟随航母奔赴大洋，如此庞大的兵力是对日开战以来美军从没拥有过的。太平洋舰队航空兵司令部需要为此制定一套更系统的后勤策略——以便将新飞机整合入舰队，以及一些飞机替换策略。8月26日，尼米兹将军召集了一场持续三个小时的会议，关乎舰队后勤的所有方面。会上托尔斯断言，"以整体而言比通常接受的后勤支援快得多的频率，执行与航空兵行动紧密联系的物资前送"极其必要。尼米兹的两栖战司令凯利·特纳少将十分支持托尔斯的观点[57]——特纳本人也是航空兵的后来者。这次会议两天后，尼米兹又找来斯普鲁恩斯和托尔斯，小范围讨论了航母将领的问题，就此提升了太平洋舰队航空兵司令部在全盘计划制订中的地位。[58]如此一来，虽然托尔斯早已习惯的摩擦依然存在，但他在太平洋舰队指挥体系中的地位的确迅速提高了。

实战经验证明，航空人提出的战术条令是无可辩驳的。8月，珍珠港的计划制订者们决定投入几艘新型航母进行实战试验。首先，波纳尔将军准备向中太

“约克城”号上的着舰信号官（LSO）理查德·特里普中尉正向一架着舰的飞机发出“降低引擎功率”信号。

平洋北部日占区的外围前哨——马尔库斯岛发动“打了就跑”的空袭，他将指挥2艘重型航母、1艘轻型航母、1艘快速战列舰和若干巡洋舰、驱逐舰。若此战如航空兵将领们期待的那样获得成功，后面会有一系列同类作战。

根据各位将领的要求，太平洋舰队航空兵司令部的幕僚们花了一整个夏季的时间，设计了一套基于防空火力得到增强这一情况的改进型巡航编队队形。“泰德”·谢尔曼离开珍珠港返回南太平洋之后，继任者蒙哥马利少将继承了他的参谋长H. S. 达克沃斯上校。[59]为了把谢尔曼的专家意见延续到新的多航母编队上，达克沃斯与蒙哥马利、拉福德在航母训练方面进行了密切配合。波纳尔到岗并受领了进攻马尔库斯岛的任务后，发现自己还是个光杆司令，手下一个参谋人员都没有，于是只好找“志愿者”来帮忙。于是，蒙哥马利把达克沃斯“借”给波纳尔当参谋长，托尔斯则把自己幕僚团队中的华莱士·贝克利上校调去当航空作战官。航空兵司令部里还有一些低级军官被派去协助波纳尔执行任务。在新的岗位上，达克沃斯和贝克利拿出了航空兵和舰艇的作战计划，波纳尔热情地加以采纳。[60]现在，太平洋舰队航空兵司令部将要派他们自己的人去展示新航母的战斗力了。

虽然吉尔伯特—马绍尔群岛进攻战役的准备工作还在紧锣密鼓地进行，尼米兹和托尔斯之间的紧张关系也没有缓和，但波纳尔已经开始集结美国海军第一支具备实战能力的快速航母特混舰队。[61] 1943年8月30日，当新任分管航空的海军作战部副部长麦凯恩在美国海军航空兵正式成立30周年之际向媒体发表讲话时，公众第一次嗅到了一丝珍珠港正有所筹划的气息。在1913年的这一天，当海军航空部队还只有包括托尔斯上尉在内的区区9名飞行员的时候，联合委员会就向海军部提出：“组建一支高效的海军航空兵的事项应当立即着手启动，并尽快完成。”[62]现在，麦凯恩告诉美国人民，自从珍珠港遭袭以来，美国已经新建成了12艘航空母舰，“以舰载机为矛头的庞大特混舰队，即将对敌人发动一轮又一轮重击”。[63]

1943年8月，随着舰队规模与日俱增，太平洋司令部的氛围极其轻松和令人振奋。就在20个月前，美国太平洋舰队还躺在珍珠港水底的烂泥里，现在他们有了越来越多的军舰。当8月22日新“约克城”号开出港口前去攻击马尔库斯时，珍珠港内福特岛上的灯塔用灯光发出了一条适逢其时的告别：“亲爱的，你看起来太棒了！”[64]

第四章　战斗中成长

计划在11月中旬打响的吉尔伯特群岛登陆战，对新组建的快速航母部队和海军陆战队两栖军而言并不仅仅是初次战火洗礼，他们确实有可能遇到一年以来的第一次舰队交锋，若果真如此，这将是中途岛海战之后的第一次大规模航母对决，也将是太平洋战争开战以来第一次双方都投入大量战列舰的海战。从9月开始，日军就着手准备迎接美军在中太平洋某处发动的进攻[1]，尼米兹或许也意识到了这一点。日军第三舰队随时准备抵御美军的进攻。这支舰队拥有第1航空战队的3艘航母和驻扎在东加罗林群岛特鲁克环礁的多艘战列舰。（运送航空燃油的油轮被潜艇击沉，导致燃料匮乏，第2航空战队不得不开往新加坡去训练飞行员。）

比吉尔伯特和马绍尔群岛更令美军担忧的，是南太平洋新不列颠岛上的拉包尔。哈尔西的部队在夏季已经突破了所罗门群岛中部，并开始在拉包尔基地轻易可以覆盖的距离上建设机场。为了增援陆基航空兵，哈尔西还保留着老旧的“萨拉托加”号及其护航舰队。8月4日，这支舰队被编为第38特混舰队。10月，美军水面舰艇部队攻击北所罗门群岛的布干维尔岛，从而直接威胁拉包尔。毕竟，布干维尔已经位于部署在拉包尔核心基地的战斗机作战半径内。如果日军增援并固守拉包尔，美军在中太平洋上集结的庞大海军力量就不得不转向所罗门群岛。这样，日本海军和造船工业就赢得了更多时间以加强防御。

尼米兹将军其实很希望日军把他们的舰队派出来防守吉尔伯特群岛。他个人也很想击沉日军的“翔鹤”号、“瑞鹤”号两艘航母，这是当年袭击珍珠港的日军航母中仅存的两艘。他告诉海军陆战队的霍兰德·史密斯将军，如果哪一天“我来到办公室，看到桌子上放着一条消息，说我们已经击沉这两艘航母”[2]，那就是一生中最快乐的一天了。11月，美国太平洋舰队在航母数量上超过了日本，力量对比是11比6。尽管如此，斯普鲁恩斯中将对可能爆发的舰队交战不敢掉以轻心——进攻吉尔伯特群岛的中太平洋部队正是由他来指挥的。他更希望先发动一场迅雷不及掩耳的雷霆一击，让航母作为对岛轰炸的补充，之后再视情况考虑海战问题。[3]

然而在8月末，如何最有效地使用快速航母的问题——无论是用作远程机动打击力量还是两栖支援力量——看起来仍远未解决。新的舰艇和飞机才刚刚完成训练，新式“地狱猫”战斗机还没有在战场上与敌方战斗机对决，新手舰员和飞行员们还没有参加过实战。为此，尼米兹将军出动了几艘新航母，向日军外围岛屿发动“打了就跑”的空袭。不仅如此，这些快速航母不久之后还将为哈尔西提供增援，投入到南太平洋战区的战事中。

作战训练和条令

马尔库斯岛距离珍珠港4300余千米，距离日本仅1600千米，1943年时，日军在岛上修建了机场和气象站。1943年8月23日，第15特混舰队（TF15）在夏威夷北部水域编成，任务是攻击马尔库斯岛，摧毁岛上的飞机和设施，之后迅速撤离。“秃子”·波纳尔少将任特混舰队司令，旗舰是“约克城”号，“蒙蒂”·蒙哥马利少将则搭乘“埃塞克斯”号旁观学习。实际上这两个人都没有指挥新型航母参战的经验，只是蒙哥马利资历比较浅，所以担任观察员。除了2艘重型航母，舰队还编入了轻型航母“独立”号（舰长乔治·R. 费尔拉姆上校）、快速战列舰“印第安纳”号（舰长威廉·M. 菲彻勒上校），以及2艘轻巡洋舰和10艘驱逐舰。

第15特混舰队得到了一支小型后勤船队和一艘担任救生任务的潜艇的支援。前者是一艘舰队油轮外加一艘提供护航的驱逐舰，油轮将在舰队开往目标途中为几艘大舰加一次油，返航时会再加一次。航母和战列舰则要每3～4天为驱逐舰加一次油。战斗期间，那艘潜艇将在目标岛屿附近的阵位待命，捞救被击落的飞行员，这是波纳尔将军的主意。波纳尔对手下飞行员的士气和生命同样关注，他在战役开始前直接找到了太平洋舰队潜艇司令查尔斯·A. 洛克伍德中将，向他索要一艘潜艇。洛克伍德也知道这种任务对他的潜艇兵来说是“捞不到油水”的，但是他对波纳尔的动机十分赞同，并指派“锯盖鱼”号去支援马尔库斯作战。尼米兹也力挺这种模式，于是这一举措后来发展成了“救援组”战术——快速航母作战的一种标准战术。[4]

1943年8月空袭马尔库斯岛途中，小詹姆斯·H.“吉米”·弗拉特利中校正在“约克城”号第5舰载机大队的任务室里向手下飞行员做任务简报。

在“约克城”号上，波纳尔和幕僚们拟定了进攻计划。达克沃斯上校和贝克利上校分别负责舰队的阵型和舰空协同，他们把三艘航母放在由驱逐舰组成的环形防御圈的中央，战列舰和巡洋舰则组成内层防御圈。理论上讲，这能使脆弱的航空母舰获得最大限度的对空保护。这一航行阵型是航空兵司令部的研究成果，其中也融入了“泰德”·谢尔曼将军的思考。马尔库斯作战是一场试验，虽然预计不会有敌机前来挑战。旗舰“约克城”号的舰长“乔可”·克拉克和舰载机大队长“吉米”·弗拉特利制订了对目标岛屿的攻击计划。[5]关于马尔库斯岛的情报很匮乏，只有1942年年初哈尔西将军空袭该岛时带回来的信息，而这已经是一年半之前的事了。贝克利根据日本人的典型习惯，推测1942年马尔库斯岛日军巡逻机的飞行规律不会改变，进而规划出美军特混舰队的航线。指挥部里几乎所有的人都怀疑他的分析，但贝克利却坚持自己的观点。[6]

8月27日，舰队向北航行了很长一段距离后开始进行为期两天的海上加油，之后他们借助一片冷锋云的掩护奔赴起飞海域。8月31日破晓前，舰队的雷达发现了一架正在飞返马尔库斯的敌方巡逻机，这与贝克利的计算结果完全一致。日本人从开战以来就从来没有变更过巡逻机的飞行方式，第15特混舰队就这样跟着这架巡逻机找到了它的基地。[7]此时大海一片寂静，天空晴朗无云，火星在目标方向上空闪闪发光——这是个好兆头。航母加速到30节，转向轻风拂来的方向，好让舰载机获得适宜的甲板风速。驱逐舰排成一排开向前方，打开灯光，好为航母标出放飞飞机的方向，那些装备着大炮的巨舰则闪避到一旁，为航母腾出机动空间。凌晨4时22分，第一架“地狱猫”战斗机从“约克城”号的甲板上一跃而起，飞入夜空。

美军舰载机成功突袭了停放在马尔库斯岛上的日军飞机，“那时他们的裤子还晾在黎明寒冷发灰的夜色中”——波纳尔将军如是说。[8]第一批执行扫射机场任务的战斗机摧毁了7架停放着的一式陆攻，攻击机则命中了跑道和其他建筑。TBF挂载着一枚907千克重的“大块头”炸弹，这是当时该机型所能挂载的最重的炸弹，SBD轰炸机则投下了被称为“黛西剃头刀”的454千克爆破弹。美军舰队总共对马尔库斯岛发动了五波“全甲板攻击”，其中“埃塞克斯”号和“约克城”号各两波，“独立”号一波。敌人的防空火力起初十分猛烈，击落了3架美机。不幸的是，“锯盖鱼”号潜艇未能找到被击落飞机上的幸存者，他们最后全都被日军俘虏了。[9]空袭作战没有遭到敌方飞机的干扰，因为距离马尔库斯最近的日军航空兵基地远在1100千米之外的硫磺岛。

一整个上午，这支三航母特混舰队打得很顺利，他们完成了舰载机的加油装弹，抵近至距离马尔库斯岛180千米处，然后掉头而去。整个空袭过程中敌人的飞机和潜艇都没有出现，这使战斗多少有些平淡无奇。然而波纳尔将军在战场上的表现却很令人失望，开往目标海域途中他就跑到“约克城”号的舰桥里就操舰的一些细节问题对克拉克舰长指手画脚，空袭打响后他又到舰桥上对克拉克和领航员乔治·安德森抱怨：“我为什么要到航母上来？”[10]对这种神经质的抱怨，听者只能报以沉默。波纳尔之后的决定清楚地显示他很害怕冒沉船的风险。他拒绝了全力救回被击落飞行人员的要求，也数次拒绝了炮击马尔库斯岛的建议，反而命令自己的舰队赶紧脱离敌方水域，越快越好。[11]

虽然波纳尔的表现明显有些胆怯，但马尔库斯一战却取得了成功，它为后来所有的快速航母特混舰队提供了值得效仿的案例。多航母编队不仅拥有更加集中的防空火力，而且需要的防空巡逻战斗机还更少一些。[12]新的航行队形顺利付诸实践，这令波纳尔将军对其主要负责人，也就是达克沃斯上校和贝克利上校赞赏有加："更大范围和更精彩的战斗离不开这些人的天才智慧。"参战飞机的表现也很好，但是将军认为在轻型航母上使用大型的TBF鱼雷轰炸机多有不便，因此建议独立级航母完全搭载战斗机，即搭载一支编有36架F6F"地狱猫"的完整战斗中队。[13]不过在波纳尔提出的诸项建议中，这是唯一一条没有被高层采纳的。

马尔库斯成了新航母部队的第一个打击目标，但它对日本的价值并不大，美军还需要挑选一些其他的日占岛屿作为执行中太平洋攻势大战略的目标。其中一个被选中的岛屿就是贝克岛——吉尔伯特群岛正东方的一处战略要地。如果能占领贝克岛，美军就能依靠岛上的机场，和新近占领的吉尔伯特东南方的菲尼克斯群岛、西南方的埃利斯群岛上的机场一起，构成执行对吉尔伯特群岛发动陆基空袭的三角包围。

1943年8月31日，一架TBF"复仇者"鱼雷轰炸机在燃烧的马尔库斯岛旁盘旋。

马尔库斯作战由航空兵将领波纳尔担任舰队指挥官，因此攻占贝克岛就要由战列舰部队的将领来担纲了。讽刺的是，太平洋舰队战列舰司令威利斯·A.“大下巴”·李少将却带领了一支没有战列舰的舰队。第11特混舰队在1943年9月1日启动了这项任务，由第11航母分队司令亚瑟·W. 拉福德少将率领的轻型航母“普林斯顿”号和“贝劳·伍德”号提供空中掩护。这次行动完美无瑕，一艘驱逐舰提供战斗机引导，几天后这个驱逐舰上的引导组使用舰上的雷达引导拉福德的“地狱猫”战斗机击落了敌人的3架大型水上飞机。[14]

和此前与此后的那些海空大战相比，马尔库斯和贝克岛的作战显然是微不足道的，但这两场战斗却暴露了即将进攻的美军在指挥方面的问题。和航空兵军官们一贯的思路一样，波纳尔将军也向尼米兹提出，要由“具有战时航母作战经验且军衔足够高的海军航空兵军官”来指挥新的航母部队。[15]不过波纳尔没有提及指挥官需要的领导力。波纳尔本人缺乏进攻精神，这在更富于挑战性的战斗中是十分危险的。在他的部队里，已经有一位高级军官在指挥责任的重压下垮掉了：“独立”号航母的舰长费尔拉姆上校在舰桥上连早饭都吃不下。他显然已经失去了应有的沉着冷静，刚刚回到夏威夷就被解职了。[16]可以看出，航母部队不仅需要一位富有攻击精神且知识丰富的舰队司令，而且需要具有同样品质的中低级军官。

尼米兹将军知道自己需要妥善兼顾太平洋舰队总司令和太平洋战区总司令这两项职责，但他绝对不想把舰队的直接指挥权交出去——无论是交给参谋长联席会议，交给陆军，还是交给对此觊觎已久的下属。因此，8月27日，他向上级请求派遣一名中将军官前来担任太平洋战区副总司令，从行政上对太平洋所有战区舰船的调动进行管理，而尼米兹本人则可以在即将开始的大反攻中专注于太平洋舰队的指挥。“厄尼”·金派来担任此职务的是约翰·H. 牛顿中将，他是个很有能力的行政管理者，拥有在战时指挥巡洋舰的经验。10月19日，牛顿到任，与他同来的还有另一项变化：“苏格”·麦克莫里斯少将从太平洋舰队参谋长晋升为太平洋舰队副总司令，这是个名字花哨的岗位，他又是个非航空兵。[17]

也是在这一时期，尼米兹决定设立太平洋航母部队司令一职，他考虑将这个岗位授予航母分队高级指挥官波纳尔少将，这样可以令航空人获得一些与其重要性相称的行政级别。毫无疑问，尼米兹在这方面考虑得并不是很清楚。他无法（或许也不会）让托尔斯来担任这一职务，他是个中将，资历比中太平洋部队司令斯普鲁恩斯还要深。另外，和太平洋舰队战列舰司令一样，航母部队司令也是要出海指挥作战的，因此更不能让托尔斯来干。于是尼米兹告诉斯普鲁恩斯，自己打算让托尔斯之下的顺位人选波纳尔担任航母部队司令。9月8日，波纳尔刚完成马尔库斯空袭返回珍珠港，斯普鲁恩斯就把这个消息告诉了他，波纳尔又转告了托尔斯。虽然二人讨论了这个新职位，但其实他们也无法确定波纳尔的这个新岗位将会在岸上从事行政管理，还是率舰队出海作战。斯普鲁恩斯想要给波纳尔配备一个人数更多的参谋团队，但已经是太平洋舰队新航母部队行政和后勤首脑的托尔斯认为这样做并无必要。[18]

第15特混舰队和第11特混舰队的航母刚一回到珍珠港，另一轮实战训练计划就出炉了。此时蒙哥马利少将要带领"埃塞克斯"号和"约克城"号两舰返回美国西海岸的旧金山去执行"后勤任务"，把一批人员和车辆接回来。[19]于是波纳尔便把将旗挂在了"列克星敦"号（CV-16，舰长菲利克斯·B. 斯坦普上校）上，他这一次的任务是空袭塔拉瓦环礁，这是吉尔伯特群岛战役的主要攻击目标。拉福德率领"普林斯顿"号（舰长乔治·R. 亨德森上校）、"贝劳·伍德"号（舰长A. M. 普莱德上校）加入了波纳尔的舰队。这支舰队的名称仍旧是第15特混舰队，其舰艇编成以轻型航母为主，他们将对这种多航母特混舰队的优劣进行检验。为其护航的是3艘轻巡洋舰和10艘驱逐舰。

塔拉瓦空袭基本沿用了马尔库斯作战的战法，但是有一个重要差异：要对11月进攻计划中的登陆滩头进行照相侦察。同样有一艘油轮为舰队提供加油服务，分析敌情时贝克利上校再一次正确运用了一年半之前的旧情报。这一次，美国陆军第七航空队的25架轰炸机赶在海军之前于9月17—18日夜间轰炸了塔拉瓦，与此同时，潜艇"虹鳟"号则提前就位准备救援飞行员。然而不幸的是，波纳尔少将再一次表现出了紧张和不理智。18日夜，在驶向预定海域的最后航程中，他通宵未眠，在自己的舱室里写备忘录以备阵亡后使用，这是很早之前确立的传统。不仅如此，他取消了作战官提出的在破晓前进行一次出于航行安全考虑的重要转向计划，导致先头驱逐舰在东方出现第一缕曙光时才观察到碎浪拍击在礁石上，己方陆军轰炸机在塔拉瓦上空狂轰滥炸、日军飞机纷纷起飞之后，他才下令舰队掉转航向。再晚一点，特混舰队就要撞到目标岛屿上了。

考虑到日军可能从马绍尔群岛夸贾林环礁的大型航空兵基地出动飞机前来迎战，“列克星敦”号的防空引导官做好了截击敌机的准备，这以后将是他们的常态化工作。然而，真正来袭的日军飞机只有3架，它们被执行防空任务的“地狱猫”战斗机轻松击落。空袭岛屿的美军战斗机和轰炸机摧毁了塔拉瓦环礁上的数架敌机和小艇，之后又转而轰炸了邻近的马金岛和阿贝马马岛。日军的防空火力击落了2架舰载机，而敌人的精心伪装也降低了轰炸的效果。滩头的斜向照片拍得还不错，但是没能把礁石的位置清楚地展示出来。更糟糕的是，执行垂直视角航拍任务的那架飞机恰巧就是被击落的两架美机之一。鉴于这些照片对制订11月塔拉瓦登陆战的作战计划十分重要，波纳尔的幕僚提议再派一架飞机前去完成这一任务，然而波纳尔拒绝了，他再一次表现出了过度谨慎。他对敌机可能干预的判断倒是无懈可击，托尔斯将军将敌机未曾出现归结于“绝对是运气因素”。尽管如此，他还是没能拿到让人满意的垂直视角航拍照片。[20]

1943年9月空袭塔拉瓦期间，在吉尔伯特群岛以东，一架日军二式大艇的身影充满了“地狱猫”照相枪的镜头。这架大型水上飞机很快就坠入海中。

实际上，对塔拉瓦的空袭让日本人意识到美军可能在吉尔伯特群岛登陆，于是，9月18日美军空袭还在进行之时，日军机动部队——3艘航母、2艘战列舰、10艘巡洋舰和一批驱逐舰——就驶出了特鲁克，他们于20日在马绍尔群岛北部的埃尼威托克环礁下锚，但是发现美军并未来袭，于是返回了特鲁克。[21]尼米兹和斯普鲁恩斯并不知道，日军本想投入舰队与进攻吉尔伯特群岛和马绍尔群岛的美军决战，如此，斯普鲁恩斯终将迎来一场属于自己的海战。

日军必须小心权衡拉包尔和吉尔伯特—马绍尔的重要性。眼下危在眉睫的是前者，尤其是在哈尔西已经杀进北所罗门群岛的情况下。因此，9月30日日军大本营将拉包尔定为“终极防御要地”。[22]鉴于拉包尔对空防御的最佳方式是使用岛上的机场，于是日军决定使用第1航空战队的空中力量，也就是“翔鹤”号、“瑞鹤”号和“瑞凤”号的舰载机来防守拉包尔。这些飞行员是最后一批从中途岛和其后一系列海空战中幸存下来的精锐，他们将要离开特鲁克的航空母舰，飞到拉包尔。这样一来，一旦美军向中太平洋推进，日军舰队就会没有舰载机可用。正当这些飞机要动身时，消息传来——美军舰队正向马绍尔群岛开来，飞赴拉包尔的计划只好暂缓了。

第15特混舰队回到珍珠港后，波纳尔将军提出了几条很有价值的建议：首先是采用一套标准化的太平洋舰队战斗机引导条令，此举可以使拦截敌机的步骤更容易被理解。其次，由于感到在月光下会暴露无遗，他希望在每艘航母上部署4架夜间战斗机，这与之前尼米兹向托尔斯提出的意见不谋而合。最后，轻型航母的舰载机大队取消鱼雷轰炸机，全部装备战斗机。[23]珍珠港的防空引导学校已经在开发这样的统一条令了，只是还没有经受过实战检验。托尔斯拒绝了为航母配备夜战飞机的提议，因为此时美国海军根本没有专门的夜间战斗机可用。[24]最后，就连“厄尼”·金这样的高级将领都要求保持轻型航母上24架 F6F 战斗机加9架 TBF 鱼雷轰炸机的大队编制。[25]

9月19日，也就是第15特混舰队空袭塔拉瓦次日，尼米兹在太平洋舰队司令部例行晨会之后又专门召集了一场特别会议以讨论接下来的作战行动。参会的有斯普鲁恩斯、托尔斯、麦克莫里斯和福雷斯特·谢尔曼。托尔斯要求在“电流”行动，也就是吉尔伯特群岛登陆战役之前再组织一次航母空袭行动。考虑到参加“电流”行动的战列舰可能来不及进行实战训练，这位航空兵司令要求用“尽可能大规模的航母舰队”来为登陆战提供最大限度的掩护。[26]斯普鲁恩斯对此表示赞同，于是托尔斯指派蒙哥马利少将来拟定作战计划，这一选择很明智，特别是因为蒙哥马利随即又提出要让达克沃斯上校担任自己的参谋长和主要计划的制订者。[27]现在蒙哥马利指派达克沃斯为新的作战行动制订计划——对中太平洋上的威克岛进行为期2天的空袭。[28]

就在计划制订期间，金上将造访珍珠港，与尼米兹讨论未来的航母和两栖作战事宜，并且视察了潜艇基地。[29] 9月25日，蒙哥马利向总司令介绍了即将付诸实施的行动计划，托尔斯、拉福德、谢尔曼和达克沃斯也在场。[30]蒙哥马利将指挥航母空袭威克岛，他会率领6艘航母，这是自日军偷袭珍珠港以来太平洋上出现的最大规模的一支航母编队。作为试验，蒙哥马利将让他的舰队在一支6航母编队、两支3航母编队和三支双航母编队之间来回切换。[31]他在这次行动中收获的经验对“电流”行动的价值无可估量。

作为试验的一部分，第14特混舰队将分为大小不一的两个“巡航编队”。第一个巡航编队由蒙哥马利亲率，拥有“埃塞克斯”号和“约克城”号，以及一支由4艘轻巡洋舰组成的炮击编队，“独立”号和“贝劳·伍德”号2艘轻型航母将为这些巡洋舰提供空中掩护。上述轻型航母由范·赫伯特·拉格斯戴尔少将指挥，按计划，他将在“电流”行动中指挥护航航母编队。第二个巡航编队由拉福德指挥，拥有“列克星敦”号和轻型航母“考彭斯”号（CVL-25），以及一支包含3艘重巡洋舰的炮击编队。第14特混舰队还编入了24艘驱逐舰、一支由2艘油轮组成的后勤编队，以及执行救生任务的潜艇“鳐鱼”号。[32]

第14特混舰队在10月5日破晓前格外浓重的夜色中放飞了第一攻击波，这一次美军新一代舰载机首次在目标上空遭遇日军战斗机。30架零式战斗机前来挑战数倍于己的美军机群，结果不言自明：大部分日军战斗机被击落。F6F“地狱猫”战斗机在这场短暂的战斗中初露锋芒，充分证明了自己较零式战斗机的性能优势。此外，威克岛还承受了三倍于马尔库斯或塔拉瓦的投弹量。作为还击，日军从马绍尔群岛起飞了2批飞机，各有6架战斗机和6架轰炸机，但拉格斯戴尔的防空巡逻战斗机有效拦截并赶走了这些闯入者，后者降落在威克岛上，之后又趁着夜色溜回了自己的基地。[33]日军宣称，5日、6日两天，战斗机和高炮火力一共击落了12架美机，这是美军在三次空袭作战中损失最沉重的一次，不过救援潜艇“鳐鱼”号捞起了6名机组人员。[34]除了发动空袭之外，美军巡洋舰也接连两天炮轰了威克岛。

威克岛空袭是三场训练性作战中的最后一场，在快速航母特混舰队作战理论的发展过程中，这是一场无可争辩的胜利。制订作战计划的达克沃斯上校在战后评论道：“显然，后来在成功运用一支多航母部队时所需的所有舰队运行技

1943年秋，几名不当值的水兵靠在一座四联装40毫米高炮旁休息，远方是2艘航母和1艘舰队油轮。

术都源于这次作战。”[35]试验证明，轮型阵对六航母、双航母和三航母特混编队都是适用的，“电流”行动时采用了三航母队形。使用雷达引导战斗机防空作战的战术已经确认可行，现在需要的只是一些时间和实战经验而已。而那些由航空兵将领指挥的航空母舰，则充分展现了自己的作战效能和效率。

面对美军的空袭，日军的反应并不仅仅是从马绍尔群岛起飞24架飞机前去迎战。由于担心美军可能正在启动中太平洋攻势，日军机动舰队于10月中旬从特鲁克出发，经由埃尼威托克环礁北上，开赴威克岛。然而日军舰队在那里没能找到任何美军，于是他们在26日返回了特鲁克。在日本人看来，威克岛显然仅仅是一次佯攻，于是他们决定集中力量防守拉包尔。当月月底，“翔鹤”号、“瑞鹤”号与“瑞凤”号三艘航母上的舰载机离开航母，飞往拉包尔。[36]没有这些飞机，不仅仅是舰队，就连吉尔伯特群岛和马绍尔群岛都失去了主要防空力量。如果美国太平洋舰队能赶在这些飞机从拉包尔返回前发起行动，那么日军的外围防御就会土崩瓦解。

托尔斯将军认为，日军的空中防御力量很弱，但到底弱到何种程度，他也不清楚。考虑到日军航空兵在新几内亚和所罗门遭受的惨重损失，以及美军空袭塔拉瓦和威克岛时日军虚弱无力的反击，托尔斯得出结论：“未来在中太平洋进行航母作战时，敌人的空中抵抗将不会比眼下强到哪里去”，他们即便更大范围地集结兵力也无济于事。[37]斯普鲁恩斯和特纳等将领并不像托尔斯这般乐观，因为他们的大舰巨炮和两栖战部队确实还没有如同快速航母部队那样赢得过压倒性的胜利。

条令之争

随着吉尔伯特群岛进攻作战的临近，尼米兹意识到自己必须解决舰队指挥和运用方面的难题。航空兵们现在不仅仅想要舰队的指挥权，他们还就快速航母在“电流”行动中的最佳使用方式与战列舰部队和两栖部队的将领们公开翻脸。尼米兹和他的幕僚们都不是航空兵，斯普鲁恩斯也一样，两栖部队司令凯利·特纳少将则想要把航母拴在滩头附近充当近海炮兵。航空兵们想要的是机动性，唯有如此才能发扬他们的打击力量，这一点早在1927年的第7次“舰队问题”演习中就被提了出来，当时的演习总结就建议，现代航母指挥官应该“完全自由地使用舰载机，最大限度地发挥其作用”。[38]然而到了1943年，这种自由对航母指挥官来说仍然遥遥无期。

到了10月，事情该有个说法了。4日，托尔斯将军完成了那封写给尼米兹的长信，这也是亚纳尔之问带来的一连串矛盾的最后一击，他在这封信里点破了许多非航空人长期以来对飞行员们的不满，他还提出，太平洋舰队总司令或副总司令中应该有一个航空人。[39]第二天上午，尼米兹召开专项会议讨论“电流”行动相关事宜，托尔斯在会上对作战计划中的瞻前顾后抱怨不已——斯普鲁恩斯担心日军的空袭，尤其是夜间空袭，波纳尔将军也有此担忧。[40]当天下午，托尔斯不得不离席去圣迭戈与米切尔少将举行一场后勤会议[41]，但托尔斯的参谋长福雷斯特·谢尔曼上校留了下来，继续和尼米兹较劲。

在吉尔伯特群岛战役时究竟该如何使用快速航母？就此问题谢尔曼需要直面“恐怖分子”特纳。在斯普鲁恩斯的办公室里，特纳直言他想要用航母执行防御性任务，把它们全部拿来做近距空中支援，谢尔曼则针锋相对地指出航母需要机动性，拥有机动性的航母不仅能为进攻部队提供空中支援，而且能把敌人的航空兵摧毁在他们的巢穴里——马绍尔群岛的机场。恰在此时，杰克·菲奇中将从南太平洋回来了，一并带回的还有他对“航空兵受到的对待太差了”的怨气。他先是向尼米兹抱怨，接着又在和斯普鲁恩斯、福雷斯特·谢尔曼、拉尔夫·奥夫斯蒂上校（尼米兹指挥部里的一位航空兵军官）开会时继续抱怨。菲奇“强调为了提升士气，有必要制订更有利的晋升条件、更自由的奖励条件，让其他军官放下所谓‘该死的航空兵’之类的偏见，给予航空兵更多的宣传，等等”。[42]

尼米兹开始动心了，让他震动最大的是空袭威克岛的场景，福雷斯特·谢尔曼在一场关于舰载航空兵有效性的争论中拿出了“约克城”号战斗机在这场战斗中用机翼上的照相枪拍摄的彩色影片。[43]在航空人看来，“大下巴”·李将军麾下南太平洋部队那些战列舰派的思路根本不合实际[44]，而尼米兹麾下制订作战计划的军官，看上去也不能领会以攻击性方式使用航母的全部意义。斯普鲁恩斯也总是按照战列舰派的思路考虑问题，虽然他派自己的航空兵军官R. W. 莫尔斯上校参加了塔拉瓦空袭作战，但他本人从没参与莫尔斯的计划制订。[45]尼米兹开始意识到航空派主张的价值，因此，他立即发起了变革。

10月12日，托尔斯刚刚从加利福尼亚回来，尼米兹就要求他推荐一位航空兵军官担任新的太平洋舰队计划官。托尔斯列出了太平洋舰队中三位最睿智而且富有经验的航母指挥官：第11航母分队司令亚瑟·拉福德少将、托尔斯的参谋长福雷斯特·谢尔曼上校、“埃塞克斯”号舰长唐纳德·B. 邓肯上校。尼米兹觉得邓肯还需要多积累些海上经验，首先排除了他，但讽刺的是，“厄尼”·金不久之后就把邓肯调回去担任海军总司令部的计划官，军衔升为少将，邓肯从此离开大海回到机关。现在还剩下两个人，尼米兹问托尔斯：如果你是太平洋舰队司令，你会选谁？答案是谢尔曼，因为这是他最亲密的战友，但托尔斯也提出，要从邓肯和拉福德中选一个人来接替谢尔曼在太平洋舰队航空兵司令部的位置。尼米兹同意了。于是，10月20日，谢尔曼受命调任太平洋舰队司令部计划官，拉福德受命调任托尔斯的参谋长，调令在吉尔伯特群岛登陆战后立即生效。[46]谢尔曼的前任，詹姆斯·M. 斯蒂勒上校则被任命为“印第安纳”号战列舰舰长。

虽然这些人事变动意味着“杰克”·托尔斯的重大胜利，但他本人仍然承担着为“电流”行动中的快速航母部队寻找合格的、有经验的高级指挥官的重任。而这一资历问题又在战列舰将领中引发了争议。斯普鲁恩斯中将决定将战列舰编入航母特混大队，这样战列舰可以用密集的防空火力保护航母，航母也可以为战列舰提供空中掩护。如果敌方舰队迫近，战列舰也可以从航母编队中抽调出来集中编成战列线。然而只要编入航母大队，航母分队的指挥官便握有战术指挥权，即使战列舰分队指挥官的军衔可能更高。不过在吉尔伯特群岛战役中，托尔斯手中已经有了资历足够高、经验足够丰富的航母指挥官——波纳尔（美国海军学院1910届毕业生）、“泰德”·谢尔曼（1910届）、蒙哥马利（1912届）。另外，拉福德（1916届）因为既明智又专业而破格入选。除了拉福德之外，其他各航母编队中的战列舰与巡洋舰部队指挥官要么与航母特混大队司令平级，要么比后者官小。剩下那些资历较浅的航空兵将领，比如范·H. 拉格斯戴尔少将（1916届）和亨利·穆利尼克斯少将（1916届），则被托尔斯派去指挥护航航母。

合格的航母指挥官要具备三个条件，经验丰富和资历足够只是其中两项，另一项则是拥有战场指挥官的坚定决心。包括航空兵在内，有很多和平时期的将领就是因为不满足第三项要求而无缘战场指挥的。例如，10月“厄尼”·金把自己最喜爱的航空人阿尔瓦·D. 伯恩哈德少将派到了太平洋，他比所有特混大队司令资历都老（1909届），但珍珠港方面却没人要他。伯恩哈德拥有漂亮的和平年代服役记录，但作为领导者却表现不佳，在吉尔伯特群岛战役期间，他只能给斯普鲁恩斯当个可有可无的“航空顾问”。乔治·穆雷少将（1911届）虽然是从太平洋战争爆发伊始就在前线作战的老将，但却缺乏主动进攻精神，只好回国负责部队训练。另外还有一些资历更浅的飞行员，虽然拥有漂亮的和平时期服役记录，但托尔斯却并不希望他们出现在战场，比如奥斯本·B. 哈迪逊少将（1916届）和安德鲁·C. 麦克法尔少将（1916届）。曾经富有攻击性的查理·梅森不幸罹病，出海指挥作战的能力再也没有完全恢复。

对自己手头现有的一些指挥官，托尔斯颇有微词。听取了外派参谋军官的汇报之后，他觉得波纳尔在马尔库斯和塔拉瓦这两次空袭作战中发挥都很不稳定。不过尼米兹已经任命波纳尔为太平洋舰队快速航母部队司令，托尔斯也别无选择，只能走着瞧。“泰德”·谢尔曼在托尔斯眼里完全是个未知数，虽然他号称实战经验丰富且完美，但此人咄咄逼人、夸夸其谈的性格着实让人不快。托尔斯和“泰德”·谢尔曼从未共事过，后者是航空兵的后来者，托尔斯甚至觉得他只是在利用航空兵的身份来升官发财。蒙哥马利和拉福德都是早期的飞行员，托尔斯早就认识他们，而且对他们信任有加。另一位快速航母分队司令约翰·H. 胡佛被派去指挥中太平洋上所有的陆基航空兵，于是托尔斯只好从阿留申群岛方面要来 J. W. 里夫斯少将。“黑杰克”·里夫斯（1911届）也是一位航空兵的后来者，他将在马绍尔群岛战役期间加入舰队。快速航母部队失去了从1941年起就一直在海上作战的达克沃斯上校。他此时回到国内担任训练司令部麦克法尔将军的参谋长。接替达克沃斯担任快速航母部队参谋长的是杜鲁门·J. 海丁上校。

随着新的快速航母、航空大队和护航航母接踵而来，诸多新的航空兵指挥官也来到了太平洋舰队。1943年秋季，抵达珍珠港的“邦克山”号（CV-17）带来了 J. J. 巴伦廷上校，“蒙特利”号（CVL-26）带来了 L. T. 亨特上校。之后，经过现代化改造的“企业”号（CV-6）带来了马特·加德纳上校。[47]“邦克山”号还带来了屡经修改的 SB2C-1“地狱俯冲者”俯冲轰炸机，不过此时只装备了 VB-17一个中队。那些要去执行侦察任务的新型战斗机和鱼雷轰炸机已经装上了特制的新型机载雷达，不过这些雷达在技术上还有待完善。因此，“电流”行动中老式的SBD“无畏”轰炸机将最后一次身兼防御侦察和俯冲轰炸两职。[48]

随着航母部队规模的扩大，太平洋舰队航空兵司令部也扩编了，他们不仅要继续先前的物资器材管理工作，还要负责作战。在前一项任务中，小弗雷德·W.彭诺耶上校负责把从美国本土运来的巨量新飞机和零部件分发到各处基地。在作战方面，贝克利上校被调回华盛顿给“厄尼”·金担任航空官了，但托尔斯把自己在航空局时的计划负责人，时任“约克城”号航海长的乔治·安德森中校调来担任作战计划负责人。11月29日，太平洋舰队航空兵司令部辖下成立计划处[49]，这清楚地表明托尔斯成功说服了尼米兹，航空兵司令部不仅仅应当负责后勤规划，而且应该参与作战。托尔斯任命弗兰克·W.韦德中校担任计划处负责人。“插座”·韦德（美国海军学院1916届）是个早期的航空兵，1927年他在一次事故中摔瘸了腿，不得不退役，后来成了知名电影剧作家，二战爆发后被召回现役。在部队规模大扩张的这一时期，他把自己对海军航空兵的精深见解贡献给了太平洋舰队航空兵司令部，直到1944年7月去职。

虽然托尔斯在尼米兹将军的配合下为“电流”行动成功重组了快速航母部队，但要说服那些非航空兵将领们不要把航母拴在滩头绝非易事。为此，拉格斯戴尔和穆利尼克斯将军的小型护航航母将专职放飞飞机轰炸日军防御阵地，波纳尔的快速航母舰队为其提供支援。这就合了小心谨慎的斯普鲁恩斯和暴躁的特纳的心意，因为登陆部队需要最大限度的空中支援，而舰载机支援登陆部队的战法仍然需要实战检验。

当哈罗德·B.萨拉达上校在11月组建太平洋舰队两栖支援航空兵部队时，太平洋舰队并没有近距空中支援作战条令。特纳将军认为近距离支援应当成为一项常态化工作，尽管珍珠港内支持他的人并不多，海军也没人有这方面的经验。显然，萨拉达本人并没有完全准备好去为“电流”行动提供系统化的空中支援，但他还是登上了“宾夕法尼亚”号战列舰去引导对马金岛登陆战的空中支援。当时中太平洋上唯一有经验的空中支援引导官只有陆军航空兵的威廉·O.艾莱克森上校，他在当年5月登陆阿留申群岛的阿图岛时组织过几次空袭。[50]因此艾莱克森被任命为塔拉瓦登陆作战的空中支援临时总指挥。不幸的是，战列舰上的通信设备比较差，难以支撑空中支援引导官、空中支援管制部门和滩头联络小组之间的往来通信。雪上加霜的是，虽然有几个舰载机中队于10月在夏威夷与两栖部队进行了合练[51]，但能够理解两栖作战过程的飞行员少之又少，那些向飞行员们做目标任务简报的人很快便发现了这一先前被忽视的问题。[52]

斯普鲁恩斯不仅想要为登陆部队提供最大限度的空中支援，还担心日军舰队可能从特鲁克出发前来阻止登陆。斯普鲁恩斯希望麾下的两栖登陆部队能在他遂行任何舰队交战前拿下滩头阵地，因此他决定登陆日当天早晨再开始进行对岸炮轰和轰炸。任何过早的行动都可能会打草惊蛇，致使日军舰队总司令古贺峰一大将出击阻止登陆。延续数日的火力准备虽然可能对岛上的目标造成毁灭性打击，但也会大大降低登陆作战的突然性，因此被放弃。[53]盟军当年7月在西西里，9月在萨莱诺的登陆战也遵循了这样的理念，但效果都不太理想。

如果爆发海战，那将会是一场日德兰式的战列舰大会战，只是会由于航空兵的加入而产生一些比较明显的变化。和中途岛不同，现在斯普鲁恩斯手里已经有了一支由5艘新型快速战列舰组成的可畏的战列舰队，这支战列舰队由坐镇“华盛顿”号的太平洋舰队战列舰司令“大下巴”·李少将指挥。不过由于巡洋舰和驱逐舰数量不足，斯普鲁恩斯不得不把这些拥有强大防空火力的战列舰编入两支快速航母特混大队的轮型阵。这两支航母大队布置在靠近特鲁克和马绍尔群岛的马金岛外海，分别由波纳尔和拉福德指挥。不过舰队战术家们并不觉得快速航母的对空防御一定需要战列舰帮忙，1943年11月，蒙哥马利和谢尔曼的航母特混大队在仅有巡洋舰和驱逐舰护卫的情况下就顶住了拉包尔日军陆基航空兵的空袭，这是很好的例证。

斯普鲁恩斯想了个好主意，解决了舰队没有固定编组的战列线的问题。一旦日军舰队接近，李就会把战列舰从各航母特混大队里抽调出来，集中编组成战列线，之后负责战术指挥，打一场日德兰式的大海战。即便如此，航母还是能得到其他舰艇的掩护，这令航空兵将领们很满意，但是谁也不知道斯普鲁恩斯是否真的想要打一场没有航母参加的“经典”海战。

令人难以置信的是，战列舰将领届时将掌握战术指挥权，打一场第一次世界大战风格的舰炮对决，就好像1941年12月7日以来的所有战事都没有发生一样。

在那些灰头土脸的战列舰水兵看来，这似乎意味着从鲁克和宾时代①以来横行大洋数百年的传统海战战法在几乎被航空兵赶出战场之后，又要东山再起了。这终究只是镜花水月，毕竟航空兵已经统治了天空。不幸的是，斯普鲁恩斯还是对老一套念念不忘，而在马金岛附近发生战列舰会战的可能性使他确信自己应该把需要战列舰掩护的航空母舰布置在“能够为北部（马金岛）打击舰队提供近距战术支援的距离上，只要飞机能够起飞，而且燃油状况允许”。[54]

舰队决战至高无上的重要性，斯普鲁恩斯一刻也不会忘记。斯普鲁恩斯告诉手下的将领们，假如日军舰队前来迎战，那么将其击败“就是高于一切的任务”，因为只要能摧毁日本舰队主力，就能“向着战争胜利迈进一大步”。[55]一旦歼灭敌方舰队，将来所有的登陆作战都将不再受到海上之敌的阻挠。理解斯普鲁恩斯的这一观点对理解他的作战理念十分重要。只要手中握有战列舰队，他就对胜利充满信心。其次，他的航空母舰还可以提供空中掩护，支援登陆，一旦有机会还能对付敌人的航母。这是那个在1938—1940年指挥战列舰“密西西比”号的斯普鲁恩斯，而不是中途岛海战时那个处于战略守势，用凑合来的装备和借来的幕僚班子，依靠风险计算原则小心翼翼指挥作战的斯普鲁恩斯。他现在处于战略攻势，正满怀信心地准备迎接一场必然到来的大海战。他完全知道战列舰能够做些什么，对手下那些共事了超过30年的将领也了如指掌。为他出谋划策的是那位博学多才的参谋长——老友兼同学的“卡尔”·摩尔上校，仅仅四年前，他还是美国海军战前的战列舰主力作战舰队②司令麾下的作战官。在这些人看来，战列舰仍然是美国海军的头等主力。

斯普鲁恩斯在登陆战役期间采取战术防御姿态、依靠强有力的战列舰来保护其他部队的设想，在飞机出现之前或许是恰当的，但现在要打一场全新的战争，一场由航空兵主导的战争，唱主角戏的已经是快速航母上灵活机动的空中打击力量了。战列舰可以坐等敌人前来进攻，但航空母舰却不行，因为它们在敌人的空中和潜艇攻击面前格外脆弱。要保护登陆部队和支援舰队，还有一种更有

---

① 译注：二人均为17至18世纪的英国海军将领。
② 译注：战前的美国海军编为作战舰队和侦察舰队。

效的方法，那就是令航母舰队北上主动攻击敌人的机场和潜艇基地——如果敌人水面舰队来袭，那就一并收拾。

然而斯普鲁恩斯的经验和思维方式与航空兵们并不一致，他给所有四支快速航母特混大队各指派了一个防区。波纳尔的第一大队（TG 50.1）被任命为“航母截击大队”，在吉尔伯特和马绍尔群岛之间占领阵位。他们一方面要拦截来自北方的日机，另一方面获准向马绍尔群岛南部的日军米里和贾鲁特机场发动攻击。拉福德的第二大队（TG 50.2）是“北航母大队”，负责掩护和支援进攻马金岛的北进攻部队。蒙哥马利的第三大队（TG 50.3）是“南航母大队”，负责掩护和支援进攻塔拉瓦环礁的南进攻部队。“泰德”·谢尔曼的第四大队（TG 50.4）大队，编有舰队航母“萨拉托加”号和轻型航母“普林斯顿”号（当年10月入役），将从所罗门群岛北上参战，它们组成了“预备航母大队”，将摧毁吉尔伯特群岛西面的日军瑙鲁机场，之后充当应对意外之需的预备队。[56]

航空兵们早已熟知，这种定点防御的战术只会把成打的日军陆基飞机吸引到航母这里来，这是那些南太平洋老兵所不能容忍的。哈尔西肯定不会这么做，一年前他在瓜岛这么干过而且吃了大亏。当航母进入敌方陆基远程轰炸机的作战范围时，机动性就成了它们仅有的保护。若单看航母大队中的重型舰艇，那固然实力强悍，敌方攻击机群似乎难以逾越：共有5艘战列舰、3艘重巡洋舰和3艘防空轻巡洋舰。然而为全部11艘航母提供掩护的驱逐舰仅有21艘，每艘航母甚至都分不到2艘“薄皮罐头”。波纳尔将军在大部分场合都会和斯普鲁恩斯保持一致，这俩人很合得来，就制订作战计划来说或许过于合得来——即便如此，波纳尔还是意识到自己的航母会暴露在险境之中，如果日军还像瓜岛时那样继续发动夜间空袭的话，问题就更严重。白天，航母能够组织大量战斗机进行巡逻以弥补驱逐舰的短缺，但是在晚上，它们没有夜间战斗机可用。

波纳尔和拉福德二人仔细研究了这份作战计划，10月14日他们一起找到托尔斯，向他抱怨说这份作战计划对快速航母的运用很“危险”。托尔斯对此完全认同，他要二人去见斯普鲁恩斯。他们照做，向斯普鲁恩斯表达了自己的担忧，请求斯普鲁恩斯把航母部队从固定的防御阵位上释放出来。斯普鲁恩斯拒绝了，他指出这样的变更幅度太大，而且他还担心这会导致航母和其他支援部队分散开来。[57]在10月17日太平洋舰队司令部的例行晨会上，斯普鲁恩斯承认将航母用于防守是不适当的。托尔斯表示同意，他着重强调需要对马绍尔群岛北部的日军主要航空基地进行空袭，尤其是夸贾林基地。[58]可在制订计划时精细而谨慎的斯普鲁恩斯还是坚持原定计划，特鲁克的那些日军航母令他忧心忡忡，即便珍珠港的全部三位航母特混大队司令波纳尔、拉福德和蒙哥马利一齐反对自己的方案，斯普鲁恩斯还是毫不动摇。[59]尼米兹此时已经被爱搞事的航空兵们折腾得够呛，决定不干涉此事。毕竟这是斯普鲁恩斯的舞台，尼米兹打算完全放手。于是作战计划就这么确定了，航空兵们便不无忧虑地投入了作战。

开战

当中太平洋战区的将军们为"电流"行动的作战计划展开激烈辩论时，南太平洋上的哈尔西将军在1943年11月1日派第38特混舰队的"萨拉托加"号和"普林斯顿"号发动了进攻。这是自1942年下半年瓜岛海空战以来美军快速航母首次在这一海域作战。当天，"泰德"·谢尔曼的两艘航母支援了哈尔西在布干维尔岛的登陆作战。这两艘航母从岛屿西部的开阔水域对布干维尔最北端的布卡—伯尼斯机场发动了两波空袭。对伯尼斯机场的另一次空袭摧毁了20架左右可用于前来阻挡登陆的日军飞机。第38特混舰队随后向南退回瓜岛以便加油。[60]

哈尔西大胆的登陆立即引起了日军的激烈反应。此时，日军已经确信美军对威克岛的大规模攻击只是一次奇袭，而拉包尔的防卫优先级眼下显著高于吉尔伯特群岛，于是古贺峰一大将便把第1航空战队的舰载机从特鲁克派到了拉包尔。首先来自"瑞鹤"号、"翔鹤"号与"瑞凤"号三艘航母的173架飞机飞临拉包尔，将岛上的航空兵力量提升到375架飞机。[61]同时，古贺还派遣栗田健男中将率领7艘重巡洋舰、1艘轻巡洋舰和4艘驱逐舰第一时间奔赴拉包尔，这支舰队将南下摧毁哈尔西的登陆船队。登陆船队只有一些轻巡洋舰和驱逐舰守卫，很容易对付。

当11月2日谢尔曼的两艘航母南撤时，哈尔西对日军的动向完全一无所知。当时他最大的顾虑在于护卫力量薄弱，这支护航舰队拥有4艘轻巡洋舰，当天它们在登陆地点奥古斯塔皇后湾与日军的2艘重巡洋舰、2艘轻巡洋舰打了一场海战。日军舰队刚刚退回拉包尔，美军侦察机就于4日报告称拉包尔锚地发现了栗田的重巡洋舰。

哈尔西现在感到自己在布干维尔岛上站不稳脚跟了，他别无选择，只能再次投入小小的航母部队。最好的解决方案是趁日军巡洋舰还停泊在拉包尔锚地时发动突然袭击，但其风险大得吓 人。从进攻的角度看，就算他把“萨拉托加”号和“普林斯顿”号两舰上的全部飞机都派出去（大约100架），他们在数量上也处于绝对劣势，何况日军还有高射炮。从防御的角度看，放出了所有飞机的航母只能从所罗门群岛南部机场的陆基战斗机那里获得掩护。这一惊险的计划还将把两艘航母——老旧、转向缓慢的“萨拉托加”号和渺小、脆弱的“普林斯顿”号——置于敌方陆基飞机的作战范围内。把任何舰艇置于此种环境下都是哈尔西不愿见到的，他“真心觉得两支舰载机大队都会被打得七零八落，两艘航母也都会被重创，如果不是被击沉的话”。[62]

不过总有些对哈尔西有利的因素。第12航空大队队长霍华德·H. 考德威尔中校来到太平洋战场刚满一年，还从来没有打过仗，利用这一年的时间，他把这个大队彻底训练成了一支能够密切协作的团队。这支大队还有一个可靠的“硬壳”，这要归功于第12战斗中队那活力非凡的中队长 J. C. 克里夫顿中校发明的战斗机护航战术。绰号“跳跳乔”的克里夫顿训练他的“地狱猫”飞行员们在俯冲轰炸机和鱼雷轰炸机上方飞行，掩护其免遭从上方俯冲而下的零式战斗机的拦截。现在“跳跳乔”告诉他的飞行员们，“我们的任务是护卫那些轰炸机和鱼雷轰炸机，护送他们到那里，护送他们杀出来，然后护送他们返航，而不是和敌人狗斗。护航才是我们要解决的问题。”[63]克里夫顿还有一支强有力的援军，就是汉克·米勒的“普林斯顿”号舰载机大队，这是一支参加过塔拉瓦空袭的老部队。至于空袭期间航母自身的防御，哈尔西毕竟还有从所罗门群岛机场起飞的陆基战斗机可用。最终，如果有人能促成这一计划实现，那么也只有“战斗弗雷迪”·谢尔曼能担此重任。

自从1943年7月非航空兵出身的 R. B.“米克”·卡尼少将接替迈尔斯·布朗宁担任参谋长以来，哈尔西在制订航空兵作战计划时就主要依赖他的航空作战官 H. 道格拉斯·莫尔顿中校。莫尔顿和其他参谋人员一起拟定了作战计划和拟发给谢尔曼将军的文件。哈尔西看了这份电文后很担心出现最坏的结果，但他别无选择，于是把文件交给卡尼，说：“干吧！”[64]

于是，第38特混舰队以27节速度北上，11月5日上午9时开始放飞机群。攻击机群由坐在TBF“复仇者”鱼雷轰炸机座舱里的霍华德·考德威尔指挥，两艘航母总共起飞了23架“复仇者”。一同出击的还有22架老而可靠的SBD“无畏”式俯冲轰炸机。“跳跳乔”·克里夫顿则率领着全部52架“地狱猫”战斗机。虽然在此前的几个星期里美国陆军航空兵反复轰炸了拉包尔，但哈尔西还是预计那里有不少于150架日军飞机。他哪里知道，日军航母部队最后的精锐力量已经涌入拉包尔，这里的飞机比他的预期多了一倍不止。

当97架美机接近目标时，敌人已经做好了迎战的准备。密集的高炮弹幕上方是70架零式战斗机，他们早就准备好和初来乍到的“地狱猫”战斗机一决高下了。不过辛普森港内诸多日军舰船的剧烈机动意味着美军的袭击还是取得了一些突然性。令日军意外的事情还不止于此。日军战斗机没有急于攻击美军机群，而是静候美军轰炸机开始俯冲、克里夫顿的战斗机脱离护航位置，打算到那时再扑向美军。然而直到美军俯冲轰炸机压下机头开始75°角俯冲[65]、鱼雷轰炸机机降到桅杆高度准备进攻之时，克里夫顿的“地狱猫”仍然紧紧跟随着轰炸机。美军战斗机直直地冲进高炮弹幕，始终紧跟着轰炸机，这对战斗机来说是很难做到的。日军的零式战斗机顿时陷入了无从下手的窘境，他们既不能诱出美军战斗机以进行空战，又无法跟着美机冲进己方高炮的攻击范围。在下方的海面上，日军舰船拼命加速、疯狂转向，但美军的轰炸机毫不客气地扑了上去，战斗机也跟着飞了过去，一直护航到投下炸弹和鱼雷之前的片刻才离开。辛普森港内顿时火光阵阵、浓烟四起，攻击机群投完弹后拉起飞向集结点，与战斗机一道返航。[66]

日军的高射炮火很猛烈，但效果却不怎么样。一架追随考德威尔中校所在“复仇者”的“地狱猫”战斗机（来自“普林斯顿”号）被打出了200个弹孔，却仍然能够飞行。返航途中，克里夫顿的战斗机仍然保持着对攻击机的紧密护卫。在出击的97架飞机中，未能返航的飞机并不多，只有5架“地狱猫”、2架“复仇者”和1架“无畏”。其余飞机都回到了母舰，来自友军部队的防空巡逻战斗机接应了他们。“跳跳乔”·克里夫顿落在了“萨拉托加”号上，他赶忙跑到将官舰桥向“战斗弗雷迪”·谢尔曼报告好消息。之后第38特混舰队士气高昂地一路南去。

在美军机群身后，留下的是4艘遭到重创的重巡洋舰和2艘受伤的轻巡洋舰，日军水面舰队暂时无力再战。“泰德”·谢尔曼和哈尔西以及更高层的指挥官们一样大受鼓舞，他称自己这场战斗“是一次辉煌的胜利，是第二次珍珠港式的胜利，只是双方的位置互换了”。[67]谢尔曼的评价并不过分，现在，日军的战列舰已经失去了宝贵的巡洋舰保护。9月时，日军拥有11艘巡洋舰，但经过此战和所罗门海域其他一系列海空战，此时只剩下4艘了。[68]受损的日军巡洋舰蹒跚回到特鲁克，那里只剩下没有飞机的航母和失去保护的战列舰。哈尔西对布干维尔岛的进攻不再受到威胁，日军重型舰艇从此再未来到拉包尔。

1943年11月5日，停泊在拉包尔辛普森港的日军巡洋舰未能逃脱“萨拉托加”号和“普林斯顿”号舰载机的猛烈攻击，遭到重创。

11月5日，南太平洋又迎来了3艘航空母舰。尼米兹将军最终对哈尔西需要更多航母支援的请求做出了回应，他命令阿尔弗雷德·蒙哥马利带着第50.3特混大队在参加“电流”行动前先行增援南太平洋部队。这支新来的大队下辖已经亲历战火的“埃塞克斯”号（舰长拉尔夫·奥夫斯蒂上校）、搭载着尚未参加过战斗的SB2C“地狱俯冲者”俯冲轰炸机的“邦克山”号，以及“独立”号（舰长鲁迪·约翰逊上校）。这些航母此前在圣埃斯皮里图停留了三天，好让蒙哥马利四处寻找驱逐舰来填满舰队防空圈。“泰德”·谢尔曼以前从来没有一次性见到5艘航母，他向哈尔西提出，应当把这5艘航母集中起来组成一支特混舰队，再次空袭拉包尔，而且仍然从南面发起进攻。[69]

哈尔西正有此意，不过他不打算把所有航母集合成一支舰队。为了更有效地消灭拉包尔的空中力量，他要求谢尔曼的两支舰载机大队从北面进攻这座大型基地，蒙哥马利的三支大队从南面进攻。哈尔西选定11日为进攻日，并要求“你们五支舰载机大队……要把拉包尔变成废墟①”。[70]此战蒙哥马利的航母将全力进攻拉包尔，自身的防空巡逻则由两支海军陆基F4U“海盗”中队负责。其中一支是第17战斗中队，即著名的“髑髅”中队，由约翰·托马斯·布莱克本率领，他们在所罗门群岛声威大震之前曾在“邦克山”号上训练过。这一次，布莱克本将带领“海盗”机群利用机上的尾钩在“邦克山”号上降落加油。[71]如果日军飞机前来挑战第50.3特混大队，他们就会尝到可怕的“呼啸的死神”的厉害。

11月11日对拉包尔的空袭证明了新建立的快速航母特混舰队的攻击力和机动性。“萨拉托加”号和“普林斯顿”号的舰载机穿过浓云突然杀到基地上空，命中了一些目标，“邦克山”号、“埃塞克斯”号和“独立”号当天稍晚些时候干得更出色。它们的舰载机群用鱼雷命中了轻巡洋舰和驱逐舰各1艘（后者被击沉），此外还用炸弹击沉了另一艘驱逐舰。90架左右的护航战斗机和68架零战在拉包尔上空展开激战，击落日机6架。然而当这些飞机返航后，日军发动了反击。

① 译注：英语中拉包尔（Rabaul）和废墟（Rubble）谐音。

“萨拉托加”号的指挥舰桥上，J. C.“跳跳乔”·克里夫顿中校向“泰德”·谢尔曼少将和一众喜笑颜开的参谋人员报告空袭拉包尔的战果。

多航母特混舰队的防空战力即将揭晓。此时，一边是120架日军陆基飞机组成的大机群，另一边则是3艘美军航母，全部的自卫力量只有自身和驱逐舰上的高射炮以及5个中队的战斗机——巡洋舰都被派去支援哈尔西的滩头作战了。蒙哥马利的防空巡逻战斗机在距离本方舰队64千米处截住了来袭的日军机群，双方展开激战。然而更多的日机涌了进来，找到三艘美军航母后便发动了进攻。蒙哥马利立即拿起话筒，通过“邦克山”号的大喇叭发出了指令：“拿起武器，把天上的混蛋打下来！”[72]瞬间，来自127毫米、40毫米和20毫米高炮的炮弹和零战、“地狱猫”一起布满了天空，巴伦廷、奥夫斯蒂和约翰逊舰长则指挥座舰剧烈机动以规避来袭的炸弹和鱼雷。午后的战斗持续了46分钟，美军航母完美地守住阵位，击退了敌机，并把超过24架日机送下了大海。美军则损失了11名飞行员。这场空战，和此前美军陆基飞机在拉包尔上空的诸多战斗一起，给日本海军航空兵带来了沉重打击。

快速航母部队在拉包尔的这两次压倒性胜利，证明了诸多原本打算在吉尔伯特群岛战役时再做证明的事情。最重要的是，由于航母对日军舰队和航空兵主要基地的主动进攻，哈尔西在布干维尔岛的登陆部队安全了。不仅如此，在没有战列舰甚至巡洋舰护卫的情况下，多航母编队顶住了敌人的猛烈空袭，大量摧毁并击退了敌方陆基飞机。哈尔西冒了一次大险，但取得了成功，之后他用得到增援的航母特混舰队再次削弱了目标。此外，美国海军的飞行员们也再次证明自己优于日本人，当然这也要归功于性能优越的“地狱猫”与“海盗”战斗机。新来的SB2C“地狱俯冲者”也赢得了赞誉，那些先前的质疑者也对它赞不绝口，即便是仍在驾驶SBD轰炸机的“埃塞克斯”号第9轰炸中队队长，也说自己90%的轰炸机飞行员现在都“盼着它们”了。[73] TBF“复仇者”鱼雷轰炸机拿到了命中敌方巡洋舰的大奖，但美军的空投鱼雷还是常常失灵，远不能令人满意。

这些经验和教训，斯普鲁恩斯中将和“电流”行动的各级指挥官显然没有时间去理解、吸收，甚至连考虑的时间都没有。就在第二次空袭拉包尔之前一天，也就是11月10日，其余快速航母特混大队已经从珍珠港出航，改变作战计划肯定来不及了，何况斯普鲁恩斯或许也没打算这么做。不过拉包尔的胜利还是让太平洋舰队司令部和太平洋舰队航空兵司令部里喜气洋洋，13日，尼米兹将军豪气冲天地发出声明：“从现在起，我们保证让日本鬼子没好日子过。”[74]

日本人真的没好日子过了。拉包尔遭到的重创使他们彻底丧失了成功守住吉尔伯特群岛或马绍尔群岛的可能。美军航母的空袭，以及肯尼将军陆军航空兵的持续打击，已令日本人确信拉包尔不再是个安全的港口，当然作为一个大规模的航空兵基地，日本的海军将领们还不打算放弃这里。然而，随着布干维尔岛落入美军之手，拉包尔很快就会进入哈尔西陆基战斗机的作战范围。11月

13日，古贺大将召回了两个星期前飞到拉包尔的舰载机。第1航空战队向那里派出了173架飞机，结果差不多一半的战斗机和几乎全部攻击机被毁。这样，在新的飞行员训练出来之前，他的航空母舰基本就只是一个空壳了，而训练最少也要持续6个月。同时，随着7艘巡洋舰失去战斗力，他的战列舰也失去了掩护，不得不赤身裸体面对对手。驻扎在特鲁克的日军舰队已经无力作战了，而吉尔伯特和马绍尔群岛的有效空防也已不复存在。

美国太平洋舰队则完全是另一番光景，他们充满力量，渴望战斗。11日稍晚，"泰德"·谢尔曼的第38特混舰队接到了新命令，舰队改编为第50.4特混大队，与蒙哥马利的50.3大队一同北上加入中太平洋部队。与此同时，波纳尔的50.1大队和拉福德的50.2大队也在菲尼克斯群岛以北与战列舰、油轮会合，之后分头开往目标阵位。就这样，美军11艘快速航母压向了吉尔伯特群岛，守岛日军现在完全失去了水面和空中力量的保护，只有马绍尔群岛上那些已经遭受过打击的陆基航空兵和潜艇还让他们保留着一丝幻想。

第50特混舰队算得上第一支真正的快速航母特混舰队[75]，但是除了要担负让人郁闷的防御任务外，全新的组织与拉包尔一战也给它带来了不少麻烦。之前航空母舰分兵空袭拉包尔，这意味着谢尔曼和蒙哥马利都未能参加最后时刻的演练和塔拉瓦进攻计划简报，这两项对一场在时间方面计划精准的登陆战来说都是必不可少的。不仅如此，美军对日军的夜间空袭也基本没做防备，只有拉福德少将自发地做了一些事情。他的旗舰"企业"号来到夏威夷时搭载着一支未经夜战训练的新舰载机大队，于是舰长马特·加德纳要求"杰克"·托尔斯给他一支有经验的大队来参加"电流"行动，原本带来的新大队则留在夏威夷继续训练。于是他得到了由荣誉勋章得主"屠夫"·奥黑尔率领的第6大队。当拉福德在"大E"上升起将旗时，奥黑尔便组建了一支由他本人亲自带领的3机夜战小组。[76]这种夜战小组仅此一家，其他航母上都没有。

早在中太平洋部队到达目标海域之前几天，胡佛少将麾下的远程陆基航空兵就从南太平洋出发对马金岛和塔拉瓦环礁上的预定登陆滩头进行了轰炸。航母特混舰队到达后，蒙哥马利的特混大队率先发难。11月18日，他们轰炸了塔拉瓦，此时距离快速航母部队前一次造访此地刚好过去了2个月。第二天，其余各大队也加入了战斗。波纳尔的舰载机空袭了南马绍尔群岛米里和贾鲁特岛的日军机场，拉福德轰炸了马金岛，谢尔曼则成功消灭了瑙鲁的日军航空兵。前三支特混大队根据作战计划分配的防区占领了阵位，谢尔曼则转向东面，护卫登陆船队开赴目标。

按计划，美军将在登陆前3小时开始对两个目标岛屿中防御最坚固的塔拉瓦环礁进行战列舰－巡洋舰－驱逐舰联合炮击，来自护航航母和快速航母的飞机也将加入这场“大合唱”。可事实证明，近距空中支援从一开始就是糟糕且无效的。蒙哥马利未能参加登陆前最后的任务布置，结果他的飞机迟到了一个半小

1943年11月20日的舰载机空袭和舰炮轰击之后，塔拉瓦环礁中的贝蒂欧岛看起来已被炸成废墟，然而美军缺乏进攻防御坚固的珊瑚礁的经验，他们遭到了藏身掩体的日军的顽抗，死伤惨重。

时，战列舰为了等候飞机的到来也推迟了炮击。当飞机开始对滩头轰炸扫射之时，飞行员们没有集中火力攻击指定目标，而是到处“撒胡椒面”，摧毁的目标少之又少。艾莱克森上校试图从战列舰上协调飞机的行动，但他的无线电却被战列舰的主炮齐射震坏了。这样，空地协同基本落了空。航母飞行员对近距支援的轻视则导致了作战的低效。“埃塞克斯”号的飞行员们甚至天真地认为只要摧毁塔拉瓦的防御设施，任务就完成了。当陆战队登上滩头时，伤亡数字开始直线上升，人们立刻认识到空地协同出了可怕的问题。[77]

另一个重大缺陷是固定防区中航空母舰的防卫薄弱。为了对来袭的日军机群进行提前预警，每一支特混大队都派出一艘专门充当雷达哨舰的驱逐舰前出27000米，以引导战斗机拦截来袭敌机。[78]即便如此还是不够，11月20日傍晚，来自夸贾林和马洛埃拉普基地——波纳尔未能获准空袭这两处日军基地——大航程的一式陆攻空袭了塔拉瓦外海的蒙哥马利特混大队。空中的防空巡逻战斗机和“埃塞克斯”号、“邦克山”号、“独立”号三艘航母上的高射炮击落了9架日机，但还是有一架一式陆攻成功投下鱼雷并命中了“独立”号。舰上数人战死，母舰则不得不退出战场进行维修，6个月无法重返前线。

坐镇珍珠港的托尔斯将军密切关注着吉尔伯特群岛的战事。“独立”号被日军薄暮空袭击伤一事给了他足够的理由要求斯普鲁恩斯放弃防御性的航母防区战术。次日，也就是11月21日的早晨，托尔斯要求尼米兹立即专门开会商议此事，尼米兹在例行晨会后照此办理。托尔斯在尼米兹的副手“苏格”·麦克莫里斯的支持下，请求太平洋舰队司令部修改那些限制航母机动性的作战命令。托尔斯提醒尼米兹，自己从一开始就反对这一计划，他还指出，波纳尔、拉福德、蒙哥马利几位将领也一起向斯普鲁恩斯提出过异议，但反对无效。尼米兹问：为什么斯普鲁恩斯这样决定？托尔斯和麦克莫里斯答道：斯普鲁恩斯担心日军航母从特鲁克出击危及登陆。此时，所有人都还对“独立”号中雷一事历历在目，托尔斯提出，此后还将会有更多的薄暮空袭，潜艇也可能来袭，因此快速航母应当北上攻击马绍尔群岛的敌军基地。[79]

此时的托尔斯已经不再是那个一心想要争取地位的航空领袖，他的发言有了更充足的权威性。拉包尔的战例为他提供了可靠的论据，现在，由于他和其

一架 F6F“地狱猫”战斗机准备从“约克城”号的甲板上起飞，此时该舰正要攻击马绍尔群岛的目标，以掩护吉尔伯特登陆，照片摄于 1943 年 11 月。

他航空兵将领的主张被否决，一艘宝贵的主力舰被迫退出战斗数月。不仅如此，福雷斯特·谢尔曼也完全站到了托尔斯这一边——他11月10日刚刚升任少将，此时还有不到三天就要从托尔斯的参谋长任上调离，但已完全赢得了尼米兹的信任。太平洋舰队非航空兵出身的副总司令“苏格”·麦克莫里斯也是一样。斯普鲁恩斯的司令部里虽然也有伯恩哈德这样的航空“顾问”，但他却未从自己的参谋团队那里听到类似的意见。尼米兹在听取了各方面意见后，接受了托尔斯的主张，他立即指示麦克莫里斯和谢尔曼起草一份“指导文件”发给斯普鲁恩斯，要求他一旦时机成熟就派遣快速航母北上空袭马绍尔群岛。[80]

但是斯普鲁恩斯并没有立即改变作战计划。马金岛和塔拉瓦岛上的登陆部队仍旧需要近距空中支援，随着部队的推进，支援战术也开始逐步改进。空中支援行动一直持续到23日，塔拉瓦环礁主岛贝蒂欧岛上的抵抗平息为止，同日，马金岛和阿贝马马岛也落入登陆部队之手。然而日军的空袭仍然在持续，第50.1大队的飞机在23日和24日各消灭了一支来自马绍尔群岛的小规模日军机群，随后日军潜艇也发起了进攻。在11月24日破晓前的夜色中，护航航母“利斯康姆湾”号被一枚鱼雷击中，很快沉没，舰上644人死亡，包括穆利尼克斯少将。海军航空兵因此失去了一位颇有前途的将领，他或许很快就会被提拔为快速航母分队指挥官。第二艘航母的损失清楚地凸显了航母在狭窄水域的脆弱性，当然，护航航母别无选择，只能留在海滩旁，这是由它们缓慢的航速和专司支援的任务特性决定的。[81]

这两架“复仇者”正在为下方如同蝌蚪一般的登陆艇提供空中支援。登陆艇上搭载着陆军第27师，他们即将在吉尔伯特群岛的马金岛登陆。

正如美国海军航空兵将领们担忧的那样，日军的主要反击战术就是夜间鱼雷攻击。一连几晚，一架被美军舰员们戏称为“东条电灯泡”的日军飞机在马金岛外海拉福德的航空母舰上空投下了照明弹。11月26日晚，包括这架“电灯泡”和鱼雷轰炸机在内的30架日机从马绍尔群岛起飞，空袭拉福德的特混大队。然而和其他大队不同，拉福德手中已经有了奥黑尔的夜战小组。“企业”号放飞了2架“地狱猫”——其中1架由奥黑尔驾驶，以及一架装备雷达、由第6鱼雷中队队长约翰·L. 菲利普斯少校驾驶的“复仇者”式。三架飞机还没来得及在夜空中会合，菲利普斯就突袭了两架一式陆攻，并将它们全部击落。当两架战斗机在TBF两侧就位后，他们又攻击了更多的日机。遭到突然袭击的日军飞机阵脚大乱，开始慌乱地机动规避与盲目地开火，随后便放弃攻击掉头返航。不幸的是，奥黑尔的飞机也栽进了海里，可能是被TBF机背机枪塔上的12.7毫米机枪误击。人们再也没找到他——这是快速航母部队的一个悲剧，但他已经证明了夜间防空截击是可以实现的。[82]

“电流”行动期间还发生了其他一些空中作战，但是当11月28日目标岛屿上有组织的抵抗结束之后，日军的空袭也停止了。在这一个月里，有71架来自马绍尔群岛的日机成为美军的枪下亡魂，此外还有若干从特鲁克一路转场赶来的日机被击落。日本海军航空母舰上的最后32架舰载战斗机被调到马绍尔群岛，其中大部分都报销了。[83]但是吉尔伯特群岛北方仍有许多日军飞机，如果美军运输船只和守岛部队想要过安稳日子，就必须消灭这些敌机。整个11月间，美军航母上的飞机损失数为47架——包括在拉包尔的损失。不过“塞子鱼”号潜艇在吉尔伯特群岛救回了几名被击落的飞行员。

斯普鲁恩斯将军终于有机会执行麦克莫里斯和谢尔曼在指导文件里下达的任务了。他派“萨拉托加”号和“普林斯顿”号带着亚瑟·拉福德返回珍珠港，拉福德将要到托尔斯那里当参谋长，并继续研究航母夜间防空战术。他还要求波纳尔留下“泰德”·谢尔曼和“邦克山”号、“蒙特利”号两艘航母在吉尔伯特群岛北部继续保障岛屿安全，之后率领剩下的所有航母开赴马绍尔群岛对夸贾林发动大规模空袭。所有的空袭计划都是在舰上匆忙制订的，习惯于条理性和精确性的斯普鲁恩斯对此很不适应。但是对快速航空母舰来说，夺取战场主动

恩斯将军随后要求波纳尔和蒙哥马利返回珍珠港，同时派遣了一支强大的水面舰队前去炮轰瑙鲁的日军机场。用战列舰去炮轰机场是一件很古怪的事，然而“大下巴”·李还是带着5艘战列舰在12月8日完成了这一任务。当然这些战列舰得到了“泰德”·谢尔曼的“邦克山”号、“蒙特利”号两艘航母的掩护。这支舰队摧毁了仍然留在瑙鲁的为数不多的飞机，之后开赴南太平洋。对此，航空人谢尔曼一边看着李将军的舰队司令地位直流口水，一边抱怨说一支航母-战列舰联合部队不应让非航空兵来指挥。他持这种态度倒也不是什么奇怪的事。[89]

讽刺的是，当中太平洋战区那些还需要继续积累作战经验的航空兵将领们回到夏威夷时，最有经验的那个人却回到南太平洋继续战斗去了。1943年12月12日，“泰德”·谢尔曼带着“邦克山”号和“蒙特利”号两艘航母向哈尔西报到，他的部队被改编为第37.2特混大队，哈尔西太需要他了。当中太平洋部队闲着没事的时候[90]，哈尔西开始逐步攻占拉包尔周围的岛屿以孤立之，同时在其东部和北部的岛上建设机场。圣诞节这天，谢尔曼的两艘航母空袭了拉包尔以北新爱尔兰岛上的卡维恩军港，之后借助迅速机动和施放烟幕躲过了日军的夜间鱼雷攻击。这些舰艇在1944年元旦和1月4日再度空袭卡维恩。谢尔曼的舰队击落了数架日军飞机，自身也受到了轻微损伤。[91]空袭结果令人失望，港内有价值的目标太少了，但是他们至少在向拉包尔全面施压的行动中发挥了自己的作用。

随着第50特混舰队于1943年12月初回到珍珠港，吉尔伯特群岛战役宣告结束。新的快速航母部队和两栖战部队都犯了错，但是这其中不少错误都是航空兵军官们早已预见到的。当然也有许多问题是此前从未被想到的。美国海军陆战队的一位历史学者如此说道：“必须有这么一个塔拉瓦……那些未经验证的战术思想必须被扔到实战的熔炉里经受考验，这是不可或缺的。”[92]虽然犯了错，但是拉包尔之战的成功和塔拉瓦、夸贾林作战的笨拙恰恰证明了航空兵将领们的主张是正确的。可以说，快速航母特混舰队正是在“电流”行动的胜利中铸炼成型的。

华盛顿的较量

“应当尽一切可能鼓励发展一支完善的‘陆基战略’空军，而非被束缚于缓慢且脆弱的航母上的停机坪航空兵，”1943年12月的美国海军学会会刊上，一位非常没有说服力的作者如此宣称，“面对当前全球航空兵的发展状况，航空母舰必将凋亡。长期花费天价去供养一座只能搭载如此少量飞机的浮动机场，这是无法再容忍的。”[93]

然而，中太平洋进攻的第一次作战就证明了花费“天价”的回报，这令整个海军——包括其中最保守的人——都认同海军航空兵和快速航母是太平洋战争的决胜力量。此时，又有3艘埃塞克斯级快速航母服役——“勇猛”号（CV-11）、新“大黄蜂”号（CV-12）和新“黄蜂”号（CV-18），第四艘航母“富兰克林”号（CV-13）也已下水。1943年的造舰进度如此之快，美国海军据此预计，到1944年中期还有2艘航母会形成战斗力，到当年年底还会再来4艘。更多——非常多——的新航母已经铺下了龙骨，1944年还会有更多航母开始建造。最令人印象深刻的或许是后来被称为中途岛级的2艘战列航母在1943年后期开始铺设龙骨。

同时，美国海军也开始认真考虑自己的战后组织样式了，之前哈里・亚纳尔将军已经做了很多基础工作。1943年秋，海军作战部次长霍恩中将（他也是美国海军最后一位航空观察员）从亚纳尔手中接过了战后计划制订工作，并于11月17日发布了自己的第一版暂行复员和战后计划。在这份计划中，他赋予了航空兵“统治性”的地位，把战后海军预算的42%都拨给了航空兵。他要求海军保留27艘航母（战列舰只有13艘），海军军官中航空兵的比例也比以往高得多。研究了自己这份评估结果，并听取了一些对此感兴趣的同僚的意见之后，霍恩将军对留出如此丰厚的海军航空兵预算有了新想法。不过当他开始触及限制战后在役航母数量的议题时，分管航空的海军作战部副部长麦凯恩中将便立即跳出来反对。麦凯恩于12月2日提出，战争结束时海军的所有航空母舰都应该继续服役，如此海军将拥有40艘航空母舰，然后“再扣除战损数目”。[94]

于是海军部里航空兵将领和保守派之间重燃战火。这一回，独立空军的支持者们也加入了争斗，他们是来贬损海军航空兵的价值的。在太平洋上，战斗仍在进行，军队也在一步步赢得胜利。当快速航母部队下一次出现在战场上时，他们将会获得更高的地位，并由一个充满活力的新领袖——米切尔将军指挥，还将有一个新名称：第58特混舰队。

舰队编成

空袭马尔库斯，第15特混舰队（1943年8月31日）

舰队司令：C. A. 波纳尔少将（第3航母分队司令）

参谋长：H. S. 达克沃斯上校

“约克城”号——J. J. 克拉克上校，第5航空大队

“埃塞克斯”号——D. B. 邓肯上校，第9航空大队

“独立”号——小G. R. 费尔拉姆上校，第22航空大队

空袭贝克岛，第11特混舰队（1943年9月1日）

舰队司令：W. A. 李少将（太平洋舰队战列舰司令，非航空兵）

第11.2.1特混分队——A. W. 拉福德少将（第11航母分队司令）

“普林斯顿”号——G. R. 亨德森上校，第23航空大队

“贝劳·伍德”号——A. M. 普莱德上校，第24航空大队

空袭塔拉瓦，第15特混舰队（1943年9月18日）

舰队司令：C. A. 波纳尔少将（第3航母分队司令）

参谋长：H. S. 达克沃斯上校

“列克星敦”号——F. B. 斯坦普上校，第16航空大队

“普林斯顿”号——G. R. 亨德森上校，第23航空大队

“贝劳·伍德”号——A. M. 普莱德上校，第24航空大队

空袭威克岛，第14特混舰队（1943年10月5—6日）

舰队司令：A. E. 蒙哥马利少将（第12航母分队司令）

参谋长：H. S. 达克沃斯上校

第14.12特混大队——蒙哥马利少将

“约克城”号——J. J. 克拉克上校，第5航空大队

“埃塞克斯”号——D. B. 邓肯上校，第9航空大队

第14.5.3特混分队——V. H. 拉格斯戴尔少将（第22航母分队司令）

“独立”号——R. L. 约翰逊上校，第22航空大队

“贝劳·伍德”号——A. M. 普莱德上校，第24航空大队

第14.13特混大队——A. W. 拉福德少将（第11航母分队司令）

“列克星敦”号——F. B. 斯坦普上校，第16航空大队

“考彭斯”号——R. P. 麦康纳上校，第25航空大队

空袭拉包尔（1943年11月1—11日）

南太平洋部队司令：小 W. F. 哈尔西中将

参谋长：R. B. 卡内少将（非航空兵）

第38特混舰队——F. C. 谢尔曼少将（第1航母分队司令）

“萨拉托加”号——J. H. 卡萨迪上校，第12航空大队

“普林斯顿”号——G. R. 亨德森上校，第23航空大队

第50.3特混大队——A. E. 蒙哥马利少将（第12航母分队司令）

“埃塞克斯”号——R. A. 奥夫斯蒂上校，第9航空大队

“邦克山”号——J. J. 巴伦廷上校，第17航空大队

“独立”号——R. L. 约翰逊上校，第22航空大队

吉尔伯特群岛战役（1943年11月15—26日）

中太平洋部队司令：R. A. 斯普鲁恩斯中将（非航空兵）

中太平洋部队参谋长：C. J. 摩尔上校（非航空兵）

第50特混舰队司令：C. A. 波纳尔少将（第3航母分队司令）

第50特混舰队参谋长：T. J. 海丁上校

第50.1特混大队——波纳尔少将

“约克城”号——J. J. 克拉克上校，第5航空大队

“列克星敦”号——F. B. 斯坦普上校，第16航空大队

“考彭斯”号——R. P. 麦康纳上校，第25航空大队

第50.2特混大队——A. W. 拉福德少将（第11航母分队司令）

“企业”号——M. B. 加德纳上校，第6航空大队

“贝劳·伍德”号——A. M. 普莱德上校，第24航空大队

“蒙特利”号——L. T. 亨特上校，第30航空大队

第50.3特混大队——A. E. 蒙哥马利少将（第12航母分队司令）

“埃塞克斯”号——R. A. 奥夫斯蒂上校，第9航空大队

“邦克山”号——J. J. 巴伦廷上校，第17航空大队

“独立”号——R. L. 约翰逊上校，第22航空大队

第50.4特混大队——F. C. 谢尔曼少将（第1航母分队司令）

“萨拉托加”号——J. H. 卡萨迪上校，第12航空大队

“普林斯顿”号——G. R. 亨德森上校，第23航空大队

空中支援指挥官：W. O. 艾莱克森上校，美国陆军航空兵

第50特混舰队（1943年11月27—12月5日）

司令：波纳尔少将

第50.1特混大队——波纳尔少将

“约克城”号、“列克星敦”号、“考彭斯”号

第50.3特混大队——蒙哥马利少将

“企业”号、“埃塞克斯”号、“贝劳·伍德”号

第50.4特混大队——谢尔曼少将

“邦克山”号、“蒙特利”号

第50.8特混大队（1943年12月6—11日）

司令：W. A. 李少将（太平洋舰队战列舰司令，非航空兵）

第50.8.5特混分队——F. C. 谢尔曼少将（第1航母分队司令）

（1943年12月12日后改编为第37.4特混大队）

“邦克山”号、“蒙特利”号

第五章 第58特混舰队

1943年12月2日，盟军联合计划制订部门确定了太平洋上所有战事的最终目标是实现对日本的海空封锁。[1]麦克阿瑟的西南太平洋部队和尼米兹的中太平洋部队将分进合击，把矛头指向共同的目标——中国台湾岛—菲律宾吕宋岛—亚洲大陆一线，并在1945年春季向日本发动“总攻”。日军舰队必须被“及早”摧毁，但是盟军的战略同时也强调了作战行动的灵活性——具体什么时候摧毁，可以随机应变。计划制订者着重强调了“为未来的对日作战提供所有类型航空母舰的重要性”。他们还提出要“做好准备，根据局势的发展随时利用一切可能的机会来缩短战争进程”。快速航母的机动性和打击能力让这一设想具备了充足的可行性。

一旦打到台湾岛—吕宋岛—亚洲大陆一线，对日本的间接封锁就可以开始实施了。这条被称为“吕宋瓶颈”的水道是日本利用海运将原材料从东印度地区运回本土的必经之路。登陆地点大致在吕宋岛北部、台湾岛和亚洲大陆沿海地带，具体位置可以以后再议。封锁行动包括在日本航运水道和港口布雷，以及对其发动空袭和潜艇攻击、“依托逐步推进的前进基地发动猛烈的空中轰炸”。最后一种战术将会使用新型的超远程B-29战略轰炸机，它们可以部署在亚洲大陆或者马里亚纳群岛的基地。如果有必要，盟军也将做好登陆日本本土的准备。

然而在1943年年底的时候，无论台湾岛、吕宋岛还是亚洲大陆看起来仍是遥不可及，无论是封锁日本还是占领日本都是后话。随机应变才是这一时期的战略方针，因此盟国最高层的战略家和计划制订者并不会决定具体要去攻打哪些通往吕宋瓶颈和日本的道路上的目标。拉包尔方面，虽然日军仍在持续加强防守，但哈尔西的南太平洋部队还是完成了对这个基地的包围。1944年1月下旬，城岛高次少将第2航空战队的舰载机从新加坡的训练基地来到了拉包尔。随着第1航空战队的飞机在11月防守拉包尔和吉尔伯特群岛的战斗中损耗殆尽，第

2航空战队的飞行员成了日军最后一批训练程度足以挑战所罗门海域盟军制空权的生力军。不过他们很快也成了所罗门“绞肉机”的牺牲品——所谓“绞肉机”正是哈尔西的陆基航空兵。[2]在满意地看到哈尔西已经敲定了拉包尔的命运之后，太平洋战场的计划制订者把目光转向了特鲁克——号称“太平洋上的直布罗陀”的坚固而强大的特鲁克，盟军想要在不久之后占领这里。尼米兹将军很希望能够在这座位于加罗林群岛东部的日军巨型锚地升起自己的将旗。只是在扑向特鲁克之前，美军必须先攻占马绍尔群岛。

1943年12月3日，美军制订了一份新的太平洋战争时间表。计划要求在1944年1月夺取马绍尔群岛[3]，之后在当年5月1日攻占特鲁克近旁的波纳佩岛，陆基飞机可以从这里起飞削弱特鲁克的防御。一个月后，尼米兹将要协助麦克阿瑟夺取新几内亚北岸的霍兰迪亚。然后，7月20日，中太平洋部队将挥师攻打特鲁克。1944年10月1日，盟军将继续在关岛或马里亚纳群岛的其他岛屿登陆，这样在1944年结束前，B-29轰炸机就可以依托这些岛屿空袭日本本土了。[4]

不过这个计划的细节并不是很清晰，譬如，要攻打马绍尔群岛中的哪些岛屿就没说清楚。早在“电流”行动之前，关于马绍尔群岛的“燧发枪”计划就要求中太平洋部队攻占马绍尔群岛中最靠近珍珠港的三个岛屿：夸贾林、沃杰和马洛埃拉普。另两个重要岛屿，南边的米里和贾鲁特，则将通过空袭予以摧毁。霍兰德·史密斯将军觉得同时攻打这三个岛屿风险太大，于是提出可以先拿下沃杰和马洛埃拉普，之后再打夸贾林。经历了塔拉瓦的惨重损失之后，史密斯和凯利·特纳将军达成了共识：同时进攻三个这样的岛屿是不可能的。此外，塔拉瓦和马金岛被改造为前进航空和补给基地后，负责“燧发枪”行动的部队离开夏威夷后就可以从吉尔伯特群岛获得支援保障。一旦三个目标岛屿被全部或部分拿下，美军补给线就会持续受到米里和贾鲁特岛上的日军机场的威胁。当然，这些位于南部的岛屿可以由部署于马绍尔群岛北部岛屿上的陆基航空兵摧毁，而这又意味着需要完整地夺取北部岛屿上的轰炸机跑道。鉴于夸贾林环礁上似乎没有大型的轰炸机机场，前述要求又意味着必须拿下沃杰和马洛埃拉普。

然而情况很快发生了变化。1943年12月，波纳尔的航空母舰完成了空袭夸贾林的任务回到珍珠港，也带来了关于这座环礁的最新侦察照片，照片中赫然出现了一条新的几近完成的轰炸机跑道。已经就任太平洋舰队计划处长的福雷斯特·谢尔曼少将立即提出，应该越过沃杰和马洛埃拉普，直接进攻夸贾林。“我们可以让它们枯萎在藤蔓上”，他如此说道。尼米兹和“苏格”·麦克莫里斯认同这个方案，但是斯普鲁恩斯及其手下的两栖作战指挥官们却表示反对。夸贾林在东面和南面分别受到沃杰、马洛埃拉普和米里、贾鲁特各岛上日军机场的包围，此外，日军飞机还能从本土经夸贾林以西的埃尼威托克转场而来发动空袭。这些两栖战指挥官们都记得自己在吉尔伯特群岛外海时，来自马绍尔群岛的日军飞机夜袭是何等恐怖，而那些飞机还只是来自一个方向。仅攻占夸贾林，那几乎等于被包围。

尼米兹没有浪费时间。圣诞节前两个星期，他召集了所有高级将领，要求大家畅所欲言。斯普鲁恩斯“竭力”要求在沃杰和马洛埃拉普登陆，这样才能背靠夏威夷，保证交通线的安全。特纳和史密斯也举双手赞同。所有人发言后，尼米兹开口了：“好的，先生们，我们去打夸贾林。”[5]参联会很快批准了尼米兹的决定，12月14日，“燧发枪”计划正式修改为仅占领夸贾林。12天后，斯普鲁恩斯将军请求把马洛埃拉普和米里之间拥有优良锚地的马朱罗环礁纳入进攻名单，这个提议获得批准。[6]

尼米兹破天荒地拒绝了自己最信任的将领——斯普鲁恩斯和特纳，这意味着航空兵在太平洋舰队司令部中已经很有影响力了。在“电流”行动之前，斯普鲁恩斯和特纳的谨慎主导了尼米兹，使后者批准了他们将快速航空母舰束缚于防御态势的作战计划。现在，尼米兹对福雷斯特·谢尔曼言听计从，他对这位年轻航空兵将领的敏锐见解充满敬意。航空兵能够摧毁夸贾林周围所有岛屿上的日军设施，胡佛将军的陆基飞机可以从吉尔伯特群岛起飞，之后甚至可以直接从夸贾林起飞，日日轰炸这些岛屿。实力日益强大的快速航母特混舰队则足以消灭来自特鲁克、马里亚纳群岛和日本本土的日军新锐力量。11月对拉包尔的成功空袭和“电流”行动期间盟军无可争议的制空权使尼米兹拥有充分的信心去越过马绍尔群岛的其他岛屿，直取夸贾林。

在太平洋战争中，这种越过小岛直奔大岛的“蛙跳战术”并不是新玩意。早在1940年，就有战略家和计划制订者提出过这种战术，富兰克林·帕西瓦尔又在1943年5月号的海军学会会刊上重新提出了这一策略。1943年中期，“蛙跳战术”已经在北太平洋、南太平洋、西南太平洋证明了自己的价值：5月，金凯德将军在阿留申群岛战役中越过基斯卡岛攻占了阿图岛；7月，哈尔西将军越过所罗门群岛中的科隆班加拉直接拿下了韦拉拉韦拉；9月，麦克阿瑟将军在新几内亚也跳过了萨拉莫阿直接攻占了莱城。早在1943年1月，萨摩亚岛上的陆战队司令查尔斯·F. B. 普莱斯少将就已经说服了托尔斯将军，让后者相信了越岛战术的可行性。后来托尔斯又和他的参谋长福雷斯特·谢尔曼进一步发展了这一思想。正是基于这些经验，尼米兹决定在攻打吉尔伯特群岛时越过一部分岛屿直接进攻塔拉瓦和马金岛，现在他将在马绍尔群岛再次运用这一策略，进攻夸贾林。[7]

不过更大范围的“蛙跳”战术暂时还没有被认真考虑过，陆军上将麦克阿瑟自然希望能把整个中太平洋都跳过去，但是一旦中太平洋部队真的开始进攻，他们就不得不选定一些必须拿下的战略要地，比如拉包尔、特鲁克、关岛和台湾岛。不过也有人对夺取其中某些要地的必要性另有主张。1944年1月3—4日金与尼米兹、哈尔西在旧金山会面，会上金再次强调，整个太平洋上最关键的要点是马里亚纳群岛。于是福雷斯特·谢尔曼顺势提出，或许可以完全跳过特鲁克以加快进攻马里亚纳群岛的节奏，这是太平洋美军第一次正式考虑跳过一个主要目标。[8]回到华盛顿几天后，金又接到了来自哈尔西的消息，后者认为“没有必要去突击拉包尔或者级别低一些的卡维恩基地”。哈尔西觉得自己的分析打动了金。[9]几乎是在同一时间，跳过拉包尔和特鲁克两大主要目标的设想都得到了认真对待。

与此同时，“杰克”·托尔斯拿出了一套更为古怪的计划：越过特鲁克和马里亚纳群岛，使用陆基航空兵对其实施压制即可；拉包尔、俾斯麦群岛和马绍尔群岛应当被攻占，这些地方都建有轰炸机机场，因此不应被跳过；同样适合被用作机场，并具有优良舰队锚地的还有阿德默勒尔蒂群岛，这里位于特鲁克以南960千米，靠近新几内亚北部。托尔斯认为攻打特鲁克将会付出过于高昂的代价。虽然在1943年4月时他曾提议攻占这里[10]，但从那以后，岛上日本守军的数量翻了一倍，达到大约9000人，他们还充分利用这里由6个岛屿和11个小岛组成的复杂地形，构建了能用交叉火力相互支援的防御体系。

要攻打特鲁克，就需要2个海军陆战师，由17艘战列舰、15艘护航航母、

24艘巡洋舰、187艘驱逐舰和护航驱逐舰，以及组成5支特混大队的17艘快速航母进行支援——这几乎就是太平洋舰队的全部水面舰艇了。这需要付出巨大的努力，损失也会极其高昂。托尔斯反对攻占马里亚纳群岛，因为一旦美军拿下这里，便可能构成一个指向日本的暴露突出部。他还指出，这些岛屿并不适合用作B-29轰炸机的基地，而且这里离日本太远，无法为B-29提供战斗机护航。[11]

1944年1月5日，托尔斯向太平洋舰队司令部提交了一份备忘录，阐述了这些观点，并提议越过特鲁克和马里亚纳群岛。他指出，如果借道俾斯麦海、阿德默勒尔蒂群岛、帕劳群岛和菲律宾，中太平洋部队可以更快到达“吕宋瓶颈”，而且菲律宾本来就是应当收复的目标。托尔斯坚持认为“只有”在菲律宾才能建立航空兵和潜艇基地拦截日本的航运，而且向亚洲大陆的进攻也必须从菲律宾发起。他的这些观点和麦克阿瑟如出一辙。他还拿出了一份新的时间表：1944年6月1日开始对特鲁克进行佯攻，7月1日攻占帕劳，8月1日开始空袭菲律宾，两个月后在菲律宾南部登陆。[12]

首先看到这份提案的是福雷斯特·谢尔曼，他还说自己的老领导“思维缜密”。谢尔曼同意必须攻占菲律宾，以及特鲁克应当由航空兵加以摧毁的观点。他也指出马里亚纳群岛只是1944年的最后一个目标，不是最终目标。谢尔曼随后又把这份备忘录交给了“苏格”·麦克莫里斯，建议他转达给尼米兹。麦克莫里斯也对托尔斯的意见印象深刻，他赞扬道：“这是一份好文件。如果有可能的话，越过特鲁克的主意棒极了。如果真越过了它，那它一定要被压制，而且我们还需要一个菲律宾以外的舰队基地（这显然就是帕劳）。”这份文件随后被送到尼米兹手上，研究过后，尼米兹在麦克莫里斯的批注上写了个“同意”，之后把这份文件连同自己的批注一同交给了金上将。[13]

许多高级将领都意识到了西南太平洋与中太平洋两支力量沿着新几内亚北部一线集中推进的经济性，整个一月，珍珠港方面支持此方案的呼声愈加高涨。13日，尼米兹重申了自己的主张，即攻占马绍尔群岛的夸贾林、加罗林群岛（包括特鲁克）、马里亚纳群岛和菲律宾，但他也提出可以用帕劳来替代特鲁克。随后，他邀请整个太平洋战场上的所有最高级将领的代表于1月27—28日来珍珠港开会，讨论战略问题。[14]

西南太平洋战区派来了麦克阿瑟的参谋长理查德·K. 萨瑟兰中将和战区航空兵司令乔治·C. 肯尼少将。南太平洋（此时他们已经不再是战争的焦点了）派来了哈尔西的参谋长“米克”·卡尼少将，他刚刚在美国本土办完事。尼米兹自己的中太平洋部队计划制订部门全员到场，包括理查德森、托尔斯、卡尔霍恩（后勤部队司令）、麦克莫里斯和谢尔曼。在会前的商讨中，理查德森和肯尼两位陆军将领考虑了集中所有力量从新几内亚海岸一路推进到菲律宾的计划，他们惊喜地发现这一观点得到了托尔斯、谢尔曼和卡尼的支持，卡尔霍恩也指出这条进攻路线有利于后勤保障。在正式会议上，所有人一致同意应当收复菲律宾，除了麦克莫里斯将军外的其他人也都支持新几内亚—帕劳路线。大家都认为攻占马里亚纳群岛并不重要，跳过特鲁克的方案得票也很高。[15]

“会议结束时，每个人感觉都很好，都准备密切配合大干一场，把战争解决掉。”肯尼将军后来如此回忆道。在会后的午宴上，尼米兹“说得好像已经看到战争结束一样”，而且“每个人”都看得出来。[16]不过会议并没有做出决定，因为这种高级别的战略决定只有参谋长联席会议才能拍板。不过萨瑟兰和谢尔曼二人随后就奔赴华盛顿，向参联会汇报会议的结论，不过他们面前横亘着巨大的障碍。首先，如果真的从新几内亚进攻，麦克阿瑟将军可能会跳出来要求统一指挥进攻作战，让哈尔西给自己当舰队司令。[17]这种安排是尼米兹和斯普鲁恩斯无论如何不会接受的。此外，陆军航空兵司令“哈普”·阿诺德将军也想要为B-29重型轰炸机拿下马里亚纳群岛。

是否要越过特鲁克和马里亚纳群岛，最终决定还要留到马绍尔群岛进攻战役结果出来后再做。如果日军抵抗激烈，甚至危及滩头阵地，那么新几内亚进攻方案或许就是合适的。如果快速航母部队打得如同在吉尔伯特群岛时那样艰难，那么他们就可能被当作南线进攻的辅助力量。如果中太平洋部队高歌猛进大获全胜，那么蛙跳战术就会得到采纳，美军将向“吕宋瓶颈”发动钳形攻势。现在，就看“燧发枪”行动的了。

指挥层大调整

太平洋方面最理想的舰队司令应当是一位在航母作战和非航空兵领域都拥有广泛经验的高级将领。正如海军部部长诺克斯和亚纳尔上将在1943年指出的那样，最符合这一要求的正是美国舰队总司令，欧内斯特·J. 金上将本人。1944年1月，海军部次长福莱斯特提出：应当取消海军作战部部长一职，海军作战部次长霍恩中将留在华盛顿担任后勤与物资处主任，金上将则到太平洋战区去，担任“海军五星上将兼美国舰队总司令”。罗斯福总统和诺克斯部长都支持福莱斯特的提议。[18]

金一眼就看穿了对方的想法：福莱斯特想把他赶出华盛顿，而福莱斯特自己，一个被诺克斯挡住了风头的强人，届时就可以强化文官对战时海军的控制力。赋予金“海军五星上将”头衔意味着他将获得五颗星，当时美国高层正在考虑为海军（和陆军）的最高指挥官授予这一军衔，美国历史上只有一个人获得过这一至高无上的荣誉，那就是美西战争时的乔治·杜威。福莱斯特这一未做过多掩饰的举动固然会带来一些行政上的好处，但它也忽略了一些可行性方面的问题。首先，海军最高将领是要留在参联会里的。其次，美国海军编有10支舰队级别的单位，它们分布在全世界，而不仅仅是太平洋，其中第十舰队，也就是大西洋上的反潜部队还是由金亲自指挥的。第三，金几乎是单枪匹马和盟军其他战略决策者争夺对太平洋战场的资源投入。

虽然金不在太平洋，但太平洋方面时时刻刻都能感受到他的存在，尤其是他对尼米兹上将和太平洋战略的重大影响。金对太平洋战场的关注是十分到位的。当关于“电流”行动两栖登陆阶段不够翔实的报告被交给金时，他令人难堪地要求尼米兹向他提供所有两栖行动的更多细节。[19]同样是作为舰队总司令，他虽然并不赞同托尔斯将军的要求，但还是认真考虑了在太平洋方面的关键岗位上布置一些航空兵将领的重要性。1月29日，金向诺克斯部长提出，关键岗位上航空兵的代表太少了，“因为具备航空资格的有经验的军官太少了”。金并不觉得太平洋舰队总司令必须是个航空兵——霍恩也如此认为，但他却同意亚纳尔、托尔斯和其他人提出的“所有舰队和战区司令部里应当配备军衔足够高的航空兵军官”的观点。[20]与此同时，航空兵们自己还一刻不停地在公众面前制造舆论。1月23日，在新建快速航母“汉考克”号的下水仪式上，航空局局长“公爵”·拉姆齐少将公开声称，航母已经取代战列舰成为舰队的骨干。[21]

金并不在乎这些航空人说了些什么，他允许尼米兹根据自己的意愿在太平洋舰队司令部里任用航空兵军官。不过尼米兹此时已经意识到了太平洋舰队行政体系中的缺陷。在“电流”行动之前，尼米兹身兼太平洋舰队总司令和太平洋战区总司令两职，他手下有两名副总司令：牛顿中将任太平洋战区副总司令，麦克莫里斯少将任太平洋舰队副总司令。这一组织结构对职责的划分并不明晰。因此，尼米兹在12月重组了自己的司令部。他任命牛顿为太平洋舰队副总司令兼太平洋战区副总司令，负责所有后勤和行政管理事务，尤其是太平洋各战区（包括北太平洋、南太平洋、西南太平洋）的事务。同时他任命麦克莫里斯为联合参谋长，负责舰队行动规划、具体作战、参谋部协调，并直接负责战略计划和战役计划的制订和监督。[22]

这一重组给航空兵将领和这场航母战争带来了深远的影响。牛顿负责后勤，麦克莫里斯负责作战，这还只是个开始。1943年12月11日，福雷斯特·谢尔曼少将就任分管计划的助理参谋长。这是太平洋舰队的计划负责人第一次由航空兵军官来担任，而且这个岗位也升级为整个太平洋舰队司令部的二号幕僚，且由少将出任。

这一组织形式从1943年12月成形后，一直沿用到战争结束。麦克莫里斯（美国海军学院1912届）行事主动、性格坚韧，他一直是舰队事务的高级顾问，而年轻的航空兵将领谢尔曼（美国海军学院1918届）则平衡了麦克莫里斯过于强烈的作风，并把各种专业意见写入精心编写的文件中。[23]最初几个星期谢尔曼在尼米兹司令部的出色表现令他在1944年3月23日晋升为副参谋长，从而进入了计划和作战领域，不过他的精力还是一直集中在计划方面。

谢尔曼在太平洋舰队司令部的节节高升还不能完全满足航空兵们的诉求，他们想要的是让航空兵将领出任太平洋方面的一把手或者二把手。不过这个问题很快也解决了。1944年1月尼米兹和谢尔曼飞往旧金山会见金，除了战略问题，他们还一并讨论了太平洋方面指挥结构调整的可行性。其中有一项结论标志着航空兵们的重大胜利：“燧发枪”行动结束后，托尔斯中将将要担任太平洋舰队副总司令兼太平洋战区副总司令，这一岗位不再仅仅负责后勤与行政事务，还要负责所有和航空相关的事务。牛顿中将则要去哈尔西那里担任南太平洋战区副司令。现在，美国海军中最有实力的两名航空兵参谋，“杰克”·托尔斯和福雷斯特·谢尔曼，成了尼米兹上将的左膀右臂。

高层人员的变更大大促进了航空兵诉求，也就是合理地使用航母的实现，但是这种运用仍然要依赖前线作战指挥官，而中太平洋部队司令部里仍然没有航空兵军官的位置。在那里，航空作战官“博比”·莫尔斯上校在作战计划中的发言权比陆军、陆战队的代表要小很多。那里的决策很大程度上受到“卡尔”·摩尔和“萨维”·福莱斯特的影响，他们都是睿智、勤奋的人，都很忠于斯普鲁恩斯，而且和后者一样，都没有航空经验。这三个人合作很默契，斯普鲁恩斯完全不觉得有必要去打破如此完美的组合，把其中的某一个人换成航空兵。此外，斯普鲁恩斯极少实际指挥快速航母部队，因此他不需要一个迈尔斯·布朗宁那样的航空兵参谋长。他完全可以把快速航母部队交给专业的航空兵指挥官负责。

不幸的是，“秃子”·波纳尔少将并没有表现出托尔斯和其他航空兵将领们所期待的那种进攻精神。在秋季空袭马尔库斯和塔拉瓦的行动中，他的表现让人难以放心，12月4日空袭夸贾林时他在航母运用上也过于保守，令舰队陷入险境。舰队刚一回到珍珠港，“约克城”号舰长“乔可”·克拉克上校就拿着还留在夸贾林未予歼灭的敌舰和敌机的航拍照片跑到了太平洋舰队司令部。当克拉克把这些照片拿给福雷斯特·谢尔曼看时，后者立即明白了，他把“苏格”·麦克莫里斯叫到了隔壁房间：“你想看看被我们放跑的大鱼吗？”[24]克拉克和“约克城”号上的几位军官随后起草了一份未署名的“白皮书”，陈述了最近几次作战中发生的事情，并要求为快速航母部队指派一个更积极主动的指挥官。克拉克把这份文件交给了托尔斯和拉福德，接收方准确地理解了一线将士的意图。[25]

1943年12月23日，尼米兹在司令部里召集了一场专门会议，与会人员只有他自己、托尔斯、麦克莫里斯和谢尔曼。议题正是快速航母部队的指挥。托尔斯“强烈建议进行调整，以更加积极主动地使用航母部队”，他还特别提出应当解除波纳尔航母分队高级指挥官的职务，由时任西海岸舰队航空兵司令的马克·A.米切尔少将取而代之。谢尔曼也支持托尔斯的选项，这一方面是由于米切尔现在基本算是赋闲，另一方面也因为他从“兰利”号时代起就一直与航母作战结缘，在所罗门群岛战役中还指挥过陆基航空兵。讨论之后，尼米兹和麦克莫里斯同意在“燧发枪”行动后的下一次行动中启用米切尔。同一天米切尔就被告知他很快就会调任第3航母分队司令。两天后，这四个人再度讨论了这一议题，谢尔曼提出应当立即把米切尔调来参加马绍尔群岛战役。尼米兹对此表示认同，但他也请麦克莫里斯首先征求斯普鲁恩斯的意见。[26]

斯普鲁恩斯在航母指挥方面毫无经验，他完全看不出波纳尔在吉尔伯特群岛战役中的指挥有什么问题，也不明白为什么要把他解职。不过斯普鲁恩斯的态度对尼米兹的决定毫无影响，后来尼米兹下令解除波纳尔职务时甚至都没有提前告诉斯普鲁恩斯。[27]

在12月27日太平洋舰队司令部例行晨会之后，波纳尔获悉了自己即将被解职的消息。晨会后，托尔斯、麦克莫里斯和谢尔曼，与牛顿、斯普鲁恩斯和波纳尔一同被尼米兹留了下来。之后尼米兹告诉波纳尔，他被批评"在作战中过度谨慎"，尼米兹还不点名地引用了"乔可"·克拉克的报告。尼米兹说自己对航母的战斗力在空袭夸贾林一战中未能发挥很失望，他指出，航母的作用应当被发挥到极致，哪怕会承担一定的风险。波纳尔看起来很吃惊，他感到愤愤不平，并为自己在空袭马尔库斯和夸贾林时的匆忙撤退做了辩护，但显然没能说服对方。[28]这时哈尔西将军恰好在前往华盛顿的途中路过珍珠港，他也同意对米切尔的任命。不过所有事情都还要等到太平洋方面的指挥官们到旧金山面见"厄尼"·金之后才能尘埃落定。

与此同时，快速航母部队也发生了人事变动。亚瑟·拉福德少将调任太平洋舰队航空兵司令部参谋长，这样航母特混大队指挥官的岗位就出现了一个空缺。另外，"泰德"·谢尔曼继续负责第1航母分队，"蒙蒂"·蒙哥马利负责第12航母分队，第4和第11航母分队司令空缺。为此，托尔斯找来小J. W. 里夫斯少将担任第4航母分队司令。"黑杰克"·里夫斯（美国海军学院1911届）虽然是航空兵的后来者，但却以坚毅、坦率和实战经验丰富而闻名，他是"黄蜂"号在开战后的首任舰长，还曾在阿留申群岛战役期间指挥海军航空兵。担任第11航母分队司令的是萨穆尔·P. 金德少将（美国海军学院1916届），他是个年轻的航空兵，在战时的经验仅限于岸上职位，以及在"企业"号回国大修前后担任舰长。金德还没有经历过战火考验。

1943年12月，当"燧发枪"行动计划正在制订之中时，关于快速航母运用方式的老问题再次引起争议。对航空兵来说，这个时机真是好得不能再好了，对斯普鲁恩斯来说则恰好相反，因为不久之后的旧金山会议就将讨论太平洋方面的指挥官人选问题。斯普鲁恩斯再次担心自己的航空母舰如果过早投入战斗可能会遭受损失，于是他和波纳尔计划在登陆日也就是1944年1月31日前两天开始对马绍尔群岛进行空中轰炸。和进攻塔拉瓦时只用一个上午进行火力准备相比，这已经是很大的进步了。不过波纳尔坚持要求为航母护航的快速战列舰——此时这已经是快速航母特混大队的标配了——要到登陆前一天才加入炮击，这是出于保护航母免遭敌方海空兵力攻击的考虑，斯普鲁恩斯支持他的意见。[29]

1943年是个值得铭记的年份。这一年开始的时候，美国太平洋舰队还要靠仅有的2艘战前航母苦苦支撑。到这一年结束的时候，托尔斯和波纳尔已经每天都在为进攻马绍尔群岛的战役中怎样使用庞大的航母舰队而争执了。波纳尔行将离任一事并未促进他与托尔斯的合作，后者在幕后实际操纵太平洋战场上的航空兵事务，这是众所周知的。波纳尔是斯普鲁恩斯的爱将，他很喜欢这个说话轻声细语的人。新年第一天，尼米兹和福雷斯特·谢尔曼两位将军启程前往旧金山，太平洋舰队司令部的事务临时交给了麦克莫里斯。

1944年1月3日，托尔斯要波纳尔把手下所有的将领和他们的参谋长都召集到太平洋舰队航空兵司令部办公室来。当波纳尔、里夫斯、蒙哥马利和金德到齐后，托尔斯发起了关于是否要在1月29日，也就是航母开始轰炸目标当天就用快速战列舰炮轰岛屿的投票。所有人都举手赞同，波纳尔也只好同意。第二天，也就是4日，波纳尔又召集了一次他自己的会议，这次也邀请了斯普鲁恩斯到场。斯普鲁恩斯重申了对航母暴露在从特鲁克来袭的日军舰队威胁下的担忧。托尔斯和他的参谋长拉福德则对航母充满信心，坚持要求最大限度发扬航母和战列舰的威力以轰炸目标，正如两栖战部队指挥官们希望的那样。斯普鲁恩斯和波纳尔反对这一意见，他们希望航母在29日开始空袭，战列舰30日再加入岸轰。最后，作为太平洋舰队执行总司令的麦克莫里斯把票投向了托尔斯一边，事情这才敲定下来。不过作为前线指挥官的斯普鲁恩斯依旧我行我素。[30]

1月5日，画风骤变，米切尔来了。“皮特”·米切尔到达的当天上午就从波纳尔手里接过了第3航母分队的指挥权。第二天，太平洋舰队的快速航母部队被改编为第58特混舰队，米切尔任指挥官。6日，尼米兹和谢尔曼在旧金山开完会回来，带来了指挥层大变动的消息。托尔斯改任太平洋舰队副总司令兼太平洋战区副总司令，波纳尔则“在当前暂时接替托尔斯”任太平洋舰队航空兵司令。不过航空兵政策仍由托尔斯负责，太平洋舰队航空兵司令部成了仅仅负责处理杂事的后勤部门。尼米兹想让波纳尔协助米切尔制订作战计划，这仅仅是个形式上的让步，不过斯普鲁恩斯却同意把波纳尔调到自己的旗舰上，在马绍尔群岛战役期间“当航空事务顾问”。最后波纳尔以观察员身份登上了斯普鲁恩斯的旗舰，就和吉尔伯特群岛战役期间的阿尔瓦·伯恩哈德一样。不过这些调动最终还要等到2月拿下马绍尔群岛后才能正式生效。[31]

米切尔是最适合指挥第58特混舰队的航空兵将领，其余三个同样觊觎这一职位的候选人则各有各的难处——这三人是托尔斯、麦凯恩和“泰德”·谢尔曼。如果要担任特混舰队司令，尤其是在斯普鲁恩斯（美国海军学院1907届）手下当特混舰队司令，则托尔斯（美国海军学院1906届）的资历略有点高，当然以他的经验足以胜任愉快。福雷斯特·谢尔曼和“企业”号舰长马特·加德纳都试图说服他放弃新的太平洋舰队副总司令一职，来当航母部队司令。[32]然而托尔斯的使命意味着他必须坚守这个奋斗了许久才得到的职位——太平洋舰队总司令的副手应当是一个航空兵。不仅如此，航母部队司令只是二星少将，这对托尔斯来说意味着降级。最后，“厄尼”·金或许也不打算让他出海带兵打仗。至于“斯洛”·麦凯恩中将（美国海军学院1906届），金无疑更希望让他留在华盛顿，直到新的分管航空的海军作战部副部长一职完全运作起来为止。这就意味着老水兵麦凯恩不得不继续被拴在办公桌旁几个月。“泰德”·谢尔曼是波纳尔和米切尔的同班同学（1910届），但他过于鲜明的个性拖了后腿。当听到托尔斯、波纳尔和米切尔职务调动的消息后，他得出了正确的结论：“我显然已经不在升迁名单上了。”[33]

1944年1月的珍珠港格外忙碌。扛着将星的头头们都在忙于准备“燧发枪”行动，海军航空兵的代表们纷纷前来拜访托尔斯，包括分管航空的海军部副部长“迪”·盖茨、“公爵”·拉姆齐和乔治·穆雷。不过最重要的事情还是21日海军部次长福莱斯特造访珍珠港，准备观摩夸贾林登陆战。当初在华盛顿第一次见到这些年轻而充满活力的航空兵将领时，他就对这些人充满了敬意，此番来到珍珠港自然是再理想不过了。[34]不仅如此，他和托尔斯还发现了彼此的共同点：

都烦透了"厄尼"·金。虽然在珍珠港停留的时间不长，但福莱斯特选择了一场把航母的价值发挥到极致的战役，对航空兵们来说，这位海军部次长是一个价值连城的盟友。

选择"皮特"·米切尔来担任快速航母部队司令，航空兵当中大概没有人会反对。他虽然并不以才智过人或能言善辩著称，但却对战争、人心和飞行三者有着深刻的理解，这塑造了他独特的指挥风格。虽然他说话声音很轻，几至于听不见，但他严厉、尖锐的表达往往能被准确地理解。他拥有可追溯至第一次世界大战之前的丰富飞行经验，并且具备卓越的领导能力，那些年轻军官对他的崇拜和追随远远超过对任何其他海军航空兵。这位快速航母部队司令知道该如何打仗。他曾经指挥"大黄蜂"号放飞杜立特的轰炸机群前去轰炸东京，也曾在至关重要的中途岛海战中放出英勇无畏的第8鱼雷中队，对实力强大的日军舰队发动悲壮的决死进攻。米切尔手下的将领和飞行员们都清楚这位上级的过人之处，所以都愿意追随他。他的声望和权威足以驾驭"泰德"·谢尔曼、"蒙蒂"·蒙哥马利和"黑杰克"·里夫斯这样的刺头。不过他从来不会干涉下属的工作，除非绝对必要。用他自己的话来说，就是"我会告诉他们我要什么，而不是怎么做"。[35]

在航母对决时，米切尔拥有对第58特混舰队的绝对指挥权，但是一旦面对水面舰艇的威胁，他就会把指挥权交给快速战列舰部队司令 W. A. 李少将。"大下巴"·李（美国海军学院1908届）是一位广受尊敬、睿智而且勇猛的战场指挥官，但他的地位十分古怪。作为太平洋舰队战列舰部队的兵种司令（如同托尔斯是航空兵部队的兵种司令），李坐镇护卫米切尔舰队的战列舰，是个旁观者。如果爆发水面战，他就会担负起第54特混舰队——也就是集中编组为战列线的快速战列舰部队的指挥之责。不过如果真的发生这样的战斗，斯普鲁恩斯就会接管战场指挥权。李根本没机会指挥自己的战列舰队，他甚至连把麾下所有战舰指挥官集合起来的机会都没有。

面对战列舰从属于航空母舰的事实，李倒是安之若素，但他手下那些傲慢的低级别战列舰军官们却对此颇有怨言。不过话说回来，在参加"燧发枪"行动的四位战列舰将领中，三位的军衔资历都高于其从属的航空兵将领。当1944年1月新型快速战列舰"依阿华"号和"新泽西"号来到南太平洋向"泰德"·谢尔曼报到时，它们的舰长和分队司令穿着崭新的灰色制服，趾高气扬地来参加战前会议，摆出一副“战争要靠我们来打赢”的样子。谢尔曼则穿着南太平洋老兵习惯的皱巴巴的卡其色衬衫，毫不客气地告诉他们：“我才不在乎你们的16英寸大炮能不能打，你们最好先搞清楚高射炮怎么用。”[36]

在马绍尔群岛战役开始时，中太平洋部队的指挥层其实还没有理顺。没有航空经验的斯普鲁恩斯仍然带着那个战列舰派的幕僚班子，并对“大下巴”·李信任有加。不过斯普鲁恩斯也是明白人，“电流”行动的经验让他意识到战列舰不仅是不错的主力舰，也是优秀的防空舰，于是他把这些战列舰都固定编入了航母特混大队。由于指挥关系上这些天翻地覆的变化甚至都没有征求他的意见，斯普鲁恩斯对手下这些航母司令的不信任感愈加强烈。[37]航空兵出身的托尔斯和福雷斯特·谢尔曼现在成了尼米兹的左膀右臂，成了最能影响太平洋舰队总司令的人，而此前这样的殊荣只属于麦克莫里斯和他斯普鲁恩斯。第一个令斯普鲁恩斯恼火的变化是他们把他觉得还不错的波纳尔给撤了职，换上了没几个人认识的米切尔，而且没有征求他的意见，他是反对这项调整的。考虑到让米切尔来指挥“燧发枪”行动带有试验性质，斯普鲁恩斯特地把波纳尔调入他自己的司令部担任航空顾问。斯普鲁恩斯对米切尔的担忧纯属多余，正如哈尔西将军后来看到的那样：“把‘大下巴’·李和‘皮特’·米切尔放到一起是海军干过的最明智的事情。这样你就有了世界上最好的水面战术和最好的航空战术。”[38]

正是在这种环境下，米切尔卷入了马绍尔群岛战役中的岸轰时间和航母使用之争。他疑虑重重地听着斯普鲁恩斯的要求——登陆前两天开始轰击目标岛屿并在登陆期间和之后持续进行近距空中支援，随后提出了对舰队司令的第一个反对意见，他担心斯普鲁恩斯会把航母拴在马绍尔的滩头干类似近海炮兵的杂活。然而斯普鲁恩斯并没有改变想法，直到战斗打响之后才和米切尔就快速航母部队的使用达成了一致。

指挥架构方面还有另一个大问题，是关于两栖战部队的。海军少将凯利·特纳继续在突击登陆阶段负责登陆部队的指挥，一旦上了岸，部队指挥权就移交给陆战队少将霍兰德·史密斯。吉尔伯特群岛战役之后，中太平洋陆军司令理查德森将军对海军陆战队独揽大权很不满，他向尼米兹上将提出应当由陆军替代海军陆战队来承担中太平洋的主要登陆作战任务。虽然海军陆战队在塔拉瓦伤亡惨重的教训就摆在眼前，但尼米兹还是反对这个提议，金则直接把这个方案给摁了下去。[39]

当米切尔将军于1944年1月13日在“乔可”·克拉克的“约克城”号上升起将旗时，“燧发枪”行动的指挥体系最终确定了下来：

舰队组织架构

太平洋舰队总司令兼太平洋战区总司令——C. W. 尼米兹（非航空兵）

太平洋舰队副总司令兼太平洋战区副总司令——J. H. 牛顿中将（非航空兵）

联合参谋长——C. H. 麦克莫里斯少将（非航空兵）

联合参谋长助理——F. P. 谢尔曼少将

太平洋舰队航空兵司令——J. H. 托尔斯中将

参谋长——A. W. 拉福德少将

中太平洋部队司令——R. A. 斯普鲁恩斯中将（非航空兵）

参谋长——C. J. 摩尔上校

第51特混舰队（两栖登陆部队）司令——R. K. 特纳少将

第54特混舰队（太平洋舰队战列舰）司令——W. A. 李少将（非航空兵）

第58特混舰队

司令：M. A. 米切尔少将（第3航母分队司令）

参谋长：T. J. 海丁上校

第58.1特混大队——小J.W. 里夫斯少将（第4航母分队司令）

“企业”号——M.B. 加德纳上校，第10舰载机大队

“约克城”号——J.J. 克拉克上校，第5舰载机大队

“贝劳·伍德”号——A.M. 普莱德上校，第24舰载机大队

第58.2特混大队——A.E. 蒙哥马利少将（第12航母分队司令）

“埃塞克斯”号——R.A. 奥夫斯蒂上校，第9舰载机大队

“勇猛”号——T.L. 斯普拉格上校，第6舰载机大队

“卡伯特”号——M.F. 舒菲尔上校，第31舰载机大队

第58.3特混大队——F.C. 谢尔曼少将（第1航母分队司令）

“邦克山”号——J.J. 巴伦廷上校，第17舰载机大队

“蒙特利”号——L.T. 亨特上校，第30舰载机大队

“考彭斯”号——R.P. 麦康奈尔上校，第25舰载机大队

第58.4特混大队——S.P. 金德少将（第11航母分队司令）

“萨拉托加”号——J.H. 卡萨迪上校，第12舰载机大队

“普林斯顿”号——G.R. 亨德森上校，第23舰载机大队

“兰利”号——W.M. 迪伦上校，第32舰载机大队

支援航空兵部队司令：H.B. 萨拉达上校

秘密武器登场

美军对吉尔伯特群岛和马绍尔群岛的进攻都是从夏威夷发起的，不过其中有一部分舰船需要从南太平洋的富纳富提赶来。为了解决进攻部队的后勤问题，舰队油轮将在航渡半途和空袭之后为舰队补充舰用燃油和航空汽油，但是其他物资都必须从珍珠港或富纳富提装船带来。如果要进攻比夸贾林更远的地方，美军就需要前进基地和大量油轮。鉴于这一需求，尼米兹将军早在1943年10月就要求太平洋舰队后勤部队司令威廉·L. 卡尔霍恩中将为中太平洋进攻组建2支机动后勤中队。这支海上后勤力量将成为美军手中的秘密武器，他们是“后勤上的航空母舰”，有了他们快速航母部队才能在海上长期作战。[40]

在“电流”行动期间为快速航母部队加油的是胡佛少将的第4后勤中队，但是真正的主力后勤部队则是专门为了“燧发枪”行动在珍珠港组建的第10后勤中队。美军刚一拿下马朱罗环礁，第10后勤中队就进驻了这里。这支中队专为服务快速航母部队建立，编有物资供应船、住宿船、油轮、医院船、驱逐舰支援舰、干货吊运船、布网船、修理船、猎潜艇、警戒艇、弹药补给船、浮标船、港口拖船、打捞船、动力驳船、弹药驳船、打捞驳船、修理驳船、浮船坞、浮动吊车，“以及其他任何用得上的船型”，能够服务航母部队的任何一部分，包括其护航舰艇。[41]

第10后勤中队先是进驻马朱罗，随后又跟随美国海军的步伐一路西进，他们不仅能够在锚地里维修舰船并提供各种服务，还能派出舰队油轮在海上为航母部队加油。“电流”行动期间，13艘油轮就能为整个中太平洋部队提供油料补给，每艘油轮都装有80000桶重油、18000桶航空汽油和6800桶柴油。[42]随着战线向西推进，油轮的数量还会越来越多。幸运的是，斯普鲁恩斯将军麾下有一位专家级别的后勤军官——博尔顿·B. 比格斯上校，负责保证舰队的海上补给顺利完成。

这种机动后勤中队一直服务到战争结束。1944年年初，这些后勤中队装备了护航航母，这一方面是为了防空和反潜，另一方面也是为了把补充飞机运送给快速航母部队。无论装备如何改变，浮动后勤基地的概念都一以贯之。随着战火烧向日本本土，航母部队和后勤部队的合作愈加亲密无间，这令美国海军获得了前无古人的巨大作战半径。

太平洋舰队航空兵司令部的航空后勤部门和卡尔霍恩的后勤部队在行政上是相互独立的，前者主要负责战区内的各种供应、维护，以及修理海军飞机的设施。这一部门原先是卡尔霍恩总体后勤体系的一部分，直到1943年夏季才独立出来。8月26日，托尔斯将军要求加快航空后勤转运流程，以保障运抵太平洋的大批飞机能够源源不断地送往岸基基地和航空母舰。为此，尼米兹将军还特地于9月17日把岸基舰载机地勤部队（CASU）划归太平洋舰队航空兵司令部管辖。[43]这一调整极具现实意义，使这支部队能和它在航空母舰上的同行——舰载飞机地勤分队（CASDIV）自由调换。当编有96架飞机的埃塞克斯级航母舰载机大队抵达太平洋时，托尔斯把先前小型的岸基和舰上舰载机地勤分队（CASU/CASDIV）扩编到了每队17名军官和516名水兵。[44]

随着飞机不停地飞到太平洋上，航空兵后勤体系的运转变得不太顺畅了，原因很简单，飞机太多，部队却没有分配飞机的政策。另外，飞机退役、维修、撤出战场的时间和标准等政策也是缺位的，零备件在各岸基舰载机地勤部队之间的分配更是毫无章法。1943年年末，海军航空兵内部对此状态已是怨声载道。亚纳尔将军在调研后认为这件事必须引起海军部部长的重视。[45]既然太平洋舰队航空兵司令部要负责解决这个难题，分管航空的海军作战部副部长麦凯恩中将就想要让一名航空兵军官来负责此事。他选择了亚瑟·拉福德，这让托尔斯和拉福德本人都很不情愿，毕竟托尔斯还想让拉福德继续留在太平洋方面指挥战斗呢。然而拉福德还是接到了在“燧发枪”行动后返回华盛顿的命令，他要寻求太平洋方面航空补给和维护问题的解决之道。[46]

虽然航空后勤问题仍未完全解决，但到了马绍尔群岛登陆之时，中太平洋部队的后勤体系已经基本成型。后勤工作默默无闻而且累得要死，不过快速航母部队的后勤支援已然成了一种公开的秘密武器，它可以使部队战力倍增，并发挥其机动性将敌人打得毫无还手之力。若没有这些浮动的后勤基地，快速航母部队或许很难成为一支足以把战争引向日本列岛的劲旅。

从夸贾林到特鲁克

1943年6月在太平洋舰队推广的PAC10战术条令仍然是有效的，不过1944年2月1日这份条令得到了一些修改，更名为USF10A。条令规定，航空母舰仍要以多航母编队的形式“战术集中”，同时战术指挥官拥有极大的自由度。[47]

“电流”行动给快速航母部队带来的一项重大改进是夜间战斗机的出现。1943年12月，准备接任太平洋舰队航空兵司令部参谋长一职的拉福德将军，刚刚从吉尔伯特群岛返回珍珠港就开始着手制定夜间战斗机政策。他本来就拥有丰富的航母训练经验，再加上奥黑尔在“企业”号上做的尝试，使得拉福德成了执行这一任务的最佳人选。12月16日，他向所有的快速航母舰长下发了一份应急夜间战斗机训练手册。每艘大型航母都要组建和训练至少两支夜间战斗机小组，每个小组各包括1架TBF鱼雷轰炸机和2架F6F战斗机，或者2架TBF，或者2架F6F。每支舰载机大队都要对各种夜战组合进行试验，直到摸索出最合适的战术条令为止。这些夜战飞机借助母舰的防空引导官和雷达寻找目标，彼此间要保持目视接触以免发生误击。第6鱼雷中队队长菲利普斯被指定为夜战训练的总负责人，随后来自所罗门战场的第75夜战中队队长W. J.“古斯”·威廉中校和他一同负责此事。[48]

在“企业”号的新型舰载雷达的协助下，菲利普斯手下装备雷达的“复仇者”和护航的“地狱猫”很快取得了成功。1944年1月8日，每一艘大型航母都组建了一支由1架“复仇者”和2架“地狱猫”组成的“蝙蝠”小队。[49]不过这只是权宜之计，很快，装有专用夜战装备的F4U“海盗”战斗机和受过专门夜战训练的飞行员就来到了航母上，顶起了夜间防空作战的大梁。[50]第10舰载机大队的回归又让“企业”号的夜间作战能力大增，其鱼雷中队队长威廉·I. 马丁少校擅长在夜间借助ASB雷达发动鱼雷攻击。原来的第6舰载机大队则转隶一艘新的埃塞克斯级航母——“勇猛”号（CV-11，舰长托马斯·L. 斯普拉格）。“企业”号和“勇猛”号两舰各得到了一支由四架夜战型“海盗”组成的小队，“约克城”号和“邦克山”号则各自得到了训练程度稍低但同样有效的“地狱猫”四机夜战小队。[51]

航母的防卫问题也同样涉及昼间战斗机和轰炸机。出于对航母安全的担忧，斯普鲁恩斯想要将更多的战斗机投入防空巡逻，但托尔斯却表示反对，因为这会削弱飞临目标上空的攻击机群的实力。[52]多航母编队的一大好处就是阵型紧凑，仅需要较少的战斗机实施防御，而在马绍尔战役和后来的加罗林群岛战役中，敌人空袭的规模一直不大，因此昼间防卫的问题尚未凸显。在攻击机方面，“邦克山”号仍然是唯一一艘装备SB2C“地狱俯冲者”俯冲轰炸机的快速航母。这型飞机被没完没了的小修小补拖了后腿——到1944年2月修改项目累计已达900项[53]，而且怪异的空气动力学特性让它获得了“怪兽”的外号，但它还是证明了自己的战斗效力，尤其是它能挂载907千克的重磅炸弹，这是“无畏”式做不到的。很快，更多的SB2C会随着新的舰载机大队一同加入太平洋舰队。

塔拉瓦和马金岛登陆战带来的最主要的教训是要加强对登陆部队的空中支援。这些战斗中的对地支援显然是不足的，特纳将军提议动用陆基航空兵在登陆之前对目标进行数个星期的持续轰炸。不仅如此，“登陆之前还应当进行连续几天（而不是几小时）的专门舰炮炮击和昼夜不停的空中轰炸。这样守军就会经历至少一周昼夜无休的状态……登陆之前，还要对登陆滩头进行毁灭性的轰炸和炮击……”[54]胡佛将军的陆基飞机确实早在一月就开始轰炸马绍尔群岛了，但他们的主要目标是机场，而不是防御设施，结果既没有摧毁机场也没能削弱防御。斯普鲁恩斯将军不肯提前两天以上投入快速战列舰炮轰岛屿，这让特纳很失望。这样，登陆部队便只能指望快速航母了。

特纳将军对“电流”行动中的近距空中支援战术十分满意，他提出要把这种技术“作为标准全面推广”。他还特地表扬了快速航母和护航航母上的舰载机，

1944 年上半年，寇蒂斯 SB2C“地狱俯冲者”俯冲轰炸机逐步替代了快速航母上的 SBD。

说它们在吉尔伯特群岛上空“降到十来米高的超低空，反复扫射陆战队员前方三五米处的敌人阵地，且精度极高”。[55]但陆军航空兵对近距支援则完全是另一种态度。1943年12月下旬，美军在新不列颠岛的格洛斯特角登陆（这里面对拉包尔，地理位置至关重要）之前，陆军航空兵对那里进行了卓有成效的猛烈轰炸，并由此得出结论：“与地面部队接敌之后再实施近距离支援相比，登陆前轰炸似乎更为重要；一旦登陆战打响，航空兵最重要的任务或许就是保护两栖部队免遭敌人空袭。”[56]这一观点可视为对低效近距离支援作战条令的道歉，从中可以窥见，西南太平洋和中太平洋的战况不啻天壤之别。在中太平洋，航母舰载机不仅要掌握滩头的制空权，还要为地面上的大头兵炸出一条血路。

鉴于吉尔伯特群岛战役期间空中支援作战指挥混乱，美军将专门的两栖指挥舰（AGC）引入了太平洋战场。根据地中海登陆战的经验，两栖指挥舰集中了与两栖作战相关的所有指挥与管控职能，覆盖了从人员换乘抢滩到对岸炮击的各种作业。每艘两栖指挥舰上，空中支援指挥部占据三个舱室，其成员包括12名军官和38名士兵。[57]夸贾林是一个环礁，美军选择其中两个主要岛屿作为登陆目标——罗伊－纳慕尔岛和夸贾林岛。两支登陆部队各有一艘两栖指挥舰和配套的空中支援指挥部。萨拉达上校（美国海军学院1917届）和特纳将军一起负责夸贾林方向的登陆船队，理查德·F. 怀特黑德上校则坐镇罗伊－纳慕尔方向的指挥舰。怀特黑德（1916年马萨诸塞州海军民兵）是个老资格的海军飞行员，长期致力于有效近距空中支援的研究，他曾作为观察员登上塔拉瓦实地考察。萨拉达很快就会晋升少将，而怀特黑德正是萨拉达的接班人。

空中支援专家们还采用了其他一些新发明。为了加强对地扫射的威力，一支TBF"复仇者"中队挂载了火箭弹,它们的威力可比12.7毫米机枪大得多。同时，随同部队上陆的空中支援指挥小组也得到了加强，一旦舰空联络中断（就像在塔拉瓦发生的那样），他们就会充当登陆部队指挥官的对空联络组。新的空中支援指挥部从航母手中接管了目标上空战斗巡逻的指挥权，并承担起为这些待命的战斗机分配目标的任务。[58]海军近距空中支援中的一个重大问题是飞行员有时会忽略地面友军的标志，在塔拉瓦时地面部队就因此遭到了友军飞机的扫射。[59]这一问题最明显的解决方案，就是加强飞行员的训练。

1944年1月下旬，第58特混舰队从珍珠港出发了，这是美国海军快速航母部队最后一次从夏威夷出击。马绍尔群岛战役之后,随着中太平洋部队一路西进，夏威夷已然成了深远后方。米切尔将军麾下这支进攻部队拥有12艘快速航母[包括2艘新的轻型航母"兰利"号（CVL-27）和"卡伯特"号（CVL-28）]、650架飞机、8艘快速战列舰，以及一群巡洋舰和大批驱逐舰。美国海军情报部门不知道的是，日本海军最后一批精锐飞行员已经在拉包尔和吉尔伯特群岛上空消耗殆尽。日军航母已经没有飞行员可用了。因此当美军舰队出击的消息传到特鲁克，古贺大将立即命令舰队大部分主力撤往帕劳。留下来防守马绍尔群岛的只有150架飞机，其中许多飞机还是1943年12月4日在同一海域夜袭波纳尔航母舰队的一式陆攻。开往目标海域途中，米切尔的舰载机组织了实战演练，登陆前任务简报也做得十分详细，每一个飞行员都明确了自己要去攻击的目标。

登陆前的轰炸和炮击是按照斯普鲁恩斯先前的计划进行的，航空兵和两栖部队将领们关于延长岸轰时间的要求因此落了空。1月29日，航母舰载机开始空袭马绍尔群岛，此时快速战列舰仍然处于屏护航母的阵位上。30日，这些战列舰开始逼近滩头进行炮击，次日被专门用于登陆前炮击的舰艇接替返回原阵位。除了第58特混舰队之外，特纳将军还带来了7艘第一次世界大战时代的旧式战列舰，一批巡洋舰、驱逐舰，以及由拉尔夫·戴维森少将和范·拉格斯戴尔少将指挥的8艘护航航母及其舰载机，一同实施对敌滩头阵地的削弱。31日，夸贾林环礁中的一些小岛和马朱罗大环礁及其潟湖一同落入美军手中。2月1日，美国陆军和海军陆战队向夸贾林岛和罗伊－纳慕尔岛发动登陆突击。

无论先前如何担忧，当看到29日第58特混舰队成功空袭并压制住夸贾林环礁周边的日军机场时，斯普鲁恩斯或许都会感到满意。里夫斯的舰载机空袭了马洛埃拉普，金德轰炸了沃杰。蒙哥马利的舰载机大队攻击了罗伊岛上的日军机库，谢尔曼则轰炸了夸贾林岛。罗伊岛上空的少量日军飞机很快成了“埃塞克斯”号、“勇猛”号和“卡伯特”号三艘航母上“地狱猫”战斗机的首批战果，这些战斗机随后又扫射了停放在跑道旁的许多日军飞机。上午时分，米切尔的机群已经牢牢掌握了目标上空的制空权，而且再未动摇过。为了确保日军不会从埃尼威托克方向派来增援，谢尔曼在接下来的3天里移师此处，金德则先在接下来的两天里攻击了马洛埃拉普，之后开赴埃尼威托克环礁外海与谢尔曼一同展开攻击。蒙哥马利在随后的5天里一直对罗伊－纳慕尔岛的地面部队进行近距空中支援，里夫斯同一时段对夸贾林进行了空袭。胡佛的陆基航空兵则在米里和贾鲁特岛上空势不可挡。整场战斗中，快速航母部队在与敌人交战时损失了17架战斗机和5架鱼雷轰炸机，另有27架飞机因事故损失。[60]

从1月31日到2月3日，舰载机遵从空中支援指挥部的调遣持续空袭敌人的防御阵地。在舰队发起猛烈炮击的同时，这些空袭——超过4500架次——极大地震撼了日本守军，他们的抵抗明显弱于吉尔伯特群岛的守军。[61]新型两栖指挥舰表现得十分抢眼，对战役的胜利贡献非凡。2月4日，美军占领夸贾林环礁。当天，3支快速航母特混大队开赴马朱罗环礁的新锚地，只留下金德的第58.4大队继续轰炸埃尼威托克。快速航母的表现几近完美。

美军舰载机拍摄的林木茂盛的夸贾林岛，能看到日军的兵营，照片摄于1944年1月末。

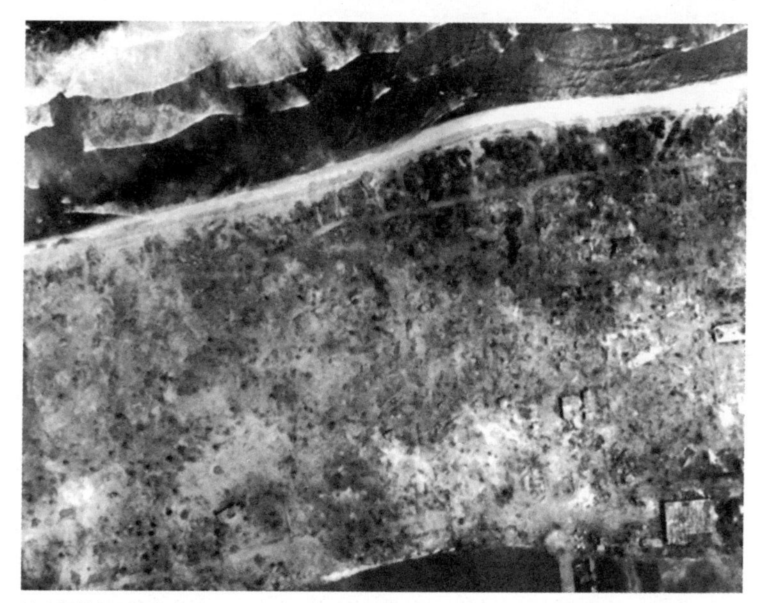

被“斯普鲁恩斯剃头刀”和“米切尔洗发水”扫荡之后的夸贾林，这令登陆战变得容易一些。

马朱罗环礁的新基地位于珍珠港以西3200千米处，是美军在马绍尔群岛战役中最大的收获，当然，夸贾林机场的价值也不可忽略。第10后勤中队来到了马朱罗，第4中队也在这里并入了第10中队。从此，民用油轮不必经停夏威夷，可以直接开赴马朱罗。太平洋舰队航空兵司令部在马朱罗为航空母舰部队建立了一个补充舰载机停放场，可以停放150～300架飞机，这些飞机随时可以经由专门配备给第10后勤中队的护航航母运送至在远方作战的第58特混舰队。[62]

夸贾林环礁行云流水般的压倒性胜利与吉尔伯特群岛时的战战兢兢形成了鲜明对比，如果没有“电流”行动的经验教训，夸贾林的胜利是不可能实现的。攻占夸贾林如此容易，因而有必要迅速调整太平洋战区的时间表。虽然吉尔伯特和马绍尔群岛距离强大的日军基地特鲁克并不远，但日军还是在这些海域暴露了明显弱点，这意味着下一轮登陆或可立即发动。原先的计划表要求南太平洋部队夺取卡维恩以包围拉包尔，但是现在斯普鲁恩斯想要攻打埃尼威托克，因为这里距离夸贾林很近，岛上也有不错的机场。夸贾林刚刚拿下，尼米兹就采纳了这一建议。他给斯普鲁恩斯发电报，建议后者用正搭乘在船上尚未参战的新锐预备队攻打埃尼威托克。另外，尼米兹还希望用航空母舰空袭特鲁克，以诱出日军舰队进行决战。[63]

美军原本计划到1944年5月1日再攻占埃尼威托克，3月下旬之前也不会空袭特鲁克[64]，但是夸贾林之战改变了这一计划。斯普鲁恩斯把尼米兹的建议转发给了麾下的两栖部队指挥官——特纳和霍兰德·史密斯。特纳和尼米兹不谋而合，自然对这个计划双手赞同，他立即和“嚎叫的疯子”史密斯一起拿出了一套早已为此种可能准备的作战计划。[65]至于特鲁克，米切尔认为虽然空袭这里可能招致严重损失，但自己的舰载机毫无疑问也可以痛殴日军。于是斯普鲁恩斯回复尼米兹，他同意执行新的计划。2月10日，他收到了执行埃尼威托克和特鲁克作战的批复。[66]

利用在马朱罗短暂休整的时机，米切尔的部队进行了一些人事调整。自从新的航空母舰抵达太平洋战区以来，这还是第一次有航母舰长晋升将军。不过，他们并没有按照传统返回美国本土举行晋升仪式，而是直接在太平洋上把事情给办了。米切尔的旗舰“约克城”号的舰长，勇猛的“乔可”·克拉克被指派为新设立的第13航母分队的司令，拉尔夫·詹宁斯上校接替了他的舰长职位。“邦克山”号明智且聪慧的舰长J. J. 巴伦廷调任太平洋舰队航空兵司令部参谋长，原职位由汤姆·杰特尔上校接替。空中支援司令“条子”·萨拉达接管了一支护航航母分队，其继任者是迪克·怀特黑德上校。这三个人全都在马朱罗拿到了自己的第一颗将星。

在特混大队司令方面，米切尔也遇到一些小问题。蒙哥马利虽然性格沉静，但若说起招人烦来，一点也不比“黑杰克”·里夫斯和“战斗弗雷迪”·谢尔曼逊色，而且这仨人之间已经出现了明显的嫉妒之情。“萨姆”·金德年资比蒙哥马利低4年，比里夫斯低5年，比谢尔曼低6年，米切尔觉得他的表现也比这几位要逊色一些。金德的旗舰是老旧、灵活性较差的“萨拉托加”号，当其他三支大队前去轰炸特鲁克时，米切尔把他的大队派去掩护对埃尼威托克的进攻。在这四位特混大队司令中，谢尔曼可能是最失落的一位了。他比米切尔年资更高，实战经验也更丰富，因此觉得自己应当在总体战略计划中发挥更大的作用。谢尔曼也承认自己有些过于敏感，他在自己的日记中如此写道：“我已经受够了在这帮臭小子中当配角。”[67]

2月11日，斯普鲁恩斯将军召集手下各部司令到其旗舰“新泽西”号战列舰上开会，按照“泰德”·谢尔曼的说法，会上“全是废话”。斯普鲁恩斯告诉大家，空袭特鲁克一战将由他在旗舰上统一指挥，航空兵行动则由“约克城”号上的米切尔指挥。如果日军舰队前来应战，斯普鲁恩斯就将和以往一样接管指挥权，使用“大下巴”·李的6艘快速战列舰（另两艘随同金德去支援登陆了）迎敌。谢尔曼觉得这份计划过于“战列舰化”了，看起来斯普鲁恩斯并没有考虑到航空母舰对海战的影响。有如此想法的并非谢尔曼一人，不过这并没有起什么作用。斯普鲁恩斯讲完后，仍在给斯普鲁恩斯担任航空顾问的“秃子”·波纳尔向各航母部队司令做了任务简报。[68]

三支特混大队组成了特鲁克攻击队：里夫斯的第58.1大队下辖“企业”号（舰长马特·加德纳）、“约克城”号（舰长拉尔夫·詹宁斯）、“贝劳·伍德”号（舰长梅尔·普莱德）；蒙哥马利的第58.2大队下辖“埃塞克斯”号（舰长拉尔夫·奥夫斯蒂）、“勇猛”号（舰长“汤米”·斯普拉格）、“卡伯特”号（舰长马尔康姆·舒菲尔）；谢尔曼的第58.3大队下辖“邦克山”号（舰长汤姆·杰特尔）、“考彭斯”号（舰长鲍勃·麦康奈尔）、“蒙特利”号（舰长莱斯特·亨特）。另外，金德的第

58.4大队将掩护埃尼威托克登陆，下辖“萨拉托加”号（舰长约翰·卡萨迪）、“普林斯顿”号（舰长乔治·亨德森）和“兰利”号（舰长盖奇·迪伦）。

当第58特混舰队于2月12—13日驶出马朱罗环礁时，它成了开战以来规模最大的航母突击舰队，拥有9艘航母，比空袭珍珠港的日军航母舰队（6艘航母）更加强大。同时，特鲁克对日本舰队的重要性丝毫不逊于珍珠港对美国舰队。不过海军情报部门对特鲁克知之甚少，日本人长期以来一直在将其要塞化，并对相关情报严防死守。他们把这里视为中太平洋上的主要舰队锚地，并称之为“太平洋上的直布罗陀”。米切尔不得不说：“我对特鲁克的了解仅限于《国家地理杂志》上刊登的内容，而且那位作者有些地方还搞错了。”[69]他的飞行员对此更是忧心忡忡，比如“埃塞克斯”号第9舰载机大队队长菲尔·托雷中校就如此说道：“他们直到出发之后才告诉我们要去哪儿。后来大喇叭广播了我们的目的地，居然是特鲁克！我的第一反应就是要跳海。”[70]

舰队刚一开出马朱罗，“泰德”·谢尔曼就玩起了独立行动的老一套，他没跟任何人打招呼便率领自己的航母离开护航舰队，自顾自地收放飞机去了。从瓜岛战役后期到空袭拉包尔，再到吉尔伯特群岛战役，他一直担任独立航母舰队的指挥官并乐在其中。现在，他第一次成为一支由三个特混大队组成的密集航行队形的一部分，而且是当时最密集的队形。斯普鲁恩斯将军立即训了他一顿，要他遵从PAC10条令，谢尔曼不情不愿地照办了，他觉得这种“指挥体系很可笑”，居然让一个非航空人来向他这个航空兵将领下达关于航母航行的指令。[71] 2月14日，第10后勤中队的油轮在特鲁克东北1030千米处与特混舰队会合，为其中的大型舰只加油①。随后这些油轮返回夸贾林，从民用油轮那里补油，准备在空袭后再次为舰队加油。这已经是当时的标准流程了。[72]

2月17日破晓前，72架战斗机从位于特鲁克东北方140千米处的航母甲板上升空，拉开了空袭“坚不可摧”的特鲁克堡垒的序幕。全战斗机扫荡的方案是米切尔提出的，目的是消灭空中的日本战斗机，为后续轰炸打开一条通往目标空

① 校注：驱逐舰则从战列舰和航空母舰处补给燃料。

域的安全通道。[73]这个方案显然比“乔”·克里夫顿让战斗机全程包围保护轰炸机的方案技高一筹。不过不巧的是，克里夫顿错过了此次空袭，因为他的“萨拉托加”号航母被派到埃尼威托克支援登陆去了。

“埃塞克斯”号上赫伯·胡克少校指挥的第9战斗中队记录了他们初临特鲁克时的感受。约翰·沙利文上尉如此写道：“我们对特鲁克的第一印象就是一片高炮烟团。他们耐心地等我们临空才开火。不过这些高炮打得不够准，我们打了他们一个措手不及。他们的舰船都静静停在港里，那就是水里的鸭子。真是太棒了，我们的开局从来没有这么棒过。”马尔文·弗兰杰中尉说道：“在特鲁克正上方，天空中一片混乱，天杀的！那是我最害怕的时刻……”威廉·亚瑟中尉则说：“我不带感情地看着高炮炮弹追着另一架飞机飞，都看得入迷了。没过多久同样的事情就落到了我头上，炮弹追着我就来了。”之后便是“地狱猫”与零战

1944年2月16日，米切尔将军的机群投下的炸弹命中了特鲁克环礁中杜布隆岛的日军水上飞机基地。

的大对决。赫伯·胡克如是说："优秀的飞行员和优秀的战术让我们打败了日本人。有时候他们无非是源源不断向我们飞来，他们一定知道自己会被干掉。"在战斗中击落了三架敌机的尤金·A. 瓦伦希亚中尉说道："这些格鲁曼飞机（指地狱猫）都是好样的。如果她们会做饭，那我一定娶一个。"[74]

迎接米切尔扫荡战斗机群的是大约80架日军飞机和猛烈有余而精准不足的高射炮火，不过真正与美机交上火的零战大概只有一半。激烈的空战打了大半个上午，50架零战和4架"地狱猫"被击落。到中午时，美国海军已经控制了特鲁克的上空。舰载机随后开始扫射停放在下方三条跑道上的日机，击毁击伤了约150架，但仍有差不多100架日机完好无损。随后18架装有燃烧弹的"复仇者"飞来，进一步攻击机场上的日军飞机。舰船方面，来袭的美军失望地发现港里只有2艘轻巡洋舰和2艘驱逐舰，外加大概50艘辅助船和运输船。美军轰炸机扑上去大开杀戒，当第58特混舰队离开特鲁克时，大约14万吨日军船舶要么沉入水底，要么冲滩搁浅。

空袭时，斯普鲁恩斯将军组织了一支由2艘战列舰、2艘重巡洋舰和4艘驱逐舰组成的小型水面作战编队，截击少量试图逃出特鲁克潟湖的日军舰艇。战列舰上的侦察机负责搜索目标，来自"邦克山"号的"暴君"·戴尔中校为瞄准日军1艘轻巡洋舰和2艘驱逐舰的火炮提供校射，来自"考彭斯"号的"地狱猫"战斗机则负责掩护水面舰队，同时还要寻找敌人驱逐舰发射的鱼雷尾迹并提醒己方大型舰艇提前规避。战斗中有一架SBD因被友军误击而坠毁，日军一艘轻巡洋舰和一艘驱逐舰被击沉，另一艘驱逐舰逃跑了。这场海战发生在17日午后不久。一名目睹了这场小规模战斗的航空兵军官如此说道："这就是我们打赢未来战斗的方法，也就是协同作战。我们找到并拖住他们，其他战舰再靠上来，很快就不会有什么'可能'的战果了，全都是'确定击沉'！"[75]

当天夜晚，战斗仍在继续。日军一支由6架九七舰攻组成的鱼雷攻击机群取得了战果，一架日机躲过了"约克城"号夜间战斗机的拦截，成功投下鱼雷并命中"勇猛"号侧舷，夜间战斗机引导的首次实战宣告失利。[76]在"汤米"·斯普拉格评估了损伤情况后，"勇猛"号不得不在"卡伯特"号和若干巡洋舰、驱逐舰的护卫下，返回珍珠港进行为期数月的维修。随后，"企业"号上受过专门夜战训练的第10鱼雷中队发动了一场成功的雷达夜袭，战斗中12架TBM"复仇者"均

1944年2月16—17日，大量日本商船被第58特混舰队的飞机炸沉在特鲁克潟湖。

装备227千克炸弹。多枚炸弹直接命中目标，日军又有6万吨船舶被除籍。此战是美国海军第一次施展昼夜全天候空中作战能力。

次日航母舰载机继续发动空袭，轰炸了特鲁克主岛上的日军设施。这次他们只遭到了轻微的高炮火力反击，日军飞机未升空迎击。在环绕特鲁克一周后，斯普鲁恩斯那支小规模水面作战舰队解散，继续为航母护航。当天下午，第58特混舰队撤离特鲁克海域，只留下救援潜艇继续执行捞救被击落空勤人员的英勇任务。此战，美军快速航母部队摧毁了超过250架日机，击沉了大约20万吨船舶，并且重创了日军基地和机场设施。反过来，美军仅损失17架飞机和26名空勤人员。当然，“勇猛”号也要退出战斗数月。

2月17日，空袭特鲁克的同时，对埃尼威托克环礁的登陆突击也在无后顾之忧的条件下展开。“萨姆”·金德的特混大队在11日和13日两次空袭埃尼威托克，摧毁了环礁上的大部分日军防御设施。17日，金德舰队再度前来拜访，这一次还带来了范·拉格斯戴尔的3艘护航航母一同继续轰炸。登陆部队由哈里·希尔少将指挥，新任空中支援指挥官迪克·怀特黑德上校与他搭乘同一艘舰船并提供协助。然而，陆军指挥官根本瞧不上近距离空中支援，所以此战中这种作战方式的规模十分有限。不过航母还是发动了多轮空袭，并在登陆部队头顶组织起了相当架次的战斗防空巡逻。[77] 17日，海军陆战队和陆军登陆部队登陆埃尼威托克的首个环礁，随后一路推进拿下了其他各个小岛。21日日军的抵抗就被全部扑灭，但是航空母舰在埃尼威托克外海停留到了2月28日。

埃尼威托克的战斗进行之时，第58特混舰队并未返回夸贾林或者马朱罗，而是继续停留在日据海域深远区域。19日，第10后勤中队赶来为舰队加了油，之后开回马朱罗。斯普鲁恩斯将军也回到了那个新的前进基地。由此，米切尔得以自由地继续西进，空袭马里亚纳群岛，这着实是一个堪称胆大包天的目标！“勇猛”号和“卡伯特”号已经离队，“企业”号不久也宣告离队——该舰将于21日轰炸被绕过的贾鲁特岛。米切尔手下只有两支各3艘航母的特混大队：蒙哥马利的第58.2大队，下辖“埃塞克斯”号、“约克城”号和“贝劳·伍德”号；谢尔曼的第58.3大队，下辖“邦克山”号、“蒙特利”号和“考彭斯”号。

这是米切尔第一次独立指挥自己的舰队，他很快就要第一次独立做出重大决定。当舰队在2月21—22日夜间向攻击机群起飞点冲刺时，一架日军一式陆攻发现了他们。日机成功逃脱追杀，报告了米切尔舰队的位置。米切尔当机立断——空袭特鲁克一战的压倒性胜利让他信心大增——通知自己的部队：“我们被敌人发现了，我们要杀进去。”[78]

他们真是杀进去的。从21日晚10点开始，日军鱼雷轰炸机就发动了一轮接一轮的进攻。虽然现在有了夜间战斗机，但是夜间引导仍然问题重重，它们不得不待在甲板上[79]，正是这个问题导致了“勇猛”号遭到雷击。现在的情况和1943年12月4—5日夜间如出一辙，“列克星敦”号正是在那一晚被鱼雷击中的，到现在还躺在船坞里，唯一的不同是当时美军要往回撤，现在米切尔要往里冲。敌人的攻击大部分以米切尔所在的蒙哥马利特混大队为目标，好在美舰的有效机动保障了自己安全。米切尔在无线电里询问“泰德”·谢尔曼：“你在哪里？”“战斗弗雷迪”答复道：“日本人更喜欢你们，不喜欢我。”[80]高炮击落了大约10架日机，其余日机在破晓前就飞回去了。

破晓前，米切尔在目标岛屿以西160千米处向塞班和提尼安岛放出了机群。在这个位置上，舰队可以迎风航行以便放飞和回收飞机。日军起飞了74架飞机迎战执行扫荡任务的“地狱猫”，其中很多都有来无回。塞班和提尼安两岛上还有几十架日机遭到扫射和轰炸。一架偏航的F6F意外发现关岛上有一座新机场和更多的日军飞机，这些目标随即也遭到攻击。轰炸机击沉了数艘日军运输船，其他船只逃进了开阔海域，却落进了洛克伍德将军5艘潜艇布下的陷阱。在接下来几天里，这些潜艇战果连连，此次攻击中日军船舶的总损失达到了45000吨。此番战斗日军损失飞机168架，美军则损失6架。此外，米切尔的机群还拍回了大量塞班岛海滩的照片，美军未来会在此处登陆。当天下午，第58特混舰队掉头开返马朱罗。[81]

1944年2月22日空袭马里亚纳群岛时，独立级轻型航母“贝劳·伍德”号正在迎击来袭的日军一式陆攻机群。透过地平线处的高炮烟团，能隐约看到“邦克山”号特混大队。

1944 年 2 月下旬，金凯德将军麾下特混大队组织的海军式的近距离空中支援帮助陆战队和陆军席卷了埃尼威托克。

舰队返回老锚地途中，一向不善言辞的米切尔热情地赞扬了勇猛的水兵们："在让日本人于特鲁克颜面扫地之后，我们就期待着下一场战斗，我们寻得，而且赢得了这场战斗。我可以自豪地说，我坚信我们这支队伍可以在任何地方、任何时间痛殴日本人。你们的水平很高。你们所有人都表现杰出，对此我只能表示祝贺，并由衷地说一句'干得漂亮'！"[82]

第58特混舰队的特鲁克—马里亚纳空袭作战是海空战史上的一次革命。一旦快速航母如"杰克"·托尔斯和他的航空兵将领们坚持的那样得到了"充分机动的自由"，它们就能够摧毁敌人的航空力量并挫败其舰队，使其无法前来阻止两栖登陆。托尔斯现在得出结论，快速航母的任务是在战略上，而非战术上守卫滩头。第58特混舰队的胜利源于突然性、合理的目标选择、武器装备优势、良好的时机，

“以及兼具质量和数量优势的飞行员和飞机”。[83]当海军部部长诺克斯宣布海军飞行员在与日军的空战中取得了13:1的交换比时，“约克城”号上嗷嗷叫的第5舰载机大队反驳说他们的实际交换比是95:1，第58特混舰队的超强战斗力可见一斑。[84]

1944年2月的战斗彻底改变了中太平洋战区的战略走向。马绍尔群岛被拿下，特鲁克也被摧毁，马里亚纳群岛已然门户洞开，第58特混舰队已经证明自己比日本人能派到太平洋上的任何力量都强大，所有疑虑和不确定被一扫而空。盟军战略家们意识到，所谓“强大的特鲁克”只是个神话。现在，有必要修订中太平洋方向的战略了。

西进

第58特混舰队重创了特鲁克和马里亚纳群岛且几乎未受损失的事实，揭示了日军“不沉的航空母舰”基地链体系的根本性缺陷——不能机动。一旦机动航母部队将其摧毁，就可以越过这些岛屿，继而让胡佛将军的陆基航空兵进行持续压制。2月19日，斯普鲁恩斯离开特鲁克。当晚，他的参谋长“卡尔”·摩尔上校提出，越岛战术适用于特鲁克。“秃子”·波纳尔此时仍在舰上，他被摩尔备忘录的内容说服，并将其复印件呈送给了尼米兹。[85]此时太平洋舰队中越来越多的人觉得或许可以越过特鲁克，这份文件更是火上浇油。

无论如何，现在美军已经迅速拿下了夸贾林和埃尼威托克的机场，完成了对米里、贾鲁特、马洛埃拉普、沃杰和特鲁克的压制，并且把马朱罗环礁改造成了大型舰队锚地，尼米兹现在完全可以更改太平洋战争的时间表。3月1日，他告诉金上将，6月就能进行下一轮大规模两栖进攻，目标是特鲁克或者马里亚纳群岛，具体是哪将根据对舰载机拍摄的空中侦察照片的分析而定。如果打特鲁克，那么攻击时间将定在7月20日，如果打马里亚纳，那就是10月1日。[86]

与此同时，麦克阿瑟将军的部队在1944年二月末三月初时攻击了新几内亚北边的阿德默勒尔蒂群岛，由此引发了新一轮战略争论。这个群岛的西德勒港及其周边的马努斯岛构成了一个巨大的锚地，它和马朱罗一样，也能成为支撑舰队西进的主要基地。马努斯岛位于麦克阿瑟西南太平洋战区的右翼，尼米兹中太平洋战区的左翼，两人都想把这个基地据为己有。麦克阿瑟想让这个锚地专门服务于他的第七舰队（由金凯德中将指挥），尼米兹则想要让这个锚地归第三舰队司令哈尔西将军管辖。这个问题十分关键，因为未来的任何一种战略都绕不开马努斯。尼米兹可以把这里建成快速航母基地，然后从这里出发越过菲律宾，最终攻击台湾岛上的日军；麦克阿瑟也可以让舰队从这里出发去收复菲律宾，这是他发誓要实现的愿望。既然如此，这个矛盾就只能提交给参谋长联席会议去解决了，而且这也成了1944年3月时参联会“最头痛的问题”。[87]

3月11—12日，尼米兹携福雷斯特·谢尔曼赴华盛顿与总统和参联会讨论太平洋战略问题，所有矛盾迎刃而解。谢尔曼向“厄尼”·金介绍了情况。虽然关于马努斯岛的争议由于麦克阿瑟代表的坚持而激化，但是为期两天的讨论还是形成了“让局势大大明朗”的决议。[88]高质量的航空侦察照片显示，直接登陆马里亚纳群岛是可行的，而第58特混舰队的战斗力也使得进攻特鲁克变得不再必要。于是，参联会命令尼米兹继续压制特鲁克，并于6月15日在塞班岛登陆，同时为1945年2月进攻台湾岛做计划。另一方面，麦克阿瑟将继续推进以夺取新几内亚，但卡维恩战役可以取消，之后他要在1944年年末进攻菲律宾南部，尤其是棉兰老岛。登陆吕宋岛的时间则定在了1945年1月。[89]

参联会让陆海两军相互妥协，西南太平洋部队和中太平洋部队都可以向吕宋瓶颈进攻，两军都可以使用马努斯基地，而且可以相互支援。虽然仍有些问题悬而未决，太平洋舰队的一些将领也对参联会没有选择集中兵力主攻西南方向而感到惊讶[90]，但这份新计划却是符合实际的。日军即使想要在西太平洋阻击盟军，也不可能同时顶住两个方向的进攻。另外，虽然马里亚纳群岛是个暴露在从日本发起的空袭之下的突出部（托尔斯正是因此而反对占领马里亚纳），但快速航母特混舰队完全可以掌握其西边菲律宾海的制海权，从而保证驻军和B-29轰炸机基地的安全。

不过这么一来，拉包尔的地位就一落千丈了，随着第58特混舰队深入日占海域、麦克阿瑟占领阿德默勒尔蒂群岛，它现在已经深陷盟军后方。攻打拉包尔的事再也无人提起。特鲁克被炸毁后，日军于1944年2月20日从拉包尔撤回了第2航空战队最后一批幸存的飞机。随着盟军在2—3月先后攻占马努斯、格林和艾米劳岛——这些岛屿分别位于拉包尔的西边、北边和东边，这座日军大型基地彻底被盟军包围。3月初，盟军陆基飞机开始常态化轰炸拉包尔。当月下旬，所罗门群岛中布干维尔岛的战斗告一段落，南太平洋之战彻底落幕。南太平洋部队司令哈尔西将军现在闲着没事可干了，作为第三舰队司令，他于5月向尼米兹报到，等候新的调遣。

另一位即将调任的将领是约翰·H. 托尔斯中将。马绍尔群岛战役结束后，他就要升任尼米兹的副司令，在此之后，他将“肩负作战和计划的重任，岗位职责将不再局限于技术和行政，还会覆盖战略和战术”。波纳尔少将会返回珍珠港担任太平洋舰队航空兵司令，“这个岗位将主要负责行政和装备维护”。[91]不过波纳尔不想回夏威夷，他更想留在舰队，留在斯普鲁恩斯将军的参谋班子里，为此他说服斯普鲁恩斯提出要将太平洋舰队航空兵司令部里分别负责飞机维护和人事的弗雷德·佩诺耶上校和劳尔·沃勒上校派到马朱罗的舰队来，这样他就可以在马朱罗当自己的航空兵司令了。[92]

2月22日的太平洋舰队司令部晨会后，托尔斯直接找到尼米兹，把斯普鲁恩斯这份文件的复印件拿给了他，并且指出：让波纳尔长期待在斯普鲁恩斯的司令部里会带来麻烦。这倒不是因为太平洋舰队航空兵司令负责行政和后勤的工作性质，而是因为斯普鲁恩斯加波纳尔和尼米兹加托尔斯这两对组合在“关于作战行动的许多方面”始终是对立的。托尔斯意指斯普鲁恩斯在两栖进攻时对航母的使用过于保守，而波纳尔总是站在斯普鲁恩斯那一边。如果让波纳尔离开舰队，斯普鲁恩斯面对的航空兵将领就只剩下一个人，那就是米切尔少将，他的航母部队司令。一旦波纳尔回到珍珠港，他的主要精力就会用在托尔斯留给他的后勤、航空事务方面。尼米兹表示赞同，于是拒绝了斯普鲁恩斯的提议，命令波纳尔返回珍珠港。28日，波纳尔正式就任太平洋舰队航空兵司令，托尔斯则接替牛顿中将成为太平洋舰队副总司令兼太平洋战区副总司令。[93]

舰队里的航空兵将领中也发生了一些变动。从1943年年初就一直在海上作战的“泰德”·谢尔曼在3月初“告假回国”，此时他依然对没能获得更高的职位心怀怨愤。[94]他随后来到圣迭戈，临时接替威廉·“基恩”·哈里尔少将担任西海岸舰队航空兵司令。哈里尔（美国海军学院1914届）也是个老航空兵，他在战争中的大部分时间里都在管辖岸基基地，不过这一回他要接替谢尔曼担任第1航母分队司令。另一个新来的是第5航母分队司令弗兰克·D. 瓦格纳少将，他原先的职位是分管航空的海军作战部副部长助理，这个职位现由拉福德少将接任。拉福德原先的太平洋舰队航空兵司令部参谋长一职由约翰·J. 巴伦廷少将接替。珍珠港还有另两个杰出的航空兵军官，分别是太平洋舰队助理战争计划官小加托·D. 格罗沃上校，以及乔治·安德森中校，托尔斯想方设法把他们搞到了自己的司令部来当“特别助理”。

另一个重大变化发生在“皮特”·米切尔身上。他在二月的战斗中向金、尼米兹、斯普鲁恩斯无可争辩地证明了自己作为快速航母指挥官的资质。3月16日，他从高级航母分队司令晋升为太平洋舰队快速航母部队司令，5天后其军衔升为中将。与此同时，斯普鲁恩斯升为上将，约翰·胡佛和“大下巴”·李升为中将。米切尔原来的第3航母分队司令一职由蒙哥马利少将接任。

还有一项重大举措，那就是指派了一名非航空兵给米切尔当参谋长，这并不奇怪，航空兵出身的托尔斯现在是非航空人尼米兹的副总司令，航空人哈尔西的参谋长“米克”·卡尼也不是航空人。随着资格达标的将领越来越多，“厄尼”·金认为航空兵和水面兵种将领应该在高级指挥层里充分融合。不过值得注意的是，斯普鲁恩斯上将的司令部和李中将的战列舰司令部里仍然没有高级航空兵军官，他们只有一些低级别的航空顾问，这些人不能对作战施加影响。

指派给第58特混舰队的参谋长是著名的水面兵种军官阿利·A.“31节”·伯克上校，这是一位从所罗门战场走出来的卓越的驱逐舰指挥官。起初，由于背景不同，米切尔和伯克根本“尿不到一个壶里”。米切尔想要架空伯克，直接和他分管航空的副参谋长海丁上校交流。伯克和米切尔一样个性十足，他当然不会就范，两人立刻撕破了脸。不过在冷战中，二人开始慢慢相互敬重，随着春去夏来，二人之间的冰山融化了。米切尔和伯克很快成了密不可分的好搭档。[95]

对所有的职业海军航空兵来说，第58特混舰队是理想所在、梦里老家，从海军中将到少尉飞行员，人人都想到快速航母上一试身手。分管航空的海军作战部副部长“斯洛”·麦凯恩中将甚至特地从华盛顿飞到马朱罗，试图说服米切尔回国休息休息，让自己来过一把率大军作战的瘾。刚刚上手的米切尔确实很累，但要他放弃指挥权是绝对不可能的。弗兰克·瓦格纳费尽心思才把拉福德拉回到华盛顿，好让自己到太平洋上去——拉福德对此当然心怀怨念。后者一到华盛顿报到，就从麦凯恩将军那里讨到一个保证，只要把工作做完他就能回太平洋——麦凯恩后来当然是失约了。然而，任何想要加入快速航母部队的军官，都必须满足米切尔的要求，包括他司令部里的140名官兵在内。米切尔从这个参谋班子里发掘他自己的心腹，其中最突出的是新任作战官古斯·威德海姆中校，从中途岛海战之后米切尔就再没有见过他。[96]

计划中的下一场行动，霍兰迪亚战役，将中太平洋部队和西南太平洋部队短暂地结合到同一战场，这一情况直到陆海两军各自打到吕宋瓶颈之前都再未出现过。尼米兹将投入第58特混舰队压制帕劳群岛的日本航空兵，之后再为霍兰迪亚登陆部队提供近距空中支援。这场战役由尼米兹、麦克阿瑟和哈尔西的联合司令部谋划了数个星期，期间各方还为马努斯问题起了冲突。1944年3月25日，刚刚从华盛顿谈完回来的尼米兹和福雷斯特·谢尔曼来到澳大利亚布里斯班市，协调登陆战中的快速航母使用事宜，战役计划的制订由此变得精彩绝伦。

尼米兹表达了他的担忧：霍兰迪亚和附近新几内亚的机场上有200～300架日军飞机，他的快速航母将会进入这些飞机的攻击范围。此外帕劳群岛上的日军飞机还可能从北面来袭。关于帕劳群岛，尼米兹告诉麦克阿瑟，自己计划在几天内对那里发动空袭。至于霍兰迪亚的日军飞机，尼米兹从肯尼将军那里得到了保证，后者将在4月5日之前摧毁其中的大部分——登陆战将在15日打响。不仅如此，尼米兹还会派遣“萨拉托加”号前往印度洋支援英军，以牵制东印度群岛的日军飞机。在最后一次联合会议上，虽然麦克阿瑟“说话像是法庭辩论”（福雷斯特·谢尔曼语），但两个战区的司令和幕僚之间还是“为未来的协作打下了良好的基础”。[97]

霍兰迪亚登陆之前，快速航母部队进行了一连串战斗。在12月空袭夸贾林时被击伤了船舵的“列克星敦”号航母刚刚从美国西海岸归来，它于3月18日向被越过的米里岛发动空袭作为实战演练，不过这支2艘战列舰、1艘航母组成的小舰队是由战列舰司令“大下巴”·李指挥的。随后米切尔将军把自己的将旗转移到了“列克星敦”号上。3月20日，美军在“黑杰克”·里夫斯的“企业”号、“贝劳·伍德”号和拉尔夫·戴维森2艘护航航母的掩护下占领了艾米劳岛。同日，另一艘新的埃塞克斯级航空母舰，新“大黄蜂”号（CV-12）来到马朱罗报到，它的舰长是迈尔斯·R. 布朗宁上校。“大黄蜂”号是第13航母分队司令“乔可”·克拉克少将的旗舰。这个“司令”还只是个虚衔，没有空缺的指挥岗位可供克拉克就职，因此他眼下的身份还是第58特混舰队的“见习生”，不过米切尔很快就会为他准备一个位置。

值得一提的是中途岛海战的大英雄迈尔斯·布朗宁在沉寂了几乎一年后重回太平洋。布朗宁依然是那种典型的脾气暴躁的战场指挥官，同时又是一位经验丰富的航母老兵，这在太平洋战场是十分重要的。实际上，在跟随哈尔西的两年间，后者曾多次提出要升他为将军。然而，布朗宁的野性不改既毁了他的人缘，也毁了他的职业生涯，他得罪了太平洋舰队中的许多同僚，其中就包括米切尔。[98]他在“大黄蜂”号舰长任上干得一团糟，1944年5月29日彻底失去指挥权，被打发到堪萨斯平原上一个陆军岗位，结束了战争和职业生涯。

米切尔已经带领第58特混舰队做好了空袭帕劳群岛的准备，这是一个遥远的，需要让他的航空母舰连续空袭数昼夜的目标。对米切尔来说，夜间空战是个挠头的问题——虽然现在有充足的夜间战斗机小队，但他却不愿意让航空部门在夜间值班。由于这位特混舰队司令并不鼓励夜航训练，这些夜间战斗机飞行员就很难保持专业水准，进而又导致米切尔更不愿执行夜间截击任务。可是既然日本人的夜间空袭卓有成效，那就必须找到解决办法。有人提出设置专门的夜战航母，但无论是太平洋舰队航空兵司令部还是米切尔都没有就此真正采取行动。[99]

在空袭帕劳的行动中，斯普鲁恩斯将军坐镇“印第安纳波利斯”号重巡洋舰通盘指挥，不过和往常一样，战术指挥交给坐镇航空母舰的米切尔负责，而且既然这次行动是一场大规模的航母空袭，那么实际上也就完全归米切尔负责了。如果日军派战列舰出战，那么李就会接管战场指挥权。这一次，有2支特混大队编入了4艘航母，分别是蒙哥马利和金德的大队，“乔可”·克拉克在蒙哥马利的大队里，米切尔跟随金德大队，里夫斯的大队还是3艘航母。

3月23日，第58特混舰队从圣埃斯皮里图出发，为了躲避特鲁克的日军侦察机，舰队向南绕了一个大圈。然而，日军侦察机还是在25日发现了美军航母并向日军舰队发出了警报，后者立即离开帕劳西撤。联合舰队司令长官古贺大将乘坐飞机转移，却再也未能到达目的地，这可能是恶劣天气导致的。古贺死了，继山本之后，这是第二个死于非命的“日本尼米兹”。3月29日夜间，日军鱼雷轰炸机例行“造访”了米切尔的先头舰队，结果被美军高炮击退。

空袭帕劳

1944年3—4月

中太平洋部队司令：R. A. 斯普鲁恩斯上将（非航空兵）

参谋长：C. J. 摩尔上校（非航空兵）

第58特混舰队司令：M. A. 米切尔中将（太平洋快速航母部队司令）

参谋长：A. A. 伯克上校（非航空兵）

第58.1特混大队——小J. W. 里夫斯少将（第4航母分队司令）

“企业”号——M. B. 加德纳上校，第10舰载机大队

“贝劳·伍德”号——A. M. 普莱德上校，第24舰载机大队

“考彭斯”号——R. P. 麦康奈尔上校，第25舰载机大队

第58.2特混大队——A. E. 蒙哥马利少将（第3航母分队司令）

“邦克山”号——T. P. 杰特尔上校，第8舰载机大队

“大黄蜂”号——M. R. 布朗宁上校，第2舰载机大队

“卡伯特”号——M. F. 舒菲尔上校，第31舰载机大队

“蒙特利”号——S. H. 英格索尔上校，第30舰载机大队

第58.3特混大队——S. P. 金德少将（第11航母分队司令）

“约克城”号——R. E. 詹宁斯上校，第5舰载机大队

“列克星敦”号——F. B. 斯坦普上校，第16舰载机大队

“普林斯顿”号——W. H. 布拉科尔上校，第23舰载机大队

“兰利”号——W. M. 迪伦上校，第32舰载机大队

3月30日拂晓，米切尔从目标以南144千米处放飞了执行扫荡任务的F6F“地狱猫”战斗机群。它们轻松消灭了空中的30架零式战斗机，之后和轰炸机一起把枪口对准了帕劳港里的大量商船。许多新的轰炸战术在此战中首次登

场。两个SB2C“地狱俯冲者”中队挂上更多的炸弹展开驾轻就熟的俯冲轰炸，命中数量和SBD轰炸机相比也成倍增加。“地狱猫”战斗机大角度俯冲至低空，投下轻型炸弹，这些炸弹效果一般，但机枪扫射却产生了极佳的效果。那些TBF“复仇者”早就是桅杆高度超低空掠袭和鱼雷攻击的行家里手。8架这种被戏称为“火鸡”的鱼雷轰炸机从八个不同方向围殴了一艘可怜的日军驱逐舰——这个“铁皮罐头”无处可躲，被炸成了碎片。

全能选手“复仇者”还在帕劳水域布下了水雷，这是快速航母舰载机在二战期间执行的第一次也是唯一一次空中布雷任务。来自“邦克山”号和“大黄蜂”号上的新手中队和“列克星敦”号上的老练中队顶着密集的高射炮火执行了这项任务。他们成功投下了水雷，其中很多还装有延时引信，结果使帕劳港内幸存的船只被困在这里长达6周之久，直到水雷被扫清为止。然而，对这些速度缓慢的“复仇者”而言，顶到一线去布雷十分危险，因此陆基远程轰炸机随后接过了这一使命。当天夜晚，60架日军飞机从后方基地前来增援帕劳，为米切尔的小伙子们送来了更多的人头。

31日，蒙哥马利和金德的特混大队再次前来轰炸帕劳，里夫斯则空袭了东北面的雅浦岛。4月1日，所有三个大队集中攻击了沃来阿岛，有一部分飞机甚至造访了乌利西。在所有的目标中，帕劳是唯一一个有“油水”可捞的地方。除了在空中和地面消灭了几十架日机之外，米切尔的攻击机和它们投下的延时水雷还击沉了帕劳的13万吨运输船。日军舰队逃往新加坡、婆罗洲和日本本土，从而逃过一劫，但这次空袭间接要了古贺大将的性命，也算是个收获。在坠海的44名空勤人员中，救援潜艇、驱逐舰和水上飞机救回了26人——这是前所未有的成果，不过米切尔仍然不太满意。第58特混舰队成功摧毁了帕劳，尼米兹和麦克阿瑟在霍兰迪亚战役中再也不用担心自己的北翼了。[100]

虽然帕劳之战一帆风顺，但特混大队指挥官团队里出现了第一次重大危机。战役中，“萨姆”·金德少将对自己的表现过于担心，已经到了完全无法胜任务的程度。万幸，米切尔把自己司令部里的杜鲁门·海丁上校临时派给了金德，他立即接管了指挥权。第58特混舰队回到马朱罗后，米切尔前去面见尼米兹——此时尼米兹恰好在福雷斯特·谢尔曼、波纳尔和舰队司令部其他幕僚的陪同下前来视察。米切尔“表达了对金德掌控其特混大队的方式的不满”，于是尼米兹授权米切尔解除金德的职务。米切尔立即照办，随后立刻指派著名的斗士“乔可”·克拉克接替其职务。当初在空袭马尔库斯时表现不佳的“独立”号舰长乔治·费尔拉姆上校也同样被毫不犹豫地撤了职。[101]

金德绝对不是懦夫，他也没有意犯下任何过错。实际上，担任航母分队司令之前，他在平时和战时的表现都非常好。很明显，是肩上的重担压垮了他，使他情绪失控，进而精神紧张。他自创过一份小报，名叫《发现敌人，哒哒哒》，每天在他的舰上用大喇叭朗读播放，结果令说者尴尬，听者惊恐。因此，米切尔在空袭特鲁克时没有带上金德，空袭帕劳时又派海丁去协助他。然而金德的忧虑还是与日俱增，自信心越来越弱，直到最后一次作战时人人都能看出他的紧张和缺乏自信。他不再适合战场指挥了，但在行政方面仍然是一把好手，因此尼米兹安排他长期负责用护航航母向舰队运送补充飞机的工作。

米切尔想要的是那种不仅能打仗，还能主动寻找敌人、找机会作战的将领。在这一点上，“乔可”·克拉克比米切尔的其他将领做得更到位，巧合的是，他也是米切尔接掌航母特混舰队指挥权后任命的第一位航母将官。虽然资历不高（美国海军学院1918届），但他对战斗的渴望给米切尔留下了深刻的印象。米切尔曾将克拉克指挥的“约克城”号作为旗舰，现在又把他留下来当航母分队司令。从霍兰迪亚开始直到战争结束，米切尔总是让克拉克的大队冲在最前方——进攻时担当前锋，后撤时担任后卫。蒙哥马利、里夫斯、“泰德”·谢尔曼也一样积极求战，尤其是谢尔曼，他甚至为此抗过命。不过大老板想要这些脾气暴躁的家伙，在他看来，如果他们会互相争斗，那么也会在自己手下打日本人。米切尔知道自己能够把权威树起来，把事情给办好。这些将领偶尔会互相抢地盘，这时米切尔作为强力协调者的专长就有用武之地了。

一开始，米切尔让克拉克替代金德的决定在珍珠港引起轩然大波。作风温和的斯普鲁恩斯和波纳尔力保金德，至少要让他继续在快速航母作战计划中发挥作用，于是“杰克”·托尔斯申请专门开会来讨论金德的事情，他想要支持米切尔的决定。4月19日，尼米兹、托尔斯、麦克莫里斯和福雷斯特·谢尔曼讨论了这个问题，波纳尔和巴伦廷起初在场，后来他们退出会议，其他人则继续讨论。最后，谢尔曼直言不讳，他说米切尔不希望金德再和快速航母部队有什么瓜葛，此外米切尔还责备波纳尔拖延金德的调动。最后，太平洋舰队总司令决定尊重米切尔作为战术指挥官的特权。从此以后，第58特混舰队司令在进行人事调整时再未遇到阻力。

另外，舰队名称也发生了变化。1944年3月南太平洋战事彻底结束后，尼米兹便不必再把他的作战区域划分为南太平洋和中太平洋了。现在所有力量都要到中太平洋来。因此，1944年4月14日，他取消了“中太平洋部队”的名称，将其变更为“第五舰队”，这就是这支部队的行政编制名称（“第58特混舰队”也是如此）。同时，哈尔西将军麾下的所有部队改称“第三舰队”。两支舰队都归太平洋舰队总司令管辖。同日，斯普鲁恩斯上将把他的将旗迁移至珍珠港并开始筹划马里亚纳战役，米切尔则独立指挥作战，直至6月为止。

第五舰队在霍兰迪亚战役中的参与其实并无必要，此前所有协同计划和空袭帕劳的作战也变得虎头蛇尾。与埃尼威托克这个太平洋上最后遭受袭击的环礁截然不同，霍兰迪亚周围有数座大型机场，守卫着新几内亚这个巨大的岛屿。4月初，几乎就在第58特混舰队把日军中转基地帕劳炸成一片废墟的同时，肯尼将军的轰炸机席卷了新几内亚全境。

4月13日，快速航母特混舰队从马朱罗出发，由米切尔直接指挥，下辖三支各有4艘航母的特混大队，分别由克拉克、蒙哥马利和里夫斯负责。他们首先向帕劳方向佯动，21日起开始轰炸新几内亚沿岸目标。这天，除了西边飞来的侦察机在克拉克所辖特混大队周围时隐时现，再无其他日军飞机前来干扰。第二天，登陆部队在完美的近距空中支援体系保障下突击上陆。这一次，空中支援指挥所统一掌控了第七舰队两栖部队作战区域内的对地目标分配和对空防御。一支防空引导官队伍作为指挥部的正式成员承担了这一任务。既然霍兰迪亚在麦克阿瑟西南太平洋战区下属第七舰队的作战范围内，那么空中支援自然要由陆军航空兵上校艾莱克森指挥，他在一艘驱逐舰上执行了这一任务。不过他基本无事可做，日军只做了象征性的抵抗，对空指挥任务很快就由上陆部队接管了。[102]米切尔放出了久未出动的夜间战斗机以提防日军鱼雷轰炸机的夜袭，同时在丛林上空制造噪音，让那里的日本人夜不能寐。[103] 24日，特混舰队回到了新的马努斯锚地，油轮正在那里等着他们。

霍兰迪亚—特鲁克作战

1944年4—5月

第58特混舰队司令：M. A. 米切尔中将

参谋长：A. A. 伯克上校（非航空兵）

第58.1特混大队——J. J. 克拉克少将（第13航母分队司令）

"大黄蜂"号——M. R. 布朗宁上校，第2舰载机大队

"贝劳·伍德"号——J. 佩里上校，第24舰载机大队

"考彭斯"号——R. P. 麦康奈尔上校，第25舰载机大队

"巴丹"号——V. H. 沙菲尔上校，第50舰载机大队

第58.2特混大队——A. E. 蒙哥马利少将（第3航母分队司令）

"邦克山"号——T. P. 杰特尔上校，第8舰载机大队

"约克城"号——R. E. 詹宁斯上校，第5舰载机大队

"蒙特利"号——S. H. 英格索尔上校，第30舰载机大队

"卡伯特"号——M. F. 舒菲尔上校，第31舰载机大队

第58.3特混大队——小J. W. 里夫斯少将（第4航母分队司令）

"企业"号——M. B. 加德纳上校，第10舰载机大队

"列克星敦"号——E. W. 里奇上校，第16舰载机大队

"普林斯顿"号——W. H. 布拉科上校，第23舰载机大队

"兰利"号——W. M. 迪伦上校，第32舰载机大队

空中支援指挥官：陆军航空兵W. O. 艾莱克森上校

为了保证霍兰迪亚登陆部队的安全，除了要压制帕劳，美军还必须持续压制特鲁克。3月29日，从南太平洋起飞的B-24"解放者"重型轰炸机首次在昼间空袭特鲁克，日军居然起飞了90架战斗机前来应战，令美军大吃一惊。这些轰炸机在空中击落了31架日本战斗机，在地面炸毁了更多，自己被击落2架。[104]很显然，日本人已经恢复了特鲁克的力量，那里再次成了航空兵的巢穴，因此需要再揍他们一顿。尼米兹把这一情况告知了马努斯的米切尔，第58特混舰队立即整装出发，以12艘航母的强大力量扫平特鲁克。"约克城"号当时是这样把作

战计划下达给舰员们的：“今天开始，我们要花上两天，到上次那个收获满满的猎场再走一趟。这一次，我们要把他们彻底打残废！”[105]

4月29日破晓前，美军的扫荡机群拉开了再战特鲁克的序幕，日军鱼雷轰炸机很快向第58特混舰队还以颜色。舰队上空巡逻的“地狱猫”和舰上的高炮火力击退了来袭日机，而特鲁克岛上的日军高炮火力也同样密集。同时，日军还起飞了60架战斗机挑战F6F机群，但接战的日军飞行员处处显得不是美国同行的对手，到了上午，米切尔的飞行员已经赢得了特鲁克上空的制空权。次日，美军轰炸机炸毁了许多停在地面上的飞机，使得此战消灭的日机数量达到了90架。美军有26架飞机被击落，46名空勤人员落水，不过有超过一半的人被成功救回，其中仅仅救援潜艇“刺尾鱼”号就捞起了22人。虽然特鲁克仍然高炮林立，另外还有一些日军飞机停在那里，但经此一战，日军想继续把特鲁克当作主要航空兵基地的意图还是被彻底粉碎了。

航空母舰的任务完成了，米切尔现在打算让他的重型水面舰艇也来尝尝荤腥。4月30日，他的巡洋舰炮轰了萨塔万环礁，李中将则把战列舰集中编组，于5月1日炮击了波纳佩岛。此时，米切尔安排第58.2和58.3特混大队返回马朱罗，留下克拉克的58.1大队为战列舰部队提供空中掩护。1日下午，这些巨舰对波纳佩进行了持续一个小时的炮击，日军没有做出任何回应。不过日本人还是找到了美军航母，他们的飞机从美军老式Mk4雷达无法探知的超低空飞了进来。日本人很不走运，碰上了克拉克，他在航空母舰上设立了目视防空引导官岗位。4架从超低空飞来的日机无所遁形，被引导官指挥的F6F战斗机悉数击落。[106]李和克拉克随即开赴埃尼威托克，这里现在是一处可以分担马朱罗压力的辅助锚地。

霍兰迪亚—特鲁克作战后，米切尔的部队获得了一个月的休整时间，这令他得以为即将打响的马里亚纳群岛战役做最后的准备。他需要用一些新的舰载机大队来替代那些久战兵疲的老部队，尤其是“约克城”号上的第5大队，他们参加了1943年8月空袭马尔库斯岛以来的所有战斗。1944年1月，太平洋舰队航空兵司令部制定了舰载机大队的轮换制度，每个大队连续作战6～9个月就会调往后方休整。到了4月，中太平洋上的快节奏反攻作战令这一轮班周期基本都定格在6个月。[107]根据这一制度，5月将有6个舰载机大队到后方重新整编、更新装备并接受重新分配。此外，太平洋舰队还迎来了新的航母：刚刚完成大修的“埃塞克斯”号、新建成的“黄蜂”号（CV-18，舰长 C. A. F. 斯普拉格上校），以及独立级轻型航母的最后一艘“圣贾辛托”号（CVL-30，舰长哈罗德·M. 马丁上校）。

现在美军的航母数量已经很多了，15艘在太平洋服役，另有3艘在维修或者大修，因此到了再组建一支特混大队的时候了。米切尔手下的特混大队此时各有4艘航母，不能再增加了，因此他决定再组建一支由3艘航母组成的特混大队。

在马朱罗环礁，一艘补给船正在为一艘快速航母补充炸弹，这些后勤部队使第 58 特混舰队得以始终驻留前方海域，不必回夏威夷接受补给。

现在有两个人可供米切尔选择以指挥这支新大队——“基恩”·哈里尔少将（第1航母分队司令）和弗兰克·瓦格纳少将（第5航母分队司令）。不过瓦格纳达不到米切尔的选将标准，这人有些浮夸而且不招人喜欢，在太平洋舰队待的时间不长，6月就被外派到西南太平洋长期任职了。哈里尔也一样未经考验，但他看起来还行，于是米切尔任命他为“见习的”新大队司令。

带着刚加入的2艘新航母、3支新舰载机大队和1名新将领，米切尔决定对马尔库斯和威克岛进行一轮训练性空袭。为此他专门组建了第58.6特混大队，由蒙哥马利少将指挥，编有“埃塞克斯”号、“黄蜂”号、“圣贾辛托”号三艘航母。除了训练，这次空袭还涉及几项试验任务。太平洋舰队航空兵司令部引入了几位目标分配方面的专家，他们提出，起飞前的任务简报应该传达至每个飞行员，让每个人都知道自己的攻击目标是什么，以防止在低价值目标上浪费炸弹。此番对马尔库斯和威克岛的空袭就要验证这一做法的有效性了。

1944年5月14日，蒙哥马利的舰队驶出马朱罗，接近马尔库斯岛后兵分两路。“圣贾辛托”号开往岛屿北面和西面搜索敌方警戒船，“埃塞克斯”号和“黄蜂”号两舰则于20日轰炸了岛屿。岛上的高射炮火十分猛烈，精确投弹极其困难，火箭弹则根本无法使用，因为发射火箭需要飞机在低空长时间小角度下滑，后果可想而知。次日，天气情况恶化，蒙哥马利取消了攻击计划。“圣贾辛托”号归队后，三艘航母于24日攻击了威克岛上的日军设施。此次轰炸对两个岛屿上的日军造成了显著的杀伤，足以把他们赶出未来的马里亚纳群岛战役，但是为每个飞行员分配目标的做法被证明无效。太平洋舰队航空兵司令波纳尔将军总结道：每个岛屿上的目标都是不相同的，目标分配应当由前线指挥官临机决定，他们可以协调自己的攻击力量以集中打击主要目标。[108]

1944年5月结束时，自中途岛海战后太平洋上规模最大的战役已然迫在眉睫。现在第58特混舰队拥有数量上占据绝对优势的舰艇、飞机和飞行员，他们足以一边掩护塞班岛登陆，一边与日军航母和战列舰组成的舰队决一雌雄。此前7个月海空战的连续压倒性胜利将这支特混舰队磨合到了完美的状态。此时，快速航母特混舰队即将面临马里亚纳战役的最终大考。

第六章 快速航母大会战

塞班岛是日军西太平洋防线的指挥中枢。塞班和相邻的提尼安岛[1]、关岛、罗塔岛，以及帕甘岛一起组成了马里亚纳群岛的主要岛群。1944年时，这个群岛正位于日本“不沉的航空母舰”岛链的正中央。马里亚纳群岛上修筑的诸多机场是日军太平洋航空兵转场路线上的关键一环：日军飞机从本土出发，途径北面的小笠原群岛和火山列岛飞到马里亚纳，之后再飞往东方和南方的各个据点，比如威克岛、特鲁克、新几内亚和帕劳群岛。舰队也可以在塞班岛下锚，不过这里设施简陋，不足以保障舰队长期驻泊。一旦马里亚纳群岛落入美军之手，那么这一切就会逆转过来，B-29“超级空中堡垒”轰炸机可以从这里出发轰炸日本本土，航空兵和补给船队也可以以此为中转向西开进。

处于防御一方的日军拥有内线作战之利，他们可以相对方便地将兵力机动到太平洋任意一处受到威胁的地点。现在，美军的尼米兹将军拥有马绍尔群岛，麦克阿瑟将军占领了新几内亚东北岸，日军无法确定美军的下一轮进攻将落在哪里，是马里亚纳群岛还是帕劳—新几内亚西部一线。假如美日两军在舰队和航空兵方面旗鼓相当，日军就可以利用内线优势挡住美军在上述任何一个方向的进攻。在1944年春季，日军的战略正是如此。然而美日双方远非旗鼓相当，美军拥有绝对的兵力优势，几乎能在中太平洋、西南太平洋两个方向平均分配力量，两路并进。面对拥有如此强大的实力、从外线展开攻势的敌人，日军内线作战的地理优势便失去了意义。

日军舰队

与1941年甚至1942年相比，日军机动部队或曰“第三舰队”几乎完全换了

---

① 译注：今又译为“天宁岛”。

一遍血。在最高指挥层，他们失去了两位了联合舰队司令长官，山本五十六和古贺峰一，二人都因座机坠毁而死于非命。新任联合舰队司令长官丰田副武大将于1944年5月接过舰队指挥权。和前任不同，他的旗舰是一艘长期驻泊东京湾的轻巡洋舰。除了身不在舰队，丰田还没有航空兵经验，这使他很难组织起一场以航空兵为核心的西太平洋防御战。不过他的参谋长草鹿中将拥有丰富的海军航空经验，他在战前就是航母部队指挥官，后来又在防御拉包尔时指挥过陆基航空兵。不仅如此，丰田大将的新任航空甲参谋是拥有3000飞行小时经验，曾亲率机群突袭珍珠港的渊田美津雄大佐。此时日本战时大本营里还有一位优秀的航空兵军官——源田实中佐。[1]

西太平洋的空中防卫由第一航空舰队负责，该部由日本海军军令部直辖。1944年2月，随着驻拉包尔航空兵的回撤，日本海军所有陆基飞机都集中到了西太平洋的各个基地上，其中有4个大型基地设在马里亚纳群岛（关岛、提尼安岛、塞班岛和罗塔岛），2个设在西加罗林群岛（雅浦岛和帕劳群岛的巴伯尔图阿普岛），1个设在火山列岛（硫磺岛）。陆基航空舰队的司令部设在提尼安岛，由角田觉治中将指挥。角田是个老资格的航空兵将领，曾于1942年指挥航母掩护日军在阿留申群岛的登陆。理论上讲，任何一处受到威胁，角田都可以将其7个基地的1600架飞机集中起来发动反击。[2]另外值得一提的是，在塞班岛设立指挥部的还有“中部太平洋方面舰队司令长官兼第十四航空舰队司令长官”，这个职位由曾在珍珠港痛击美军、随后又在中途岛一败涂地的南云忠一中将担任，他头衔看起来很大，实际上一无所有。

如果陆基航空兵未能击退敌人，航空母舰部队就该出手了。1944年3月，日军以第三舰队为基础组建了第一机动舰队，两者均由小泽治三郎中将指挥。从1942年年末起，小泽就是第三舰队司令长官，但却一直没有捞到仗打。作为第三舰队司令长官，他的职位和斯普鲁恩斯相当，作为第一机动舰队司令长官，他又和米切尔平级，其行政级别有些尴尬，受限颇多。此外，他还兼任第1航空战队司令官。作为舰队司令，他和他的幕僚班子胜任愉快，但是若按照美国人的标准，他们完全不适合担任那两个航母部队的岗位。无论是小泽还是他的“高级将领，包括作战和航空幕僚”，都没有与敌人航母作战的经验。[3]

日军其他三位航母将领同样饱受缺乏经验的困扰。城岛高次少将从1943年8月起就是第2航空战队司令官，此前他曾在空袭珍珠港时指挥“翔鹤”号航母，随后又在拉包尔的草鹿手下任职。不过他和他的幕僚中只有一个人拥有航母作战经验，这个人就是他的航空参谋奥宫正武少佐，阿留申群岛战役时他曾在角田的参谋部里供职。只有第3航空战队司令官大林末雄少将曾参加过中途岛战役，不过当时他只是配属给登陆部队的“瑞凤”号的舰长，实际上未能参加主要战斗。第4航空战队从重建以来就一直由松田千秋少将指挥，这支战队曾在中途岛海战后被撤销，随后又在1944年5月重建。他的经验几乎完全在军械方面，1942—1943年时，他还担任过超级战列舰“大和”号的舰长。

日本人在航母建造上仍然落后美国大约一年，此时，他们可参战的新建正规舰队航母仅有1艘，即29300吨的“大凤”号（载机75架）。这是一艘强大的军舰，拥有装甲飞行甲板，高炮火力也很凶猛，它自然成了小泽的旗舰。与“大凤”号共同组成第1航空战队的是珊瑚海时代的老将“翔鹤”号与“瑞鹤”号（载机各75架）。日军其余的快速航母都是改造舰。1942年时刚从商船改造成航母的“隼鹰”号、“飞鹰”号（载机各54架），以及13360吨、由原潜艇支援舰改造的“龙凤”号（载机36架）组成了第2航空战队。第3航空战队都是些轻型航母，包括原潜艇支援舰“瑞凤”号（载机30架）和11190吨的原水上飞机母舰“千岁”号、“千代田”号（各载机30架）。第4航空战队装备的是两艘罕见的怪物，航空战列舰“伊势”号和“日向”号。这两艘舰原先都是战列舰，拆除后主炮后换上了一块短飞行甲板。这种混血航母虽然能够起飞飞机，但却无法回收它们。日本海军决定不让这支战队参战，因此马里亚纳战役中也就见不到它们的身影了。所有日军航母都装有雷达，但是小泽将军很怀疑雷达操作员能玩得转这些新东西。[4]

飞机方面，日本海军无论在质量还是数量上都处于劣势。新型号的零式战斗机已经出现，但其性能仍逊于格鲁曼“地狱猫”。新型轰炸机也有了，但它们都给了第1航空战队的新兵蛋子，经验更丰富一些的第2航空战队没有获得一架，这是管理混乱导致的。[5]小泽第1航空战队的大型航母上共搭载有79架战斗机、70架俯冲轰炸机、51架攻击机（包括鱼雷轰炸机），以及7架侦察机。[6]城岛高次第2航空战队的改造航母上，飞机数量稍少一些，共计81架零战，27架俯冲轰炸机、18

架攻击机，以及9架侦察机。大林第3航空战队的90架飞机原本计划全部用于轰炸任务，但是这些改造的轻型航母飞行甲板太短，飞机难以获得足够的起飞速度，于是在出击前的最后时刻，这些俯冲轰炸机全部被撤下，换上了63架载弹量较小的零式战斗轰炸机。[7]此外，第3航空战队还有12架鱼雷轰炸机和6架攻击机①。

飞机在实战中的表现最终取决于驾驶它们的人，而这恰恰是日本海军最致命的弱点。陆基飞机的飞行员都是在特鲁克被摧毁后才开始培养的新兵，水平很差，对飞机座舱都不怎么熟悉。角田中将总是让这些飞行员在整个太平洋上四处救火，疲于奔命，结果坠机事故频发，代价惨重。[8]航母也是一样。与1942年相比，日军舰载机飞行队指挥官的平均年龄下降了10岁！第1航空战队的那些精锐老兵在拉包尔和马绍尔群岛损失殆尽，因此到了1944年5月，其飞行员的平均训练时间甚至不足5个月。第2航空战队好歹还保留了一些老手，他们从1943年秋季开始在新加坡接受训练，1944年2月，这支队伍从拉包尔逃离，这才给小泽留下了一些有经验的飞行员，但是还需要很多个月的时间他们的技术才能精熟。第3航空战队直到美军首次空袭特鲁克之后才建立，他们的飞行员在座舱里待的时间甚至不足3个月。总的来说，日本海军飞行员的平均训练飞行时长约为275小时，几乎是一年前那些飞行员的一半，而他们的美国对手在被分配到航空母舰上之前都要飞行至少525小时。[9]

3月末在美军第58特混舰队的攻势下撤离帕劳之后，日本第三舰队开始在塔威塔威重新集结，这是棉兰老岛和婆罗洲之间宿务海上一处僻静的锚地。飞行员们原本应该在这里进行恢复训练，但是为了防止起降事故损伤航母，那些新手只能到陆地机场去练习。不幸的是，塔威塔威的跑道迟迟没有建成，整个5月都无法进行飞行训练。[10]因此，日本的舰载机飞行队既缺乏配合与协同，也没有作战经验，他们无法夜间飞行，对快速航母作战也完全不熟悉。[11]他们根本没达到参战的标准，即使按照日军自己的标准，也还要花上几个月时间进行训练。

① 译注：原文如此。

1944年4月29日空袭特鲁克期间，一架日军“天山”鱼雷轰炸机试图穿过防空火力网攻击“约克城”号。

战术方面，日本海军从1942年7月起就放弃了原先独立使用各舰队的做法，转而采取以三艘航母为核心，用战列舰、巡洋舰、驱逐舰护航的编组方式。1944年6月，小泽将军将4艘战列舰集中编组为战列舰队，由第二舰队司令栗田健男中将指挥，与第3航空战队的轻型航母混编——第5艘战列舰则被编入第2航空战队。三支航空战队中还编入了7艘巡洋舰和28艘驱逐舰。这支舰队共有9艘航母和450架飞机，它们是整个太平洋战争中日本海军最庞大的一支舰队，但也是最缺乏训练和经验的一支。

美国海军情报部门准确地估计出了这支“日本新第一攻击舰队”的实力。根据斯普鲁恩斯和米切尔将军得到的情报，日军舰队搭载的飞机“相当于4艘埃塞克斯级航母和3艘独立级轻型航母”。不仅如此，在1944年5月末，美军情报部门认为日军在马里亚纳群岛和帕劳群岛集结了超过400架飞机以击退美军舰队。[12]

对日本的敌人来说，现在唯一搞不清楚的问题是，日军是否会派出舰队保卫马里亚纳群岛，以及用何种方式来保卫。日本高层对此却毫无疑虑，塞班岛太重要了，必须不惜代价严防死守。

日军舰队编成

联合舰队司令长官：丰田副武大将

参谋长：草鹿任一中将[①]

航空事务本部长——塚原二四三中将

第一航空舰队司令长官——角田觉治中将

第三舰队司令长官——小泽治三郎中将

第1航空战队——小泽中将，“大凤”号、“翔鹤”号、“瑞鹤”号

第2航空战队——城岛高次少将，“隼鹰”号、“飞鹰”号、“龙凤”号

第3航空战队——大林末雄少将，“千岁”号、“千代田”号、“瑞凤”号

美军战术

1944年6月时的美国海军第五舰队堪称海战史上最强大的作战力量。要打海空战，第58特混舰队拥有多达15艘快速航母；要打水面战，其战列线能集结多达7艘崭新的快速战列舰。为了打赢这场规模宏大的马里亚纳战役和可能的海战，太平洋舰队拿出了航母作战和两栖战的全部家底。

与攻打吉尔伯特群岛和马绍尔群岛相比，进攻塞班岛最大的不同在于，战役期间爆发大规模海战的可能性要高得多。以前，虽然尼米兹和斯普鲁恩斯都考虑到了日军舰队来袭的可能性，但并未预计日军舰队会真的出现。这样的机会是太平洋上所有的美国海军将领都翘首以盼的，他们对这样一场战斗的结果毫无疑虑。尼米兹将军相信日本人将会投入“每一分力量”来死守马里亚纳群岛，而第五舰队拥有“足够的肌肉”迎接他们的挑战，并且足以“赢得一场决定性胜

---

① 编注：原文如此。时任联合舰队参谋长并非草鹿任一（Jinichi Kusaka），而是其堂弟草鹿龙之介（Ryūnosuke Kusaka）。

利”。当太平洋舰队总司令接到报告，称日本无线电广播显示他们正在筹备一场海战时，尼米兹说道：“我希望他们能坚持这个主意。我不知道我们还有什么办法能让这帮家伙和我们打一场海战。”[13]

尼米兹此语显然表现出他对自己手下的将领们能打赢这样一场大战的信心，但是这样的胜利也并非理所当然。美国海军在其150年的历史中从来没有打过任何一场像特拉法尔加（1805年）、对马（1905年）、日德兰（1916年）这样有大量军舰参加的大规模舰队决战。珍珠港的沉重一击和美军在中途岛海战中好得出奇的运气，使得此前所有的海战历史一瞬间变得无关紧要了。飞机正是这一切变化的根源，这一点在后来粉碎拉包尔和特鲁克的战斗中表现得更加明显。然而第二次世界大战前几百年的海军史和无数代海军将领们留下来的遗产仍然深刻影响着1944年时美国舰队的战术，这使得尼米兹最终未能在马里亚纳战役中赢取他心心念念的压倒性胜利。

美军舰队编成

美国舰队总司令兼海军作战部部长：E. J. 金上将

太平洋舰队总司令兼太平洋战区总司令：C. W. 尼米兹上将（非航空兵）

太平洋舰队副总司令兼太平洋战区副总司令：J. H. 托尔斯中将

联合参谋长：C. H. 麦克莫里斯少将（非航空兵）

副总参谋长：F. P. 谢尔曼少将

太平洋舰队航空兵司令：C. A. 波纳尔少将

太平洋舰队航空兵司令部参谋长：J. J. 巴伦廷少将

第五舰队司令：R. A. 斯普鲁恩斯上将（非航空兵）

第五舰队参谋长：C. J. 摩尔上校（非航空兵）

第51特混舰队（两栖部队）司令：R. K. 特纳中将

第58特混舰队司令：M. A. 米切尔中将

第58特混舰队参谋长：A. A. 伯克上校（非航空兵）

第58.1特混大队——J. J. 克拉克少将（第13航母分队司令）

“大黄蜂”号——W. D. 桑普上校，第2舰载机大队

"约克城"号——R. E. 詹宁斯上校，第1舰载机大队

"贝劳·伍德"号——J. 佩里上校，第24舰载机大队

"巴丹"号——V. H. 沙菲尔上校，第50舰载机大队

第58.2特混大队——A. E. 蒙哥马利少将（第3航母分队司令）

"邦克山"号——T. P. 杰特尔上校，第8舰载机大队

"黄蜂"号——C. A. F. 斯普拉格上校，第14舰载机大队

"蒙特利"号——S. H. 英格索尔上校，第28舰载机大队

"卡伯特"号——S. J. 米切尔上校，第31舰载机大队

第58.3特混大队——小J. W. 里夫斯少将（第4航母分队司令）

"企业"号——M. B. 加德纳上校，第10舰载机大队

"列克星敦"号——E. W. 里奇上校，第16舰载机大队

"圣贾辛托"号——H. M. 马丁上校，第51舰载机大队

"普林斯顿"号——W. H. 布拉科上校，第27舰载机大队

第58.4特混大队——W. K. 哈里尔少将（第1航母分队司令）

"埃塞克斯"号——R. A. 奥夫斯蒂，第15舰载机大队

"兰利"号——W. M. 迪伦上校，第32舰载机大队

"考彭斯"号——H. W. 泰勒上校，第25舰载机大队

第58.7特混大队（战列舰队）——W. A. 李中将（太平洋战列舰司令，非航空兵）

空中支援司令：R. W. 怀特黑德上校

舰队战术起源于风帆时代，也就是1545年英国舰队在肖勒姆外海第一次对法国舰队进行侧舷火炮齐射的时候。[14]在随后整整两个世纪里，英国的海军战术慢慢地发展成了死板的模式，并被明确编写成永久性战术教范，指挥官只要有一处违背，就会被判处死刑。[15]这种所谓的"线式"战术要求各舰组成严密的战列线，舰队司令要对全军施以严密的控制，同样也控制着在战况不利时撤退的可能。任何下级单位的自作主张、分兵，或其他违背教范的做法都是绝对不允许的。英国海军用这种战列线打了许多仗，但很少能取得决定性战果。就和陆

战中的死板战术一样，这一战术的明显缺陷使它在1777—1783年与美国革命同时期的全球战争中发生了改变。

新的“混战”战术流派追求发挥指挥官的主动性，以达成集中火力攻击敌方一部分战列线的效果，由此获得火力优势后，再将敌人分割歼灭。这种战术自然有风险，但却能够带来全胜，这一回报足够大。混战战术的最主要推动者是著名的海军中将霍雷肖·纳尔逊子爵，他在1793—1815年的英法战争中彻底打败了法国舰队。纳尔逊的胜利给敌人带来了毁灭性的打击，他的战术在圣文森特角、尼罗河河口、特拉法尔加的战役中得到了彻底的贯彻，这些战役也很快成了海军史上的传奇，风帆战列舰时代也随之达到了顶峰。[16]

然而讽刺的是，纳尔逊的经验在英法战争结束后很快便销声匿迹，当海军从木质风帆战舰时代逐步发展到钢质蒸汽战舰时代的时候，英国海军又回到了战列线战术的老路上。1890年左右，铁甲战列舰开始出现，这一技术进展与阿尔弗雷德·塞耶·马汉上校倡导的海军理论相结合，成就了大舰巨炮时代的巅峰——英国大舰队。1906年之后，这支舰队的核心又变成了全新的强有力的无畏舰。大舰队的缔造者，海军元帅约翰·费舍尔男爵完全醉心于军舰本身（无畏舰和战列巡洋舰），对海战战术却鲜有顾及，因此这支庞大力量采用的仍然是僵化的战列线战术。不光费舍尔在战术上鲜有建树，大舰队的战时指挥官约翰·杰利科和戴维·贝蒂也是如此。

由于不加批判地沿用了18世纪中叶的战术，1916年5月发生在北海日德兰海域的舰队大决战未能打出决定性的结果。战斗之初，贝蒂中将率领他的战列巡洋舰队南下，试图切断迎面而来的德国战列巡洋舰队返回基地的退路；之后杰利科将会指挥他的战列舰来到战场，将德国战列巡洋舰队包围歼灭。然而贝蒂犯了一个大错，还险些犯下第二个。战列线战术要求舰队指挥官获得完整的战场情报，以便组织战列线，因此战列巡洋舰队最重要的任务之一就是侦察。贝蒂南下时，德国战列舰队主力突然出现，他急忙转向，结果在敌人猛烈的炮火下损失了几艘战舰。他的错误在于未能随时向杰利科通报德国舰队的实力和航行情况，他差点犯下的错误是几乎带着自己的舰队钻进了德国战列巡洋舰和战列舰之间的陷阱。

当贝蒂与杰利科重新会合时，整个德国公海舰队就跟在他身后，杰利科立即指挥他的战列线进行了经典的海战机动——抢占T字横头展开。他成功了，德国舰队的先头纵队一头撞进了英国战列舰队的炮火齐射之中。突然遭此致命打击，德军许多军舰都受到重创，德国舰队立即掉头撤退。若根据纳尔逊的“混战”战术，此时英军应该全军追击，打乱敌人撤退的节奏，引发其队形混乱，从而寻找集中火力痛击敌关键局部的机会。然而费舍尔—杰利科的战列线战术却不允许他们这么做，杰利科只是保持着自己的战列线。德国舰队后来再一次向前突进，再一次撞上了杰利科的T字横头，然后再次逃走。杰利科仍旧保持着战列线，既不下令追击，也不允许下属指挥官自主行动。至此，北海已被暮色笼罩，英德两支舰队正在平行南下，杰利科始终率领自己的大舰队挡在德国舰队和他们的基地之间。夜战不在英军战术条令之内，杰利科打算天亮再战。

情报匮乏再一次拖了杰利科的后腿。伦敦的海军情报部门已经获悉德国舰队试图从杰利科纵队的尾部突破封锁。这个消息未发给杰利科，而在得到这一消息前，杰利科可能已经获知舰队尾部编队正在与试图穿过英军编队返回基地的德国战列舰交战。由于情况不明，加之没有夜战战术规则，杰利科什么都没有做。战斗就这样结束了。技术短板和对鱼雷威胁的担忧给杰利科带来了严重困扰，但他之所以未能取得压倒性的胜利，很大程度上要归因于拙劣的战术。

假如日德兰一战能够摧毁德军舰队，那么英国大舰队就不必被拴在北海监视德国海军动向，而可以释放出来执行别的任务。实际上仅仅10个星期后，两支舰队便差点又打了一仗。不仅如此，由于德国公海舰队实力仍在，被陆地包围的波罗的海仍然是德国海军的天下。日德兰之后，无论是杰利科还是继任者贝蒂都没有尝试过改变以战列线为主的舰队战术。1917年12月，大舰队得到了一支强有力的援军，他们是来自美国海军、由5艘无畏舰组成的第6战列舰分队——美军舰队终于发展成熟了。此时的美军舰队也立即采纳了英军的理念和战术。

第一次世界大战之后的20年里，英美两国的海军战术家都没有改变日德兰式战术的想法。他们认为，如果再发生一场战争，那么还会有一场日德兰式的海战，唯一的不同是航空母舰将会取代战列巡洋舰。此外，夜间战术也得到了更多的关注，尤其是在日本海军中。20世纪20年代至30年代，在美国海军战争学院学习和进修的年轻军官们无数次按照早期战列线战术研究并复盘了日德兰海战。虽然航母部队军官们还在琢磨更激进的舰队战术，但是战列舰专家——也就所谓的“大炮俱乐部”——仍然在海军战争学院里为一场超级日德兰海战设计战术。

其中出力最多的战术理论家就是雷蒙德·A. 斯普鲁恩斯，他在1926—1938年曾三次赴海军战争学院进修。在1935—1938年，斯普鲁恩斯上校以学员身份最后一次进入海军战争学院，他很快就成了战术小组的组长，之后又当上了整个作战部门的负责人。在这几年里与斯普鲁恩斯密切合作的两个关键人物不是别人，正是高级战术班的C. J. 摩尔中校和战术、战略与战役班的里奇蒙·凯利·特纳上校，这二人同样先是学员，然后成了教官。[17]以顶级战列舰战术专家的身份离开海军战争学院后，斯普鲁恩斯当上了“密西西比”号战列舰舰长，同时，摩尔成为战列舰队的作战官，特纳则成了“阿斯托里亚”号重巡洋舰舰长。当斯普鲁恩斯将军在1943年成为中太平洋部队司令时，他特地把两位老友兼同学要来，分别给他当参谋长和两栖战部队司令——结果当然是得偿所愿。航母在吉尔伯特群岛战役时磕磕绊绊的战术安排正是出自斯普鲁恩斯、摩尔和特纳之手，现在制订马里亚纳群岛作战计划的还是这三个人。在中太平洋部队的具体决策过程中，斯普鲁恩斯主要依靠摩尔和“萨维”·福莱斯特，后者是斯普鲁恩斯的作战官，也是个老资格的炮术专家。

不难想见，斯普鲁恩斯实际上是一个在战列线战术传统下培养起来的战列舰派将领。他会放权，但他的作战计划向来精确而覆盖周全，这在多次复杂的战役，尤其是登陆战役的胜利中功不可没。然而最重要的一次战役胜利，即中途岛海战的胜利，则纯属意外。当时毫无准备的他莫名其妙地被送上了指挥岗位，参谋是陌生的，手里的力量也是陌生的，还被要求根据风险计算原则采用“混战”战术。斯普鲁恩斯的应对之道也很简单，他干脆让这些陌生的幕僚们自由使用这些陌生的力量，只要能打赢就行了。之后，他很快就离开航空母舰，转行当参谋去了。他再次承担指挥任务已经是一年多之后的吉尔伯特群岛战役了。这一次，在摩尔和特纳的热荐之下，他急切地制订了用新型快速战列舰组成战列线打垮敌人舰队的计划，但是日军水面舰队并没有出现。

斯普鲁恩斯是个费舍尔和杰利科式的战列线战术拥护者。他不喜欢任何一点不确定性，想把所有事情都算计周全。这种精确性对两栖作战而言自然意义重大。他完全信任自己的两栖战指挥官特纳，而且也熟识他的两栖支援指挥官——那些心有不甘的战列舰将领——他们沦落到只能带领老式战列舰炮轰日占岛屿。他对“大下巴”·李中将充满敬意，他的这位快速战列舰指挥官曾经在瓜岛昼夜奋战，现在有了7艘快速战列舰，李完全有能力实现战前以日德兰海战为典范的海军战术家们期待已久的水面炮战。对自己的航空兵和航母，斯普鲁恩斯却知之甚少，这只能怨他本人经验不足和重视程度不够，以及参谋班子里缺乏高级航空兵军官了。由于不熟悉业务，他无法在战役计划里为航空母舰部队找到最合适的角色。根据PAC10条令，在这种情况下一旦出现意外，现地指挥官——也就是米切尔——就要临机决定如何使用航母。这会带来斯普鲁恩斯最不喜欢的不确定性，下级单位的自主行动将会打破原定作战计划，这就意味着风险，或者从更大的历史视角来看，意味着将要采用“混战”战术。

斯普鲁恩斯很想打一场大海战，为此，他在吉尔伯特战役时把航母限制在固定阵位上，而组织他的战列舰去迎击敌人的战列线。然而，从这一刻起，他就失去了自己最大的优势。组织战列线当然是没问题的，但是到了这个时代，快速航母才是舰队最主要的打击力量，他们应当摆脱两栖部队主力的束缚，主动发起进攻。这会使战列线战术带来的稳妥、确定性丧失殆尽。对斯普鲁恩斯来说，快速航母战术仍然陌生，因此他不得不小心翼翼地运用它们。如果是在1943年11月，那么这种日德兰式的战列舰决战或许还有发生的可能，但是到了1944年6月，大舰巨炮对决的可能性已然不复存在。

快速航母天生就是混战战术的执行者。航母机动性好、打击距离远，因此它们必须保持灵活机动。航母部队从上到下都要充分发挥主动性，从每个飞行员到航母舰长，再到舰队司令，所有人都要自主实施机动以规避敌人的打击。任何航母对决都因而包含着极大的风险，固守线式条令不仅让航母威力骤减，还会变得不堪一击——在敌人的舰炮、轰炸机和潜艇面前都是如此。航母必须时刻保持机动，而那些拥有强大防空火力的战列舰也必须跟着一起走。托尔斯、米切尔和其他航母部队官兵都确信自己的航空母舰能够赢得战役，他们熟悉自己的航母，就如同斯普鲁恩斯熟悉他的战列舰一样。他们对航母的战斗力毫不怀疑，而斯普鲁恩斯对航母则完全没有这种信心。

毋庸置疑，斯普鲁恩斯渴望着摧毁日军机动部队。马里亚纳战役开打之前，他曾告诉霍兰德·史密斯将军，自己希望打垮日本舰队，让他们从战争中彻底消失。斯普鲁恩斯认为，若能做到这一点，不仅进攻马里亚纳群岛的美军部队会免除一份威胁，“接下来的战役也会由于不再遭受日本海军的潜在威胁而更加顺利，毕竟我军从事两栖登陆作战的位置距离己方越来越远，日本海军将一直对这种作战构成威胁”。[18]

斯普鲁恩斯从来不缺乏远见，但他究竟会如何实现这一目标呢？他应该采用战列线战术，把所有航母和战列舰限制在滩头附近以防止风险，从而放弃获得大胜或者完胜的机会，还是采用混战战术，放出第58特混舰队去寻找并一次全歼日军水面舰队，从而承担一定的变数和风险？如果单看斯普鲁恩斯的个人经历，他显然会选择前者。然而快速航母这一新型海军力量早就开始发威了，传统的战术思维亟待更新。推动这一更新的不是别人，正是斯普鲁恩斯最大的老板，美国舰队总司令，“厄尼”·金上将。金在1944年3月提出了这个问题，他在写给海军部的年度报告中旗帜鲜明地支持混战派：

> 计算预定战斗方案中的风险，是所有指挥官几乎每天都必须要做的事情……风险计算……并无公式可循。这需要对各种因素进行最广泛的分析，判断我们将遭受的损失与带给敌人的打击或者对其作战计划的破坏相比是否划算。通过合理分析正确计算风险，是参战的所有海军军官必须承担的责任……

金还补充道，在战斗中计算风险的做法在当时“基本被废弃了”。[19]

斯普鲁恩斯还不知道日本人会如何对付他的舰队，不过“杰克”·托尔斯中将知道。1944年6月13日，也就是第58特混舰队开始轰炸马里亚纳群岛两天后，托尔斯对福雷斯特·谢尔曼说道：“日本人可能会开到距离马里亚纳960千米处，从那里放飞飞机。日本飞机攻击我方舰队后再到马里亚纳的基地降落，这样他们的母舰就会一直停留在我们舰载机的作战半径之外。”[20]可是，谢尔曼现在有了新的军衔更高的上级——尼米兹，他不再那么愿意搭理自己的老领导了。原先的同袍情谊早已淡化，谢尔曼对托尔斯提出的合理意见没有做出任何反应。于是第二天晨会之前，托尔斯直接找到尼米兹，把自己对日军计划的判断和盘托出，并提出应当让斯普鲁恩斯“知道这种可能性”。托尔斯的分析打动了尼米兹，后者在6月15日专门召集了会议来讨论这个问题。托尔斯提议，一旦日本舰队出动，就派遣第58特混舰队西进加以寻歼，但是谢尔曼再次表示反对。不过尼米兹还是命令麦克莫里斯将军就这次会议的讨论结果起草文件，发给斯普鲁恩斯。[21]

得到这份来自航空兵的专业意见后，斯普鲁恩斯便开始等候关于日军舰队动向的情报。不幸的是，他陷入了和杰利科在日德兰时相同的窘境：得不到自己需要的全面情报。正如我们将要看到的那样，飞机和潜艇搭载的无线电和雷达性能有限，难以把情报迅速、准确地传达给舰队司令。而敌方动向的完整情报对任何一个战列线战术指挥官而言都是绝对必要的，否则他们就不敢将自己的舰队投入进攻。

雷蒙德·斯普鲁恩斯自然是率领美军舰队参加马里亚纳战役和预期中的大海战的上佳人选。作为战略家，他罕有对手；而作为战术家，他也绝对够格。然而，技术的发展已经使他早年学到的、甚至参与起草的东西显得过时了。作为一名总览全局的统帅，他原本可以通过两种方法弥补这一缺陷。首先，他可以在参谋里安排一位高级航空兵军官（例如一位少将）提供专业意见，如同中途岛海战时的迈尔斯·布朗宁那样。其次，他还可以放手让航母部队指挥官获得完全的战术自由，打一场舰队对决。然而变化来得太快，斯普鲁恩斯却尚未觉得需要采取什么措施。作为一名战列线派将领，他对那些从1937年起就是老朋友的线性战术家同僚言听计从，并在战斗中对他的舰队实施刚性管控。

虽然斯普鲁恩斯在这场战役中能够自主发挥，但是金和尼米兹总会有办法影响斯普鲁恩斯的个人决定和战术。金在几个月前就给航空兵将领哈尔西和米切尔派去了非航空兵出身的参谋长，但却还没给战列舰派的斯普鲁恩斯和李安排航空兵出身的军官来统管参谋班子。如前所述，他已经公开表明自己更希望采用基于风险计算的战术（而非一味求稳），当年尼米兹在中途岛海战中也是如此要求斯普鲁恩斯的。1943年11月以来，斯普鲁恩斯和他的快速航母部队赢得的一连串压倒性胜利已经让金和尼米兹对其战术能力深信不疑。他们想当然地认为斯普鲁恩斯在马里亚纳战役中会如同在特鲁克那样，充分发挥航母部队的战略机动性。他们还一厢情愿地以为斯普鲁恩斯这位战列线战术支持者会转而采用混战战术。天常不遂人愿，想当然难免会想错。

进攻马里亚纳群岛

除了几位知名的快速航母司令——米切尔、里夫斯、蒙哥马利、哈里尔和克拉克，还有其他几位航空兵将领也随同第五舰队参加了这场大战。分管航空的海军作战部副部长“斯洛”·麦凯恩中将死皮赖脸地从华盛顿跑到斯普鲁恩斯的旗舰“印第安纳波利斯”号上来观摩，他于5月26日登上了这艘巡洋舰。按计划，麦凯恩将在几个月后接替米切尔，所以他此番也带来了未来的作战官，J. S.“吉米”·萨奇中校。拉尔夫·戴维森少将是一众低阶护航航母将领中第一个晋升为快速航母部队司令的，他也以见习生的身份登上了“约克城”号。此外，特纳将军的炮击舰队中也有8艘护航航母，分别由斯拉茨·萨拉达、菲利克斯·斯坦普、杰拉尔德·F. 博根三位少将指挥。空中支援指挥官仍然是迪克·怀特黑德上校。米切尔的参谋长仍然是非航空兵出身的阿利·伯克上校，但他还有航空兵出身的杜鲁门·海丁上校担任副参谋长。至于一贯主张组建小规模司令部的斯普鲁恩斯，他的幕僚团队可就拿不出这样的阵容了。

参加马里亚纳战役的军舰超过600艘。第58特混舰队拥有7艘重型舰队航母、8艘轻型舰队航母、7艘快速战列舰、3艘重巡洋舰和7艘轻巡洋舰，驱逐舰则达到了空前的60艘。炮击舰队除了拥有前文所述的8艘护航航母，还有7艘战前时代的老式战列舰、6艘重巡洋舰和5艘轻巡洋舰，以及大量驱逐舰。后勤中队里还有2艘护航航母专门用于向舰队运送补充飞机。除了这些，尼米兹将军还派来了超过24艘潜艇，随后的作战将成为这些支援舰队的潜艇部队在战争中“最辉煌的时刻”。[22]

斯普鲁恩斯的一项主要担忧就是他的支援船只和登陆舰艇在昼间和夜间难免遭到来自空中、水面和水下的攻击——吉尔伯特群岛战役期间日军发起的规模不大但却卓有成效的反击此时仍然历历在目。他最好的防空武器是快速航母和护航航母上的巡逻战斗机，此外还有大量127毫米/38倍径高炮和40毫米、20毫米机关炮。

防空战斗机只有依靠先进的防空引导体系才能最有效地发挥作用，美军舰队新装备的Mk12和Mk22型舰载雷达为这一体系提供了保障，这些雷达可以对各个高度的空域进行搜索并发现240千米外的来袭敌机。为了能立即投入使用，这些雷达设备的包装非常匆忙，也因此导致了一些错误，但军舰上仍然保留了目视瞭望哨以协助防空引导。[23]“列克星敦”号上的约瑟夫·R. 埃格特上尉负责统一协调整个第58特混舰队的防空引导，四支快速航母大队的旗舰上也各有一位防空引导官协助他开展工作。两栖指挥舰上也搭乘有防空引导官以保护运输船和登陆舰艇。不过这些指挥舰上的防空引导官还没有历经战火考验，在吉尔伯特和马绍尔群岛，所有防空引导工作都是由航空母舰来承担的。[24]

对潜艇和水面舰艇的防御在很大程度上也要依赖舰载机的反潜巡逻和对海搜索。驱逐舰在反潜方面是可靠的，它们都装有最新型的声呐搜潜设备，但有时探知的目标身份不明，还是需要飞机前去目视确认的。一般认为，敌人的水面舰艇很难逃脱侦察机的法眼，即使真的逃了过去，舰载雷达也可探测远达海天线的目标。不过，在两栖部队的老式战列舰上，这个距离从来不会超过48千米，比敌人战列舰上大口径舰炮的射程远不了多少。正是这一问题使得斯普鲁恩斯痛感需要敌舰队动向方面绝对准确的情报。敌人的战列舰有可能毫无征兆地突然出现在地平线上，然后开始炮击近海的舰船——这种事看起来不太可能发生，但实际上谁也说不准。

在远距离上捕获敌方舰队的动向，对保护塞班岛登陆部队的安全而言是最重要的保证。斯普鲁恩斯可以仰仗的力量包括洛克伍德中将的潜艇远程警戒线、岸基高频无线电测向仪（HF/DF 频段）、远程巡逻机和水上飞机，以及装备雷达的舰载侦察机。这所有的侦察手段都存在缺陷，斯普鲁恩斯不能完全放心。潜艇可以直接到小泽舰队的港口外巡逻，但它们只能从潜望镜里观察敌舰，因此无从了解敌方舰队的规模和编成。不仅如此，不少来自潜艇无线电的消息并不清晰，夏威夷的潜艇司令部需要花费宝贵的时间去加以确认，之后才能转发给舰队。HF/DF 无线电测向仪可以锁定敌人的无线电台，但舰队的规模和编成仍旧不得而知。海军的巡逻机受制于无线电传输困难，陆军的轰炸机则更不擅长巡逻，他们的飞行员在此方面经验缺乏，而且不太情愿在开阔水域上空花时间去搞清敌人舰队的详细情况并准确汇报。

即便没有这些侦察手段，快速航母部队也要承担搜索敌情的任务——尽管这会困难重重。仅仅几年之前，航空母舰的定位还是“舰队之眼”，然而此时它们的任务重心已转向了进攻，侦察职能被大大削弱了。俯冲轰炸机SBD和SB2C编号中的“S”（Scout，指代侦察）实际上并没有什么意义。SBD侦察轰炸机在吉尔伯特群岛战役之后就彻底退出了侦察任务，而新型的SB2C之所以装备部队，主要是因为载弹量更大，而不是在侦察方面有什么优越性。第一批装备机载雷达的“地狱俯冲者”属于新航母“汉考克”号上的第7轰炸中队，此时该舰还在加勒比海试航。到了1944年年末，所有SB2C都会把机载搜索雷达作为标准配置，但在1944年6月，这对斯普鲁恩斯来说完全没什么用。作为替代，37架装备了机载雷达的TBF/TBM“复仇者”为第五舰队提供了空中搜索能力，它们能够“看见”飞机前方51千米外的敌方舰艇。[25]但是这些“火鸡”飞行速度很慢，这就妨碍了它们的侦察能力。不过机上有三双眼睛可以搜索目标（虽然无线电操作员的视野不太好），这比起2名乘员的俯冲轰炸机和1名乘员的战斗机来说也算是一种优势。

由于没有好用的侦察轰炸机，太平洋舰队航空兵司令部只得把目光转向单座战斗机。F6F“地狱猫”战斗机的理论单程飞行距离超过800千米，可以用来侦察。在1944年6月，装备雷达的单座战斗机只有夜战型“地狱猫”F6F-3N和夜战型“海盗”F4U-2，米切尔的舰队各装备24架和3架。除了一般的夜间作战任务之外，这些飞机的雷达还能够用旋转波束搜索飞机正前方120°锥形区域内距离100千米、40千米、8千米和1.6千米的舰船和飞机，不过这些雷达并不怎么可靠。所有的机载雷达都能探测到前方的飞机，但实际上它们在搜索单架飞机时的可靠距离只有8千米。此外，1944年中期时舰队所有的对空搜索都依靠舰载雷达[26]，机载早期预警暂时还指望不上。

情报拖了斯普鲁恩斯的后腿，这一方面是由于缺乏合适的手段，同时也是由于航空局中一部分人对为部队提供合适的侦察机不够重视。不难理解，这正是航空兵们为了向海军内外的反对者证明航空母舰能够承担战略进攻职能而做出的牺牲。无论如何，一个战列线战术派指挥官在没有完整信息的情况下通常会极度保守，正如日德兰海战中的杰利科。他们认为，在没有足够情报时主动采取行动会招致极大风险，何况斯普鲁恩斯要照顾的不仅仅是战列舰队，还有一支两栖部队。

攻打塞班和迎战日军舰队，美军主要依靠两种武器——航母和战列舰，其中航母具有最多样的能力和强大的火力，无论是经过检验的成熟武器还是新武器都是如此。F6F-3“地狱猫”战斗机现在可以挂载小型炸弹，TBF-1C“复仇者”鱼雷轰炸机则在翼下装有新挂架，可以发射威力强大的89毫米火箭弹。问题最大的是正在替换SBD-5“无畏”的寇蒂斯SB2C-1C“地狱俯冲者”俯冲轰炸机，实际上马里亚纳战役即将成为SBD轰炸机在航母上的谢幕演出。大部分舰载机大队看起来都觉得这种新型俯冲轰炸机尚可接受，唯独“乔可”·克拉克认为这个家伙实在是头“怪兽”（飞行员们发现这种飞机很难驾驶，于是送上这么个绰号），因此想要把自己大队里的大部分SB2C换成“复仇者”。[27]不过并非所有人都对它如此不满。SB2C-1C型机在机翼上装有威力强大的20毫米机炮，更新型的SB2C-3型机还装有改进过的液压操控系统，“埃塞克斯”号舰长拉尔夫·奥夫斯蒂上校在5月空袭马尔库斯岛后对这种飞机大加赞赏。“列克星敦”号舰长“厄尼”·里奇上校甚至想把一部分“复仇者”换成SB2C。[28]

马里亚纳战役期间，第58特混舰队拥有448架“地狱猫”昼间战斗机、27架“地狱猫”和“海盗”夜间战斗机、174架“地狱俯冲者”俯冲轰炸机、59架“无畏”俯冲轰炸机，以及193架“复仇者”鱼雷轰炸机。另外，护航航母上还有大约80架TBM“复仇者”和110架FM战斗机，这是F4F“野猫”式战斗机的改进型号。

在战斗中取胜的关键是拥有优秀的飞行员。美国海军每个飞行员在登上航母之前都要完成300小时的飞行，实际参战之前要经过两年的全面训练。到1944年6月时，美国海军飞行员的平均飞行训练时长为525小时，作为对比，日军同行的飞行训练时长只有275小时。实际上，航空局在向舰队输送飞行员这方面做得如此彻底——到1944年时，他们手中还有大批后备飞行员正在培训——以至于不得不在3月和6月两次削减训练飞行员的数量。飞行员方面的优势甚至连一些海军将领都难以相信。由于对战斗机防空战术过于重视，一名返回后方的第5舰载机大队飞行员如此说道：“战斗机飞行员们理应被反复灌输一个观念，他们拥有最好的飞机，他们在和大量最优秀的飞行员并肩飞行和战斗，在他们的背后，还有一支历史上最强大的舰队。”[29]这些海军飞行员比任何人都清楚自己有多么棒。

“埃塞克斯”号第 9 战斗中队的汉密尔顿·麦克沃特尔中尉展示他的 10 个击落记录，摄于该中队结束为期 8 个月的作战之时——这种战绩在经历了 1944 年春季作战的飞行老手当中并不十分特别。图中可见第 9 战斗中队的标志：一只腾云驾雾、挥舞着啤酒瓶的猫。

在对马里亚纳群岛的攻击中，第58特混舰队充分展示了压倒性的实力。舰队于1944年6月6日从马朱罗出发，两天后与第10后勤中队会合加油，之后趁着晴好天气一路高歌开到目标附近。计划中于6月12日拂晓前发起的空袭近在眼前，但米切尔将军觉得自己可以在前一天下午发动战斗机扫荡，这样一方面可以压制日军陆基航空兵，保护舰队在夜间免遭敌人倾巢而出的夜袭，另一方面也可以打破总是在破晓前发动空袭的固定模式。[30]斯普鲁恩斯表示同意，于是米切尔匆忙调整了作战计划。根据“古斯”计划（“古斯”就是米切尔的作战官古斯·威德海姆中校），他派出装有雷达的驱逐舰前出到“乔可”·克拉克的前锋大队前方32千米处执行防空引导和救援任务。根据“乔尼”计划（“乔尼”是威德海姆的助手约翰·迈尔斯少校），战斗机做好了在下午空袭塞班、提尼安和关岛的准备。根据“吉普斯”计划［“吉普斯（Jeepers）”是枪炮官伯里斯·D. 伍德少校的知名口头禅，有“天哪”的意思］，原定第二天上午进行的例行空袭计划进行了调整。

在1944年6月11日下午的空袭中，攻击机群发现了不少停放在塞班岛上的日军飞机并迅速将其摧毁。

6月11日下午1时，关岛以东309千米的洋面上，美军各快速航母开始放飞战斗机，总数达到211架，随后10架挂载着备用救生筏的攻击机也跟了上来。“乔可”·克拉克的战斗机扫射了关岛和罗塔岛，30架日军战斗机姗姗来迟，结果被悉数击落，但日军的防空炮火十分密集。在提尼安岛上空，蒙哥马利大队下属“蒙特利”号搭载的第28战斗中队杀进了一群正在准备降落的一式陆攻当中，将它们迅速消灭。在塞班上空，里夫斯和哈里尔的飞机遇到了日军为了掩护目标而施放的浓烟，但仍有2架“复仇者”和4架“地狱猫”冒死飞到150米高度，拍下了岛上敌军设施的清晰照片。挂着炸弹的“地狱猫”轰炸并扫射了机场，他们宣称这一天总共摧毁了150架敌机，其中大部分都是停在机场上的。11架“地狱猫”被击落，其中3名飞行员获救。这个交换比看起来低得让人郁闷，但在这区区几个小时内，美军快速航母部队便将马里亚纳群岛上的日军飞机一扫而空。[31]

登陆于6月15日开始，此前的三天里，来自快速航母部队的轰炸机和战斗机一直在马里亚纳群岛上空发威。高炮火力很猛，“是我们这个中队（“贝劳·伍德”号上第24战斗中队）在9个月的战斗中……见过的……最猛烈的”，但是正如“黄蜂”号第14轰炸中队队长描述的那样，这些飞行老手“在攻击敌人顽强防守的目标时克服了最初的紧张情绪，能都坚持完成攻击任务，精确度也越来越高”。[32]然而紧张情绪仍在使用火箭弹的“复仇者”飞行员中蔓延，他们在低空低速飞临目标时需要长时间暴露在地面火力面前，处境十分危险。米切尔想要节约炸弹以应对可能爆发的海战，因此这些“复仇者”式只能使用火箭弹攻击地面目标。13日，“列克星敦”号第16鱼雷中队正是在这样一场攻击中失去了他们广受爱戴的中队长，罗伯特·H. 伊斯利少校。因此鱼雷轰炸机飞行员们开始抵制火箭弹，火箭攻击任务不得不转交给战斗机。[33]同一天，“企业”号第10鱼雷中队的威廉·I. 马丁少校在投掷炸弹时被击落了，好在他及时跳伞逃生，降落伞在他落入海面前一瞬间完全打开，让他安全落水。他观察了滩头，获得了宝贵的情报，随后游到外海获救。

登陆前的压制性空袭还击沉了不少日军船舶。6月12—13日，哈里尔的飞机扫射了群岛北部的小岛帕甘，攻击了一支日军船队，击沉了10艘运输船和4艘小型护航舰艇。12日，“约克城”号上一架轰炸机在关岛东面远处发现了另一支船队，于是“乔可”·克拉克第二天派遣20架挂载炸弹的“地狱猫”在两架装备雷达的夜间战斗机引导下前往奔袭。雷达成功锁定了敌船，但是战斗机飞行员们在轰炸舰船方面几乎毫无经验，他们费尽力气却仅仅击伤了1艘船。“大黄蜂”号的舰载机还向关岛上的土著查莫罗人投下了警告传单。15日夜，蒙哥马利和里夫斯的舰队靠有效机动、夜间战斗机和高射机关炮击退了从雅浦岛起飞的一小群日军鱼雷轰炸机。

第58特混舰队的另一类主力舰——快速战列舰，则在登陆前对塞班岛的压制中毫无建树。舰上的炮手们接受的都是对舰和防空训练，至于对岸炮击的目标选择和射击要领，他们一无所知。这一缺陷在6月13日李将军的战列舰执行对岸轰击任务时显露无遗。与其这么乱轰一气，还不如让他们留在快速航母身边。[34]不过这无关紧要，凯利·特纳手下那些对岸炮击专家第二天就会赶来和舰载机一起打击岛上的防御设施。这些快速战列舰还是先待在一边，准备在所有人翘首期盼的舰队决战中一展身手。[35]

航母和战列舰的最佳配合出现在登陆支援部队的护航航母和旧式战列舰之间。杰西·B. 奥尔登多夫少将指挥着7艘战列舰、6艘重巡洋舰、5艘轻巡洋舰和超过24艘驱逐舰。14日早晨，他们开始对岸上目标进行精确射击，在15日登陆日当天也一直如此。他们的炮击准确度惊人，这些老舰上的炮手此前就在陆战队对岸火力控制专家的指导下在夏威夷岸轰训练场接受了岸轰训练。实际上，5月在夏威夷进行的塞班岛进攻预演就单独拿出了一天进行了舰空火力掩护演练。[36]当然，参加预演的飞机都是来自夏威夷基地的陆基飞机，而实战中登场的则是由坐镇“洛基山”号两栖指挥舰的迪克·怀特黑德上校指挥的来自护航航母的舰载机。

马里亚纳战役中的近距空中支援已经比较成熟，但陆战队员们对此仍不满意。空中支援指挥部由指挥舰上的15名军官和46名士兵组成，6月15日之后还成立了规模小一些的岸上空中支援指挥组，负责协调41个随团营级部队推进的对空联络组（各有1名军官和5名士兵）发出的支援需求。战前曾建立了某种目标优先级分类体系，但这也意味着进攻部队提出的诸多支援要求在执行时会有延迟。此外，所有这些需求都只能通过一个无线电信道，也就是“空中支援需求网”传送至“洛基山”号。联络和控制有时候会变得难以运转，更何况还有舰炮和炮兵火力支援需求要处理。陆战队想要的是那种分散化的空中支援控制体系，以及陆战队专有的、经受过相应训练的飞行员，这个建议很快被传递了上去。无论如何，此战中的近距空中支援取得了空前的成功，飞机和老式战列舰上的炮火一道，给日本人送上了可怕的弹雨。[37]

对陆战队员们来说，以6月11日战斗机扫荡作为开端的长达三天半的登陆前火力准备，是一种前所未有的强大支援，不过之后这就平淡无奇了。对美方的首次战斗机扫荡，日军松屋德三上等兵曹在日记中如此写道："大概两个多小时里，敌机杀气腾腾地扑过来，又在毫无准头的高炮火力下悠然离去（不过美军飞行员们并不这么认为）。我们能做的只有绝望地看着它们。"当13日美军快速战列舰开始炮击时，松屋揶揄道："敌人一定是在引诱我们。"[38] 6月17日，快速航母部队终止了对岸支援，留下护航航母独自照应在岛上推进的陆战队员们。

虽然得到了飞机和重炮的支援，登陆部队还是要面对驻塞班岛日军典型的顽固抵抗，这迫使霍兰德·史密斯将军在15日投入他的预备队——一个陆军师——以支援已经上岛的两个陆战队师。这支预备队原本计划用于在18日进攻关岛，现在尼米兹只能将这一计划推迟了。这样，美军就有3个完整的师登上了塞班岛，他们需要得到火炮、飞机的火力支援和来自海上的后勤支援。美军需要不惜一切代价把日军的舰队、航空兵和地面增援部队阻挡在塞班岛之外。

正是在马里亚纳外海游弋的第五舰队阻止了日军运兵船在15日登陆战打响之后上岛，而在日军舰队开始行动之前，美军面临的最主要威胁是来自北方的空袭。（我们将会看到，来自南方的唯一威胁已经从根本上抹除了）。美军情报部门在霍兰迪亚战役中缴获了一份日军航空密码本，根据这份密码本破译的日军电报，让斯普鲁恩斯获悉日军正在从本土向小笠原群岛和火山列岛调集飞机，主要集中在硫磺岛和父岛上。这些飞机将南下攻击美军登陆部队，因此斯普鲁恩斯指示米切尔将军派遣2支航母特混大队北上，消除这一威胁。

在海战中或者战前分兵，这违背了美国海军一贯以来的传统，阿尔弗雷德·塞耶·马汉早在50年前就对这种做法的危险性发出了警告。不过，斯普鲁恩斯并非在冒险，他要求米切尔在16—17日发动空袭，之后打击编队将可以在任何海战到来前返回第58特混舰队主队。假如日军舰队在空袭硫磺岛的战斗结束前就从塔威塔威出发，斯普鲁恩斯也来得及召回这两个大队，然后全力迎敌——事实确实如此。在大战到来时集中兵力是无可争议的战列线战术要义，此时无论是斯普鲁恩斯还是其他战场指挥官都不打算去违背它。

米切尔让哈里尔和克拉克北上，这俩人都不乐意，但原因却截然相反。"乔可”·克拉克是个斗士，他说自己很不愿意错过和日本舰队的决战。对此，伯克上校很聪明地告诉克拉克，米切尔的班子和克拉克一样，都认为这是一次十分危险而困难的行动。有着一部分切罗基族印第安人血统的克拉克中招了，他毫不犹豫地表示自己很乐于消灭这些邻近区域内的日军航空兵。[39]“基恩”·哈里尔则是另一种态度，他说自己的特混大队燃料不足，没法出这一趟任务，虽然他参谋部里的专业人员并不这么认为。米切尔的应对方式也很简单：这是命令。[40]如此一来，米切尔还建立起了独一无二的指挥关系。他不太相信勉强答应的哈里尔，但对斗牛一般的克拉克满怀信任（克拉克的年资比哈里尔低4年）。他没有把其中任何一个人任命为总指挥，而是要他们作为独立指挥官协同作战，不过要保持“战术集中”。

哈里尔还是不想北上，两支大队6月14日在马里亚纳群岛以北会合时，他就是这么告诉克拉克的。对此感到难以置信的克拉克从“大黄蜂”号飞到“埃塞克斯”号面见哈里尔。这下他确信哈里尔真的不想去了，后者给出了一大堆借口：燃油不足、怕错过大战、硫磺岛天气不佳，等等。于是克拉克和哈里尔的参谋长H. E.“黑子”·里根上校花了几个小时劝说哈里尔。最后克拉克发狠了：“如果你真不去，我就自己去！”[41]作为独立指挥官，他真的可以这么做，于是哈里尔只能妥协。哈里尔的犹豫不决说明他根本就不是个能够扛起战斗指挥责任的合格将领，而只能和“秃子”·波纳尔、“萨姆”·金德归入一类。

就在6月14日当晚，斯普鲁恩斯将军接到了日军舰队从锚地出击的消息，于是他命令克拉克和哈里尔将空袭压缩在6月16日一天，18日上午返回马里亚纳群岛外海与主力会合，准备迎战日军。克拉克和哈里尔两个人的个性差异立刻展现了出来。克拉克立即率军全速向北航行，以求在15日提前发起进攻，他认为空袭两天是必不可少的。15日下午，他在距离硫磺岛217千米处放飞了攻击机群。战斗机在硫磺岛上空扫荡了一番，击落了24架零战，之后机群成功轰炸了硫磺岛、父岛和母岛的船舶和各类设施。哈里尔则想方设法拖延，不想在这种恶劣天气下放飞攻击机，当然，巡逻战斗机还是要起飞的。15日结束时，哈里尔告诉克拉克，自己将在这一日结束后终止任务与米切尔会合。克拉克发怒了，他直接在无线电通话器里吼道：无论哈里尔明天怎么样，自己都要留下来把活干完。“埃塞克斯”号舰桥上顿时陷入沉默，随后哈里尔一声怒吼，一边用手捶打自己的太阳穴，一边骂克拉克不是个东西。不过第二天他还是和克拉克一起留下来了。[42]

15—16日夜间，克拉克向硫磺岛上空派出了2架夜间战斗机以防日军飞机在破晓时起飞或降落,这样破晓前的战斗机扫荡就不再必要了。此举无疑是成功的，但是天气越来越恶劣，“贝劳·伍德”号的飞行甲板上已经发生了一起坠机失火事故，到16日上午，航母摇摆过于严重，飞机已经无法起飞了。下午，天空稍稍转好，克拉克立即向硫磺岛放出了三个攻击波次，哈里尔则一架飞机都没有放飞。当晚，7艘航母掉头向南返回主队。斯普鲁恩斯的北翼暂时安全了。

斯普鲁恩斯的决定

日军正确地判断出了太平洋美军高层原先的战略意图，于是他们针对美军将在西加罗林群岛或帕劳一带展开主攻进行谋划。为此，他们将手头能用的全部500余架海军陆基飞机部署到了马里亚纳群岛和新几内亚之间，意图令这些飞机与机动部队合兵一处，赢得对美国太平洋舰队的大捷。在1944年5月，西南太平洋方面，麦克阿瑟将军的部队已经从霍兰迪亚出发沿新几内亚海岸跃进到韦克德和比阿克两岛，于是日军派出飞机和军舰增援他们在新几内亚西部的防线。然而这支海空部队被美军的陆基飞机和轻型舰艇部队打败了。于是丰田大将派遣超级战列舰“大和”号与“武藏”号于6月初前往马鲁古群岛，准备炮轰比阿克岛外麦克阿瑟部队的船队。

日军还是失算了，美国的太平洋战略发生了变更：1944年3月，美国参谋长联席会议决定攻占马里亚纳群岛。当6月11日米切尔的战斗机扫荡机群飞临马里亚纳各岛上空时，丰田立即意识到了自己的错误，他下令舰队集合，防御塞班、提尼安和关岛。不幸的是，角田将军的陆基航空兵没法发挥作用了，他们在攻击比阿克岛时损失惨重，此时已经没剩下多少飞机可以协防马里亚纳群岛了，这里在11日当天就损失了200架飞机。在北面，来自日本本土的增援飞机要么被克拉克的航母大队摧毁，要么被恶劣天气困在机场上。如此一来，击退美军舰队主力的重任便完全压在了小泽中将和机动部队身上。6月13日上午，日军舰队从塔威塔威出发，穿过菲律宾群岛和圣博纳迪诺海峡进入菲律宾海。他们将在菲律宾以东480千米处与从南方赶来的“大和”号编队会合，之后继续前进攻击美军舰队。

日军舰队从塔威塔威出发后仅仅几个小时，斯普鲁恩斯将军就接到了关于敌人动向的第一份情报。他很快算出战斗不可能在17日前爆发，但还是让克拉克、哈里尔在16日提前结束对北方的扫荡，以确保所有航母能参战。获得了更多情报后，他预计开战时间不会早于18日上午，此时克拉克（58.1大队）和哈里尔（58.4大队）完全能与蒙哥马利（58.2大队）和里夫斯（58.3大队）会合。[43]

关于日军舰队的情报全部来自潜艇。6月15日晚间，斯普鲁恩斯收到了一条对后续战斗影响最大的消息——虽然并不十分准确。潜艇“飞鱼”号声称日军舰队主力已经驶出圣博纳迪诺海峡，同时潜艇“海马”号报告，“大和”号战列舰位于主力舰队以南数百千米处，正在向北开进。这看起来很符合日军的战术传统，无论是1905年的对马海战还是1942年的中途岛海战皆如是，在斯普鲁恩斯看来，日军显然是在分进合击，布设陷阱。[44]他不知道的是，这两支日军舰队其实是在向同一海域集结，会一同前来交战。无论如何，众人期待的决战即将到来。

6月16日，斯普鲁恩斯做出了初步决定。当天上午，他来到“洛基山”号，与最信任的两栖战司令凯利·特纳商议。为了最大限度地保护滩头免遭敌方舰队打击，二人和他们的幕僚——包括战前他们在海军战争学院时最亲密的朋友“卡尔”·摩尔——决定采取三项措施。首先，从特纳的火力支援舰队中抽调5艘重巡洋舰、3艘轻巡洋舰和21艘驱逐舰增援第58特混舰队，后者将于6月18日上午西进搜索敌方舰队。其次，为了预防报告中提到的日军南方舰队的翼侧攻击，7艘执行火力支援任务的旧式战列舰和3艘巡洋舰将在塞班以西40千米处组成战列线。另外，17日夜，所有运输船都要撤到塞班以东320千米处并在那里待到海战结束，以躲避敌人的空中或水面攻击，只留下8艘护航航母和一部分登陆艇、驱逐舰继续支援岸上部队作战。

根据手头情报，斯普鲁恩斯正确推断，一场中途岛式的航母对决正在酝酿，因此一旦战斗打响，他会将敌人的航母作为舰载攻击机的首要目标。[45]虽说斯普鲁恩斯一时半会想不到小泽可能采用的航空兵战术，不过友军的合理建议很快就到了：16日（夏威夷时间15日），托尔斯和麦克莫里斯联名发给他的消息传到了舰队。托尔斯再度指出：日本航母可能停留在960千米外，日本飞机可能在关岛和本方舰队之间来回穿梭，对美军舰队实施轰炸；日本舰队自身躲在美军舰载机的攻击范围之外，而他们的舰载机在飞往关岛与返回母舰途中都可以对第58特混舰队发起攻击。[46]米切尔将军自然就不需要托尔斯提醒了，6月16—17日夜，他命令克拉克和哈里尔在完成空袭小笠原群岛的任务后向西南方向航行以搜索敌方舰队。如果找不到，就要按计划在18日开往预定集合点。[47]

对快速战列舰，斯普鲁恩斯做出了明智的决定。当航母部队会合后，李将军将在航母特混大队前方25千米处建立战列线。李得到的命令是："如果敌人想打，那就和他们打，消灭他们；如果敌人想跑，那就追上去打沉那些速度下降或被打残的敌舰。"通过这样的战术设计，海战爆发后再抽调战列舰可能导致的时间损失和混乱，就被斯普鲁恩斯消除了。一旦开战，李将拥有对辖下部队的战术指挥权，就像米切尔那样。"我只会在必要时下达总体指令"，斯普鲁恩斯如此告诉下属。[48]

6月17日早晨，当蒙哥马利和里夫斯的航母特混大队将塞班岛上所有的空中支援任务移交给那些"吉普"航母时，克拉克和哈里尔放出侦察机，到560千米的极限半径上搜索小泽舰队。按照原定计划，当这些飞机空手而归时他们就该返回塞班水域了。不过"乔可"·克拉克另有想法。1916年贝蒂在日德兰海战中差一点就成功切断了德国战列巡洋舰的退路，克拉克认为自己和哈里尔也能这么干。如果继续向西南开进，插到日军舰队的后方，就能切断他们的退路。一旦遭到两股强大航母部队的前后夹击，日军舰队就会被悉数歼灭。这样，克拉克、哈里尔和米切尔就能完成贝蒂和杰利科在28年前未能实现的壮举。[49]

战术上看，克拉克勇猛的计划体现了混战派的进攻精神。然而这也带来了不小的风险，因为这种分兵——从历史上看，马汉和战列线战术派对此都持反对态度，纳尔逊和他的那帮生死兄弟们倒是很推荐——会将美军舰队一分为二：米切尔舰队拥有8艘航母和7艘战列舰，克拉克—哈里尔舰队则有7艘航母，没有战列舰。情报显示，后者并不会如同在日德兰被德国战列舰打了个措手不及的贝蒂那样，遭遇从菲律宾杀出的另一支日军舰队，但是来自菲律宾和琉球群岛的日军陆基飞机的威胁却不可忽视，小泽舰队也有可能回过头来全军攻击克拉克和哈里尔并将他们歼灭。面对这种可能性，克拉克手下的一名飞行员评论作战计划时说道："对此我最想知道的是，这到底是谁在包围谁？"[50]这种方案很大胆，但并非没有先例。根据混战派的战术传统，一旦敌人倾力出击——就像小泽这样,那么勇猛而睿智的主动进攻就是胜利的最佳保证。攻击性极强的"乔可"·克拉克正是这样的一位将领，但是哈里尔则是个大问题。[51]

克拉克这一计划需要得到上级的许可，但这是不可能的。他没法把自己的想法发给米切尔，因为这会让日本人通过无线电测向仪锁定他，进而招来日本潜艇，同时还会告诉小泽将军美军舰队至少目前是分散的。克拉克通过无线通话器和在"约克城"号上当观察员的拉尔夫·戴维森少将讨论了这个计划，戴维森对此完全支持。哈里尔直接表示不同意，这位两次遭遇克拉克抗命的将领说自己已经完成了独立作战任务，现在要按时间表返航和主力汇合了。于是他掉头而去。现在克拉克只剩下4艘航母，只能跟着哈里尔一起走，这真是让人失望透顶。[52]米切尔后来告诉克拉克，他的计划是可行的，但斯普鲁恩斯肯定会否定这一提议。[53]

根据6月16日时手头现有的情报，米切尔将军估计日军舰队可能从西南方的达沃—帕劳—雅浦岛一线来袭。"但是"，他告诉里夫斯和蒙哥马利，"他们也可能从西边来。"[54] 6月17—18日夜间，潜艇"棘鳍"号发回报告：敌人的一支大规模舰队正从西边开来。于是斯普鲁恩斯18日一早就通知米切尔和李："我认为敌人的主攻可能来自西面，但西南方向也可能有佯攻。"[55]他此时并不太担心自己的北翼，克拉克已经压制住了那里，作为敌人的主要活动区域，那里现在算是很平静了。[56]斯普鲁恩斯发布作战计划的6月17日中午前后，此时每个人都在摩拳擦掌。斯普鲁恩斯也把自己的意图说得清清楚楚："所有人都必须全力奋战，务求全歼敌人舰队。"

18日一早，米切尔将军迎回了两支远征归来的特混大队，之后便开始筹划战斗事宜。这一天，第58特混舰队一路破浪西进——李的战列舰队做前锋，哈里尔的航母特混大队为战列舰提供掩护，在其后方从北向南依次是克拉克大队、里夫斯大队和蒙哥马利大队，彼此间距19.3千米。舰队派出的侦察机应当能在当天日落前找到小泽的航空母舰，之后，"大下巴"·李——他曾经是瓜岛外海战列舰夜战的王者——就能接近敌方舰队并与之展开炮战。因此当天上午米切尔就询问李：“你想打夜战吗？……否则我们今晚应该向东回撤。”李立刻答复道：“不要，再说一遍，不要觉得我们应当寻求夜战。”这一答复令米切尔和他的司令部人员大吃一惊，他们“十分失望”[57]，夏威夷尼米兹司令部里的“大部分人”也是一样。[58]

李拒绝夜战的原因和在日德兰海战当晚缓步追随德军舰队的杰利科将军如出一辙。李告诉米切尔：“雷达带来的优势（当然，这是杰利科当年所没有的）可能无法弥补夜间通信困难和舰队缺乏夜战战术训练带来的风险。”但他又补充道，他“任何时候都可以追歼受创或逃跑的敌人。”[59]换言之，对日德兰海战长达20年的研究以及与日军夜战的大量经验居然丝毫没能提高美军的夜战能力，或者李对日军航空兵和驱逐舰夜间鱼雷攻击的敬畏丝毫没变。这一方面可以归因于战争节奏太快，不允许美国海军进行夜战训练，但同时也要归咎于斯普鲁恩斯本人，他在吉尔伯特、特鲁克，以及此次马里亚纳战役之前天真地认为，在数百架飞机参战的情况下，双方舰队仍然会在光天化日之下展开水面炮战。作为和李一样的战列线战术支持者，不愿留下任何不确定性的斯普鲁恩斯毫不犹豫地支持李的决定，并同意了第二套方案，即在夜间向塞班方向回撤。[60]这些战列舰派将领们没有意识到，在快速航母部队唱主角的时候，纯粹的水面炮战只可能在夜间出现。

当斯普鲁恩斯决定在6月18—19日夜间回防塞班时，米切尔中将、威德海姆中校、非航空兵出身的伯克上校——他现在已经对航母作战驾轻就熟了，感到很费解。他们“无法理解为什么第五舰队司令会放弃突然性、主动性和攻击性带来的巨大优势”。如果第58特混舰队东撤，那么这些优势将丧失殆尽。首先，快速航母部队将如同在吉尔伯特群岛战役时那样再次被束缚在滩头，他们将在6月19日陷入防守的态势，承受400 ~ 500架舰载机，抑或陆基飞机的重击。其次，除非在18—19日夜间向西开进，否则他们在19日这天就会被彻底捆绑在塞班岛附近，因为这天刮东风，而舰队在收放飞机时必须转向迎风方向。反过来，日军舰队则可以始终迎风航行，放飞飞机的速度更快。第58特混舰队只要时不时地向东航行，就不可能接近西边的敌人，除非他们把所有飞机都收回来，但在敌人不断空袭的情况下，这是不可能实现的。驱逐舰指挥官出身的阿利·伯克在战后回忆道："这是航空兵的基本常识，也体现了航母作战的基本原则，然而却很容易被那些非航空兵将领忽视，除非他们有丰富的航母作战经验。"[61]斯普鲁恩斯和他的参谋们自然是没有这种经验的。

米切尔麾下的飞行员们，从少将到少尉，都同样渴望着西进。特混大队高级司令官"黑杰克"·里夫斯对这种贻误战机的行为十分恼火，他向自己的上级喷出了一封很难看的电报，当然他实际是想让斯普鲁恩斯看。他要求停止浪费时间，赶紧出发。米切尔对这些喜欢闹事的下属们作出如此反应早已习以为常，于是打起了官腔，里夫斯的建议"很好但是不适当"，而且"上面的人……对全局情况的了解肯定比我们多"。[62]但是毫无疑问，米切尔并不确定斯普鲁恩斯是否真的握有全部信息。在"黄蜂"号航母第14轰炸中队的准备室里，约瑟夫·E.凯恩上尉在日记里记下了自己对19日天明时空袭日军舰队的期待：

> 据说我们正在寻找鬼子的舰队。或许明天就能截住他们……如果我们真的逮到了他们，我就会和"阿特"和"阿尔"一起飞第一攻击波。事情当然不会容易——无论你怎么看。但这会给你无穷遐想，尤其是我们或许很快就能回国了。不是回去过圣诞，而是彻底回去。[63]

李关于不让战列舰打夜战的决定改变了斯普鲁恩斯的态度，以及他的整个战役计划。当初他认为战列舰队能一路平推过去，因此信心满满地宣称要全歼敌方舰队。然而到了18日，展开炮战看来是不可能了，斯普鲁恩斯不太确定怎样才能最有效地运用他的航母。他总是说想让航空母舰来发动第一波攻击，但是在夜间这是不可能的，只有得到雷达引导的重炮才能做到。斯普鲁恩斯也不敢让第58特混舰队在18日夜间远离塞班岛，因为18日一整天没有传来任何关于日军舰队的新情报，他只能根据此前的情报推断日军将兵分两路，从西面和西南面分别来袭。18日下午，在斯普鲁恩斯忧心忡忡的同时，第58特混舰队一直在向西南航行。

现在，米切尔基本确定斯普鲁恩斯将要执掌这场海战的战场指挥权了，尽管这显然将是一场航母对决。[64]米切尔很不开心，这可以理解，他还从来没有被斯普鲁恩斯如此严格地束缚过。李的迟疑让一套完美的作战计划泡了汤。伯克上校提出了能让李参加战斗的最后一种可行方案。他建议让李的战列舰在航母前方40千米处航行，这样在19日天明后便可与敌展开水面炮战。飞行员出身的米切尔十分怀疑方案的合理性，因为只要天一亮，那就到了空中打击的时候，这种情况下他更愿意让战列舰躲在后方由飞机予以保护。同时他还觉得斯普鲁恩斯未必会接受这一提议，于是把它压了下来，没有上交。[65]

18日上午，斯普鲁恩斯决定支持李不打夜战的决定后，又祭出了先前在“电流”行动中用过的老套路。随着时间的推移、紧张氛围的加剧，老套的想法充满了他的头脑。他告诉米切尔和李：“第58特混舰队必须掩护塞班岛和参战的我方部队。”现在已经可以确认，此前情报提到的日军南路舰队即使真的存在，也只是一支小规模舰队而已，但这还是令斯普鲁恩斯放不下心。日军此前的战术惯例表明他们很可能展开钳形攻势，而最近缴获的日军战术手册和日本的广播宣传也都印证了这一点。[66]斯普鲁恩斯对日军的分进合击战术忧心忡忡。

在缺乏可靠情报的情况下，第五舰队司令关于日军可能从两个方向进攻的推断是合理的。问题是，假如日军主力真的如情报显示的那样来自西面，那么斯普鲁恩斯觉得西南方来的会是什么呢？西南方的日军一定只是佯攻部队，这只可能是一支小部队，还是可以被消耗的那种。因此它的编成很可能包括一部分老式战列舰、1 ~ 2艘巡洋舰，以及若干驱逐舰。根据中途岛海战的经验，为他们提供空中掩护的将是1艘或者至多2艘轻型航母。他们的任务是打乱对手的阵脚——炮击美军运输船和滩头部队，干扰美军的防御计划，然后溜之大吉。米切尔将军和他的航母部队参谋们分析了这种可能性，他们的结论是：这样一支南路舰队“只有在运气好得出奇”的情况下才有可能带来比较大的损失，米切尔不相信日本会拿宝贵的舰队去冒这个险。[67]

更何况，假如这支二流舰队真的躲过了空中和雷达搜索，突然出现在塞班岛外海，那么，措手不及的会不会反而是日本人？所有的运输船都撤退到东边320千米外的安全地带，滩头已经得以确保，所有部队都在18日推进到内陆去了。他们唯一会遇到的对手，就是奥尔登多夫那支同样可畏的战列舰队，包括7艘旧式战列舰（其中2艘装有406毫米主炮，其余都是356毫米主炮）、3艘巡洋舰、5艘驱逐舰，以及来自8艘护航航母的75架挂载炸弹的“复仇者”和120架“野猫”

式。就算日本人蠢到用那两艘装有460毫米巨炮的大和级战列舰来佯攻，奥尔登多夫的7艘老式战列舰也足以凭数量优势打垮它们。更令日本人吃惊的是，如果仔细辨认美军这些战列舰的轮廓就会发现其中有四艘竟然曾是他们偷袭珍珠港时的殉难者！米切尔等人认为，这支二流日本舰队如果胆敢进攻火力支援舰队，那“结果只能是自取灭亡”。[68]

即便第58特混舰队向西推进，他们仍然能够保护塞班。斯普鲁恩斯将军并不清楚，敌人其实是绕不过快速航母特混舰队的。也许日军南路舰队运气足够好，能躲开新到达塞班的水上飞机、从航母上起飞的侦察机和来自新几内亚的巡逻轰炸机的侦察，然而只要在塞班岛附近海域被美军探知，他们就活不了多久了。第58特混舰队即使开到塞班西面320千米之外，登陆滩头仍然在他们的作战半径之内。就算这支佯攻战列舰队从奥尔登多夫的战列舰炮口下侥幸逃生，他们也会立即遭到来自西边，也就是他们后方的航母舰载机的空袭。从战术上看，整个第五舰队仍然集中在其舰载机的作战范围之内，这个范围是一个直径不低于640千米的圆形。航空兵们对此都了如指掌，但斯普鲁恩斯却心中没谱。[69]

至于让第58特混舰队兵分两处，譬如，留一支四航母特混大队防守塞班，其余11艘快速航母前去对付小泽，这种做法完全没有纳入考虑。斯普鲁恩斯需要用压倒性的力量去对付日本舰队，而且没有任何一个战列线战术派指挥官会违背一贯以来的“绝不分兵”原则。另外，考虑到他们所处的或即将面对的战场环境，这种分兵也是不必要的，尤其是这些航母的作战半径还超过了320千米。

最能确保胜利的打法，当然是挥军向西，放出舰载机向日军舰队主力发动空袭。日军舰队里一定会有大型航母，这也是他们未来作战的核心力量，必须予以歼灭。然而从中午到晚上8时30分，斯普鲁恩斯没有收到任何情报。航母由于经常需要掉转航向收放侦察机，也仅仅向西推进了185千米。随着夜幕降临，斯普鲁恩斯命令第58特混舰队掉头向东，退往塞班方向。晚上10时，他接到了一份无线电测向报告，锁定了日军一处无线电信号，发送于西边500千米处。这是6月18日一整天美军收到的唯一情报，这就坐实了至少一部分日军舰队将会从西边过来。

米切尔对这份无线电测向情报十分重视。敌军主力正位于西南偏西571千米处，如果第58特混舰队在6月19日凌晨1时30分再度向西航行，那么舰队就能在早晨5时到达距日军舰队320千米的海域——这是舰载机发动空袭的最佳位置。如此计算之后，米切尔找到阿利·伯克，说了一句与其前辈纳尔逊的名言类似的话："恶战将至，但我觉得我们能赢。"[70]他要求伯克向斯普鲁恩斯请求批准自己的计划。当晚11时25分，伯克上校通过无线通话器呼叫旗舰"印第安纳波利斯"号："建议在1时30分转向270°航向（正西），以便在5时开始动手（对付敌人）。这是正式申请。"[71]

斯普鲁恩斯饱受没有决定性情报的困扰，同时超过一周的连续作战也令他疲惫不堪，现在，他要直面难题了。要对付理论上从两路攻来的敌人，有两种办法可以取胜。依照战列线战术传统，第58特混舰队可以退守塞班，依靠防空战斗机组织起类似战列线的防线。此举将能够集中所有力量打击分批来袭的敌机和敌舰，效果就如同战列舰队抢占敌方T字横头一样。但是如果敌人航母停留在自己的攻击半径之外，那它们就可能在不利时顺利撤走，来日再战。若事实果真如此，斯普鲁恩斯完全可以击退敌人的进攻并赢得战斗，但歼灭日本舰队就不要指望了。若按照混战派的战术，第58特混舰队就应当将敌人所有的侧翼部队弃之不顾。既然敌人选择了分兵，那就意味着他们的主力一定会被削弱。如果米切尔将全部力量用于攻击其一部，哪怕攻击的是敌人舰队主力，他也可以摧毁其主力战舰和飞机，进而实现战术集中。一旦如此，敌人舰队就再也无力前来挑战了，即便其小规模的佯攻舰队能够生还，也改变不了大局。

当伯克提出新方案时，斯普鲁恩斯已经下定了决心，他后面所做的一切只是在为自己的决定寻找更有力的理由。晚上11时46分，斯普鲁恩斯收到一份"过路"电报，这份电报并不是发给他的。洛克伍德将军发电给潜艇"黄貂鱼"号，要后者加大功率再发一次电文，这份电文先前显然遭到了日军的干扰。斯普鲁恩斯立即将此理解为：位于先前发现日军舰队位置东南偏东282千米处的"黄貂鱼"号一定是发现了日军南路舰队，而消息却发不出来。他继而判断，早先无线电测向发现日军西路舰队的情报并不完整，定位精度仅有160千米，电讯发送人未知（可能是诱饵），舰队规模未知。[72]出于主观判断，他更相信这份无心插柳的电文，而对更确切的情报视而不见。（讽刺的是，洛克伍德关注的那份潜艇电报仅仅是例行的战损报告而已。）

斯普鲁恩斯一边看着菲律宾海的大比例海图，一边和摩尔上校等一群同在将官室的参谋讨论形势。随后他写下了准备发给米切尔的答复，告诉他和他的指挥班子，自己并不完全相信无线电测向情报，并且担心敌人第二支舰队此刻正在向塞班岛外的运输船队进行迂回。他问其他人有没有问题，结果无人作答——就连他的航空作战官“博比”·莫尔斯上校也没有，他刚刚在晚12时从将官值班岗上下值，对这些事情一无所知。[73]

6月19日凌晨12时38分，斯普鲁恩斯答复米切尔：

> 你部来电中建议的改动应当不可取。我相信“黄貂鱼”号提供的线索比（太平洋无线电测向站）的情报更准确。如果确实如此，那么保持现状不变则更佳。仍然可能存在另一支快速舰队（航母还是战列舰？他没有说清楚）对我实施迂回，这一威胁不可忽略。[74]

米切尔和第58特混舰队司令部震惊了。由于这一新“线索”的力度——米切尔还是第一次听说——斯普鲁恩斯令快速航母保持守势。他完全没有征求这群航空兵专家的意见，无论是米切尔还是米切尔的副总参谋长海丁上校，后者曾在“电流”行动中亲眼见证了航母采取守势会是什么下场。他也没有征询诸如“黑杰克”·里夫斯和“蒙蒂”·蒙哥马利这些战将们的意见。即便是阿利·伯克这种来到米切尔司令部之前没有航空经验的人，后来也记述了在航母部队司令部里的挫败感：“我们的航空兵官兵……我们的作战方法和技术，以及实战动作都远远优于日本人……问题不在于打不打得赢，而在于能赢他们多少。”特混舰队里的航空兵军官们也和米切尔一样挫败感满满，有人还神神道道地一次次重复着霍勒斯·格里利的名言：“年轻人，向西去！”①米切尔利用有限的自由决断权做了所有能做的事以说服斯普鲁恩斯。对此，伯克如此说道：“为了说服他同意我们的观点，即在我们看来那个决定是错误的，我们已经做了一切能做的事事情。”[75]

---

① 译注：这是美国开发西部时期的标志性口号。

站在战列舰战术的角度看，斯普鲁恩斯小心谨慎、不肯冒险的做法是没问题的，尤其是在缺乏完善的敌情信息的情况下。但是航母天然需要混战战术，唯有基于机动性和主动性，航空兵们口中的“致命一击”才能实现。可斯普鲁恩斯并不这么想。此时已是午夜，他已经疲惫不堪，这难免会影响他的判断，即在危机中选择最确定的方式行事。夜深之后，他收到了其他一些模糊不清的情报，这令他更加紧张。凌晨1时05分，斯普鲁恩斯获悉潜艇“长须鲸”号在5个小时前看到过探照灯，位置在无线电测向人员报告的敌舰位置的东北方，这意味可能存在第三支敌方舰队。这当然并不实际，但却进一步加剧了各方情报相互冲突的混乱局面，并“使第五舰队司令进一步确定应当让舰队继续东撤”。[76]这忙乱的一夜中最后一件怪事是，凌晨1时15分一架水上飞机的搜索雷达找到了小泽舰队的40艘军舰，但是糟糕的大气电离环境让这一情报无法发出！斯普鲁恩斯收到这份情报已是7个小时后，一切都为时已晚。不过假如这份情报被及时发出，斯普鲁恩斯真的会改变自己的决定吗？[77]

破晓时，第58特混舰队已经来到马里亚纳群岛近旁，日军舰载机很快就会杀过来。美军现在要准备防守了，不过没有人怀疑自己的舰队能够顶住日军的进攻。夜间，米切尔给飞机加满了油，飞行员们也都做好了空中恶战的准备，他们还期待着日军舰队进入本方攻击半径之内。对这个机会，航空兵将领们一直翘首以待，直到第二天。

马里亚纳猎火鸡

小泽中将的战术计划和托尔斯将军的预期完全一致，他将要在米切尔舰载机的作战半径外放飞机群，令其在舰队和关岛基地之间穿梭轰炸。他还吃准了斯普鲁恩斯将军小心谨慎的指挥风格，并推测中途岛之战的胜利者将待在塞班岛附近160千米范围内。[78]陆基航空兵部队角田中将发出的过于夸大的战果报告令小泽误以为陆基飞机可以给自己提供巨大的帮助，但实际上后者已经几乎损失殆尽。不过小泽还是借助本舰队搭载的航程最远的侦察机找到了第58特混舰队的大致位置。在情报上小泽已经占得了先机。

6月18日下午4时30分，一次接触报告令第3航空战队司令官大林少将在时机未成熟时放出了一拨攻击机，不过小泽很快下令收回了这批飞机。当晚，小泽开始准备在第二天日出后大干一场，晚8时23分，他电告角田将军，要他准备配合发起空中攻势。这就是前文提及的美军通过无线电测向捕获到的那次通信。晚9时，小泽把舰队分成两部分。一连串必要的机动之后，大林的三艘轻型航母和栗田中将的战列舰部队（他们于16日完成会合）处于小泽和城岛大型航母部队前方160千米处的先锋位置。天明后，当先锋距离美第58特混舰队450千米，主力距敌640千米时，小泽会放飞攻击波。如果米切尔先下手为强，那么栗田战列舰上的高射炮火和大林的60架战机将足以拖住来袭机群，这样小泽就可以及时放飞或召回他的主力战斗机部队。

对斯普鲁恩斯来说公允的是，日军的确将舰队一分为二，不过这两部分在战术上仍然是集中的，相距仅160千米，斯普鲁恩斯是绝对不会把自己的舰队拆这么远的。假如小泽、栗田和大林真的如同斯普鲁恩斯担心的那样成功迂回到塞班外海炮击滩头，后来的塞班之战将会是这个样子：日军（栗田和大林）拥有3艘轻型航母（60架战斗轰炸机，25架鱼雷轰炸机）、4艘战列舰（2艘装备460毫米炮，2艘装备356毫米炮）、6艘重巡洋舰和9艘驱逐舰；美军（奥尔登多夫和萨拉达）拥有8艘护航航母（120架战斗机、75架鱼雷轰炸机），7艘战列舰（2艘装备406毫米炮、5艘装备356毫米炮），3艘轻巡洋舰和5艘驱逐舰。这一假设的前提是米切尔已经西进并带走了李的战列舰。由于护航航母上的“复仇者”装载的都是用于对地支援的火箭弹和小型炸弹，它们对舰攻击的效果可能会非常不好。如此，战斗将演变成战列舰之间的对决——当然米切尔的轰炸机将会从西边赶来参战。

假如小泽真的派遣前锋去做迂回，那么他的主力部队就会丧失大部分护卫力量，留下来保护他6艘比较大型的航母的，将只有1艘战列舰、3艘重巡、2艘轻巡，以及19艘驱逐舰，这甚至比当年在中途岛被全歼的航母舰队的护航力量更弱。就算角田此时还拥有比较完整的实力，这一计划也将是十分冒险的。假如小泽真的认真考虑迂回，那么他也只会派出前锋部队的一部分兵力，因为这很可能是一场有去无回的单程旅行。实际上，在东京，真的有一些海军将领向丰田副武大将提出，可以让老式战列舰“扶桑”号和“山城”号从日本本土出发，向塞班滩头发动自杀冲锋，这样至少可以减轻塞班守军的压力，不过丰田否决了这一计划。[79]小泽也早已从美国人那里学会了集中兵力，不分兵迂回。

6月19日早晨5时30分，也就是米切尔原来想要向日军舰队放飞攻击机群的时刻，第58特混舰队转向东北方迎风航向，开始放飞早晨第一批侦察机、反潜巡逻机和防空战斗机。从“蒙特利”号起飞的巡逻战斗机队击落了一架日军侦察机，但却放跑了另一架，后者回去向小泽报告了第58特混舰队的最新位置。5时45分，太阳从东方升起，“天空无云，能见度极佳”。6时19分，斯普鲁恩斯命令舰队转向西南偏西，与敌方舰队迎头对进，他还要求米切尔如果上午仍然找不到日本舰队，就转而轰炸关岛和罗塔岛。蒙哥马利少将反对斯普鲁恩斯的要求，他对米切尔说：“现在我军应当把所有力量集中用于对付海上的敌方舰队。”[80]米切尔则选择了折中方案，他派出一队战斗机前往关岛，这样就把轰炸机留了下来。此举显示，航母部队即使向西航行迎战敌方舰队，也一样能掩护岛屿，只要他们距离岛屿不超过320千米甚至480千米，即舰载战斗机的最大作战半径之内。不过斯普鲁恩斯这么做自有道理，通过判读麦克莫里斯和托尔斯16日发来的情况说明和总体战场形势，他现在知道日军飞机有可能在南面的关岛降落加油，继而向他攻来。因此米切尔派往关岛的战斗机恰好可以截击这些从南翼飞来的日军飞机（当然也包括军舰），从而打破他们的全盘计划。

早晨7时20分，从“贝劳·伍德”号起飞的“地狱猫”战斗机巡逻队报告说关岛上有日军飞机起飞，需要增援。这些日军飞机可能包括最后19架从特鲁克撤回来的飞机，以及大约30余架从美军舰载机空袭中幸存的飞机。“乔可”·克拉克随即派出了援军。随着美军发现越来越多的岸基飞机从西南方向飞来，关岛周围爆发了一连串空中格斗。上午八九点间，“地狱猫”战斗机已经击落了35架日机。9时，斯普鲁恩斯终于收到了那架PBM水上巡逻机于凌晨1时15分发出的接触报告，当时日军舰队位于西面580千米，但现在已经来不及采取什么措施了。一个小时后，第一批日军舰载机出现在第58特混舰队的雷达屏幕上。然而，直到此时斯普鲁恩斯仍然无法排除敌人实施迂回的可能性。

天刚蒙蒙亮，小泽就从栗田前锋舰队的战列舰和巡洋舰上放飞了侦察机，其中一些被米切尔的防空巡逻战斗机击落，但被击落前他们还是把米切尔的位

1944年6月19日“马里亚纳猎火鸡”之战的高潮时刻，VF-1中队（绰号“高帽”）的理查德·梅耶少尉向一架挂着机腹油箱的“地狱猫”战斗机笑了笑，随后送其升空。

置回报给了上级。大约从上午8时30分开始，前锋位置上的大林少将第3航空战队放飞了由16架战斗机、45架战斗轰炸机和8架鱼雷轰炸机组成的攻击机群。在他西边160千米处，小泽自己的第1航空战队从8时56分开始放飞飞机，这支由大型航母部队放出的攻击机群规模自然大了很多，包括48架战斗机、53架轰炸机和27架鱼雷轰炸机。9时10分，刚刚从“大凤”号上起飞的兵曹长小松幸男突然看到一枚鱼雷正直冲自己的母舰而来，他立刻驾机俯冲下去，赔上自己的性命引爆了这枚鱼雷。第二枚鱼雷则悄悄冲了过去，命中了“大凤”号右舷，不过造成的损伤看起来很轻微——这两枚鱼雷都来自美军潜艇“大青花鱼”号。城岛少将于10点整放飞了由15架战斗机、25架战斗轰炸机和7架鱼雷轰炸机组成的规模稍小的机群。小泽后来又从主队放飞了由30架战斗机、36架轰炸机、10架战斗轰炸机和6架鱼雷轰炸机组成的第四攻击波。[81]

上午9时50分，第58特混舰队的雷达捕捉到了西边210千米处大林的第一攻击波，“乔”·埃格特上尉的防空引导部门立即动了起来。借助所有母舰均可使用的2个通信频道（部分新舰拥有4个频道），埃格特和他在四个特混大队里的同僚开始了忙碌的一天，他们要不断引导“地狱猫”战斗机前去迎击来袭的日机。首先，米切尔把已经在关岛上空和日本人打成一团的战斗机召了回来，他们已经基本清除了日军陆基飞机，留在那里意义不大。之后他又命令全部192架“复仇者”、174架“地狱俯冲者”和59架“无畏”起飞离开舰队，到关岛以东空域兜圈子，好把飞行甲板空出来专门用于战斗机起降。这时，米切尔意外获得了宝贵的15分钟时间。来袭的日军机群在160千米外（距离关岛320千米）突然停止前进，在约6000米高度盘旋[82]，轰炸机飞走后，美军的航母舰队上空成了450架“地狱猫”战斗机的天下。

从第一名“地狱猫”飞行员看到敌机并发出“Tally-ho！”的呼号开始，这场空战就演变成了整个太平洋战争中最凶残的屠杀，一个心情激动的飞行员大叫道：“见鬼，这真像是过去的猎火鸡啊！”[83]于是，1944年6月19日这场规模宏大的空战便以“马里亚纳猎火鸡”之名载入史册。

那些从拉包尔、吉尔伯特、马绍尔和特鲁克一路打来的美军老兵们对能夺得空中优势并不意外，而那些从特鲁克战役后才加入舰队的新手们则对能相对容易地击落敌方零式战斗机惊讶不已。例如，第16战斗中队的亚历克斯·弗拉修中尉一战击落6架日军飞机，成为王牌，另一位飞行员在航母上空翻筋斗时目瞪口呆地开火击落了一架恰好从他瞄准镜中掠过的零战。从上午10时30分到下午3时，F6F“地狱猫”和一部分夜间战斗机，统治了从第58特混舰队上空到西边100千米外的天空。这天的气象环境让飞机拖出了长长的凝尾，这在中太平洋战争中还是头一回，不少老兵甚至误以为日军用上了什么秘密武器。[84]这些尾迹让美军军舰上的水兵们瞪大了眼睛，他们饱览了这幅史上最大海空战的奇景。日军四个攻击波全部遭遇灭顶之灾，有少部分日军飞机突破了F6F战斗机的拦截准备投弹，但其中大多还是逃不过被猛烈的高射炮火击落的命运。在第58特混舰队的所有舰艇中，只有战列舰“南达科他”号被一枚炸弹直接命中，另有一些军舰被近失弹击伤。这点小伤对美军来说实在是不足挂齿，就连拖慢一艘战列舰的航速，都需要比这多得多的炸弹。

随着空战的持续进行，空中的飞机和海上的军舰都逐步向关岛漂移，日军飞机想要到关岛降落，美军航母则需要转向迎风方向以收放飞机。当天下午，蒙哥马利少将向米切尔建议，应当轰炸关岛机场令日机难以降落。米切尔采纳了这一方案，这项任务就交给那些正在东边徘徊避战的轰炸机了，他们干得很不错。从下午晚些时候到日落，敌机仍在关岛附近和美机死战，但日军航母发动的主要攻势到下午2时30分就结束了。

“猎火鸡”之战，空中格斗留下的尾迹布满了第58特混舰队上方的天空。

马里亚纳猎火鸡结束了，日军损失的飞机数量是第58特混舰队的10倍以上。在他们参加战斗的373架舰载机和大约50架陆基飞机中，有超过300架在空战中被击落。米切尔的损失则只有18架战斗机和12架轰炸机，但一部分机组被救回。然而，在米切尔看来，小泽此时仍然有200架飞机，全部9艘航母和战列舰队仍然发毫无损。因此空战虽获大捷，但只能算是“瘸腿”的胜利，敌人舰队仍然庞大，威胁依旧严重。

不过小泽舰队的状况真的没有米切尔想象得那么好。“大凤”号已经被一枚由美军“大青花鱼”号发射的鱼雷击伤，而潜艇威胁仍然如影随形。正午后20分钟，美军潜艇“棘鳍”号发射的3枚鱼雷钻进了强大的“翔鹤”号，引发了大火，这个从珍珠港、珊瑚海一路走来的老兵退出了队列。之后，当小泽的最后一拨攻击机群在关岛上空消弭之时，他的2艘重型航母在巨大的爆炸声中沉入了海底。“翔鹤”号上，航空汽油蒸汽被引燃，进而引爆了一座炸弹库，整艘航母被炸成了一片废墟，下午3时就沉没了。“大凤”号中雷之初损伤并不严重，但由于损管效果不佳，伤情愈加恶化，下午3时30分左右，这艘巨舰被巨大的爆炸撕碎，随之发生大火，并且开始下沉。小泽将军只好把司令部转移到一艘巡洋舰上。下午5时刚过，这艘日本海军最新的航空母舰就侧翻沉没。与“翔鹤”号、“大凤”号一同沉没的还有22架舰载机。

虽然上午9时收到的那份来自PBM巡逻机的报告显示了小泽舰队的规模和早先的位置，但斯普鲁恩斯在这一天里仍然没有收到任何确定的情报。在他看来，小泽已经分出一部分舰队来实施迂回了，但实际上小泽只是把前锋舰队派到了主力之前160千米处而已。上午11时03分，“黑杰克”·里夫斯请求米切尔派遣一部分正在避战的侦察轰炸机前出560千米搜索敌舰。急于找到敌方舰队的米切尔立即回复：“同意，同意，希望你能带我们找到目标。”[85]不巧的是，此时激烈的空战使防空引导官占用了所有可用的无线电频道，里夫斯根本联系不上他的轰炸机。随着时间的推移，航母的位置因反复起降飞机而逐步东移，寻找日本舰队变得更困难了。

下午3时，斯普鲁恩斯把航空母舰部队的战场指挥权交还给了米切尔，不过此时舰队正在回收飞机，仍然无法西进。斯普鲁恩斯还是不相信日军只有一支舰队，下午4时30分，他告诉米切尔："如果能比较准确地确定他们的位置，明天就要攻击他们……如果找不到，就必须继续找，同时保障塞班万无一失。"[86]此时整个第五舰队距离马里亚纳群岛只有80千米，加上日本人的舰载机部队可能已经被消灭，斯普鲁恩斯显然过于谨慎了。现在就连尼米兹也想刺激斯普鲁恩斯向西推进寻机决战。太平洋舰队总司令写道：待日军舰队重新休整后，"我们或许还有一次机会。如果他们再来，我希望你能迫使他们交战。"[87]但是斯普鲁恩斯快要累垮了，他刚刚打完战争中规模最大的一场空战，并预计空战将在明天再度展开。况且现在没有准确的情报——虽然已经知道了2艘日军航母被潜艇鱼雷击中的位置，他仍然犹疑不定。

到天黑时，傻子都能看得出，日本人的进攻结束了，斯普鲁恩斯通知特纳，可以把他的运输船从东边320千米外的安全海域召回塞班岛了。他还同意让米切尔在关岛附近留一个特混大队，让其他部队出击。敌前分兵，对斯普鲁恩斯来说可是罕见的，这当然是正确的，毕竟敌人已经被打掉了300架飞机。之所以要从第58特混舰队里分出一个大队来，其直接原因又归咎于"基恩"·哈里尔。这位过于小心谨慎的第58.4特混大队司令没有在海上给他的驱逐舰加油，现在它们油量不足，无法远征了。他询问米切尔能否让他的大队留在后方，米切尔一脸不悦地同意了。"乔可"·克拉克则是另一副样子，他的第58.1大队给驱逐舰加了油，他告诉米切尔："我们很想和你一起去，我们燃油充足。"米切尔毫不犹豫地回答："我们肯定要带上你，直到把仗打完。"[88]

于是，第58特混舰队便失去了"埃塞克斯"号、"兰利"号和"考彭斯"号三艘舰上的舰载机大队，尤其是"埃塞克斯"号上的大明星，第15战斗中队队长戴维·麦坎贝尔中校，他是当天战绩最突出的飞行员。当晚，"埃塞克斯"号上的4架夜间战斗机一直在关岛和罗塔岛上空巡逻，击落了3架日机。破晓后，其他中队又在地面上炸毁了许多日军飞机。

晚上8时，第58特混舰队其余3支特混大队终于转向西北方追歼一直回避接触的敌军舰队。米切尔给所有飞机加满了燃油，准备天亮后发动进攻，不过那些刚刚经历了一生中最辉煌一天的飞行员们，现在怕是睡不着觉了。大家认为日本人很有可能故伎重演，发动夜间鱼雷空袭，但实际上并没有。米切尔现在

米切尔将军（图右）在新“列克星敦”号的指挥舰桥上指导“猎火鸡”之战。

要开足马力追赶小泽了，他不知道的是，后者也在晚8时开始撤退了。小泽原本打算在20日收拢部队再战一轮，但可怕的飞机损失数字迅速打消了他的念头。他确实拥有情报方面的优势，抢先获悉了对手的位置，此时美军的情报完全依赖从塞班岛起飞的PBM水上飞机，但这无济于事，情报优势挽救不了败局。

有些批评家指出，米切尔将军未在夜间放飞舰载机进行侦察是一个错误。莫里森教授将此归结为两个原因：一是米切尔对飞行员的仁心——他们很容易在无边的夜色中迷航然后永远消失；二是他一贯以来对夜间战斗机的抵触——这可能是一种“精神障碍”，当然夜航对疲惫的甲板人员来说确实是个大麻烦。[89]这当然能说明一部分问题，但不是全部。那27架夜战型“地狱猫”和“海盗”的飞行员们已经打了一个白天的空战，轰炸机也在关岛以东不停歇地兜了几个小时的圈子，这些人如果想在第二天攻打小泽舰队，此时就必须得休息。夜间战斗机部队的人员训练和装备选择主要应对的是近距离截击来袭的日军鱼雷轰炸机，而不是远程搜索。而且，和李的战列舰队一样，这些航空兵部队也没能开发出在大规模夜战中行之有效的战术条令，因此没法指望他们在夜战中歼敌。既然如此，与其勉强从事夜间作战，还不如保留这些夜间战斗机用于防御。航母也应当全速向西，不应为了转向收放飞机而耽误时间，否则会导致双方拉开距离。真要说米切尔有什么错，那也并非错在当晚没有放出侦察机，而是没能提早具备全天候空中搜索能力。[90]

拂晓，美军航母向西北方向派出了侦察机，这一侦察就是一整天。其中有一架从"列克星敦"号起飞的侦察机飞了765千米，仍然空手而归。自从24小时前收到"棘鳍"号潜艇在中午时分用鱼雷击中"翔鹤"号的消息之后，斯普鲁恩斯就再也没有听到任何消息了，如果能发现并击沉这艘被打残的航母——如果它还浮在水上的话——他会很开心。在向西北方追击时，李的战列舰队担当起了全舰队的前锋。午后，米切尔令攻击机群全部进入待命状态，所有人都焦急地等待着，希望侦察机能够发来新的消息。当太阳从正午位置划过时，留给米切尔在昼间歼敌的时间已然不多了。

6月20日下午3时40分，"企业"号第10鱼雷中队的R. S. 纳尔逊上尉终于找到了敌人。4时05分，米切尔确定，日军机动部队正位于第58特混舰队西北偏西440千米处，看起来正在加油，现在正是攻击的好时机（参见中途岛的战例）。他迅速认清了一个尴尬的事实：即便立即出击，他的攻击机也只有天黑前的最后半小时可用，之后的返航和降落就要完全在黑夜中进行了。最近一次夜间着舰还是两年前的中途岛海战时[91]，那并非在空袭之后，而且1942年时许多飞行员都在战前获得了夜间降落资格，而战时训练的飞行员普遍只有昼间起降能力。

如果米切尔还想要打击敌人舰队，这可能就是他最后的机会了。这会让他的飞行员冒不小的安全风险，而且前一晚他要向西开进，却被斯普鲁恩斯粗暴地阻止了，这些让他对这次超远程进攻"有点犹豫"。为此，他询问了作战参谋古斯·威德海姆的意见，后者考虑了一会，指出这样一次空袭是可行的，不过"会很紧张"。[92]于是，凭着大无畏的纳尔逊精神，米切尔抛开了所有的顾虑，他告诉斯普鲁恩斯：第58特混舰队决定孤注一掷，他将向敌人的舰队发动两轮全甲板攻击，李将军的战列舰队将要在夜间靠近敌航母编队并击沉敌军残舰。斯普鲁恩斯同意了。

时间是关键，下午4时10分，飞行员们以破纪录的速度从准备室跑到飞机上。11分钟后，航母转向东方迎风航行。又过了4分钟，飞行甲板上的起飞指挥官开始指挥庞大的机群一架紧接着一架加速滑跑、跃入空中。所有大型航母都放出了飞机，包括“约克城”号、“大黄蜂”号、“邦克山”号、“黄蜂”号、“列克星敦”号和那个著名的老将“大E”。除了“普林斯顿”号外——它将要参加第二波空袭，其他轻型航母，比如“巴丹”号、“贝劳·伍德”号、“卡伯特”号、“蒙特利”号和“圣贾辛托”号，也都起飞了自己的机群。机群总指挥是“约克城”

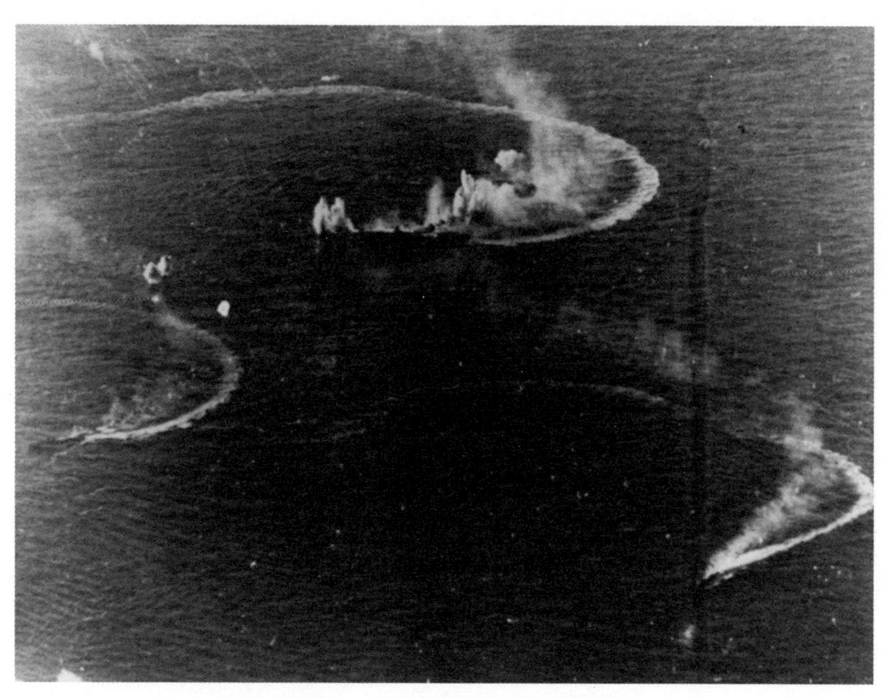

日军快速航母“瑞鹤”号虽然在马里亚纳海战中被命中数弹，但没有沉没。

号第1战斗中队的队长B. M.“烟”·斯特莱恩中校。在他驾驶的“地狱猫”身后是由215架飞机组成的攻击机群，其中有84架“地狱猫”（F6F），54架“火鸡”（TBF或TBM）、51架“怪兽”（SB2C）和26架“无畏”（SBD），此战是SBD这群可靠的老家伙最后一次随航母出征。这么大一批飞机仅仅用了10分钟就全部飞离航母并完成编队，这也创下了纪录。为了节约燃油，他们连爬升速度都放慢了。4时36分，航母恢复西北航向。

几分钟后，“列克星敦”号第16轰炸中队队长拉尔夫·威莫斯少校收到了一份更正后的接触报告，敌舰队位置比原来预计的更偏西100千米。这就使计划中的第二波空袭不再可行，米切尔很快将其取消。[93]简单计算之后，所有飞行员都发现，这一新的位置处于他们作战半径的极限处，甚至极限以外。夜间在海面上迫降绝对不是什么好主意，尤其是考虑到获救的机会渺茫。当这些年轻的飞行员陷入对自身命运的思考时，往常充斥着各种闲聊的无线电通信便沉寂了许多。但是他们的指挥官还是得为飞行员们想点办法。“大黄蜂”号第2舰载机大队队长J. D. 阿诺德少校是最后几位乘坐“复仇者”而非驾驶战斗机的大队长之一，他“决定……最好的办法是……在最远距离上攻击敌人，然后在天黑前撤退到尽可能远处，通知……然后大队所有飞机在同一水域迫降，这样所有人的救生筏都可以相互联结，飞行员们也可以互相协助。”[94]

飞行了两个小时，或者说480千米后，“烟”·斯特莱恩和他的领飞小队在下午6时40分发现了日军舰队。6艘油轮和6艘驱逐舰组成了一支小舰队，看起来他们刚刚加完油（实际上根本没有舰船接受燃料补给）。在这支小舰队西面到西北面的远处，依次排列着日军第3航空战队和战列舰队，其右舷16千米外是第2航空战队，其东北方32千米外是仅剩下搭乘着小泽中将的“瑞鹤”号的第1航空战队。此时，太阳眼看就要落入地平线下，热带的日落来得很快，在此之前美军攻击机群只有30分钟的时间来完成自己的任务。

“黄蜂”号第14轰炸中队的J. D. 布里奇少校指出：“现在我们要的是追歼日军舰队而不是避开他们……我决定就地消灭这些舰队油轮以阻止敌人快速逃跑，要快速逃跑，他们就需要这些油轮来加油。”[95]时间太紧张了，每架飞机立即各自投入进攻，就连中队长也没打算协调他们的行动。第14轰炸中队的乔·凯恩

1944年6月20日马里亚纳海战期间，日军机动舰队拼命扭动、急转，躲避第58特混舰队舰载机投下的炸弹。

上尉回忆道：“我还没有决定该攻击哪个目标，突然之间看见一艘船正在猛烈开火——显然是在打我。”他驾着SB2C轰炸机俯冲下去，不过他觉得自己没打好，炸弹没有击中目标。[96]凯恩看到一艘油轮旁落下三枚近失弹，由此造成的损伤导致两艘油轮无法航行，随后选择了自沉。

当其余飞机越过日军油轮编队冲向主力舰队时，日军舰队上空7000多米处突然响起一阵猛烈的爆炸声，高炮大合唱随即开场。日军大口径高炮乃至战列舰和巡洋舰的主炮一起在大约3000米高度织起一道密集的弹幕，小口径高炮则覆盖了3000米以下的空域。当美机出现时，小泽的航母正在回收一支侦察机编队，他们见状立即放飞了残余100架舰载机中的75架。如此虚弱的防空力量只击落了20架美军飞机，完全无法阻止其余美机的进攻。米切尔的飞行员们击落了大约65架日机，使得轰炸机可以展开攻击。

时间对日本人有利，他们只要能撑过20分钟就可以躲进黑暗中了。美军飞行员自然感到很郁闷，其中许多人更是在进攻时眼睁睁地看着飞机上的燃油指针跌破了半程。于是他们肆意进攻，拒绝为了编队或仔细选择目标而浪费一丝一毫的时间和燃油。他们扑向敌人航母，投下了炸弹，但却没能重现中途岛的辉煌。日军实战经验的积累和美军毫无组织的打法自然能解释一部分问题，但更主要的原因是美军鱼雷轰炸机使用了错误的武器。在中途岛海战中，挂着炸弹的SBD击沉了4艘日军航母，挂载鱼雷的“毁灭者”鱼雷轰炸机则几乎被日军消灭殆尽，于是美军的航母作战更侧重于使用炸弹。然而中途岛海战胜利的真正原因在于美国人运气极佳：当俯冲轰炸机开始攻击时，下方的日军航母正在给飞机加油，而那些被击落的老式TBD鱼雷轰炸机则完全吸引了日军的注意力，使俯冲轰炸机得以顺利进攻。实际上，相较于一枚命中水线以上部位的炸弹，一枚命中合适部位的鱼雷通常能更快地造成进水，米切尔的飞行员们此战中就发现了这一点。然而，1943年秋季以来，美军的“复仇者”就习惯了使用炸弹和火箭弹攻击岛屿目标，鱼雷攻击战术被荒废了，因此大部分“复仇者”此次挂的是炸弹。[97]

挂载着炸弹的“复仇者”攻击机可以击伤敌舰，但却无法将其击沉。“企业”号第10鱼雷中队击中了“龙凤”号，只造成轻微损伤。“约克城”号的第1轰炸中队的俯冲轰炸机和“大黄蜂”号的第2鱼雷中队联手击中了“瑞鹤”号，令其燃起大火，日军早早下达了弃舰命令，不过后来火势被控制住了，舰员们又爬了回来。“蒙特利”号第28鱼雷中队、“卡伯特”号第31鱼雷中队、“邦克山”号上重建的第8鱼雷中队联合轰炸了轻型航母“千代田”号，其中一枚炸弹直接命中了飞行甲板，令其无法使用并起了火。来自多个单位的机群轰炸了“隼鹰”号，多枚炸弹命中舰桥附近和飞行甲板，但是没能将其击沉。[98]

大奖被“贝劳·伍德”号的第24鱼雷中队收入囊中，这是唯一一支挂载鱼雷参战的中队。乔治·P. 布朗中尉带着他的“复仇者”四机小队进攻第2航空战队的“飞鹰”号。日军的高射炮击中了布朗的飞机，他的机枪手和无线电员跳伞逃生，但布朗本人则继续驾机飞行，直至高速气流吹灭了机上的火苗。没人知道他投下的鱼雷是否命中了目标，但是布朗投雷后并没有退出返航，而是“调转机头……直扑那艘航母而去……沿着航母的纵轴线飞了上去。大吃一惊的日军本能地把高射炮火全部集中到他身上，就在这一瞬间”，沃伦·R. 奥马克驾驶的另一架“复仇者”投下了鱼雷——这枚鱼雷“直奔目标而去”。[99]“飞鹰”号立刻成了一团火球，布朗中尉的两名机组成员漂在水上，目睹了这艘改造航母在两小时后沉入海底。第二天，这二人被救了回来。布朗的运气就差多了，他受了伤，飞机也被打残了，在返航途中坠入漆黑的大海。

击沉1艘航母，重创3艘航母，让2艘油轮被迫自沉，还击落了65架飞机——相对于这场本应成为战争中规模最大的航母对决的战斗而言，这点战果实在少得可怜。但是晚上7时之后，米切尔的飞行员就无法再进攻了，此时，最后一丝日光也落入了海面以下。6月20日的夜空中是一轮新月，也就相当于天上没有月亮，只有漫天的星星、飞机航行灯，以及虚无缥缈的碎云——这些碎云对攻击敌舰毫无帮助，反而会让美军飞机漫长的归途更加艰难。除了这些气象问题，飞行员们还面临着更多困难，他们普遍缺乏夜战经验，不少飞机已经受损，长途飞行和激烈战斗也着实让人疲劳，发动机单调的嗡嗡声更是让人昏昏欲睡，这些都让飞行员们打不起精神，更何况他们还知道，假如燃油余量不够飞回特混舰队，那么等待着自己的就是海上迫降。在接下来的两个小时，或者说400千米的航程中，这190余架幸存飞机的机组成员一边忍受着紧张与疲惫，一边挣扎着返航。

有些飞机由于战损或者飞行员受伤（就像乔治·布朗那样），在航行途中“下海喝了水”。但直到机群抵达距离特混舰队仅数千米处时，燃油方才耗尽，大规模迫降方才发生。之后便是一系列戏剧性的决定和各种精彩的故事。一名第1战斗中队的飞行员说道：“今天，海军就要失去一名最优秀的战斗机飞行员了，我要下去啦！”[100] 5名飞行员投票决定是否要一起在海面迫降，结果迫降派以4 ： 1的压倒优势胜出，于是发起人说：“就这样吧！ OK，我们一起！”[101]第14轰炸中队的乔·凯恩在飞向一处灯光时只剩下不足20升燃油了，结果却发现那根本不是一艘航母。于是他只好驾机在10米高度平飞，直到发动机停机、飞机坠海。他爬出座舱，吹起救生筏，帮助后座机枪手逃出后座舱。在接下来5个小时里，凯恩一边不停地干呕，一边和他的机枪手在海上漂泊——3艘航母和1艘巡洋舰先后从他们身旁开过，随后他们被驱逐舰“贝尔”号捞了起来。凯恩在驱逐舰的副舰长住舱里睡了一夜，第二天被送到了“大黄蜂”号上，然后返回“黄蜂”号。[102]

对那些燃料足以安全返航的飞行员们来说，第16舰载机大队一名飞行员喊出了他们的心声：“兄弟们，哦兄弟们，这下好了！我们到了！”[103]舰队和飞机在晚8时30分首次目视互相确认，随后米切尔将军让航母转向东方，以22节航速迎风航行。8时45分，第一架飞机在航母灯光的引导下进入了降落航线。

关于军舰打开指示灯的段子，早已成了四处流传的传奇故事，因为这毕竟是个戏剧性的、令人激动的时刻，而且舰队是在敌人潜艇的潜在威胁下完成的降落。但实际上，亮灯只是夜间回收飞机的标准操作。战斗手册在关于夜战的部分特地说明，如果飞行甲板灯和桅顶灯关闭，那就是告诉飞行员们，现在不能降落。[104]事实上，夜间作战指令特别指出，如果甲板降落灯和斜射灯没有打开，飞行员应认为这表示不能降落。返航的飞行员瞪大了眼睛寻找期待的灯光，结果常常是“追了半天才发现那不是灯光，而是星星”。[105]作为距离返航机群最近的大队，克拉克将军的第58.1特混大队首先打开了灯光，米切尔几乎立即命令整个特混舰队照此办理，不过他的命令更全面：每一艘旗舰都要打开探照灯（这在战争中还是头一回），巡洋舰和驱逐舰要发射照明弹照亮航母。他甚至还放出夜间战斗机去把迷航的飞机带回来。[106]

8时50分，一架来自“大黄蜂”号的飞机降落到了“列克星敦”号上，持续了两个小时的争先恐后的降落由此开始。于是米切尔下令，所有飞机可以在任意一艘航母上降落，飞行员们也没别的办法了。随着油量表的指针无限接近于零，“飞机如同受惊的兽群那样，不管不顾地想要挤到最前面，抢先降落……”甲板降落事故频发，许多飞机甚至被推到海里以方便后面的飞机降落。繁杂的飞机型号也制造了难题，“列克星敦”号的甲板人员从没有操作过SB2C，一名轻型航母上的降落指挥员怎么也想不明白SBD的机翼怎么会不能折叠！有些飞机在军舰侧旁迫降，还有一些飞机则将亮了灯的巡洋舰和驱逐舰误当成了航母。许多军舰报告说有日本飞机试图降落，但却毫无依据。落水的飞行人员一边随着波浪上下起伏，一边用手里小小的防水手电筒照射军舰，驱逐舰则在大舰之间来回穿梭，捞救这些人。蒙哥马利将军如此评论这些“铁皮盒子”：“……如果不是他们的坚持和有效工作，我们的飞行员损失将会大得吓人。”[107]

神经紧张的人们快要崩溃了。“黄蜂”号第14轰炸中队的布里奇中校在“列克星敦”号上喝了一杯药用白兰地，接着跑到米切尔将军那里狠狠抱怨了一番这趟超远的飞行。[108]一名“列克星敦”号上的轰炸机飞行员拒绝了“企业”号舰员给他的白兰地，他说：“我打仗都打饱了，现在喝不下。”第16轰炸中队一名SBD机枪手把自己的照相机拍到了准备室的椅子上并且大叫道：“把这狗东西拿走！

我再也用不上它了！我再也不飞了！再也不！”[109]

但他们怎么可能不飞呢？日本舰队仍然庞大，在6月21日凌晨1时30分，一架PBM巡逻机确定了他们的位置并发回了报告。虽然驱逐舰已经燃油不足，但斯普鲁恩斯还是想要继续压上去，不放过任何一艘受伤脱队的日舰，并且力争在天亮后再发动一轮空袭。他命令哈里尔将军带着第58.4大队和油轮从关岛方向赶上来，同时要求米切尔放飞装备雷达的“复仇者”进行远程搜索。这一次，米切尔有新锐飞行员来驾驶侦察机了。

美军仍在不依不饶地追击，第58特混舰队想要在日军机动舰队逃回琉球或者日本本土陆基飞机的掩护范围之前抓住他们。为了亲身感受航母作战，原本和斯普鲁恩斯搭乘同一艘舰观察作战的“斯洛”·麦凯恩中将于早上8时30分经由一艘驱逐舰转移到了“列克星敦”号上，来到了米切尔的指挥部。早晨，一架执行搜索任务的TBF发现了小泽舰队，但是双方的距离依然在拉大。美军放飞了一拨挂载炸弹的“地狱猫”前去空袭，但却没能找到目标，不过即便找到目标，也很难指望这些战斗机飞行员能用炸弹击中多少敌舰。21日上午10时50分，斯普鲁恩斯将李和他的战列舰队与第58.2大队的“邦克山”号、“黄蜂”号两艘航母集中编组，继续追击小泽并消灭沿途遇到的伤残日舰。第58.2大队剩余的2艘轻型航母——“蒙特利”号和“卡伯特”号则暂时编入克拉克将军的58.1大队，令其下辖航母数量达到了6艘，自从1943年10月空袭威克岛以来这还是头一回。然而李的舰队和侦察机都没能找到敌人，当晚8时30分，第58特混舰队放弃追击返回塞班，小泽逃到了冲绳。

虽然追击未果，但舰队的侦察机和驱逐舰把整个菲律宾海彻底搜索了一遍，救回了不少在前一日傍晚的进攻中落水的幸存者。米切尔在战斗中损失了6架“地狱猫”、10架“地狱俯冲者”（没有“无畏”）和4架“复仇者”，还有17架“地狱猫”、35架“地狱俯冲者”和28架“复仇者”在海面迫降或者降落后被推进大海——总共有100架飞机被毁。美国人在舰队附近捞起了51名飞行员和50名机组成员，PBM水上巡逻机、舰载水上侦察机和驱逐舰在追击中又救起了26名飞行员和33名机组成员。总共有160人被救回，16名飞行员和33名机组殒命，另外还有航母上的2名军官和4名水兵在乱糟糟的飞机降落和甲板事故中不幸丧生。[110]

23日，斯普鲁恩斯命令第58特混舰队大部分舰艇返回埃尼威托克，只留下哈里尔的第58.4大队继续留守关岛。克拉克将军接到命令，要他在开赴埃尼威托克途中顺道空袭帕甘岛。克拉克当然照办了，但是他又在途中去了一趟北方。他手下的日语无线电监听员了解到日军又向硫磺岛和父岛列岛增派了超过100架飞机，等到天气转好，就要前去空袭塞班岛周围的美军船只。于是克拉克获得了米切尔的许可，独自对这些岛屿发动一场攻势，米切尔很贴切地将这场突袭称为"乔可行动"。6月24日，第58.1特混大队的舰载机在恶劣海况下起飞。作为回应，日军向克拉克的舰队发动了三波空袭，但全部遭到克拉克战斗机的拦截并被击退。后两波空袭机群已经到达了美军舰队上空，结果还是在高射炮火面前败下阵来。到当天晚7时，克拉克的军舰和飞机总共消灭了66架日军飞机，足以让日本人放弃救援塞班和关岛的念头。不过硫磺岛和父岛列岛的威胁始终存在，必须予以持续压制。

之后，克拉克变更航向，于6月27日抵达埃尼威托克，他们是最后一个回到锚地的大队。马里亚纳海空大战至此落下帷幕。

在美日两军快速航母部队之间这场为期两天的决战中，美军击落日军飞机的数量令人震惊，但若是说到对舰战果，就有点尴尬了。包括舰载机、水上飞机、陆基飞机在内，日军一共损失了475架飞机（大部分飞行员和机组成员也一并损失），另外24日在硫磺岛和父岛列岛又被击落了66架——这是个高到吓人的数字。另一方面，米切尔损失了100架飞机，不过人员损失只有16名飞行员和33名其他机组人员。舰艇方面，双方的战果就暗淡了许多。6月20日时，美军飞行员并不确定自己攻击的那些航母有没有被击沉。他们确定至少"飞鹰"号是完蛋了，或许还有1 ~ 2艘其他航母被击沉，也就是说日军舰队还有至少6艘航母，甚至是7 ~ 8艘。毕竟，美方没人目睹"翔鹤"号和"大凤"号于19日沉没。

当然，这场战役美军是打赢了，航空兵将领们对此都深信不疑。他们成功保护了滩头阵地，没把一个日本援兵放进塞班岛。7月9日，塞班岛上日军有组织的抵抗宣告结束。但他们也错过了将日军舰队彻底赶出太平洋的绝佳机会，所以还不能高兴得太早。

又一次日德兰？

关于马里亚纳海战结果的第一份官方声明体现了美国方面在第一时间对这份答卷的失望。海军部部长詹姆斯·V. 福莱斯特本人就是个老航空兵，他在战斗两天后声称："在这种环境下，我们的舰队干得不错，但是海军还不能自满，除非他们能把日本舰队全部消灭。"[111]

根据驻太平洋舰队司令部英国海军代表哈里·霍普金斯中校的说法，此时的珍珠港里"责怪和后悔的情绪充斥了大部分人的脑海"。[112]当然尼米兹将军不会责怪任何人，斯普鲁恩斯仍然是他最信任的舰队司令。但是无论如何，尼米兹在马里亚纳战前就宣称他最大的愿望是找到并消灭日军舰队。这是尼米兹的首要目标，不过他并没有把这一点明确写在发给斯普鲁恩斯的命令里。[113]在下一场大海战——莱特湾海战中，尼米兹就会纠正这个错误，下达明确无误的命令。尼米兹的副手托尔斯，以及夏威夷的航空兵军官们，心中则充满了"我早就告诉过你"的失望情绪——中太平洋部队的司令就应该是个航空兵将领，就像前一年秋季的争论中提出的那样。

第58特混舰队中更是满满的失望。"31节"·伯克，一个非航空兵出身、靠长年累月耳濡目染才掌握航母战术的参谋长，在战斗报告中毫不留情地抨击了斯普鲁恩斯在18—19日夜间禁止舰队西进的错误。米切尔还像往常一样，对参谋长提上来的战报看都不看就签字提交，不过这一次伯克坚持要他看一遍。读过后，米切尔告诉伯克，给自己看是对的，斯普鲁恩斯确实犯了错，但这一定是他肩负的沉重压力和周围人的影响导致的，虽然这次犯了错，但他仍然是一个睿智而优秀的将领。米切尔要伯克把报告写得柔和些，但是报告的最终定稿版本依然体现出任务未完成的痛苦："敌人逃跑了。敌人一度进入了我们的攻击范围，并被一轮积极主动的舰载机空袭击伤。但他们的舰队还在。"[114]

至于斯普鲁恩斯在那个决定性的夜晚放弃西进的原因，前文已经做了详述，他后来也一直坚持认为自己的观点没有错。他后来向本书作者解释道："日本人在南太平洋，以及后来在中途岛的战役中都会从多个方向分进合击。在塞班时，我不知道他们会从哪一个或哪几个方向进攻。此时我们刚刚登陆，还处于关键阶段。岛屿西边（实际上应该是东边）的两栖舰船还需要我们来保护。"[115]

当时任斯普鲁恩斯的主任参谋，后来又是他的传记作者的“萨维”·福莱斯特说：“他的首要任务是夺取塞班、提尼安和关岛，当时塞班岛的登陆战正处于关键时刻，部队和部分补给物资已经上陆，还有大量装载着物资的船只停泊在附近。”[116]不过，这“大量装载着物资的船只”当时正在塞班以东320千米外，并不在岛屿附近。

航空兵将领们从不怀疑掩护塞班岛上陆战队的重要性。但是正如“蒙蒂”·蒙哥马利所说，很不幸，“我们全部的力量都被用到了这个方面，根本无法抓住进攻的时机，直到动手过晚无法阻止敌人逃跑。”[117]“泰德”·谢尔曼分析了斯普鲁恩斯对日军迂回攻击的担忧，他的结论是：“斯普鲁恩斯仍然在用水面炮战的思路看问题。他没能理解我们航空兵的巨大力量，也没能理解其全向进攻的能力，唯有飞机的载油量才能限制他们。航空时代，没有迂回攻击。”[118]换言之，第58特混舰队完全能够向西推进400千米并继续掩护塞班岛。“乔可”·克拉克对此完全赞同，他认为，保护滩头最好的方式是主动出击，消灭日军舰队。[119]

面对珍珠港、埃尼威托克—马朱罗环礁锚地和第五舰队里的挫败感，7月17日，“厄尼”·金上将赶到塞班救火。他“落地后第一件事就是告诉斯普鲁恩斯，他做的完全正确……无论别人怎么说，尤其是他必须记住日本内海还有另一支舰队……随时可以前来打击塞班周围的美军船只。”[120]那么还是那个问题：运输船在塞班吗？毫无疑问这只是金的幌子，目的是确证自己对斯普鲁恩斯的信任，以及平息议论。不过，金这一番话后来还真误导了不少历史学者：1944年5月美军的情报中根本没提到日本内海那支舰队的事情。实际上那里当时只有2艘护航航母和2艘伊势级航空战列舰，即使它们要开出来增援小泽，也需要花费26小时才能抵达硫磺岛，到塞班更是需要48小时，而且这一路都是美军潜艇活跃的海域。[121]斯普鲁恩斯也从来没考虑过还有这么一支舰队，他担心的只是小泽从塔威塔威带出来的9艘航母组成的机动部队会分出一部分来实施迂回攻击。[122]另外必须指出的是，“厄尼”·金也是个勇猛的斗士，从来没在任何一次舰队演习中打过败仗，他还是进攻性航母战术条令的创始人之一。他这次的妥协态度，只能归结为对斯普鲁恩斯的高度尊重。

还有一些批评对准了斯普鲁恩斯的参谋班子。航空兵们抱怨斯普鲁恩斯周围全是非航空兵，而他的参谋长“卡尔”·摩尔上校，资历也不够辅佐四星上将。阿利·伯克更是进一步指出，这些参谋和斯普鲁恩斯在风格和思维方式上过于一致。[123]斯普鲁恩斯十分倚重这些参谋军官，但他们从来不会投反对票，从来不喜欢让不同意见相互交锋，而这种事在米切尔的班子以及他和下属将领们之间经常发生。金无疑接受了这些意见，因为他7月底刚刚回到华盛顿就解除了“卡尔”·摩尔的职务，这一决定8月1日生效。斯普鲁恩斯的新任参谋长是金自己的作战参谋，老航空兵“亚特”·戴维斯少将。[124]从那以后，所有非航空兵出身的舰队司令必定会配备一个航空兵军官来当参谋长。

战后，对斯普鲁恩斯这一决定的最重要解读来自莫里森教授，他认为斯普鲁恩斯和米切尔的分歧，根源在于二人职责不同。米切尔“专注于……把所有威胁到自己航母的日本航母消灭掉”，而斯普鲁恩斯则“要全盘负责……攻占马里亚纳群岛……并且深知这一任务的重要性……”[125]但本书作者发现这一观点也不太站得住脚，因为米切尔很清楚地知道第58特混舰队的处境并不危险，他们在飞行员、飞机、防空火力方面都占有优势，最近7个月以来他们一直都能把日军航空兵打得毫无还手之力，而在进攻塞班岛时，他们不仅数量占优，质量上的优势也显而易见。实际上处境危殆的恰恰是日本航母部队。对自己的主要力量——快速航母部队——的了解程度，斯普鲁恩斯远不如米切尔深刻。因此在这样一个需要依靠专业意见的场合，斯普鲁恩斯不敢将这些航母投入更积极主动的行动中去，他最熟悉的其实是战列舰。

莫里森还更大胆地设想，假如米切尔的舰载机在6月19日早晨对日本舰队发动空袭，其结果或许还不如来这么一场“猎火鸡”。这样一场进攻“或许能够击沉几艘日本航母，但是日军飞机也可能击沉几艘我们的航母”。[126]这完全是无稽之谈。首先，如果有几艘（2艘还是3艘？）日本航母被击沉，那么它们搭载的飞机基本不太可能幸存下来，继而进攻第58特混舰队或者塞班岛滩头。其次，即便日军发动全甲板攻击（大约130架飞机），他们仍然不是得到雷达引导的“地狱猫”防空战斗巡逻的对手。再次，虽然航母对攻可能带来更多的飞机损失，但是米切尔有一万种理由相信他的战斗机能够夺取小泽舰队上空的制空权——就像他们2月在马里亚纳上空，两次在特鲁克上空，以及在帕劳上空一样。照这么个打法，日军舰队就只剩下在米切尔轰炸机的铁翼下瑟瑟发抖的份。只要米切尔的炸弹和鱼雷能够打残这些日舰，李的战列舰队很快就能赶上来将它们全部消灭掉。最后，就算小泽如斯普鲁恩斯想象的那样把自己的舰队一分为二，那么米切尔在早晨发动的全力空袭和战列舰队的跟进打击也足以轻松摧毁日军舰队的主力——就算要回救塞班，也完全可以实现。

莫里森教授还从风帆时代找到依据来支持斯普鲁恩斯的决定。他举了法国海军名将德·格拉塞在1781年9月弗吉尼亚角战役中的卓越机动这个例子，当时这位法军将领选择了将英军舰队从切萨皮克湾引开，而不是血战到底。如此一来，海战未取得决定性战果，约克城前线的华盛顿将军得到支援，德·格拉塞也将回过头来支援华盛顿，至于能否战胜英国舰队，那就无关紧要了。结果，英军将领康华利勋爵不得不交出约克城并率部投降，此战使英国最终承认了美国独立。举这个例子倒也合理，但却忽视了一个重要的事实：整个18世纪法国海军的策略就是避免与英国海军进行大规模正面交锋，即便占有优势时也不行，其主要目标是支援陆军和沿岸作战。德·格拉塞从来没有赢过一场中途岛那样的大捷，但斯普鲁恩斯有过。美国海军的总体战略要求一方面支援登陆作战，一方面还要遵循英式传统寻机与敌人舰队展开大规模决战，根据马汉的理论，后者简直就是海军的信仰。[127]

风帆时代更合适的例子恰恰是美国获得约克城大捷后，英国海军将领乔治·B. 罗德尼爵士对付德·格拉塞的故事。1782年1月，德·格拉塞进攻英国海军将领萨穆尔·胡德爵士麾下在西印度群岛圣基茨下锚停泊的小舰队，但未能成功。他甚至还没来得及离开西印度群岛，就在1782年4月的桑特海峡战役中被罗德尼和胡德的强大的联合舰队截住。罗德尼和胡德的做法可以帮助我们理解后来的斯普鲁恩斯和米切尔。马汉评论道："这整场战役……完全是一本反面教材。"罗德尼成功分割并打乱了法国舰队，但他没有要求自己的参谋长道格拉斯追上去摧毁德·格拉塞舰队；后来胡德将军说如果罗德尼这么做的话，他能消灭20艘法舰，超过其总数的一半。对此，马汉说："建议和批评很容易……但是巨大的成功绝对不是不担风险不付出努力就能轻易得到的。"罗德尼没有"投入一切力量”去利用有利局面，而是“被眼前的不利局面蒙住了双眼，放弃了首要目标”——歼灭西印度群岛的法国舰队。[128]

一旦进行详细对比，历史上的相似性往往就会消失，法国西印度舰队的例子却颇有教益。马汉倾向于完全消灭敌人的舰队主力，他责备罗德尼仅满足于战术胜利。当然斯普鲁恩斯也是一样。法国舰队留存了下来，还能继续作战。当然他们最后没有再战，因为一纸和约结束了战争，但是这支留存下来的舰队还是成了法国在谈判桌上的重量级筹码。日本舰队也存活了下来，他们还将再次前来挑战。

问题再次回到了战列线战术和混战战术孰是孰非上。如同桑特海峡的罗德尼和日德兰的杰利科一样，斯普鲁恩斯也是一位谨慎有加、小心翼翼的舰队司令。这位战列舰派将领承担起了一场航母大会战的战术指挥之责，还没能听从来自专业人士的意见以进行战斗。但另一方面，斯普鲁恩斯也饱受情报不足之困，更要命的是他还清楚地知道敌人的远程侦察机已经找到了自己的准确位置。统率全军的重担和在一场持久战役中保证整个第五舰队安全的使命令斯普鲁恩斯无暇顾及战略任务。太平洋舰队总司令发给他的明确任务就是夺取塞班，这是他必须做到的，至于舰队决战的决策则完全可以是他作为第五舰队司令的临机决断。因此,斯普鲁恩斯遵循了自己一贯以来所受的训练和判断——安全第一。不过如此一来，一场更具决定性的胜利也被推迟了。

米切尔和其他航母指挥官都是纳尔逊式的混战派。罗斯基尔上校认为，纳尔逊中将“足够理解那些被打败的对手，他知道迅速追击是摧毁敌人残部最后一点自信心的最好办法，这将让敌人继续犯错”。[129] 1937年美国海军第18次“舰队问题”演习之后，航空兵将领们也提出了这一理念的航母版本：“只要敌人航母进入攻击范围，我方舰队将再无安全可言，除非这艘航母——或其飞行中队——之一或一并被消灭为止……”航母若离开舰队（或登陆部队）主力独立行动，就会削弱后者的防御，因此航母的运用就变成了一场赌博，但是舰队司令本来就是要“下大赌本”的。[130]假如第五舰队当时遵循的是混战战术而不是战列线战术，1944年6月19—20日的海战就可能成为历史上最具决定性的海战。

与此相反，战略上，马里亚纳海战打出了和1916年日德兰海战相似的结局。在日德兰，杰利科抢占了德国舰队的T字横头，痛殴了德国人。在塞班，斯普鲁恩斯也拿到了自己的“T字横头”——几百架F6F“地狱猫”战斗机在著名的“马里亚纳猎火鸡”空战中摧毁了小泽的攻击机群。两场海战都经历了多个阶段，最后都以战败一方的舰队趁夜逃离告终。日德兰海战两年之后，大英帝国的大舰队仍然在北海枕戈待旦，防止德国舰队再次出击。而在1944年夏季美军制订菲律宾进攻战役计划时，每一次行动和目标选取都必须提防日军舰队的威胁。到莱特湾海战时，从马里亚纳逃回的6艘日军航母成了美军舰队司令的心头大患，几乎制造了美国军事史上最大的一场灾难。

第七章 航空兵将领的崛起

1944年夏季是战争的转折点，盟军在法国诺曼底、太平洋上的马里亚纳群岛都进行了大规模登陆，其海军航空兵的发展也迎来了重大突破。海军分析家伯纳德·布罗迪受到了航母部队战果的震动，他在6月撰文指出："航母已经为自己赢得了在海军中首屈一指的地位……它们能够打出其他任何类型军舰都无法匹敌的重击……它们是用途最多样的战舰，无论是进攻还是防御都能胜任。"[1]

按照太平洋舰队航空兵司令部的说法，在太平洋战场上，马里亚纳战役显示出快速航母特混舰队"是能够胜任各种任务的空中力量，能够长期在海上战斗，直到任务完成或者陆基航空兵建立基地并完全接替海基航空兵为止。"[2]他们还提出，日军舰队的战败和塞班岛的易手"彻底证明了海军作战飞机、飞行员和战术的战斗效能，以及海军防空引导体系在面对日军航空兵攻击时的防卫能力"。[3]

大西洋方面，从1943年6月以来的一年间，盟军在战略上已经转守为攻。在此之前，德国U艇"狼群"给盟军的运输船队带来了灾难性打击，但是随着由金上将亲自负责的第十舰队的成立，情况开始逐步发生变化。凭借"作战研究"带来的新技术以及日益强大的军工产能，第十舰队组建了新的"猎杀组"，向德国潜艇展开反击。每支"猎杀组"都编有1艘护航航母，搭载不少于12架"复仇者"和不超过6架战斗机，另外还有大约6艘驱逐舰或护航驱逐舰——舰艇和飞机都装有雷达。这些"猎杀组"可以被视为独立慢速航母（最高速度不超过18节）特混舰队，它们向U艇发动了主动攻击。盟军若想在欧洲大陆发动大规模登陆，那么德国潜艇对其海运线的威胁必须予以清除，到1944年6月6日诺曼底登陆时，盟军已经基本上做到了这一点。海军航空兵是大西洋之战的关键制胜因素，在整个欧战期间，海军航空兵始终在盟军海运线上孜孜不倦地执行反潜巡逻任务。

在地中海，海军航空兵的缺席令人们更加想念他们支援两栖进攻的独特能力。来自北非基地的陆基远程战术航空兵参加了这里的战斗，但是他们在1943

年7月的西西里登陆战和9月的萨莱诺登陆战中表现平平；而航空兵基地距离安齐奥滩头过远，使得这场原本出其不意的登陆突袭在1944年1月陷入了僵局。好在来自太平洋的经验改变了这里的局面。1944年8月在法国南部登陆时，英美两军联合组织了一支护航航母支援部队。第88特混舰队由皇家海军的T. H. 特鲁布里奇少将指挥，编有9艘护航航母，其中两艘隶属美国航母分队，由美国海军的加尔文·T. 杜尔金少将指挥。这些护航航母上的“地狱猫”“野猫”和“海火”接连多日对德军的铁路运输和撤退部队的纵队进行了反复轰炸，成果颇丰。[4]

到1944年夏末，大西洋和地中海基本已经成了盟军的内湖，盟军陆基飞机和舰载机在大西洋上的巡逻已经变得常态化。欧战的最后阶段就是陆军的战争了，地面部队和来自英格兰基地的重型轰炸机将赢得战争的最后胜利。

然而，海军的战争，太平洋战争，在1944年夏季时还远未进入最后阶段。多个关键岛屿还需要在向西的突击中加以夺取，日军水面舰队和航空兵仍然存在，他们的威胁随时可能到来，而且难以预计，而通往吕宋瓶颈的道路仍然遥不可及。一旦到达吕宋瓶颈，收复菲律宾的战役和对日本的封锁战役就将开始。而在亚洲大陆和日本本土，日军还有数百万训练有素、未尝败绩的陆军老兵在等着盟军到来。太平洋上的诺曼底之战还在遥远的一到两年之后。

对美国海军而言，1944年夏季是他们暂停进攻脚步、考虑下一步进攻路线的最后机会,也是最后一次让舰队经历大规模改变的机会。当他们再度踏上征程，面对的就是遥远的东南亚外围海域，日本坚固设防的内层防御圈。从菲律宾到东京，来自陆、海、空三个方面的日军必将毫不停息地反复来袭。因此，美军只能寄希望于把风险降到最低，当然机会也会少很多。唯有最受信任的将领才会被赋予指挥之责，而对航空兵将领而言，在此之上，人们必须完全接受一个现实，那就是从此往后，海军的战争都将是空中战争。换言之，美国海军将要变成飞行海军。

华盛顿的较量

1944年的头六个月，不仅海军在太平洋空战中赢得了辉煌胜利，陆军航空兵在德国上空的空战中也大获成功。这些令航空兵在陆海两军中的地位都大为提升。不过两支航空兵完全不相同：海军航空兵现在是舰队本身最重要的组成部分，和舰队密不可分；而陆军航空兵实际上是独立运作的，他们和上级军种完全不是一回事。无论从行政上看还是从作战上看，战略轰炸机和地面上的大头兵实际上是互不相干的。为了进一步提升自己的地位，1944年年初，两支航空兵之间展开了论战——在战时重组国防力量显然是不可能的，因此两军都将目光对准了战后。

在海军中，航空兵们想要统治舰队，想要更多的航母和飞行员，并且对战后海军预算狮子大开口。而在陆军中，航空兵们想要让陆海两军的航空同仁们联合起来，争取独立，建立一个与陆海军平级的新的军种——空军。

海军航空兵有一个盟友——詹姆斯·福莱斯特，1944年4月弗兰克·诺克斯去世之后，他继任海军部部长一职。福莱斯特本人就是个早期海军飞行员，无论在个人关系上还是行政关系上，他都是金上将的对头。实际上诺克斯和罗斯福总统当初就想把金的职权拆分开来，让金专心去当舰队总司令，让霍恩中将担任超级海军作战部部长，统管后勤和行政。金的工作负担也确实太重了。福莱斯特升为海军部部长后，显然要对金的权力动刀子了。不过他很清楚，当诺曼底和塞班两场大战正在进行之时，他暂时不能对金下手，削弱这位总司令的权威。于是，1944年夏季，福莱斯特决定，只要金还在协调各方作战，那么任何战时改组都是不必要的，因此他要求取消所有改组海军部的计划。1944年11月，决定放弃改组的福莱斯特成立了一个由顶级海军文官和将领组成的政策专家小组，为海军部部长提供顾问服务。[5]

还有两个人也给海军航空兵的行动造成了重大影响。其中一位是分管航空的海军部副部长阿特慕斯·L. 盖茨，他也是个早期飞行员，一直在为航空兵在舰队中的地位而不懈奋斗。另一位则是分管航空的海军作战部副部长，1944年8月1日前担任这一职位的是J. S. 麦凯恩中将，其后则是奥伯里·W. 菲奇中将。自从一年前设立这个岗位起，航空兵将领们就一直声称分管航空的海军作战部副部长的权力直接来自海军作战部部长，因此其权力与海军作战部次长霍恩将军对等。这些人想要借助这个职位，把从作战计划制订到装备采购在内的所有关于航空的事项收归己有，因而遭到了霍恩将军和其他非航空兵将领的抵制。

最终，霍恩还是从金那里要到了明确指示：分管航空的海军作战部副部长是海军作战部次长的下级。但航空兵将领们没有善罢甘休，他们仍在想方设法谋求航空兵在海军高层的特殊地位。[6]

当时航空兵最缺乏的，是一位在舰队总司令的部门中最高级指挥官里的代言人。1944年10月1日，金为了理顺自己司令部的指挥关系，创建了一个新的联合岗位——舰队副总司令兼海军作战部副部长，就任者是他的原参谋长理查德·S.爱德华兹中将。新岗位负责处理军事政策事宜，而舰队作战仍然是参谋长的职责，参谋长现在改由萨维·库克中将接任。[7]这些人都没有飞行资格，而那些军衔够格的航空兵将领又都在太平洋上。不过往下一级看，华盛顿方面就有许多杰出的航空兵将领了：1944年8月1日之前，美国舰队总司令部的作战参谋是“亚特”·戴维斯少将，之后改由马尔科姆·F.舒菲尔少将接任，后者是海军学院1919届头名毕业生，之前是“卡伯特”号轻型航母舰长。唐纳德·B.邓肯少将，先前带领“埃塞克斯”号航母服役，此时在舰队司令部计划制订官岗位上表现出色。“公爵”·拉姆齐少将仍然是航空局局长，华莱士·比克利上校则任金的航空作战官。

这些海军航空兵的信徒们其实不指望改变海军部里的权力格局，这只有等海军航空兵真正的权力核心——托尔斯、米切尔和谢尔曼——从战争前线归来后才能实现。然而，必须承认的是，海军航空兵的地位确实在不断提高，越来越多的航空兵被晋升为将军。1943—1944年，航空兵出身的将官从34人增加到了54人，在将官中的比例从20%提高到了26%。[8]“黑鞋子”们的情况则刚好相反，随着战列舰分队的数量逐步减少，战列舰指挥官出身的将军数量也出现了下滑。

美国海军已经在短时间内显著转变为真正的飞行海军，其变化程度如此之深，以至于霍恩将军在1944年5月考虑战后海军计划时向福莱斯特提出，要建立一支拥有21艘快速攻击型航母、22艘护航航母而仅有9艘战列舰的平时海军。霍恩无法接受航空兵提出的要获得42%战后海军预算和40000名飞行员的计划，但是向飞行海军转变的趋势已经很明显了。这一战后计划面临的最大障碍竟然是——没有敌人！击败日本后，看起来将不再会有任何敌国能够建立一支蓝水海军。就算从远期来看苏联有可能成为对手，他们也不大可能拥有大规模的水面舰队。大西洋方面，随着欧洲法西斯主义的灭亡，看起来再不会有人来挑战英美联盟的制海权了。在1944年中期来看，战后的海军是没有明确目标的，海军高层对它的理解自然就是“缩小规模的战时海军”。[9]

即便是在1944年6月的“猎火鸡之战”前，美国海军的航空兵就已经争取到了一份空前庞大的航母造舰计划，这份计划将一直持续到战后裁军之前。到1944年7月1日时，美国海军已经拥有10艘埃塞克斯级重型航母、战前建造的“萨拉托加”号和“企业”号，以及9艘独立级轻型舰队航母。此外，1943年还有另外8艘埃塞克斯级航母和2艘中途岛级战列航母开始铺设龙骨。假如太平洋战争如大多数人预见的那样持续到1945年年底，那么这些航母中的大部分都能参加战斗。根据1944年1月的估计，到了1946年1月1日，即便考虑到战斗过程中会有一部分航母被击沉，美国海军太平洋舰队理论上也将获得一支拥有20艘重型航母、9艘轻型航母和2艘大型战列航母的巨大快速航母舰队——无论对日战争将会持续到1945年之后的什么时候，这支舰队都能确保美军将胜利握在手中。

快速航母在拉包尔、马绍尔群岛和特鲁克的辉煌胜利令美国海军在1944年的头6个月里又开工建造了四艘埃塞克斯级。到了7月1日，第58特混舰队的15艘航母已经在马里亚纳海战中大败日军舰队，美国海军航空兵已经赢得了中太平洋的制空权。这样，美军不必硬要航母数量在1946年时翻一倍了。

6月，塞班岛外海的战斗给予了敌军舰队毁灭性的打击，这令太平洋舰队总司令确信快速航母的建造计划应当被赋予最高优先级。于是尼米兹向金提出了进一步加快航母建造的要求，然而金于7月14日来到珍珠港会见尼米兹时，却表示航母建造的优先级已经很难再提高了。[10]但金还是没法拒绝尼米兹的请求，他回到华盛顿后立即同意了尼米兹的要求。7月31日，金回复了尼米兹的提议：“总体同意。航母建造计划将被授予适当的优先级。”[11]

尼米兹想要的是尽快把在建航母建成，而航空兵将领和霍恩将军另有关于战后的考虑。8月17日，菲奇将军告诉霍恩将军，战后海军需要3艘战列航母、11艘重型航母和17艘护航航母。[12]但是1944年夏初在役或在建的35艘航母看起来并不够用。于是，这年夏季，和美国海军签订合同的造船厂又铺下了3艘埃塞克斯级重型航母、1艘中途岛级战列航母、2艘新型塞班级轻型航母的龙骨。最晚到1945年1月，还会有1艘埃塞克斯级动工。如此，海军航空兵总有一天会拥有一支攻击型航母不少于41艘的庞大舰队（不包含老旧的“突击者”号），以此为基础的战后“裁军”将为美国留下一支令人生畏的战后舰队。

显而易见，海军将领们正在利用“无上限供应”的战时预算来建造实际上不可能用来对日作战的舰艇。他们很现实地意识到，战后，民众对军队的关注和国会的拨款都会照例回落到低水平的平时状态，而海军也想要在未来的穷日子里保持足够多、足够现代化的舰队。1944年春季，参议员C. A. 伍德鲁姆组织的一个特别委员会，就战后军事政策问题举行了听证会，政客们已经看出，蓬勃发展的陆军航空兵已经与海军航空兵形成了竞争关系。海军对此还是一如既往地沉默，于是他们未与其他军种商量就分别在5月和6月制订了两套临时性海军复员计划。其实海军并不想保持沉默，只是从亚纳尔的调研开始，海军自己也不是很清楚未来需要一支什么样的舰队。

由于缺乏指导思想，1944年10月22日，金上将把所有的战后计划都转交给了新任舰队副总司令兼海军作战部副部长爱德华兹中将，尤其是其下属计划制订官邓肯少将。这二人于是开始对海军的战后需求进行系统研究。战后舰队必然面临种种限制，因此优先级的分配必不可少。最高的优先级被赋予了快速航母和护航航母，其次是战列舰。这样，航空兵出身的邓肯就成了这一任务中的关键角色。[13]

在战后预算紧张的时期，陆军航空兵对海军的威胁是可以想见的。早在1944年春季陆海军航空兵合并的想法还只是个初步意向的时候，海军所有的关键领导人都对此提出了明确的反对意见，没有发声的只有两个人——已经去世的海军部部长诺克斯和已经退休的亚纳尔上将。在伍德鲁姆委员会举行听证会期间，其他海军将领就明确要求继续保持海军的自主性。5月15日，“迪”·盖茨告诉委员会，“海军航空兵已经被证明是海军大家庭中最重要的成员”。[14]而美国海军及其航空兵中也开始涌现出两种担忧：首先，一支独立而且政治影响力强大的空军可能会抢走海军航空兵的预算；更糟糕的是，海军航空兵可能会被置于独立空军的统一管辖之下，而在两次大战之间的时代，正是这样的组织形式毁掉了英国的舰队航空兵。随着战争结束的日子一天天临近，这些担忧也与日俱增。

但这终究还是个军事问题。5月9日，参谋长联席会议指派了一个专门委员会来分析战后国防组织结构的各种可能方案，并且征求了各利益相关方的意见。这个委员会由退役海军上将 J. O. 理查德森牵头，包括一名陆军少将、一名陆军航空兵少将和一名陆航上校，还有一名海军代表——金的作战参谋，睿智的马尔科姆·舒菲尔少将。值得注意的是，航空兵邓肯为战后海军计划打下了基础，另一位航空兵舒菲尔则代表海军参加了这一联合调查组。理查德森委员会走访了华盛顿、欧洲、地中海和西南太平洋战区的部队人员，还在1944年11月末12月初与珍珠港的陆海军将领作了交流。花了几个月的时间，这支调查组收集了整个美军对战后国防组织架构的最有价值的观点。[15]

随着太平洋战争向西推移，美军舰队越接近日本本土，海空战斗就愈加激烈。此时,美国海军不得不进入一个全新的领域——公众关系。原来那个“沉默的军种”现在建立了一整套计划来向公众宣传自己的成就，以及自己对所谓“航空兵合并”问题的态度。[16]当1944年夏末快速航母舰队杀进西加罗林群岛之时，海军及其航空兵在华盛顿发起了一场争论，这场争论将持续到战后并在那时达到高潮。

举个例子：8月29日，杰克·菲奇来到国家广播电台，大张旗鼓地纪念海军航空兵成立31周年，以及快速航母部队建立1周年——一年前正是快速航母部队首次空袭马尔库斯岛的日子。与他一同走进节目的还有大西洋舰队航空兵司令帕特·贝林格中将，以及特地从太平洋战场赶回去的“蒙蒂”·蒙哥马利少将。菲奇告诉听众们，和即将到来的严酷战事相比，航母部队此前的进攻不过是“甜美的夏日微风”。[17]当然，制造麻烦的并不是战列舰派和陆军航空兵的将领，而是被逼到了墙角的日本人。

被逼到墙角的日本人

1944年夏季，当美国海军高谈阔论他们的41艘快速航母计划，并沉浸在奢侈的战后计划中不能自拔时，日本海军却不得不在极端不利的实力对比下苦苦求生。7月初，塞班岛失守，日本政府很罕见地向公众承认了这一败绩，这沉重打击了日本民众对海军的信心，也直接导致了东条英机及其军阀内阁的倒台。[18]日本海军高层明白，“失去舰队和航空兵……就意味着无法保卫自己”[19]，因此战败已不可避免，于是他们开始寻求停战。对此，日本天皇的高级海军幕僚说道："大难将至。"[20]对日本来说，"塞班的失守是太平洋战争态势的转折点"。[21]

虽然在马里亚纳海战中遭到沉重打击——损失了3艘主力航母，即"翔鹤"号、"飞鹰"号和崭新的"大凤"号，但日本海军航母部队仍然存有最后一次向美国太平洋舰队发动凶猛逆袭的机会。长远来看，日本人已经输掉了工业竞争，美军的潜艇战令日军运输船的数量严重不足，他们的造船工业也早已不堪重负，因此日本在工业上毫无翻盘机会。中途岛海战之后，日本海军曾计划新建超过20艘快速航母，包括6艘大凤级、8艘17000吨的云龙级和7艘改进型云龙级，但真正开始施工的只有"大凤"号和6艘云龙级。"大凤"号及时交付海军并参加了马里亚纳海战，结果首次上阵就被击沉。不过还有几艘云龙级在当年夏季建成服役。此外，还有几艘改造航母，包括64800吨的"信浓"号和12500吨的轻型航母"伊吹"号，连同其余的云龙级一起，它们都在1945年年初服役。[22]

最重要的因素是时间。日军预计美军将在1944年11月登陆菲律宾。如果真按这个时间表行动——他们先前也确实是这么计划的——那么日军就会有4个月时间来仓促训练一批新的舰载机航空队，以取代那些在马里亚纳被歼灭的部队，并完成2艘甚至3艘新建的云龙级快速航母的试航。8月6日，17150吨的"云龙"号服役，4天后，17460吨的姊妹舰"天城"号服役——每艘各搭载54架飞机，航速可达34节。小泽中将立即把自己第三舰队司令长官兼第1航空战队司令官的将旗挂在了新建成的"天城"号航母上，此时的第1航空战队拥有"天城"号、"云龙"号和"瑞鹤"号三艘航母。10月15日，17260吨的姊妹舰"葛城"号也加入第1航空战队。第2航空战队被撤销，残存的"隼鹰"号和"龙凤"号两舰被移交给松田千秋少将的第4航空战队，与航空战列舰"伊势"号、"日向"号为伍。第3航空战队的编制保持不变，仍然是轻型航母"瑞凤"号、"千岁"号和"千代田"号。

飞机方面，日军舰载战斗机的主力仍然是零式战斗机，不过海军此时更期待时速达到640千米的"紫电改"战斗机。零式战斗机真正的后继者，时速625千米的"烈风"战斗机研发进度严重滞后，虽然装有新型发动机的原型机即将于10月试飞，但它最终还是未能投入批量生产。好在海军很快就会迎来400架更新型的"紫电改"。[23]

理论上，到1944年11月中旬，丰田大将将再次拥有一支相当可畏的舰队。小泽的快速航母部队将拥有5艘重型航母、4艘轻型航母和2艘伊势级。他们真正的弱点在于飞行员严重缺乏训练。这些人还需要经过大量的陆地机场飞行和上舰飞行才能形成战斗力。1944年夏季，日本油轮被美军潜艇大量击沉，导致燃油短缺，任何成规模的飞行训练和舰队机动都难以开展。即便是为数不多的在日本内海进行的航母飞行训练也导致了诸多降落坠机事故，不少新手飞行员死于非命。第二舰队的战列舰和巡洋舰在马里亚纳海战中全身而退，他们驻扎在新加坡附近的林加锚地，仍由栗田中将指挥。

实际上，日本海军的水面舰队已经完蛋了。除非发生奇迹，日军能拿出非常好的战略，遇到好得出奇的运气，并且美军犯下大错——所有情况同时出现，日军机动部队才有可能给美军舰队带来实质性的麻烦。一部分有思想的日本军官认识到了这一现实，其中之一就是轻型航母“千代田”号的舰长城英一郎大佐，他说自己这支海军“用常规进攻方式已不可能再击沉占据数量优势的敌方航母……”。因此他向小泽将军提出，“应当立即组建特攻部队，采取俯冲撞击战术”攻击美军快速航母。他的观点得到了航母老将大林将军的大力支持。他们口中的“俯冲撞击”战术，就是自杀攻击。[24]

在大多数日军高层看来，自杀战术还是过于极端了，毕竟在日本本土还有很多水平不错的陆基飞行员的，他们随时可以南下支援各个受威胁地区，航母上也还留有一些老手。小泽拒绝了自杀攻击的提议，但是另一位高级将领很认真地考虑了城英的计划，他就是时任军需省航空本部长的大西泷治郎中将，他会在当年10月调往菲律宾指挥陆基航空兵。大西清楚地知道日军舰队和航空兵很难用常规战术抗衡美国海军，于是他开始搜罗飞机筹建自己的“神风”特攻队，也就是自杀飞机部队。

对手显然知道日本舰队已经遭到沉重打击，他们的飞机和飞行员都不行了。但是太平洋舰队航空兵司令部的参谋于7月底发出警告：“这种情况可能不会一直持续下去，日军飞机即使只发展到德国空军一半的水平，也足以给我们的航母部队制造相当大的困难。”托尔斯和波纳尔二人提醒航空兵将领们：“航空母舰在有效协同的鱼雷和炸弹攻击面前将是十分脆弱的”，为了利用航母的这一弱点，敌人可能会改变他们的战略与战术。这一警告无疑为日军提出的自杀战术所证实。快速航母部队距离日本本土越近，敌人的抵抗就越顽强。用航母部队自己的话来说，那就是“损失将会很惨重，切不可盲目自大”[25]。

新装备和将军们

1944年7月初，美军大败日本联合舰队，攻占塞班岛，这令金和尼米兹的中太平洋进攻战役出现了一个短暂的间歇期，他们终于可以喘一口气了。此后的整个夏季，美军航母的四处空袭和小规模的登陆战一直没有停息，但他们完全不必担心敌人舰队或航空兵的大规模介入。这段相对宽松的日子使美国海军高层得以评估已取得的战果，纠正犯下的错误，优化行政组织结构和管理模式，实现各种人员的轮岗，以及迎接新舰和新型武器。

尼米兹现在可以源源不断地把新建成的埃塞克斯级航母投入到这场海上进攻中。夏季，有3艘这种航母加入太平洋舰队，分别是“富兰克林”号（CV-13）、“提康德罗加”号（CV-14）和“汉考克”号（CV-19）。同时大约每个月都有一艘新航母建成服役，8月是“本宁顿”号（CV-20），9月是“香格里拉”号（CV-38），10月是“伦道夫”号（CV-15），11月是“好人理查德”号（CV-31）。1944年下半年还有3艘新舰下水——“安提坦”号、“查普兰湖”号和“拳师”号。这些航母与初期建成的埃塞克斯级航母几乎如出一辙，只是有几艘舰稍稍加长了飞行甲板，防空火力也有些许不同。20毫米厄利孔高炮已经成了防空火力的顶梁大柱，但是随着夜间防空作战日益频繁，这种火炮的地位逐渐下降，射程更远的40毫米博福斯高炮和127毫米/38倍径高炮逐渐成了主流。后者配备近炸引信，精度还在进一步提高。[26]

快速航母部队最主要的防空力量仍然是巡逻战斗机，在雷达的帮助下，业务日臻纯熟的防空引导官能够熟练地引导这些战斗机前去迎战来袭敌机。第58特混舰队在马里亚纳海战中的大获全胜，米切尔将军高兴地得出结论：“这证明了长期以来在雷达研发、训练和实战运用方面耗资巨大的努力没有白费。”[27]虽然无线电型号不同导致了广泛的传输困难，但是“大黄蜂”号的舰载机大队队长罗伊·约翰逊中校还是在报告中提出，塞班战斗时防空引导官和战斗机飞行员之间的协作“十分完美，截击作战……如同钟表般精确”。[28]最后的评价来自被打败的对手——小泽将军，他认为美军航母的优势体现在“对雷达的运用、无线电情报的截获，以及对日本攻击机群的雷达探测，使得（美军飞机）可以在自己选择的时间将日军截住并消灭干净。”[29]夏初，美国海军开始为舰载火控系统加装新型Mk22雷达，配合稍早些时候装备的Mk4和Mk12雷达，可以有效地锁定来袭敌机。[30]到当年秋季，美军所有快速航母都配备了更先进的防空武器。

在新型飞机尤其是战斗机方面，美国海军内部存在一些争议。F6F-3“地狱猫”战斗机在5200米高度的最大飞行速度为606千米/时，它们已经在空战中击败了零式战斗机和其他所有日军战斗机。1944年4月，更新型的F6F-5也开始批量生产，它们装甲更好、机体线型更加流畅，飞行速度略优于前代。[31]有了这样一种优秀的飞机，再加上此时仍然在陆上基地使用的F4U-1“海盗”战斗机，美国国防系统高层的文官们觉得已经完全没必要花费大笔银子去研制全新的机型了。例如，在9月18日于珍珠港举行的新闻发布会上，“迪”·盖茨说：“我个人的感觉是，我们能够用现有的装备赢得战争。我认为只要‘海盗’和‘地狱猫’还在执行任务，我们就没有理由去生产新的机型。”[32]这一态度使航空局的新飞机研发遇到了巨大的困难。航空局军需部门负责人罗伯特·E. 迪克逊是个老飞行员，他在一封写给“吉米”·弗拉特利的信中如此写道：“这些半吊子专家和你待了几天，就以为自己对战争什么都懂，他们带着愚蠢的想法回去，然后就把我们的进度全给打乱了，还说我们用现有的东西就能打赢。”迪克逊强调：“我们很难再有什么新进展，除非你能来为我们背书。”[33]

表面上看，继续依靠成熟机型的策略是有道理的，但问题是，战争还没有赢，而且如果新机研发被叫停，航空技术就会停滞不前。不仅如此，日本人可能正在研发足以匹敌“地狱猫”和“海盗”的新型战斗机。事实确实如此，他们拿出了“紫电改”和“烈风”。此外，还需要准备适应战后时代的飞机，德国和英国已经站在了喷气式飞机技术的前沿，战后的航空兵既需要依靠这些喷气式飞机的发展型号，也需要更新型的活塞式飞机。型号较老的飞机还面临着诸多难以准确预计的问题——包括新型机载武器、雷达难以适配，载弹量满足不了对日轰炸的需要，等等。从长远看，为这些新需求量身定制新机型比对老飞机做零敲碎打的改进更加经济，过多的改动会消弭它们原有的优势。

最主要的改变体现在战斗机上。在任何快速航母作战中，只要战斗机能够夺得制空权，轰炸机就能肆意轰炸，而挂载火箭弹和炸弹的战斗机也能承担不少轰炸机的职能。同时，随着太平洋舰队逼近日本本土，敌人的舰船目标越来越少，因此对鱼雷攻击的需求下降了。1944年春，面对更远期的武器装备计划，尼米兹将军要求为每一艘快速航母配备1.67支舰载机大队。这一要求意味着太平洋舰队在1945年6月30日时要编有32支舰载机大队，在1945年12月31日时要有39支——每一支大队要在计划参战时间之前6个月提前组建。于是，尼米兹和以托尔斯为首的航空兵计划部门开始评估到1945年1月时需要新增的战斗机数量。但实际上，他们立刻就需要增加大量的战斗机。1944年7月31日，金上将根据尼米兹的提议，授权对每一艘重型航母上的舰载机大队进行改编，从原来的18架鱼雷轰炸机、36架俯冲轰炸机和36架战斗机改为18架鱼雷轰炸机、24架俯冲轰炸机，“其他全都装战斗机”，大约是54架。[34]据此，从8月下旬开始，各重型航母上的舰载机大队开始把12架SB2C换成12架F6F。所有轰炸机飞行员都要进行战斗机驾驶考核，那些改飞“地狱猫”的飞行员发现，奇怪的“战斗轰炸机”实际上也配备1枚227千克普通炸弹。在哈尔西将军的催促下，到11月时所有重型航母都得到了54架战斗机。[35]

美军最想要引入一型战斗机来配合“地狱猫”作战，这型战斗机早已是人所共知的“鬼子杀手”，它就是被称为“呼啸的死神”的“海盗”战斗机。这一型战斗机起初是作为舰载战斗机设计的，1943年年初，一队刚刚出厂的F4U被编为第12战斗中队登上了“萨拉托加”号。但不幸的是，飞行员们发现这型飞机在降落时视野很差，而且容易弹跳，十分危险。于是这些飞机就被派到了驻所罗门群岛的海军和陆战队陆基战斗中队，并且在那里打出了威风。然而，除非能解决航母降落方面的问题，否则海军，尤其是舰队总司令部的贝克利上校，是绝对不会让它们登上航母的。最终，1944年4月，新型号的沃特F4U-1（固特异公司生产的称为FG-1，布吕斯特公司生产的称为F3A-1）获得了航母起降资格。10月，更新型、速度更快（时速从684千米提高到718千米）的F4U-4型机（包括少量FG-4）开始装备舰载战斗中队。早在1944年年初，就有一部分夜战型“海盗”登上了快速航母，但是这些飞机早就被丢弃了。航母部队后来一直没有得到新的“海盗”，即便它们获得了上舰资格，原因很简单，F4U是海军陆战队的标准战斗机，陆战队自己都不够用，自然也就轮不到航母部队装备了。[36]

有一种解决方法是为海军陆战队提供新型战斗机以替换“海盗”，这样就能把“海盗”转给航母了。航空局手中正好有这样一型飞机，格鲁曼XF7F-1“虎猫”，这是一种双发单座战斗机，它还有一个双发双座版本——XF7F-2N，是装备雷达的夜战型。该型飞机原计划装备“中途岛”级战列航母。这种动力充沛的战斗机最大速度与F4U-1相同，但火力十分强大，机翼上装有4门20毫米航炮，机头装有4挺12.7毫米机枪，可以挂载2枚454千克炸弹或者1枚鱼雷。[37] 1944年4月首飞的“虎猫”战斗机在当年夏季一直被视为舰载机。但是，分管航空的海军作战部副部长认为如果真能用F7F装备12支陆战队战斗中队，那确实可以把这些部队的“海盗”转给航母，但这至少也要到1946年年初才能实现。[38] 8月，海军部副部长盖茨和拉姆齐、拉福德两位将军向托尔斯陈述上述构想时，后者也同样认为F7F太大，无法作为“航母标配”，应当放在陆地上使用。好消息是，陆战队对此也完全认可，他们很快就将F7F视为未来的“头号骨干”，尤其是作为夜间战斗机。[39]

至此，“海盗”上航母的难题似乎得到了完美解决，但问题是，新型“虎猫”战斗机要1946年才能到来，实在是远水不解近渴。此外，F4U在航母上的作用是与F6F配合作战，而非取而代之。真正要用来取代“地狱猫”的是另一型格鲁曼产品，分管航空的海军作战部副部长和航空局都寄予厚望的XF8F-1“熊猫”。这是一型高速小型战斗机，武装只有4挺12.7毫米机枪，首架验证机在1944年8月21日首飞，它的设计和制造速度极快，在创纪录的10个月时间内即宣告完成。[40]鲍勃·迪克逊对这一型飞机和FR“火球”试验机十分满意，他在给“吉米”·弗拉特利的信中写道：“这些飞机比你舰队里现有的飞机好得多，我觉得就算它们眼下还有些缺陷，其优异性的能也足以弥补。”[41]出于对新飞机的热情，托尔斯将军在8月告诉盖茨、拉姆齐和拉福德，如果F8F“最后真能如预期这般优越”，那它们至少可以先取代轻型航母上的F6F机队。[42]但这也要等到1945年秋季才能做到。

1944年时，还有其他几型并未被寄予类似的厚望，但也同样重要，另外可能在航母上运作的试验性战斗机也在开发中。固特异公司于3月获得了418架由“海盗”改进而来的低空、陆基型F2G-1战斗机和10架舰载型F2G-2的合同，但是这些飞机直到战争结束都没能解决设计上的缺陷。麦克唐纳公司制造出了美国海军第一型纯血统喷气式战斗机，XFD-1“鬼怪”，这一型飞机于1945年1月首次试飞，但是设计问题拖慢了研制进度。获得最多关注的是瑞安公司的XFR-1“火球”战斗机，这款活塞－涡轮喷气混合动力飞机的速度与F4U-1相当，于1944年5月25日首飞。但和诸多同时代的飞机一样，它的设计过于新颖，技术过于激进，因此研发进度通常都跟不上计划。[43]

到1944年夏末，美国海军仍然将F6F-5“地狱猫”作为航母舰载战斗机部队的主力，F4U-1和F4U-4“海盗”可能作为补充机型上舰，但这要看海军陆战队是否有多余的飞机。大约一年后，F8F“熊猫”能开始替代“地狱猫”。F7F“虎猫”和FR“火球”将来也有可能发展成熟并装备航母，但一时半会还指望不上。

得益于一众新型武器的列装和轰炸技术的进步，从F6F-3开始，所有的战斗机都能够充当战斗轰炸机。海军作战研究小组对技术的发展给予了格外关注，这个小组的任务是用数学方法解决战术问题，然后对飞行员进行相应训练，以此拯救生命。[44]机载武器方面，美军战斗机即将迎来四位新伙伴：20毫米机炮、凝固汽油弹、127毫米火箭弹和298毫米火箭弹。

20毫米机炮的威力比12.7毫米机枪大得多，两种武器已经开始在新一代飞机上展开竞争，20毫米炮对需要对地扫射的战斗轰炸机来说尤为重要。不过在1944年中期，美军装备的“地狱猫”战斗机上用的仍然是12.7毫米机枪。

汽油炸弹原本不过是把液态汽油装进炸弹里，投下来就能起火。1944年中期，这一看起来平淡无奇的做法突然得到了极大改进，汽油里加入了凝胶黏稠剂，可以附着在物体表面，燃烧起来也更加猛烈。在实战中，这些燃烧弹通常置于已使用过的副油箱内，投下来之后能在2300平方米的地面上点起一张先熊熊燃烧1分钟，继而闷燃5～10分钟的火毯，从而摧毁日军地堡。虽然不易制造和存储，而且无法对犬牙交错的战线进行精确打击，但凝固汽油弹还是在夏季的马里亚纳群岛战斗中完成了战场首秀。[45]

火箭弹是航母武器库里最伟大的发明。原有的127毫米航空火箭弹装备同口径炮弹，因而飞行速度慢、射击精度较差，但是在1944年春季，美国开始为127毫米火箭弹制造一种动力更强大的发动机，使其飞行速度反而比更轻的89毫米火箭弹更快。这种火箭弹被命名为HVAR（高速航空火箭弹），绰号“圣摩西”，于1944年8月首次参战。每架战斗机可以挂载8枚火箭弹，它们的威力可以达到一艘驱逐舰一轮主炮齐射的水平。这种“圣摩西”火箭弹在欧洲和太平洋战场都大受飞行员欢迎，以至于不得不限量供应。另一种备受金和托尔斯喜爱的火箭弹是“小蒂姆”，直径298毫米，长达3米，是1944年6月时专为航母舰载机临时赶制的。这种武器最初在F4U“海盗”战斗机（当时它还不是舰载机）上试射，但未能成功，随后进行了重新设计，改为投掷离机后在空中点火。完成设计后的“小蒂姆”能让一架飞机获得相当于305毫米重炮的威力，一支36架飞机组成的中队，其火力居然相当于一个包括3艘重巡洋舰的分队的齐射。[46]

这一年夏季，美军舰载战斗机和战斗轰炸机的主要对海攻击武器从炸弹变成了127毫米火箭，俯冲轰炸机和鱼雷轰炸机则放弃火箭，专心使用炸弹。在攻击地面目标时，战斗机主要使用凝固汽油弹、12.7毫米机枪，有时也会使用20毫米航炮。

对更大量战斗机的需求突如其来，美国海军不得不重新考虑对轰炸机的需求。1944年7月，最后一架SBD“无畏”俯冲轰炸机离开了航母，改进型的“地狱俯冲者”SB2C-3和更新的SB2C-4也替代了毛病不断的早期型号。除了寇蒂斯公司，费尔柴尔德公司和加拿大汽车与铸造公司也加入了这一型飞机的生产，产品分别被编号为SBF和SBW。此后，美国海军再无研发新一代侦察轰炸机的计划。

鱼雷轰炸机方面，新型的TBF-1C在巡航高度、飞行速度、航程和投弹系统方面都得到了改进。当这一改进型机的制造从格鲁曼公司转移至通用动力公司东方飞机分部后，其编号也随之改为TBM-3。格鲁曼想要推出新型XTB2F鱼雷轰炸机以替代“复仇者”。和F7F一样，这型飞机也是双发舰载机。但不幸的是，XTB2F的研发进度过于缓慢，致使美国海军在1945年1月取消了这一机型的研发合同。道格拉斯公司也在研发一种新型鱼雷轰炸机——XTB2D，这种飞机可以挂载1814千克炸弹从战列航母上起飞，第一架原型机于1945年2月首飞。最被看好的一型鱼雷轰炸机是共和公司的TBY-2“海狼”（该机型原先由沃特公司研制，型号为TBU-1），美国海军订购了1100架，其中第一架飞机于1944年11月交付。这种飞机的速度比TBM更快，但美国海军并不打算用TBY完全替代TBM，而是希望两种飞机协同作战。[47]

单看数量，由于战斗力骤增，美国海军可以用来执行轰炸任务的飞机显得过多。因此在1944年9月，“地狱俯冲者”轰炸机的月度产量（包括寇蒂斯、费尔柴尔德和加拿大汽车与铸造公司）从430架锐减至270架。有些人想要用SB2C-4完全取代TBM，因为前者也能挂载1枚鱼雷，但另一些人则觉得“地狱俯冲者”自己也应当和“复仇者”一起被淘汰掉。不过事实上这两型飞机谁也没有离开航空母舰。[48]

1943年年末，“侦察轰炸机”这个概念已经失去了意义，因为雷达搜索已经替代了目视搜索，而这些雷达都装在了别的机型上。同时海军也意识到自己需要开发一型能够兼具所有类型的攻击能力的飞机。这种飞机要能够俯冲轰炸、水平轰炸、投掷凝固汽油弹、发射火箭弹、发射空投鱼雷、扫射地面目标，甚至必要时还要和敌方战斗机一决高下——除了这一切，飞机还要有一台强劲的发动机、足够的装甲和航程，它的结构必须很紧凑以适宜航母上使用，同时还需要做到一名飞行员就能驾驶。因此，1943年年末，新一代攻击机放弃了原来的VSB、VB、VT的编号。这是一种全能攻击机，被称作轰炸鱼雷机，编号是VBT。

航空局选择了四家飞机工业公司来进行新一代攻击机的具体设计。制造了颇受争议的“地狱俯冲者”轰炸机的寇蒂斯公司在1943年的最后一天获得了XBTC型机的研制合同。一年多之后的1945年3月，寇蒂斯又开始研发第二型飞机，XBT2C，但是两型飞机都没能及时完成，也就没能赶上对日作战，结果在战争结束后不久双双被取消。亨利·凯泽公司的舰队之翼工厂在1944年3月31日获得了XBTK的合同，这是一种轻型飞机，于1945年4月首飞，但海军一直未认可这一设计方案。1944年1月，马丁公司开始研发XBTM“拳击手”，这是一种大型快速轰炸机，装有4挺向前方射击的20毫米航炮。第一架“拳击手”原型机在1944年8月首次试飞，菲奇将军建议在1946年就让这种飞机替代航母上现有的“地狱俯冲者”和“复仇者”。1945年1月起，海军开始采购这种能够挂载5吨弹药的“拳击手”。根据一份1943年8月签署的合同，道格拉斯公司在原有设计的基础上改造了一型轰炸鱼雷机，并在1944年6月投产，飞机型号为 XBTD“摧毁者”。“摧毁者”只造了30架，但在此基础上，一种性能更加优越的天才设计出现了，那就是 XBT2D“无畏”2。7月6日，美国海军从道格拉斯公司订购了15架“无畏”2。这种强大的飞机设计时速高达553千米，作战半径超过800千米，在航母甲板上的起飞滑跑距离相当短，还能够挂载3吨有效载荷，包括火箭弹、炸弹和鱼雷。此外，它还将装备2门装在机翼内的20毫米航炮，以及一台 APS-4雷达。在1944年余下的时间里，道格拉斯公司和航空局的工程师们都在全力研制这一型飞机。[49]

舰队提出的另一项迫在眉睫的需求是增强夜战能力。如同日德兰海战中的杰利科一样，斯普鲁恩斯和米切尔同样在夜幕降临后完全无力追歼日军舰队，眼睁睁看着马里亚纳海战以敌人逃离而告终。缺乏完善的夜间搜索条令和夜间远程飞机不足令斯普鲁恩斯本来就不算可靠的情报搜集能力遭到进一步削弱，而大部分飞行员没有接受夜间飞行训练还导致了6月20日那次近乎灾难的夜间回收与海面迫降。为了杜绝此类悲剧，太平洋舰队航空兵司令部要求所有舰载机飞行员在实际参加战斗之前必须掌握夜间降落能力。[50]还有一些尚需时日才能解决的问题，不过托尔斯还是决定快刀斩乱麻，在和“苏格”·麦克莫里斯与福雷斯特·谢尔曼商量后，他于7月5日将刚刚修复归队的轻型航母“独立”号指定为夜战航母。他希望“独立”号能尽快投入战斗，“越快越好”。[51]舰载机大队队长特纳·F. 考德威尔中校从珍珠港找来了几支夜间战斗机和鱼雷轰炸机分队，编成第41夜航大队[拥有19架 F6F-5（N）和8架 TBM-1D]，搭载于“独立”号。这一临时编组的夜间作战力量在 E. C. 埃文上校的指挥下于8月17日启程奔赴埃尼威托克。

为了确立永久性、系统性的航母夜间搜索和攻击条令，航空兵将领们想要建立一支夜间航母特混大队。于是他们请出了太平洋战场的头号老将“企业”号。它搭载的第6舰载机大队曾在“屠夫”·奥黑尔的指挥下于吉尔伯特群岛战役期间开创夜间防空截击的先河。它的第10鱼雷中队在比尔·马丁的指挥下于特鲁克作战期间首次展开夜间空袭。在塞班岛作战期间表现最佳的夜间战斗机部队也来自“企业”号。[52]在以上所有战斗中，“大 E”的舰长都是马特·加德纳上校。不出意料，“企业”号被指定改装为夜战航母，比尔·马丁则在自己的舰载机大队轮休期间，在夏威夷被指定为第90夜航大队的指挥官。8月7日，加德纳晋升为少将，指挥新组建的第11航母分队，并负责训练出一支夜战航母特混大队。

金上将起初想要建立一支由“企业”号和4艘护航航母组成的夜战航母大队，但是他的太平洋方向计划制订官立即劝他放弃这个念头，因为护航航母太慢，跟不上快速航母的行动。于是他又在7月底同意让轻型航母“独立”号和“巴丹”号与“企业”号共同编组。[53]然而，“企业”号在当前这次出航结束、返回休整之前还要继续作为昼间航母参战，为了提前训练部队，第11航母分队吸纳了老舰“萨拉托加”号和“突击者”号（CV-4），其中后者刚刚于1944年7月加入太平洋舰队。这样，在1944年年底以前，太平洋舰队实际上不会拥有一个包含2艘夜战航母的大队。当“企业”号还在前线奋战之时，这两艘老舰已经足以在夏威夷外海训练夜航飞行员、制定夜间行动流程和战术了。[54]所有夜航机都要装备雷达。F6F-5N型机装备APS-6雷达，能够发现最远35.4千米外的航母，这一机型已经完全取代了夜战型F4U“海盗”。TBM装有ASD-1型雷达，能够发现64千米外的航母。[55]为了组建这样一支具备有效战斗力的夜航大队，其他航母上的夜间型舰载机都要被召回，其中有些飞机已经配备了新型设备，夜航大队的飞行员则接受了使用这些设备的训练。虽说准备工作一刻也没有停歇，但夜战大队的成军还需要时间。

这些新型航母、新型武器和新型飞机涌入太平洋舰队之后，美国海军可以放心地说自己有足够的飞机和飞行员来发动进攻了——这在第二次世界大战中还是头一回。事实确实如此，1944年6月4日，美国海军缩减了飞行员培训规模。但飞机的更新换代却不那么容易。金上将在当年2月将海军拥有的飞机总数上限确定为38000架并拒绝再作增加。这意味着一旦新型飞机，尤其是战斗机的产量超过了舰队需求，旧飞机就要被拆毁。美国人也不想如此浪费，这意味着他们必须进行更深入而复杂的研究并拿出相应的政策来。为此，麦凯恩中将于1944年2月把拉福德少将从太平洋召回华盛顿。

1944年4月12日，麦凯恩正式指派了“非正式委员会，以制订航空维护、器材和供应整体计划”，这个部门的非官方称呼是拉福德委员会。三个星期后，拉福德和他的航空兵军官们拿出了一套策略：只有最新型的飞机才能参加战斗，老旧飞机将送回本土，翻新后用于训练。5月4日，拉福德提交了他的调查报告，仅仅两天后，批复还没下来他就匆匆发布了《航空维护、器材与供应整体计划》，事情就是这么紧急。5月27日，霍恩中将批准了拉福德的报告，6月27日，海军部部长福莱斯特也批准了这份报告，并认为“非常好”。

然而飞机的数量仍然没有下降，于是菲奇中将在9月9日指派第二次拉福德委员会评估第一次拉福德委员会制订的计划。结果发现第一次的计划没问题，但是10月2日提交的第二次拉福德报告却提议应当允许抛弃旧飞机，包括在本土和在太平洋上，后者尤为重要，可以节约把飞机运回国的开支——运回国的飞机越少越好，够用就行。此外，这份拉福德报告还提出，美国海军应当将足够的零备件和熟悉机型的机械师先于相应机型运抵战区。这一策略的落实比较成功，到1945年2月时就已经见效。[56]

太平洋战争的节奏越来越快，这影响了那些刚刚和飞机一起来到太平洋的新舰载机大队的训练。在塞班岛作战之前，每艘航母在更换舰载机大队时都要返回珍珠港，之后再进行为期10天的合练。然而在6月，第58特混舰队的锚地再度西移，他们放弃了先前在马朱罗和夸贾林的基地，转而进驻了更靠近前线的新基地——西马绍尔群岛的埃尼威托克、阿德默勒尔蒂群岛的马努斯，以及塞班岛。不久之后，航母特混舰队又离开了这三个新锚地中的两个——10月撤离马努斯，11月撤离塞班——进而集中驻扎在埃尼威托克和其他更接近敌人的地方。因此，从1944年夏季开始，所有新来的舰载机大队在圣迭戈或者夏威夷训练时，就只能有哪艘航母用哪艘航母了，他们形成战斗力后再被货轮运到前进基地，然后上舰参战。[57]

如上述后勤和训练问题所示，自中太平洋反攻开始，太平洋舰队航空兵司令部的组织架构显著扩大。作战和计划两个处仍然是司令部中最重要的单位，后者的负责人先前一直是热情满满的斯皮格·威德中校，不过他的腿已经残疾多年，健康状况也日益恶化，不得不于1944年7月卸任退休。计划处下辖一个关键性的科室——作战情报科，这个科室自从1942年后期成立以来就一直由G. 威林·派珀少校领导。他们随时和舰队保持最密切的接触，每月都会向太平洋舰队航空兵司令部提交一份航空作战月度分析报告，可供大范围发布。另外，每当有重要作战行动，派珀少校和其他军官都会被派到航母上去亲自观察。塞班

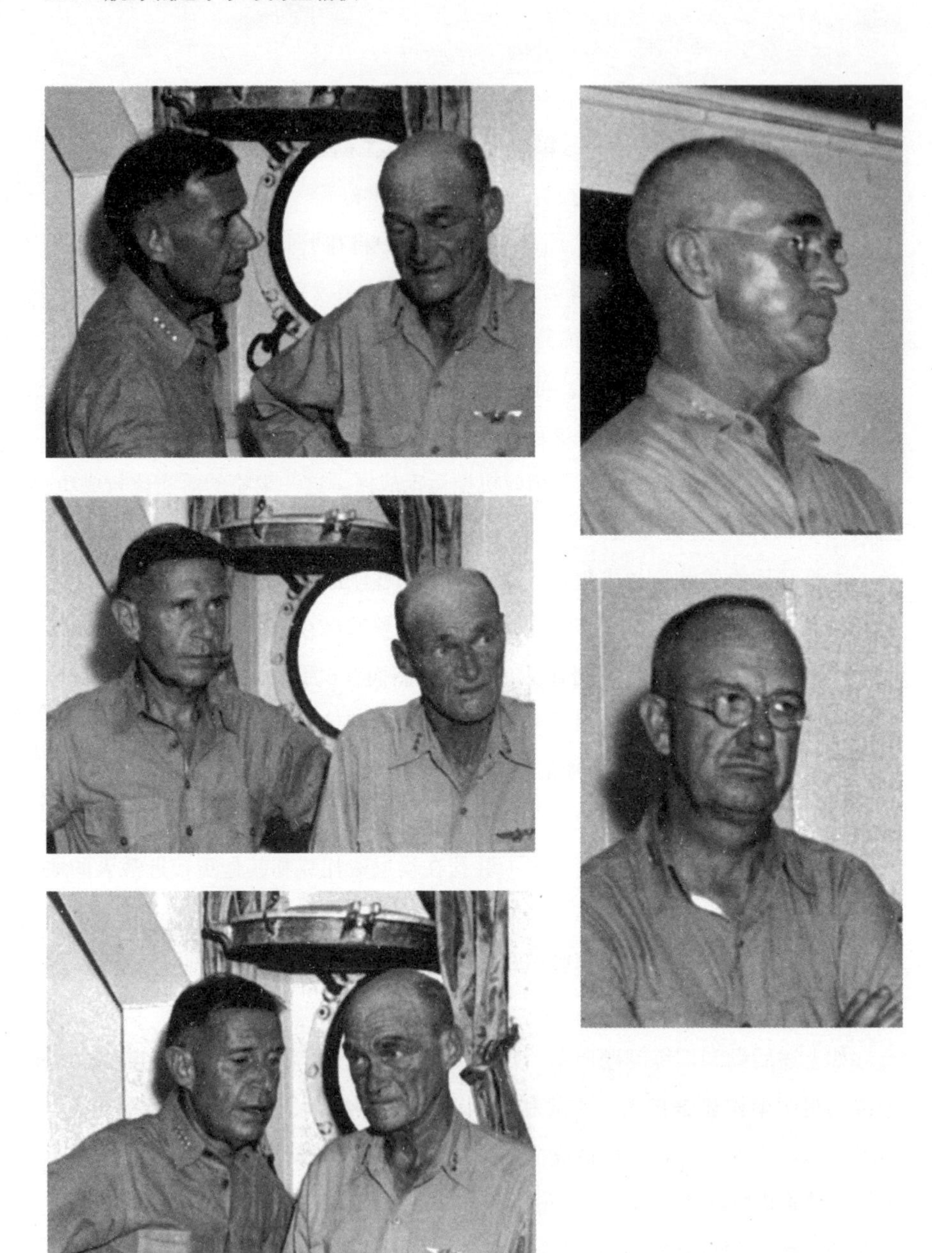

1944 年 7 月，斯普鲁恩斯和米切尔在讨论关岛作战事宜。右上为霍兰德·M. 史密斯中将，右下为里奇蒙·凯利·特纳中将。

岛作战期间，这个科室为各个重要航空兵单位提供了总重量达4.54吨的关于目标和敌情的文件材料。莱特湾海战期间，他们更是提供了重达11.34吨的文件。[58]

1944年夏季，太平洋舰队航空兵司令部开始大扩编。从4月到8月新成立了3个单位，分别是航空导航处、舰队航空维护处与行政管理处。6月，枪炮科与训练科被拆分开来，后者的发展尤为重要，因为随着航母舰载机大队新训练策略的实施，太平洋舰队航空兵司令部需要把“突击者”号和若干护航航母，外加一部分临时到来、接受验收的快速航母统一起来，在圣迭戈和珍珠港水域训练新到达的舰载机大队。到了12月，负责受训部队临时驻地的太平洋舰队航空兵司令部参谋长干脆被晋升为航空兵副司令。[59]随着航母部队和陆基航空兵的壮大，太平洋舰队航空兵司令部也变得日益庞大，虽然托尔斯中将现在已经贵为太平洋舰队副总司令，掌握着航空政策制的定权，但他也不得不依靠波纳尔少将和他本人的参谋长巴伦廷少将来获得信息。

1944年夏，随着所罗门战役和新几内亚战役的结束，中太平洋部队的任务日益重要，美国陆军、陆军航空兵和海军陆战队都在向这一方向大规模集结。美国陆军开始着手为了1945年在日本附近甚至日本本土的大规模登陆行动组建第十集团军。6月21日，S. B. 巴克纳尔中将来到太平洋，负责组建这支部队。7月，陆军建立中太平洋基地司令部，8月又成立了中太平洋战区陆军部队，两套班子均由理查德森中将指挥，总部都设在夏威夷。8月1日，新成立的中太平洋战区陆军航空兵部队正式开张，指挥官是米拉德·F. 哈蒙中将，这个单位吸收了原先第七航空队的行政管理职能，后者现在已经不再是行政管理单位，而是一支机动战术航空兵了。新成立的部门还有太平洋陆战队远征部队司令部，由霍兰德·史密斯中将指挥，这样史密斯就从几位海军将领的下属一下跃升为直接向尼米兹将军负责。[60]西南太平洋部队仍然独立运作，由麦克阿瑟将军指挥，下辖陆军第六集团军、肯尼将军手下新成立的远东航空兵和金凯德中将的第七舰队。

当来自中太平洋和西南太平洋的这些庞大陆海空力量于1944年后期聚力于吕宋瓶颈周围时，出现指挥困难在所难免，无论是陆军和麦克阿瑟，还是海军和尼米兹，谁都不愿意将最高指挥权拱手让与他人，只能相互协调。这场规模宏大的战役一旦在9月开打，就要一刻不停地持续下去，直到西太平洋上所有主要岛屿都被攻占或者压制、日本的海运能力被彻底摧毁为止，这一系列作战行动都是为了在1945年后期完成对日本本土的包围和封锁。这样一轮连续作战，其中每一个环节都必须密切啮合，这对海军作战计划的制订者来说相当困难。和陆军不同，海军中制订作战计划的官职，也就是第五舰队指挥官，在每次登陆行动前都要花费不少时间，在珍珠港对错综复杂的敌情与环境进行分析，之后再统帅大军发动进攻。但是在1944年6月之后，随着战火燃烧到日本占领区，美军必须一刻不停地歼灭、驱逐敌人，再也不会有时间进行详细筹划了。

美国海军的应对策略是建立两套舰队指挥班子，当一名司令及其幕僚班子在珍珠港筹划战役时，另一位司令及其幕僚班子指挥舰队在海上作战，一场战役结束后，两套班子立即轮换位置。这一方案最初由萨维·库克将军在1943年年末提出[61]，最终在1944年5月5—6日于旧金山举行的会议上定型，这场会议的主要参与人是金和尼米兹，哈尔西将军也应邀参加。金和尼米兹告诉哈尔西，所罗门战役结束后，他的第三舰队—南太平洋战区将被解散。[62]南太平洋部队将会降级，而哈尔西本人作为第三舰队司令，将与斯普鲁恩斯轮流指挥太平洋舰队主力。当斯普鲁恩斯指挥的时候，尼米兹的这些主力舰队将被称为第五舰队，哈尔西指挥时则称为第三舰队，下属各舰队的编号也同步轮换，例如第58特混舰队到了哈尔西手下就改称第38特混舰队，以此类推。发生变化的只有编号，舰队还是那一支，假如敌人真的误以为美军有两支强大的舰队在轮番作战——日军起初确实如此认为，美军也乐见其成。

尤其值得一提的是，第三舰队司令哈尔西是一个航空兵！太平洋战争爆发时他就是太平洋舰队航母部队司令，人们普遍认为他会直接指挥快速航母部队，而不是把其指挥权交给航母特混舰队司令。而当米切尔中将跟随斯普鲁恩斯回到后方时，航母特混舰队司令一职将会交给约翰·西德尼·麦凯恩中将。“斯洛”·麦凯恩在5月下旬就迫不及待地来到了太平洋战场，搭乘着斯普鲁恩斯的旗舰观摩了马里亚纳海战。6月15日，也就是斯普鲁恩斯麾下的陆战队和陆军部队登上塞班岛的同一天，哈尔西把南太平洋的指挥权移交给了自己的副手牛顿中将，自己则飞往珍珠港。17日，他在那里建立了自己的指挥部。第二天，他开始着手制订马里亚纳战役之后的作战计划。[63]

让麦凯恩接替米切尔的决定在航空兵军官中间激起了一些不满，尤其是那些从早期飞行员一路走来的老家伙们，他们认为不应该让麦凯恩这样的后来者担任航空兵的最高指挥官。在他们看来，这是“厄尼”·金在分派出海指挥权时又一次绕开“杰克”·托尔斯，这次占便宜的是麦凯恩，他是金的坚定拥趸。不仅如此，金实际上还否定了米切尔本人推荐的接班人弗雷德里克·C. 谢尔曼少将。虽然他也是个后来者，而且经常顶撞米切尔，但“泰德”·谢尔曼已经准备好了，他很希望，而且也能够胜任这一岗位；他在战争爆发前就一直不停地指挥航母执行各种任务，此刻正在西海岸舰队航空兵司令任上无所事事。谢尔曼后来写道：米切尔“告诉我，他已经推荐我来接替他……但这个职位却被人顶替了，实际上我是一张王牌，接替他的应该是我，而不是麦凯恩。”[64]不仅如此，“战斗弗雷迪”还是哈尔西最欣赏的航母指挥官，但是金却把这一位置给了在华盛顿坐了近两年办公室的麦凯恩。

不管怎么说，“厄尼”·金现在开始越来越多地插手快速航母部队的指挥了，因为他从中看到了海军的未来。他选择让麦凯恩来和米切尔轮岗，这不仅违背了太平洋上航空兵将领们的意愿，而且在华盛顿也引发了不少尴尬。5月24日，福莱斯特部长宣布，奥伯里·W. 菲奇中将将从1944年8月1日起接替麦凯恩担任分管航空的海军作战部副部长。而此时麦凯恩早已匆匆赶到太平洋，其副手拉福德少将暂时代理这一职务。一个星期后，当托尔斯中将代表尼米兹上将来到华盛顿讨论太平洋海军航空事务时，与金、菲奇、拉姆齐一同参与讨论的也不再是麦凯恩，而是拉福德了。7月，麦凯恩暂时回到华盛顿办理工作交接事宜，他曾经许诺拉福德只要完成航空兵后勤的梳理就把他送回前线，现在只能说抱歉了。麦凯恩走后，拉福德发现自己的新老板菲奇在许多关键性决策上都严重依赖自己的意见。然而此时分管航空的海军作战部副部长办公室的各项工作都受到了金直接干涉，在金眼里，它早已不仅仅是海军作战部次长霍恩将军手下一个分管后勤的办事处了。例如，金每个星期日都要单独和菲奇会面数个小时，讨论海军航空事务。[65]

金还对舰队的指挥体系进行了改组，这进一步确立了航空兵在美国海军中头等主力的地位。他实现了航空兵军官们长久以来的心愿，为所有非航空兵出身的舰队和特混舰队司令配备了一名航空兵军官参谋长。不仅如此，这些参谋长都从上校晋升为准将或少将——这与航空兵将领手下的非航空兵参谋长待遇相同。航空兵将领哈尔西已经有了非航空兵参谋长“米克”·卡尼少将，米切尔也已经与阿利·伯克（现已晋升准将）搭档。但在其他地方，这一新政策引发了人事上的大变动：非航空兵出身的斯普鲁恩斯失去了信赖已久的参谋长“卡尔”·摩尔上校，航空兵少将、前美国舰队总司令部作战参谋“亚特”·戴维斯取而代之；第七舰队司令金凯德中将的参谋长换成了从轻型航母“巴丹”号舰长任上晋升上来的瓦伦丁·H. 沙菲尔准将；太平洋舰队战列舰司令“大下巴”·李中将，参谋长换成了曾任“邦克山”号航母舰长的汤姆·杰特尔准将。

这一政策给“大舰巨炮派”的一众将领们造成了巨大的冲击。例如奥斯卡·巴杰尔少将等一干人，公开对航空兵的后来居上表示愤慨。还有一些人，譬如杰克·沙弗洛斯少将，对航空兵还算友善，但却抨击那些舰队里的非航空兵高级将领不敢在华盛顿的官僚们面前坚持原则。（“只要坚持待在你的办公桌旁，不要出海，你就仍然是金那支海军的主人”——他说的当然是“厄尼”·金。）[66]有些人，例如比尔·菲切勒少将，已经看到了发展方向，并全身心地投入到新的战术条令的制订中去。还有些人，例如斯派克·布兰迪少将，他们不满足于现实却也无可奈何，只好一门心思潜心钻研对岸炮击，坚决不与航空兵打交道。但大部分人，就像拉里·杜博斯少将这样，他们安心在航母特混大队司令手下指挥巡洋舰，即便自己的年资比特混大队司令（“乔可”·克拉克）还高五年，也依然安之若素，他们心平气和地接受了海战形式的大变革及随之而来的变化。

1944年夏，“大舰巨炮”派显然已经失去了对海军的控制权，但航空兵还没有完全接盘，不过这只是个时间问题。在1944年中期之前，航母特混舰队中航母出身和战列舰—巡洋舰出身的将官之间还保持着数量上的均衡，但是从那之后，大批戴着海军航空兵金翼徽章的年轻将领如潮水般涌入，平衡荡然无存。同样是少将，那些战列舰派的少将都是海军学院1911、1912和1913届的老家伙，而航空兵派的少将则有1916届的拉福德、戴维森和博根，1917届的邓肯和萨拉达，1918届的福雷斯特·谢尔曼、巴伦廷、克拉克、“汤米”·斯普拉格和“拐子”·斯普拉格，甚至还有1919届的舒菲尔、加德纳和奥夫斯蒂。航空兵显然更年轻。

美军快速战列舰的实际作战方式使得“大舰巨炮”派在舰队中的影响力大为下降。由于战列舰和重巡洋舰总是被分散配置在各个航母特混大队里，李中将始终得不到将战列舰队集中编组的机会，也难以制订出新的作战条令，例如夜间炮战条令。这也是他放弃1944年6月18至19日夜间炮战的原因。他还无法把手下所有舰长召集到一起，也无法深入了解他们个人。他和他那位航空兵出身的参谋长由于性格冲突几乎完全无法交流，李根本不想让这个麻烦不断的航空兵去指挥他的战列舰舰长们。李从来不担心写战斗报告的事情，因为在航母特混舰队中他根本得不到指挥海战的机会。作为太平洋舰队战列舰部队的兵种司令，他几乎完全没事可做，和航空兵兵种司令相比更能突出这一点。这一切最终导致1944年11月下旬太平洋舰队宣布撤销战列舰部队司令一职，命令于12月15日生效。同时他们还新成立了两支战列舰分队[67]：第1战列舰分队主要由太平洋舰队中的那些老式战列舰组成，由杰西·B. 奥尔登多夫中将指挥；第2战列舰分队就是李的快速战列舰部队。更重要的是，各战列舰部队指挥部里的炮术官开始换成了航空兵军官，这显然是为了帮助战列舰部队提升防空火力的效能，但无疑昭示了“大舰巨炮派”已经彻底“无可奈何花落去”了。

1944年夏季的短暂休整让美国海军航空兵得以重新评估最高指挥层的人选问题，“厄尼”·金此番再次独断专行。7月，金来到太平洋，考察总体战况，尤其是要确认一些指挥人员的变动。此行他带上了萨维·库克中将和人事局局长兰道尔·雅各布斯。7月13—14日，这位美国舰队总司令与尼米兹及珍珠港的航空兵军官们探讨了战术问题，之后飞往塞班考察损失，19日飞返珍珠港。3天后，他们在托尔斯中将的办公室里召集航空兵将官进行了一次重要会议，与会人员包括金、尼米兹、雅各布斯、托尔斯、麦克莫里斯和福雷斯特·谢尔曼。[68]

第一个变化出现在太平洋舰队高层——太平洋舰队航空兵司令部。查尔斯·A. 波纳尔少将由于在指挥战斗时缺乏进攻精神，在当年2月被迫离开舰队，之后他又在当年春季与托尔斯将军多次意见不合。波纳尔的大部分提议都被托尔斯纠正或回绝，然而波纳尔性格良善，依旧秉持着一种缺乏攻击性的态度。[69]这种状态在太平洋战争中是不能容忍的，因此金同意让波纳尔和在彭萨科拉担任海军航空训练处主任的乔治·D. 穆雷少将交换职务。7月31日，波纳尔接到了这份调令，他立即向尼米兹将军抱怨说自己受到了“恶劣对待”，但尼米兹对此不屑一顾，只是告诉他金上将说这个任命只是暂时的。[70]其实乔治·穆雷在所罗门战役中同样打得不好，但是作为早期飞行员，他是托尔斯团队的一分子，因此在太平洋舰队中得到了这么个机会。8月16日，穆雷正式担任太平洋舰队航空兵司令一职，令所有人都倍感惊讶的是他竟然在12月被晋升为中将，“泰德”·谢尔曼对此抱怨道：“不要出海去打仗，把大门把手擦亮就对了。”[71]

实际上，穆雷的晋升，根本原因在于太平洋舰队航空兵司令这一职位的重要性得到了最终认可，和它对等的军衔应该是中将，这是金在当年9月做出的决定。于是，当1944年12月中旬太平洋舰队战列舰司令一职被取消时，航空兵司令却升级了，穆雷则顺势晋升。与此相仿，航空兵司令部参谋长一职也升级为航空兵副司令，从9月29日起担任参谋长的弗雷德里克·W. 麦克马洪上校也被升为准将。[72]

就在7月22日的太平洋舰队例行晨会结束之后、金一行启程返回之前，各位将领围绕另一项主要变动达成了共识。第1航母分队司令“基恩”·哈里尔在塞班岛作战期间完全没能表现出主动精神。6月29日在关岛外海作战时，他突发阑尾炎，其指挥职务由特混大队中的巡洋舰部队指挥官威尔德·D. 贝克少将临时接替。从6月29日到7月7日，贝克将自己的将旗挂在了“埃塞克斯”号航母上，他也因此成了中太平洋进攻中唯一一个以非航空兵身份指挥一支快速航母特混大队的将领。7月11日，哈里尔返回珍珠港入院就医，他的上级不打算再让他留在太平洋前线了。他们决定让哈里尔回到圣迭戈基地去担任西海岸舰队航空兵司令，把“泰德”·谢尔曼换回来。8月1日，谢尔曼回到太平洋舰队，就任第1航母分队司令。[73]

其他几位航母分队司令也调整了岗位。第2航母分队司令拉尔夫·戴维森少将6月登舰观摩作战，7月担任第58.2特混大队司令。第3航母分队司令阿尔弗雷德·蒙哥马利少将在7月之前一直指挥第58.3特混大队，他于8月中旬离开舰队，享受为期两个月的休整。第4航母分队司令杰拉尔德·F. 博根少将，从7月13日起接替哈里尔和贝克担任第58.4大队司令。第5航母分队司令弗兰克·D. 瓦格纳少将性格招人厌恶，没人想要他，其职位从7月1日起由“乔可”·克拉克少将接替，而克拉克先前的职位——第13航母分队司令被撤销；克拉克还继续指挥第58.1大队。新设立的第6航母分队司令一职由哈罗德·B. 萨拉达少将担任，他于8月11日以见习身份上任，先后在几艘航母上供职，直到10月被突然解职。吉尔伯特—马绍尔区域指挥官阿尔瓦·伯恩哈德少将因病回国。与此同时，被困在华盛顿的亚瑟·拉福德少将直接面见“厄尼”·金，申请重回航母部队。金同意了，他让萨拉达负责吉尔伯特—马绍尔区域，第6航母分队司令一职则交给了拉福德。此外还有一名航母分队司令走马上任，就是负责夜战训练的第11航母分队司令马特·加德纳。最后，“黑杰克”·里夫斯——他早就该回国休假了——安然离开快速航母部队。

这样，快速航母特混大队指挥官的培养体系就建立起来了。这些新的航母分队司令，包括戴维森、博根和萨拉达，原来都是护航航母分队司令，而护航航母分队司令的人选则来自快速航母的舰长。1944年夏季，通过调任护航航母分队司令而升任将官的人包括：“勇猛”号舰长“汤米”斯普拉格、“普林斯顿”号舰长乔治·R. 亨德森、“列克星敦”号舰长菲利克斯·斯坦普、“大黄蜂”号舰长威廉·D. 桑普尔、“黄蜂”号舰长“拐子”·斯普拉格，以及“埃塞克斯”号舰长拉尔夫·A. 奥夫斯蒂。这样一条从舰长到快速航母大队司令的晋升通道，确保了所有快速航母大队司令都能拥有广泛的领导经验和实战经验。尽管如此，有经验的航空兵将领仍然十分宝贵，7月，“厄尼”·金告诉尼米兹，优秀的航空兵将领和上校很难得，不要把他们浪费在环礁基地的管理上。[74]

关于快速航母分队的编制，穆雷将军希望让每一个航母分队或者说特混大队都拥有1艘轻型和2艘重型航母，他认为那种由1艘轻型和3艘重型航母组成的大型编队“将难以实现，必定会指挥困难……”他的想法其实是错误的，米切尔将军早就确定，四艘航母是特混大队最理想的规模，因此必须坚持。但是穆雷确实开创了一条新的思路。他向尼米兹将军指出，一年后，大约就是1945年夏季，太平洋舰队将拥有17艘重型航母和9艘轻型航母。这支庞大舰队可以拆分为2支快速航母特混舰队，各编入13艘航母。两支舰队可以独立行动，太平洋舰队可以“双拳出击”，这样更有灵活性。[75]这一方案足够航空兵将领们考虑一阵了，如果真的付诸实践，则舰队现有的两名航母特混舰队司令就不必轮换了，米切尔和麦凯恩可以同时在海上率军奋战。

不过这是以后的事，眼下，快速航母特混舰队还是得先保证两套班子运作好才行。马里亚纳战役后的一个星期里，麦凯恩中将视察了多艘航母，拜访了多位航母指挥官，之后又到夏威夷待了4天。7月3日，他在那里见到了自己的新领导——哈尔西将军。随后麦凯恩飞回华盛顿，把分管航空的海军作战部副部长的工作交给了杰克·菲奇，之后便一门心思回到太平洋前线。1944年8月5日，原有的“太平洋舰队快速航母部队司令”一职被一分为二，分别是“太平洋第一快速航母部队司令”（米切尔）和“太平洋第二快速航母部队司令”（麦凯恩）。[76]不过，米切尔此番出海作战的时间只有7个月，达不到轮休标准，因此他没有随斯普鲁恩斯回国，而是留下来继续指挥已经改编为第38特混舰队的快速航母部队。8月10日，也就是来到夏威夷的第二天，麦凯恩就从“杰克”·托尔斯口中听到了这个令他失望透顶的消息。[77]米切尔还将继续指挥航母舰队三个月，直到下一场主要战役打完。麦凯恩此前没有任何快速航母特混舰队指挥经验，因此这次他要以过渡期见习的身份担任第38.1特混大队司令。

虽然对米切尔没有回国有些不乐意，但麦凯恩还是发现自己不得不从零开始组建自己的参谋班子。因为自己比米切尔的年资高4年，麦凯恩觉得自己应该能从米切尔那里继承一部分幕僚。8月15日他向托尔斯提出了这个要求，结果被驳回，后者告诉麦凯恩，他只能从“乔可”·克拉克那里临时借用一部分人员，这些人也要继续留在第38.1大队的“大黄蜂”号航母上履行参谋职责。麦凯恩坚信肯定是有人想要“卡自己的脖子”，于是他离开了稳如泰山的托尔斯，“直奔尼米兹而去”。尼米兹随后召集托尔斯、麦克莫里斯和福雷斯特·谢尔曼来听麦凯恩说事。受宠若惊的麦凯恩重申了自己的诉求，但是其他人纷纷表示同意托尔斯的观点。第二天，太平洋舰队司令部召集专门会议讨论麦凯恩的问题，除了前一天的那5个人，哈尔西将军也被召来了。这次会议再次强调了未来的指挥关系，麦凯恩被明确告知，等米切尔轮休，麦凯恩将获得快速航母部队的指挥权，届时他将拥有最高权威，指挥全局。[78]

麦凯恩这才放下心来，开始安心筹建自己的参谋班子。参谋长必须是个非航空兵出身的军官，于是他看中了曾经临时指挥过哈里尔特混大队的威尔德·贝克。除了常任作战参谋“吉米”·萨奇中校，麦凯恩从“乔可”·克拉克那里“借用”

航母司令和幕僚们，1944 年 9 月 20 日摄于“列克星敦”号。从左至右依次为米切尔中将、卡尼少将、伯克准将和哈尔西上将。

了3名作战专家，后来还想要挖克拉克手下那位优秀的防空引导官——结果没挖动。克拉克的副官为麦凯恩的指挥部制定了工作规则，这位副官编写的作战报告是整个舰队中最好的。在2 ~ 3个星期的时间里，麦凯恩的司令部几乎完全依靠克拉克手下人员的指导才能正常运行，但在此之后，克拉克的人便返回了“大黄蜂”号。[79]

“乔可”·克拉克并不是很想在哈尔西和麦凯恩手下做事，他就想跟着米切尔干。因此他向米切尔提出，只要麦凯恩一上任，他就要离开舰队回国，这样当斯普鲁恩斯和米切尔再次轮岗上阵时，克拉克也可以跟着一起轮岗回来。在米切尔看来，克拉克是自己最得力的特混大队指挥官，对此他当然求之不得，于是米切尔把这个方案告诉了托尔斯，后者同意了。但是福雷斯特·谢尔曼却要尼米兹否决这一方案，因为当11月麦凯恩就任第38特混舰队司令时，除了克拉克之外没有其他可靠的指挥官能够接掌第38.1大队。这种事情尼米兹见得多了，他接受了谢尔曼的建议，但是又决定一旦“蒙蒂”·蒙哥马利休假归来接管第38.1大队，克拉克就能回国。然而，克拉克和几位幕僚10月2日突然乘坐飞机来到夏威夷。尼米兹大为光火，他立即发电报斥责哈尔西竟然不打招呼就让克拉克离开舰队。不过三天后尼米兹还是允许克拉克返回加利福尼亚，但是要保持待命。7日，拉福德离开华盛顿，来到太平洋舰队报到。18日，蒙哥马利也回来了。于是，事情最终圆满解决，米切尔一直希望随时有两名航母分队司令处于待命状态，现在这个愿望实现了。[80]

当米切尔于1945年返回舰队时，他手下将有三名老将——“泰德”·谢尔曼、“蒙蒂”·蒙哥马利和“乔可”·克拉克，此外还有亚瑟·拉福德，他也在吉尔伯特群岛战役期间短期指挥过航母特混大队。不仅如此，他还有拉尔夫·戴维森和“盖里”·博根两位板凳队员。到那时，马特·加德纳的夜间特混大队也会做好战斗准备。届时，米切尔将会解决斯普鲁恩斯在马里亚纳战役中留下的遗憾，消灭日军舰队主力，之后继续西进。不过米切尔被夹在上面的哈尔西和下面的麦凯恩之间，地位十分尴尬。哈尔西也是个老航空兵，常常插手指挥，麦凯恩则迫不及待地想要取代米切尔。

这样，1944年夏季，美国海军快速航母特混舰队在与日本帝国最后一战时所需的将领和武器装备已全部就绪。在日本最终屈膝投降之前，再不会有大的变动了。

横扫

日军机动舰队主力已经在1944年6月被击败，但是在做出新的重要战略决策之前，美军还有塞班岛需要肃清，南边的提尼安岛和关岛也有待攻占。在这样的两栖作战中，快速航母部队承担着两大任务：一是孤立岛上敌军，阻止敌方舰队来袭、截断其空中攻击和海上增援；二是为登陆的地面部队提供近距空中支援。此时日军舰队的威胁已经暂时解除，航母部队在孤立守岛敌军时只需对付那些来自各个基地的无休无止的侦察机。大部分对地支援任务又被护航航母和陆军第七航空队的陆基战斗机扛走了。6月22日上午，2艘护航航母向塞班岛的阿斯利托机场派出了第一批P-47“雷电”战斗机。这些P-47和护航航母上的舰载机支援了塞班岛上地面部队的作战，直至7月9日岛屿被完全占领。

在此期间，第58特混舰队进行了整编，准备在7月支援关岛—提尼安岛登陆战。3支大队在埃尼威托克短暂休整，第58.4大队（“埃塞克斯”号、“考彭斯”号和“兰利”号）则从6月23日起持续空袭关岛和罗塔岛，直至7月3日。随着新的指挥官、舰载机大队和新航母加入舰队，一些老将回国休整，各特混大队的编成也经历了一系列变更。米切尔将军想要完成上次“乔可”·克拉克空袭硫磺岛和父岛列岛时未能彻底完成的任务，摧毁那些岛上的日军飞机和设施。6月30日，他派出克拉克的第58.1大队（“大黄蜂”号、“约克城”号和“巴丹”号）和戴维森的58.2大队（“黄蜂”号、“富兰克林”号、“蒙特利”号和“卡伯特”号）前去收拾这些北方岛屿。7月3—4日，这两支大队进攻了所谓的“乔可列岛”，消灭了超过75架日机，其中大部分是在空中击落的。最后，巡洋舰队又对硫磺岛进行了两个半小时的猛烈炮击。[81]这一番攻击彻底摧毁了岛上的日军设施，日军不得不把硫磺岛和父岛列岛上幸存的54架飞机召回了本土。[82]与此同时，“黑杰克”·里夫斯麾下第58.3大队（“企业”号、“列克星敦”号、“圣贾辛托”号和“普林斯顿”号）的舰载机4日向关岛发动了昼间空袭，夜间又组织驱逐舰进行了炮击，随后跟随前一日离开的第58.4大队返回埃尼威托克锚地。7月5日，克拉克与戴维森从硫磺岛南下，再次轰炸了关岛和罗塔岛，拉开了关岛登陆战打响之前空中火力准备的序幕。

7月6日，克拉克和戴维森的特混大队开始轮番攻击关岛和罗塔岛，揭开了登陆作战前系统性轰炸关岛的序幕。在接下来的一个星期里，这两支大队反复轰炸了预定目标。7月13—14日，第58.3和58.4大队（此时分别由蒙哥马利和博根指挥）加入了空袭关岛的队伍，第58特混舰队再次集结到一起。由于有一部分航母回国大修，舰队现在的阵容是这样的：第58.1大队——“大黄蜂”号、“约克城”号、“卡伯特”号；第58.2大队——“黄蜂”号、“富兰克林”号（搭载第13舰载机大队）；第58.3大队——“列克星敦”号（搭载第19大队）、“邦克山”号、“圣贾辛托”号；第58.4大队——“埃塞克斯”号、“兰利”号、“普林斯顿”号。这些航母及其舰载机继续在马里亚纳群岛轰炸了一个星期。18日开始，常规的炮击舰队也加入了进来。

7月21日，陆战队和陆军部队突击上岛，美军对关岛进行了整个太平洋战争中持续最久，按莫里森教授的观点也是效果最好的一次登陆前火力准备。[83]在登陆前一小时，米切尔的三支特混大队向岛上发动了全甲板攻击，312架飞机向预定登陆滩头投下了124吨炸弹。不过登陆发起后，情况便急转直下，快速航母和5艘护航航母继续为登陆部队提供近距空中支援。登陆部队不停地抱怨空中支援指挥官迪克·怀特黑德上校对他们的支援需求响应太慢（最慢的长达5小时），过于拥挤的无线电频道和在登陆时进水损坏的无线电台难辞其咎。陆战队想要接管现场的海军飞机并直接与飞行员语音通话，但海军不会接受。友军被误炸的事件也时有发生，这是近距空中支援的一大痼疾。[84]

提尼安岛登陆作战的空中支援就完全是另一回事了。这座岛屿位于塞班岛上美军炮兵和P-47战斗机的攻击范围之内，因此它在7月24日登陆之前也遭受了持续数日的轰击。从15日开始，美军P-47机群就飞来投下凝固汽油弹，烧光了登陆滩头上的低矮植被，随后范·拉格斯戴尔少将的护航航母部队也出动舰载机加入了空袭。提尼安岛登陆不需要快速航母部队参与，因为从相邻的塞班岛上起飞的飞机足以在它的上空停留一个半小时。迪克·怀特黑德的空中支援指挥部可以直接设在塞班岛，提尼安岛则只需要一名空中协调员直接在目标上空作业。无线电通信也没有出现拥堵，空中和炮兵火力与进攻部队的协调十分完美。[85]

8月1日，在美军的顽强攻击下，提尼安岛所有有组织的抵抗都被消灭，11天后关岛也落入美军之手。航空母舰部队成功阻止了日军对马里亚纳群岛的一切支援，但登陆的陆战队员们却认为海军舰载机和塞班岛上陆军航空兵的空中支援技术不如他们自己的航空兵。陆战队员们更希望由陆战队自己的飞行员提供支援，就像在所罗门群岛时那样，这些飞行员可以和战场上的陆战队对空联络组直接联系。不过由于登陆岛屿周围通常没有机场可用，陆战队的将领们申请调拨4艘护航航母以起降他们自己的战斗机和俯冲轰炸机。这一提议在复杂的官僚体系中一层层向上传达，耗费了不少时日，直到1944年12月30日才获得批准，此后组建护航航母舰载机大队又花了几个月。在这些陆战队航母部队组建完成之前，陆战队员们还是得依靠海军护航航母和快速航母的空中支援。

马里亚纳群岛的易手是太平洋战争的重要里程碑。鉴于其南侧和西侧的其他岛屿已经遭到迂回，日军不得不退守由环绕着东南亚的一串岛链组成的内层防御圈，而帕劳群岛则成为突出部，深深插入西加罗林群岛。1944年7—11月，塞班岛的港口成了快速航母部队的新锚地。从1944年8月到1945年2月，第10

后勤中队的油轮也靠泊在这里。9月，第10后勤中队开始在关岛停泊。11月，快速航母部队也来到了这里。当关岛上的战斗尚在进行之时，尼米兹将军就来了，考察将太平洋舰队的前进指挥部设在这里的可能性。不过，获益最大的当属陆军航空兵，美军刚刚占领这里，海军建筑营和陆军工兵就蜂拥上岛，为B-29“超级堡垒”战略轰炸机建造巨型机场。1944年11月24日，B-29轰炸机群首次从塞班岛起飞，轰炸了日本本土。

马里亚纳战役已经结束，但在进攻吕宋瓶颈之前，美军还需要一个比塞班岛和关岛更理想的舰队锚地。此外，尼米兹将军还计划在9月攻占帕劳群岛中的佩里硫岛。为此，美军需要帕劳群岛和其他一些可能用作锚地的岛屿的侦察照片——包括雅浦岛、乌利西、法伊斯、恩古鲁和索洛尔岛。7月22日，米切尔将军留下博根的第58.4大队继续支援关岛作战，派克拉克（第58.1大队）、戴维森（第58.2大队）和蒙哥马利（第58.3大队）去完成这一任务。7月25日，第58.2和第58.3大队轰炸了帕劳群岛。25—28日，克拉克大队的舰载机则对其余各环礁进行了空袭和照相侦察。[86]

从西加罗林群岛返回后，克拉克和蒙哥马利奉米切尔之命掉头开往小笠原群岛和火山列岛，以消灭刚刚集结起来的一批日军飞机和据报出现在那里的一艘轻型航母。于是，“戴夫”·戴维森带领“黄蜂”号、“约克城”号和“普林斯顿”号三舰返航，克拉克（“大黄蜂”号、“富兰克林”号和“卡伯特”号三舰）和蒙哥马利（“邦克山”号、“列克星敦”号和“圣贾辛托”号三舰）则于8月4—5日向硫磺岛、父岛列岛、母岛列岛发动了空袭，这已经是克拉克自6月16日以来第四次造访此地了。美军没有发现轻型航母，但是一支由8艘货轮和3艘护航舰组成的日军船队却躲避不及，成了完美的靶子。“乔可”·克拉克的舰载机击沉了其中9艘，他的巡洋舰部队赶来击沉了其余2艘，总吨位20000吨。大约24架日机在地面上被消灭，诸多建筑被摧毁，8月6日巡洋舰部队的炮击更是战果丰硕。[87]此时硫磺岛门户洞开、唾手可得，但美军对此却一无所知。随后，日军开始大力加固这里的防御，直到把它变成一座令人生畏的堡垒。[88]

8月10日，第58特混舰队刚刚全部回到埃尼威托克锚地，尼米兹就造访此地，他告诉米切尔：“91年前，一位美国海军将领（马修·C. 佩里）敲开了日本的国门。

现在，天命又让一位美国海军将领循此路而行。”[89]此后快速航母部队休整了两个星期，接着他们将向日本本土一路杀去，一刻不停，大有不破楼兰终不还的架势。8月12日，“战斗弗雷迪”·谢尔曼少将接替“蒙蒂”·蒙哥马利执掌第58.3大队。18日，“斯洛”·麦凯恩中将则从“乔可”·克拉克手中接过了第58.1大队的指挥权。8月26日，哈尔西上将接替了斯普鲁恩斯，第五舰队改编为第三舰队，第58特混舰队也改成第38特混舰队。

1944年8月中旬时，美军对切断吕宋瓶颈和封锁日本并没有什么明确的计划。自从1944年3月12日决定跳过特鲁克攻占霍兰迪亚和马里亚纳群岛之后，美军参谋长联席会议再也没有就太平洋战场的局势做出任何主要战略决策。按原定计划，尼米兹要在9月15日攻占帕劳，麦克阿瑟要在1944年年底占领菲律宾南部，他选择的具体目标是棉兰老岛。1945年开年，尼米兹要进攻台湾岛，麦克阿瑟则进攻吕宋岛。

不过，诸多计划制订者开始倾向于越过这些地点。5月的旧金山会议上，哈尔西将军告诉尼米兹，他认为帕劳群岛和西加罗林群岛应当被跳过，但是尼米兹和“米克”·卡尼对此并不赞同。[90]6月13日，参联会向尼米兹和麦克阿瑟询问，是否应该越过菲律宾和中国台湾岛，直接在日本南部的九州岛登陆。二人都表示反对，他们认为：首先需要在帕劳群岛或莫罗泰岛获得一处舰队和航空兵基地，接着要在菲律宾南部或中部取得一处立足点，然后才能进攻吕宋岛或台湾岛，切断日本的瓶颈海运线；直接攻打日本本土的后勤保障风险太大，再考虑到日本近海的海空防卫力量，风险进一步增加。[91]

随着美军在马里亚纳海战中大败日军舰队，以及欧洲方面盟军6月登陆诺曼底，重新制订战略计划的时机已然到来。因此，华盛顿各军种高层的计划制订者们提出了两条进攻日本的总体路线。其中一条是捷径，进攻小笠原群岛或者硫磺岛，接着是九州岛，最后是本州岛和东京，当然也可以取道北方的北海道岛进攻本州岛。这一计划需要极多的部队和船舶，因此成功实施需要两个先决条件：一是彻底击败德国，二是彻底摧毁日本海军舰队。在1944年夏，这两个条件的实现都还遥遥无期，因此这一直取日本本土的计划被否决，美军选择了另一条更漫长的路线：先攻菲律宾或者中国台湾岛，再打琉球群岛，最后是日本九州岛和本州岛。[92]

7月初，麦克阿瑟和尼米兹二人达成一致，攻占帕劳后，应该再攻打菲律宾南部的棉兰老岛，计划日期是11月15日。但是这两位将领和他们的参谋班子都对当地日军的机场网络心怀畏惧。穆雷将军在不久之后说道："直到9月之前，我们都不敢确定，自己能否不付出巨大代价就克服敌人陆基航空兵以及随时可能前来参战的航母和水面舰队的阻碍，敌人对此也同样算不准。"[93] 7月1日，肯尼将军责备麦克阿瑟不应该完全依靠快速航母在棉兰老岛日军陆基航空兵的作战半径内"打击和持续压制敌人的坚固设防地域和机场设施"，这一批评显然是正确的。[94]陆军也需要一个前进基地以便让陆基航空兵提供持续不断的空中支援，于是麦克阿瑟决定，9月15日进攻哈尔马赫拉群岛中的莫罗泰岛——这一计划得到了参联会批准。同日，尼米兹的部队也将在帕劳群岛登陆。

尼米兹和麦克阿瑟都认为，向日本本土的海陆突击应当始终得到陆基航空兵的支援，这就意味着美军还需要夺取更多像莫罗泰岛这样的前进基地。对麦克阿瑟来说，收复菲律宾是压倒一切的目标，这是他1942年逃离菲律宾时给当地人民的承诺。1944年6月15日，他说，通往马尼拉的垫脚石是菲律宾南部的棉兰老岛和中部的莱特岛，以及吕宋岛北部的阿帕里，他将分别于10月25日、11月15日和1945年1月15日拿下这些要地，随后在2月拿下吕宋南部的民都洛，在4月1日攻占马尼拉北面的林加延湾。除了最后在林加延湾的作战之外，其余所有战斗都要完全仰赖陆基航空兵。就连麦克阿瑟自己的航空兵司令肯尼将军都怪他不去更充分地运用快速航母——此前他过度倚重航母，现在却又跑到了另一个极端。但是无论如何，麦克阿瑟现在得到了陆军将领理查德森和肯尼、海军将领哈尔西和金凯德的支持，他要改变进攻计划了。[95]

尼米兹同意在莱特岛登陆，在那里可以建立机场，但是之后，他希望能够越过吕宋，在台湾岛西南部和比邻的厦门同时登陆，他的方案得到了金的大力支持。这将会迅速截断从东印度群岛到日本之间海运线的"瓶颈"，加快日本的败亡。尼米兹指出，从莱特机场起飞的肯尼的飞机，从帕劳起飞的陆军第七航空队的飞机，以及快速航母部队，能够共同打击菲律宾的日军航空兵力并掩护在台湾岛和亚洲大陆的登陆。出于对太平洋舰队强大实力的尊敬，陆军参谋长乔治·马歇尔将军同意了尼米兹和金的意见，陆军航空兵的"哈普"·阿诺德将军也同意，因为他的B-29轰炸机将能从台湾岛起飞轰炸日本。但唯独战时参联会主席，海军上将威廉·D. 莱希，投了反对票。[96]

七八月间，关于下一步越岛作战的辩论日益白热化，罗斯福总统以下所有的关键决策者都被卷入其中。7月26—28日，富兰克林·D. 罗斯福总统来到夏威夷会见麦克阿瑟和尼米兹，两人都平静地阐述了自己的主张，虽然麦克阿瑟看起来在会场上占了上风，但是最终的决定还是要由参谋长联席会议来做。当8月28日福雷斯特·谢尔曼到华盛顿，把尼米兹的方案提交给联合计划部（其中有两名海军航空兵军官，分别是唐纳德·邓肯少将和P. D. 斯特鲁普上校）时，那些迫不及待想要找到捷径的人甚至得寸进尺地询问：攻占莱特岛后，能不能连同台湾岛—厦门也一起跳过，直接进攻九州？但是谢尔曼向他们指出了陆基航空兵的重要性：在九州的登陆"离不开陆基航空兵，因为登陆部队需要获得长期不间断的空中支援"。[97]

当9月1日参谋长联席会议听取谢尔曼的汇报时，后者请求上级对进攻路线的选择给予明确的指示，这样尼米兹才能开始制订作战计划。谢尔曼将1945年3月1日暂定为台湾岛—厦门登陆的预定日期，到那时，德国应当已被击败，这也是这场战役的先决条件——届时美军能把部队从欧洲调来参战。不过此时，马歇尔将军对台湾岛的想法已经改变了。他此时不愿在太平洋战场上进行大规模陆地作战，并且认为攻打吕宋岛要比打台湾岛或者在亚洲大陆占领一溜条陆地容易不少。莱希上将赞同这一观点，他还指出，台湾岛登陆战役能否得到足够的部队，取决于莱特岛战役的进展——假设德国在1944年年底仍未投降。他接着说道：海军应当从吕宋岛或台湾岛中选择一处发动进攻，当前可以先行筹备物资，等莱特岛战役结束后再做进一步计划。9月8日，就在谢尔曼返回夏威夷之后，参联会下达命令，要求1944年12月20日在莱特岛登陆，并争取于1945年2月末或者3月初在吕宋岛或者台湾岛—厦门登陆。到了莱特岛战役之后，美军才能制订更为精确的计划，这取决于日军对哈尔西在9月发动的一系列航母空袭做出的反应。[98]

当8月28日哈尔西统帅着第38特混舰队从埃尼威托克环礁启程出击时，已经敲定的太平洋战争时间表是这样的：9月15日进攻莫罗泰岛和帕劳群岛的佩里硫岛，11月15日进攻菲律宾南部的棉兰老岛，12月20日进攻菲律宾中部的莱特岛。哈尔西此番出击有两个任务，一是支援在莫罗泰和佩里硫的登陆，二是压制菲律宾及其周边区域63个日军机场上的650架日军飞机。在棉兰老岛登陆之前，他将有10个星期的时间完成这些任务。

此次西进作战，哈尔西和米切尔的舰队辖有16艘航母，这也是太平洋舰队的快速航母部队自开始寻歼日军机动舰队以来第一次达到满编状态。

作为战役前奏，戴维森的特混大队于8月31日到9月2日期间再度空袭硫磺岛和父岛列岛，之后于9月6日空袭雅浦岛，轻型航母“蒙特利”号则绕道于5日空袭威克岛。大戏在6日开场，麦凯恩、博根和“泰德”·谢尔曼的特混大队开始轰炸帕劳群岛，空袭一直持续到8日。9月9日，戴维森大队在帕劳群岛海域进行了海上加油，之后留下来支援登陆战，其余航母则于9—10日空袭了棉兰老岛的日军机场。哈尔西的任务完成得轻而易举，日军并没有实质性的抵抗，于是他缩短了空袭时间，继续向北进击。

舰队编成

第三舰队司令：小威廉·F. 哈尔西上将

参谋长：R. B. 卡尼少将（非航空兵）

第38特混舰队司令：M. A. 米切尔中将（太平洋第1快速航母部队司令）

参谋长：A. A. 伯克准将（非航空兵）

第38.1特混大队——J. S. 麦凯恩中将（太平洋第2快速航母部队司令）

“大黄蜂”号——A. K. 多尔上校，第2舰载机大队

“黄蜂”号——O. A. 威勒上校，第14舰载机大队

“贝劳·伍德”号——J. 佩里上校，第21舰载机大队

“考彭斯”号——H. W. 泰勒上校，第22舰载机大队

“蒙特利”号——S. I. 英格索尔上校，第28舰载机大队

第38.2特混大队——G. F. 博根少将（第4航母分队司令）

“勇猛”号——J. F. 博格尔上校，第18舰载机大队

“邦克山”号——M. R. 格里尔上校，第8舰载机大队

“卡伯特”号——S. J. 迈克尔上校，第31舰载机大队

“独立”号——E. C. 埃文上校，第41夜间舰载机大队

第38.3特混大队——F. C. 谢尔曼少将（第1航母分队司令）

"埃塞克斯"号——C. W. 威伯尔上校，第15舰载机大队

"列克星敦"号——E. W. 里奇上校，第19舰载机大队

"普林斯顿"号——W. H. 巴莱克上校，第27舰载机大队

"兰利"号——W. M. 迪伦上校，第32舰载机大队

第38.4特混大队——R. E. 戴维森少将（第2航母分队司令）

"富兰克林"号——J. M. 舒麦科上校，第13舰载机大队

"企业"号——小 C. D. 格罗沃上校，第20舰载机大队

"圣贾辛托"号——M. H. 科诺德尔上校，第51舰载机大队

哈尔西将军对驻菲律宾日军陆基航空兵的孱弱感到震惊，9月12—13日对菲律宾中部米沙鄢群岛的空袭更令他确定了这一认知。他的舰载机摧毁了200架日军飞机，击沉多艘船舶，消灭许多地面目标，却几乎未受损失。随后，哈尔西撞上了一个大好运，一个"屁股上还带着脚印"的少尉也由此突然成了快速航母部队的超级英雄——至少他们自己是这么想的。"大黄蜂"号第2舰载机大队的托马斯·C. 蒂勒少尉在莱特岛上空被击落，当地人救了他，并告诉他日军在莱特岛的防御十分薄弱。随后他被一架 PBY"小飞象"水上飞机救回。哈尔西从"大黄蜂"号上的"乔可"· 克拉克处听到了蒂勒少尉的消息，这一消息让他愈加怀疑驻菲律宾的日军航空兵只是一具空壳。[99]

哈尔西立即意识到，自己根本不需要花费10个星期去为棉兰老岛登陆扫清日军航空力量。上不仅如此，由于快速航母部队已经牢牢掌握了西太平洋的制空权，就连棉兰老岛登陆本身都已不再必要。陆军第六集团军完全可以在第38特混舰队的支援下直接登陆莱特岛。9月13日中午时分，哈尔西大胆地把这个方案提交给了尼米兹。对哈尔西对菲律宾空防情况的判断，尼米兹和麦克阿瑟都十分认同，于是他们14日就批准了这一计划，并把哈尔西的建议提交给了正在魁北克开会的盟国首脑以及联合计划委员会。仅仅90分钟后，这一新战略就得到了批准，即便11月的雨季会妨碍莱特岛上的机场建设也无关紧要。哈尔西甚至还想取消莫罗泰—帕劳登陆战，但却为时过晚，战事已然箭在弦上，不得不发。

战略一变，所有事情都随之改变。原本为三场小型登陆战（雅浦岛、塔罗德岛和棉兰老岛）准备的部队现在都投向了莱特岛，而登陆日期也提前了整整两个月，改为10月20日，尔后所有的作战行动也都要提前。随着欧洲战事的拖延，尼米兹无法在2月得到足够的兵力来发起计议中的台湾岛—厦门战役。但是"厄尼"·金仍然坚决反对选择吕宋作为下一个进攻目标，9月下旬，他向马歇尔将军抱怨说自己的快速航母部队要被限制在吕宋岛外海长达六个星期，暴露在敌人面前的时间太久了。但是麦克阿瑟却提出，第38特混舰队只要停留几天，一俟护航航母和陆基飞机跟上来接管空中支援，快速航母就可以自由行动了。

进攻台湾岛和厦门的计划随着尼米兹态度的转变而宣告中止。中太平洋陆军航空兵和陆军部队司令，哈蒙和巴克纳尔两位将军，观察到日军正在一个一个地占领第十四航空队①设在中国的机场，这意味着在台湾岛的任何作战行动都将无法得到来自那个方向的空中支援。不仅如此，若将大量部队投入台湾岛，还会推迟向琉球群岛冲绳岛跃进的时间。最后，美军手头的兵力也不足以应对如此规模的战役，这一难题在几个月内都将无法解决。确信了这一判断之后，尼米兹在1944年9月29日到10月1日的旧金山会议上向金说明了他的观点。舰队总司令仍然不情愿将航母部队束缚在吕宋岛外海，但是他最终还是勉强同意进攻吕宋。[100]

在这次旧金山会议上，针对金提出的关于吕宋岛之后再进攻哪些目标的问题，尼米兹拿出了一份新的时间表：1945年1月下旬进攻火山列岛中的硫磺岛，3月1日进攻琉球群岛中的冲绳岛。进攻两座岛屿的理由都是营建航空兵基地：硫磺岛机场可以起降战斗机为轰炸日本的B-29轰炸机护航，并为战斗中受伤的"超级堡垒"提供备降机场；冲绳则可以成为补给基地和中/重型轰炸机的基地。10月3日，参联会同意了这一计划，并将进攻吕宋岛的日期定为12月20日，也就是原先计划中进攻莱特岛的日期。快速航母部队将要支援麦克阿瑟在吕宋岛的作战，之后陆军航空兵会从吕宋出发，支援冲绳作战。在新的计划中台湾岛会被跳过，并将遭受航空兵的压制。美军此前对是否要攻打台湾岛一直犹豫不决，现在这一问题已然不复存在。[101]

---

① 译注：其前身就是著名的"飞虎队"。

在莱特—吕宋—硫磺岛—冲绳一系列战役打完后，太平洋战场就只剩下最后一个目标——日本本土。虽然有些将领还想要在台湾岛北面的大陆沿岸建立一个基地，但这毕竟只是提议而已。如何杀进日本本土以击败日军，将成为美国陆海两军在参联会内的下一个争论焦点。陆军倾向于传统的登陆战，就像在欧洲那样；海军和陆军航空兵则希望进行海空封锁，令日本陷入饥饿，并持续轰炸日本直至其投降。出于制订计划的需要，参联会已经在1944年7月11日决定在日本登陆，因为海空封锁耗时过于长久。[102]但是随着战线向西面和北面推进，快速航母部队在日本近海夺取了制空权和制空权，关于是否登陆日本的争论将日趋白热化。

不幸的是，在未来战略中毫无重要性但仍然被美军费力攻克的佩里硫岛，成了另一个塔拉瓦，登陆部队伤亡惨重。根据马里亚纳群岛战役的经验，人们或许会认为攻占佩里硫是轻而易举的事。参战的美军航空兵具有压倒性优势。9月6—8日，帕劳群岛遭到了麦凯恩第38.1大队、博根第38.2大队和谢尔曼第38.3大队的猛烈轰炸，在此之前，陆基B-24轰炸机群也轰炸了这里，造成重创。之后，戴维森的第38.4大队接管了空袭。迪克·怀特黑德上校在回国轮休之前综合了自己所有的近距空中支援经验，编写了一份空中支援计划，并交给了帕劳群岛作战的空中支援指挥官O. L. 奥戴尔中校。9月15日登陆日当天，奥戴尔对来自奥夫斯蒂少将、桑普尔少将麾下的10艘护航航母和戴维森第38.4特混大队的攻击机进行了对地支援引导。戴维森大队在佩里硫外海一直停留到18日，之后所有支援任务都交给了护航航母。佩里硫战役的近距空中支援非常好，有时候甚至近在咫尺，但是登陆部队的伤亡仍然很高。[103]

日军在关岛的战斗中摸清了美军登陆和轰炸的战术，于是采取了一套“纵深防御”策略。他们在洞穴内构筑工事，只在美军炮击和轰炸的间隙向前运动，等美军登陆部队上陆后再开火。由于滩头基本未设防，美军为期3天的战列舰炮击几乎没有发挥作用，支援飞机也没有找到什么目标可打。到17日，陆战队自己的炮兵已经全部上陆，空中支援也转向轰炸炮兵无法触及的纵深目标。18日快速航母撤走后，空中支援指挥官把他的指挥部搬到了岸上。随后，陆战队也把自己的F4U“海盗”战斗机派到了刚刚占领的岛上机场。这些飞机在树梢高度向日军投掷454千克重磅炸弹和凝固汽油弹，最大限度地为地面部队提供空中支援。

但是这种支援并不能解决问题，地面上的大兵们还得把佩里硫岛上的日本守军从工事里挖出来。到9月22日，美军占领了岛屿大部，但日军有组织的抵抗一直持续到11月25日才告结束。佩里硫，虽然没能值回付出的代价，但却对即将发生的惨烈战斗发出了预警。[104]

空中支援中还有太多事情要学，但是只要海军陆战队的飞机登不上航母，海军就无从学习他们的对地支援技术。不过海军现有的对地攻击战术也是可以接受的，9月15日在莫罗泰岛近乎完美的登陆就证明了这一点。麦凯恩的第38.1大队在海岸外80千米处巡弋，与“汤米”·斯普拉格、“拐子”·斯普拉格两位少将麾下的6艘护航航母一起执行对地支援任务。尼米兹现在想把近距空中支援任务从航空兵司令部转移到两栖战司令部，这是凯利·特纳将军的主意。因此，1944年10月1日，怀特黑德上校的整个团队被从太平洋舰队航空兵司令部剥离，调入了特纳的太平洋两栖部队司令部，他们的新名称是太平洋舰队两栖战部队空中支援指挥部（ASCU, PhibsPac）。[105]不过，怀特黑德与他得到增强的团队还要等到次年1月的硫磺岛战役才有机会一展身手，莱特岛和吕宋岛的登陆战都是麦克阿瑟部队唱主角。

9月，第38特混舰队完成了对菲律宾的毁灭性空袭：14日空袭棉兰老岛和米沙鄢群岛，21日、22日和24日连续空袭马尼拉和米沙鄢群岛。尼米兹责备哈尔西没有在马尼拉湾布雷，但是哈尔西自有他的理由：水雷会过度占用航母上有限的弹药存储空间，舰载机在投放水雷时也十分危险，因此布雷这种任务不宜由舰载机来执行，应该交给陆基轰炸机。但这其实没什么影响，到9月底，第38特混舰队已经在空中和地面摧毁了不少于893架日军飞机，击沉67艘舰船，总吨位达22.4万吨——这是个了不起的成绩。[106]

后勤方面，此时美军的航母部队已经获得了多个可支持在前沿海域作战的前进基地。其中最大的基地是乌利西，美军于9月23日占领了这座巨大的环礁和潟湖，这里和日本东京已经处于几乎同一经度上了。当卡尔霍恩将军的后勤部队还在建设这个新占锚地时，快速航母部队不得不分散进驻多个不同的地点。阿德默勒尔蒂群岛中马努斯岛的西阿德勒港，原本设计用作中太平洋和西南太平洋部队共用的永久性基地，于9月29日接纳了麦凯恩的第38.1大队。博根带领第38.2大队于28日进驻塞班，谢尔曼的38.3大队于27日靠泊帕劳群岛北端的科索尔水道。戴维森一直带着38.4大队在帕劳群岛海域作战，直到10月初帕劳群岛南端佩里硫岛的作战大局已定为止。10月1—2日，博根和谢尔曼带着他们的特混大队开进了新建成的乌利西潟湖，在那里经受了三天来自剧烈台风的考验。[107]

10月，第10后勤中队将指挥部从埃尼威托克搬迁到乌利西，为此，40艘各种类型的船只横越2250千米的太平洋洋面，移师新基地。在乌利西，多艘老旧油轮组成了“浮动油轮农场”，他们静静停泊在那里，为舰队储备了40万桶舰用燃油和航空汽油。为太平洋舰队服务的部队并不只有第10后勤中队一支，还包括：第2后勤中队，负责操作所有在交战海域行动的修理船、救援船和医院船；第8后勤中队，在珍珠港储备了各种后备勤务船只以供前线之需；第12后勤中队，负责在关岛和塞班岛建筑港口设施。

然而这些基地和后勤部队并不够用，快速航母部队现在要长时间在深远、广阔的海域作战，他们甚至连回到乌利西锚地加油和补充飞机的机会都没有。为了在海上满足第38特混舰队的补给需求，舰队后勤专家创建了海上后勤大队，拥有34艘舰队油轮，由11艘护航航母、19艘驱逐舰和26艘护航驱逐舰护航。每一支补给大队由12艘油轮组成，它们先在乌利西加满油，再开往指定地点与快速航母部队会合。“吉普航母”将为油轮提供防空巡逻并运输补充飞机。哈尔西每次都把加油集合点选择在日军陆基飞机的极限作战半径上，因此海上加油行动从来都没有遭受过日军陆基飞机的干扰。这些补给大队赋予快速航母特混舰队前所未有的机动性——接下来的战役将会碾压此前的一切连续出海纪录，美军舰载机也将向日本内层防御圈上的要害发动猛烈进攻。[108]

到了1944年10月的第一个星期，第38特混舰队已经拥有了优秀的指挥官、飞机、舰艇、官兵、后勤保障，以及辉煌的战绩。这一切都是必不可少的，因为这只庞大舰队即将面对漫长的征途，面对再一次舰队决战，面对一连多个星期的近距对地支援，面对前所未见的恶劣天气，面对日军打出的数以千计的飞机和人操导弹。正如7月下旬发布的《太平洋舰队航空兵司令部6月分析报告》警告的那样：“损失将会很惨重，决不能过于自信。”

第八章 菲律宾战役

一旦美军开始着手收复菲律宾群岛，莱特和吕宋两岛的作战就成了日本帝国及其战争机器存亡的关键。一旦攻占莱特岛，美军的飞机、舰队和两栖战部队就可以向西向北继续出击，攻打侵华日军和东印度群岛的日军，从而斩断对日本来说生死攸关的通往东南亚原材料产地的航运线。除了堵塞"吕宋瓶颈"、阻绝日本的原料供应之外，美军还能与驻印度的英军协同作战，横扫中南半岛，也可能在中国大陆登陆，直接与中国的抗日军队建立联系，日本在东亚大陆的优势将会不复存在。

和1941年12月时一样，菲律宾群岛在地理上掩护着日本东南亚占领区的东翼，但是此刻，也就是1944年10月，这个群岛自身也是日本内层防御圈的一部分。日军必定会不惜一切代价死守菲律宾，为此，他们将会出动驻扎在新加坡和日本本土的舰队、数以千计的精锐地面部队，以及部署在日本本土、亚洲大陆和整个防御圈内所有受威胁区域的陆基航空兵。客观地说，获胜的希望渺茫，也的确有一些海军将领和政客要求求和，但那些尚未体验过大规模作战的日本陆军，还不知道美军的厉害，莱特和吕宋作战会给他们一个下马威。

若能在菲律宾取胜，美国不仅可以恢复在此地的统治、缩短战争进程，还能把作为列强之一的日本帝国彻底逼进墙角。这场战役必然持续数月之久，所有将士的耐心都将受到极大的考验，尤其是那些被束缚在滩头、长期为大陆式的大规模陆上作战提供空中支援的快速航母特混舰队官兵。但这场战役也会让航母部队为即将到来的恶战做好准备。

菲律宾之战的结果使后来的许多历史学者倾向于以后见之明低估1944年10月时日本舰队和航空兵部队的作战潜力。当美军为11月的菲律宾登陆作战制订审慎的计划时，丰田大将手头还有一支实力尚可的航母舰队。

舰队编成

第三舰队司令长官：小泽治三郎中将

第1航空战队——小泽中将

航母“天城”号、“云龙”号、“瑞鹤”号、“葛城”号

第3航空战队——大林末雄少将

航母“瑞凤”号、“千岁”号、“千代田”号

第4航空战队——松田千秋少将

航空战列舰“伊势”号、“日向”号，航母“隼鹰”号、“龙凤”号

当马里亚纳海战中受损的航母完成修复、新型云龙级航母服役之后，小泽中将便希望带领自己的航空母舰开往新加坡，与栗田健男中将第二舰队的战列舰和巡洋舰会合[1]，机动舰队随后将再次出击迎战来袭美军。丰田大将别无选择，只能同意小泽的计划——舰队所需的燃料都在东印度群岛，武器装备却需要日本本土供应，所以必须保持“吕宋瓶颈”畅通。对此，丰田如是说：“以牺牲菲律宾为代价保全舰队，是毫无意义的。”[2]

11月，日本陆基航空兵的状况比早前有所改善。7月，日本陆海两军同意共同防守菲律宾，但是如同此前发生在菲律宾的所有战事一样，绝大部分作战任务都是由海军航空兵来承担的，因为陆军飞行员无法在大海上空导航。[3]因此，海军飞机将要攻击第38特混舰队，陆军飞机则主要攻击海滩外的美军船舶。丰田计划首先使用陆基飞机，就像在马里亚纳群岛战役时那样。如果陆基飞机也如同6月时那样未能阻止美军登陆，他就会出动航母和舰载机，只是即便到11月这些舰载机部队还是实力不足、缺乏训练。如果陆基飞机和航母部队都未能取胜，他就只剩下了最后一招：出动大西的自杀飞机。但在祭出这一终极杀招之前，丰田就已经损失了超过1000架飞机及其飞行员。

但是美军的作战计划令丰田的所有计算都落了空。莱特岛登陆战提前到了1944年10月20日，随后就是12月5日在吕宋岛南面民都洛的登陆，接着是12月20日在林加延湾登陆吕宋岛。后两个目标都位于菲律宾群岛西侧，面向中国南海。一旦在这些地方登陆，登陆部队的后方就会暴露给驻扎在中国大陆和中南半岛

机场上的日本航空兵。而远离基地作战的美国第三和第七舰队将会在地理上处于极其不利的地位。正是这些因素，使绝大部分美军计划制订者认为日军舰队将会在进攻民都洛或者吕宋时，而非莱特岛时前来迎战。

莱特湾海战

菲律宾群岛的作战任务落在了道格拉斯·麦克阿瑟将军率领的西南太平洋战区部队身上。这支部队主要依赖肯尼中将的陆基航空兵，他们在第七舰队轻型水面舰艇的支援下在新几内亚发动了一系列陆军风格的登陆战役。第七舰队人称“麦克阿瑟的海军”，司令是托马斯·C. 金凯德中将，他曾是最后一位指挥航母舰队参战的非航空兵将领，并在1942年丢掉了“大黄蜂”号——至少托尔斯认为他应为此负责。[4]

然而在新几内亚，金凯德完全不需要和航母打交道，若按照美军先前的策略，他在莱特岛登陆战中也不需要航母——美军将会夺取棉兰老岛，肯尼将军的陆军飞机将从那里起飞支援对莱特岛的进攻。但是现在计划变了，所有空中支援都必须来自海上，于是尼米兹从中太平洋战区调拨了18艘护航航母来支援莱特岛登陆战。然而肯尼将军忽然发现自己对航母的空中支援流程一无所知，尼米兹只好匆匆把回去休假的迪克·怀特黑德上校召回来，担任莱特岛战役的空中支援指挥部司令。肯尼对此异常恼火，且拒绝合作。[5]

为西南太平洋部队这次作战提供支援的还有来自尼米兹中太平洋战区的第38特混舰队。由于这支特混舰队实际上是由威廉·F. 哈尔西将军亲自指挥的，人们常常认为它等同于第三舰队，但实际上中太平洋两栖战部队均没有作为第三舰队的成员参与莱特岛作战。和在塞班岛作战时一样，快速航母将和护航航母一起执行近距空中支援任务，一旦敌方舰队出现，则要前往迎战。不过这次有个新问题：哈尔西是尼米兹麾下的前线指挥官，他要从尼米兹那里领受命令，而非听命于麦克阿瑟。在实战中，第三舰队的作战行动和麦克阿瑟、金凯德其实是彼此独立的。

这样，美军的新一轮进攻就存在一个重要缺陷：尼米兹和麦克阿瑟之间缺乏统一指挥。这两位主帅在太平洋战场上平起平坐，都只接受参谋长联席会议的指示。因此，哈尔西与麦克阿瑟、金凯德之间也就未能形成直接联系。第三和第七两大舰队之间的任何联系都必须通过专门路径传达，各种文件也无法沿现有的指挥链直接传达到需要它的地方。这样一套低效的指挥体系不可避免地带来了通信延误、情报匮乏和误解，有时还会出错。在太平洋实现统一指挥是绝对做不到的，尼米兹绝对不可能放心地把快速航母交给麦克阿瑟，他可能会漫不经心地把航母暴露在敌人攻击之下，甚至把它们牺牲掉，麦克阿瑟也坚持像莱特岛这种大规模作战一定是陆军的事。于是，这套体系——抑或根本没有体系——将会不可避免地带来混乱甚至是灾难。

哈尔西是一位深受尼米兹敬重的斗士，他现在要到菲律宾去一展拳脚了。哈尔西的思维不如斯普鲁恩斯那般细致，因此也不会如同塞班战役时那样受到众多详细信息的干扰。他将自由地率领舰队作战，期望诱出日军舰队并与之决战，完成斯普鲁恩斯在6月没有完成的使命。9月下旬的旧金山会议上，尼米兹又一次向“厄尼”·金表达了这一期待。[6]这样，哈尔西不会受到模糊命令的限制，这一次尼米兹把马里亚纳大海战期间对斯普鲁恩斯的暗示挑明了：“一旦出现或者创造出能够摧毁敌人舰队主力的机会，则将之摧毁便是首要任务。”[7]这就是战斗命令，尼米兹没有与麦克阿瑟将军和两栖战司令协商就发出了这份指示，“公牛”哈尔西也就获得了完全的自主权以寻找并歼灭日军机动舰队，无须顾及搜索敌人和支援登陆等其他任务。

在中太平洋的第三/第五舰队两套班子的指挥体系中，哈尔西的任务就是去打硬仗。菲律宾战役中，哈尔西的任务可能全部都是支援麦克阿瑟作战，而在此之后他就要把指挥权交给斯普鲁恩斯，让后者去指挥更复杂的硫磺岛和冲绳岛登陆战。再往后，就只剩下进攻日本本土了，而哈尔西这时候就只剩下支援任务可做了。“厄尼”·金在9月的旧金山会议上曾问尼米兹是否可以让斯普鲁恩斯指挥吕宋的滩头部队、让哈尔西率领快速航母部队去打一场大海战。这一提案的前提是，敌人的舰队在12月前不会主动出击，而吕宋才是太平洋舰队大展拳脚的战场。金还提出可以在硫磺岛、冲绳岛战役时让哈尔西在斯普鲁恩斯手下指挥作战，但尼米兹还是决意保持两套班子的指挥体系。[8]

哈尔西指挥第三舰队时总是把自己当成快速航母特混舰队的司令，而这样一来，最称职的航母战场指挥官米切尔或者麦凯恩实际上就被架空了。哈尔西的这个态度很危险，因为他并没有米切尔或者其他快速航母特混舰队司令那样的经验。8月末，刚刚得到舰队指挥权，他就迫不及待地登上了米切尔的旗舰，并且激动地说：“我都离开舰队两年多了，让我看看新的航母和飞机都长什么样。”[9]自从他1942年4月运送杜立特的轰炸机群空袭东京以后，美国海军的航空母舰发生了翻天覆地的变化，他需要专家意见来补上落下的课程。

实际上，如果哈尔西能和麦凯恩一道有一段快速航母见习期就好了，因为他不是米切尔那种善于依赖下级的人，他的幕僚班子也并非完全适合指挥快速航母特混舰队。他那位非航空兵出身的参谋长罗伯特·B. 卡尼少将，同样是个暴脾气，这样两人沟通起来倒是便利，但他并不善于激发不同意见。他的作战参谋，拉尔夫·E. 威尔逊上校也不是航空兵，他的计划制订官则是个陆战队准将，是他从原来的南太平洋战区带过来的。哈尔西的所有参谋都是在南太平洋时的老班底，包括他的副官哈罗德·E. 斯塔森中校（原明尼苏达州州长），以及三位航空兵军官——M. C. 齐克中校（情报官）、H. 道格拉斯·莫尔顿中校（航空作战官）和L. J. 唐中校（通信官）。麦克·齐克和道格拉斯·莫尔顿在20世纪30年代时从海军退役，战争爆发后被召回，他们和唐从1942年起就一直跟随哈尔西。哈尔西把自己最亲密的几位幕僚都拉进了他的“阴谋诡计部”——卡尼、莫尔顿、唐、斯塔森和他的航空作战情报官约翰·E. 劳伦斯少校。而无论是哈尔西还是他的参谋们，以及麦凯恩，都没有参加过航母会战或者第58特混舰队的任何一次战斗。具有这些经验的只有米切尔、伯克，以及三位指挥特混大队的老将——“泰德”·谢尔曼、“戴夫”·戴维森和“盖里”·博根。

从战术风格上看，哈尔西无疑是纳尔逊式的混战派。同时，作为一名航空兵将领，他也不可能如斯普鲁恩斯式的战列线派那样不乐于主动求战。他作风大胆，不怕冒险，但对指挥流程漫不经心。他通常不会提前发布完善的作战计划，而是依靠电报来随机应变。在瞬息万变的战场上，他没有那么多时间来斟酌电文，因此他的命令常常很模糊，他手下的航母指挥官们常常搞不清他的计划。麦凯恩也和他一样轻视作战计划，这二人都深受属下爱戴，但是他们在专业性方面却不如斯普鲁恩斯和米切尔那样获得舰长和大队司令们的认可。莱特岛战役因美军的分头指挥而变得更复杂，这种传统的斗士式指挥风格并不适用。

哈尔西此前错过了珊瑚海、中途岛和马里亚纳等历次航母大会战，现在好不容易得到了一次与敌决战的机会，他想要一战定胜负，消灭日本海军的航空母舰。他的参谋团队在旗舰“新泽西”号甲板上的“将官区”搭建了兵棋推演台，并频繁探讨与日军舰队作战的各种可能性。[10]他们考虑最多的是计划于12月5日打响的民都洛战役。如果日军航母没有前来协防莱特岛，或者能从莱特岛战役中幸存，那么他们最有效的作战方式就是攻击民都洛岛外海的美军船舶。日军可以把航母开到中国南海，令数百架飞机从亚洲大陆起飞，在航母和民都洛岛之间穿梭轰炸（和在塞班时一样）。他们能够从菲律宾西边包围麦克阿瑟的两栖部队和第38特混舰队，并给美军带来灾难。如果常规轰炸未能奏效，日军的自杀攻击就会登场。面对如此前景，哈尔西认为必须尽快消灭日军航母。[11]

1944年10月7日，第38特混舰队在马里亚纳群岛以西600千米处集合，开始空袭日军机场，为登陆做准备。这是一支实力空前的快速航母特混舰队，搭载的飞机超过1000架：

舰队编成

太平洋舰队总司令：C.W. 尼米兹上将（非航空兵）

　　第三舰队司令：小威廉·F. 哈尔西上将

　　第三舰队参谋长：R.B. 卡尼少将（非航空兵）

　　　　第38特混舰队司令：M.A. 米切尔中将（太平洋第1快速航母部队司令）

　　　　第38特混舰队参谋长：A.A. 伯克准将（非航空兵）

　　　　　　第38.1大队——J.S. 麦凯恩中将（太平洋第2快速航母部队司令）

　　　　　　　　“黄蜂”号——O.A. 威勒上校，第14舰载机大队

　　　　　　　　“大黄蜂”号——A.K. 多伊勒上校，第11舰载机大队

　　　　　　　　“蒙特利”号——S.H. 英格索尔上校，第28舰载机大队

　　　　　　　　“考彭斯”号——H.W. 泰勒上校，第22舰载机大队

　　　　　　　　“汉考克”号——F.C. 迪基上校，第7舰载机大队

　　　　　　第38.2大队——G.F. 博根少将（第4航母分队司令）

　　　　　　　　“勇猛”号——J.F. 波尔格上校，第18舰载机大队

"邦克山"号——M.R. 格里尔上校，第8舰载机大队

"卡伯特"号——S.J. 米切尔上校，第31舰载机大队

"独立"号——E.C. 埃文上校，第41夜战航空大队

第38.3大队——F.C. 谢尔曼少将（第1航母分队司令）

"埃塞克斯"号——C.W. 威伯尔上校，第15舰载机大队

"列克星敦"号——E.W. 里奇上校，第19舰载机大队

"普林斯顿"号——W.H. 布莱科上校，第27舰载机大队

"兰利"号——J.F. 威格福斯上校，第44舰载机大队

第38.4大队——R.E. 戴维森少将（第2航母分队司令）

"富兰克林"号——J.M. 肖马科上校，第13舰载机大队

"企业"号——小 C.D. 格罗沃上校，第20舰载机大队

"贝劳·伍德"号——J. 佩里上校，第21舰载机大队

"圣贾辛托"号——M.H. 柯恩诺德尔上校，第51舰载机大队

第34特混舰队司令（战列舰队）：W.A. 李中将（非航空兵）

第34特混舰队参谋长：T.P. 杰特尔准将

西南太平洋战区司令：道格拉斯·麦克阿瑟陆军上将（非航空兵）

第七舰队司令：T.C. 金凯德中将（非航空兵）

第七舰队参谋长：V.H. 沙菲尔准将

护航航母大队司令：T.L. 斯普拉格少将

空中支援司令：R.L. 怀特黑德上校

哈尔西下令首先压制菲律宾以北地区的日军航空兵，尤其是琉球、冲绳和台湾岛的日军飞机。这些日军航空兵都归福留繁中将的第二航空舰队统辖。之后哈尔西将率军南下打击吕宋岛和米沙鄢群岛的日军机场，这里是大西中将手下第一航空舰队的基地。他当然很想通过这一连串空袭诱出日军航母部队以进行决战，在舰队官兵中，各种流言甚嚣尘上，他们觉得这场风卷残云的行动将会空袭亚洲大陆，甚至东京，这当然是无稽之谈。[12]虽然浓云密布令飞行员的视野大受阻碍，但美军航母部队还是于10月10日空袭了冲绳的机场和日军船只并大获成功——这

拍摄于 1944 年 10 月 12 日空袭台湾岛期间，许多飞机停放在一艘埃塞克斯级航母的舰岛前方。

是迄今为止美军快速航母距离日本本土最近的一次。第38特混舰队击沉了19艘小型战舰和一些小舢板，摧毁了超过100架日机，自损飞机21架，但大部分被击落的飞行员都被救援潜艇救回。11日，美军空袭了吕宋岛北部的阿帕里港，但效果不甚理想。12日，哈尔西开始对台湾岛进行为期四天的猛烈空袭。

这样，日军的11月航母会战计划就泡了汤。在东京，丰田大将的参谋长草鹿中将于10月10日命令福留中将投入他的陆基航空兵前去摧毁敌军舰队，他还要求小泽中将将300名训练程度不足的舰载机飞行员送到岸上作战。丰田大将本人则于12日亲自飞往台湾岛，指导对敌人海空力量的空中打击。这一天，日军出动了101架次飞机，它们和高炮部队共击落了48架美军舰载机，但是自身则在空中和地面损失巨大。日军飞行员发回的过度乐观的战报使得丰田大将决心将自己航空防卫作战的立足点从菲律宾改为台湾岛，且将作战时间从美军登陆时改为眼下这个看起来机会绝佳的时刻。12日稍晚，他命令大林少将和松田少将把第3和第4航空战队的舰载机派到台湾岛的陆地机场，它们将在台湾岛海域一战定胜负。[13]

于是，台湾岛上空空战的规模变得空前庞大。13日，日军只起飞了32架次飞机，14日则起飞了419架次，15日为199架次。结果就是又一次"猎火鸡"。哈尔西的"地狱猫"机群把大部分日军新手飞行员送下了海底，被摧毁在地面上的飞机更是不计其数，一同被毁的还有一些轻型船舶和诸多建筑设施。在为期4天的战斗中，超过500架日军飞机被毁。决战的时机尚未成熟，丰田就葬送了自己为菲律宾战役准备的航空力量。

然而还是有一些不怕死的日军鱼雷轰炸机突破了进来，13日，它们的鱼雷击中了重巡洋舰"堪培拉"号，14日、16日两次击中轻巡洋舰"休斯敦"号。这两艘巡洋舰遭到了重创，只得在其他巡洋舰、驱逐舰和轻型航母"卡伯特"号、"考彭斯"号的护航下缓缓撤向乌利西。哈尔西试图利用这支撤退的小舰队诱出日军舰队，志摩清英中将手下的3艘巡洋舰果然上钩，从日本本土出发前来"追歼残敌"。但志摩立刻就发现第38特混舰队根本就没有被重创，更没有几艘船被击沉，于是立刻掉头而去。17日，美军侦察机开始跟踪这几艘日军巡洋舰，试图找到1～2艘航母或战列舰，但日军还是摆脱跟踪溜掉了。[14]

成功压制住台湾岛的日军航空兵之后，第38特混舰队转往菲律宾，开始切断莱特岛滩头与外界的联系，在预定的登陆日（10月20日）之前，他们必须完成这一任务。15日，第38.4特混大队开始对吕宋岛，尤其是马尼拉展开为期5天的空袭。18日，第38.1和第38.2大队也加入了战斗。眼见志摩清英舰队在台湾岛空战之后不战而退，哈尔西判断日军舰队将会等到民都洛或者吕宋岛登陆时再来菲律宾挑战，这与美军先前的估计一致。于是他开始安排那些久战兵疲的航母特混大队轮流返回乌利西休整补充。肯尼将军手下的远程飞机也分担了不少原本由航母承担的任务，这些陆军飞机从新几内亚和莫罗泰起飞，轰炸了吕宋岛和东印度群岛。

哈尔西当然不会知道，丰田已经在台湾岛空战中耗尽了他的航空兵主力，就连舰载航空兵都搭进去了。美军的提前进攻和在台湾岛地区遭受的惨重损失迫使小泽中将不得不把防御菲律宾的作战计划彻底推翻。小泽现在面临着严峻的形势：他的航母舰队已经不可能再和新加坡的舰队会合了，而失去了飞机，这些航母也就失去了作用。于是，10月17日，小泽向丰田大将提出，驻扎新加坡的栗田中将的战列舰和巡洋舰部队应当转由东京的丰田大将亲自指挥——台湾岛空战大溃败之后，丰田就回到了他在东京的总部。小泽的方案是用这些没有飞机的航母充当诱饵，牺牲自己，把哈尔西的第38特混舰队诱出莱特湾，这样栗田舰队就可以趁机冲进去，摧毁美军的登陆部队。小泽战后如是说道："我愿意让我自己的舰队完全毁灭，只要栗田的任务能够完成，我便如愿。"[15]

丰田同意了，10月18日上午，他下达了作战命令。小泽将率领自己的诱饵舰队，即北路舰队从日本本土南下，同时两支重炮舰队将从西面突破菲律宾海域，于10月25日早晨向莱特岛外的美军船只发动协同进攻。栗田中将的舰队将穿过菲律宾中部，经由锡布延海、圣博纳迪诺海峡，从萨马岛北面和东面杀进莱特湾。这支中路舰队拥有超级战列舰"大和"号与"武藏"号、2艘老一些的战列舰、6艘重巡洋舰，外加一艘轻巡洋舰和若干驱逐舰。第二支重炮舰队将包含2艘老式战列舰、1艘重巡洋舰和几艘驱逐舰，他们将穿过苏禄海和棉兰老岛海域，以及苏里高海峡，从南面进攻莱特湾。这支南路舰队由西村祥治中将指挥，志摩清英中将将带领他的3艘巡洋舰从日本本土赶来支援西村。无论从哪方面说，这都是一份自杀式的计划。小泽的航母被用作诱饵，自然是要丢掉了；西村的舰队将会在苏里高海峡遇到美军旧式战列舰组成的强大战列线；而栗田，即便他能够成功躲开美军快速航母部队，也很难原路通过圣博纳迪诺海峡返航，哈尔西的航母一定会赶回来截断他的退路。

如此看来，日本宁愿牺牲自己的海军舰队，也要力保菲律宾生命线。在这最后一次大规模舰队决战中，邪恶的日本帝国甚至要抛弃自己的远洋海军作战条令。此战之后，海上战争将在大陆和岛群之间的局促水域展开，陆基飞机和潜艇将成为日本海军的骨干。小泽解散了他的第1航空战队，把3艘新建成、未经考验的云龙级航母留在了日本内海的锚地，他本人的旗舰则从“天城”号改为老将“瑞鹤”号。他又亲自指挥第3航空战队，这支战队现在拥有了“瑞鹤”号和轻型航母“瑞凤”号、“千岁”号、“千代田”号。这些航母还剩116架飞机，到10月20日时可能会增加到160架，足以在航母与吕宋岛之间发动一场“穿梭轰炸”，让哈尔西将军相信日军北路舰队正在向莱特岛外的会合点前进，准备和美军大战。松田少将的第4航空战队现在已经不再是航母部队了，“伊势”号、“日向”号两舰上的飞机都被送到台湾岛并被葬送了，但它们还有356毫米重炮，所以也派给了小泽舰队。而第4航空战队中的“龙凤”号、“隼鹰”号两艘航母则于10月底被改成了飞机运输舰，前者被派到了台湾岛，后者则先前往婆罗洲，随后又开往马尼拉。[16]

10月20日下午5时，由4艘航母和2艘战列舰组成的诱饵舰队在3艘轻巡洋舰和8艘驱逐舰的护航下从日本内海起航，此时距离麦克阿瑟涉水登上莱特岛仅仅过去数个小时。差不多与此同时，已于18日驶离新加坡的栗田和西村舰队，也在婆罗洲旁的文莱湾接到了作战命令。中路和南路两支舰队将于22日离开文莱前往菲律宾。同日，志摩中将的巡洋舰队也将从日本出发，赶来加入西村的南路舰队。22日，驻台湾岛的福留中将第二航空舰队把最后大约200架能飞的飞机送到了菲律宾，同时数百架飞机从亚洲大陆和日本本土赶来增援。尽管增援在几天内抵达，可是驻菲律宾第一航空舰队的大西中将对毫无实战经验的飞行员基本不抱什么希望。10月19日，他启动了“神风”特攻，也就是自杀机。[17]

当10月20日美国陆军第六集团军登陆莱特岛之时，空中掩护和支援的力量相当强大，所有航空兵都由坐镇第七舰队两栖指挥舰“瓦萨奇”号的迪克·怀特黑德上校统一调度。“汤米”·斯普拉格少将统一指挥全部18艘护航航母，它们搭载着“地狱猫”“野猫”和“复仇者”三型飞机。这18艘护航航母编成三个特混分队，分别由“汤米”·斯普拉格本人、菲利克斯·斯坦普少将和克利夫顿·A. F.“拐子”·斯普拉格少将指挥。还有其他几位护航航母分队司令也参加了战斗，包括比尔·桑普尔、拉尔夫·奥夫斯蒂和乔治·亨德森三位少将，不过后者在24日带着2艘护航航母离开战场到莫罗泰岛去了。此前一年，所有的护航航母分队司令都当过快速航母舰长。所有四支快速航母特混大队都在登陆海域周围巡弋，并与陆军第五航空队的轰炸机一同轰炸日军机场。从20日到23日，美军快速航母和护航航母的舰载机以及陆军航空兵，都没有在空中遇到什么抵抗，他们在地面上摧毁了超过100架日机。海军还把莱特岛上夺取的两座机场用作舰载机的应急备降机场。

在这样的掩护之下，第六集团军在莱特岛上稳步推进，希望在日军发动陆海空联合大反攻之前占领尽可能多的地盘。暴雨使陆军航空兵暂时无法使用莱特岛上新占领的机场，而滩头的物资也是堆积如山——为了在日军大规模反击之前尽可能多地卸下物资，所有运输船都匆匆开进莱特湾，把所有物资一股脑儿地丢到滩头，然后赶紧离开。在任何一次登陆战的初始阶段，滩头都是十分危险的，在位于日本内层防御圈边缘的莱特岛上更是如此。也正因为如此，当18日获悉志摩清英的三艘巡洋舰在台湾岛外海放弃进攻第38特混舰队时，金凯德中将大大松了一口气。敌方舰队的出现也意味着哈尔西需要集中力量防守圣博纳迪诺海峡和苏里高海峡，这是敌人舰队进攻金凯德的必经之路。[18]而如果日军军舰真的出现在美军登陆滩头附近，金凯德还有和特纳在塞班岛时相同的多重保险：杰西·奥尔登多夫手中由6艘老式战列舰组成的战列线（2艘装备406毫米主炮，4艘装备356毫米主炮）、众多的护航航母，以及400千米舰载机有效作战半径之内的快速航母特混舰队。

眼前无大战，哈尔西便让麦凯恩的第38.1特混大队返回乌利西休整补充去了。然而，24日破晓时分，哈尔西突然收到报告，2艘美军潜艇在菲律宾西面的巴拉望水道伏击了栗田的中路舰队。而此时第38.1大队还在东边1000千米外。这些潜艇打得很不错，他们击沉了日军2艘重巡洋舰，重创1艘并迫使其退出战斗，自身则有1艘搁浅，在战斗结束后被美军自己击沉。但这仍然解决不了最要命的问题：哈尔西在收到这一消息时，已经来不及让麦凯恩中止乌利西之旅了。在麦凯恩的第38.1大队回来之前，第38特混舰队将无法使用全力来打这场海战。麦凯恩带走了5艘航母——“黄蜂”号、“大黄蜂”号、“汉考克”号、“蒙特利”号和“考彭斯”号，另外“邦克山”号于23日返回乌利西接新的战斗机去了。现在哈尔西手中只有11艘快速航母可用。

10月24日早8时后不久，美军航母的侦察机几乎同时发现了栗田和西村两支舰队，哈尔西立即投入战斗。他命令3支可用的特混大队分别守卫通往莱特岛的三条通路：谢尔曼的第38.3大队（“埃塞克斯”号、“列克星敦”号、“普林斯

1944年10月24日在锡布延海，第20舰载机大队投下的炸弹落在一艘日本战列舰两旁。

顿”号和“兰利”号）位于吕宋岛以东的波利略岛群；博根的第38.2大队（实力下降，仅有“勇猛”号、“卡伯特”号和夜战航母“独立”号）位于圣博纳迪诺海峡外，戴维森的第38.4大队（“富兰克林”号、“企业”号、“圣贾辛托”号和“贝劳·伍德”号）部署在南面，守卫苏里高海峡。哈尔西还召回了麦凯恩的第38.1大队，安排他们次日上午进行海上加油。然而此时，麦凯恩还在莱特岛以东1000千米外，很可能来不及赶回来参战，因此哈尔西应该让第38.1大队原地待命，直到他获得关于日军舰队的准确情报。最后，哈尔西下令发起空袭，谢尔曼和戴维森也向博根大队靠拢，他们距离来袭的敌人舰队最近。

24日上午，全部三支特混大队都投入了激烈的战斗。在南面，“戴夫”·戴维森的飞机攻击了日军南路舰队，但未能取得成效，之后哈尔西就要求这支大队前去支援“盖里”·博根，后者的舰载机正在锡布延海上攻击日军最为庞大的中路舰队。与此同时，“泰德”·谢尔曼的特混大队正在与来自吕宋岛以外地区的日军飞机苦战。谢尔曼不得不暂停空袭，集中力量守卫自己的航母。他的“地狱猫”战斗机，尤其是“埃塞克斯”号戴维·麦坎贝尔中校第15舰载机大队那些参加过“猎火鸡”的老家伙们，表现尤为出色，击落或击退了超过50架敌机。但还是有一架日机突破了进来，把一枚炸弹投在了轻型航母“普林斯顿”号上。勇敢的舰员们和前来支援的巡洋舰、驱逐舰一起与大火展开了搏斗，但是当天晚些时候，剧烈的殉爆还是撕裂了这艘航母，它最终被自己人击沉。“普林斯顿”号成了美军快速航母特混舰队中第一艘被击沉的航母。

当谢尔曼的大队苦苦应对接踵而来的日军空袭时，哈尔西的全部注意力都放在了日军中路舰队身上。哈尔西觉得金凯德足以对付来袭的日军南路舰队，他们在当天午夜就会撞上奥尔登多夫的战列舰队，因此便不再分散兵力去空袭这股日军。这一决定固然是正确的，但其执行过程却彰显了莱特湾海战中第三、第七舰队分头指挥带来的弊病。哈尔西并没有把自己的决定告诉金凯德，而后者也简单地觉得自己只要对付日军南路舰队即可，于是在24日剩余的时间里，金凯德也全力准备预期于当晚在苏里高海峡爆发的夜间炮战。[19]

锡布延海海战从上午10时30分一直打到下午2时左右。美军全部三个特混大队都出动飞机参加了战斗，他们几乎没有遇到日军航空兵的抵抗，因为日本

菲律宾战役中的第38.2特混大队司令“盖里”·博根（图左）和作战参谋罗伯特·B. 皮里中校（图中近处）。

海军的将领们认为空袭谢尔曼的特混大队比为栗田提供空中掩护更重要。[20]结果便是日军击沉了美军轻型航母“普林斯顿”号，但却损失了72000吨的巨型战列舰“武藏”号。在美军鱼雷和炸弹的反复攻击之下，这艘巨舰掉了队，濒临沉没。它不得不掉头返航，并在当天暮色降临时翻沉——美军没有看到“武藏”号沉没，但却做出了准确的判断。除了“武藏”号和被美军潜艇击沉击伤的3艘巡洋舰之外，栗田的诸多其他舰艇也受了伤，但他仍然拥有4艘战列舰、6艘重巡洋舰和一群护航舰。下午2时，栗田以撤退的姿态向西退去。欢欣鼓舞的美军报称重创敌舰，这使哈尔西觉得栗田舰队不再是个严重的威胁了。但是米切尔将军深知飞行员们常常会夸大战果，他在旗舰“列克星敦”号上直接走访了几名飞行员，这令他对日军中路舰队的受创程度产生了怀疑。[21]哈尔西的旗舰是艘战列舰，他自然不会有这样的直接感触，另外他也没有征询米切尔的意见。

哈尔西并没有完全忽略栗田舰队卷土重来的可能性，他在下午3时12分发给下级指挥官的作战计划预案中预见了这种情况。他在无线电中告诉下级：全部6艘战列舰中的4艘、2艘重巡和3艘轻巡，以及14艘驱逐舰“将组成第34特混舰队，由战列舰队司令李中将指挥”，“第34特混舰队将在远距离上与敌决战”；另2艘快速战列舰将继续与航母协同作战。很偶然的，金凯德将军也监听到了这一消息，他很高兴，认为即便日军中路舰队再次东进，他们也会像南路舰队一样撞进美军战列舰部队设下的陷阱。在圣博纳迪诺海峡这边，双方的重炮舰队看起来势均力敌：美日两军各有4艘战列舰，日军有6艘巡洋舰，美军有5艘，但是哈尔西还有10艘航母，日军则完全没有飞机。但关键问题不在这里，而是金凯德真的认定哈尔西已经在下午3时12分组建了第34特混舰队来专门守卫圣博纳迪诺海峡。随后哈尔西又通过短距离无线电通话器告诉下属各指挥官：“如果敌人来袭，就要按我的指示组建第34特混舰队。”而这份补充说明，金凯德自然是收不到的。[22]他认为哈尔西已经组建战列舰队了，但这也不是问题，因为根据哈尔西的计划，一旦日军中路舰队再来冲击封锁线，他确实会把第34特混舰队集合起来。

现在，圣博纳迪诺海峡和苏里高海峡都守好了，美国海军的各级指挥官们心中还剩下一个问题：日本航母在哪里？米切尔相信它们此时正在中国南海某处，哈尔西觉得应该更靠北一些，“泰德”·谢尔曼“强烈怀疑日本航母会在东北方出现”，他还获得米切尔的许可，向那个方向发起了搜索侦察。下午2时05分，谢尔曼的侦察机起飞了。[23]实际上，小泽将军正在想尽一切办法想让美国人发现自己的北路舰队，这样他才能掉转航向引诱美军快速航母北上。他发出虚假的无线电通信，派出昼间侦察机。24日上午11时45分，他还放出了76架飞机的攻击机群，结果在下午1时30分被谢尔曼的“地狱猫”和高炮火力打得落花流水。但是，美军仍然没有觉察到日军航母的存在。这一天日军陆基飞机的空袭太多了，甚至还击沉了“普林斯顿”号，美国人同样认为这轮空袭来自岸基航空兵，而非日军舰载机。

最后，下午4时40分，谢尔曼派出去执行搜索任务的那架“地狱俯冲者”找到了日军北路舰队，距离只有300千米。多架美军侦察机准确地报告了小泽舰队的组成：1艘重型航母和3艘轻型航母，2艘精神病式的飞行甲板战列舰，2艘巡洋舰，还有一些驱逐舰。“战斗弗雷迪”高兴坏了：“北方的这支航母舰队是我们的菜，他们太近了，只要我们向北开，他们就跑不掉了……”虽然损失了“普林斯顿”号，但谢尔曼还是认为：“随着太阳偏西，情况完全对我们有利，我觉得我们完全有机会彻底消灭敌人舰队的一支主力，包括宝贵的航空母舰，他们（指敌人）肯定承受不了这样的打击。”[24]这也是他的上级的心声。

是的，有此共鸣的上级就是哈尔西。如果栗田舰队真的再次东进闯入圣博纳迪诺海峡,那么他就需要面对两股敌人了。但是无论日军中路舰队来或者不来，哈尔西都绝对不打算守在原地坐等日军航母南下，第二天上午再和陆基飞机联起手来发起穿梭轰炸，无论此时日军中路舰队是否会参战。若要击沉日军航母，就必须掌握主动，而这正是斯普鲁恩斯在塞班岛未能实现的。晚饭后，第三舰队的参谋们“花费了一些时间”来讨论是否可以留下李的战列舰队和一支航母特混大队来防守圣博纳迪诺海峡，其余2支航母大队北上寻歼日军航母。[25]但是哈尔西否决了这一方案，他决定，无论怎样行动，“他的舰队都要保持集中，因为整个战役都会在敌人陆基飞机的威胁下进行”。[26]他已经在吕宋岛日军陆基飞机的打击下失去了“普林斯顿”号，因此决心集中自己的全部力量，以获得最大限度的防空保护。集中兵力，这是海军战术一贯以来的基调，从哈尔西在海军学院里学到的马汉和费舍尔的理论，到一年前刚刚成形的PAC10战术条令，都强调这个原则。一个星期前发布的太平洋舰队航空兵司令部8月战况分析中就警告道：“多支小规模部队必须集中起来，以防被摧毁……”[27]如果哈尔西分了兵，而敌人的陆基和舰载航空兵“又合兵一处……那么他们就会给我们分散的舰队造成沉重的打击，损失比集中行动时严重得多。”[28]

哈尔西和他的几位主要幕僚商量了第38特混舰队北上后日军中路舰队再次掉头东进的可能性：栗田舰队“有可能突破圣博纳迪诺海峡，攻击莱特岛外的登陆部队，就像在瓜岛时那样……这可能……带来一些损失，但是我们认为该部战斗力已遭严重损耗，他们不可能赢得决定性胜利”。[29]哈尔西最信任的航空作战官多格·莫尔顿中校着重提到了己方舰载机给日军中路舰队带来的损失，虽然损失数字被飞行员们过分夸大了，但大部分幕僚还是认同了这些信息。在他们看来，日军中路舰队现在只能遂行典型的“打了就跑”式的任务，一如在瓜岛的战斗，不具有决定性，除非做自杀式的最后一搏。哈尔西还认定，如果日军中路舰队在午夜后转向东进，则他们无法在上午11点前进入莱特湾，此时已经在苏里高海峡收拾完南路舰队的奥尔登多夫完全能够掉头对付日军中路舰队。如果战事这样发展，第38特混舰队将能够先消灭北路的日军航母，再赶回来配合友军围歼栗田。[30]

听取了参谋们的意见后——这些人也并非全都同意哈尔西的观点——哈尔西把手指按在了地图上日军北路舰队的位置，此时距离他们还有480千米。他说：“我们要全速向北航行，把那些航母彻底消灭掉。”[31]哈尔西认定，只有这么做，“我的舰队才能继续集中在一起，主动权才握在我手里，这最大限度地保障了行动的突然性。”[32]晚上7时50分，哈尔西向莱特湾里的金凯德发电：“根据空袭报告，日军中路舰队已遭到重创。我正率3支大队向北，即将在破晓时攻击敌人航母部队。”[33]

16分钟后，即晚上8时06分，哈尔西等到了一份自己想听到又怕听到的消息。“独立”号的一架夜间型“地狱猫”发现日军中路舰队正在锡布延海以12节航速向东开往圣博纳迪诺海峡！但是这一大反转并没有让哈尔西改变刚刚下定的决心。8时22分，哈尔西在把接触报告转发给金凯德之后，命令博根和戴维森的特混大队同吕宋岛外海的谢尔曼大队一道北上，同时要求麦凯恩停止加油，赶紧回来参战。然后他就睡觉去了——他已经两天没睡了。计划已经无法更改。麦克·切克中校在完成了4小时午夜轮值后想要叫醒哈尔西，劝他改变主意，但切克最终还是放弃了。“米克”·卡尼告诉切克，将军已经在司令部会议上力排众议。哈尔西现在铁了心要去彻底消灭日军航母了。

那么，莱特湾里的金凯德怎么样了？自从“独立”号舰载机发现日军中路舰队的消息于晚上8时24分传到第七舰队之后，金凯德就再也没有收到哈尔西的任何消息。美军指挥上的漏洞从这时开始出现了。由于缺乏统一的指挥，哈尔西无法让金凯德随时了解自己的具体计划。哈尔西有靠发电报指挥作战的习惯——这些电报常常都很含糊，他完全没有给出明确的10月25日作战计划。他只是说自己要“带领三支大队”北上，既没有说明自己会如何对付日军中路舰队，也没有说明守卫圣博纳迪诺海峡的计划，甚至连“独立”号发来的后续报告都没有转发出去。他只是自顾自地认定金凯德在没有充分情报的情况下会主动填补防线上的空缺。

当然，哈尔西不可能知道，金凯德无意中收到了他下午3时12分发出的那份模糊不清的战术预案。金凯德认为哈尔西已经组建了第34特混舰队，专司防守圣博纳迪诺海峡——尼米兹也是这么认为，他在珍珠港收听了前线所有的通信。4艘快速战列舰显然是要组织战列线的，而另2艘则要随同航母一同行动，去对付日军北路舰队里的那两艘航空战列舰。金凯德后来说，对战列舰的这种分配“在当时的环境下是完全正确的”。[34]但是哈尔西又说要带领3支特混大队北上，在麦凯恩赶回来之前，这可是他全部的航母兵力。这就意味着若第34特混舰队留下来防守海峡，他们将完全没有空中掩护——吕宋岛的日军机场就在近旁，这么做是极度危险而且根本不可行的，这也是金凯德本应留意的地方。但是，金凯德顾不上这么多了，就在午夜前一个小时，西村将军的南路舰队开进了苏里高海峡西口。

金凯德预计当天会发生两场夜间舰炮对决，一是“奥利”·奥尔登多夫的6艘老战列舰在苏里高海峡对阵西村的2艘战列舰，一是“大下巴”·李的4艘快速战列舰在圣博纳迪诺海峡与栗田舰队4艘战列舰对决。根据最新情报，这两场战斗都将在午夜后不久打响。

实际上已经成了光杆司令的米切尔中将也被哈尔西模糊不清的指令搞晕了。米切尔完全没有得到斯普鲁恩斯式的准确指示，他只是通过晚8时29分哈尔西发给金凯德的电报知道了航母部队要向北进发。根据下午3时12分发出的战术预案，米切尔认为现在应该分兵了，于是他依照预案命令2艘战列舰随同第38特混舰队北上，哈尔西（坐镇战列舰“新泽西”号）和第34特混舰队则应在圣博纳迪诺海峡外组成战列线。[35]然而在午夜之前，当各个特混大队在吕宋岛外海会合时，米切尔才意外地发现战列舰队并没有被集中编组起来，哈尔西带着所有的6艘战列舰一起北上了。

伯克准将和“吉米”·弗拉特利中校（米切尔的新任作战参谋）都急着要米切尔劝说哈尔西把战列舰派去守卫圣博纳迪诺海峡。博根的1艘重型航空母舰和2艘轻型航空母舰（如果哈尔西需要带夜战航母“独立”号北上的话，那就只有1艘轻型航母）可以去为战列舰提供空中掩护。但是米切尔在几个星期前就失去了战术指挥权，而且斯普鲁恩斯在塞班岛外驳回他意见的经历令他至今印象深刻，于是他告诉弗拉特利：“如果他想听我的意见，他会来问的。”虽然米切尔没有把自己的计划提交上去，但博根几乎就要提上去了，只是当博根火急火燎地把“独立”号发现日军中路舰队东进的消息报告给哈尔西时，哈尔西幕僚们气恼的样子让他退缩了。“大下巴”·李很愿意在没有空中掩护的情况下到海峡外面去组织自己的战列线，他告诉哈尔西日本人的北路舰队只是个诱饵，但“公牛”对此却毫无反应。哈尔西已经决定带领全部快速航母（第38特混舰队）和快速战列舰（第34特混舰队）到北边去打日本航母，至于莱特岛外的栗田和日军中路舰队，就留给金凯德和奥尔登多夫对付吧。[36]

然而哈尔西的北上并非风驰电掣，更像是缓慢的摸索前进，因为夜间遭遇战的可能性谁也不敢忽视，而夜战，哈尔西、米切尔和李都不怎么喜欢。戴维森和博根以25节航速赶来与谢尔曼会合后，整个第38特混舰队的航速在晚上11时30分降到了16节。哈尔西现在最担心日军舰队会趁夜色绕到自己的侧后——这可谓“外线迂回”假设的阴影。[37]午夜，哈尔西把战场指挥权交给了米切尔，后者立即下令提速至20节，他想要尽快向北冲刺，消灭日军航母，然后迅速赶回去打击日本中路舰队。哈尔西命令“独立”号在凌晨1点组织一轮搜索，米切尔对此提出异议，认为此举会打草惊蛇，让日军航母提前逃跑，但反对无效。米切尔希望发起一轮全副武装的搜索–攻击行动，而非单纯的搜索。起飞之后，装备雷达的“地狱猫”奉命搜索563千米半径的区域。凌晨2时05分，他们在特混舰队以北仅仅144千米处发现了日舰。参谋们迅速计算出将在凌晨4时30分发生夜间水面交战。[38]

凌晨2时55分，哈尔西命令“大下巴”·李在航母前方16千米处组织战列线，这再次体现了哈尔西缺乏快速航母作战经验。把这6艘笨拙的战列舰从由航母、8艘巡洋舰和41艘驱逐舰组成的三支特混大队中抽出来，还是在太平洋的茫茫夜色中，这不仅需要极高的操舰技巧，更需要时间。米切尔显然不希望用这种方式组织大规模的战列线。此时的他必定会回想起斯普鲁恩斯在塞班岛战役时的先见之明，当时他们在海战爆发之前就组建了战列线。李对这一夜间机动的反感不亚于米切尔，但他也没办法，只能命令所有战列舰偏转航向，减速至15节，从而逐步退出舰队队形，这一操作慢得吓人，但好歹是安全的。李的参谋长，暴脾气的航空兵准将汤姆·杰特尔对此大加反对："将军，你想要干什么？我们现在是要把这些军舰集合起来。"李不耐烦地回答道："那样做太危险了。发信号，各舰按此航向，减速至15节。"退出原有编队后，"依阿华"号、"新泽西"号、"马萨诸塞"号、"南达科他"号、"华盛顿"号和"亚拉巴马"号6艘战列舰便奔赴集合点，那些处于外围的战舰要加速才能赶上。中间几艘舰的航速还需要从15节提升至20节，这需要更多的时间。[39]

获悉奥尔登多夫已经在苏里高海峡和西村舰队开战之后，哈尔西再一次降低了航速。而"独立"号上负责跟踪日军北路舰队的夜间战斗机也由于雷达故障丢失了目标。实际上，位于美军舰队东北方仅144千米处的日舰也只是小泽舰队的前卫分队，即松田少将手下的航空战列舰"伊势"号和"日向"号，他们的任务恰恰是寻求与美军舰队夜战，以吸引哈尔西北上。这两艘日舰没有发现美军侦察机，但却看到南方远处闪烁的火光，他们认为那是第38特混舰队正在遭受日军陆基飞机的夜间空袭，实际上这些闪光不过是积雨云中的闪电而已。但是闻听此信，小泽还是召回了松田的舰队，令其与自己这些甲板空空如也的航母会合。时针划过了4时30分，水面战斗没有爆发，米切尔误认为这是由于他的侦察机吓跑了日军北路舰队。他现在能做的只有给轰炸机加满油装好弹，等到天光初亮时便让它们执行远距离搜索－攻击任务。[40]

与此同时，在莱特岛旁，金凯德正等候着两场夜战的爆发。苏里高海峡的夜战于24日晚10时30分由美军鱼雷艇（PT 艇）对西村编队的突袭拉开序幕，在25日凌晨4时达到了高潮，西村舰队残存的战列舰一头撞进了奥尔登多夫战列舰队打出的毁灭性弹雨中。西村祥治中将与旗舰同沉，他的舰队大部被歼灭。胆怯的志摩清英中将带着他的巡洋舰队在战场边缘兜了一圈便逃离了海峡。负责指挥空中支援行动的迪克·怀特黑德上校很希望在天亮后扫荡残敌，凌晨1时30分，他向金凯德提议应该在护航航母上准备两个机群，一个战斗机－鱼雷轰炸机混编机群将追歼前一晚在苏里高海峡被击伤的日军残舰，另一个机群则要对北面萨马岛沿岸至莱特岛东北方向之间的海域进行搜索。当金凯德问怀特黑德要到北方去搜索什么东西时，这位空中支援指挥官答道：自己只是想要找一找逃过李的战列舰队拦截的漏网之鱼，金凯德同意了——他们认为李的战列舰队此时正在防守圣博纳迪诺海峡。4时30分，他命令菲利克斯·斯坦普准备10架飞机来执行这一任务。此外，他们还认为夜间一直有一队PBY“卡塔琳娜”水上飞机在搜索北方海域。[41]

正当奥尔登多夫的掩护舰队把日军南路舰队往死里打的时候，金凯德将军召集指挥部会议“以确认还有那些该做的事情没做”。没人想得出还有什么问题，包括航空兵出身的参谋长瓦尔·沙菲尔准将。会议在凌晨4时左右结束，但是散会后，金凯德的作战参谋理查德·H. 克鲁森上校又返回来对金凯德说：“将军，我只能想到还有一个问题，我们一直没有直接去问哈尔西，第34特混舰队是否确实在防守圣博纳迪诺海峡。”[42]金凯德于4时12分向哈尔西发电确认此事，哈尔西在6时48分才收到这份电报，他大吃一惊。7时05分，哈尔西回电：“没有。”——对金凯德来说，这份消息来得太晚，已经没用了。

几乎完全出于偶然，金凯德和他的参谋们忽略了战役的关键一环——掩护麦克阿瑟的右翼，也就是从圣博纳迪诺海峡到莱特湾这一段。这意味着金凯德他们几乎完全没有考虑到日军舰队闯过圣博纳迪诺海峡的可能性。

根据战后美国海军中广为流传但已经无法确证的说法，[43]美国海军战争学院的战略家们在战前和战争初期都认为日军舰队或许有一天会穿越苏里高海峡，但对能否通过圣博纳迪诺海峡却未有定论。持反对意见的主要人物就是理查德·W. 贝茨上校，他从1941年中期到1943年中期在海军战争学院任高级战略家。贝茨认为，圣博纳迪诺海峡过于狭窄，水很浅，主力舰难以通过，因此主要的战斗将发生在苏里高海峡。

如果这个故事是真的，那它就能够解释第七舰队指挥层对圣博纳迪诺海峡的忽略以及他们所采取的行动。在整个1942年，贝茨在战略科的搭档只有迪克·克鲁森中校。在莱特湾海战中，克鲁森是金凯德的作战参谋，已经升任准将的贝茨则是奥尔登多夫少将的参谋长。不仅如此，1941—1942年，当时还是上校的奥尔登多夫正是海军战争学院情报处的处长，和贝茨很熟。[44]金凯德中将不久前刚刚被指派了一名航空兵出身的参谋长，他目前还是更习惯向战列舰指挥官出身的战略家克鲁森征询意见。就这样，金凯德和克鲁森忽略了圣博纳迪诺海峡，当他们回过神来时已为时过晚。奥尔登多夫和贝茨在他们的老式战列舰痛殴日军南路舰队之后，决然杀进苏里高海峡追歼南路残敌，全然没有考虑圣博纳迪诺海峡的事情。到10月25日拂晓，奥尔登多夫的战列舰部队距离登陆滩头已有105千米远。

25日天明时，莱特湾海战才刚刚开始，而关于日军舰队的情报仍然是云遮雾罩。日军南路舰队肯定是被揍了一顿，但痛到何种程度，金凯德并不知晓，因此奥尔登多夫的战列舰在全副武装的战斗机和鱼雷轰炸机的掩护下转入了追击。在北面，夜间巡逻的PBY水上飞机没有找到任何有价值的东西，而护航航母舰载机对那个方向的搜索直到早晨6时45分才开始。金凯德没有听到任何关于圣博纳迪诺海峡爆发夜间水面炮战的消息，至于日军中路和北路舰队到底在哪则没人知道。就这样，早晨6时45分，在毫无预警的情况下，日军中路舰队突然出现在了萨马岛外的美军护航航母面前。仅仅15分钟之后，来自“大和”号战列舰的460毫米巨炮炮弹就落在了绝望而无助的空中支援专用航母近旁。7时07分，金凯德用明码向哈尔西呼救，说自己的舰队正遭到敌人重型水面舰队的攻击。但是这份电文和那个时代的所有电文一样，花了一个多小时才送到收件人手上。与此同时，米切尔已经向北方派出了侦察机，随后侦察机又转向东边。在侦察机身后，就是全甲板攻击机群。就在第38特混舰队东北160千米外，正在南下的小泽舰队的雷达屏幕上出现了米切尔的侦察机。他立即掉头，赶在7时10分美军侦察机发现自己之前回撤了超过60千米。

第38特混舰队对日军北路舰队的进攻是由多达10艘航母的全甲板攻击机群发起的，这些飞机在空中盘旋，一旦侦察机发回接触报告就前去进攻。关于莱特湾海战的北部作战有多个称呼，有人称其为第二次菲律宾海海战①，还有人根据距离最近的吕宋岛海角，称其为恩加诺角海战。恩加诺在西班牙语中的意思是

---

① 译注：按照美国人的说法，马里亚纳海战是第一次菲律宾海海战。

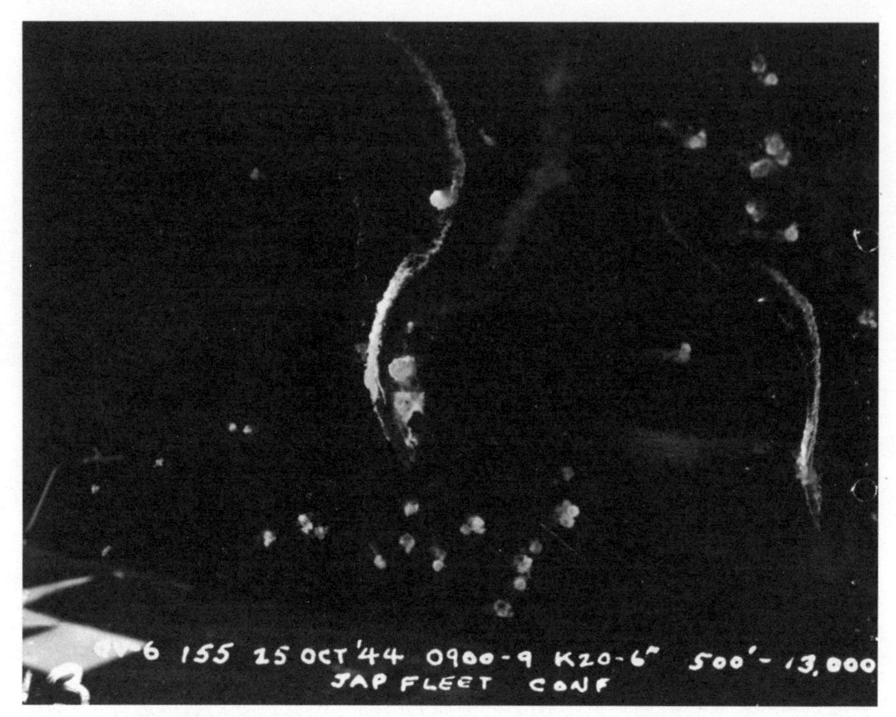

1944年10月25日的恩加诺角海战中，日军航母“瑞鹤”号（图中央）和一艘轻型航母正在剧烈机动以规避炸弹和鱼雷，一架来自“企业”号第20轰炸中队的“地狱俯冲者”正在俯冲攻击（图左下角）。

错误、欺骗和引诱。[45]率先赶到战场的是“埃塞克斯”号的第15舰载机大队，大队长戴维·麦坎贝尔负责分配目标，他指挥自己的机群向4艘航母发动了进攻。小泽中将此时正准备放飞他最后的29架飞机，美军凶猛的空袭令他大吃一惊，但这也第一次清楚地告诉小泽，他这枚诱饵成功了。[46]

小泽的舰队已经是瓮中之鳖，这使得整场战斗和几个月前的马里亚纳海战相比显得平淡无奇。和6月那次跌宕起伏的混战相比，这天早晨美军的空袭可谓顺利而系统。美军轰炸机投下的密集炸弹击中了轻型航母“千岁”号，它在上午9时37分沉入海底。一枚鱼雷命中了“瑞鹤”号，迫使小泽把将旗转移到一艘巡洋舰上。第二波空袭中，美军轰炸机把“千代田”号炸成一片火海，日本人最后不得不弃舰。“列克星敦”号第19大队（队长休伊·温特斯中校）和“兰利”号第44大队（队长马尔科姆·沃德尔中校）领衔了当天下午的空袭，他们击沉了另两艘航母。偷袭过珍珠港的老将“瑞鹤”号在炸弹和鱼雷的反复命中下，于下午2时14分沉没。轻型航母“瑞凤”号也连遭重击，直至下午3时26分沉没。美军舰队赶了上来，巡洋舰的炮火击沉了已经被遗弃的“千代田”号，“泰德”·谢尔曼想把这艘航母拖回去作为纪念品的愿望也就落了空。而“伊势”号、“日向”号两艘航空战列舰和其他巡洋舰、驱逐舰则凭借着剧烈的机动、炽烈的防空炮火和好运气，躲过了被美军飞机击沉的命运。它们正是李的战列舰队的盘中餐。[47]

但是哈尔西没法再用他的快速战列舰消灭这股残敌了。上午8时22分，他收到了金凯德从莱特湾发来的呼救。但是哈尔西并不怎么担心金凯德，这倒也合理：“我算着他们的18艘小航母（实际上只有16艘，另两艘一天前刚开往莫罗泰岛）上的飞机足以撑到奥尔登多夫的重型舰队赶过来支援。”[48]护航航母确实拼尽了全力。迪克·怀特黑德召回了那些前去追击南路日军的飞机，让它们转而攻击栗田舰队，但是斯普拉格的其余飞机只适合执行防空巡逻、反潜和支援步兵作战等任务，它们没有鱼雷和重磅炸弹。这些战斗机和TBM鱼雷轰炸机面对日军舰队时束手无策，只能一次次模拟攻击，分散日舰火力，减轻自己航母的压力。金凯德不得不向怀特黑德求援（“……我在与敌人作战时十分倚重他的意见”）[49]，后者试图向米沙鄢上空的肯尼将军的轰炸机求援，但却联系不上，陆军航空兵在这场战斗中完全帮不上忙。[50]和金凯德的理解相反，奥尔登多夫的老式战列舰炮弹充足，但他们还在105千米外的苏里高海峡中，还需要3个小时才能赶过来。金凯德（“拐子”·斯普拉格也是一样）还通过无线电哀求哈尔西赶紧派遣快速航母和快速战列舰前来拯救自己于水火，哈尔西在9时30分就完全了解了金凯德的情况，但他只是命令麦凯恩大队前去救援。此时第38.1大队距离莱特岛仍有超过500千米——即使是飞机飞过来也需要很长一段时间。而哈尔西自己率领的快速航母和战列舰还要花费数个小时消灭日军北路舰队。

当那些勇敢的驱逐舰和护航航母拼死自救——其中有些还是横遭毁灭——之时，美军分头指挥的漏洞以极其痛苦的形式展现了出来。绝望之中的金凯德以明语大声呼唤第34特混舰队的战列舰队前来救援，但哈尔西却拒绝回防。现在金凯德至少知道李在哪里了，他并没有像前一天下午的作战预案显示的那样守卫圣博纳迪诺海峡。华盛顿的金和库克、珍珠港的尼米兹都收到了前一天下午那份要命的电报，但却都不知道李在哪里。暴怒的“厄尼”·金当着来访的“乔可”·克拉克的面拍着桌子大骂哈尔西。[51]尼米兹则向哈尔西发去了密电，这份电文前后都加上了常见的干扰性文字①，具体是这样的：“火鸡跃入水中。发自太平洋舰队总司令。第34特混舰队现在何处？重复，现在何处？全世界都想知道。”[52]金凯德的通信员在收到电报后正确地去掉了首尾两处干扰文字，把电文交给了金凯德。[53]但是哈尔西的通信员只去掉了正文前的干扰文字，后缀干扰文字成了提交给哈尔西的电报的一部分。

于是，哈尔西在上午10时读到的电文就成了这样：“发自太平洋舰队总司令。第34特混舰队现在何处？重复，现在何处？全世界都想知道。”这份原本中性的询问电报立刻成了训斥，“公牛”·哈尔西立刻爆发了。他抓起自己的帽子摔在地板上，开始不停地咒骂，“米克”·卡尼花了不少力气才让他平静下来。[54]然而，即便没有那段未被删除的后缀，尼米兹的用意也很明确：快速战列舰没有出现在尼米兹认为应该出现的地方。这个小波折迫使哈尔西不得不想办法救援金凯德，但是他还是浪费了接近一个小时的时间才把这事想清楚。面对3艘尚未沉没的日本航母和2艘完好无损的航空战列舰，哈尔西于10时55分勉强下令战列舰队全部南下。[55]奥斯卡·巴杰尔少将的2艘战列舰在博根第38.2大队的掩护下以28节速度充当南下反击的前锋，不过此前要先让博根的驱逐舰加满油。

随后，哈尔西告知尼米兹：“第34特混舰队和我正与敌航母交战。当前我与第38.2特混大队和所有快速战列舰正前去增援金凯德……”[56]哈尔西还是坚持他一贯的做法，不肯为了消灭“伊势”号和“日向”号而拆散战列舰队，他显然希望李在面对栗田时能有压倒性的优势。然而，这种孤注一掷的打法却换来了满盘皆输：两艘伊势级逃走了，正如哈尔西担忧的那样，它们也再未出海作战。8时22分，哈尔西第一次知道金凯德陷入困境时，他没有行动；9时22分，

① 译注：目的是用无意义的文字干扰敌方的破译。

知道奥尔登多夫来不及赶回莱特湾时，他没有行动；10时，收到尼米兹的电报时他才开始行动，并拖到10时55分才南下。结果不难想见，栗田的4艘战列舰早已绝尘而去。

哈尔西的舰队先是在下午1时45分—4时12分进行了海上加油，此时航速只有12节，之后巴杰尔的2艘战列舰和博根的3艘航母以28节航速一马当先，其余战列舰紧随其后。按照这个速度，没有任何军舰能在凌晨1时前赶到圣博纳迪诺海峡，赶到莱特湾就是26日早8时的事情了。这种战术完全是在胡闹，如果巴杰尔（他只有2艘战列舰和3艘轻巡洋舰）和博根［他拥有夜战航母“独立”号（24架夜间战斗机，9架夜间鱼雷轰炸机）和2艘派不上用场的昼间航母］在夜间遭遇栗田的4艘战列舰，那结果将会是灾难性的。[57]更要命的是，日本海军是夜战专家，他们通常依靠目视来夜战，而李的快速战列舰没有夜战经验，也没有机会去训练夜战，连雷达夜战都没有过。

但是栗田也犯了和哈尔西一样的错误——死盯着航母不放，且不惜一切代价。大约中午时分，栗田舰队只击沉了美军1艘护航航母、2艘驱逐舰和1艘护航驱逐舰，此外击伤了其他多艘美舰。此时栗田从无线电里接到了一份错误的接触报告，称敌人航母正从大海方向开来。他还发现有美军陆基飞机在莱特岛附近行动（当然他并不知道，这只是紧急情况）。他担心自己被困在莱特湾里并遭围歼，他还相信自己正在同第38特混舰队接战，并击沉了若干艘航空母舰——实际上，拼死抵抗的美军也击沉了他的3艘重巡洋舰。现在，他必须要转往大海方向去迎战美军其余的快速航母。“消灭敌人的航空母舰是我的一种执念，我也受害于此。”[58]此外，栗田相信美军的运输船已经撤离了滩头——这倒是准确无误，许多运输船在战斗爆发前就撤离了。最终，这位“精神高度紧张，三天三夜没有睡觉”的日军指挥官，未与任何幕僚商量就在午后12时30分做出了决定：离开莱特湾。萨马岛外海的战斗到此结束，栗田最终未能找到其他美军航母。眼见自己的舰队燃油已经不足，下午5时30分，栗田掉头返航——仍然是通过圣博纳迪诺海峡。[59]

栗田的自杀式任务无疑是失败了。瞻前顾后的栗田先是担心燃油，继而花费时间捞救幸存者，随后又担心莱特湾外的敌人航母。实际上日本海军赋予他的任务是消灭莱特湾里的一切敌人，再开赴滩头消灭所能找到的任何敌方船只。这本来就是日本海军的最后一战，航母已经完了，尽管栗田没有收到小泽发来的引诱已成功的消息，此外，日本舰队的燃油库存也在快速消耗。

大西将军完全了解情况，当日中午前，当栗田还在追打斯普拉格的护航航母时，大西派出了他的第一支有组织的“神风”自杀机小队。他们撞击了多艘美军护航航母，击沉了1艘。假如栗田坚定地在莱特湾追杀下去，他将在下午2时遭遇奥尔登多夫那6艘老式战列舰，以及麦凯恩的5艘航母上从东方呼啸而来的舰载机群。即使从上述威胁下逃脱，日军还会撞上李的6艘战列舰和其他三支快速航母特混大队。然而栗田并没有按计划行动，他选择了很不“日本”的方案，决定尽可能地挽救舰队并掉头北撤——这令金凯德将军，和那些被打得七零八落、火力衰微，但却没有被击溃的美国水兵们大大松了一口气。

下午1时后不久，就在日军中路舰队撤退时，麦凯恩那5艘航母上的舰载机群从遥远的东面飞来发动了进攻，但却未获成效，消灭这股日舰的希望落在了带着巴杰尔和博根南下的哈尔西身上。为了了解栗田舰队的情况，晚8时左右，哈尔西命令“独立”号放飞6架夜间型“复仇者”。其中一架飞机于晚上9时45分发回报告，称15艘军舰沿萨马岛海岸进入圣博纳迪诺海峡，之后便保持跟踪。在“独立”号上，“艾迪”·埃文和特纳·考德威尔试图劝说哈尔西允许自己向日军中路舰队发动一轮夜间鱼雷攻击。夜战航母上的官兵们早就厌烦了单纯的防御和侦察任务，想要找个机会露一手。哈尔西最终在26日凌晨3时同意了他们的要求，但是随后一场大风暴使那架负责跟踪的鱼雷轰炸机丢失了目标。“独立”号还是放飞了4架“复仇者”和5架“地狱猫”（各挂一枚227千克炸弹），但它们未能再次找到栗田舰队。[60]

拂晓，麦凯恩和博根向锡布延海放出了攻击波，但战果却寥寥：击沉了1艘轻巡洋舰，击伤了1艘重巡洋舰，仅此而已。栗田很快抵达了马尼拉的安全海域。这场错综复杂、跌宕起伏，令双方都筋疲力尽的海战结束了，莱特湾成了盟军的安全海域。

美国海军最终打赢了这场海战，他们损失了轻型航母“普林斯顿”号、2艘护航航母、2艘驱逐舰和1艘护航驱逐舰，总吨位大约36000吨。失败的日本海

“汉考克”号旗舰指挥室里的麦凯恩中将和“吉米”·萨奇中校。

军损失了45% 的参战舰艇：3艘战列舰、1艘重型航母、3艘轻型航母、6艘重巡洋舰、4艘轻巡洋舰和9艘驱逐舰，总吨位高达305710吨！[61]因为通信联络糟糕、舰载机飞行员匮乏、海军陆基航空部队缺少训练（且在台湾岛上空被一扫而空），以及武器装备处于劣势，日本在试图保住菲律宾及其接近海域的最后一搏中失去了他们的舰队。虽然“神风”已经登场，但这种牺牲精神并没有体现在栗田身上。他未能完成任务，他输了这一仗。

批评和余波

美军在莱特湾海战中的主要问题是缺乏统一的指挥，这一点没有任何军官或历史学者提出过异议。金凯德听命于麦克阿瑟，哈尔西虽然实际上能够自由行动，但却要从尼米兹处受领命令，协调困难在所难免。无线电通信还是老样子——明语电报至少也要一个小时才能收到，密码电报最多需要五小时，有效协同难于上青天。若要找分头指挥的原因，则只能归罪于麦克阿瑟和尼米兹二人固执地互不服从对方，但是他二人又各有理由。

历史学者最关注的是，到底是什么原因使美军放任栗田的中路舰队悄无声息地突破圣博纳迪诺海峡并向金凯德发动了进攻。批评者认为其主要原因有二：首先，哈尔西咬了小泽的诱饵，被吸引到了北面，从而未能掩护海峡；其次，金凯德在夜间没有对北方进行空中侦察，因此未能有效警戒麦克阿瑟的右翼和后方。

哈尔西将军立刻为自己的行动辩解——10月25日晚10点，他向尼米兹和麦克阿瑟报告说，当莱特湾里可能出现短暂的紧张态势时，自己再让航母部队在海峡远处"无动于衷"，"那就太幼稚（Childish）了"，因此他发动了进攻。[62]"幼稚"这个词很少被用来形容海军作战，哈尔西使用这个词，应当是取"懦弱"之意。拉福德将军在战斗结束后注意到第三舰队的司令部里"充满了沮丧"[63]，但哈尔西坚持认为自己的决定是正确的。11月，他正式告知金和尼米兹："我消灭了对我们的行动威胁最大的敌人，他们几个月里不会再来，如果不是永远不再出现的话。"[64]当他们回复说自己看不出哈尔西的结论从何而来时，哈尔西对手下参谋们说："让他们走着瞧。"[65]哈尔西从来不承认自己未在海峡设防是错误的，他坚称自己当时不应该带着李和博根南下，而应该留下来彻底歼灭小泽舰队。他在1947年的回忆录和1952年发表在《美国海军学会会刊》的一篇文章里都强烈表达了这一主张。[66]他的最后判断，也是别人向他提出的观点，便是："我更希望是斯普鲁恩斯带着米切尔来打莱特湾海战，而我能带着米切尔去打马里亚纳海战。"[67]

虽然哈尔西为自己的行为大声辩护，但在此战之后的10年里，金凯德从未对此公开表态，只有1949年的一次简短发言算是例外。[68]军事作者汉森·鲍德温在1955年写过一篇关于此战的论文，在发表前，他把文章提交给哈尔西和金凯德，请他们撰写评论。两人的评论此后和论文一同发表，金凯德的评论显然远比哈尔西的更可信，但是此时哈尔西年事已高，这或许是个原因。后来，金凯德的参谋长瓦尔・沙菲尔准将代表第七舰队司令部人员为金凯德辩护道：“考虑到当时的环境和他所得到的情报，我看不出金凯德将军还有什么其他选择。”[69]陆军的态度则更尖锐。得到金凯德掩护的陆军第六集团军认为，如果日军得手，那么自己“将会遭到灭顶之灾”。[70]麦克阿瑟司令部里的雷・塔巴克海军上校在11月报告称：“这里的人都觉得第三舰队的战列舰跑去追杀敌人的二流部队，却把我们丢给敌人的主力去凭良心对待，而敌人当然是没良心的。”[71]

在太平洋舰队司令部里，人们普遍倾向于同情金凯德。驻此地的英国联络官向他的上级报告：“大家认为如果第三舰队守在原位，他们完全有可能同时对付日军的中路和北路两支舰队……他们不明白，为什么第七舰队（指奥尔登多夫的舰队）没能支援他们的护航航母。”[72]珍珠港司令部分析科的负责人拉尔夫・C.帕克尔上校在太平洋舰队司令部的战役报告中十分尖锐地抨击了哈尔西，尼米兹上将不得不要求他修改文稿，改得温和些再提交给美国舰队总司令。[73]太平洋舰队副总司令托尔斯中将责备金凯德疏于空中侦察，[74]而太平洋舰队航空兵司令穆雷中将则提出哈尔西应当兵分两路，同时对付日军北路和中路舰队。在10月的航空作战分析报告中，穆雷首先承认自己在9月报告中过于强调集中兵力是不妥当的，继而提出了对战场灵活性的要求：“集中兵力虽然常常是正确的，但有时也会被过分坚持，从而带来不利的结果。像敌人那样具有合理分兵，以及迅速‘分散部队’的能力，常常也是一种优势。”太平洋舰队司令部里的报告副本上，有人用铅笔在文字旁的留白上写道：“这是轻轻地打了哈尔西的脸。”[75]

海军总司令部则一边倒地指责哈尔西。“厄尼”・金在战役高潮时当着“乔可”・克拉克的面大骂哈尔西，后来他还于11月底告诉尼米兹，哈尔西过于疲劳，应当休息。同时，金还提出，只要尼米兹晋升为新设立的五星上将，就立刻把金凯德升为四星上将。[76]金的参谋长萨维・库克中将提出专门于1945年年初抽空面见金凯德，说明他在莱特湾的做法完全正确。[77]然而，就像在马里亚纳海战后对待斯普鲁恩斯一样，金也并不认为有足够的理由去惩罚哈尔西，当哈尔西向他提及此事时，他说：“你不必对我多说了，你做的所有事情，我都认可。”[78]金在战后对哈尔西和金凯德各打了五十大板：栗田舰队突袭萨马岛“不仅是因为哈尔西没有守住北面，也是由于金凯德在关键时刻没有用他自己的舰载机中队进行侦察。”[79]

战火初熄，哈尔西就得到了来自许多方面的支持，他们的立场正如著名战地记者厄尼·派尔所言：“世界上所有的海军都会把消灭敌人航母视为第一要务。”[80]战争结束后三个星期，海军部出版了一份文件，称“在现代战争中，敌人航母是A-1-A，即最高优先级的目标。无论代价如何，日本航母必须要打。哈尔西将军正是使用了自己的所有力量来打击了它们。”[81]历史学家C. 范·伍德沃德刚刚参与过战时情报工作，并不是一位常规海军学者，他在1947年写道：“只有真正草率鲁莽的人才会轻视敌人航母，或者对一举歼灭敌人航母的机会视而不见。……在1944年10月，人们不可能傻到认为一支现代海军竟然会用水面舰艇的大炮去赌舰队的生死存亡，而把最后的航母当成可以牺牲掉的诱饵。”[82]“泰德”·谢尔曼将军也在1950年指出，金凯德应该对北方进行侦察，然后把奥尔登多夫的战列舰和斯普拉格的护航航母编组成战斗队形。[83]

在哈尔西1959年去世之前，军事历史学者对他还算客气。1947年，伯纳德·布罗迪感叹道，一个以不拘泥于规则而自豪的人竟然会表现得如此传统，说白了就是如此严守兵力集中原则，哈尔西的判断力“比不上他的勇猛，而光有勇猛成不了纳尔逊”。[84]萨穆尔·艾略特·莫里森早先只在1958年那卷关于莱特湾海战的战史①中对哈尔西略有批评，但是5年后——此时老将军已逝，莫里森赞同了布罗迪的批评。他认为，哈尔西的决定是个明显的“错误”，他忽略了“独立”号在10月24—25日午夜发现日军中路舰队的消息，原因仅仅是“他就是不在乎”。莫里森的结论是：“不幸的是，在试图鼓舞美国和澳大利亚民众士气的过程中，哈尔西……赋予了自己丹东式的‘大胆……一直大胆下去’的人设，这才是他在莱特湾受挫的真正原因。”[85]

斯坦利·L. 福尔克在1966年承认，哈尔西最大的过错在于“完全忽视”了圣博纳迪诺海峡，他只要派出一支驱逐舰巡逻队就能完成这一任务。但是，“除非他能够确凿无疑地知道小泽的航母上没有飞机，否则他北上的决定就一定是

① 校注：指莫里森《美国海军第二次世界大战史》的“莱特湾”卷。

正确的”。不仅如此，福尔克还赞同哈尔西在战后提出的关于率领巴杰尔和博根南下是个错误的观点，此举令小泽的重炮战舰逃出生天，更进一步说，“栗田的实力更强，如果他们真的成功截住栗田，那么无论是巴杰尔还是随行的哈尔西，都将难以幸存”。不过考虑到若美军在莱特湾战败，太平洋战争结束的时间将推后6个月，冒这些风险也是值得的。[86]

那些没有亲身经历过这一段历史的新一代历史学者在研究这场战役时所受的情感影响会少得多，他们对哈尔西和金凯德的批评往往是中立的。但是在本书作者看来，哈尔西承受的批评应当更重些。

同为舰队司令，哈尔西和斯普鲁恩斯却完全不一样。后者除了指挥作战舰队，还要负责两栖战部队和护航航母部队，而莱特湾的哈尔西实际上只是快速航母部队司令，而且在当时的环境下还不是最佳人选。他固然勇猛，但却喜欢靠临机决断来指挥战斗，而非制订详细的计划，这样不靠谱的通信和模糊不清的命令文件就成了问题。这些做法在1942年那些充满了尝试和犹疑的日子里还是可行的，当时航母部队的任务比较简单，就是在瓜岛周围坚守并突袭敌人的岛屿基地。但是到了1944年下半年，高度复杂的进攻战役已经达到了高潮，此时低效的指挥方式便不可容忍了。中太平洋进攻战打响以来，那些老将们，诸如米切尔、李、博根和谢尔曼，太清楚这些情况了，但是哈尔西过于刚愎自用，对属下这些经验的价值完全没有认识。他真是一头“公牛”，先干后想的那一类。他的航母部队指挥经验主要来自中途岛战役之前和所罗门战役期间，那时候缺乏集中的防空火力就等同于宣告航空母舰的沉没。在1944年，他成了自从金凯德两年前在所罗门群岛海域失去老“大黄蜂”号之后第一个失去攻击型航母（“普林斯顿”号）的航母部队统帅。可以说，他对风险的理解还停留在1942年那个集中兵力还是不可动摇的原则的时代。

假如哈尔西是个高效率的计划制订者，细心、有经验而且谨慎，就像米切尔那样，那么他就有两种取胜的办法。第一种方法，正如那些事后诸葛亮们说的，也如米切尔、李、博根和伯克期望的那样，应当从自己的部队中分出4艘战列舰和3艘航母去对付栗田，留下2艘战列舰和7艘航母去消灭小泽。这一做法虽然具有纳尔逊式的混战精神，不拘泥于集中兵力原则，但也会带来问题：李在夜间炮战中的实力可能会逊于栗田，而无论是进攻栗田还是搜索小泽，两边都离不开夜战航母“独立”号。另一种方法是集中兵力，但这就需要南北战争期间罗伯特·E.李将军在钱瑟勒斯维尔战役中那样的指挥艺术：既然美军在战术态势上处于内线机动的位置——也就是防守莱特岛滩头，那么航母特混舰队司令就可以首先向北冲刺消灭小泽舰队，然后掉头南下对栗田舰队关门打狗。这种打法需要仰仗高效、专业的战术指挥，并且要对栗田的行踪进行实时监控。李将军应当在整个特混舰队集结的同时就编组好战列线（就如斯普鲁恩斯在塞班时那样），应该是在24—25日午夜前不久，恰好西边水天线上方还有低垂的上弦月；之后全军向北高速冲刺，力求在夜间或拂晓时与小泽舰队开战。此时，哈尔西还应当时刻监视栗田舰队，无论是派出跟踪驱逐舰、潜艇或者侦察机都行——当然信息要和金凯德实时共享。消灭小泽后，哈尔西就可以开始向南冲刺了——这就是所谓的“公牛冲刺之战”。但是这一战术行动过于复杂，“公牛”·哈尔西可能应付不了。

金凯德中将在这种中太平洋大规模水面舰队远程两栖作战方面的经验比哈尔西多不了多少，唯一的经验大概就是在霍兰迪亚，但那只是一次美军一边倒的平推。他在莱特湾海战中的角色和塞班岛登陆时的凯利·特纳很像——使用奥尔登多夫的老式战列舰和诸多护航航母掩护两栖登陆部队。但特纳本人是个航空兵军官，他从1943年11月起就一直参与舰队作战计划的制订，他在战役中还时时就敌方舰队的动向问题与斯普鲁恩斯保持沟通。确实，莱特湾海战中美军的分头指挥让协同变得更困难，但金凯德也有中太平洋部队的空中支援指挥官怀特黑德给他出谋划策。怀特黑德关于出动飞机搜索北方的提议没有得到认真对待，这种严重的疏忽在特纳那里是绝对不会容忍的。另一件事特纳或许也不会允许：奥尔登多夫居然离开需要他保护的滩头，率领所有的战列舰开进苏里高海峡，追击已经被打得支离破碎的西村舰队。只要金凯德尚不清楚日军其他部队的位置，这种攻击就不合理。这次不恰当的追击，奥尔登多夫（包括他的幕僚）也必须承担一部分责任。

因此，金凯德的战场指挥也很不完善。他过度仰仗哈尔西，同时给奥尔登多夫和“汤米”·斯普拉格留下了太多自由行动的空间。假如金凯德拥有可靠的战场情报，那这么做可能是没问题的，但是从24日午夜到25日拂晓他对3支日军舰队的动向全部一无所知。这一部分要归因于他自己，一部分归因于哈尔西，还有一部分要归因于肯尼将军，他的陆军飞机在登陆行动和海战中与海军几乎没有配合。

虽然有这些批评和"如果……就能……"的假设，美国海军最终还是打赢了这场海战，这完全要归功于两位指挥官——哈尔西和金凯德，就如同马里亚纳海战的胜利要归功于斯普鲁恩斯一样。两位将领也一直干着原来的事情：哈尔西名义上是舰队司令，实际上干的却是快速航母部队司令的活；金凯德则继续在麦克阿瑟手下当两栖部队司令。但我们也要看到另一方面，1944年12月，美国海军创立五星上将（相当于海军元帅）衔，哈尔西却没有得到晋升[87]——他自己和美国国会原本都认为他应当获此荣誉，而金凯德则在次年4月晋升四星上将。后来的人们不得不将这一人事上的变化与栗田舰队在哈尔西面前来而复去联系到一起。

站在日本人的角度看，战役失败的主要责任当然要归于栗田没有按计划歼灭莱特湾中的美军军舰和能够找到的两栖部队船只。正因为如此，他在当年12月被贬谪到日本海军大学去当校长，战斗生涯到此为止。小泽中将成功牺牲了自己的航母，将哈尔西引诱到了北边，他也因此成了这场战役中的悲情英雄。1945年5月，小泽治三郎接替丰田大将就任联合舰队司令长官。但是此时，联合舰队已经不存在了，小泽也没有晋升为大将。丰田大将必须要为在时机不成熟时投入飞机提前发动台湾岛空战负责，如果在莱特湾海战中多出来500架日军飞机扑向哈尔西，结果或许会大不相同。

虽然第3航空战队的舰只被美军悉数击沉，但日本还有最后一线使用航母部队的希望。他们还有5艘航母，全部都编入了第1航空战队，包括"云龙"号、"天城"号、"葛城"号、"隼鹰"号，以及轻型航母"龙凤"号。但是这些航母没有飞机，没有飞行员，也没有燃油。日军还将会拥有另一艘航母——"信浓"号。马里亚纳海战之后，它的建造进度加快了。这艘68059吨的巨舰有17700吨用于装甲防护，最多可以搭载47架飞机。一旦真的开进中国南海参战，它极有可能在12月向民都洛岛旁的美军船舶发动空袭，将哈尔西将军担心的穿梭轰炸甚至"神风"自杀攻击将变成现实。"信浓"号是日军航母部队最后的希望。它于1944年11月11日在东京湾下水，一周后服役。

然而日军的航空母舰还是全被美军潜艇封锁在港口里。11月18日服役后不久，“信浓”号就被装上了50枚“樱花”自杀弹（这种武器后来被美国水兵们戏称为“八嘎弹”）。这些新型自杀武器在弹头处装有1吨炸药，将从攻击机的机腹下投放。“信浓”号接到的任务是开往吴港接舰载机大队，然后在濑户内海训练，接着携带“樱花”自杀弹去救援菲律宾。[88] 29日，正在东京湾航行之时，它被美军潜艇“射水鱼”号发射的鱼雷击中了。由于损管不力，当天稍晚它就沉入了海底。一个月后的12月19日，“云龙”号航母装载着补给物资在东海上航行，结果被美军潜艇“鲑鱼”号击沉。

人们或许可以说，莱特湾海战后日本海军舰队仍然是一支“存在舰队”，对美军作战行动构成了潜在但不太可能实现的威胁。不过“信浓”号和“云龙”号被击沉之后，日军就把他们的航空母舰连同战列舰、巡洋舰和驱逐舰一起锁在了港口里。“隼鹰”号12月9日在长崎外海行动时被2艘美国潜艇重创，彻底退出了战斗。两艘航空战列舰——“伊势”号和“日向”号在1945年2月满载着汽油从新加坡开回日本，但这也是它们的最后一次航行了。奇怪的是，日本人的航母建造工作一直持续到1945年3月，当日本工业最终彻底转向制造防守日本本土所需的武器时，18300吨的“生驹”号和“笠置”号，17400吨的“阿苏”号和12500吨的改造航母“伊吹”号都已达到了60% ~ 80%的完成度。[89]

日本舰载机的发展同样令人失望，如果说缺乏受过训练的飞行员和缺乏油料还没有彻底断绝日本航母的希望的话，那么飞机的问题就给其棺材板钉上了最后一颗钉。美军的B-29轰炸机先后于1944年6月和11月，分别从亚洲大陆和马里亚纳群岛出发轰炸日本本土，日本的战斗机工厂要么遭到重创，要么被夷为平地。改进型零战（盟军绰号“汉普”）和新型“紫电改”战斗机（盟军绰号“乔治”）的制造进度大为延缓。位于名古屋的战斗机工厂在被强烈地震和B-29轰炸机联手摧毁之前，只来得及把8架新型“烈风”战斗机（盟军绰号“山姆”）送下生产线。1945年，日本所有的飞机和飞行员都留作本土决战之用了，其中大部分只能执行自杀任务。[90]

1945年3月1日，日军仅存的两支航空战队被解散。第4战队司令松田少将，和在12月接替上野担任第1战队司令的大林少将，降下了他们的将旗。停留在港口里的航母现在成了吴镇守府的行政资产，包括“天城”号、“葛城”号、“龙凤”号、“伊势”号和“日向”号。日本海军再也不是一支有威力的作战力量了。

封锁瓶颈

舰队的惨败并没有改变日军继续坚守莱特岛和菲律宾其余部分的计划。大西泷治郎中将的“神风”自杀进攻给福留繁中将留下了深刻印象，于是他把防卫日本本土的所有航空兵力量都整编起来，大规模扩建自杀机部队，并把大西泷治郎拉过来给自己当参谋长。那些尚未完成训练的舰载机飞行员都开始转入自杀机部队，而常规航空兵部队则开始从整个东南亚和日本本土向战事危急的莱特岛集结。这些“神风”机——相当于人操导弹——相比由新手们驾驶的飞机将会取得远超后者的成功，而一个在马尼拉上空跳伞的日本飞行员甚至在被当地人一枪击毙之前把此事说了出来。[91]“神风”自杀机的第一目标是美军航母，其次是护航的驱逐舰，攻击重点则每天都在变。[92]

到了1944年10月26日，为期两个星期的连续恶战已经让第38特混舰队的物资补给捉襟见肘，人员的神经也都绷到了极限。到这一天结束时，快速航母部队的弹药和粮食已所剩无几，而这些物资是无法像燃料那样在海上补给的。不过他们还是设法在战场上多停留了几天，掩护莱特岛的登陆作战，并继续攻击驻菲律宾日军。飞行员的疲劳情况也很严重：“黄蜂”号上第14舰载机大队的飞行医官报告称，该大队全部131名飞行员中只有30人还适合继续作战。[93]当哈尔西在28日让麦凯恩的第38.1大队和谢尔曼的第38.3大队返回乌利西接新锐舰载机大队时，这两艘舰上的舰载机大队仅仅在前线待了5个月，而非计划要求的6个月。这一突发情况使太平洋舰队航空兵司令部下令把应急后备大队紧急送往马努斯和关岛，但这些大队也要到12月才能到位。[94]哈尔西想让各舰载机大队在基地和航母之间轮班，但是穆雷将军没有同意这一方案，因为空勤和地勤人员都需要在一起合练，频繁更替会带来很大的问题。[95]另外航母上的水兵享受不到这种轮休待遇，他们要长时间待在舰上。

根据航空作战计划，从10月27日起海军就要把空中作战的指挥权移交给陆军了，因此这天怀特黑德上校把空中支援指挥的任务交托给了肯尼将军。不仅如此，麦克阿瑟将军还指示，除非陆军指挥官发出新的请求，否则快速航母部队就不要再空袭地面目标了。然而此时的莱特岛上遍地烂泥，可用的机场只有一个，肯尼将军只能送上去一支P-38“闪电”战斗机大队。这种状况持续了数个星期，由于P-38战斗机都要用于防空巡逻，地面部队在这段时间里完全得不到陆军航空兵的空中支援。从某种意义上说，这也是作战效能的体现，因为陆军地面部队更喜欢海军的作战技术，而不是陆军航空兵的。根据一位随地面部队行动的航空兵观察员的记录，第7师在经历了首次海军近距离支援后发现这比在新几内亚时陆军航空兵的支援“更加令人满意”，他把这一情况归功于海军的作战技术和战前演练。[96]

日军的猛烈空袭很快让麦克阿瑟改变了计划，转而请求海军的快速航母和护航航母继续留在战位上，不仅要继续支援第六集团军作战，还要空袭日军的运输船和机场。于是，博根的第38.2大队和戴维森的第38.4大队奉命空袭米沙鄢和吕宋的日军目标，两支大队于10月28—30日顶着敌人的顽强反击发动了进攻。逼退日军潜艇的一轮攻势后，这支快速航母部队遭到了日军“神风”自杀机不要命的进攻。“富兰克林”号和“贝劳·伍德”号被自杀机撞中，遭受严重损伤和人员伤亡；“勇猛”号也被撞中，但损失少一些。10月29—30日，戴维森大队和筋疲力尽的护航航母大队一同返回了乌利西。按计划，陆军第五航空队的4支中型轰炸中队一个星期后就要进驻菲律宾了，但是连续的暴雨让机场建设进度极慢，这些飞机要到12月底才能进来。这样，在10月31日时，留下来掩护莱特岛作战的便只剩下博根的3艘航母以及陆军的一小队P-38“闪电”战斗机和P-61“黑寡妇”夜间战斗机。

回到乌利西锚地后，快速航母部队的指挥权交接终于在10月30日实现了。已经劳累不堪的米切尔中将把第38特混舰队的指挥权交给了麦凯恩中将——至于到底有多累，那就无人知晓了。由于哈尔西实际上把米切尔架空了，他此时也从继续待在哈尔西身边的额外压力中解脱了出来。等菲律宾战役全部打完后，米切尔将和斯普鲁恩斯一起回到舰队，从哈尔西和麦凯恩手里接回指挥权。31日，阿尔弗雷德·蒙哥马利少将（第3航母分队司令）接掌第38.1大队，此时等候上舰指挥的还有亚瑟·拉福德少将。“乔可”·克拉克也提前结束休假，转入待命参战状态。

莱特岛滩头薄弱的防空力量招来了日军的反击，11月1日，日军的空袭大获成功。此外，栗田舰队和志摩舰队残部向苏里高海峡运动的假情报也令盟军紧张了起来。随后，“泰德”·谢尔曼带着第38.3大队赶回来与博根的第38.2大队一起保护莱特岛外的运输船只，蒙哥马利的第38.1大队紧随其后也来了。5日和6日，这三支大队突袭了吕宋岛的日军机场，他们打了日军一个措手不及，摧毁了超过400架日军飞机,其中大部分是在地面上摧毁的。哈尔西损失了25架飞机，“列克星敦”号被一架“神风”机撞伤。麦凯恩中将把将旗从“列克星敦”号转移到“黄蜂”号上，并和回去更换舰载机大队的“黄蜂”号一起返回乌利西。接管第38特混舰队大印仅仅一周后，他就把指挥权移交给了手下的高级航母分队司令谢尔曼，直到13日才拿回来。11日，美军航母出动数百架飞机，击沉了一支运载10000名日军士兵前往莱特岛的运输船队，连同4艘护航的驱逐舰。协调300架飞机发动进攻是一件困难的事，行动中有好几次差点发生空中撞击事故。[97]

1944年11月25日,一路坎坷的“勇猛”号被2架“神风”自杀机撞中,65人战死,军舰被迫返回美国本土大修。图为其中一架“神风”机在“勇猛”号上爆炸。

这种天天困在岛屿旁支援陆军第六集团军作战的打法，让航母指挥官们，尤其是战意正浓的“公牛”·哈尔西郁闷不已，他想要的是先去胖揍婆罗洲文莱湾里的日军残余重炮战舰，然后挥师北上直捣东京。但是麦克阿瑟、肯尼和福雷斯特·谢尔曼11月10日在莱特岛开了会，三人认定，第六集团军“十分需要快速航母的支援”，因此第38特混舰队整个11月都要留下来空袭吕宋岛的日军机场和运输船。13—14日，美军舰载机击沉1艘轻巡洋舰、5艘驱逐舰，以及7艘商船，摧毁了超过75架飞机。5天后，航母部队杀了个回马枪，又在地面上又摧毁了差不多这个数量的飞机。谢尔曼的第38.3大队随后返回了乌利西锚地，戴维森的第38.4大队不久之后也回来了，他们曾于11月22日试验性地用凝固汽油弹空袭了西加罗林群岛的雅浦岛，但未能成功。[98]

11月25日蒙哥马利第38.1大队和博根第38.2大队最后一次空袭吕宋，这也是快速航母最后一次支援莱特岛作战。美军轰炸机照例消灭了许多日军飞机和舰船，包括一艘重巡洋舰，但日本人也毫不客气的反杀了过来。日军自杀机撞中了“勇猛”号、“埃塞克斯”号和“卡伯特”号，还有一枚近失弹击伤了“汉考克”号。如此惨重的损失迫使26日对米沙鄢的空袭被取消，哈尔西将军也为此提出要求：在找到克制“神风”自杀机的有效办法之前，快速航母部队不能再继续这样驻留在固定阵位了。第38特混舰队后来返回了乌利西，肯尼将军一肩扛下了对莱特岛的防御任务。至少他现在有了第二个机场，可以承载P-38“闪电”和P-40“战鹰”战斗机，这些飞机每天都要和来袭的日军空袭机群激战一番。他的P-61夜间战斗机速度太慢，难以截击敌人的夜袭，因此肯尼不得不拉下面子，从驻帕劳新航空兵基地的海军陆战队那里搞来夜战型“地狱猫”。[99]

若要让快速航母部队再次面对致命的“神风”自杀机，就需要拿出能够100%保卫航母的新方法，这就需要更多的战斗机。而防空巡逻占用的战斗机数量越多，能为轰炸机护航的战斗机就越少。航母舰载机大队现在需要把更多的轰炸机换成战斗机，但是这些战斗机和飞行员从何而来？米切尔将军拒绝在持续激战时引入新机型，也就是F8F“熊猫”战斗机，因此他只能指望从海军陆战队要来更多的F6F“地狱猫”和F4U“海盗”战斗机。[100]从1944年6月起美国就开始缩减飞行员训练规模，而连续作战导致的疲劳又使后备舰载机大队的数量变得捉襟见肘。飞行员从哪里找？这成了一个难题。快速航母急需飞机和飞行员——现在就要！

最靠谱的办法就是从海军陆战队借。1944年8月，三位陆战队将领从华盛顿飞到珍珠港会见托尔斯将军。托尔斯提到了陆战队之前的态度：“陆战队不需要航母”，但是陆战队将军们说，时移世易了，他们的飞行员早已厌烦了天天在被绕过的拉包尔和周边岛屿上空例行公事飞后卫任务，陆战队现在特别希望能有自己的护航航母，支援自己的登陆部队。福雷斯特·谢尔曼在研究之后接受了这一提议。10月下旬，一个陆战队航母特别大队司令部成立，开始训练护航航母飞行员，这一举动在当年12月获得了正式批准。[101]

让陆战队飞行员登上快速航母的提议最初是由“乔可”·克拉克于11月在圣迭戈向米切尔将军提出来的。米切尔随即前往华盛顿去争取落实这一方案。当月末，金和尼米兹在旧金山会见了多位美国国内的航空兵将领，此事便敲定了下来。12月2日，金下令，立即授予10支陆战队战斗中队（每个中队18架飞机）上舰资格，并临时将其编入快速航母部队。这事说比做容易，虽然陆战队飞行员们渴望战斗，但是驾驶着“海盗”战斗机在狭小、摇晃的航母上降落可不是一件容易的事。托尔斯和穆雷决定，每个陆战队飞行员在“萨拉托加”号、“突击者”号或一艘护航航母上完成12次成功降落后方能宣布合格。首批获得上舰资格的部队是陆战队第124战斗中队和第213战斗中队，由威廉·A. 米灵顿中校指挥，他们在12月30日来到“埃塞克斯”号。舰载战斗机数量的骤然增加，意味着航母需要配备更多的空战情报官，以及更多的机械师——以养护一种新上舰的机型。为此，陆战队把他们自己的机械师带到了航母上，等到这些陆战队飞行员被新的海军舰载机大队换下去休整时，机械师却连同他们的飞机一起留在航母上。[102]

当陆战队的战斗机就位后，每支重型航母舰载机大队的编成将从54架战斗机、24架轰炸机、18架鱼雷轰炸机变为73架战斗机、15架轰炸机和15架鱼雷轰炸机。同时，金增加了飞行员训练的规模，从每年6000人提高到了8000人，为每艘航母配备的舰载机大队也由1.67支增加到2支，这样才能满足各大队出战时长缩短带来的急迫需要——由于高强度持续作战和高频次自杀机来袭警报导致飞行员过度疲劳，每支大队无法维持6个月的连续作战。速度更快的

F4U“海盗”机后来承担起了主力战斗机的角色，F6F则成了战斗轰炸机，另有4架“地狱猫”担任夜间战斗机。为了试验进一步应对“神风”特攻的方法，“泰德”·谢尔曼提出为舰载机大队配备91架战斗机和15架鱼雷轰炸机。他的请求还真的被批准了，1945年1月，这一方案在“埃塞克斯”号和“黄蜂”号两舰上短暂实施，但随后就放弃了。现在，每艘航母上都有多达73架战斗机和110名战斗机飞行员，如果还是编为1支战斗中队，规模就太大了，不利于管理。因此，1945年1月2日，18支战斗中队被一分为二，被分出来的36架战斗机被重新命名为战斗轰炸中队（VBF）。[103]

探索组织更大量战斗机进行防御的战术，成了麦凯恩将军、他的作战参谋“吉米”·萨奇和乌利西其他航母指挥官和参谋的主要任务。根据“乔可”·克拉克的建议——他在11月中旬回到太平洋前线，麦凯恩扩大了舰队的巡航队形。水平方面，他在航母舰队前方96千米处布置雷达哨舰，代号“汤姆猫”（TOMCAT）。垂直方面，麦凯恩建立了专门的从早到晚全时段全高度防空巡逻体系：一是“棒球帽”（JACKCAP）——在舰队的四个方向上各组织2 ~ 4架战斗机进行低空巡逻，防御圈外围还有5 ~ 6支这样的小组保持戒备；二是“爸爸帽”（DADCAP）——从早到晚不间断巡逻，拂晓时开始放飞飞机，日落后被代号“蝙蝠帽”（BATCAP）的傍晚巡逻接替；还有代号“说唱帽”（RAPCAP）的雷达警戒飞机巡逻和代号“侦察帽”（SCOCAP）的防空战斗机队巡逻，在“雄猫”雷达哨舰上空进行。返航的攻击机群途经这些哨舰时要围绕其转一圈，那些尾随而来的“神风”自杀机不会转圈，就会被防空战斗机识别出来并加以歼灭。

直接前出至目标地域上空的主动防御需要另一项发明。萨奇中校在麦凯恩“大蓝毯”战术的基础上发展出了一套“三段击”战术。一支巡逻战斗机队在敌方机场上空盘旋，第二支保持准备起飞状态，第三支则在舰队与目标之间或者在母舰上加油装弹。这种“不间断巡逻”在夜间也要进行，战斗机在敌方机场上空持续盘旋以阻止日机起飞。1944年11月底和12月初，第38特混舰队组织航母部队在乌利西外海进行了代号“捕鼠夹”的模拟空袭训练，演练了以上这些反“神风”战术。美军对此寄予厚望，期待大量战斗机和新战术能使航母免遭“神风”飞机的攻击。[104]

夜战航母的发展是这些战术带来的另一个必不可少的变化。12月间，“企业”号在珍珠港被改造为夜战航母，搭载比尔·马丁的第90夜航大队，“独立”号则继续随同第38特混舰队行动。12月10日，托尔斯、麦克莫里斯、穆雷和谢尔曼提出用“企业”号和“独立”号组建第7夜战航母分队，由马特·加德纳少将指挥。12月19日，这一提案得到落实。5天后“大E”启程参战，航行途中飞行员训练仍在继续进行。现在，关于怎样最大限度发挥夜战航母的作用，出现了一些新问题。它们应当被分散配置到多个特混大队中，还是集中起来编成一个夜战特混大队呢？美军后来选择了第二种方案，这样昼间航母大队的人员还能在晚上睡一觉。[105]

连续的作战也让将军们筋疲力尽，尤以哈尔西和麦凯恩为甚，因此至少要进行一轮指挥人员调整。暴躁的“战斗弗雷迪”·谢尔曼一定不会放弃他的第1航母分队司令职务，“戴夫”·戴维森和“盖里”·博根继续担任第2和第4航母分队司令也没问题，只有长期作战的“蒙蒂”·蒙哥马利需要休息。菲律宾战役结束后，蒙哥马利受命返回夏威夷去指挥第11航母训练分队。即将接替他的是“汤米”·斯普拉格少将，他此前经历了莱特湾的萨马岛噩梦，现在正在休息，让他来接掌第3航母分队司令一职完全合适。在乌利西，还有第5航母分队司令“乔可”·克拉克、第6分队司令“拉迪”·拉福德可以承担特混大队司令的职务。此外舰队中还有两支快速航母分队：加德纳的第7夜战航母分队，以及珍珠港的另一个训练单位——由前“约克城”号舰长拉尔夫·詹宁斯少将负责的第12航母分队。

新战术的第一个试验场是民都洛岛，12月1日，第38特混舰队的3支特混大队从乌利西锚地出击。莱特岛上和周边海域的美国陆海军在日军常规飞机和自杀机的攻击下损失惨重，这意味着陆军航空兵实际上无法消灭菲律宾中部的日军航空兵。因此，在12月5日攻击民都洛的先决条件之一，就是歼灭菲律宾中部的日军。事实就是这样，11月30日，海军将领们说服麦克阿瑟将民都洛登陆战推迟10天，吕宋进攻战的发动日期则从12月20日推迟到了1月9日。12月1日下午，这一消息传到第38特混舰队，于是他们又返回了乌利西。

现在又多出来一个星期的空闲时间，快速航母部队立刻恢复了“捕鼠夹”训练，想要准备得更充分一些以应对菲律宾战役的后半场。训练中，所有的航母部队指挥官都得到机会指挥特混大队。但是还有一个问题，11月遭受的严重损失使哈尔西不得不把特混舰队缩编为3支特混大队，每个大队包括4艘昼间航母：

舰队编成

第三舰队司令：小 W. F. 哈尔西上将

参谋长：R. B. 卡尼少将（非航空兵）

第38特混舰队司令：J. S. 麦凯恩中将（太平洋第2快速航母部队司令）

参谋长：W. D. 贝克少将（非航空兵）

第38.1特混大队——A. E. 蒙哥马利少将（第3航母分队司令）

"约克城"号——T. S. 康姆斯上校，第3舰载机大队

"黄蜂"号——O. A. 威勒上校，第81舰载机大队

"考彭斯"号——G. H. 德邦上校，第22舰载机大队

"蒙特利"号——S. H. 英格索尔上校，第28舰载机大队

第38.2特混大队——G. F. 博根少将（第4航母分队司令）

"列克星敦"号——E. W. 里奇上校，第20舰载机大队

"汉考克"号——R. F. 希基上校，第7舰载机大队

"大黄蜂"号——A. K. 多伊勒上校，第11舰载机大队

"卡伯特"号——S. J. 迈克尔上校，第29舰载机大队

"独立"号——E. C. 欧文上校，第41夜航大队

第38.3特混大队——F. C. 谢尔曼少将（第1航母分队司令）

"埃塞克斯"号——C. W. 威伯尔上校，第4舰载机大队

"提康德罗加"号——迪克西·基弗尔上校，第80舰载机大队

"兰利"号——J. F. 威格福斯上校，第44舰载机大队

"圣贾辛托"号——M. H. 科尔诺德尔上校，第45舰载机大队

在乌利希的两周修整使快速航母部队的指挥官们第一次有机会熟悉自己的新司令麦凯恩中将。他上个月接替米切尔的时候，大家都在忙，现在总算有了空。大家对他的总体印象不算好，他这人性格还算讨喜，会讲点荤段子，甚至会渎神。

他脏兮兮的，甚至会在自己卷烟抽的时候把烟草碎屑搞得一身都是。这位“毛手毛脚”的麦凯恩发出的电文不仅模糊，甚至常常是自相矛盾的。“下命令，收回命令，然后没声儿了”，一位将军如此总结麦凯恩的指挥风格。这位第38特混舰队的新司令甚至在乌利西锚地休整时也会和哈尔西将军吵起来。他的下属们不太愿意接受他的新防御战术,这些人都觉得麦凯恩是金老头子强行派过来的。“泰德”·谢尔曼尤其郁闷甚至有些嫉妒，他觉得若不是“厄尼”·金跑来横插一脚，他早就是快速航母部队司令了。谢尔曼在12月7日这天是这么抱怨麦凯恩的：“他总是要我们去做做不到的事，有各种花样百出的想法，完全背离了简单性原则。就像‘大下巴’·李说的，他们把各种乱七八糟的人派到这里，这些人还都以为自己比我们这些在部队干了几年的人懂得多。他们只会给我们添乱。”[106]

由于“神风”自杀机的威胁，快速航母部队需要继续保持机动性，打击战略性目标，而为民都洛提供近距支援的任务就要甩给护航航母了。12月，新的“太平洋舰队护航航母部队”成立，由卡尔·杜尔金少将指挥，他专门从地中海方向赶来，对越来越多的“吉普航母”进行管理。民都洛战役中有6艘护航航母参战，由菲利克斯·斯坦普指挥。

12月10—11日，第38特混舰队从乌利西起航，他们将要打击吕宋附近的日军目标。此战陆海两军的空袭目标以马尼拉为界，以北由海军负责，以南归肯尼将军的陆军航空兵。海军的任务是在民都洛登陆期间将日军飞机牢牢压制在地面上，为此快速航母部队要空袭吕宋岛上的日军并在12月14—16日保持昼夜不间断压制。虽然“泰德”·谢尔曼可以抱怨说要他们去轰炸“奶牛牧场”而不是日军舰队[107]，但第38特混舰队还是成功压制了吕宋岛上的日军飞机，并且消灭了超过200架敌机，其中一些是在空中击落的。舰队自损飞机27架，这也是菲律宾战役中为期2～3天的作战行动的平均水平。这些飞行人员们都随身带有“常用语句对照词典”，以便与菲律宾人或中国人交流，他们飞行服的肩膀位置还绣有当地人熟悉的中缅印战区徽章。[108]随后，第38特混舰队返回加油，继而杀回来接着空袭，支援正在向民都洛岛上输送人员、装备和物资的第七舰队——登陆已在15日成功实施。

12月17—18日夜，当舰队在恶劣天气下寻找加油汇合点时，第38特混舰队司令试图避开一个难以准确定位的热带气旋。而随着海况的恶化，有些人已经看出来了，一场极其剧烈的风暴正在酝酿，实际上那将是一场台风。[109]蒙哥马利和博根提前收到了消息，谢尔曼大队里“圣贾辛托”号航母舰长 M. H. 科尔诺德尔上校则“在闯进风暴前24个小时就收到了告警”，“告警信息来自我的气象官，来自舰船的摇晃，来自海况”。“丑迈克”·科尔诺德尔后来在接受质询时告诉调查组：“我完全知道会有那场风暴，也知道那会很严重。除此之外我还接到了那些陷入绝境的舰船发出的报告，但我没有陷入绝境。我收到了那些其他所有人都可能收到的预警。”[110]

但蒙哥马利没有把自己收到的“相当准确”的消息转发出去，他觉得哈尔西和麦凯恩应该会有“更新更好”的消息，但实际上他们没有。由于得不到来自太平洋舰队气象中心的可靠数据，哈尔西无从判断那场面积不大却威力巨大的台风的准确路线，他甚至要到18日午后才意识到那有可能是一场台风。因此他也没有发出任何警报，除了在当天夜晚通过通话器要求各特混大队“固定一切东西”。哈尔西迫切地想要逃离风暴区，还想给驱逐舰加油——天亮后它们的燃油存量就会跌破危险值，然后按计划空袭吕宋。18日凌晨4时过后，哈尔西要他的气象学家乔治·F. 科斯科中校找麦凯恩评估气象状况。麦凯恩只是答复说自己无法加油，于是科斯科又找了博根。和科斯科相比，博根估计风暴的位置更靠近舰队，麦凯恩也对此表示同意。但是他们全都错了，快速航母舰队此时正直直开向台风眼。哈尔西和麦凯恩此后再也没有互相确认过气象信息，也没有和三位特混大队司令交流此事。哈尔西在选择加油位置时没有征询麦凯恩的意见，最后选定的位置让“泰德”·谢尔曼十分不满意，但哈尔西觉得这完全没有问题。[111]

12月18日中午，哈尔西终于放弃了继续加油并空袭吕宋岛的计划，下午1时45分，他电告尼米兹：前方有台风。此时，第38特混舰队正开足马力向南，与大致自东向西行进的台风迎头对撞。在轻型航母“蒙特利”号和“考彭斯”号上，固定飞机的绳索被扯断，飞机不由自主地翻滚起来，要么引发火灾，要么从舷外掉进海里。快速航母在山一样高的巨浪里上下颠簸，万幸，飞行甲板底部那些暴露的网格结构没有变形。三艘燃油不足的驱逐舰成了最大的悲剧，由于没有压舱物保持稳定，它们直接被巨浪打翻，带着舰上几乎全部官兵（大约

800人）沉入了海底。一整个下午，特混舰队和油轮都在风暴中艰难穿行，到晚上才算冲了出来。

针对这一事件的调查组由航空兵中将胡佛和穆雷，以及战列舰分队指挥官格伦·B. 戴维斯少将组成，他们把“主要责任”直接归于哈尔西，但这是“作战压力下的判断失误，不是罪过”。尼米兹上将对此表示认同，他强调问题的关键在于哈尔西未能获得充分的信息，同时还要求为舰队配备资格更老，更有经验的气象官。[112]不过有意思的是，刚刚来到舰队三个星期的气象官科斯科中校被留了下来，6个月后他会再遇到一次台风。哈尔西始终不放弃支援民都洛的麦克阿瑟部队，这一做法赢得了尼米兹的赞许，但是在1945年2月，太平洋舰队司令部还是给舰队发了一份函件，建议各级指挥官要对老天爷保持敬畏。这意味着舰船的安全要比维持加油路线更重要，如果有必要，各舰可以独立行动。

虽然有气象信息不足的原因，但哈尔西在12月17—18日夜间的做法也太过马虎。他咨询了麦凯恩，结果完全没用，他就再也不管不问了，同时也没打算让他的特混大队指挥官们了解这些情况。哈尔西完全可以从谢尔曼、蒙哥马利、博根，甚至是迈克·科尔诺德尔那里获得更多帮助，但是他没有这么做。就像在莱特湾一战中不顾一切地向北急进，现在他又像公牛一样，不顾一切地想要先加油，再完成他的进攻计划。除了判断错误之外，管理上也有问题。“斯洛”·麦凯恩在这场台风中完全没起到什么好的作用，我们也完全看不出他能帮上什么忙。他自己的气象官在这次事件中完全没说上话，麦凯恩也没试图和各特混大队司令商量。当然，和米切尔一样，鉴于哈尔西大包大揽，麦凯恩或许也把自己当成了看客，但人们还是很想知道，假如换成米切尔和他的气象专家吉姆·冯克，他们会怎么做。

台风造成的损伤使快速航母部队一连多日无法作战，好在此时陆军航空兵已经在莱特岛上集结了足够的力量以掩护民都洛作战。12月24日，第38特混舰队回到了乌利西，尼米兹也飞到此地，在“新泽西”号战列舰上和哈尔西一起过了圣诞节。第二天，“蒙蒂”·蒙哥马利在视察一艘护航航母时被一艘摩托艇撞断了几根肋骨，这令他不得不比原计划提早一个月离岗。于是待命中的亚瑟·拉福德接管了第38.1大队。1945年1月5日，加德纳将军带着“企业”号赶来，和“独立”号一同组成了第38.5夜战特混大队。第一支陆战队战斗中队也来到了航母上，但是在1月份，甲板坠机事故导致了多达7名飞行员丧生，13架F4U“海盗”损毁。正如米灵顿上校所言：“海军要花6个月学习导航和航母起落，我们没法在一个星期内就学会。”[113]

1944年12月30日，快速航母部队再次上阵，空袭日军目标以支援麦克阿瑟将军1945年1月9日在吕宋岛林加延湾的登陆。从3日开始，第38特混舰队开始遵循哈尔西的指示作战：“航母作战的理念就是拒绝被动防守某一区域，而要从源头上消灭敌人。”[114]在6天的时间里，美军舰载机轰炸了吕宋岛、台湾岛、澎湖列岛、先岛群岛和冲绳的日军机场。恶劣的天气使得麦凯恩的“大蓝毯”变得千疮百孔，结果日军自杀机还是发动了几轮进攻，在民都洛外海撞沉了一艘护航航母，在林加延湾也击沉击伤了几艘军舰。不过日军还是有超过150架飞机被消灭，到9日就无力空袭了，这要归功于航母部队对台湾岛和琉球的空袭。9日当天，第六集团军在林加延湾登陆，为他们提供掩护的是奥尔登多夫中将的6艘老式战列舰和杜尔金少将的17艘护航航母（编为三个分队，由拉尔夫·奥夫斯蒂、菲利克斯·斯坦普、乔治·亨德森分别指挥）。同时，第七舰队也有了自己的空中支援指挥官——小福特·N. 泰勒上校。

这一周的作战行动也是问题多多。飞机损失尤其严重，总共86架，其中40架毁于事故，许多都是陆战队飞行员缺乏航母降落经验所致。“斯洛”·麦凯恩下达的命令越来越模糊、自相矛盾、招人骂，挑战着哈尔西和各大队司令的耐心，尤其是关于加油计划的命令，常常令人无所适从。就在这些浑浑噩噩的命令之后，1月8日，麦凯恩搞了一番鼓舞士气的演讲，问题是这份演讲通篇陈词滥调，于是“泰德”·谢尔曼的参谋长卡特·布朗上校给自己的上级送去了一顶头盔：“呕吐的时候可以吐到这里。”[115]同样不爽的还有夜战航母的官兵们，他们在白天由博根的第38.2大队保护，夜间则成为第38.5大队独立作战，问题是他们在夜晚根本找不到敌人。

敌人的航母已经不存在了，只有一支小规模的水面舰队在民都洛外海挑战第七舰队。如此，美军在莱特湾海战中消灭日军航母和大量其他日舰的影响已经显现了，但哈尔西还是想去打新加坡附近幸存的日军战列舰和巡洋舰。麦克阿瑟也想要如此，他担心一旦第38特混舰队离开，日军水面舰队会闯进来炮击

1945年1月，新任夜战航母部队司令加德纳少将乘坐一架TBM来到第38特混舰队旗舰“汉考克”号上。

林加延湾的滩头，或者试图切断他和民都洛之间的补给线。对此，尼米兹和哈尔西自有办法——出动快速航母空袭这些日军战舰。南海也是航运线密集的海域，快速航母部队向这一海域出击将构成朝吕宋瓶颈打下塞子的第一锤。9日上午，尼米兹把第38特混舰队从掩护滩头的任务中释放出来，令其向西进攻。

哈尔西的最大目标是“伊势”号和“日向”号两舰，这两艘一直回避交战的航空战列舰在10月的恩加诺角海战中从他的炮口下逃走了。美国海军情报部门认为这两艘舰正停泊在金兰湾，第三舰队司令想要向它们发动突然袭击，防止其提前南逃到新加坡。1月9—10日夜间，正当第38特混舰队穿越吕宋海峡即将进入南海时，消息传来：一支超过100艘船的船队正沿着亚洲大陆沿海向台湾海峡航行，目的地很可能是日本本土。但是哈尔西放过了它们，他觉得那两艘伊势级才是大鱼。[116] 11日，麦凯恩安排了一次海上加油，但安排得比较差，之后哈尔西就把第38特混舰队拆成了两部分——他实在受不了麦凯恩的愚蠢了，于是彻底架空了他。哈尔西让“泰德”·谢尔曼指挥第38.1和38.3两支大队，“盖里”·博根则率领第38.2和38.5大队负责夜间作战。[117]哈尔西虽然机关算尽，但没有在金兰湾里找到战列舰。“伊势”号和“日向”号并没有待在一个地方等死，12月中旬，它们停靠在西贡，然后在金兰湾待了2个星期，1月1日又启程返回林加水道和新加坡。2月中旬，两舰回到了日本本土。[118]

不过东南亚这个地方从来都不缺目标。仅仅1月12日一天，快速航母部队的舰载机就击沉了44艘日军船舶，总吨位132700吨，另外还消灭了超过100架日机，自损舰载机23架，被击落的飞行人员大部分被当地居民救起，隐蔽送往中国。恶劣天气妨碍了舰队的海上加油，但15日哈尔西舰队还是北上空袭了台湾岛和亚洲大陆沿海，不过没有取得什么值得一提的战绩。次日，第38特混舰队又出动舰载机空袭了香港、海南岛、广州、汕头和澳门的日军，同样战果寥寥，自己反而被日军高射炮击落22架飞机。澳门当时是葡萄牙占领区，而葡萄牙是中立国，结果美国不得不安排了一场质询，然后向葡萄牙正式道歉。季风带来的暴雨迫使第38特混舰队转向南边，为此，哈尔西想要绕道苏里高海峡离开南海。但是这个怪主意会让快速航母脱离战斗长达一个星期之久，还会进入狭窄水域并暴露在敌人的空袭之下。于是尼米兹要求哈尔西等待天气转好再从吕宋岛北面离开，哈尔西照办了。[119]

天气转好后，拉福德、博根和谢尔曼三支特混大队（加德纳的夜战大队已于12日解散）于1月21日再度北上轰炸台湾岛、澎湖列岛和先岛群岛。此次攻击直指日军要害，结果遭到了“神风”自杀机的疯狂反扑。2架自杀机撞中了新服役的“提康德罗加”号，炸死143人，炸伤202人，伤者中包括舰长迪克西·凯菲尔上校，遭到重创的“提康德罗加”号不得不返回乌利西锚地。另一架自杀机撞中了一艘执行“汤姆猫”任务的雷达哨舰，一架常规攻击机投弹命中了“兰利”号，还有一架美军自己的“复仇者”鱼雷轰炸机在“汉考克”号上降落时发生了挂弹坠爆事故，造成52人死亡，军舰燃起大火。当晚，7架“复仇者”鱼雷轰炸机在台湾岛外海击沉了一艘油轮。第二天，第38特混舰队的飞机对先岛群岛和琉球群岛，尤其是冲绳岛进行了轰炸和照相侦察。这是快速航母部队在菲律宾战役中的最后一战。1月25日，第38特混舰队回到了乌利西。[120]

与此同时，陆军第六集团军开始从林加延湾向内陆推进，占领了一些机场，这样肯尼将军就可以把他的飞机调来支援向马尼拉的陆上进攻了。1月17日，肯尼将军从金凯德和泰勒上校手中接过了为滩头提供空中掩护的任务，不过那些护航航母还在吕宋岛外海停留了一段时间，直到1月30日才完全撤走。就和太平洋战场的其他地方一样，陆军航空兵精于隔断式轰炸——也就是"战场遮断"，打击敌人的后勤线，但是他们对地面部队进行近距支援的能力却令人不敢恭维。为此，麦克阿瑟将军特地从所罗门群岛请来了7支装备老式SBD"无畏"俯冲轰炸机的陆战队轰炸中队来支援第六集团军。根据一位陆军将领的说法，这些陆战队飞机能轰炸友军战线前方不到300米的敌人，把他们压在掩体里，"让我方部队以更少的伤亡、更快的速度向前推进。我都不知道该说什么来赞扬这些俯冲轰炸机上的小伙子们了……"[121]很快，第五航空队就从这些陆战队飞行员那里学到了很多技巧，并在肃清吕宋岛和攻占菲律宾中南部岛屿（这些岛屿先前被越过）的战斗中发挥了作用。2月3日，盟军攻占马尼拉。4月14日，吕宋岛日军停止了有组织的大规模抵抗，而菲律宾南部的战斗还要持续到夏季。

1945年2月初，陆军航空兵已经用上了吕宋岛上的各个机场，海军也利用起了马尼拉的各项设施，并在莱特岛—萨马岛一带建立了大规模的基地和锚地，快速航母部队后来也进驻此地，对"吕宋瓶颈"的封堵几近完成。从此，从东印度出发，经历漫长航行返回本土的日本船舶，必须面临极大的风险。就算它们躲过了菲律宾的美军陆基航空兵的攻击，也要面对美军潜艇的鱼雷。侥幸躲过这两大杀手的船只在进入关键水道和港口时仍然很危险，因为从马尼拉起飞的B-29轰炸机和从莱特岛起飞的中型轰炸机已经在那里布设了水雷。随着马尼拉的光复，对日本的远距离封锁已然成型。

菲律宾战役中，快速航母部队在持久作战和对敌打击方面表现出色。从1944年9月到1945年1月，舰队的舰载机摧毁了数千架敌机，击沉或打残了日军舰队主力，并和勇敢的护航航母部队一起独立撑起了陆军第六集团军头上的保护伞。在最后的几个星期，他们还承受了日本人操导弹的疯狂攻击。有一支特混大队创下了连续出海84天的纪录，期间仅仅在乌利西停留了3天。从战略上看，日本已经在防守菲律宾的战役中失去了自己的水面舰队和最后一批真正有效的海军航空力量，并且提前拿出了绝密的自杀机部队，这支力量本应该在更有利的时机突然杀出。失去菲律宾，日本实际上就输掉了战争，因为印度尼西亚出产的石油、橡胶和汽油再也运不回本土了。

虽然取得了辉煌的胜利，但是快速航母部队的指挥却不如先前的战斗中那般高效。哈尔西和麦凯恩虽然都是勇猛的斗士，但他们之间的配合并不好，他们在指挥战斗时也不如斯普鲁恩斯和米切尔那样仔细和小心。哈尔西一心想要击沉敌人航母并支援暴露在敌人空袭下的滩头阵地，这固然是好事，但是若为此让莱特岛登陆部队失去掩护、让舰队闯进台风，这就不值得了。哈尔西对击沉敌人主力舰的执念令他在南海进行了一番没什么成果的搜索，结果放跑了一块大肥肉。这只"公牛"在这些战斗中实际上只是一位航母特混舰队司令，而未涉及其他。1945年1月26日，哈尔西在交出舰队指挥权后觉得自己在制订掩护两栖作战的计划时应当主要考虑航母部队，两栖部队的事应当由更愿意指挥两栖战的人去考虑。[122] "斯洛"·麦凯恩则仅仅是哈尔西的副手，他从未在关键场合进行过战场指挥，在战术创新方面他又过于依赖作战参谋"吉米"·萨奇。[123]

随着日本的原油运输线被吕宋岛的美军切断，金上将开始准备让第五舰队完成对日本的最终包围。至于被越过的东印度群岛，"厄尼"·金把它们交给英国盟友去对付，英国东方舰队的实力此时正在与日俱增。

第九章 英国快速航母部队

第二次世界大战中，英国与德国于1939年开战，由于欧战的需要，英国直到1943年都无法将海军主力投入对日作战。但是到这一年结束之时，大西洋和地中海战场对主力舰的需求骤然减少。拥有强大海军的意大利已经于1943年9月投降，德国虽然还有几艘孤零零的战列舰隐藏在欧洲大陆沿岸亟待监视，但德国海军水面舰艇的作战和建设实际上已经停止了。1943年10月，美军航母“突击者”号随同英国舰队参加了在德占挪威沿岸的战斗，英美两国的多个护航航母猎杀大队到1943年年底时基本已将德国潜艇赶出了大西洋。随着诺曼底登陆日的临近，英国皇家海军的航空母舰可以腾出手来对付日本了。

英军能发挥作用的地方或许是东南亚战区。1943年10月之后，这个战区由英国皇家海军上将路易斯·蒙巴顿勋爵指挥，他的军衔和权限与麦克阿瑟、尼米兹相当。1943年9月，英国海军上将詹姆斯·萨默维尔爵士率领英国东印度舰队从马达加斯加回到锡兰的科伦坡，英军舰队原本就驻扎在这里，但在1942年时因为日军的攻击而撤离。英军在东印度方向上发动的任何进攻都一定会指向新加坡和马来亚，从第一次世界大战起，英国就将这里视为远东防务的核心。在1943年11月的开罗会议上，温斯顿·丘吉尔首相支持经由马来亚向荷属东印度群岛进攻的方案，而他的一些幕僚人员则提出可以打造一支以澳大利亚为基地的舰队，当盟军从新几内亚向菲律宾进攻时，英军在其左翼作战，如此将可以拿下婆罗洲，并一路打到中国沿海的香港。[1]在1943年12月时，至少尼米兹将军也是想进攻这一方向的。

英国方面在开罗会议上还提出，可以把一支英国舰队部署到太平洋，和尼米兹的美国太平洋舰队并肩作战。不过金和一众前辈、同僚都经历过英美两国关系不那么融洽的时代，因此他们拒绝了这一方案。金只是“认为”等到打败德国后，所有美国海军部队都可以调到太平洋，所有英国舰船都可以调到印度洋。[2]丘吉尔同意在美国从太平洋进攻时出动海军牵制驻新加坡的日军，但是关于英国向太平洋派遣舰队一事却一直没有达成一致。最后，罗斯福总统为了达成决议，提出这个问题当前并不急于解决，可以等到德国投降后再议，时间大约是1945年夏季。[3]

无论如何，组建英国太平洋舰队的想法已经生了根。1944年夏，英国人便开始推动组建特混舰队派往太平洋一事——此时德国海军实际上已经完蛋了。“厄尼”·金当然很不情愿，为此他在1944年6月告诉尼米兹，可以让英国东方舰队去攻占盛产石油的东印度群岛，以缓解西太平洋燃油供应紧张的状况。但是当年8月，当丘吉尔问蒙巴顿将军能否从东南亚战区分出几艘舰队航母前往中太平洋时，蒙巴顿告诉他，现代化的航母和战列舰原本就属于辽阔的太平洋。蒙巴顿预计日本舰队一定会离开新加坡——确实，1944年10月它们就离开了，留在新加坡的日本舰艇完全可以交给陆基飞机去对付。不过蒙巴顿不必等到敌人舰队撤走再派遣航母出去作战了，在1944年9月的盟国魁北克会议上，英美参谋长联席会议达成了一致——组建英国太平洋舰队。[4]金虽反对但却无效。

且不论金对英国这个国家的态度如何，在具体作战方面，他认为英国皇家海军并没有真正领会在太平洋辽阔水域进行海战需要做些什么。在1943年7月末的旧金山会议上，萨维·库克把英国对太平洋战争的理解告诉了金和尼米兹：先收复新加坡，再沿着东南亚沿岸地带向中国近海推进，对后勤供应和空中支援问题，他们并没有实质性的考虑。[5]到1944年秋，英国的太平洋战略并无变化，他们对太平洋上的战争逻辑仍然知之甚少。不过他们对空中支援问题倒是深有体会，最早从登陆北非开始，最近的是1944年夏查布里奇和杜尔金的护航航母支援在法国南部的登陆，英国人都是空中支援的实践者。在接下来登陆马来亚的战斗中，蒙巴顿要依靠G. N. 奥利弗少将第21航母中队的护航航母来提供支援，此次行动计划于1945年9月9日打响。

金上将对这一安排自然十分不满，他觉得英国舰队完全会成为美军的后勤负担，因此他一直反对建立英国太平洋舰队，直到这支舰队完全准备就绪，从前进基地开赴战场为止。

英国舰队航空兵的崛起

1937年，英国海军航空兵部队开始从皇家空军回归皇家海军，这一变动在1939年5月完成，但这无法抹平此前20年分头管理给这支力量带来的巨大创伤。英国海军的飞机在所有方面都逊色于英国空军，以及日本和美国的飞机。美国参战时，英国只有4艘新型舰队航母，在建航母也只有2艘。不仅如此，和1927年之前的美国一样，英国海军中几乎没几个将军上过天，不过还是有很多将领成了海军观察员，从而得到指挥航空兵部队的资格。此外英军并不要求航母部队指挥员一定要有航空兵指挥经验。虽然英国海军航空兵家当不多，英国人还是充分发挥了他们的作用——例如突袭塔兰托军港内的意大利舰队，以及围歼“俾斯麦”号战列舰。

至少在战争爆发时，英国舰队航空兵在海军部高层是不缺代言人的，第五海务大臣就是海军航空兵主任，拥有中将军衔。直到1943年中期创立分管航空的海军作战部副部长，美国海军中才出现这种位高权重的航空兵职务。和美国海军的情况一样，随着战争态势从动员和防御转为资源充足条件下的进攻，英国海军航空兵的行政架构也在不断调整。1943年1月，英国海军部中关于海军航空兵的岗位被一分为二。其中一个岗位是第五海务大臣兼海军航空装备主管，由丹尼斯·W. 博伊德少将担任，这个职位和美国海军中分管航空的海军作战部副部长相似，负责舰队航空兵所有物资、器材和装备事宜。新设立的岗位是分管航空的海军助理参谋长，“主要负责协调海军参谋部处理航空事务，以及为制订涉及海军航空的策略提供建议”。这样一个能影响到最高级策略制定的航空兵将领是美国海军航空兵一直孜孜以求的，但是拜“厄尼”·金所赐，他们在整个战争期间都未能如愿。不过英国的第一海务大臣，海军上将安德鲁·坎宁安爵士和“厄尼”·金截然不同，他没打算在海军总部的层次上对航空兵在战争中日益增长的影响进行检视。第一任分管航空的助理海军参谋长是R. H. 波特尔少将，他一直干到1944年11月，之后调任太平洋舰队在澳大利亚的航空兵基地总负责人，接任航空助理参谋长的是L. D. 麦金托什少将。[6]

在如此完善的责任分工体制之下，英国舰队航空兵在随后两年里稳步发展。对日作战开始时，英国拥有4艘 光辉级舰队航母（23000吨）：“光辉”号、“胜利”

号、“可畏”号和“不屈”号，它们的体量和“企业”号大致相当，只是航程稍短，速度稍慢（30.5节对33节），配备装甲飞行甲板，载机量少一些。两艘吨位略大、航速略快（32.5节）的改进型怨仇级也会及时参加英国太平洋舰队——“不倦”号和“怨仇”号将分别于1944年5月和8月服役。

英国还采用了美国式的方案，快速建造轻型航母以补充重型航母的数量不足。不过英国的轻型航母和美国同行有一个重要区别：航速只有25节，要开到最大速度才能达到“快速航母”的标准。他们计划建造16艘14000吨的轻型航母，巨人级和庄严级各占一半。这些航母实际上是同一级，只不过内部设计稍有区别。如果战争一支延续到1945年年末，其中一些可能在太平洋参战，这些战舰为远东作战做了专门改装，主要是加装了空调，其余各舰则会满足战后的需求。轻型航母首舰“巨人”号在1944年12月服役，随后“复仇”号和“可敬”号在1945年1月服役，“光荣”号则于4月服役。[7]

和美国海军一样，英国海军部在战时的航母建造计划中就对战后舰队进行了规划。除了大量的巨人和庄严级，皇家海军还设计了三级新型快速航母。1944年年初，他们着手设计新型的竞技神级航母，航速30节，排水量18000吨，计划建造8艘，其中4艘在战争结束前已铺下龙骨。计划中还有4艘航速32节，排水量35000吨的新型皇家方舟级，战争结束前已有2艘开始动工。1945年，英国海军还计划建造3艘直布罗陀级战列航母，这一型航母排水量超过40000吨，堪与美国海军中途岛级航母比肩。虽然这些航母与第二次世界大战的进程已不再相关，但它们却反映了海军航空兵对皇家海军的影响，以及舰队航空兵在经历了战前的低谷之后想要奋起的决心。

英国现有的航空母舰在大多数方面都足以与美国同行相提并论，但他们的飞机则逊色很多，几乎无法适应太平洋上的快速航母特混舰队作战。战斗机方面，舰队航空兵不得不依靠由陆基飞机改造而来的型号，尤其是由著名的“喷火”战斗机改造而来的超马林“海火”，其所有型号都装有可折叠的机翼，但是却没有舰载机所需的大航程和足够坚固的起落架。“海火”的替代机型，双座的“萤火虫”是一型用途广泛的战斗轰炸机，但是和单座战斗机相比，这型飞机速度慢，机动性也差一些。英国海军同时保留了这两个机型，它们无论如何也要比之前的

上：英国超马林公司“海火”战斗机。

中：英国费尔雷公司“萤火虫”战斗轰炸机。

下：英国费尔雷公司“梭子鱼”鱼雷轰炸机。

舰载战斗机好很多。轰炸机方面，1943年时舰队航空兵手中只有一型新飞机能替代古老的“剑鱼”鱼雷轰炸机，那就是费尔雷“梭子鱼”，这种飞机速度慢、重量大、动力羸弱、航程不足，战场表现堪忧。这样的飞机自然比不上美国海军的同类机型，不过若是和日本飞机相比，孰优孰劣亦未可知。[8]

解决办法显而易见，就是用美制舰载机武装英国航母。根据“租借法案”，美国从1942—1943年冬季就开始向英国提供F4F“野猫”式战斗机（英国人称其为“欧洲燕”），随后是F4U“海盗”、F6F“地狱猫”和TBF/TBM“复仇者”。实际上英国人在1943年8月就把“海盗”战斗机送上了航母，比美国海军最终实现这一点还早了一年有余。1944年，从“胜利”号航母上起飞的“海盗”战斗机掩护了对德国战列舰“提尔皮茨”号的空袭。许多装备美制飞机的英国舰载机中队都是在美国罗德岛的匡西特角海军航空站进行训练的。依靠这些现代化的舰载机，英国舰队航空兵终于把战前在皇家空军管理时落下的许多功课补了回来。战争结束后，英国又能够独立设计和制造新型舰载机了。

在航母战术方面，英国海军也有很多地方要向美国人学习。曾经在英国本土舰队指挥一支美国航母部队的奥尔瓦·伯恩哈德少将，在1943年12月写道，英国人“对合理使用舰载航空兵的理解，还不如我们只有一艘‘兰利’号的时候”。[9]为了学习航母使用，英国人向太平洋战场上美军的各个重要指挥部派出了观察员。1943年10月，英国皇家海军H. S. 霍普金斯中校接替M. B. 朗上校入驻尼米兹的司令部，不过他毕竟是外国人，直到1944年1月之前都未能获准参加太平洋舰队司令部会议，或者阅读保密文件。随着英国太平洋舰队的成立，英国海军部决定向美国太平洋舰队司令部派驻一名中将，但是已经觉得幕僚班子规模太大、令人难以应付的尼米兹拒绝了这一方案。于是哈里·霍普金斯晋升为临时上校并被任命为英国联络官。1945年7月，安东尼·普雷德尔－布弗里上校接替了他的职位。[10]

派往斯普鲁恩斯和哈尔西将军的第三/第五舰队司令部的联络官是皇家海军中校迈克尔·李法努，他在1945年1月初来到“印第安纳波利斯”号上向斯普鲁恩斯报到。大约一个月后，C. E. A. 欧文中校来到了米切尔将军的司令部。这很合适，李法努此前在一艘战列舰上当炮术官，欧文则是一位航空兵。斯普鲁恩斯和英国太平洋舰队之间的直接指挥关系始于1945年2月初，当时英军巡洋舰部队司令 E. J. P. 布林德少将在乌利西拜访了斯普鲁恩斯。不过在两支舰队开始并肩作战之前，还有许多事情需要磨合。[11]

航空兵司令部也来了两位英国海军军官，一位是航空兵，一位是航空观察员，他们在1943年9月来到托尔斯中将这里，这二人是作为“莱斯布里奇计划”的一部分，“派去学习在太平洋海域作战方法”的。[12]同月，英国海军理查德・M. 斯米顿中校来到太平洋舰队航空兵司令部担任联络官。斯米顿先后在多艘美军航母上和珍珠港里任职，直至1944年年末调往英国太平洋舰队担任航空作战计划官。接替他的是 F. H. E. 霍普金斯中校。除了观察和学习，这些人也会把英国航空兵的一些技巧传授给美国人。早在1944年2月，英国的军官们就陆续来到太平洋并逐步组成英国太平洋舰队的核心班子。当英国观察员登上美军航母时，他们的后备飞行员也来到夏威夷和美国舰载机大队共同训练。[13]

霍普金斯上校很快就发现，英国航母若要在太平洋上作战，就必须解决一个首要的难题。“后勤是太平洋海上作战中最重要的方面”，他向后方如此报告道，在1944年夏末秋初返回英国海军部时，他便着重抛出了这个议题。[14]确实如此，1944年，C. S. 丹尼尔少将研究了美军在太平洋的后勤和行政管理体系，获得了许多对英国的参战准备有重大价值的信息。当年5月，丹尼尔来到太平洋负责英国太平洋舰队的行政管理。

当英国军舰和基地人员开始向锡兰和澳大利亚集结，准备组建一支航母部队参加太平洋战争之时，航空兵在英国皇家海军中的重要性也与日俱增。到了1945年5月，英国太平洋舰队参战之后，舰队航空兵的行政管理架构进行了最后一次战时改组。先前由第五海务大臣兼海军航空装备主管负责的所有装备器材事务，移交给了新设立的分管航空的副审计长兼海军航空装备主任，M. S. 斯拉特里少将。先前由分管航空的助理海军参谋长负责的整体海军航空政策事宜，移交给了新的第五海务大臣（负责航空事务），后者“现在全面负责海军航空总体指导和各方面政策的协调”。[15]首任第五海务大臣（负责航空事务）是查布里奇少将，他还得到了被降格的航空助理海军参谋长麦金托什少将的有力协助。这一重要措施使得英国海军部委员会中有了一位航空兵政策的代言人——英国海军部委员会相当于美国海军的舰队总司令部，而这对美国海军航空兵而言还是可望而不可即的，美国分管航空的海军作战部副部长大约只相当于英国分管航空的副审计长。

最后，1945年6月，随着越来越多的英国航母加入舰队，相应的舰载机中队也在英伦三岛接受训练准备最终前往远东，英国海军部又设立了一个新岗位——航空兵司令。首任航空兵司令是博伊德中将，负责英国本土的所有舰队航空事务和航空兵训练。于是，舰队航空兵在海军指挥层里有了一位高级航空兵将领，这比美国海军又领先了一步。

不过，在奔赴遥远的太平洋参战之前，英国航母部队还需要获得更多的训练，需要学习新战术并建立自己的后勤体系。这第一课开在东方舰队。

英国太平洋舰队

除了“胜利”号在1943年夏短暂参加南太平洋战事之外，1941—1942年大败退之后第一艘投入对日作战的英军舰队航母是“光辉”号。1944年1月，“光辉”号连同2艘战列舰和1艘战列巡洋舰一起离开大西洋舰队，开赴锡兰的亭可马里，加入了萨默维尔将军麾下规模很小的东方舰队。此后不久，美军第58特混舰队便开始向西大举进攻，把日军舰队从特鲁克一路赶到了帕劳和新加坡。为应对近在眼前的日军舰队，萨默维尔不得不请求更多的增援。可是，英军的第二艘航母“胜利”号要到7月才能赶来。美国人大方地伸出了援手，他们决定派遣刚刚完成拉包尔和马绍尔群岛作战的“萨拉托加”号和战斗经验丰富的第12舰载机大队支援英军，对此所有人都表示同意。于是，攻占埃尼威托克环礁后，尼米兹将军就派遣“萨拉”和3艘驱逐舰组成第58.5特混大队，经由圣埃斯皮里图和澳大利亚的珀斯，前往锡兰的科伦坡。

1944年3月27日，两艘航母在印度洋会合，联合作战随即开始。英军航母舰队司令克莱门特·莫迪少将不是飞行员出身，但是曾经当过航母舰长，二战爆发时任海军航空处主任，随后调往本土舰队航空母舰部队任少将司令，随后又调往东方舰队担任同类职位。“光辉”号舰长，R. L. B. 坎利夫上校是个老手，“萨拉托加”号舰长约翰·H. 卡萨迪也是一样。不过，无论是莫迪、坎利夫，还是卡萨迪都不负责协调这支联合快速航母特混舰队的空中作战。空中作战的关键人是美军第12舰载机大队队长“跳跳乔”·克里夫顿中校，“光辉”号战斗机队队长迪基·考克少校和“萨拉”舰上第12战斗中队队长鲍勃·多斯少校。

自然，联合作战之前双方需要多熟悉熟悉。于是英国航母做东，邀请了80名美军飞行员前来访问，大家伙儿在不禁酒的英国航母上免不了开怀畅饮，一醉方休，总共喝了700瓶啤酒、36瓶威士忌和36瓶杜松子酒——“跳跳乔”滴酒未沾，他只喜欢吃冰激凌。[16]美军第12战斗中队此时装备的是“地狱猫”战斗机，但他们可是美国海军第一支驾驶“海盗”战斗机在航母上起落的中队，这些人看到考克的战斗中队装备的“海盗”十分高兴。但是缓慢笨重的“梭子鱼”轰炸机却让一个不知轻重的美国飞行员在试飞时坠了机。“英国佬要去造新飞机了！”[17] 4月上旬的联合空中行动表明，英国人把一甲板飞机放飞出去并完成编队要花上一个半小时，于是克里夫顿手把手地教英国人，很快就把他们的起飞集合时间缩短到25分钟。到4月中旬，两支舰载机大队已经可以有效地协同作战了，但在取得这一成就的同时，悲剧也发生了：人见人爱的迪基·考克在一次陆地基地降落时因撞机事故而丧生。[18]

在印度洋联合作战期间，“光辉”号和“萨拉托加”号两舰空袭了沙璜的日军基地，这一战略要地把守着马六甲海峡和新加坡的北部近海。应麦克阿瑟将军的要求，这场战斗与他在新几内亚霍兰迪亚的登陆战同时打响，以防马来亚的日军飞机增援新几内亚。[19]指挥这场战斗的是萨默维尔将军，早在指挥H舰队的时代他就是航母空袭作战的老手。这真是一场多国联合作战，参战的有1艘英国航母、1艘美国航母，1艘法国战列舰、2艘英国战列舰，1艘英国战列巡洋舰，3艘英国巡洋舰、1艘荷兰巡洋舰、1艘新西兰巡洋舰，以及8艘英国驱逐舰、1艘荷兰驱逐舰、3艘澳大利亚驱逐舰、3艘美国驱逐舰。

攻击机群由克里夫顿中校指挥，他们在1944年4月19日早晨5时30分从沙璜西南160千米处起飞。这支联合机群包括24架“地狱猫”和13架“海盗”战斗机，以及18架“无畏”、17架“梭子鱼”和11架“复仇者”轰炸机。早晨7时，这些飞机突然出现在毫无防备的日本人上空。日军没有飞机升空，但是多斯的战斗机仍然遵循在拉包尔作战时的打法，与轰炸机一同转入俯冲。短短10分钟内，30吨炸弹落在了沙璜，摧毁了3～4个储油罐；战斗机摧毁了21架停在地面上的日机。一架“萨拉托加”号上的“地狱猫”被日军高炮击落，但是早已精于海空救援的英军提前准备了一艘救援潜艇，它冒着敌人岸防炮的炮火救起了飞行员。这一天，“萨拉托加”号上的防空巡逻战斗机击落了3架敌军侦察机。任务完成后，航母舰队向亭可马里返航，不过问题是，日军是否会把马来亚的飞机派到新几内亚去对付麦克阿瑟。

“萨拉托加”号要回美国本土大修了，金上将建议让它在途中顺道空袭爪哇岛泗水的日本海军基地——蒙巴顿将军对此完全赞同。于是，1944年5月6日，萨默维尔将军率领这支联合舰队从科伦坡起航了。不过考虑到英军方面的两个弱点，舰队首先要开往澳大利亚埃克斯茅斯湾的英国锚地。由于习惯于依托全球各地的基地保障短航程军舰的作战，英国人一直没有掌握复杂的海上加油技术。5月15日，6艘油轮为停泊在埃克斯茅斯的舰队加了油。第二个麻烦在于“梭子鱼”攻击机。这场战斗中盟军攻击机要从南面起飞，飞越290千米的陆地和洋面，完成攻击后还要返航，因此短航程的“梭子鱼”无法参战。于是，一队美制“复仇者”攻击机飞到了“光辉”号上，“梭子鱼”则上了岸。

1944年5月17日对泗水的空袭重现了在沙璜的成功，“乔”·克里夫顿中校继续担任攻击机群总指挥。盟军战斗机轻松击落了空中的2架日机，随后轰炸机分成两队，一队轰炸了船只和船坞设施，另一队轰炸了布拉特工程公司和爪哇岛上唯一的航空汽油精炼厂。精炼厂燃起了冲天大火，还有2艘小型船只被击沉，而第12鱼雷中队则失去了他们的队长 W. E. 罗伯特汉上尉，他和他的机组成员被日军高炮击落。盟军需要发动第二波全甲板攻击才能完全摧毁目标，但是萨默维尔将军直到机群返航才知道这一情况，而此时再发动第二波空袭已为时过晚。尼米兹上将后来批评“萨拉托加”号舰长卡萨迪上校没能提前建议发动第二波空袭。第二天，英国和盟国舰船列队欢送“萨拉”及其护航舰，随后后者便向美国本土开去。

随着美军舰队向西穿过马里亚纳群岛攻打菲律宾，尼米兹将军“希望英国东方舰队能够发动更积极主动的空中作战”[20]。蒙巴顿也急于参战，但却受航母部队组织不力和远东部队训练不足所累，难以充分发挥作用。尽管如此，萨

1944 年 6 月 21 日空袭印度布莱尔港之后，停放在“光辉”号上的“梭子鱼”（其中一架正在被升降机下送）和美制“海盗”机群。（感谢英国帝国战争博物馆）

默维尔和莫迪还是利用新到达的航母发动了多次空袭。1944年6月，“光辉”号的舰载机空袭了安达曼群岛的日军设施，但是受不利天气影响，未能予以重创。次月，新到达的“胜利”号（舰长 M. M. 丹尼上校）和“光辉”号（现在由 C. E. 拉姆比上校指挥），与其他舰艇一起向沙璜发动了一轮十分有效的海空联合打击。8月末9月初，莫迪率领“胜利”号和刚从大西洋赶来的“不屈”号（舰长 J. A. S. 埃克莱斯上校）向苏门答腊的日军海岸阵地发动了空袭，但是由于“梭子鱼”攻击机的低效和飞行人员经验不足，未能取得多少战果。为了将日军的注意力从莱特岛吸引开，10月17—19日，亚瑟·鲍威尔中将率领这两艘航母向尼科巴群岛发动了空袭。战斗平淡无奇，也没能对莱特湾的战斗起到什么帮助。[21]

整个1944年夏季，英国海军部都在筹备与日本进行大规模海战，为此，他们向锡兰派出了更多舰艇并变更指挥机构，建立英国太平洋舰队。萨默维尔将军数年前就因为健康原因而一度退休（不过此时他已经正式重返现役），又因为多年作战而疲劳不堪，因此从1944年8月23日起不再担任东印度舰队总司令，继任者是皇家海军上将布鲁斯·弗雷泽爵士。他不是飞行员出身，但在战前也当过航母舰长。当年10月，英美两国在魁北克会议上一致同意建立新舰队，此后弗雷泽便返回伦敦讨论此事。同时，蒙巴顿也同意从他的东南亚司令部辖下调拨航母。英国海军还决定，在悉尼建立新的舰队基地，英国航母上搭载的“梭子鱼”攻击机要全部换成美制“复仇者”，同时英国海军全部6艘舰队航母都要前往太平洋。1944年11月22日，弗雷泽上将在锡兰港升起了英国太平洋舰队总司令的将旗。鲍威尔晋升为上将，接管远东舰队，莫迪则升为中将，任东印度基地航空兵司令。

不过和尼米兹一样，弗雷泽上将也是要留在岸上的，那么英军就需要一位有经验的指挥官来随同舰队出战。这个英国太平洋舰队副总司令将由皇家海军中将H.伯纳德·劳林斯爵士担任，他虽然不是飞行员，但却是舰队航空兵战前复苏过程中的领军人物。直接指挥英国快速航母部队的是第1航母中队司令（相当于美军第1航母分队司令），皇家海军少将菲利普·L.维安爵士，他是早期大西洋水面作战和马耳他海空护航战的英雄，还在萨莱诺登陆战期间指挥过护航航母。不过维安本人不是航空兵出身，因此在航空作战方面不得不依靠参谋人员。和英国海军的大部分优秀战将一样，1939年以来维安就几乎一直在海上作战。除了经历过漫长而艰苦的海上生活，他还在舰上发过一次烧。维安通常是个一板一眼的军官，即便是在热带，他也会一直穿着白色的制服和长裤，卡其色便服他是不会穿的。他在战斗中勇敢而冷静，平时则冷淡、高效，对下属要求很高。一个作者曾描述维安在“光辉”号上是这样对飞行员发布简报的：他“就站在那里，直率而不会妥协，顽固，不会笑，板着一张棕色、棱角分明的水手脸，他毫无掩饰的智慧让飞行员们受益匪浅”。[22]

弗雷泽上将迅速动手，把他的舰队武装起来并开始行动。维安少将在新建成的舰队航母“不倦”号（舰长Q. D.格雷汉姆上校）上升起了将旗。11月，这艘旗舰从英格兰启程开往锡兰。劳林斯中将也来到锡兰报到，学习了美军航母战术和行动流程后，他得出结论：“我们还要从头学起。”丹尼尔中将发现悉尼还需要抓紧扩建一番才能成为舰队基地，而他最大的短板在于缺乏快速舰队油轮和飞机运输舰。后一个问题在1945年1月迎刃而解，当时3艘英军护航航母到达了悉尼，一支机动海军航空作战基地队（MONAB）也在悉尼开了张。但是组建一支舰队后勤队（相当于美军后勤中队）就是另外一回事了。首先，悉尼是一个类似珍珠港的后方基地，因此英军还需要一个前进基地。其次，单看油轮，英国海军有一半的油轮都是平民驾驶的商船，从来没有在远离友军基地的开阔洋面上执行过任务，而且这些油轮都不会进行平行伴随加油，只能从尾部拖出一根加油管，这种方法效率低下，十分耗时。

这些缺陷使“厄尼”·金愈加想让英国太平洋舰队远离美国快速航母部队。11月时他在旧金山告诉尼米兹：“更适合英国太平洋舰队的解决方案是在太平洋战场上给他们指定几个任务，让他们去独立完成，而不是让英美两国海军的舰艇共同行动。”[23]金坚持要求英国太平洋舰队自己解决后勤问题，但是他们可以使用美军在马努斯、乌利西和莱特的前进基地。为了统一行动，英国要采纳美国的战术和通信流程（就像1917—1918年美国战列舰分队编入英国大舰队时一样），不过美国海军会向英国舰队派遣联络官、通讯员和空战情报官，以便加强合作。

12月17日，弗雷泽上将从锡兰出发，经由澳大利亚前往珍珠港与尼米兹上将彻谈两军合作事宜。弗雷泽发现尼米兹和金一样不希望让英国太平洋舰队卷入中太平洋战事[24]，但二人还是针对各方面事项达成了共识。尼米兹派遣了两位老将前往英军担任联络官：C. 朱利安·惠勒上校前往劳林斯中将处，他曾在快速航母护航舰队中指挥一艘巡洋舰；艾迪·埃文上校前往维安少将处，他曾是夜战航母“独立”号的舰长。惠勒对金的强硬态度并不感冒，1944年的最后一天，他告诉“杰克”·托尔斯“他觉得对（让英国人自给自足）这一指示做更广泛的理解，对提高作战效率和维持友军之间的关系都很有好处”。[25]托尔斯表示同意，他向尼米兹提出，所有的物资，尤其是舰用燃油和航空汽油，英军和美军应当共享。[26]尼米兹深为认同，他在动身前往悉尼之前告诉惠勒，可以转告弗雷泽将军“我们无论如何都会把这事办成”。[27]战斗打响后，靠着自己那根“破破烂烂的旧鞋带”维持补给的英军惊喜地发现，自己得到了“真正的美国支援，虽然上层很反对！”[28]

在向第一个主要目标开火之前，英国快速航母部队还需要进行一段时间的实战训练，就像美军航母在1943年空袭马尔库斯和威克岛时做的那样。于是，在亭可马里指挥东方舰队的鲍威尔将军组织全部4艘航母发动了几轮作战，“主要是为了让部队团结起来”。[29]

由于劳林斯身患重疾，鲍威尔把训练性空袭任务交给了维安将军——后者刚刚把将旗从“不倦”号转移到“不屈”号上。第一个空袭目标是位于苏门答腊岛西北侧庞卡南－布朗丹的日本燃油精炼厂。12月17日，“不屈”号和“光辉”号两舰在护航舰队掩护下从亭可马里出发了。3天后，27架挂载着炸弹的“复仇者”在28架“地狱猫”和“海盗”的掩护下飞临目标上空，但却发现目标被浓云笼罩，于是攻击机转而轰炸了勿拉湾的港口设施，战斗机则扫射了哥达拉惹的港口和沙璜的机场，但造成的破坏十分轻微。[30]

这样的战果当然不能令人满意，12月31日，维安率领“不屈”号、“胜利”号和“不倦”号三艘航母和护航舰队再次从亭可马里出击，空袭庞卡南－布朗丹炼油厂。1945年1月4日，维安的舰载机在晴朗的天空中发动了空袭。“海盗”和“地狱猫”战斗机击落了7架前来迎战的日军飞机，随后12架挂载火箭弹的“萤火虫”和32架挂载炸弹的“复仇者”就扑了上去。攻击机群准确命中了炼油厂，把它变成了一片火海；战斗机还扫射了几架停在地面上的日军飞机。没有一架英军飞机被敌人击落，不过有2架飞机因事故坠毁。人们可以把这两场空袭视为英国太平洋舰队的马尔库斯和威克岛之战。现在，英军舰队和航空兵都需要一个拉包尔来检验自己的真实战斗力。

苏门答腊南部的巨港拥有东南亚最大的两家燃油精炼厂，“它们足以提供日本所需全部航空燃油的3/4”。[31]不仅如此，巨港和打拉根、巴厘巴板（后两者都在婆罗洲）一起承担了日军舰队残部的所有燃油需求。因此，尼米兹特别提请英军摧毁巨港。1945年1月16日——这天，美军第38特混舰队的机群正横扫中国大陆南部和中南半岛沿海——维安将军带着英国海军史上最强大的航母打击舰队驶离亭可马里，包括“不倦”号、“不屈”号、“光辉”号和“胜利”号四艘航母，238架飞机，1艘战列舰，3艘巡洋舰和10艘驱逐舰。

1945年1月24日天刚亮，日军的战斗机、防空气球和密集的高射炮火就“热

1945年1月24日，巨港的日本燃油精炼厂在英军舰载机的轰炸中燃起大火。注意浓烟中隐约可见的阻塞气球。（感谢英国帝国战争博物馆）

情迎接”了飞临巨港的英军舰载机。英军扫荡战斗机群击落了14架日军飞机，随后攻击了这座严密设防城市周围的多个机场。皇家海军 W. J. 梅恩普莱斯少校率领“萤火虫”和“复仇者”机群成功轰炸了普拉杰炼油厂。撤退后，英军航母花了整整2天时间加油，加上往来航行又花了2天，这令日军获得了充足的时间将更多的飞机派到巨港。29日，维安卷土重来，“萤火虫”机群击落了环绕着双溪格龙炼油厂的防空气球，为“复仇者”机群打开了一条通道，但是大批日军战斗机蜂拥而来，双方爆发激战。梅恩普莱斯少校被击落身亡，除了他之外，英军还损失了10架飞机。日军飞机也一样损失惨重，其中有不少是在进攻英军航母时被高射炮击落的。最后英军攻击机还是成功突破，重创了炼油厂。[32]

巨港就是英国太平洋舰队的拉包尔，他们在大规模作战中保持了四航母密集战术编队，从而获得了参加中太平洋作战的资格。巨港那两座炼油厂遭到重创，2—3月的产量只有先前的1/3，双溪格龙的炼油厂直到5月才开始恢复生产。此时，东印度群岛和日本本土之间的航运线已经被盟军的海空布雷切断。在对巨港的两次空袭中，维安承受了16架飞机的战损，另有25架毁于事故——这些损失无疑大部分归因于“海火”战斗机脆弱的起落架。飞行员的损失最令人伤心，战后人们才知道，有些飞行员已经成功跳伞，但却被日本人抓住并处决了。已经加完燃油的油轮回到了亭可马里，航母部队的余油只够他们开到悉尼，发动第三轮空袭彻底摧毁巨港是没有指望了。[33]

2月5日，劳林斯中将在澳大利亚福利曼特尔港的“英王乔治五世”号战列舰上升起将旗，随后与航母部队一同开往悉尼，10日到达。此时，英军舰队已经完成补给，损失都得到了补充，他们已经准备好开往马努斯，然后加入美国海军第五舰队了。根据弗雷泽和尼米兹达成的共识，弗雷泽将负责对英军军舰进行补给和维护，劳林斯则要服从斯普鲁恩斯或者哈尔西的战场指挥——这是近现代史上第一次有英国舰队在外国将领指挥下作战。实际上劳林斯的作用比观察员大不到哪里去，因为维安会作为一支四航母特混大队的指挥官直接从米切尔或麦凯恩那里受领命令（不过弗雷泽会在夜间接管舰队指挥权）。从实力上看，英国太平洋舰队的舰载机数量比一支美军四航母特混大队还要少50架。英军的3艘光辉级各搭载大约35架“海盗”或“地狱猫”和15架“复仇者”（埃塞克斯级搭载73架战斗机、15架轰炸机、15架鱼雷轰炸机），稍大些的“不倦”号搭载40架“海火”战斗机，20架“复仇者”和9架“萤火虫”。[34]

3月初，英国第113特混舰队（作战舰队）的绝大部分舰艇都抵达了马努斯，仅有“光辉”号还要在悉尼稍作停留以进行一些维修。但是112特混舰队（舰队后勤部队）所需的69艘勤务船只只到达了27艘，这一定程度上是悉尼码头工人罢工所致。供水船一艘也没来，因此每艘舰船都不得不自行蒸馏淡水，对大型舰艇来说这可是个重体力活。马努斯的条件并不算好，大浪让加油变得十分困难，炎热的天气也令人烦躁。英军转用美国的流程和通信规则之后，堆积如山的文件也随之而来，让通信和参谋军官不堪重荷。维安将军后来说：“就连假装喜欢它的人都没有。”[35]

更令人恼火的是，“厄尼”·金武断地拒绝同意让英国太平洋舰队加入中太平洋作战。3月初，金在旧金山与尼米兹会面，他说自己更希望把英国舰队用在东南亚战区，或者计划于夏季打响的婆罗洲进攻战役。尼米兹则表明自己希望英军航母舰队参加冲绳战役第二阶段的作战，金最后同意了，不过舰队总司令依旧坚持英国太平洋舰队要自己负责后勤。对此，尼米兹口头上答应了。[36]在金最终想明白魁北克决议之前，英国航母只能滞留在马努斯。最终，3月14日，弗雷泽将军接到命令，要他派遣舰队出战，不过有个附带条件，即该舰队仍有可能退出战斗，美方只须提前7天通知这一决定。

3月19日，第113特混舰队驶离马努斯，向乌利西进发，其编成包括4艘航母、2艘战列舰、5艘巡洋舰和18艘驱逐舰。后勤船队留了一部分船只在马努斯，大部分则开往莱特—萨马岛。在乌利西，英国太平洋舰队的番号改为第57特混舰队。然后军舰加满燃油，军人们进行了战前的最后动员。3月23日，英军快速航母部队出击了，他们将与第58特混舰队一起支援冲绳作战。两天后，英国油轮从船尾拖出输油管，在战前最后一次为航母加油。令人高兴的是，日本潜艇没有利用这一时机前来袭扰，如果换成德国潜艇，他们是一定不会放过这个机会的。

起初，英国舰队与第58特混舰队是分别行动的，这样英军的参战就不会影响其余航母部队的运作。维安将军接到的第一个任务是压制先岛群岛的日军机场，3月26日，他的舰载机首次向那里发动了空袭。“对舰队航空兵的大部分人来说，攻击机场和停放在机场上的飞机用到的战术还是相当新鲜的”，英国人还需要使用更有效的照相侦察设备和炸弹。[37]而当日军“神风”自杀机出现在英军航母上空时，英美两军同时发现，英国舰队拥有更优越的防空引导战术。维安手下那位经验丰富的防空引导官，E. D. G.“醉鬼”·莱文中校早已习惯于对付飞行员和飞机都十分优秀的德国空军，现在他发现自己需要比美军少得多的防空战斗机就能应付日军的空袭。当然，假如有1到2架漏网的“妖怪”进来撞击航母，英军就会体会到装甲飞行甲板带来的好处，不过实际上没有日军自杀机能突破进来。[38]

冲绳战役是英国太平洋舰队的最后“试航”，在未来对日本本土的最后一战中这支舰队完全成了第三舰队的一部分。为了参加那场计划于当年夏季打响的恶战，英国海军部继续向悉尼派遣后勤船只，到8月后勤船的数量就足够了。由于需要飞机养护船，庄严级轻型航母的头2艘舰——“先锋”号和“英仙座”号在8月以“飞机养护舰”的身份竣工。[39]不过到当年秋英国海军又有新的航母腾出来了。1945年3月1日，英军任命C. H. J. 哈尔考特少将（非航空兵出身）为第11航空母舰中队司令，他的任务是在悉尼集结4艘巨人级轻型航母，准备参加进攻日本的作战。

1945年5月8日，德国正式向盟军投降。英国终于可以把自己的全部军事力量投入到太平洋战争中了。

加拿大太平洋舰队

似乎是嫌金的麻烦不够大，加拿大政府在1944年9月的魁北克会议上宣布，他们也打算在德国投降后第一时间加入对日作战。[40]早在1943年10月，加拿大海空军就提出应当“拿到航空母舰，由海军操作”，加拿大由此走上了快速航母之路。次年1月，加拿大海军参谋部获悉英国在1945年1月之前不可能腾出一艘快速航母来交给自己。不过加拿大还是成功从英国皇家海军处租借了2艘护航航母。1944年3月，加拿大海军建立了航空处，由原海军航空科主任、皇家加拿大海军J. S. 斯泰德少校负责。[41]

1944年夏，就在美军快速航母部队在太平洋上向西横扫的同时，英国海军部也同意考虑加拿大提出的获得2艘巨人级轻型航母的请求。英国很需要加拿大提供人手来参加大西洋护航战，于是在1944年11月，英国海军部同意把2艘在建的轻型航母交付给加拿大，分别是“海洋”号（1945年7月建成）和“勇士”号（1945年9月建成）。但是由于长期人手不足，加上W. L. 麦肯齐·金总理坚持只向太平洋派遣志愿者参战，加拿大只好很不情愿地宣称自己在1945年9月之前无法凑齐操作一艘轻型航母所需的人员。于是把“海洋”号交付加拿大海军的计划被取消，即将于1945年11月服役的轻型航母“庄严”号取而代之。1945年1月14日，英国政府发出正式照会，加拿大欣然接受。[42]

加拿大方面随后提出了组建皇家加拿大海军航母特混舰队的计划，但是此时英联邦的内部关系存在问题，英国方面一直拖到1945年春季才开始付诸行动。4月23日，英国最终同意推动向加拿大移交2艘航母的事宜。5月，斯泰德少校的海军航空处主任一职被约翰·H. 阿比克少校替代，阿比克先前是皇家加拿大空军的一位中队长，“身上没有一个原子见过舰载飞机”。不过这都无关紧要，随着欧战的落幕，阿比克得以全力推进加拿大的太平洋舰队计划。[43]

阿比克此时面临的难题堆积如山，当年春季，他走访了英国和美国以了解相关情况。而麦肯齐·金总理还在火上浇油，除了“只向太平洋派遣志愿者”的政策，这位脾气古怪的仁兄还完全反对建立进攻型的海军航空兵，他的政府更是拒绝同意加拿大军舰在北太平洋和中太平洋以外的海域作战。英国坚持对加拿大军舰保有作战指挥权，但现在他们也无法将加拿大海军用于反攻东南亚和东印度的战斗了。不仅如此，美国要向加拿大无条件赠予200架 TBM“复仇者”，但是加拿大没有接受美国的租借物资，他们主要是在英联邦框架内作战，因此转而购买了二流的英制舰载轰炸机“梭子鱼”。欧战结束后英国的军舰建造速度大为放缓，加拿大的第一艘航母“勇士”号要拖到1946年年初才能准备就绪。[44]

尽管如此，加拿大的太平洋舰队计划在1945年夏季还是进展顺利。6月11日，阿比克少校申请获得2支装备“海火”战斗机的一线舰载机中队和2支担任轰炸任务的“萤火虫”中队。所有这些中队都将在英国接受训练。仅仅4天后，第一支专为加拿大航母准备的“海火”中队就在苏格兰完成改编。7月1日第一支鱼雷－轰炸－侦察中队也成立了。不过这支中队没有得到“萤火虫”，而是使用了笨重的“梭子鱼”。第二支“梭子鱼”中队在8月15日完成改编。加拿大太平洋舰队将拥有60艘各种类型的舰艇，它们将在温哥华和英属哥伦比亚的艾斯奎莫尔特驻扎和训练，当然还有大修和“热带化改造”。这支拥有2艘航母的舰队将被编入英国太平洋舰队，“主要是为了便于通信和零部件补充”[45]。

按这个进度，加拿大航空母舰到1946年冬末春初的九州岛战役最后阶段或者进攻本州岛时才有可能加入对日作战。“勇士”号在1944年5月下水，大概可以在1945年年初加入英国太平洋舰队，但是1944年11月才下水的“庄严”号至少要到1946年春才能服役，有可能赶不上参战。[46]随着加拿大太平洋舰队加入英国舰队，皇家加拿大空军也将和英国皇家空军一起参加太平洋战争，加拿大地面部队也会成为进攻本州岛的麦克阿瑟部队的一部分。[47]

大英帝国投入了所有能调动的海军力量来反击日本，所有英联邦国家也都参与进来。即便如此，这支部队也只是历史上最强大的舰队——美国太平洋舰队的一小部分，或者按照1945年的说法，是“一支来摘桃子的舰队”。

第十章 新的角色：日本近海作战

美军跨越太平洋的进攻速度出人意料，而快速航母在诸多方面的表现也超出了美国海军先前对其角色和任务的设想。1945年新年伊始，华盛顿的军官们刚刚开始着手总结马里亚纳战役和莱特湾—恩加诺角战役中航母作战的经验教训。在这些人眼里，消灭敌人舰队仍然是压倒一切的目标。3月，航空局局长“公爵”·拉姆齐少将在纽约的一场活动上告诉听众，在日本舰队出来应战、让快速航母部队消灭自己“正统的敌人”之前，战争不可能结束。[1]同月哈尔西将军在访问华盛顿期间哭笑不得地听说“某些高官”担心日本航母可能会在旧金山召开联合国大会时空袭这里。于是，尼米兹将军于3月27日任命哈尔西为“中太平洋打击舰队”司令，“负责拦截并摧毁敌袭击舰队”，哈尔西的舰队拥有航母“好人理查德”号和“突击者”号，以及夏威夷和美国西海岸各港口所有可用的水面舰艇。[2]

但是，日本的水面舰队实际上已经完蛋了，到1945年2月中旬，日本与其主要油料库存地的联系实际上已经被切断。这样，美军快速航母部队便面临着三项任务。第一项任务是持续收紧套在日本海运线上的绞索，对东海上的日本商船进行持续打击。第二项任务最为耗时，是为攻打日本周围那群岛屿基地的陆军和海军陆战队登陆部队提供空中支援，其间通常会接近敌人“神风”自杀机的基地，因此更显得意义重大。第三项任务是将战火直接烧向日本本土，精确轰炸日本的工厂、机场和海岸交通线。第三项任务将在前两项完成后大规模展开，它会成为从马里亚纳基地起飞的B-29的大规模战略轰炸的有力补充。

于是，太平洋舰队的战略重心从辽阔的大洋和星罗棋布的岛屿转到了亚洲大陆近海。快速航母部队的任务，也从对某个大型海空基地发起闪电突袭并将其重创（例如特鲁克）或者支援登陆战（例如夸贾林），转变成了摧毁或压制敌人的大批陆基航空兵和陆地基地。正如太平洋舰队司令部一位军官发现的那样，舰载航空兵的这一新功能“赋予了舰队新的战略用途”[3]。第58特混舰队现在成了打击日本帝国的航空兵基地，正如英伦三岛之于纳粹德国那样。在拿下硫磺岛和冲绳岛并建成新的航空兵基地之前，陆基战术航空兵将无法参加对日本本土的进攻。在那之后，这些陆基飞机才能在距离日本相对较近的地方参战。

战事的持续不断预示着新的战术需求，新需求已经体现在了确凿无疑的变化上，包括数量激增的战斗机、更加密集的防空巡逻、雷达哨舰、夜战航母，以及规模空前的海上补给体系。新的战术需求意味着航母部队不得不去做将军们最为痛恨的一件事——待在滩头。这意味着基本没有机动性，以及承受无休无止的自杀机和轰炸机攻击。美军11月在菲律宾外海和1月在林加延湾遭受的重大损失已经预示了未来的战斗形式。

为了指挥这场已经推进到亚洲大陆近海的战争，太平洋舰队司令部从珍珠港前移到了关岛。早在1944年夏季关岛战斗尚未结束时，尼米兹和福雷斯特·谢尔曼就来到岛上考察搬迁事宜。9月下旬，尼米兹的这一意图得到了金的批准。[4] 12月，尼米兹宣布，太平洋舰队副总司令兼太平洋战区副总司令托尔斯中将将会留在珍珠港，"代表我处理所有需要在当地操办的事项"，主要是后勤和行政事务。[5] 1945年1月中旬，司令部开始搬迁，当月29日，关岛前进司令部正式成立。

1945年1月27日，当斯普鲁恩斯和米切尔从哈尔西、麦凯恩手里迎回舰队指挥权时，太平洋舰队在中太平洋的任务列表上又多出了三场战役。硫磺岛，作为受伤B-29轰炸机的应急备降机场和为"超级空中堡垒"护航的远程战斗机的保障基地，是必须拿下的，美军计划在2月3日进攻这里。冲绳，美军将在拿下琉球群岛周边岛屿后，于3月1日进攻这里。不过由于麦克阿瑟将军把舰队留在吕宋岛的时间长于预期，这两次作战的开始时间分别被推迟到了2月19日和4月1日。第三场战役是计划于夏末打响的，在中国上海附近沿海的登陆战。

关于冲绳战役结束后仗还要怎么打，美国陆海两军爆发了激烈的争论（这一次陆军航空兵是站在海军一边的）。陆军的制胜之道在于进攻和占领，他们相信美国公众将难以忍受对日本旷日持久的海空封锁。虽然美国海军反对这一观点，但是在英国的支持下，美国参谋长联席会议在1944年7月11日决定进攻日本主岛。[6]反过来，海军相信严密的对日海空封锁将会消灭这个国家的战争潜力，就像海军在拉包尔、特鲁克和其他那些被越过的关键岛屿上已经成功实现的那样。

日本将会迫于饥荒和B-29轰炸机的空袭（包括在日本近海空中布雷）带来的毁灭性打击而投降。1944年9月下旬，金上将得出结论，进行这样的海空封锁需要在中国沿海取得一个前进基地。[7]

美国海军的顶级战略家们普遍支持封锁日本和在亚洲大陆登陆的策略，包括华盛顿的"厄尼"·金和萨维·库克，以及太平洋前线的尼米兹、斯普鲁恩斯和福雷斯特·谢尔曼。"公牛"哈尔西虽然不在这一类战略家之列，但作为"两套班子"之一他此时正在轮休，因此需要研究冲绳战役之后的行动。他反对对日本"逐步包围并收紧绞索"的想法，认为这是"浪费时间"。在一众高级海军将领中，哈尔西是唯一支持直接在日本九州岛登陆的。[8]

在1944年秋季研究菲律宾之后的作战行动时，斯普鲁恩斯告诉尼米兹，应该在"台湾岛以北的亚洲大陆某处海岸"进行一次登陆。他建议把登陆地点选在上海和长江入海口以南不远的宁波半岛—舟山群岛—象山湾一带。宁波的机场和象山的深水良港让美军能够空袭中国日占区和日本本土。萨维·库克当即表示同意，11月，他把这个方案成功推销给了"厄尼"·金。11月末在旧金山，尼米兹建议参联会命令自己来执行这一任务，代号"长脚汤姆"。金同意了，并希望这一战斗能在1945年7月开始，但是福雷斯特·谢尔曼指出，当地遍布种植稻米的水田，因此日期改为10月1日更合适。不过参联会已经决定在10月进攻九州岛，金觉得参联会要在舟山或者九州之间做个选择了——打舟山就是要封锁，打九州就是要登陆。按计划，冲绳战役之后的下一场大规模登陆战将在德国投降之后6个月开始，从而可以使用从欧洲调来的部队。1945年1月17日，参联会再一次决定进攻九州，于是尼米兹被告知暂缓"长脚汤姆"行动，具体事宜日后再行安排。[9]

但是海军不会那么容易放弃，他们的领袖清楚地知道封锁能够达成目标，而且一旦进攻日本，就可能牺牲无数条美国人的性命。萨维·库克更进了一步，他在3月提出美军可以采取两项行动来加强对日封锁，一是在中国的山东半岛登陆，二是开辟一条经过北海道岛以北的宗谷海峡通往苏联的海上航线。这两项行动都将由海军来统一指挥，分别由中太平洋和北太平洋部队执行，但是美国陆军不同意用这两项行动替代九州登陆。虽然金指出准备用于舟山登陆的部队在8月5日前可以就可以转向九州作战，但九州登陆的日期还是被暂定为11月1日。[10]

以福雷斯特·谢尔曼为首的尼米兹的计划制订团队在1945年2月27日草拟了一份进攻舟山的暂行计划。登陆日期为1945年8月20日，在此之前快速航母部队将持续攻击日本本土“直至进攻开始”，之后他们将对上海—宁波地区的日军发动突然袭击。而作为更先期的佯动，四艘航母组成的英国太平洋舰队将会在7月7—8日和17—18日两次空袭香港和广州。这些舰艇随后将返回乌利西，在那里，整个快速航母部队将分成两部分。从8月14日开始，“东特混舰队”（1支英军、2支美军昼间航母特混大队）将从南面空袭日本九州和本州岛的目标。同日，“西特混舰队”（1支夜间、2支昼间特混大队，均为美军）将开进东海，对九州岛、朝鲜半岛南部，以及上海—宁波地区进行为期一周的空袭。来自马里亚纳群岛、吕宋、亚洲大陆和新占领的硫磺岛、冲绳岛的陆基飞机也将加入战斗。[11]

海军对这一方案充满热情，于是正式提交了实施申请。在太平洋舰队司令部的研究分析的基础上，库克将军在3月8日向金提出应当在8月20日进行舟山—宁波登陆。3月20日，金把这一方案正式提交给了参联会。4月初，斯普鲁恩斯将军再次提请实施这一计划。参联会研究了这份提案以及陆军提出的九州登陆计划，5月25日，他们做出了最终决定：1945年11月1日进攻九州，舟山计划无限期推迟。5月30日，尼米兹正式下令推迟舟山计划的后续工作，7月他又决定，一旦九州登陆战推迟到1946年，就要恢复“长脚汤姆”计划。[12]但是这个计划最终还是胎死腹中，虽然海军将领们始终反对登陆日本本土，但也无济于事。

海军战略思维的关键在于运用快速航母特混舰队。和陆基航空兵一起，盟军的舰载航空兵已经从四面包围了日本本土，能够有效支援在任何一处海滩的登陆。实际上单凭盟军的舰载和陆基航空兵就足以把日本打到投降。因此，海军和陆军航空兵相信登陆日本本土完全不必要，但是在更高级别上，陆军和英国人对此并不赞同。

1945年的快速航母舰队

在硫磺岛—冲绳岛战役期间，美国太平洋舰队又迎来了4艘新的重型快速航母——“本宁顿”号、“兰道夫”号、“香格里拉”号和“好人理查德”号，还有许多新航母接近完工，即将参加对日本的最后战斗。1945年上半年新服役的埃塞克斯级航母包括1月的“安提坦”号（CV-36）、4月的“拳师”号（CV-21）和6月的“查普兰湖”号（CV-39）。新下水的埃塞克斯级还有5月的“奇尔沙治”号和“塔拉瓦”号。中途岛级战列航母的头两艘舰也下水了，3月是“中途岛”号，4月是“富兰克林·D. 罗斯福”号，后者的舰名是为了纪念当月去世的罗斯福总统。建造中的航母还有更多，3月份，美国海军取消了另外6艘埃塞克斯级和2艘中途岛级的建造计划。

飞机方面，增加战斗机和战斗轰炸机的努力带来了新的难题。随着战斗机产量的增长，金关于飞机总数38000架封顶的要求显得愈加不现实。1月，菲奇将军要求再增加5000架飞机。虽然SBD已经退役，许多SB2C也被撤下航母为战斗机挪位置，但这些飞机还可以用作训练或者留作储备。可是金拒绝提高限额，即便菲奇在2月和4月两次重提也没用。这些被宠坏了的航空兵必须学会勤俭节约。[13]

战斗机方面的主要问题在于从F6F-5“地狱猫”到F8F-1“熊猫”的换装。根据米切尔的分析，太平洋舰队航空兵司令穆雷希望“地狱猫”始终维持生产，直至1945年8月彻底夺得日本上空的制空权为止。不过2月时，美国海军从格鲁曼订购了2000余架“熊猫”战斗机，从通用汽车公司东方飞机厂订购了1800余架（通用公司版的型号改为F3M-1）。为了制订出一套理想的生产计划，2月16日，海军部副部长“迪”·盖茨在自己的办公室里召集了一场会议，与会者包括菲奇、拉姆齐、卡萨迪和格鲁曼公司的代表。大家一致同意在8月之前全力生产F6F，月产约300架，之后逐步减少，到1946年2月降为零。F8F的产量则逐步增加，在1945年11月超过“地狱猫”。另外，1945年每月将有48 ~ 96架F7F“虎猫”战斗机走下生产线。虽然这一型双发战斗机并非专为航母设计，但它还是于4月在“安提坦”号上取得了上舰资格。不过说一千道一万，在战争的最后一年里，备受信赖的“地狱猫”仍然是数量上首屈一指的舰载战斗机。[14]

美国海军的计划里当然还有其他战斗机，譬如“海盗”。F4U-4“海盗”战斗机的最大时速高达717千米，比F8F-1（678千米）和F6F-5（621千米）都要快，这型飞机从1944年10月开始交付部队并逐步分配到各航母。有一部分F4U-4型机安装了20毫米机炮，但大部分还是继续使用12.7毫米机枪。1945年4月，

钱斯·沃特 F4U“海盗”战斗轰炸机。

F4U-4首次参战。速度对战斗机来说太重要了，美国海军对其2型喷气战斗机也寄予厚望。1945年1月，他们下达了1000架 FR-1“火球”混合动力战斗机的订单。当月，麦克唐纳 XFD-1“鬼怪”式纯喷气战斗机首飞成功——该机于3月获得了100架的制造合同。[15]

攻击机方面有一些麻烦。虽然127毫米“圣摩西”火箭是个好东西，但这并不能弥补现有战机无法挂载重磅炸弹的缺陷。“吉米”·弗拉特利向“吉米”·萨奇报告说，托尔斯将军大力推进的强大的298毫米“小蒂姆”火箭弹“并不是我们所期待的样子”。它的准确度逊色于鱼雷或低空投掷的炸弹，在航母上存放时还会带来麻烦。尽管如此，“富兰克林”号上重新组建的第5舰载机大队和“勇猛”号的第10大队还是在3月带着“小蒂姆”火箭参加了冲绳战役。[16]

现有的轰炸机都没有战斗轰炸机那样的多用途能力，因此菲奇将军在1944年12月告诉海军部副部长盖茨："舰队急需一种速度更快、武器挂载能力更强大的俯冲轰炸机。"麦凯恩将军又在1945年2月表示需要"一型适用的单座俯冲轰炸机"，盖茨表示赞同。菲奇起先对海军1月采购的XBTM"拳击手"寄予厚望，然而道格拉斯公司的XBT2D"无畏"II在1945年3月首飞时表现如此惊艳，海军在次月就订购了548架。1月，海军对双引擎的格鲁曼XTB2F失望透顶，取消了这个项目。2月，他们又和格鲁曼签订了另一款新型攻击机的开发合同——单发双座的XTB3F"卫兵"。这型飞机将加装一台涡轮喷气助推器，可以挂载2枚鱼雷。它最终将以AF-2反潜机的名义在战后装备美国海军。道格拉斯公司的另一款飞机，2月首飞的XTB2D，被海军拒收。[17]

然而在1945年的当下，美军的快速航母部队所能依靠的仍然是老飞机的新型号——F6F-5"地狱猫"、TBM-3"复仇者"、SB2C-5"地狱俯冲者"，以及刚刚装备的F4U-4"海盗"。到这一年年末，F8F-1"熊猫"将会出现，到1946年时它将完全取代"地狱猫"。假如战争持续到次年春季，那么BT2D"无畏"II就会统一替代"复仇者"和"地狱俯冲者"。届时FR"火球"和BTM"拳击手"两型飞机也会各有1～2个中队达到可参战状态。

对新飞行员的需求比对飞机更紧迫。在1944年年底之前，飞行员的损失主要来自战斗伤亡，还不必考虑"神风"攻击和连续空战带来的疲劳问题。然而此时，舰载机大队已经无法按预定计划连续作战6个月了，大队的更替已经刻不容缓。于是，先前已经缩减的飞行员训练计划不得不再次扩大，海军不得不承认"这是战争中最尴尬的错误之一"。美国海军向米切尔和麦凯恩都派去了医疗参谋以监控飞行员的健康状况，但在现有人事和轮替制度下无法作出永久性改动。1945年春，美国海军启动了两项研究。斯拉茨·萨拉达少将领导了一个委员会，打算借鉴拉福德委员会提出的"流式"飞机后勤体系，建立新的飞行员补充替换制度。太平洋舰队航空兵司令部则着手将每一支航母舰载机大队的作战时间缩短到4个月。不过这两项提案无一能在战争结束前落地实施。[18]

尽管如此，1945年2月时行将参加硫磺岛战役的美军舰载机飞行员仍然是一等一的精英。所有舰载机大队的指挥官都是老手，所有飞行员在参加实战之前都经过了平均525飞行小时的训练。作为对比，日军飞行员的平均训练时间在1944年12月时只有可怜的275飞行小时，而居高不下的战损率使这一数字到1945年7月进一步下降到了100小时。总之，第58特混舰队现在能出动超过1000架由高水平飞行员驾驶的飞机。[19]

后勤方面，美国太平洋舰队在1945年2月达到了一个新的高峰。第10后勤中队对快速航母部队的燃油补给和飞机补充如此成功，以至于“海上补给”这一概念被扩大到了食品、弹药、被服、一般物资、人员和打捞等方面。负责综合后勤支援的部队——第6后勤中队于1944年12月5日成立，将在硫磺岛战役中首次参战。第10后勤中队的油库和后勤船只继续留在乌利西，但是物资船和基地维修设施都被前移到了还在建设当中的莱特—萨马岛基地。和先前一样，第6和第10后勤中队仍由太平洋舰队后勤部队司令卡尔霍恩中将统管，而航空兵的人员和器材则由太平洋舰队航空兵司令穆雷中将负责。1945年3月，当卡尔霍恩即将卸任时，海军部部长福莱斯特希望托尔斯中将能统一协调这台巨大的后勤机器，但是托尔斯希望继续给尼米兹当副手。最后，卡尔霍恩的工作交给了 W. W.“波可”·史密斯中将。[20]

扩张后的补给体系赋予了快速航母特混舰队更强大的机动性。第6和第10后勤中队在1945年2月放弃了塞班、关岛和科索尔水道的基地，全部集中到了乌利西。当莱特—萨马岛基地在4月建成时，后勤支援大队的司令部就搬到了那里。不过直到6月之前，快速航母部队仍在继续使用埃尼威托克、关岛和乌利西的基地。[21]同时，英国舰队也在使用前述基地，此外还有马努斯锚地。有了这些新基地来容纳种类繁多的支援船只，第58特混舰队现在可以一连数个星期甚至数个月在海上作战。然而，最大的限制因素当时还不为人知，那就是人员的疲惫。

当战争进行到最后一年时，海军的指挥结构和人员级别开始发生显著的变化。1944年12月，美国国会批准海军授予4位最高级指挥官新的五星上将军衔①。获此殊荣的有莱希上将——美国总统参谋长和参联会主席，金上将——美国舰队总司令兼海军作战部部长，尼米兹上将——太平洋舰队总司令兼太平洋战区总司令。第四个名额海军没有发出去。有不少官员纳闷为什么没有把这个名分授予

① 译注：原词为 Fleet Admiral，直译作“舰队上将”。

第三舰队司令哈尔西。这至少有三个原因：其一，哈尔西在莱特湾表现不佳；其二，12月出现了“哈尔西台风”；其三，第五舰队司令斯普鲁恩斯上将和哈尔西同样值得晋升，甚至更优秀一些。海军既然不能把二人都晋升为五星上将，那就干脆一个也别晋升了。同样，美国陆军也晋升了几位五星上将，分别是陆军参谋长乔治·C. 马歇尔、欧洲盟军远征军总司令德怀特·D. 艾森豪威尔、西南太平洋战区司令麦克阿瑟，以及陆军航空兵司令 H. H. 阿诺德。[22]

然而航空兵们对“厄尼”·金依旧不满，他们觉得金还是把高军衔的航空先驱们排除在美国舰队总司令部之外，也没有授予他们四星上将的军衔。他们对福莱斯特部长和人事局局长雅各布斯将军也有些怨言，认为杰克·菲奇在分管航空的海军作战部副部长任上表现太差。[23]他们想要的是“杰克”·托尔斯，但是他和金之间还是有点不对付。1944年11月，福莱斯特部长和金一致认为，顾问性质的联合委员会应该淘汰那些古旧的退休将领，而引入一批有实战经验的年轻将领。[24]这里当然有航空兵的份儿。航空兵中有这么一位即将休假，据说要进联合委员会的人选——“泰德”·谢尔曼少将。但是战争前线怎么能少得了这位战将？他的休假也被推迟到了1945年7月。[25]实际上，高衔职的航空兵将领和一个年轻的联委会要等到战后才会出现。

分头指挥是太平洋战场上的一个主要问题。麦克阿瑟在1945年夏应该能肃清吕宋—菲律宾一带，尼米兹则要指挥硫磺岛、冲绳岛，或许还有舟山群岛的战役。在那之后，西南太平洋部队和中太平洋部队就会在与日本的最后决战中合兵一处。这样，统一指挥便至关重要，麦克阿瑟和尼米兹都希望自己成为这一统一部队的指挥官，而陆军航空兵则希望与陆海两军平起平坐。马歇尔将军在1944—1945年冬提出可以让尼米兹指挥太平洋上所有的海上力量，让麦克阿瑟指挥所有地面部队，这一方案在1945年4月获得了参联会批准。

在舰队层面，斯普鲁恩斯第五舰队的幕僚班子的结构现在已经比较合理了。老海军飞行员亚瑟·C. 戴维斯少将现在成了舰队参谋长。舰队的航空作战官“博比”·莫尔斯上校在旧框架内无事可做，便设法调走了。接班人是个在大西洋上表现出色的反潜猎杀组指挥官——A. B. 沃塞勒上校。斯普鲁恩斯司令部里的这些航空兵军官们在第五舰队和第58特混舰队的指挥部之间建起了新的更紧密的联系。亚瑟·戴维斯、阿布·沃塞勒和米切尔、阿利·伯克、“吉米”·弗拉特利经常联系，相处融洽。米切尔的作战参谋弗拉特利和沃塞勒常常见面，他俩，再加上“吉米”·萨奇，三个人曾一同接受飞行训练。[26]

1945年2月时，所有快速航母分队司令都是沙场老将。第1航母分队司令“泰德”·谢尔曼，推迟了自己的休假日期，去指挥第58.3大队；第2航母分队司令“戴夫”·戴维森负责指挥58.2大队；第3航母分队司令“汤米”·斯普拉格刚刚以“见习”身份到舰队报到；第4航母分队司令“盖里”·博根回国休假一个月；第5航母分队司令“乔可”·克拉克已经返回舰队，他是米切尔的左膀右臂，指挥第58.1大队；第6航母分队司令亚瑟·拉福德一直在海上指挥第58.4大队；第7航母分队司令马特·加德纳少将指挥第58.5大队，即夜战航母特混大队。1945年1月1日，太平洋航母训练中队成立，负责各个航母舰载机大队在夏威夷和圣迭戈的训练。第11和第12航母训练大队在春季由拉尔夫·詹宁斯少将负责，夏季由弗雷迪·麦克马洪少将负责。

太平洋护航航母部队仍由卡尔·杜尔金少将指挥，而指挥各个特混分队的还是一众前快速航母舰长，如“拐子”·斯普拉格、菲利克斯·斯坦普、比尔·桑普尔、“厄尼”·里奇、乔治·亨德森和哈罗德·马丁。

其他一些航空兵将领则负责后方地域，其原因要么是短暂离开前线到后方休息，要么是不适合战场指挥，要么是未能找到参加战斗的机会。他们专业的行政管理能力都成了作战部队的靠山。例如，“黑杰克”·里夫斯少将就掌管了在旧金山新成立的海军空运部队。2月9—11日，6位负责后方工作的航空兵将领在圣迭戈开会讨论航空兵事务，参会的有：“蒙蒂”·蒙哥马利，他伤愈归来后任西海岸舰队航空兵司令；“基恩”·哈里尔，他被从西海岸舰队航空兵司令任上贬谪到夸贾林担任环礁指挥官；“萨姆”·金德，航母运输中队司令，负责运输飞机穿越太平洋；范·拉格斯戴尔，阿拉梅达舰队航空兵司令；约翰·巴伦廷，西雅图舰队航空兵司令；约翰·戴尔·普莱斯，“厄尼”·金一直希望他去指挥航母部队，他虽有能力，却始终没能找到机会。[27]最后，还有几位将领在美国所有的训练和舰队航空岗位都找不到机会，已经被人遗忘许久，包括波纳尔、伯恩哈德、哈迪逊和麦克法尔。

战术方面，快速航母特混舰队在硫磺岛和冲绳岛作战期间并未发生什么大的变化。1945年5月1日，现有的战术指导和条令在战争期间最后一次出版，文件重申了战术集中并互相提供防空掩护的要求。[28]夜间航母特混大队有些小范围调整。轻型航母“独立”号太小，不适合执行这种危险的任务，正如夜航大队队长考德威尔所言：“我只能说我们是侥幸没出事故。”[29]因此“独立”号奉命返回珍珠港改回昼间航母，正在进行夜战航母改造的轻型航母“巴丹”号也收到了类似命令。同时，两艘战前的重型航母“企业”号和“萨拉托加”被重新编成第7夜战航母分队。不过“萨拉”来到乌利西时，除了夜航机之外还搭载了24架昼间战斗机，“神风”之下，美军舰载机不得不24小时轮班上阵。

1945年2月7日，米切尔中将向下属的将军们发出了一份关于快速航母战术的备忘录。这份文件的内容并没有太多新意，不过是重申了集中队形原则而已。不过“泰德”·谢尔曼却觉得米切尔是在批评自己，因为他有个坏习惯，航行时总是喜欢落在其他特混大队后面。米切尔认为每一支快速航母特混大队的最佳规模应当是4艘航母，3艘重型，1艘轻型。但是谢尔曼却并不赞同，他相信若把更多航母集中在一起，那么每艘航母需要派出的防空战斗机数量就会少一些。谢尔曼手下的那位老资格作战参谋，R. H. 戴尔中校，在回复这份备忘录时告诉谢尔曼：“为增加进攻的力量和效率，我相信一支特混大队最多可以有效编入8艘航母。”不过米切尔是老大，他说了算，最多4艘。[30]

对第58特混舰队来说，战术机动性、最大限度的防御和明智的指挥是绝对必要的，因为他们接下来要进攻的不只是台湾岛、琉球和九州，还有东京。

航母部队的另一个战术考虑是支援两栖部队作战。在硫磺岛战役时，近距空中支援战术已完全成熟，此时，空中支援指挥部门已经从太平洋舰队航空兵司令部划归太平洋两栖战司令特纳中将麾下。迪克·怀特黑德上校仍然坐镇两栖指挥舰，通盘指挥空中支援作战，E. C. 帕克尔上校负责指挥登陆前的“先期”空中支援，维尔农·E. 梅基陆战队上校则负责统领随同登陆部队上陆的空中支援指挥组。陆战队航空兵在布干维尔、佩里硫、莱特和吕宋岛的空中支援作战中表现出色，在随后的硫磺岛、冲绳岛和舟山（如果确实要打的话）作战中，他们将在登陆部队攻占滩头阵地后统一指挥所有战术航空兵——海军的、陆战队的，以及陆军的。梅基上校的指挥部门可视为怀特黑德舰上指挥班子的复制品，不过前者需要挤在岸上的帐篷里，他也会面临与后者的遭遇类似的问题。[31]

对日作战中的最后两个岛屿目标将由在战斗效率、战术、训练和经验都处于巅峰状态的快速航母特混舰队予以打击。由于硫磺岛和冲绳岛日本守军疯狂顽抗、“神风”自杀机无休无止地发起进攻，航母特混舰队的重要性将远胜以往。

肆虐硫磺岛和冲绳岛的“神风”

在“光荣地”坠海战死之前一天，日本“神风”自杀机飞行员宫崎吉曾如此如此写道：“我只是一粒被磁铁吸引过去的铁分子，而磁铁就是美国航空母舰。”[32]“神风”自杀机部队的指挥官大西中将相信，1 ~ 3架自杀机就能撞沉一艘敌人的航母或战列舰，而若使用常规轰炸方法，则需要动用8架轰炸机在16架战斗机的护航下进攻，才能取得相同战果。[33]面对这样的敌人，支援硫磺岛和冲绳岛作战的美国快速航母部队将会经历整场战争中最为乏味而令人筋疲力尽的海空恶战。

防空只是一部分问题，削弱滩头防御和支援登陆部队也需要倾注同等的精力。陆战队希望能在登陆之前动用舰炮和舰载机对硫磺岛进行10天的攻击，但是斯普鲁恩斯只给了3天。他的理由有二：首先，硫磺岛在登陆之前已经经受了军舰和远程中型轰炸机为期10个星期的猛烈轰炸，应当已经遭到重创；其次，快速航母部队应该用来空袭东京——哈尔西早先就想这么做了，只是由于部队忙于菲律宾作战而未能成行。除了单纯追求以单引擎飞机攻击日本首都带来的满足感外，这次空袭也将把日军飞机牵制在本土，从而保护盟军登陆部队。

舰载机飞行员们获得了迄今为止最完备的登陆前任务简报。1945年2月3—9日，怀特黑德和梅基二人的空中支援专家会同地面部队指挥官在乌利西制订了详细的近距空中支援计划和战术，并将其告知了飞行员们。梅基上校和“埃塞克斯”号上的米灵顿中校都是陆战队飞行员，他们制定了一套在部队上陆时使用的低空扫射攻击战法。空中支援控制组从前一年11月起就参加了陆海空联合彩排，早已做好在硫磺岛支援地面部队的准备。两栖战部队司令特纳将军在战役结束后说道：“像这样的任务布置，事实证明是十分有利的，它带来了一场执行到位、协调顺畅的进攻，所有人都会这么认为……”[34]

2月10日，第58特混舰队从乌利西锚地起航，前往提尼安岛和陆战队进行了一轮彩排，随后便开往东京。

舰队编成

太平洋舰队总司令兼太平洋战区总司令：五星上将C. W. 尼米兹（非航空兵）

第五舰队司令：R. A. 斯普鲁恩斯上将（非航空兵）

第五舰队参谋长：A. C. 戴维斯少将

第58特混舰队司令：M.A. 米切尔中将（太平洋第1快速航母部队司令）

第58特混舰参谋长：A.A. 伯克准将（非航空兵）

第58.1特混大队——J.J. 克拉克少将（第5航母分队司令）

“大黄蜂”号——A.K. 多伊勒上校，第11舰载机大队

“黄蜂”号——O.A. 威勒上校，第81舰载机大队

“本宁顿”号——J.B. 塞科斯上校，第82舰载机大队

“贝劳·伍德”号——W.G. 汤姆林森上校，第30舰载机大队

第58.2特混大队——R.E. 戴维森少将（第2航母分队司令）

“列克星敦”号——T.H. 小罗宾斯上校，第9舰载机大队

“汉考克”号——R.F. 希基上校，第7舰载机大队

“圣贾辛托”号——M.H. 科尔诺德尔上校，第45舰载机大队

第58.3特混大队——F.C. 谢尔曼少将（第1航母分队司令）

“埃塞克斯”号——C.W. 威伯尔上校，第4舰载机大队

“邦克山”号——G.A. 塞伊茨上校，第84舰载机大队

“考彭斯”号——G.H. 德邦上校，第46舰载机大队

第58.4特混大队——A.W. 拉福德少将（第6航母分队司令）

“约克城”号——T.S. 康姆斯上校，第3舰载机大队

“兰道夫”号——F.L. 贝克上校，第12舰载机大队

“兰利”号——J.F. 威格福斯上校，第23舰载机大队

“卡伯特”号——W.W. 史密斯上校，第29舰载机大队

第58.5（夜战）大队——M.B. 加德纳少将（第7航母分队司令）

“企业”号——G.B.H. 哈尔上校，第90夜航大队

“萨拉托加”号——L.A. 莫布斯上校，第53夜航大队

令陆战队感到恼火的是，斯普鲁恩斯先是答应留2艘战列舰加入对硫磺岛的炮击舰队，但他后来还是把所有8艘战列舰全部带走了，一同带走的还有一艘新型“战列巡洋舰”、5艘重巡洋舰和11艘轻巡洋舰。陆战队能够理解“防空火力平台是一支快速航母舰队必不可少的组成部分”，但他们觉得完全没必要让所有战列舰都以准备舰队作战的方式来装载弹药。8艘战列舰中的6艘装载了穿甲弹，这样即便第58特混舰队从东京回到硫磺岛，它们也无法进行对岸轰击。[35]由于日本已经没剩下几艘可以打仗的主力舰，水面战几乎是不可能爆发的，斯普鲁恩斯和李（此时已经降格为战列舰分队司令）应当采取适当的办法，保证他们的战列舰能够进行对岸轰击。战场环境的变化太快了，斯普鲁恩斯这样的将领确实很难认识到并接受这样一个事实：水面作战已经是过去式了。

由于天气恶劣，加上侦察潜艇、陆基巡逻机的协助，第58特混舰队开往日本途中完全未被对手察觉。2月16日拂晓，在距离日本海岸96千米、距离东京192千米处，米切尔放飞了他的攻击机群。作为老“大黄蜂”号的舰长，“皮特”·米切尔曾是此前最后一位向东京放出飞机的航母舰长——那还是几乎3年前杜立特空袭东京之时。本州岛的上空寒冷而浓云密布，这片海域已经很偏北，连机枪都快要被冻住了。米切尔再三警告那些新飞行员们要注重团队合作，但是当敌人看似回避作战的零式战斗机出现时，这些新手“地狱猫”飞行员们都迫不及待地解散队形与对手展开了“狗斗”。结果是“重蹈覆辙”，“黄蜂”号第81大队队长 F. J. 布拉什中校如此评论道。由于急于卷入空战，他至少失去了5名最优秀的飞行员。从海岸线到东京上空，扫荡战斗机群一直在与日军飞机不停地空战，他们都没有时间对地扫射了，但是紧随其后的轰炸机却成功发动了攻击。这一天，日军有超过300架飞机在空战中被击落，其中有几架还是在“汤姆猫”雷达哨舰上空被打掉的。第58特混舰队则损失了60架飞机，与战果类似的菲律宾空战相比，这已经是很高的战损率了。损失的飞行员中包括第9大队队长菲尔·托雷，他从拉包尔和特鲁克作战时起就一直率领这支大队。[36]

空袭东京之战此外再无高潮。马特·加德纳的夜间战斗机在夜晚把东京附近的日军飞机牢牢摁在地面上，但是那些装备雷达的夜航“复仇者”却未能找到日军的运输船。不良的天气使得美军只在17日上午发动了一轮空袭。此番东京之行取得的战果不算多，这主要是天气原因和日军战斗机的拦截所致。但是有些航母指挥官认为米切尔的战术也有问题，他留下来执行防空巡逻任务的战斗机太多了，以致新增的大量战斗机并未投入攻击作战。拉福德少将、克拉克少将和“大黄蜂”号舰长阿迪·多伊勒上校再度提出了一个老方案：把每艘轻型航母上的9架“复仇者”转移到重型航母上去，轻型航母全部搭载战斗机，也就是一支由36架“地狱猫”组成的标准战斗中队。此举将会消除由轻型航母舰载机大队与重型航母大队编制不同造成的训练上的差异，也会提升轻型航母飞行员们的士气，因为他们将可以和重型航母上的同僚一起参加进攻作战，而不再是主要承担例行巡逻任务。这一提议通过各种通道被提交了上去。[37]

折向南方之后，快速航母部队开始对硫磺岛进行近距支援。2月18日，拉福德的飞机轰炸了父岛列岛，还有2艘快速战列舰和3艘巡洋舰离开快速航母部队，加入了由5艘老式战列舰、11艘护航航母、4艘巡洋舰和10艘驱逐舰组成的炮击舰队。19日拂晓，就在陆战队准备登陆的时候，从“埃塞克斯”号上起飞的米灵顿的陆战队“海盗”战斗机和来自谢尔曼、戴维森大队的舰载机蜂拥而至，对滩头和瞰制全岛的折钵山进行扫射和轰炸。每架“地狱猫”都挂载6枚127毫米火箭弹和1枚227千克炸弹，“地狱俯冲者”和“复仇者”则全部挂载炸弹和凝固汽油弹——有些凝固汽油弹会哑火。陆战队员们很欢迎快速航母的飞行员，认为他们比护航航母飞行员训练得更好，更知道如何进行近距支援。上午8时05分到8时15分，舰炮暂停射击，以便让舰载机施展精熟的对地扫射技术。正如“考彭斯”号的战斗机飞行员们看到的那样，折钵山的东侧山坡已经“被舰炮炮弹和航空炸弹炸得如同月球表面一般”[38]。

但是硫磺岛日军受损轻微，他们都躲进了洞穴里，当美军陆战队员踏上海滩边缘处湿滑的火山灰时，日军便纷纷冒了出来。陆战队员们不得不顶着惨重的伤亡，一寸一寸地向岛内推进。第58特混舰队在战位上停留了3天，为登陆部队提供了最有效的空中支援。陆战队炮兵的观察员搭乘着飞机观察弹着点和目标，白天从护航航母上起飞，夜间从“萨拉托加”号上起飞。这套战术是地中海美军的老把戏，在太平洋上还是第一次展示威力。虽然地面上对空联络组和怀特黑德上校之间用于呼叫空中支援的通信网经常拥堵，但是只要第58特混舰队还在，所有的空中支援请求就都会得到满足。[39]

19日和20日两天，日军的空袭很孱弱，美军的昼间战斗机和“企业”号上的夜间战斗机能够轻松将其击破。21日上午，米切尔将军派遣“萨拉托加”号为登陆部队提供夜间防空，当天下午它便加入了杜尔金将军的护航航母特混大队。对“萨拉”的到来，那些吉普航母上的官兵有自己的理解：这艘40000吨的巨舰十分笨重，会招来敌人的轰炸机和自杀机。这一担心颇有道理，就在“萨拉托加”号加入杜尔金大队后不久，一支规模为50架飞机的日军机群攻击了硫磺岛外的舰船。下午5时，日军飞机从小笠原群岛上空飞来，自杀机果然向“萨拉”扑了过去。短短3分钟内，这艘老舰就中了3枚炸弹和2架自杀机，2个小时后又被命中一枚炸弹，但是它仍然扛着创伤破浪而行。经历此劫，“萨拉托加”号上有123人战死，伤者无数，还有36架飞机被毁。日军这一轮空袭还击沉了一艘护航航母，它被一架孤军作战的自杀机撞沉。[40]

虽然夜战航母为第58特混舰队提供了夜间防空和空中攻击能力，但它们却是需要24小时全时段被保护的对象。在硫磺岛未能得到这种保护的“萨拉托加”号，拖着伤残之躯回到埃尼威托克，然后又开往美国本土接受大修，它的战争结束了。不过即便它能够及时返回太平洋，也再也经不起敌人的空袭了。“萨拉托加”号和“突击者”号一样，只能用作训练航母。“萨拉”的离去使得组建双航母夜战大队的愿望成了空中楼阁。“企业”号接替“萨拉托加”来到杜尔金大队报到，从

1945年2月21日，正在为硫磺岛提供近距空中支援的“萨拉托加”号中了4枚炸弹外加2架“神风”自杀机。注意近处停放着的“骡子”牵引车。

1945年2月21日，一支来自“约克城”号的“地狱猫”四机小队正在硫磺岛上支援陆战队作战。登陆舰队已经在海面上摆开了阵势。

2月23日到3月2日，它组织舰载机连续174小时不间断地在硫磺岛上空巡逻——飞行员和舰员们承受的压力可想而知。但这也使得第58特混舰队完全失去了夜间航母——舰队在22日晚离开了硫磺岛，而接下来的考验将让“大E”的官兵们更加难熬。此时仍在美国本土的新航母“好人理查德”号被指定为夜战航母以替代“萨拉托加”号，但是新的双航母夜战大队却需要等到1945年秋季才会再出现。

随着快速航母部队的离去，硫磺岛上高效的近距空中支援有所松懈。但幸运的是日军此后再未发动大规模空袭。不过护航航母还是无法满足所有需求。3月1日，梅基上校在岸上设立了指挥组，这多少使情况有一些改善。6日，第七航空队的首批P-51“野马”战斗机降落在了新夺取的硫磺岛机场上。由于此前对近距空中支援战术不够重视，这些焦急的陆航飞行员们不得不弯下腰来向陆战队飞行员求教。很快，他们精准的低空轰炸也得到了赞誉。3月11日，护航航母部队撤离战场，回去准备接下来的冲绳作战。3天后，P-51最后一次执行了支援任务。3月26日，硫磺岛日军的主要抵抗宣告结束。[41]

美军在硫磺岛赢得了一场辉煌的胜利。虽然藏身坚固工事的日军给陆战队造成了重大杀伤，但是这里的航空兵基地对B-29轰炸机部队来说简直是上天的恩赐。3月4日，两军仍在激战之时，第一架受伤的“超级堡垒”轰炸机就降落在了硫磺岛。战争结束前,还会有数十架受伤的重型轰炸机陆续光临此地。4月7日，100架远程P-51战斗机抵达硫磺岛，开始为轰炸日本的B-29轰炸机护航。快速航母部队的空中支援几近完美，在得到陆战队目标指示官的适当指导后，陆军航空兵也同样表现出色。空中支援作战变得如此重要，美国海军决定将其负责人晋升为将军。硫磺岛战役结束后，前“贝劳·伍德”号舰长梅尔·普莱德少将以“见习”身份向怀特黑德上校报到。

1945年2月航母部队首次空袭东京之前，VF-9中队的飞行员们正在准备室里听取任务简报。

战略使命在身的快速航母部队再返日本本土实施空袭。不过恶劣的天气迫使美军取消了2月25日对东京、26日对名古屋的轰炸。南下冲绳途中，第58特混舰队稍作暂停，从第6后勤中队处获取燃油。这种无所事事的武装大游行确实是一种浪费，“泰德”·谢尔曼对此满腹牢骚：“呵呵，这场仗真是闲的可怕，我们航母人是这么觉得的。”[42]米切尔让拉福德的特混大队先返回乌利西，3月1日他又利用良好天气出动其他航母对冲绳岛的滩头进行了轰炸和照相侦察。随后各大队南返。4日，第58特混舰队回到乌利西下锚，快速航母支援硫磺岛的战斗到此结束。

在乌利西，米切尔将军重新编组了他的舰队，为即将到来的险恶战役做准备。3月10日，他在旗舰“邦克山”号上和下属各特混大队司令会商，这时他才发现，自己居然对日本人接下来会怎么做一无所知。米切尔说自己只知道日军有可能会使用毒气。第二天夜里，敌人来了一场结结实实的突然袭击：一架远程自杀机居然一路飞到乌利西锚地，撞上了因为装载弹药而灯火通明的“兰道夫”号。这艘重型航母不得不退出战斗一个月。不仅如此，除了“萨拉托加”号，“列克星敦”号和“考彭斯”号也要回国大修。多个舰载机大队需要轮休，不过刚刚完成大修的“富兰克林”号、“勇猛”号和“巴丹”号也回到了舰队。虽然米切尔坚信3艘重型航母加1艘轻型航母的组合最有利于防空，但他也同意让“泰德”·谢尔曼在条件允许时扩大自己特混大队的规模——拉福德也支持谢尔曼这么做。米切尔还拒绝了夜战航母特混大队的方案，“企业”号只需进行傍晚防空巡逻。不过冲绳战役可能带来其他一些变化，这取决于日本人的反应——盟军已经打到了家门口，他们不可能不做出反应。[43]

虽然米切尔没有调整原有的特混大队司令人选（克拉克、戴维森、谢尔曼和拉福德），但他还是希望能有2名将领处于待命状态以备急需。因此他召回了“盖里”·博根，把他的休假缩短到16天，这显然令暴脾气的博根很不满。但不满也没用，他还是在戴维森大队的“富兰克林”号上升起了将旗。“汤米”·斯普拉格在克拉克大队的“黄蜂”号上升起将旗，按计划，他将在战役中期接替克拉克。马特·加德纳继续待在“企业”号上，而这艘航母被编入了拉福德大队。3月14日，完成了整编的第58特混舰队从乌利西起航了。

舰队编成

第58特混舰队司令：M. A. 米切尔中将

第58.1特混大队——J. J. 克拉克少将

"大黄蜂"号——A. K. 多伊勒上校，第17舰载机大队

"本宁顿"号——J. B. 塞科斯上校，第82舰载机大队

"黄蜂"号——O. A. 威勒上校，第86舰载机大队

"贝劳·伍德"号——W. G. 汤姆林森上校，第30舰载机大队

第58.2特混大队——R. E. 戴维森少将

"汉考克"号——R. F. 希基上校，第6舰载机大队

"富兰克林"号——L. E. 格雷斯上校，第5舰载机大队

"圣贾辛托"号——M. H. 科尔诺德尔上校，第45舰载机大队

"巴丹"号——J. B. 希斯上校，第47舰载机大队

第58.3特混大队——F. C. 谢尔曼少将

"埃塞克斯"号——C. W. 威伯尔上校，第83舰载机大队

"邦克山"号——G. A. 塞伊茨上校，第84舰载机大队

"卡伯特"号——W. W. 史密斯上校，第29舰载机大队

第58.4特混大队——A. W. 拉福德少将

"约克城"号——T. S. 康姆斯上校，第9舰载机大队

"勇猛"号——G. E. 肖特上校，第10舰载机大队

"兰利"号——J. F. 威格福斯上校，第23舰载机大队

"企业"号——G. B. H. 哈尔上校，第90夜航大队

米切尔再次杀向日本本土，这一次他的目标是九州的机场和吴港的日本舰队残部，但是日军已经严阵以待。3月18日，美军舰载机轰炸并扫射九州时，日军"神风"机和轰炸机投下的炸弹命中或近失损害了"企业"号、"约克城"号和"勇猛"号。次日，米切尔的攻击机群在吴港上空遭遇了一支特殊的日军战斗机部队，该部全部装备防护良好、速度更快的"紫电改"战斗机，飞行员都是教官级别的老手，队长则是杰出的航母战术家源田实。这一群性能优于"地狱猫"，

1945 年 3 月 18 日，第 58 特混舰队向锚泊在日本内海吴港的日本舰队发起空袭。

飞行员也堪称精锐的日军战斗机突然杀出，让美军飞行员大惊失色，多架美机被击落。[44]但是这一小批日机终究无法阻挡铺天盖地的美军舰载机，自从5个月前的莱特湾海战以来，米切尔的飞行员们还是第一次见到日本航母。他们重创了轻型航母“龙凤”号，击伤了新的重型航母“天城”号和战列舰“大和”号。

3月19日上午，在美军攻击吴港的同时，日军轰炸机和自杀机的反击也带来了毁灭性的打击。借着低垂云层的掩护，它们在几分钟时间里分别命中“富兰克林”号2弹，“黄蜂”号1弹。随着弹药的殉爆——包括新装备的大型“小蒂姆”火箭——“富兰克林”号变成了燃烧的地狱，几近沉没。不过在舰长莱斯·格雷斯和舰员们的拼死努力下，这艘英勇的战舰还是被救了回来。[45]共有700余名舰员牺牲，死者中包括阿诺德·J. 伊斯贝尔上校，他是大西洋上著名的猎杀大队指挥官，即将接任“约克城”号舰长一职。“黄蜂”号也遭到重创，超过200人战死。敌人的空袭仍旧零星到来，而第58特混舰队则护卫着受伤的战友缓缓离开。20日下午，友军高射炮误击了“企业”号，导致后者起火受损。第二天“乔可”·克拉克的战斗机群在距离舰队96千米外击落了18架挂载着“樱花”人操火箭的日军轰炸机。

遭到如此重创后，第58特混舰队在3月22日进行了重组。米切尔将军把受伤的“富兰克林”号、“黄蜂”号和“企业”号统一编为第58.2“伤残”特混大队，任务就是开回乌利西。克拉克继续指挥4艘航母——“大黄蜂”号、“贝劳·伍德”号、“圣贾辛托”号和“本宁顿”号，“汤米”·斯普拉格把他的将旗从“黄蜂”号迁移到了“本宁顿”号上。拉福德指挥的也是4艘航母——“约克城”号、“勇猛”号、“兰利”号和新到达的“独立”号（舰长N. M. 金德尔上校，搭载第46舰载机大队），现在它已经是普通的昼间航母了。“泰德”·谢尔曼则如愿拥有了一支5航母特混大队，包括“埃塞克斯”号、“邦克山”号、“汉考克”号、“巴丹”号和“卡伯特”号。谢尔曼得意扬扬，他终于可以实践自己的理论了：特混大队越大越好。他说：“我一直认为航母很有用，现在我终于有机会指挥5艘航母，我要看看他们到底干得怎么样。我相信一支特混大队编入6 ~ 8艘航母都是完全可以的，或许还可以更多。”[46]

一架自杀式“彗星”俯冲轰炸机落在“约克城”号近旁，航母的舰体处可以看到自杀机的轮廓——1945年3月29日摄于冲绳外海。

重新编组之后，第58特混舰队开始对冲绳进行登陆前的火力准备。在一个月时间里，有多达3艘快速航母退出了战场（“萨拉托加”号、“富兰克林”号和“黄蜂”号），不难想象，当3月25日4艘英军航母抵达战场时，尼米兹和斯普鲁恩斯一定深感欣喜。

空袭日本并消灭了差不多500架敌机后，快速航母部队掉头南下，在4月1日登陆战打响之前对冲绳岛进行了为期一个星期的轰炸。4月1日之前，各特混大队轮流加油并发动空袭，而日军自杀机和常规轰炸机前赴后继地接近舰队，又使各特混大队不得不几乎毫无间歇地保持警戒状态。现在，美军舰队目视防空引导的优先级比雷达防空更高了，因为日军发现美军雷达无法发现低空的单架飞机和极高空的小群飞机。[47]不过这段时间并没有军舰被敌机击中，3月24日，“乔可”·克拉克的飞机还在冲绳以北击沉了一支8艘船组成的船队。[48] 4天后，一则关于日军舰队出击的错误消息还让大家兴奋了一阵。当防空战斗机击退敌人空袭时，俯冲轰炸机和鱼雷轰炸机则在冲绳岛上发威。“富兰克林”号退出战场后，“勇猛”号成了唯一一艘携带“小蒂姆”火箭弹的航母。24日，“勇猛”号舰载机发射了8枚“小蒂姆”，次日又发射了更多，但却没取得什么战果。于是这种庞大、准头欠佳的298毫米火箭从航母上撤了下来。舰载机发动空袭的同时，炮击舰队也对冲绳展开了为期7天的轰击。从3月24日起，杜尔金的护航航母部队——数量一般为12 ~ 17艘——在冲绳外海坚持驻留了足足3个月。

舰队编成

第57特混舰队：英国皇家海军中将 H. B. 劳林斯爵士（非航空兵）

第57.2特混大队司令：皇家海军少将菲利普·L. 维安爵士（非航空兵）

第57.2特混大队参谋长：J. P. 莱特上校（海军航空观察员）

“不屈”号——J. A. S. 埃克莱斯上校（非航空兵）

“胜利”号——M. M. 丹尼上校（非航空兵）

“光辉”号——C. E. 拉姆比上校（非航空兵）

“不倦”号——Q. D. 格雷厄姆上校（非航空兵）

第57特混舰队，也就是英军航母部队奉命压制先岛群岛，如果日军飞机要在九州和台湾岛之间穿梭轰炸，那么这座位于冲绳以南的群岛就是他们必经的落脚点。26日和27日两天，维安将军放出自己短航程的"海火"战斗机执行防空巡逻任务，那些"地狱猫""海盗""萤火虫"和"复仇者"都去轰炸宫古岛了。28日英军舰队撤退加油，杜尔金的护航航母及时赶来接上了班。31日，第57特混舰队在恢复轰炸先岛群岛时第一次遭到了"神风"自杀机的攻击。邓肯·莱文的防空引导十分得力，但是事实很快证明英军的20毫米和乒乓炮无法阻止已经转入俯冲的自杀机。英国海军还需要40毫米博福斯高炮和更有经验的炮手。[49]但是英军航母的装甲飞行甲板拯救了一切，一架"神风"机撞中了"不倦"号舰岛基部，炸死了几个人，但是没有对飞机起降造成严重影响。英军舰队在先岛群岛一直战斗到4月3日，之后返回补给，任务由第58.1特混大队接手。英国太平洋舰队第一次展示了他们的战斗精神，尼米兹将军特地发电，祝贺他们做出了"光辉"的贡献。劳林斯中将则向尼米兹回电，表示自己将会"不屈、不倦、胜利地"追歼敌人①。[50]

4月1日，巴克纳尔中将率领着包含两个海军陆战师的第10集团军在冲绳岛登陆，他们得到了来自快速航母和护航航母的500架飞机的掩护，不过没有遇到太强的抵抗。虽然飞行员们没有机会进行彩排，但是硫磺岛时的经验仍然记忆犹新，而且怀特黑德的人已经于3月10 ~ 15日期间对他们进行了提前简报，有些护航航母上的舰载机中队是19日在莱特湾听取简报的，因此近距支援的效率仍然很高。[51]为了拦截来袭敌机，怀特黑德组建了19支经过特殊训练的防空引导组，搭乘在冲绳周围的雷达哨舰上，一旦敌人航空兵前来反击，他们就进行"雷达纵深防御"。这些雷达哨舰成了敌人的首要打击目标。[52]就和在佩里硫和硫磺岛时一样，敌人已经在后方地域构筑好了工事，等着美军建立好滩头阵地后再向他们开火。不过滩头上这一短暂的喘息之机，令第58特混舰队得以在海空战白热化的4月第一周得以全力自卫。

面对美军的进攻，日本人并未迅速做出反应，这部分是由于他们相信了自己人过于夸大的战报。4月6日他们终于向第58特混舰队反扑过来。[53]超过350

① 校注：双方电文都采用了双关的手法，"光辉""不屈""不倦""胜利"正是第57特混舰队四艘航母的舰名。

架自杀机分成小群发动了进攻，米切尔不得不把轰炸机收进机库，搜刮所有的战斗机自卫。尽管大量战斗机升空迎敌，可“乔可”·克拉克和“泰德”·谢尔曼的航母还是遭到了持续攻击，但优秀的高射炮手拯救了舰队。“贝劳·伍德”号吃了一枚近失弹，舰上第30战斗中队的24架“地狱猫”取得了全部355架击落战绩中的47架，舰长雷德·汤姆林森向克拉克发报：“怎么样？超过捕猎限额了吗？”“不，”乔可答道，“没有限额，现在是捕猎季节。干得漂亮。”[54]

当这场混战达到高潮时，米切尔获悉日军超级战列舰“大和”号已经从日本内海出发，正向冲绳发起单程自杀性攻击。鉴于6日美军无法出动大量轰炸机，美军不得不组建起战列舰队。但是日军巨舰和为其护航的1艘轻巡洋舰、8艘驱逐舰在7日之前还到不了这里，所以暂时相安无事。7日，米切尔派出了搜索-攻击机群。参战的“地狱俯冲者”都挂载了454千克和113千克炸弹，战斗机都挂上了227千克炸弹。在6月、10月与日军舰队的战斗中，鱼雷已经证明了自己的效力，于是，米切尔的“复仇者”机群全部挂上了鱼雷。对鱼雷轰炸机来说，这或许是最后一次和敌人主力舰作战的机会了。午后不久，“乔可”·克拉克的“笨火鸡”们命中“大和”号4枚鱼雷，巨舰开始倾斜。天空中低垂的浓云使美军完全无法协同攻击，但是一个小时后，亚瑟·拉福德的TBM机群还是“喂”了“大和”号6枚鱼雷。下午2时23分，这艘巨大的战列舰翻倒、爆炸、沉没了。对海军航空兵来说，“大和”号的沉没彻底证明了战列舰已经过时。此外，美军舰载机还击沉了日军那艘轻巡洋舰和4艘驱逐舰。

4月7—8日夜间，戴维森少将从乌利西带回2艘完成修复的航母，于是米切尔在冲绳战役中第二次调整第58特混舰队的编组。克拉克的第58.1大队和谢尔曼的第58.3大队保持不变，拉福德的第58.4大队把“独立”号抽出来交给戴维森以重组第58.2大队（“兰道夫”号、“企业”号和“独立”号）。[55]

然而，以九州为主要基地的“神风”似乎无穷无尽，当第58特混舰队留在冲绳近海支援陷入苦战的地面部队时，日军航空兵击伤了更多的快速航母。4月7日，“神风”机撞伤了“汉考克”号，11日撞击“企业”号，16日撞击“勇猛”号。此外还有许多执行哨戒任务的驱逐舰中招。4月17日，米切尔再次调整编组，解散第58.2大队，让戴维森带领受损的“汉考克”号和“企业”号返回乌利西，第58特混舰队又一次

1945 年 4 月 7 日，世界上最大的战列舰“大和”号在遭到第 58 特混舰队的猛烈攻击后翻沉并爆炸。一同被击沉的还有 1 艘轻巡洋舰和全部 8 艘护航驱逐舰中的 4 艘。

没有了夜战航母。此外，“卡伯特”号离队大修，“光辉”号也要走了。14日，英军航母“可畏”号（舰长菲利普·拉克－基恩上校）接替了“光辉”号的位置。

从1945年4月17日到5月28日，快速航母部队再未进行重大重组。不过4月28日米切尔让第58.1大队返回乌利西进行为期10天的休整。按计划，长期连续在海上奋战的“乔可”·克拉克要休假了，他的任务应该交给“汤米”·斯普拉格。但是米切尔在战役结束前不想让自己的左膀右臂离开，于是克拉克留了下来。

舰队编成

第58特混舰队司令：M. A. 米切尔中将

第58.1特混大队——J. J. 克拉克少将

“大黄蜂”号、“贝劳·伍德”号、“圣贾辛托”号、“本宁顿”号（T. L. 斯普拉格少将搭乘舰）

第58.3特混大队——F. C. 谢尔曼少将

“埃塞克斯”号、“邦克山”号、“巴丹”号、“兰道夫”号（G. F. 博根少将搭乘舰）；5月12日“蒙特利”号加入该大队

第58.4特混大队——A. W. 拉福德少将

“约克城”号、“勇猛”号、“兰利”号（5月18日回国大修）、“独立”号；“香格里拉”号（舰长J. D. 巴恩纳上校，第85舰载机大队）4月24日加入该大队

第57.2特混大队——菲利普·维安少将

“不屈”号、“胜利”号、“可畏”号、“不倦”号

冲绳岛上，美国陆军和海军陆战队还在和顽固的日本守军激战，尤其是在几乎坚不可摧的首里要塞前。登陆之初，舰载机承担了所有的空中支援任务，直到第二个星期，梅基上校的空中支援指挥部上了岸，100余架陆战队的F4U也来到了冲绳岛上两处已经可以投入使用的机场。这些“海盗”是第十战术航空军的先头部队，后者由一位陆战队少将指挥。但是这些陆战队战斗机也要去对付愈演愈烈的“神风”攻击，于是航母部队不得不继续留在滩头附近，承担大部分近距支援工作。4月18日，普莱德少将接替怀特黑德上校就任空中支援指挥部队司令，后者要去当航母舰长了。第二天，普莱德操刀组织起由怀特黑德计划的针对日军首里防线的大规模空袭，攻击机群由多达650架飞机组成，其中300架来自第58特混舰队。不过这些飞机仍然无法命中敌人地面部队藏身的山洞，首里仍在敌人手中。[56]

在冲绳岛上，“总的来说，陆军和陆战队的地面部队更喜欢陆基飞机，而不是舰载机”[57]，但问题在于，只要陆战队的陆基航空兵无法独立满足所有近距支援需求，航母部队就要留在近海战位上。方一上陆，梅基上校就从陆军巴克纳尔将军手里拿到了指挥权，他拒绝通过海军的通讯频道以及怀特黑德上校指挥航空兵。闻听此事，尼米兹对特纳说：“告诉梅基，要么向怀特黑德报到，要么回珍珠港来。”[58]梅基只能就范，通过指挥舰“埃尔多拉多”号转发所有空中支援请求，而不是像陆战队习惯的那样直接指挥他们自己的飞机。尼米兹访问冲绳

时，巴克纳尔将军对他说，这是一场陆地上的战役，是陆军的事。太平洋舰队总司令答道："是的，但是为了让你们在陆地上战斗，我每天都要丢掉一条半的船。如果战线5天内还不能推进，我们就派人到这里来推进，免得我们继续在这里忍受混蛋的空袭。"[59]

斯普鲁恩斯和米切尔都对陆军工兵未能像海军工程营（常称为"海峰"）在其他岛上那样快速建成陆地机场而恼火不已。在建成更多战斗机起降场之前，快速航母部队和哨戒驱逐舰就不得不承担起防卫和支援冲绳登陆部队的危险任务。在一次对机场建设进度的例行阶段性检视中，斯普鲁恩斯司令部的阿布·沃塞勒上校发现陆军航空兵司令"哈普"·阿诺德将军给负责机场建设的工兵将领写了私信，要他延缓战斗机跑道的建设，集中力量完成轰炸日本所需的轰炸机机场。当沃塞勒把这份消息发给自己上级时，斯普鲁恩斯根本不相信。但是来到岛上之后，斯普鲁恩斯立即亲眼看到了这一幕，"15分钟内就改变了这一局势"[60]。

在太平洋前线，美国海军与陆军航空兵之间的关系虽不如华盛顿那般分歧严重，但也不总是很融洽，最大的矛盾出现在海军航空兵出身、负责前沿地域陆基航空兵的约翰·H. 胡佛中将和陆军第七航空队司令威利斯·H. 黑尔少将之间。"杰克"·托尔斯曾试图让胡佛转职，但未能成功[61]，而这两个人还要继续共同指挥中太平洋方向上的陆基航空兵作战。胡佛在西南太平洋方向上与肯尼将军的配合也一样磕磕绊绊，同样，问题不仅出在个性不合上，也是由于运用航空兵的理念不同。斯普鲁恩斯将军甚至觉得肯尼驻扎在菲律宾的陆军飞机轰炸台湾岛时攻击的是制糖厂而不是日军飞机。[62]技战术方面，太平洋上的陆军航空兵必须向海军陆战队学习近距空中支援，这方面他们干得很不错。陆航将领们也认识到了航母在两栖作战中的决定性作用，"我们自己的陆基航空兵也要迅速承担起主要责任"[63]。不过由于没有机场，陆军航空兵在冲绳完全无从下手，而第58特混舰队则证明航母部队完全可以肩负起陆基飞机的任务，只是他们自己会承担巨大的风险，付出惨重代价。

整个4月，陆战队在冲绳岛上只占据了一个机场，另一个机场先是被暴雨冲毁，之后又遭到日军炮击，无法使用。不过美军随后占领了冲绳外海的伊江岛，5月13日，陆军P-47"雷电"战斗机抵达那里。冲绳岛上的机场建设在5月由于雨季到来而暂停，但6月又恢复了。7月1日，750架美军飞机进驻冲绳。同日，从冲绳起飞的美军轰炸机首次空袭九州。

与此同时，快速航母部队还在继续一边抗击可怕的人操导弹，一边空袭日本本土、冲绳岛和先岛群岛。即便任务如此繁重，米切尔还是能够安排各特混大队回乌利西轮休。5月12日，休整了10天的第58.1大队回归前线，米切尔便安排第58.4大队轮休，这支大队5月底返回时，第58.3大队又回到了莱特岛的新基地作休整。

4月下旬，维安中将（他5月8日从少将晋升为中将）麾下的英军航母部队在莱特湾进行了整补，随后重返战场。由于没有夜间战斗机，他们无法阻止日军利用暗夜修补先岛群岛上昼间被炸得千疮百孔的机场。5月4日，当劳林斯中将的战列舰和巡洋舰前去炮击宫古岛时，日军神风机撞击了“可畏”号和“不屈”号。在浓烟之中，“可畏”号舰长菲利普·卢克－基恩上校向维安发出了一条奇怪的信号：“小杂种！”维安答复道：“你是对我说吗？”虽然装甲飞行甲板使军舰的内部结构免遭严重损坏，但还是有几架飞机被撞击摧毁，雷达设备也遭到重创——“不屈”号上装有英国太平洋舰队中唯一一台性能堪与美军设备相提并论的雷达。9日，英军舰队又遭到2架“神风”机撞击，这次中招的是“可畏”号和“胜利”号。显然，英军的防空战术有缺陷，他们很快采取了美式的雷达哨驱逐舰战术，5月14日，英军驱逐哨舰首次登场。[64]

同样身处日军猛烈攻击之下的米切尔的航空母舰就享受不到装甲飞行甲板的保护了。5月11日，米切尔的旗舰“邦克山”号被一架“神风”机撞中，350人阵亡，其中有13人是米切尔司令部人员，集合在准备室里的第84战斗中队飞行员大多窒息而亡。将战术指挥权暂时交托给“泰德”·谢尔曼之后，米切尔把将旗转移到了6日刚刚回归第58特混舰队的夜战航母“企业”号上，“邦克山”号则拖着残躯返回美国本土，再未回来参与后来的战事。根据伯克和弗拉特利糟糕的提议，米切尔率领他的航母北上空袭九州。“企业”号舰载机大队队长比尔·马丁中校发动了战争中第一次成功的夜间密集轰炸：5月12日至13日夜，16架夜间型TBM轰炸了九州日军，之后便是猛烈的昼间空袭。14日，一架“神风”机找到并撞击了这员老将。有效的损管队伍最终挽救了“大E”，但它也不得不在此后几个月内退出战场。在浓烟与烈火中，勇敢的米切尔对“吉米”·弗拉特利说：“吉米，告诉

1945年5月4日，先岛群岛附近，一架“神风”自杀机撞在了英国海军“可畏”号的装甲飞行甲板上（感谢英国帝国战争博物馆）

我们的特混大队司令，如果鬼子再这么打下去，我的脑袋就要长毛了。”第二天，他搬到了“兰道夫”号上，“盖里”·博根还借给了他几位幕僚军官。[65]

5月18日，米切尔正式请求斯普鲁恩斯将军把第58特混舰队从距离九州岛不足560千米、面积约155平方千米的作战海域解脱出来，他们在这里已经待了2个月了。1943年11月在塔拉瓦滩头和1944年6月在塞班滩头是一回事，但在冲绳滩头，这就要命了！和那两回不同的是，这次冲绳岛上的地面部队无法依赖护航航母，护航航母自己有时也要出动飞机空袭九州。于是快速航母不得不客串护航航母执行近距支援任务，代价则极其惨重。飞行员连续作战的时长已经降到了4个月（一年前是9个月），舰员们也已筋疲力尽。“邦克山”号在5月11日被击中时已经出海59天了。17天后，“泰德”·谢尔曼记录道：“所有人都累得要死，我们到现在已经离开乌利西76天了。”但斯普鲁恩斯别无选择，虽然并不情愿，他还是驳回了米切尔的请求，要求第58特混舰队留在原地。[66]

好在最坏的时期已经过去了。航母部队此后再未遭到严重的“神风”攻击。“企业”号走后便再没有航母被敌人击伤，只有英军的“不屈”号在雾中与一艘驱逐舰相撞，不得不在5月20日返回悉尼。同日，“泰德”·谢尔曼派出12架挂载227千克炸弹的TBM前去空袭冲绳的首里要塞。这一次，这些“笨火鸡”表现出了神奇的近距支援能力，把炸弹投进了己方部队前方仅仅15米外的敌军阵地，连士兵带工事一道炸飞。随着美军地面部队的推进，日军最终于5月29日撤出了首里。此时，“神风”自杀机的目标转移到了冲绳的美军机场和滩头的船舶上，航空母舰暂时安全了。

5月25日，第57特混舰队最后一次空袭先岛群岛的日军机场，随后便撤往悉尼整补，准备参加对日本的最后战役。此时的英军舰队已经习得了太平洋快速航母作战的精髓，斯普鲁恩斯将军对此深感满意，于是向尼米兹提出可以让英军舰队融入美军快速航母特混舰队，尼米兹同意了。

冲绳战役完成90%之时，尼米兹进行了战争中最后一次舰队指挥班子的轮替。他希望哈尔西在1945年5月1日前后接替斯普鲁恩斯，让睿智过人的后者去策划九州战役，然而在冲绳战役基本打赢之前，舰队还一时半会离不开这位考虑全面、思维严谨的司令。[67] 5月27日，哈尔西在海上接替了斯普鲁恩斯，后者立刻回到了尼米兹设在关岛的前进指挥部。第五舰队变身第三舰队，第58特混舰队也改编为第38特混舰队。

5月28日，“皮特”·米切尔把快速航母部队的指挥权移交给了“斯洛”·麦凯恩，后者在刚刚参战1个月的新航母“香格里拉”号上升起将旗。战时换将令各特混大队司令深感意外：一边是他们很乐于共事、指挥高效的米切尔，一边是仍然被普遍认为指挥效率低下，通过傍金的大腿官居要职的麦凯恩，不过谢尔曼对在哈尔西手下打仗倒是无甚异议。[68]但是米切尔的海上生涯已经结束了。漫长而艰苦的战斗生活，长期久坐、一言不发、愈加依靠高效率的指挥团队操盘特混舰队的指挥方式已经令米切尔身心俱疲，他病了——没人知道他病得多重，因为他的医官雷·海吉上校在“邦克山”号遇袭时战死了。战场指挥的重任摧垮了他的身体，米切尔很快回到华盛顿，接替杰克·菲奇担任分管航空的海军作战部副部长。

两位疲惫的斗士：1945年5月27日，“皮特”·米切尔最后一次把快速航母部队的指挥权移交给“斯洛”·麦凯恩。

各特混大队的指挥官在返回莱特岛（预定在6月）之前基本未被调职，只有一个例外。“乔可”·克拉克继续指挥第38.1大队（“大黄蜂”号、“本宁顿”号、“贝劳·伍德”号、“圣贾辛托”号），“泰德”·谢尔曼指挥第38.3大队（“埃塞克斯”号、“兰道夫”号、“巴丹”号和“蒙特利”号），亚瑟·拉福德指挥第38.4大队（“约克城”号、“香格里拉”号、“提康德罗加”号、“独立”号）。第2航母分队司令拉尔夫·戴维森的职务被撤销，由克里夫顿·A. F. 斯普拉格少将取而代之。戴维森平时总是乐呵呵的，休息时喜欢喝酒却也不招人烦，问题是，他因为醉酒错过了一趟重要的航班。“拐子”·斯普拉格以见习身份在修复的“提康德罗加”号航母（舰长威廉·史汀生上校，搭载第87舰载机大队）上升起了将旗，5月17日，这艘航母在途经马绍尔群岛的马洛埃拉普环礁——该岛已被美军跳过——时进行了一轮空袭演练，随后便加入特混舰队。同样，失去了夜战航母的马特·加德纳于4月下旬被任命为第7航母分队司令。“汤米”·斯普拉格仍然驻留“本宁顿”号，“盖里”·博根驻留“兰道夫”号。

另一项重要的人员变动是随同快速航母作战的战列舰分队司令“大下巴”·李中将在6月18日离队回国。李坚持在国内行程结束后继续行使指挥权，因此约翰·F. 沙弗洛斯少将只是暂时代理指挥战列舰部队。2个月之前，李的参谋长，脾气暴躁的航空兵军官汤姆·杰特尔准将被约瑟夫·C. 克罗宁准将接替，克罗宁原本是一位护航航母舰长，现在被调到沙弗洛斯的指挥部。不过仗打到这个份上，快速战列舰已经不再是战列线主力，它们只是浮动的高炮平台。

哈尔西接手快速航母部队战场指挥权后不再需要把自己束缚在冲绳滩头。他让谢尔曼的大队回到莱特岛休整，随后率领克拉克和拉福德的特混大队北上空袭九州。见鬼的是，哈尔西之前就和天气不对付，这次天气依然没有放过他，他很快就再次遭遇了恶劣海况。在6月2—3日空袭九州的日军机场之后，他又把他的特混舰队——每一艘军舰——带进了台风之中。

6月3日上午，美军才发现这是和去年12月那次同样猛烈的台风。[69]和上次的灾难一样，关于气象的情报模糊不清，通信也时常延迟。这次，拉福德将军明确地向麦凯恩提出，特混舰队应当调整航向离开正在汇聚的恶劣天气。但是麦凯恩却答复说这事只能由哈尔西决定。[70] 6月4日傍晚，哈尔西从太平洋舰队司令部收到了更详细的气象信息，但是他和气象学家科斯科中校——前一次遭遇台风时他也在——却未能正确判断出台风的路径。当哈尔西向科斯科征询意见时，风暴在正在北上，而特混舰队正向东脱离台风路线。然而科斯科却提出舰队应当向西掉转航向，从台风前方提前横越。他们只考虑到了哈尔西旗舰所在的拉福德大队，却忽略了这一动作对克拉克大队带来的影响，此时他们正在从唐纳德·B. 比利少将第6后勤中队的油轮那里获得燃油。[71]在这一错误决定的影响下，6月5日下午1时30分，哈尔西命令两支特混大队回到台风的路线上。

当两支特混大队在午夜之后掉头向西时，气压计指针开始骤降，天气越来越坏。克拉克和比利两位将领看到了正在发生的事情，凌晨2时46分，比利向麦凯恩发电："相信我，我们现在正在往台风里开。"于是麦凯恩把航向转为正北。这对拉福德大队（哈尔西和麦凯恩的旗舰都在其中）自然很好，但在25千米外，克拉克大队和比利的油轮还要耗费极其宝贵的20分钟来拉开距离，然后才能转向。此时，台风正从南面向克拉克和比利快速追过来，滔天巨浪和倾盆暴雨非常骇人，部分舰艇发生了严重的横摇。4时01分，克拉克告诉麦凯恩自己的雷达发现台风眼正位于西边约50千米处，但是麦凯恩没有回答。4时20分，克拉克请求将航向转向东南，但是麦凯恩却答复说自己的雷达无此发现。当克拉克再次明确说自己已经跟踪了台风眼一个半小时之后，麦凯恩还是花了20分钟的宝贵时间与自己的气象官约翰·塔托姆中校争辩了一番，"以看看我们是否知道一些克拉克将军不知道的事情"。最后，4时40分，麦凯恩作出答复："我们（指拉福德大队）打算保持航向不变，你们自行决定。""至于这延迟的20分钟会带来什么不同"，麦凯恩在后来面对质询时无奈地说，"我只能说对不起。"[72]

然而克拉克并未改变航线。就和12月时的博根将军一样，克拉克自然也认为自己的上级，哈尔西和麦凯恩拥有比自己更全面的信息。[73]但实际上他们的气象信息还不如克拉克的全面！在早晨5时07分之前，克拉克大队一直徒劳地保持航向不变以图躲开台风，之后才开始采取机动寻找更好的航线。但他们还是被吞进了地狱。5时35分，克拉克不得不命令所有军舰自由机动。7时，第38.1特混大队进入了台风眼。而拉福德的大队却在凌晨4时完美地躲开了台风。哈尔西甚至对参谋长"米克"·卡尼说，这场风暴"有可能根本不是台风"[74]。

虽然没有舰艇沉没，但"大黄蜂"号和"本宁顿"号上飞行甲板突出舰艏的部分却坍塌了下来，"匹兹堡"号重巡洋舰舰艏断裂，76架飞机被毁，6人落水失踪，许多其他舰艇也遭受了程度不一的损失。6月5日下午，克拉克的特混大队终于驶出了台风区。

6月15日，美国海军在关岛组织了质询，质询组中有两人——胡佛中将和穆雷中将——也参加了前一年12月的那次调查，此外还有C. A. 洛克伍德中将参与其中。哈尔西提出是缺乏信息和通讯延误导致他遭遇灾害。[75]质询组虽然部分同意了他的观点，但也听厌了这套陈词滥调。最后，质询组认为主要责任应由哈尔西、麦凯恩和科斯科承担，建议将此三人调离岗位，克拉克和比利承担次要责任。五星上将金赞同这一结论。“文件记录明确显示，他们在获取、分析，以及利用气象信息方面十分拙劣。”他还补充道，已经有了前一次风暴的教训，哈尔西和麦凯恩完全能够避免这一最坏的结果，“他们只要具有普通熟练水手的气象知识，就能在气象状况恶化时做出反应”。[76]

虽然福莱斯特部长已经准备好把哈尔西赶回家，但金和尼米兹担心影响士气，还是没有把这个结论公布出去。复盘了两次台风事件，金得出结论：“这两次事件中，因台风蒙受的破坏和损失，首要责任在第三舰队司令，美国海军上将小威廉·F. 哈尔西。”由于太平洋舰队司令部负责气象预报，尼米兹也要承担“次要责任”。金要求此事到此为止，但是往后在发出气象预报时也要同步发出正确的应对措施。[77]无论如何，哈尔西在战争期间是拿不到自己的第五颗将星了。

加油并南下之后，克拉克和拉福德的航空母舰从6月6日开始恢复对冲绳岛的近距支援——克拉克手下的2艘埃塞克斯级航母飞行甲板前端受损，放飞飞机时不得不开倒车，让飞机从甲板后端起飞。同日，第38.1大队迎来了新的夜战航母“好人理查德”号（舰长小A. O. 鲁尔上校，搭载第91夜航大队）。第二天，舰队再次北上。8日，他们轰炸了九州岛鹿屋市的大型机场。随后，“乔可”·克拉克让“本宁顿”号返回莱特岛接受修理，9日，其余各舰出动飞机，用凝固汽油弹轰炸了大东岛上的日军坚固阵地。10日，杰克·沙弗洛斯的3艘战列舰又短暂炮击了南大东岛，冲绳战役到此结束。6月13日，舰队抵达莱特湾，此时距离冲绳战役开打已经过去92天了。入港时，第38特混舰队的官兵们恼火地看到一架玩特技飞行的陆航P-38战斗机撞伤了“兰道夫”号的飞行甲板。[78]

6月上旬，夺取冲绳附近诸如大东和喜界岛等附属岛屿的计划因为被认为不再必要而取消，舟山战役计划也在5月下旬取消。冲绳战役代价高昂，但美军还是摧毁了数以百计的日军飞机，而且盟军的陆基中型轰炸机和战斗机从此能够轻易飞临九州。6月中旬，冲绳岛日军有组织的抵抗宣告结束。7月上旬起，盟军飞机开始例行“光顾”九州。8月，B-29重型轰炸机也开始进驻冲绳。快速航母部队最终从近距支援任务中解脱了出来。

"神风"自杀机带来的艰巨挑战，迫使美军拿出了几个应急计划。一种不成功的尝试是给火箭弹加装专门的近炸引信、配备对空发射架，改造为舰对空火箭弹。[79]航空局正式启动了两个防空火箭项目，一是火箭助推的"云雀"（3月份），二是喷气助推的"小乔"（5月），后者的设计目的是阻止日军"樱花"自杀弹。[80]后一个项目在7月20日试飞成功，但是装备舰队尚需时日。

真要对付"神风"攻击，还要靠战术。于是阿利·伯克准将被调回美国缅因州卡斯科湾的美国舰队总司令部，领导一个特别防御处，"负责找出对付日本自杀攻击的办法"。6月15日，伯克和另两位军官开始了他们的工作，该项目所需的人员、军舰和飞机完全以金上将的名义直接调动。为此，伯克要来了一个人，那就是第2战列舰分队司令"大下巴"·李中将，他从7月1日起直至8月25日突然去世，都在当地指挥几艘具备战斗力的真军舰，它们被编为第69试验特混舰队。试验了许多种机动方式和舰上高射炮的布置方案之后，他们在1945年7月31日拿出了第一份也是唯一一份"自杀攻击应对总结"。这份文件立刻被印发给了太平洋前线所有用得着它的指挥官。[81]

冲绳战役中日军自杀机的疯狂进攻，令盟军对进攻日本本土时可能的遭遇不寒而栗。但此时才刚刚进入7月，距离计划于11月1日打响的九州岛作战还很遥远，盟军还可以对日军航空兵施以沉重的打击。这也就成了1945年夏季快速航母部队的首要任务。

第十一章 目标日本

即便美国海军已经开始准备日本本土登陆战，海军高层将领们仍然反对这一理念。只有陆军，“带着对海上力量的低估”，坚持要在九州和本州岛登陆。海军五星上将莱希和金之所以在参联会上投赞成票，也不过是为了“取得一致”而已，两人都相信，不用等到登陆的那一天，日本就会在海空封锁之下屈服。[1] 1945年5月25日，美国参谋长联席会议下达命令，要求准备实施“奥林匹克”行动，即登陆九州，行动日期是1945年11月1日。[2]同时还有计划于1946年3月1日实施的“冠冕”行动，要在本州岛东京附近的海岸登陆，之后穿越关东平原，直取日本首都。“按计划”，盟军参谋长联席会议决心在1946年11月15日终结日本的一切有组织抵抗。[3]

虽然日本有可能在这其中的任何一个日期之前投降，但计划还是要照常推进。对快速航母特混舰队来说，“奥林匹克”战役意味着自从1943年那个犹豫不定的夏季以来所有战术和技术发展的巅峰，也意味着20年来美国海军航空兵所有的计划与梦想的实现。到了1945年夏，美国海军已经成为一支飞行海军。然而，航空兵不仅决定了舰队的使命，还将在未来决定整个美国的防务政策。因此，海军航空兵将领们的对手不再是战列舰派，而是野心勃勃、一心想要独立建军的美国陆军航空兵。

华盛顿的较量

1945年上半年，美国国会和陆军航空兵的那些狂热者们公开提出了航空兵合并的问题。1月美国国会制定法案，要求建立一个统管各军种的国防部，它将独立于现有的陆军、海军和新成立的空军之外。4月11日，理查德森委员会提交了报告，同意这一方案，唯有理查德森将军不同意，他提交了少数派报告。理查德森担心新成立的空军会不可避免地把海军航空兵“从其已经深深融入的海军中拖出来”。[4]英国人在两次世界大战之间的教训依然历历在目，他认为这样的决定将会削弱美国的军事力量。其他的海军将领也是同样的反应，当月，麦凯恩将军提笔给福莱斯特部长写信：“我开始觉得现在这场仗之后的战争会比眼下的这场战争更难打，这当然很丢脸。”[5]

海军的战后计划不如陆军航空兵那般激进。从1944年10月到1945年7月，爱德华兹中将在计划制订官唐纳德·邓肯（他的工作后来由马特·加德纳接手）的协助下，于德国投降前一天发布了海军1号战后基本计划。按此计划，战后美国海军将保持10艘快速航母在役，负责在太平洋和加勒比海巡航；英国则负责在战后控制欧洲水域和大西洋。这一临时计划令航空兵们大为不满，他们一直责怪“厄尼”·金和他的副手爱德华兹、霍恩，说他们妨碍了航空兵在海军内部的发展。例如，虽然分管航空的海军作战部副部长在5—7月期间进行了多项研究，以图将海军飞机的编制数量提高到39000架或以上，但金仍然坚持海军飞机不能超过37735架。这让航空兵计划制订者们抓狂了，因为海军在4月时就已经拥有了42000余架飞机。因此，6月，华盛顿的几位航空兵军官在斯拉茨·萨拉达少将——他是新任的航空局局长——的带领下，开始勾勒关于战后海军以及航空兵立场的建议。与此同时，福莱斯特部长指派行政管理专家费迪南·艾伯斯塔德针对航空兵合并的方案进行一轮独立、无偏见的调查，并就海军如何占据有利位置给出建议。[6]

航空兵合并的方案令海军及其航空兵不寒而栗，这意味着所有航空兵都会由空军统管，抑或是将貌似独立的海军航空兵交给陆军或空军将领去统一指挥，这两种前景同样黑暗。1942年时麦克阿瑟将军宁愿牺牲航母也要去服务陆军目标的想法至今仍令海军记忆犹新。而在冲绳战役期间，陆军和陆军航空兵一边重度依赖航母一边又置其安全于不顾的态度，更是令海军看到了不祥的征兆。正因为如此，当6月“哈普”·阿诺德将军访问珍珠港时，托尔斯将军及其幕僚明确告知，太平洋战场要由海军来负责。7月16日，美国陆军战略航空兵在太平洋方向成立，由卡尔·斯帕茨将军率领，这令陆军航空兵在太平洋上获得了与陆海两军平起平坐的独立地位。此外，众所周知阿诺德将军希望太平洋战场能实现统一指挥，而斯帕茨将军则要统管所有航空兵，包括海军舰载和陆基航空兵。陆军航空兵在7月真的提出了这一要求，结果自然是被金和尼米兹驳回。不过在

8月，斯帕茨和肯尼决定一旦拿下九州，就再尝试一次。[7]

日本海军被消灭了，美国海军的危机也随之而来。它的传统任务已经完成，存在的理由也不复存在，现在美国海军需要去证明自己的价值了。不仅如此，除了登陆日本之外（海军是反对这一行动的），冲绳将是最后一次两栖作战，因此支援两栖战的需要也没有了。陆军航空兵则没有这些问题，他们的战略轰炸机曾经将德国的工业炸到近乎崩溃，如今，巨大的B-29轰炸机也同样碾碎了日本的工业。为了充分发掘这些胜利的价值，陆航的宣传部门开始四处宣称他们的飞机已经为太平洋的胜利铺平了道路。

到1945年夏季之时，美国海军究竟应该扮演什么角色？虽然海军通常不太爱说话，但现在，他们必须给出一个答案。海军将领们的一个选择是让人们意识到空战的胜利是由舰队打出来的。海军宣传部门声称，海军已经是以空中力量为核心建立起来的了，他们已经在太平洋上将敌人舰队消灭干净，现在要将力量投向陆地深处的敌人。换言之，海军的战略已经从大洋战略、近岸战略转变为大陆战略。但不幸的是，计划中对日本本土的进攻完全是欧洲式的打法，而德国是被陆基飞机摁在地上痛打的。对此，海军很难接受，但无论如何，他们在从属于独立空军的前景前奋力挣扎时，手中可用的牌并不多。[8]

太平洋上的海军将领们对任务的转变了然于心，虽然他们对航空兵合并的争执考虑的并不多——至少暂时如此。6月，拉福德将军告诉一位记者，航母的角色已经“完全转变了”。他说：“现在我们的任务，是保持后勤线畅通，并确保对日本的严密封锁……我们和B-29并肩作战，我们可以对小型目标做精确攻击，那些大轰炸机则可以轰炸大型工业设施。”[9] 1945年中期时，海军的这些使命已不如陆军航空兵的耀眼，重要性也已位居其次。哈尔西更是有些消沉。他在6月写给尼米兹将军的一封信中指出，现在B-29是进攻性力量，而航母则是防御性的。登陆九州的舰队需要“不间断的战斗机掩护，以抵御凶猛而强大的‘神风’攻击……快速航母部队将不得不把主要力量投入防御作战，而且要连续多个星期为大规模登陆战提供直接支援……”带着一丝恋恋不舍，哈尔西承认了一个显而易见的现实：“航空母舰在太平洋大进攻中一马当先的光辉岁月已经一去不返，当我们插入了敌人的心脏，值得一提的目标已经寥寥无几。”[10]

无论如何，快速航母特混舰队将会在“奥林匹克”战役和封锁日本的行动中走上自己的巅峰，他们攻击敌人的机场、航运线和工厂，击退“神风”进攻，并为登陆部队提供近距空中支援。除了航母，没有任何其他力量能够完成这些对胜利结束第二次世界大战而言不可或缺的任务。无论航空兵的政策和指挥体系要发生什么变化，那也得等仗打完再说。

奔向最后胜利

九州岛作战计划中盟军航母舰队的巨大规模见证了海军航空兵在美英两国海军中的主导地位。1945年6月中旬，除了停泊在莱特—萨马岛锚地和悉尼的众多航母之外，还有更多航母即将加入舰队，参加11月的进攻。其中包括3艘新建成的埃塞克斯级航母——“安提坦”号、“拳师”号和“查普兰湖”号，以及完成了修复或大修的同级舰“勇猛”号、“大黄蜂”号和“黄蜂”号。一同返回的还有“企业”号和“卡伯特”号。“萨拉托加”号和“兰利”号则要到珍珠港的训练舰队报到。英军也派来了新的舰队航母“怨仇”号和新的轻型航母“巨人”号、“复仇”号、“可敬”号、“光荣”号。

按照计划，1945年下半年盟军会有多艘航母建成服役，包括英军轻型航母“海洋”号（8月），美军战列航母“中途岛”号（CVB-41）（9月）、“富兰克林·D. 罗斯福”号（CVB-42）（10月），另外还有5艘埃塞克斯级航母，包括即将在10月服役的新“普林斯顿”号（CV-37），11月的“奇尔沙治”号（CV-33）和“塔拉瓦”号（CV-40），以及12月的“莱特”号（CV-32）和“菲律宾海”号（CV-47）。但是美国加快了建造速度，“莱特”号8月就下了水，“菲律宾海”号9月下水。还有2艘遭到重创的同级舰正在进行全面修理，即“邦克山”号和“富兰克林”号。新型塞班级轻型航母的首舰“塞班”号（CVL-48）已经在8月下水，即将于12月加入舰队。

那些还在船台上的航母看来赶不上参战了。“福吉谷”号（CV-45）和塞班级轻型航母“莱特”号（CVL-49）计划于1946年2月服役，“奥里斯坎尼”号（CV-34）和战列航母“珊瑚海”号（CVB-43）将于5月服役。这一份清单中还有3艘 巨人级轻型航母——英国的“忒修斯”号、“凯旋”号和加拿大的“勇士”号，这几艘英舰都已于1944年中期下水。

1945年8月，英国轻型航母"光荣"号来到了太平洋，准备参加对日本的最后作战。（感谢英国帝国战争博物馆）

其余的在建航母基本上就是供战后使用的了。1945年8月12日，美国海军取消了2艘埃塞克斯级的建造，它们是计划于1946年7月完工的"报复"号（CV-35）和计划于1946年11月完成的"硫磺岛"号（CV-46）。英军方面，除了2艘庄严级轻型航母在8月作为维护航母服役之外，另6艘在1944—1945年下水的同级舰的服役日期就很遥远了。更大型的英军航母则还处于建造初期。[11]

各蓝水海军已经把快速航母视为水面舰队不可替代的主力舰。只要日本不投降，它就会被越来越多的快速航母、机场和护航航母包围。英国海军方面，随着第一位海军飞行员走上指挥一艘航空母舰的岗位，他们在航母技战术上已经接近了美国的水平，当然数量上还略逊一筹。此前英国从来没有飞行员担任过快速航空母舰舰长，只有一位在1943年时指挥"胜利"号，在1944年8月指挥"怨仇"号入役的L. D. 麦金托什上校（后来升任少将），他还只是个海军航空观察员。第一位指挥英军快速航母的飞行员是卡斯帕·约翰上校，1945年8月8日服役的轻型航母"海洋"号的舰长。[12]

防御武器方面，英军仍然坐拥装甲飞行甲板之利，美国中途岛级战列航母也采用了这一设计。为了保护脆弱的埃塞克斯级航母，美国海军为其加装了更多的40毫米高炮，这种高炮足以彻底摧毁一架“神风”自杀机。20毫米高炮的数量则被降到最低。还有2款新型高射炮已经投入研发：一是雷达控制的127毫米/54倍径炮，其射程和射高更大，已在1945年4月交付美国海军，装在了“中途岛”号和“罗斯福”号上；二是全新的76毫米/50倍径高平两用速射炮，这门火炮射程比40毫米炮更远，炮弹可以使用近炸引信，作战效能是40毫米炮的2倍。面对“神风”的威胁，新型高炮的生产被加快了。1945年9月1日，76毫米/50倍径高炮进行了首次试射。[13]

战斗机方面，由于极大的防空压力，哈尔西将军支持将重型航母80%的载机能力用来搭载战斗机。米切尔将军希望把F6F-5“地狱猫”战斗机从负责防空的轻型航母上全部撤下来，因为它速度不够快，在防空巡逻时难以截击敌人的高空侦察机，他提议在F8F-1战斗机列装之前先用F4U-4“海盗”充数。第一架F8F-1“熊猫”战斗机1945年8月24日才在珍珠港外的“兰利”号上首次起降成功。至于重型航母，米切尔希望它们继续搭载“地狱猫”和“海盗”战斗机，“直到日军航空兵被削弱到任何时候只能出动3～4批、每批规模为3～4架飞机为止”，“当我们的航母部队和陆基航空兵部队能够覆盖整个日本、朝鲜、中国日占区时，这就会成为现实”。若战争继续下去，那么这一天将在1946年中期前后到来，而到了那时，F8F“熊猫”战斗机将会把F6F和F4U全部替换下来。[14]

不过新型战斗机的发展在这一时期却乏善可陈。后期型的F6F将全部6挺12.7毫米机枪中的2挺换成了轻型20毫米航炮。显然，所有的12.7毫米机枪最后都会被换成航炮。各一个中队的FR“火球”和F8F“熊猫”将会抵达夏威夷，而XFD-1“鬼怪”将在7月成为第一架从航母甲板上起飞的纯喷气战斗机。[15]

轰炸机方面，米切尔提议保留SB2C和TBM，直至新型轰炸鱼雷机加入舰队为止，具体机型可能是BT2D“无畏”Ⅱ。按1946年年初换装的估计，米切尔觉得届时可以让F4U来充当专门的轰炸机，新机型则用作轰炸鱼雷机。这些变化使得美国海军在7月取消了新型鱼雷轰炸机TBY“海狼”的制造合同。“海狼”的性能和TBM“复仇者”差别不大，但价格却更贵，还会增加后勤体系的复杂程度，至于打起仗来到底怎么样则没人知道。随着鱼雷轰炸机这一机种的衰落，“海狼”也就不再必要了。[16]不过“复仇者”还有一项新的功能，那就是侦察。体型庞大的“笨火鸡”足以容纳新型的机载早期预警雷达，能够发现120千米外的敌机。有一些TBM装备了这种雷达，美国海军同时计划在4艘航母上配备与机载雷达配套的通信设备。如果计划成功，这些飞机将能够取代雷达哨舰，这样也就不必派遣驱逐舰去做这项极其危险的工作了。[17]

另一个全新的机种是崭露头角的直升机，不过在这些新玩意加入战场之前，还有很多试验要做。[18]

当米切尔将军离开前线返回后方时，埃塞克斯级航母上的舰载机大队编有73架战斗机（组成战斗中队和战斗轰炸中队，装备“海盗”或“地狱猫”）、15架俯冲轰炸机（SB2C“地狱俯冲者”）和15架鱼雷轰炸机（TBM“复仇者”）。轻型航母的舰载机大队仍然是24架“地狱猫”（其中2架是照相侦察型）和9架“复仇者”。战斗机固然是抵御“神风”攻击的关键，但是航空兵们也希望有更多的轰炸机去摧毁停在机场上的敌机和陆地设施。因此米切尔提议，轻型航母可以把所有的“复仇者”和“地狱猫”撤下来，换成36架F4U“海盗”战斗机，“一旦有条件”，还将换成48架更小、更快的F8F“熊猫”。这种完全装备战斗机的轻型航母将为舰队提供防空巡逻。至于重型航母上的舰载机大队，他提议可以编入48架战斗机（F6F或F4U）、24架战斗轰炸机（F4U，它将最终取代SB2C）、18架鱼雷轰炸机（TBM，后期将换成BTM或BT2D），2架照相侦察型战斗机，以及一支由6架夜战型“地狱猫”和6架夜战型“复仇者”组成的混合夜航中队。至于夜间航母计划，他觉得应当终止。[19]

7月，米切尔的大部分想法得到了官方认可。从那以后，只要组建新的大队或者有大队回国重组，就会按照新的方案来配备飞机。出海作战的航母上的舰载机大队也是一有机会就进行调整。根据新的方案，重型航母舰载机大队将拥有32架战斗机（24架昼间战斗型、4架侦察型、4架夜战型）、24架战斗轰炸机、24架轰炸机和20架鱼雷轰炸机，再加上大队长驾驶的那架战斗机，全大队共有101架飞机。轻型航母全部搭载战斗机，共36架，有些轻型航母立即装备F6F，其余则很快换成F4U。夜战航母继续配备37架夜间战斗机、18架夜间鱼雷轰炸机。

新的战列航母将搭载一支由73架战斗机（65架F4U、4架侦察型F6F、4架夜战型F6F）和64架轰炸机（SB2C）组成的大规模航空大队。塞班级轻型航母则搭载48架“地狱猫”（24架战斗机，24架战斗轰炸机）。[20]

特混大队编成方面，米切尔仍然支持3重1轻的方案，不过他也告诉尼米兹将军，“泰德”·谢尔曼根据自己指挥5～6艘航母的经验，认为最多8艘航母的大型特混大队方案更理想。谢尔曼相信，更大型的特混大队可以组织起规模更小、协同更佳的攻击机群，用于防空巡逻的战斗机比例更少，所需的支援船只更少，通信也更好。但是米切尔对此并不赞同，他认为特混大队若超过4艘航母，作战效率就会下降，因为每支舰载机大队可用的空域会更狭窄。不仅如此，空中无线电通信频道会因超载而拥堵，航母的机动性会由于转向迎风航向收放飞机所需时间更长而受到影响，而且过大的队形也不利于防空。不过正如冲绳战役证明的那样，4艘或者5艘编制的航母特混大队都可以投入实战并进行各种试验。[21]

1945年夏季，夜间作战的问题得到了暂时解决。米切尔一直很反感夜间作战，但他还是提出应当让每一艘重型航母搭载自己的夜间战斗机和轰炸机——各6架，这样就不必浪费整艘航母来专门执行夜间任务了。1945年2—5月，“萨拉托加”号和“企业”号两舰的相继战损已经预示了夜战航母这一概念的终结。4月，加德纳将军暂时退居二线，继任第7航母分队司令的唐纳德·邓肯少将则转职成为普通的昼间航母部队司令。夜战航母大队的参谋班子也回到了珍珠港，J. J. 巴伦廷少将6月底作为第7航母分队临时司令登上夜战航母“好人理查德”号之后，这些夜战专家才重返第38特混舰队。同时，2艘夜战航母——“好人理查德”号和“大E”被保留了下来，不过没有集中编组为一支夜战大队，而是分散编入了昼间航母大队。此外，每艘昼间航母都会继续搭载自己的4架夜间战斗机。[22]

英国皇家海军没有夜战航母，但他们也在想方设法获得夜间航空作战能力。6月，“怨仇”号搭载着第828中队的“复仇者”飞行员和几位“地狱猫”飞行员来到了太平洋前线，他们和他们的飞机都能够在夜间作战。在更远期的计划中，8月上旬服役的“海洋”号轻型航母被指定为“夜航航母”，它将在英国本土受训，形成战斗力后再开赴太平洋。有人甚至提出要在当年秋季建立由1艘重型航母、2艘轻型航母组成的夜间航母特混大队，不过这还取决于最后阶段的对日作战是否确有此方面的需求。[23]

1945年夏，美国海军和快速航母部队发生了一些人事变动。在最高层，罗斯福总统于4月去世，接替这位海权的强力支持者的是哈里・S. 杜鲁门，他对海军几乎一无所知，倒是对航空兵合并满怀热情。不过海军部里的文职官员们都是海军航空兵的强力支持者，包括对"皮特"・米切尔钦佩不已的福莱斯特部长和一众航空兵少将。7月1日，"迪"・盖茨被从海军部副部长（分管航空）提拔为海军部次长，他将在此岗位上为海军航空兵奋斗。接替他的职位的约翰・L. 沙利文此前当过5年分管财务的副部长，对航空自然知之甚少，不过7月4日杰克・菲奇带他到日本外海的"香格里拉"号快速航母参观了一圈之后，他对航空的热情立即高涨了起来。

虽然菲奇认为应当设置一个分管航空的舰队副总司令——或许由即将归来的"皮特"・米切尔出任，但"厄尼"・金还是拒绝在华盛顿设立任何新的航空兵职位。[24]不过从前线回到华盛顿的重要航空兵将领越来越多，他们的战绩和意见会继续提高海军航空兵的地位。7月14日，对多位将领的任命被公开发布——这在战时还没有先例，一个月后就会生效。8月14日，米切尔中将接替菲奇担任分管航空的海军作战部副部长，菲奇则担任美国海军学院院长，这是第一位航空兵院长，也是第一位中将院长。在菲奇之前，海军学院院长在战争中的大部分时间里是一位寂寂无闻的战列舰派将领。同时，曾在马里亚纳和莱特湾海战中指挥"蒙特利"号轻型航母的S. H. 英格索尔上校调任海军学院的学员总指挥。菲奇立即发起了一项对航空兵来说影响巨大的计划：未来海军中所有的将军都必须具备飞行员资格。[25]

6月1日，斯拉茨・萨拉达少将接替"公爵"・拉姆齐担任航空局局长，拉姆齐则回到了太平洋前线。8月20日，艾伦・R. 麦肯少将接替马尔科姆・舒菲尔担任"厄尼"・金的作战参谋，他是潜艇兵出身，莱特湾海战时在第38.2大队中指挥一艘战列舰，随后又调往欧洲指挥与德国潜艇的最后战斗。7月，马特・加德纳少将接替"吴"・邓肯担任美国舰队总司令部的计划制订官，他带来了太平洋上两位最顶尖的航空作战计划专家，乔治・安德森上校和P. D. 斯特鲁普上校。5月，金的航空兵参谋华莱士·贝克利上校被罗伯特·B.皮里上校接替，后者曾给“盖里”·博根当过很长时间的参谋长。

在太平洋前线，五星上将尼米兹仍然是太平洋舰队总司令兼太平洋战区总司令，他希望把指挥九州登陆战的任务交给斯普鲁恩斯上将。[26]当斯普鲁恩斯把第五舰队的幕僚们召集到关岛以制订作战计划时，他也迎来了新的航空兵军官。7月13日，“公爵”·拉姆齐少将接替亚瑟·戴维斯就任斯普鲁恩斯的参谋长，舰队航空参谋则从阿布·沃塞勒换成了原“蒙蒂”·蒙哥马利的参谋长杰克·莫斯上校。戴维斯成了航母分队司令，沃塞勒则回国给“迪”·盖茨当助手去了。斯普鲁恩斯的作战参谋“萨维”·福莱斯特上校被调去指挥一艘战列舰了，接替他的是另一位“黑鞋子”①，E. M. 汤普森上校。

太平洋舰队中也同样进行了一些重要的指挥架构调整。7月26日，长期孜孜以求，想要出海指挥战斗的“杰克”·托尔斯中将把自己的太平洋舰队副总司令兼太平洋战区副总司令职务暂时移交给了约翰·H. 胡佛中将，后者的原有职位则在一个月后由牛顿中将接替。7月14日，蒙哥马利少将把西海岸舰队航空兵司令的职务交给了拉格斯戴尔少将，6天后他来到太平洋，接替乔治·穆雷担任太平洋舰队航空兵司令（不过并未升为中将）。穆雷则被贬为马里亚纳群岛守备司令。8月下旬，胡佛又接替了拉格斯戴尔。新任太平洋舰队航空兵副司令是加托·格罗沃少将，他在8月到岗，被他替换下来的弗雷迪·麦克马洪少将则担任航母训练中队司令一职。

在快速航母部队，最重要的人事变化是对米切尔接班人的任命。从作战经验、资历和能力来看，“泰德”·谢尔曼自然是不二人选。不过从4月下旬起，谢尔曼开始担心自己的大嘴巴得罪了“厄尼”·金，也断送了自己的晋升之路。5月2日，他说：“这份活我干够了。”他想要接替乔治·穆雷去当太平洋舰队航空兵司令，并希望借此拿到第三颗将星，升为中将。一个星期后，他写信向尼米兹提及此事，同时还抄送给了托尔斯、米切尔、菲奇和萨维·库克。5月21日，谢尔曼又给哈

① 译注：代指战列舰军官。

尔西写信并再次抄送给了菲奇:“我十分愿意而且渴求留在海上打日本鬼子,但我也希望得到一个对得起我的天赋、战绩和资历的职位。以我现在的职位,我认为做不到这一点。”30日,他又给人事局局长兰道尔·雅各布斯写信说了此事。[27]

谢尔曼曾经差点成为太平洋上“两套班子”中的一员,结果却未能如愿,他的郁闷可想而知。不过,6月1日,他获悉尼米兹已经推荐他来接替米切尔,两天后,哈尔西也推荐了他。6月14日,谢尔曼正式接到通知,他将得到为期30天的假期,军衔晋升为中将,并被任命为太平洋第1快速航母部队司令,指挥第58特混舰队。谢尔曼19日离开莱特岛,20日到关岛拜访了尼米兹,后者要他在8月15日之后返回舰队。随后谢尔曼去了趟华盛顿,“厄尼”·金热情地接待了他。7月13日,他正式晋升中将。[28]

组建指挥班子也是个大事。上级给他派来了一位非航空兵参谋长——巡洋舰指挥官出身的M. E.“德国佬”·柯茨上校。作战参谋这一岗位,谢尔曼选择了赫伯特·D. 里雷上校,他曾是护航航母舰长,后来又接替乔治·安德森在航空局和分管航空的海军作战部副部长手下干过计划制订。

航母部队的另一个关键岗位,太平洋第2快速航母部队司令,从1944年8月以来就一直由“斯洛”·麦凯恩中将担任,这也是个问题。在6月的台风事件中他的表现并不好,更不用说前一年12月的台风和他首次指挥快速航母部队作战时遭遇的大大小小的难题了。不仅如此,拜持续作战的压力所赐,麦凯恩的健康状况比米切尔也好不到哪里去。毫无疑问,“杰克”·托尔斯对麦凯恩指挥航母部队的能力评价也不高,鉴于是金把麦凯恩推到太平洋前线最前沿的,这种表现或可视为间接地打了金的脸。因此,尼米兹决定在“奥林匹克”战役初始阶段结束后就把麦凯恩调离第38特混舰队的指挥岗位。7月14日,美国海军宣布将在一个月后解除麦凯恩的原有职务,将他调回华盛顿担任退伍军人管理局副局长。这意味着麦凯恩海上生涯的终结,战后的飞行海军中再也不会有他的位置了。[29]

麦凯恩的去职给“厄尼”·金出了一道大难题,因为尼米兹想让“杰克”·托尔斯接替他。近三年前,金把托尔斯派到太平洋时多多少少带着怒气,而且在1943年夏末,托尔斯在航空政策问题上还和尼米兹顶了牛。但是尼米兹很快发现托尔斯的思路是完全正确的,于是把他发展成了自己的副手。从那以后,托尔斯

右为新任第38特混舰队司令托尔斯中将，左为特混大队老将拉福德少将，战争结束时摄于“约克城”号指挥舰桥。

的工作做得非常好，1945年2月以来太平洋舰队的大部分行政管理事务，他都能妥善安排。“厄尼”·金不想让自己的这个老对头到海上去扬名立万，他甚至在6月26日对即将要接替米切尔的“泰德”·谢尔曼说，你谢尔曼“没有双胞胎兄弟”真是太糟了。然而，尼米兹还是在6月30日—7月1日与金在旧金山会面时说服了他。第二天，尼米兹把消息告诉了托尔斯，后者将在7月26日离开现有岗位。[30]

按计划，托尔斯中将应当于8月14日接替麦凯恩指挥第38特混舰队，但是他花了不少时间去召集高水平的幕僚班子，因此报到时间比计划晚了一个星期。作为美国海军航空事业的领袖人物，托尔斯的选择空间很大，他选出来的班子自是不同凡响。参谋长一职，他选择了自己的老友，非航空兵出身的约翰·E.金格里奇上校，他曾给当时还是海军部次长的福莱斯特当了四年助手。在1945年6月的台风事件中，把失去了舰艏的重巡洋舰“匹兹堡”号带出台风的，正是担任舰长的金格里奇。[31]作战参谋，托尔斯打破常规，选用了一位上校军衔的航空兵军官，艾迪·埃文，他曾在夜战航母时代的“独立”号上担任舰长，后来又到英军航母部队当过联络官。埃文手下还有三位杰出的下属：诺尔·A. M. 盖勒中校，硫磺岛战役时曾在“兰道夫”号第12舰载机大队任大队长；詹姆斯·H. 西恩中校，也是麦凯恩指挥部的原有人员；还有威廉·N. 莱昂纳德少校，他是个老资格的飞行员，航空武器专家。托尔斯带来了长期跟随自己的副官 W. W. 格兰特少校，他本想把威林·派珀中校也挖来，但未能如愿，派珀被尼米兹安排到关岛去组建太平洋舰队作战情报处了。

由于夏季的作战主要是空袭日本本土，不涉及复杂的两栖作战，航母分队司令这一层级上得以进行一些调整。“泰德”·谢尔曼调任后，暂时没有人可以立即接任第1航母分队司令一职，因为第2航母分队司令“拐子”·斯普拉格还处于见习阶段。第3航母分队司令“汤米”·斯普拉格任第38.1大队司令。7月，唐纳德·邓肯来到太平洋，接替“盖里”·博根担任第4航母分队司令，亚瑟·戴维斯接替“乔可”·克拉克担任第5航母分队司令。久经战阵的老将博根和克拉克将担任岸上职位，亚瑟·拉福德本来也要走，但是前线太需要这样一位经验丰富的老手了，于是他被留下来担任第6航母分队司令。约翰·巴伦廷就任第7航母分队司令。英国海军中将菲利普·维安爵士继续担任第1航母中队司令，皇家海军少将 C. H. J. 哈尔考特则来到悉尼报到，担任第11航母中队司令。

和以往一样，快速航母的舰长继续从太平洋和大西洋两个方向的护航航母舰长中遴选。夏季，有几位在大西洋上表现杰出的反潜“猎杀”大队指挥官调任快速航母舰长：哈罗德·F. 菲克指挥“好人理查德”号，丹·V. 加勒里指挥“汉考克”号；詹姆斯·R. 塔格率领“安提坦”号加入舰队；曾在1943年编写航母战

左为英国皇家海军少将 C. H. J. 哈尔考特、第 11 航母中队司令（1945 年 3 月至战争结束），右为英国皇家海军上校 J. A. S. 埃克莱斯，1945 年 8 月拍摄于“不屈”号舰桥。（感谢英国帝国战争博物馆）

术的罗根·C. 拉姆齐则率领“查普兰湖”号加入舰队。原来“泰德”·谢尔曼手下的两位老参谋长也得到了自己的航母：菲律宾和冲绳战役时的参谋长卡特·布朗指挥“大黄蜂”号；1943年中期的参谋长 H. S. 达克沃斯则指挥“考彭斯”号。空中支援专家迪克·怀特黑德则成为“香格里拉”号舰长。

快速航母特混舰队现在要带着所有最优秀的人员和装备，对日本发起最后的打击。待到战争胜利并完成对日本帝国的清算，或许就是刀枪入库、马放南山的时候了。

奥林匹克：从理念到现实

进攻日本的成败，多多少少是由九州滩头的战斗来决定的。日军放弃了曾在佩里硫、硫磺岛和冲绳岛成功应用的纵深防御方式，计划在盟军的登陆舰队和支援船队靠上九州海滩之前就向其砸出不少于3000架自杀机。用于直接挑战美军快速航母的自杀机只有350架，日本的将军们只关心盟军的登陆部队和补给船。日军的自杀机种类繁多，从简单的教练机到最新的喷气动力“特攻弹”，不一而足。它们将由训练程度极低的飞行员驾驶,有些人甚至只受过20小时的训练。如果第一阶段的“神风”攻击未能阻止美军，那么日本陆海两军还将投入3500架常规或自杀飞机，一同参战的还有5000余艘自杀快艇、19艘驱逐舰和38艘潜艇——这就是日本海军舰队最后的家底了。如果这样的大规模反击仍未能在九州挡住美军的进攻，那么留下来守卫本州岛尤其是东京的就只剩3000架飞机了。九州岛，必须战至最后一人——日本人一直如此行事。[32]

如同在欧洲的盟军一样，太平洋方面的美国陆军也想由自己来统一指挥对日本本土的进攻。陆军五星上将麦克阿瑟才不想把40 ~ 50个师交给一位海军将领去照管。反过来，太平洋是海军的地盘，海军五星上将尼米兹也不想把24艘快速航母和16艘护航航母交给一个不靠谱的陆军将领去瞎指挥。于是，1945年3月，参联会决定授予尼米兹所有海上作战的最高指挥权，麦克阿瑟则将指挥所有的陆上作战。里奇蒙・凯利・特纳将军将要指挥一场有麦克阿瑟的部队参与的登陆战，这在战争中还是头一回。4月3日，参联会宣布，尼米兹将要指挥太平洋上的所有海军部队，包括第七舰队。这样，在九州战役中，他将指挥四名四星上将——斯普鲁恩斯、哈尔西、特纳和金凯德。同日，麦克阿瑟也得到了太平洋上所有陆军部队的指挥权，包括原属尼米兹太平洋战区的陆军部队，从7月1日起，这些原本主要配合尼米兹作战的陆军部队被改编为美国陆军中太平洋部队。[33]陆军航空队则再次被分割为两部分，分别由斯帕茨和肯尼指挥。战术航空作战仍然由尼米兹统一负责。

这样，太平洋美军仍然是两头指挥，只不过情况稍微改善了一些。尼米兹将坐镇关岛，麦克阿瑟则留在马尼拉，二人只是会时不时到滩头阵地短期视察。

快速航母的后勤体系不可避免地受到整体补给负荷的影响。由于大批登陆部队集结在关岛、莱特—萨马岛和冲绳，快速航母部队只好把自己的主基地搬回马绍尔群岛的埃尼威托克环礁。7月1日，太平洋舰队的后勤部队也进行了改编。第6后勤中队仍然是快速航母专用的海上补给部队，第10后勤中队则统辖了所有其他舰队的后勤。7月，前进后勤指挥部从莱特搬到了埃尼威托克，而各后勤中队则继续使用塞班、乌利西，有时还有冲绳的基地。英国舰队把他们的舰队运输队大部留在了马努斯，只向埃尼威托克派去一个支队。驻扎到埃尼威托克之后，快速航母部队和第6后勤中队就避开了台风带，另外距离从加利福尼亚州和巴拿马运河开来的商用油轮航线更近，而且还不会和从南面大量集中过来的突击登陆船艇相冲突。[34]

飞机补充方面，由于冲绳战役期间损伤航母的意外返航，美国本土西海岸地区出现了快速航母舰载机大队拥堵的现象。随着冲绳战役的结束，舰载机大队的轮转也得以恢复。6月，新组建的4支重型航母舰载机大队和3支轻型航母舰载机大队抵达莱特。7月，所有舰载机大队都开始准备参加“奥林匹克”战役，只要不出现航母被击沉、飞行员遭重大损失或者遇到难以预计的疲劳问题等情况，他们就会一直在前线战斗——只有“香格里拉”号的第85大队除外。7月，拉福德先前组织的，旨在从前方地域直接补充和维护作战飞机的“整合飞机计划”终于达到了满编——1500架备用飞机，这些飞机分散存放在马绍尔群岛、马努斯、莱特—萨马岛和马里亚纳群岛。塞班岛的三支航母舰载机地勤部队（CASU）维护着300架飞机，补充飞机库则在关岛建立起来。[35]

按计划，行动开始时将只有三支刚刚打完冲绳战役的快速航母特混大队参战，不过随着新建成的、完成修理或大修的航母陆续加入舰队，新的特混大队将被建立起来。按惯例，新的空勤人员和舰员都要首先对实战目标进行一次作战演练。率先到达的是最新的英国重型航母“怨仇”号，6月10日，它随同布林德少将指挥的特混大队前去轰炸已经快被人遗忘了的特鲁克岛。14—15日两天，“怨仇”号上的“海火”“萤火虫”和“复仇者”攻击了特鲁克，夜间型“复仇者”也在两个夜晚连续战斗。第二天，也就是15日的晚上，6架“复仇者”在照明弹的指示下进行了目视轰炸。此外，巡洋舰和驱逐舰还对岛屿进行了炮击。虽然没有什么有价值的目标，但这次作战还是成功的，不过英国人也有1架“海火”被高炮击落，另有4架“复仇者”因事故而损失。

美国的快速航母部队也一样，他们的练手对象还是熟门熟路的老地方，威克岛。6月20日，拉尔夫·詹宁斯少将指挥的第12.4特混大队攻击了这里，共有三艘航母参战，分别是“列克星敦”号、“汉考克”号和“考彭斯”号。两天前，也就是18日，“黄蜂”号也轰炸了威克岛。8月1日和8月6日，“卡伯特”号和“勇猛”号继续光顾这里。8月12日，新航母“安提坦”号从珍珠港出发，计划于16日空袭威克岛。之后是新建成的“拳师”号，8月1日它才从圣迭戈启程奔赴夏威夷。

“奥林匹克”行动的第一阶段主要是对日本沿岸地带进行空袭，这一阶段的战斗从1945年7月上旬起，至8月中旬止。行动开始时，舰队和快速航母部队的编成是这样的：

舰队编成

美国舰队总司令兼海军作战部部长：五星上将 E.J. 金

舰队副总司令兼海军作战部副部长：R.S. 爱德华兹中将（非航空兵）

海军作战部次长：F.J. 霍恩中将（海军航空观察员）

参谋长：C.M. 库克中将（非航空兵）

太平洋舰队总司令兼太平洋战区总司令：五星上将 C.W. 尼米兹（非航空兵）

太平洋舰队副总司令兼太平洋战区副总司令：J.H. 托尔斯中将

联合参谋长：C.H. 麦克莫里斯中将（非航空兵）

副总参谋长：F.P. 谢尔曼少将

太平洋舰队航空兵司令：G.D. 穆雷中将

第三舰队司令：小 W.F. 哈尔西上将

参谋长：R.B. 卡尼少将（非航空兵）

第38特混舰队司令：J.S. 麦凯恩中将（太平洋第2快速航母部队司令）

参谋长：W.D. 贝克少将（非航空兵）

第38.1特混大队——T.L. 斯普拉格少将（第3航母分队司令）

“列克星敦”号——小 T.H. 罗宾斯上校，第94舰载机大队

“汉考克”号——R.F. 希基上校，第6舰载机大队

“本宁顿”号——B.L. 布劳恩上校，第1舰载机大队

“贝劳·伍德”号——W.G. 汤姆林森上校，第31舰载机大队

“圣贾辛托”号——M.H. 科尔诺德尔上校，第49舰载机大队

第38.3特混大队——G.F. 博根少将（第4航母分队司令）

"埃塞克斯"号——R.L. 鲍曼上校，第83舰载机大队

"提康德罗加"号——威廉·辛顿上校，第87舰载机大队（在关岛停留3星期后于7月21日加入舰队）

"兰道夫"号——F.L. 贝克上校，第16舰载机大队

"黄蜂"号——W.G. 斯威策上校，第86舰载机大队（空袭威克岛之后于7月26日加入舰队）

"蒙特利"号——J.B. 莱昂上校，第34舰载机大队

"巴丹"号——W.C. 吉尔伯特上校，第47舰载机大队

第38.4特混大队——A.W. 拉福德少将（第6航母分队司令）

"约克城"号——W.F. 波恩上校，第88舰载机大队

"香格里拉"号——J.D. 巴恩纳上校，第85舰载机大队

"好人理查德"号——A.O. 小鲁尔上校，第91夜航大队

"独立"号——N.M. 金德尔上校，第27舰载机大队

"考彭斯"号——G.H. 德波恩上校，第50舰载机大队

第37特混舰队（该部7月16日加入舰队）司令：伯纳德·劳林斯爵士，皇家海军中将（非航空兵）

第37.2特混大队——菲利普·维安爵士，皇家海军中将（非航空兵）

参谋长——J.P. 莱特上校（海军航空观察员）

"怨仇"号——C.C. 休伊斯－哈莱特上校（非航空兵）

"不倦"号——Q.D. 格雷厄姆上校（非航空兵）

"胜利"号——M.M. 丹尼上校（非航空兵）

"可畏"号——菲利普·拉克－基恩上校（非航空兵）

虽然没能参加"奥林匹克"行动第一个月的作战，"泰德"·谢尔曼还是很高兴哈尔西和麦凯恩同意试试他提出来的5 ～ 6航母特混大队方案。另有两位将军正在舰队里"见习"——如果特混舰队需要扩编或者有其他原因需要他们出马，他们立刻就可以就位。其中一位是"拐子"·斯普拉格（第2航母分队司令），

另一位是J. J. 巴伦廷（第7航母分队司令）。巴伦廷将会指挥“好人理查德”号执行任何必要的夜间任务，但他并不是正式的特混大队司令。这一时期，航母舰长层级也做了一些调整：7月16日迪克·怀特黑德任“香格里拉”号舰长；7月26日J. R. 泰特上校任“兰道夫”号舰长；8月23日H. F. 菲克上校任“好人理查德”号舰长；8月24日H. H. 戈德温上校任“圣贾辛托”号舰长；8月，英国海军J. C. 安尼斯雷上校接管“胜利”号。

这一轮战斗之后，第38特混舰队将于8月中旬退回埃尼威托克进行补充、重组，指挥官也会发生变更。[36]托尔斯将在那时接替麦凯恩担任第38特混舰队司令，“拐子”·斯普拉格将接替博根指挥第38.3大队，新组建的第38.2大队将交由巴伦廷指挥——这支大队将包括新到达的“勇猛”号、“安提坦”号、“卡伯特”号和原来的“兰道夫”号。“圣贾辛托”号届时将回国大修，其舰载机大队转隶“巴丹”号，一同回去大修的还有“埃塞克斯”号。从1945年8月下旬到9月底，第38特混舰队将再次攻击日本本土，英军舰队则要在9月下旬向香港、广东的日军发动牵制性进攻。随舰队见习的将领是唐纳德·邓肯（第4航母分队司令）和亚瑟·戴维斯（第5航母分队司令）。

舰队编成

第三舰队司令：W.F. 小哈尔西上将

第38特混舰队司令：J.H. 托尔斯中将（太平洋第2快速航母部队司令）[37]

第38.1特混大队——T.L. 斯普拉格少将（第3航母分队司令）

“本宁顿”号、“列克星敦”号、“汉考克”号、“贝劳·伍德”号

第38.2特混大队——J.J. 巴伦廷少将（第7航母分队司令）

“兰道夫”号、“勇猛”号、“安提坦”号、“卡伯特”号

第38.3特混大队——C.A.F. 斯普拉格少将（第2航母分队司令）

“提康德罗加”号、“黄蜂”号、“蒙特利”号、“巴丹”号

第38.4特混大队——A.W. 拉福德少将（第6航母分队司令）

“约克城”号、“香格里拉”号、“好人理查德”号、“独立”号、“考彭斯”号

哈尔西和托尔斯的作战行动将会被限制在东经135°以东，也就是本州岛东京以东的部分，包括东京、名古屋、横滨和日本其他一些主要的工业城市，以及北海道岛。尼米兹将军希望让快速航母部队在菲律宾、东海、黄海和日本海自由作战，但是麦克阿瑟将军却希望把封锁九州岛的任务交给肯尼将军的远东航空兵，他们将要轰炸东经135°以西的目标——九州岛、四国岛和本州岛西部，包括广岛港和吴港。8月1日，尼米兹在马尼拉会见麦克阿瑟，双方最终同意了上述安排。从马里亚纳和冲绳起飞的B-29重轰炸机不受上述分割影响，他们将对以上两个区域内所有的主要战略目标进行轰炸。[38]

1945年9—10月，所有可用的航母都会集中编入第38特混舰队，直到10月24日。到那时，快速航母特混舰队将会分为两个独立的部分，第38特混舰队和第58特混舰队——这在战争中还是头一次。托尔斯第38特混舰队中的多艘航母将会被抽调出来组建第58特混舰队。之后，前者将完全用于对整个日本沿岸地带的战略目标的远程轰炸，后者则执行防空和支援登陆任务。这一理想化的舰队分组将随着大量航母的到达成为现实，这会集所有快速航母战术演进之大成。

10月24日，第五舰队司令斯普鲁恩斯上将会与特纳的登陆舰队以及搭载在船上的陆军第六集团军一同来到九州岛外海。舰队的空中力量将包括“泰德”·谢尔曼的第58特混舰队，以及卡尔·杜尔金的16艘护航航母——这些护航航母中有4艘会搭载陆战队航空大队，另外还有1 ~ 3艘夜战护航航母。后者将在夜间掩护滩头和登陆舰船，从而把夜战快速航母“企业”号和“好人理查德”号解放出来，以掩护第58特混舰队，或者发动夜间空袭。从24日起，海军将承担登陆区域的所有空中作战职责，肯尼将军的飞行员们则要做他们最擅长的事——对从九州岛北部到南部登陆区域之间的补给线进行遮断轰炸。在莱特岛和冲绳岛作战中，海军对滩头的空中掩护和支援令麦克阿瑟印象深刻，因此他坚持要求海军唯一的职责就是对登陆区域进行空中掩护和支援。而肯尼的陆军飞机若要在登陆区域作战，就必须“接受海军指挥官的管理”。这位海军指挥官就是空中支援指挥司令梅尔·普莱德少将。[39]

战术方面，“泰德”·谢尔曼自然更喜欢5航母的特混大队，这样可以用最少的飞机实现最大限度的防空能力。他的特混舰队编组如下：

舰队编成

第五舰队司令：R.A. 斯普鲁恩斯上将（非航空兵）

参谋长：D.C. 拉姆齐少将

第58特混舰队司令：F.C. 谢尔曼中将（太平洋第1快速航母部队司令）

参谋长：M.E. 柯茨准将（非航空兵）

第58.4特混大队——A.W. 拉福德少将（第6航母分队司令）

“本宁顿”号——B.L. 布劳恩上校，第1舰载机大队

“提康德罗加”号——威廉·辛顿上校，第87舰载机大队

“汉考克”号——D.V. 加勒里上校，第6舰载机大队

“企业”号——G.B.H. 哈尔上校，第52夜航大队

“巴丹”号——W.C. 吉尔伯特上校，第49舰载机大队

第58.5特混大队——D.B. 邓肯少将（第4航母分队司令）

“勇猛”号——G.E. 肖特上校，第10舰载机大队

“查普兰湖”号——L.C. 拉姆齐上校，第14舰载机大队[40]

“好人理查德”号——H.F. 菲克上校，第91夜航大队

“考彭斯”号——H.S. 达克沃斯上校，第50舰载机大队

“卡伯特”号——W.W. 史密斯上校，第32舰载机大队

空中支援指挥司令：A.M. 普莱德少将

海军将领们对日军航空兵的抵抗不抱任何幻想，而四艘装有早期预警系统，并搭载拥有同类装备的“复仇者”的航母到战斗打响时或许能够准备就绪，普莱德将军也将获得一支庞大的反“神风”队伍：18个防空引导组，其中13个搭乘两栖指挥舰，5支随同地面部队行动。空袭将从10月24日开始，在登陆日也就是11月1日当天达到高潮。在整个作战期间，来自第58特混舰队、护航航母部队，以及远东航空兵的攻击机群将从早7点至晚5天在滩头上空不间断盘旋。夜间，登陆场上空还会有12架夜战型“地狱猫”和6架陆航的P-61“黑寡妇”。如此完备的对空防御体系能否顶住数以百计的“神风”自杀机还是个未知数，不过海军和陆战队的空中支援技术水平无疑已经在长期的持续改进中达到了炉火纯青的地步。[41]

哈尔西的第三舰队则要把战场往东北方向延伸，保证通往登陆滩头和苏联的海运线畅通——到那时，苏联应该已经和日本开战了。舰队将攻击北海道和南千岛群岛的日本航空兵、海军和地面部队。托尔斯的第38特混舰队将会沿用米切尔特混大队的组织方式——3重1轻共4艘航母。劳林斯中将的第37特混舰队将与第三舰队共同行动，他们会引入4艘新建成但是航速稍慢（25节）的英国轻型航母。这些轻型航母将搭载不同寻常的舰载机大队，包括21架高速的“海盗”和12架笨重的“梭子鱼”。

舰队编成

第三舰队司令：小 W.F. 哈尔西上将

参谋长：R.B. 卡尼少将（非航空兵）

第38特混舰队司令：J.H. 托尔斯中将（太平洋第2快速航母部队司令）

参谋长：J.E. 金格里奇准将（非航空兵）

第38.1特混大队——A.C. 戴维斯少将（第5航母分队司令）

“大黄蜂”号——C.R. 布朗上校，第19舰载机大队

“黄蜂”号——W.G. 斯威策上校，第86舰载机大队

“拳师”号——D.F. 史密斯上校，第93舰载机大队

“蒙特利”号——J.B. 莱昂上校，第34舰载机大队

第38.2特混大队——T.L. 斯普拉格少将（第3航母分队司令）

“约克城”号——W.F. 波恩上校，第88舰载机大队

“列克星敦”号——小 T.H. 罗宾斯上校，第94舰载机大队司令

“安提坦”号——J.R. 塔格上校，第89舰载机大队

“贝劳·伍德”号——W.G. 汤姆林森上校，第31舰载机大队

第38.3特混大队——C.A.F. 斯普拉格少将（第2航母分队司令）

“兰道夫”号——J.R. 泰特上校，第16舰载机大队

“香格里拉”号——R.F. 怀特黑德上校，舰载机补充大队

“独立”号——N.M. 金德尔上校，第27舰载机大队

“兰利”号——H.E. 里根上校，第51舰载机大队

第37特混舰队司令：皇家海军中将H.B. 劳林斯爵士（非航空兵）

第37.6特混大队——皇家海军中将P.L. 维安爵士（第1航母中队司令，非航空兵）

"怨仇"号——C.C. 休伊斯－哈莱特上校（非航空兵）

"不倦"号——Q.D. 格雷厄姆上校（非航空兵）

"不屈"号——J.A.S. 埃克尔斯上校（非航空兵）

"可畏"号——菲利普·卢克－基尼上校（非航空兵）[42]

第37.7特混大队司令——皇家海军少将C.H.J. 哈尔考特（第11航母中队司令，非航空兵）

"可敬"号——W.A. 达尔梅耶上校（非航空兵）

"复仇"号——D.M.L. 尼姆上校（非航空兵）

"光荣"号——A.W. 巴扎德上校（非航空兵）

"巨人"号——G.H. 斯托克斯上校（非航空兵）

盟军希望到11月4日时，己方能够在九州岛上获得足够大的立足点，这样首批陆航和海军陆战队的陆基飞机就能入驻九州机场，协助保护滩头阵地，并与护航航母舰载机一起支援第六集团军。如果实现了这一目标，第58特混舰队就能从滩头解放出来，与第三舰队一起向北方发动空袭。到12月，盟军太平洋舰队中——若没有损失的话——将有30艘快速航母在日本沿海作战。到年末，还会有一批航母作为替换或补充加入舰队，包括老将"埃塞克斯"号、"富兰克林"号、"邦克山"号、"圣贾辛托"号、"胜利"号、"光辉"号，以及新建成的英军轻型夜战航母"海洋"号。

如果九州陷落后日本还要继续打下去——没有哪个盟军将领希望如此，那么麦克阿瑟和尼米兹就会实施"冠冕"行动，在距离东京80千米的本州岛沿岸登陆，登陆时间暂定为1946年3月1日。此时，搭载着第一、第八和第十集团军的两栖船团将会遭遇到从内陆16千米外岩洞里弹射起飞的自杀滑翔炸弹的攻击，而所有的作战都会在1946年3月初日本的落雪季节进行。想想让人汗流浃背的南太平洋战场，这可真是天壤之别！[43]

在1945年夏季，航母部队的计划制订人员还没有深入策划“冠冕”行动的细节，但是有一点确信无疑，麦克阿瑟肯定还要指望快速航母部队来支援他的进攻。

最后的战斗

1945年7月1日，第38特混舰队从莱特锚地出发，拉开了九州岛战役第一阶段战斗的序幕。8日，他们在硫磺岛以东海域加油之后，便利用一道冷锋云的掩护开赴东京。10日，他们一边做好了对付疯狂的“神风”攻击的准备，一边放出了攻击机群。然而，“神风”机群并没有来，只有2架日军侦察机飞到舰队附近，结果被防空战斗机轻松击落。同样令人吃惊的是，攻击机群在东京上空竟然没有遇到日军飞机，实际上日军已经把他们的飞机放空了燃油，分散停放到了距离任何机场都不少于16千米的飞机掩体里。不过，在完全不设防的日本首都上空，美军的战斗轰炸机还是找到并摧毁了100余架停放在地面上的日本飞机。[44]

当7月10日空袭的战报出来之后，正搭乘“香格里拉”号的分管航空的海军部副部长沙利文得出结论：“日本能用来守卫本土的飞机已经少得不能再少了。”为了尽快返回华盛顿，沙利文于当天下午5时30分登上一艘开往硫磺岛的驱逐舰，接着搭乘一架飞机飞回美国本土。到达华盛顿之后，他取消了更多的海军飞机采购合同——此前“迪”·盖茨已经开始办理此事了。被削减最多的是F8F“熊猫”战斗机——既然已经没有多少敌人的飞机需要去击落了，那么“地狱猫”就够用了，尤其是用作战斗轰炸机。[45]

日军航空兵未作抵抗（虽然高射炮火依旧猛烈）的真实原因在于，他们已经放弃了消灭美军快速航母部队的努力。日军决定把所有的飞机隐蔽起来留到10月，他们预计美军将在当月登陆本土。届时，所有飞机都将扑向出现在九州岛外海的庞大的美军登陆船队。

随后，第38特混舰队转向北方，继续空袭本州岛北部和北海道的目标。可是，哈尔西将军仿佛对恶劣天气有着格外的吸引力，原计划于7月13日发动的空袭直到两天后才实施。日军飞机再一次缺席，即便是停在地面的飞机也很难找到，不过美军舰载机在日本沿岸击沉了超过50000吨的船只和轻型军舰。舰载机发威的同时，美军的战列舰、巡洋舰还对釜石和室兰那些至关重要的炼铁厂进行了卓有成效的炮击。

7月16日，在加油汇合点后，第三舰队与6月28日从悉尼出发的英国太平洋舰队会合。这还是维安将军的英军特混大队第一次加入美军快速航母部队的战术编队，它们由哈尔西直接指挥。哈尔西清楚英军舰队在后勤补给和续航力方面有缺陷，因此他希望每3天空袭作战中，英军能够参与2天。不过，得益于第6后勤中队那些快速油轮的燃油保障，英军航母“能够跟上我们的空袭节奏了”。[46]真正困扰劳林斯和维安的是夜间机动，“经常要变更航线以避开不规则机动、航向难以预测的‘好人理查德’号”。[47]

7月17—18日，舰队对东京及其周边地带进行了一轮轰炸和炮击，但是效果不彰，随后又是加油和断断续续的恶劣天气。1945年7月24日和28日，快速航母部队最后一次空袭了早已无法机动的日军机动舰队，不过麦凯恩认为这一战纯属浪费时间。航母舰载机与陆军航空兵B-24轰炸机一同重创了吴港内的多艘日本主力舰，有一部分还坐沉在了港口浅水区。哈尔西终于把心放下了：曾经在莱特湾和南海扫荡作战中两度从他手中逃脱的“伊势”号和“日向”号终于被炸沉在吴港水底的烂泥里。一同沉没的还有战列舰“榛名”号。遭到重创的日舰包括重型航母“天城”号、“葛城”号和轻型航母“龙凤”号。被击伤的还有未完工的航母“笠置”号、“阿苏”号和“伊吹”号。夜间空袭也在这次与日军舰队的最后作战中取得了辉煌战绩。按照“米克”·卡尼的提议，哈尔西把英军飞机派去攻击其他目标，美国海军则坐收击沉日军水面舰队的全功。英军干得也很不错，在25日的月圆之夜，“可畏”号航母上起飞的夜战型“地狱猫”击落了3架来袭日机。日军猛烈的高炮火力击落了第38特混舰队的133架飞机，102名飞行人员丧生——这个损失堪称恐怖。幸运的是，日军飞机仍没有前来攻击美军舰队。[48]

7月底，日本沿海浓云密布。29日，美军舰队炮击了本州岛南部的目标，次日又空袭了神户和名古屋。台风的出现拖慢了舰队的加油速度，之后，一道来自尼米兹将军的特殊命令让特混舰队的作战暂停了整整一个星期。尼米兹指示哈尔西带领第三舰队远离日本南部，因为一架从马里亚纳群岛起飞的B-29轰炸机在本州岛最西端的广岛市投下了一枚原子弹。他们必须远离核爆区，以防放射性粉尘给空气和海水带来的影响危及舰队。原子弹一直是被严格保密的，航母司令们对此大吃一惊，没人知道这种武器的存在。至于它会给航空母舰带来什么样的影响，大家只能猜测。8月9日，第二枚原子弹被另一架B-29轰炸机投放到了九州岛的长崎市。

同时，麦克阿瑟将军请求航母部队对本州岛北部的三泽航空兵基地发动空袭，情报显示，日军在那里集结了大批飞机和空中挺进部队，准备对冲绳发动大规模自杀式突袭——他们已经对冲绳发动了小规模的"神风"攻击，但未能奏效。日军确实集结了200架中型轰炸机和300名精选的空中挺进队员，但他们的目标是马里亚纳群岛的B-29轰炸机基地。[49]在8日出动重型战舰炮击釜石的工厂之后，哈尔西于9日出动飞机空袭三泽。他彻底瓦解了马里亚纳群岛自杀特攻队，摧毁了200余架停放在掩体里的日军飞机。10日，美军组织多轮攻击机群，继续在本州岛东北部发威，舰队也炮击了当地目标。这一天，初出茅庐的加拿大海军航空兵中出现了一位杰出人物。皇家加拿大海军R. H. 格雷上尉是"可畏"号第1841中队的一位资深飞行员，他驾驶自己的"海盗"战斗机冒着猛烈的炮火向女川湾内的一艘日军驱逐舰发动了进攻，炸弹直接命中这艘日舰，但他本人也因飞机被击落而阵亡。为了表彰格雷的英勇，英国追授他维多利亚十字勋章——这是英国授予英勇战士的最高荣誉。[50]

8月9—10日的这些作战打破了7月的空袭模式。9日，苏联对日宣战，苏联红军很快横扫中国东北。哈尔西认为本州岛北部和北海道的日军机场距离苏联比较近，日军若要出动远程航空兵去对付自己的新敌人，就只能依靠这里。因此他计划对这一地域发动空袭以支援苏军。此外，日军还向美军舰队发动了自从6月以来的第一次反击：9日，20架日军飞机前来挑战，大部分都被击落，但还是有一架飞机撞中了一艘雷达哨戒驱逐舰，造成了惨重的伤亡。[51]

直到8月10日晚之前，第三舰队都是严格按照"奥林匹克"行动的时间表来行动的。当晚，第37特混舰队将要退回马努斯补充物资，第38特混舰队也要撤退加油，之后按计划退回埃尼威托克。此时有消息传来，说日本已表示原则上接受盟军的投降条款，现在正在商讨细节。于是劳林斯将军决定再多停留一天观察事态发展。11日加油时，他和哈尔西商讨了此事：由于缺少快速舰队油轮，英军舰队不得不立即撤退，但是他也希望在日本投降的关键时刻，能在前线留下一支象征性的舰队。哈尔西同意了，于是劳林斯让“不倦”号和几艘护航舰留了下来。

胜利已经近在眼前。在日本海十面埋伏的盟军潜艇已经切断了日本本土和中国、朝鲜之间的航运。至8月1日，B-29轰炸机在日本沿海水域和港口的空中布雷实质上已经摧毁了日本的沿海船运。盟军战略轰炸机发动的毁灭性火攻和原子弹攻击则让日本经济陷于停滞。来自冲绳的陆基轰炸机、航母舰载机，火力强大的战列舰、巡洋舰和驱逐舰，以及一连串剧烈台风，已经让从北海道到九州的整个日本本土东部沿岸成了一片废墟。这一切,令日本的顽抗更显得徒劳。

1945年6月14日，参谋长联席会就曾要求麦克阿瑟、阿诺德和尼米兹制订计划，“一旦出现有利环境，例如日本突然崩溃或投降，就立即加以利用，以占领军的身份进入日本”。[52]在尼米兹的司令部里，福雷斯特·谢尔曼和他的新助手、马尔科姆·舒菲尔开始研究进占日本和亚洲大陆日占区的方案，并分别在8月9日和13日完成了计划制订。11日，快速战列舰分队司令路易斯·E. 登菲尔德少将降下将旗，搭乘驱逐舰前往硫磺岛，由“独立”号航母为其护航。和战争的大部分时候一样，此举又是“厄尼”·金一手安排的，他需要登菲尔德负责这支庞大战时海军的快速复员。避开了一场台风后，“独立”号把重要“货物”送上飞往美国的飞机，之后于14日重返第38特混舰队。8月12日，哈尔西让实际上无事可做的夜战航母司令巴伦廷少将指挥从第三舰队上岸的海军占领军。与此同时，即便燃油不足令舰队只能发动短距离空袭，就连舰上的厨师也“只能用脱水胡萝卜做沙拉”，哈尔西还是决定暂不按计划撤退，而是要继续打击日本直至其投降。[53]

8月12日，一场台风迫使哈尔西离开了他在东京外海的原定作战海域，而第37特混舰队则在维安中将指挥下启程返回马努斯。只留下“不倦”号和它的护航舰，这些舰艇被整编为第38.5特混大队，由劳林斯直接指挥。16日，英国太平洋舰队总司令弗雷泽上将也来到了这里。

1945年8月13—15日，快速航母特混舰队一边加油，一边向日本发动了最后的进攻。13日，美军发动全甲板攻击，摧毁了超过250架停在地面上的日机，防空战斗机击落了18架日机。15日破晓后，一支由103架飞机组成、规模稍小的攻击机群轰炸了东京，他们在空中击落了30 ~ 40架日机。当第二批73架舰载机正在飞往目标的途中时，哈尔西接到了来自尼米兹的指令："停止进攻。"有一些没有收到消息的日军飞行员继续向美军舰队扑来，他们在海岸线上空击落了"约克城"号的4架"地狱猫"，但是没有一架日机能突破防空战斗机的防线飞临特混舰队上空。在威克岛外海，计划于第二天发动空袭的"安提坦"号航空母舰也取消了作战计划。

战争结束了，但第38特混舰队仍不敢掉以轻心，因为日本疯子随时会扑过来。哈尔西率领第38特混舰队开赴"麦凯恩海域"，也就是东京东南160 ~ 320千米的水域。在那里，全部三支特混大队依旧按照战时标准保持着战斗空中巡逻，直至23日。16日和17日，特混舰队分别花费了一个多小时来排成格外紧密的队形，好让搭乘在飞机上的摄影师给快速航母特混舰队拍摄"全家福"。22日和23日，又轮到大批舰载机在舰队上空集合拍照留念。19日，巴伦廷将军降下将旗，来到关岛向尼米兹报到，随后被派往麦克阿瑟处担任处理日本投降事宜的海军联络官。正式的投降仪式定于9月2日在东京湾举行。18日，"泰德"·谢尔曼中将在"列克星敦"号上升起将旗，两天后又转移到"黄蜂"号上。22日，"杰克"·托尔斯中将在"香格里拉"号上升起了将旗。因被解职而心灰意冷的"斯洛"·麦凯恩准备走了，但是哈尔西还是让他留下来参加投降仪式。9月1日上午，托尔斯正式接替麦凯恩担任第38特混舰队司令。

日本的提前投降一度给美军舰队带来了混乱，但是尼米兹将军很快就把应对预案付诸实施。在关岛，斯普鲁恩斯将军命令正在集结、准备参与"奥林匹克"行动计划的第五舰队各单位全部前往冲绳，他本人则搭乘一艘战列舰开往马尼拉，并于途中在8月16—21日间起草了占领计划。抵达后他在马尼拉停留了一个星期，与麦克阿瑟会商，之后于30日前往冲绳。一旦投降生效，第五舰队连同原本要将部队送往九州登陆的运输船队就要转而占领濑户内海，第三舰队则要迅速占领东京湾。[54]

杜鲁门总统要求尼米兹抢在苏联人前面占领中国辽东半岛的重镇大连，此地于1905年日俄战争中陷入日军之手，[55]但这是不可能的。尽管如此，美军还是帮助国民党军占领了从上海到朝鲜半岛的一众港口。为这些美舰提供空中支援的是8月中旬刚赶到埃尼威托克的三艘快速航母——“勇猛”号、“安提坦”号和“卡伯特”号。21日，哈尔西把这几艘舰编成一支特混编队，由亚瑟·戴维斯少将指挥。此前一天，戴维斯就已经把将旗挂在了“安提坦”号上。“安提坦”号先返回关岛维修了一处故障，其余两艘航母则于8月25—27日加入博根的第38.3大队。29日，这三艘航母在冲绳集合，次日，它们被改编为第72特混舰队，仍由戴维斯指挥——这是第七舰队拥有的第一支快速航母部队。9月1日，第72特混舰队驶离冲绳，开往黄海。

8月23日下午，哈尔西把他的航母派到了一处新的任务海域。一部分飞机对日本机场进行了侦察，其他飞机则向日本的盟军战俘营投下了食物和其他物资。26日，哈尔西计划把大部分水面舰艇开进相模湾，也就是东京湾的外围，但是一天前出现的两股台风又令他郁闷了一回。倒霉的是，一股台风突然拐了一个弯，径直向四国岛外的“盖里”·博根第38.3大队扑去。万幸，“拐子”·斯普拉格带着这支大队一半的舰船开到了320千米外，但“兰道夫”号、“黄蜂”号和“不倦”号还是承受了台风的全部威力。狂风肆虐之下，“兰道夫”号一度舵机失灵四分钟，“黄蜂”号上高架的飞行甲板最前端6米长的一段也坍塌了下来——和它在6月那次台风中的遭遇如出一辙。托尔斯将军没有责怪博根，因为台风突然变向，无法预期，但是“黄蜂”号无论如何也要在31日回国维修了。搭乘“黄蜂”号的“泰德”·谢尔曼只能把旗舰改为“列克星敦”号。第二天，唐纳德·邓肯登上了“兰道夫”号——按照之前的计划，他将接替博根。[56]

恶劣天气现在是快速航母的唯一敌人。27日，第三舰队的众多军舰开进了相模湾，但是第38特混舰队仅仅派出一艘轻型航母“考彭斯”号作为代表，哈尔西担心万一日本人突然干出什么出格的事，脆弱的快速航母将会躲无可躲。“泰德”·谢尔曼对此大呼反对，他觉得快速航母部队已经为自己赢得了参加投降仪式的权利。但是哈尔西毫不客气地把他堵了回去：你管好自己的事情就行。[57]这天，第88战斗中队一位胆大包天的飞行员飞到了日本厚木机场，要求当地日本人拉起一条横幅：“第三舰队欢迎美国陆军。”第二天来到此地的陆军伞兵部队便看到了这条横幅。[58] 28日，托尔斯的两名参谋搭乘第85鱼雷中队的一架“复仇者”来到厚木，开始接洽投降事宜。8月27—28日夜，“好人理查德”号第91夜间战斗中队在第三舰队上空执行了最后一次夜间防空巡逻。第二晚，整个舰队都亮起了灯火。[59]

受降准备工作进行得如火如荼之时，最后一次战时“例行公事”开始了。8月31日，麦凯恩将军完成了自己的最后一次战斗报告，他在报告中得出结论，由于采用新编制的舰载机大队没来得及参与实战，“最强攻击力便无法成为现实了”。[60]此言在理，最强攻击力距离实战仅仅差了几天。8月5日，太平洋舰队航空兵司令蒙哥马利已经下达命令，从15日起所有轻型航母都要搭载36架“地狱猫”而不再搭载“复仇者”。不过既然快速航母部队并未在这一天之前返回埃尼威托克，这一调整也就无从实施。这天停在埃尼威托克的只有轻型航母“卡伯特”号。18日，它的第32鱼雷中队就地解散。次日，新的F6F战斗机飞到了舰上。于是“卡伯特”号成了战时第一艘也是唯一一艘全部搭载战斗机的轻型航母。[61]同时，按照先前的安排，“圣贾辛托”号于21日把舰载机大队移交给了“巴丹”号，随后返回本土，10天后进行大修。

8月30日，相模湾内的军舰纷纷开进了东京湾，哈尔西则把自己的将旗从“密苏里”号战列舰转移到了岸上的横须贺海军基地。“公牛”·哈尔西已经踏上了日本的土地，战争显然真的结束了。

日本将于9月2日在战列舰“密苏里”号上签字投降，航母部队的官兵们觉得这简直是胡闹。在他们看来，快速航母远比战列舰更能象征这场胜利，尤其是其中一艘，“大E”，更是胜利的真正象征，它打完了整个太平洋战争，参加了绝大多数战役并幸存了下来。不过“企业”号此时还在本土维修，无法出席。但那又怎样？还有9艘其他的重型航母可选呢。不过福莱斯特部长在这件事上要了一点政治手段，他之所以推荐“密苏里”号，是因为杜鲁门总统的老家就在密苏里州。[62]总统对此当然欣然接受，在未来的军种合并大战中，这至少是海军的一个加分项。

英军利用航母来接受多个被占地区的投降并实施占领。哈尔考特少将的第11航母中队正集结在悉尼，执行这一任务正方便。“光荣”号被派往拉包尔，9月6日，南太平洋上这支先前被盟军越过的岛屿守军在辛普森港里“光荣”号的飞行甲板上向盟军代表投降。哈尔考特把将旗挂在了刚刚修复的“不屈”号上，随后在“复仇”号和几艘护航舰的伴随下经由菲律宾开往香港。由于担心触雷，哈尔考特把旗舰留在了港口外，自己乘坐一艘巡洋舰于8月30日进入了香港。上岸后，哈尔考特就成了香港英军总司令，特混大队的指挥权则移交给了C. S. 丹尼尔皇家海军少将。[63]次日，英军舰载机击沉了一艘试图逃走的自杀艇，不过此外便再无波澜，香港日军于9月16日正式投降。其余各地的日军向所有能找得到的盟军舰艇或部队投了降，不过这和航母部队就没什么关系了。

主投降仪式一切按计划进行，没有任何差错。陆军五星上将麦克阿瑟作为最高统帅代表盟军，这或许最终确定了美国陆军在远东事务中的地位高于海军。海军五星上将尼米兹代表美国在投降书上签字，他的两边各有一位海军航空兵将领，一位是哈尔西上将，他代表太平洋上的战士们，另一位则是福雷斯特·谢尔曼少将，他卓越的思维为美国的太平洋战略做出了重大贡献。与其他盟国代表一同站在第一排观看签字仪式的还有快速航母部队司令“杰克”·托尔斯、“泰德”·谢尔曼和“斯洛”·麦凯恩，唯有“皮特”·米切尔没有到场。

投降仪式结束后，第38特混舰队的450架舰载机吼叫着从外海飞来，在东京湾上空掠过，这是海军航空力量的最后一次展示，为这场快速航母的战争画上了句号。

第十二章　篇末：历史与将来

战后，东条英机告诉麦克阿瑟，导致日本战败的三个最主要因素分别是：快速航母特混舰队的远程作战、蛙跳战术和对日本主要基地的封锁（这也要靠快速航母来实现），以及美军潜艇对日本商船的毁灭性打击。[1] 1945年秋，美国战略轰炸调查组（USSBS）审讯了许多日本陆海军军官，发现他们对美国战略中上述方面的看法都很相似。巧的是，两名领头的审讯官都是海军航空兵，一个是高级海军专员拉尔夫·奥夫斯蒂少将，另一个是托马斯·H. 摩尔中校，后者曾在巡逻机部队任职，在大西洋之战的最后一年里担任贝林格将军的战术指挥官。

调查结论最终于1947年发布，其中批评了两项曾在初期主导太平洋战争的军事理念，"由于航空武器的快速进步，这些理念在我们加入战争时就已经不再适用了"。其中一项是水面炮战将决定战争进程，另一项则是要取胜就必须登陆日本。[2]

对海军在战前和战时顽固坚持战列线理念，调查组批评道："这一理论的来源是传统、先例、习惯和经典战例，还受到兵种自尊心和军事历史研究的影响，这种研究关注的只是技术和结果，而不是原因和影响。"直到1943年，美国还为建造战列舰浪费了大量资金和工业资源，而这些战列舰只有在航空母舰的保护下才能追求自己的"日德兰"。如果吉尔伯特、马里亚纳和莱特湾海战时的美国海军没有被战列线理念束缚住头脑，舰队的战舰和战术就能够完全集中到航空兵方面。调查组认为，海军战术的演进"已经从追求制海演变为追求制空——而制空是制海和开展一切水面作战的先决条件"[3]。

调查组还总结称，和陆基航空兵不同，航空母舰"的设计是为了实现一项合理的目标，一旦达成……便可实现对舰队总体任务的进一步推进"。这"所有的任务"就是控制海洋及其天空，掩护和支援登陆，遂行搜索和侦察，而在执行这些任务时航母的机动性是不可或缺的。由于易遭空中打击、价格昂贵，而且难以发动大规模攻击，舰载航空兵"不应被用于攻击敌人的基础工业……"在1945年中期，美军航母确实打击了日本的基础工业，但其前提是，美军已经获取了绝对制空权，而且还得到了陆基航空兵的持续支援。鉴于这一事实，调查组提醒航母的拥趸们："第二次世界大战中航母与陆基航空兵的大规模战斗，都发生在日军航空兵已经沦为无力且无效的战力之后（当然，"神风"特攻队的那些人操导弹是个例外）。"[4]

根据调查组的观察，陆军脑子里的"战列舰理念"在欧洲还是用得很成功的："将地面部队送上敌方本土，与之进行决战。"考虑到现代战争史上"没有任何一次军事胜利是不经进攻并占领敌国关键地域而取得的"，陆军自然会认为在太平洋上也应当实施自己的传统战略：攻取重要岛屿，然后把它改造为基地以攻击下一个岛屿，如此一路打到九州岛和本州岛。航空兵在这一战略中扮演的只是附庸角色，他们的任务是遮断敌人的补给线，消灭敌人的战术航空兵，并且为己方部队提供空中补给。[5]

对这一策略，调查组予以严厉批评。他们写道：假如美国的战略"能够面向空中力量和航空武器，而且我们的空中、海上、地面部队能够联合在一起发动强有力的攻击"，那么太平洋上所有的军事力量就应该沿着更直接的路线直取日本——从所罗门群岛出发，进攻阿德默勒尔蒂群岛、特鲁克、马里亚纳群岛和硫磺岛。从军事上看，麦克阿瑟的整个菲律宾战役完全没有必要，尤其是马尼拉成了废墟，无数菲律宾人非死即残。同样，尼米兹在吉尔伯特群岛、马绍尔群岛和冲绳的作战也同样不必要。如果不去考虑登陆日本，那么这些岛屿也可以越过并予以压制。从马里亚纳群岛起飞的超过1000架 B-29就足以迫使日本投降，同时空中布雷也足以封锁日本港口。[6]

战略轰炸调查报告共计200份，本书引用的是其中之一，这份报告反映了航空兵对战后分析的影响。不过既然这些证词是"空中力量"的拥护者所说，那就难免言过其实。他们批评美国的军事领导人没能立刻充分认识到战略轰炸、快速航母空袭和空中布雷的潜力。但是这种"事后诸葛"式的批评未免有失公平，新技术毕竟是需要在实战中验证的。超远程的 B-29轰炸机直到1944年夏季才投入使用，而且它们早期从中国起飞轰炸日本时效果并不好。直到1945年3月 B-29机群首次发动火攻时，日本人才开始感受到战略轰炸全力施展的威力。1943年11月时快速航母特混舰队首轮实战的效果也很难判断，它们在拉包尔表现出色，在吉尔伯特则表现平平，直到米切尔率领它们进攻马绍尔群岛，快速航母部队才成熟起来。

当新的空中力量证明了自己的实力之后，调查组的批评当然也就没问题了。在马里亚纳战役中还坚持组织战列线是完全没有必要的，这要怪斯普鲁恩斯；而登陆日本的理念在1945年夏季也已过时，这是马歇尔将军和其他陆军将领们的责任。自从马里亚纳海战之后，快速航母部队就完全脱离了战列线——只有莱特湾海战中哈尔西北上寻歼日军舰队并组织战列线那次除外。到战争结束时，快速航母的独立作战战术已相当完善。陆军航空兵就无此幸运了，他们无法向陆军证明不用登陆，单纯依靠海空封锁就能迫使日本投降，直到他们真正做到这一点为止。

调查组未能评估出封锁吕宋瓶颈的重要性。单靠潜艇和空中布雷确实可以给日本带来重大打击，但除非能把日本的军舰和飞机牵制在其他地方，否则他们就可能把这些力量集中起来保护航运线，就如他们在1941—1942年冬季所做的那样。南太平洋和西南太平洋战役的价值，现在看来主要就是消耗掉了日本的航空力量，好让中太平洋的进攻更大胆、更深远。至于尼米兹进攻吉尔伯特群岛和马绍尔群岛是否正确，还有待商榷，因为他的真正目的是为计划中的特鲁克之战夺取机场。同样，如果麦克阿瑟不先后在莱特岛和吕宋岛登陆，那么尼米兹或许就会在厦门—台湾岛登陆。无论如何，作为对日绞杀战的开始，吕宋瓶颈必须被阻塞上。远程航空兵和潜艇或许能独力完成对日本的封锁，但可能需要持续数年才能逼迫日本投降。

对任何一种不打算直接登陆敌国本土的战略而言，严密的海空封锁都是绝对必要的，这也解释了为什么海军想要夺取冲绳和宁波—舟山区域，萨维·库克甚至想要在日本北部登陆。如此，冲绳岛不仅是登陆九州时的理想跳板，还可以为封锁日本所需的军舰和飞机提供良好基地。事实上，假如战争真的持续到1945年年末，“奥林匹克”战役或许不会到来，因为在9月，一场毁灭性的台风侵袭了冲绳，摧毁了很多飞机和宝贵的登陆舰艇。[7]假如这场灾难将九州登陆计划推迟哪怕只有一个星期，“奥林匹克”计划都可能会被取消，因为11月1日之后，九州岛的潮汐就会过于强烈，登陆战将难以进行。若如此，参联会就可能转而允许尼米兹实施他的“长脚汤姆”计划——10月或者11月在中国沿海的象山湾—舟山—宁波一带登陆。而如果“奥林匹克”战役真要等到1946年春季再打响，那么参联会可能会被迫把总体战略从登陆转变为海空封锁。

但这一切都只是理论上的，因为日本官员在战后接受审讯时供认：“日本将会由于空袭而投降（有人说这将会发生在11月1日），即便盟军没有登陆日本的计划，即便苏联没有加入对日作战，即便没有原子弹，结果也将如此。”[8]

无论有多少“假如”，快速航母特混舰队的成功都是确凿无疑的。但是对他们的任何盖棺定论都只能基于他们在战争结束之前的表现，未来依旧不可预期。蒙哥马利将军在太平洋舰队航空兵司令部的最终作战分析中提到了这一点，它引用了“贝劳·伍德”号作战报告中的一段文字：

> 至于建议，这份报告中包括的经验并不会推翻此前六个月的那些建议。但是本文提出的这些建议，只适用于这一场战争，它很快就会过时，如果海军在这个时候（指1945年9月2日）还仅仅专注于眼前的经验，那么这些经验很快就会因为过时而误导我们……[9]

实际上，战后初期的舰队战术指导文件仍然和PAC10如出一辙，其编写“带有战时视角，代表了我们在1945年时所能获得的关于阵型、军舰数量和战术流程的最佳知识”。[10]

总的来看，航空兵们完全可以举杯庆贺一番，因为在中太平洋的进攻中“具有极强灵活性和机动性的航母特混舰队成了主导力量”。他们也的确如此祝贺了自己。福雷斯特·谢尔曼签发的航空兵战争总结中指出，快速航母特混舰队的机动能力“使攻击一方始终具有主动性和突然性，尽管没有任何一种武器可以在任何时间、任何地点都同样出色，可在太平洋战争中，航母特混舰队的表现堪称完美”。[11]对此，没有任何分析家提出异议。

战术方面，到战争结束时，只剩下两个重要问题悬而未决：特混大队的编成和近距空中支援技术。首先，大于四艘航母的特混大队并没有得到充分验证，“泰德”·谢尔曼的一位支持者由此得出结论：“当敌人屈服之时，我们还不能认为快速航母特混舰队已经发展到了巅峰。”[12]而对米切尔三重一轻四航母大队的支持者而言，5艘航母组成的编队“过于笨重”，尤其是在大规模空中作战或者遭遇恶劣天气时。[13]空中支援方面，陆战队一直批评海军的控制方式“过于僵硬”。他们希望将对空指挥控制的权限从军舰转移到岸上，这样对空中打击请求的响应就会更快。[14]然而，由于海军既要支援庞大的陆军部队又要协调滩头和舰队的防空，他们一直坚持使用自己的支援指挥控制体系。[15]

到了1945年中期，敌人的舰队已被摧毁，敌人的土地已被踩在脚下，快速航母部队的未来开始变得黯淡。一名观察家得出结论：“随着冲绳作为陆基航空兵基地被攻占，快速航母特混舰队的主要任务已经完成——他们的历史使命结束了。”快速航母对日本的空袭只是“锦上添花”，“他们自己的工作已经做完了”。[16]蒙哥马利将军提出了一个很不受欢迎但却显而易见的问题：近距支援是否就是今后快速航母部队的首要任务了？[17]战后的美国海军将不得不直面这个问题。

至于作为舰队骨干的快速战列舰，自从这些新战舰在莱特湾海战中错失了最后一次战列线决战的机会，它们的时代就结束了，就连“太平洋舰队战列舰司令”这个兵种司令都被撤销了。日本投降后不到一个月，米切尔将军就告诉福莱斯特部长，把战列舰留在快速航母编队中充当支援舰是错误的，当它们离开航母编队组成战列线时还需要空中掩护，而且只要有舰载航空兵在，它们的巨炮就派不上用场，总之，战列舰无法同时使用主炮和防空炮——这在塞班岛和莱特湾海战北上追击的阶段都已经得到了证实。[18]对日作战的胜利意味着老派“大炮俱乐部”的终结，对这伙人的最后一击出现在1950年12月——航空兵军官马尔科姆·舒菲尔少将入主“大炮俱乐部”的大本营，海军武器局。

在我们的论述内容从战时发展转为战后时代之前，让我们留步，去看看那些曾经建立功勋但未来将会彻底告别战场的人们。

五星上将金注定是个充满争议的人物。他一以贯之的建立战时海军并打赢战争的决心使美国海军在最高指挥层拥有了坚强的领导。他一直拒绝在海军组织结构中赋予航空兵特殊地位，这并没有给战争带来什么危害，但他的用人方法（比如重用麦凯恩而打压托尔斯和“泰德”·谢尔曼）却是不可原谅的。金已经意识到了海军将会向航空化转型，海军在短短两年内以尽可能渐进的方式完成这一转型，其中金功不可没。他把尚处于低级官阶的航空兵将领们推到关键的幕僚岗位上，并在整个1943年从无到有推动设立新的业务岗位——分管航空的海军作战部副部长。

战争结束后，金开始改组海军部。根据1945年8月时由“迪”·盖茨发起的一项研究，金于10月取消了“美国舰队总司令”一职，其职能被新的统一负责全局海军事务的海军作战部部长取代。[19]他还设立了5个海军作战部副部长职位，分别负责人事、行政、作战、后勤和航空。他的主要工作到此结束，1945年12月15日，“厄尼”·金以海军作战部部长的身份退休。日后再也不会有这样的一个海军作战部部长了。

五星上将尼米兹自然是太平洋战争中最耀眼的明星。他潜艇部队的出身使他在面对战列舰和航母两派将领的争论时能够更加客观公正。此外，耐心的性格使他能够承认自己的错误并从善如流。若不是尼米兹的这种性格，快速航母部队或许就不会被从吉尔伯特的滩头解放出来，托尔斯也就不会获得重新定义后的太平洋舰队副总司令兼太平洋战区副总司令一职。作为太平洋所有海军舰队的总司令，他在搭建指挥班底时也十分精明。其中最突出的两人分别是斯普鲁恩斯和福雷斯特·谢尔曼，航空事务则被交给了托尔斯。到了战争结束时，谢尔曼已经成了尼米兹的左膀右臂，甚至是思维主导者。作为首屈一指的战略家和战区司令，尼米兹在战后向海军作战部部长的宝座发起了冲击。然而，福莱斯特部长想要一位更年轻的航空兵将领来充实战后海军的最高指挥层，而把那些老派的战列舰派军官清除出去，于是他想让尼米兹担任老气的联合委员会主席或者做一个顾问。但是太平洋舰队总司令决意要竞选海军作战部部长。这一回，既有群众基础又有专家支持的尼米兹众望所归，于12月如愿以偿。[20]他完全能够胜任这一职务。

陆军五星上将麦克阿瑟也很值得一提，和尼米兹一样，他也亲身感受到了快速航母特混舰队的重要性，到战争结束时，他开始倾向于请海军而不是他自己的陆军航空兵来为滩头提供空中支援。撇开他令人反感的虚荣心和对重返菲律宾的痴迷不谈，麦克阿瑟已经认识到了太平洋战争的真实面目，这是一场在辽阔空间内进行的空－海－陆三维战争，在这场战争中仅依靠封锁和轰炸就能实现最终胜利。1951年时，他如此告诉美国国会："夺取菲律宾之后，我们就能对日本实施海上封锁，这样，维持日本战争机器所需的各种物资便无法运抵日本……至少将有300万我见过的最好的地面部队……仅仅因为没有物资来继续作战而放下武器投降……当我们彻底打破了他们的经济体系……他们便会投降。"[21]麦克阿瑟，这位真正太平洋式的陆军将领，将在对日本的占领和战后重建中继续担任总司令。

斯普鲁恩斯上将是个卓越的战略家，能够妥善协调大规模的水面力量，他指挥了中太平洋战场上所有的两栖作战，从吉尔伯特群岛的战事到计划中的九州登陆。他条理有序、计算精密的头脑是这些作战取得胜利的重要保障，同样重要的还有他和两栖战部队司令特纳将军的密切关系。他喜欢把具体事项甩手交给下属去做，只有两次对快速航母部队进行了直接战术指挥——把波纳尔束缚在吉尔伯特群岛滩头，日后米切尔在塞班岛也享受到了类似待遇，结果两次对航母的运用都难称恰当。从战术思想上看，斯普鲁恩斯、特纳和参谋长"卡尔"·摩尔，是战列线理论的最后继承者。到1945年年初，第五舰队司令部的关键岗位上已经有了航空兵将领，斯普鲁恩斯便再没有干涉过米切尔。

斯普鲁恩斯性格沉静而内敛，他在战后获得的荣誉太少了。作为奖赏，他被任命为尼米兹的继任者，担任太平洋舰队总司令兼太平洋战区总司令，任期从1945年11月24日到1946年2月1日。在海军生涯的最后两年半时间里，斯普鲁恩斯担任了海军战争学院的院长，但讽刺的是，他在战争学院里不切实际地继续进行海军炮术的研究，完全无视航空兵。美国民众让哈尔西晋升五星上将的呼声很高，且他也的确得到了这样的晋升。大部分人不知道的是，斯普鲁恩斯虽未得到这样的民意，但他其实更值得被授予这一殊荣。或是出于巧合，和其他那些战列舰派将领一样，斯普鲁恩斯也同样迅速而悄无声息地退出了公众视野，一同离去的还有那些两栖战将领，不难想见，在这个原子弹和战略轰炸机唱主角的世界，还有几个人去关注战列舰和两栖登陆战呢？ 1947年元旦这天，"卡尔"·摩尔退休。不久之后，凯利·特纳也走了。

自从1944年中期来到中太平洋起，哈尔西将军在太平洋舰队中就是个尴尬的角色。当珍珠港落下第一枚日本炸弹时，他正坐镇"企业"号出海执行任务，之后，除了短暂的病休之外，他就一直在前线作战。他需要休息，但他是“公牛”，所罗门战役彻底胜利后，他需要新的任务。在民意的支持下，他成了中太平洋“两套班子”之一，但是除了佩里硫登陆战之外，他就再没指挥过任何一次登陆作战。在菲律宾和冲绳战役期间，他实际上是快速航母特混舰队的战场指挥官，负责对陆军作战的战略支援。此外，他在莱特湾海战时试图丢下莱特岛滩头不管，任由日军舰队去炮击，他还两次把航母舰队带进了台风中心，这都是他的污点。随着时间的推移，哈尔西及其副手麦凯恩中将由于在指挥习惯和通信方面的笨拙和粗心，愈加显得低效。正如“乔可”·克拉克多次对本书作者所说，战争形态对哈尔西而言已经太复杂了。当然，哈尔西长期承受着巨大的压力，日本投降后不到一个星期，“泰德”·谢尔曼——哈尔西的忠实追随者和好友——和“公爵”·拉姆齐二人讨论了哈尔西身上的问题：“我们都认为哈尔西近来思路不够清晰。”[22]虽然麦凯恩仅仅指挥快速航母6个月，远少于米切尔的14个月，但他同样筋疲力尽，日本签署投降书后4天便溘然长逝了。

无论是哈尔西还是麦凯恩，美国海军的战后计划中都已经没有他们的位置了。麦凯恩是赴退伍军人事务局上任途中去世的。9月19日，哈尔西把手头所有任务交给斯普鲁恩斯，回国去做巡回演讲。作为对哈尔西在战争初期重大贡献的褒奖，美国海军还是在1945年12月将他晋升为五星上将。1947年4月，哈尔西退役。同样，在战后的晋升大潮中，美国国会追授麦凯恩上将军衔。然而，鉴于哈尔西和麦凯恩指挥快速航母部队时候的表现，本书作者只能认为两人在中太平洋进攻中是第三流的英雄，他们不应该来到这里。他们在中太平洋的指挥岗位应当交给更有能力的将领。

1943年，托尔斯中将指导了太平洋舰队航空兵部队，包括快速航母特混舰队的组建，作为航空兵的领头人，他从“大炮俱乐部”和尼米兹那里为航空兵争取到了在太平洋舰队中应有的地位，这一功绩不可磨灭。然而，托尔斯长期以来一直被外人视为狂热的航空理想主义者，因此不得不顶着“厄尼”·金的厌恶和尼米兹的保守去实现自己的目标。尽管如此，他还是成功了，他在1944年2月成了尼米兹的副手，之后又在战争行将结束前成为第38特混舰队司令。日本方一投降，托尔斯和海军航空兵的胜利就得到了广泛的认可。1945年10月31日，托尔斯得到了奖赏，离开了快速航母部队，被任命为第五舰队司令。11月8日，他以海军上将军衔接替斯普鲁恩斯。1946年2月1日，他获得了自己军旅生涯中的最高成就：接替斯普鲁恩斯担任太平洋舰队总司令兼太平洋战区总司令，在“本宁顿”号航母上宣誓就职。大众当然不会知道，“杰克”·托尔斯也是航母战争中的一位幕后英雄。他推动了海军航空兵地位的提升，完成了25年前由墨菲特将军开启的未竟事业。

米切尔中将是从战争中打出来的著名航空兵领袖。他鼓舞了先前总是被不当使用的快速航母部队，并带领快速航母特混舰队进行了所有的主要战斗。他的第一轮出战持续了10个月，从1944年1月打到10月，这令他疲惫不堪。不久之后的第二轮出战又是惊心动魄的4个月“神风”之旅。对米切尔，尼米兹的评价是：“在快速航母特混舰队运作方面，他是我们目前为止经验最丰富、最有能力的将领。在消灭敌人舰队的过程中，或许没有别的将领比他贡献更大了。”[23] 作为第一位从前线返回国内的高级航空兵将领，一向轻声细语的米切尔向战列舰和陆军航空兵猛烈发炮。海军部部长福莱斯特想要他担任海军作战部部长，但是米切尔拒绝了，他讨厌坐办公室。1946年年初，米切尔晋升为上将，短暂担任新成立的第八舰队司令，之后便升为大西洋舰队司令，从而把快速航母的理念带到了那一片大洋。不幸的是，战争的残酷最终还是没有饶过他。1947年2月，米切尔去世了，对快速航母特混舰队来说，他是永远的领袖。

“泰德”·谢尔曼，唯一一位从1942年年末到战争结束几乎一直在前线指挥快速航母部队的将领，由于推动了多航母特混编队的成型，并且在拉包尔、莱特湾和冲绳表现出积极主动的领导风格，他格外值得一提。其实他本该在一年之前就晋升中将并指挥第58特混舰队，只是麦凯恩插进来抢了他的位子。作为一位哈尔西式的猛将，虽然受到了火爆脾气的拖累，但无论从哪方面说，他都是航空兵后来者中最适合指挥航母部队打仗的。1946年1月18日，谢尔曼在东京接替托尔斯担任第五舰队司令，当年4月又把这支威震大洋的舰队带回了洛杉矶的新家。不过作为一员战将，战争结束后他便基本无事可做，于是1947年年初便退休了。

福雷斯特·谢尔曼少将，虽然在中太平洋进攻中从来没有出海打过仗，但他对战区战略和全盘指挥的贡献或许比其他任何航空兵将领都大。当尼米兹把谢尔曼当作最倚重的顾问时，他敏锐的思维便给“厄尼”·金和“杰克”·托尔斯留下了深刻印象。他的冷静和睿智，以及毫无顾忌的野心令同僚深感反感和恐惧，但这些缺陷丝毫无损于他对胜利的贡献，何况他还在1943—1944年之交的秋冬季节有效弥合了尼米兹和托尔斯之间的分歧。战后，他曾短暂担任过战列航母（中途岛级）分队的首任司令，但他的光芒只有在尼米兹麾下才能发挥出来。福雷斯特·谢尔曼最后官至中将，当尼米兹于1945年12月担任海军作战部部长时，他也成了分管作战的海军作战部副部长。

蒙哥马利和克拉克二人都是强有力的战将，进攻战役的大部分时间里要么在太平洋上指挥战斗，要么保持待命状态。蒙哥马利先是试验了多种早期航母战术队形，随后又在拉包尔、马里亚纳和菲律宾的战役中表现出色。不幸受伤后，他在1945年转去负责西海岸舰队航空兵和太平洋舰队航空兵司令部。蒙哥马利最终官至中将，1946年8月起接替“泰德”·谢尔曼担任第五舰队司令。克拉克和哈尔西、“泰德”·谢尔曼一样都是著名的战将，他先是把新“约克城”号打造成模范快速航母，随后又成了米切尔在战斗中的头号副手。他在第二次台风事件中吃了大亏，但这无损于他在马里亚纳海战和冲绳外海作战时表现出的英勇。从1941年中期开始，他就一直在海上指挥或者处于待命状态。1945年，克拉克调任训练舰队指挥官，次年又被卷入了部队复员和军种合并的风波。

拉福德和邓肯少将没有如前述二位那样一直待在海上，原因很简单，华盛顿方面需要他们优秀的行政管理能力。1942—1943年，拉福德负责组织航空兵训练，随后他设法争取到了一个快速航母分队司令的职位，但后来又先后被托尔斯和麦凯恩拉去做参谋工作。几经辗转，他总算在1945年重返快速航母部队。他在冲绳岛外海证明了自己的战斗力，他还是所有快速航母分队老将中唯一一个在“奥林匹克”战役中继续指挥特混大队的人。日本投降后，拉福德中将回到华盛顿，并于1946年1月接替米切尔担任分管航空的海军作战部副部长。相比之下，邓肯就没那么幸运了，没能逃脱办公室回到舰队。1943年，他指挥“埃塞克斯”号航母的试航，为更多同级航母的服役铺平了道路。当年年末，“厄尼”·金把他挖到了自己身边，于是邓肯只能把他的专业能力用在解决美国舰队总司令部的各种问题上。1945年9月，接替“盖里”·博根指挥航母特混大队之后，邓肯在海上待了一年。

拉姆齐少将的命运和邓肯有些相似，自从在1943年中期接任航空局局长以来，他就再没有机会出海指挥作战了。任航空局局长期间，他老练地处理了海军航空兵中很难解决的采购和技术发展计划问题，于是在接下来整整两年时间里，给斯普鲁恩斯当参谋长的愿望也就泡汤了。拉姆齐在航空兵中极受欢迎，同时也是个极富天资的将领，因此他首先于1945年11月晋升中将，此后在斯普鲁恩斯帐下短暂地担任太平洋舰队副总司令兼太平洋战区副总司令，12月晋升上将。从1946年1月起，他在尼米兹手下当了两年的海军作战部次长。拉姆齐对快速航母部队贡献并不直接，但同样突出。

里夫斯、博根和戴维森几位少将在快速航母特混大队司令任上干得都很不错。他们都是坚韧而明智的指挥官，每个人的履历又都各有不同。里夫斯和博根分别在1944年夏季和1945年夏季离开快速航母部队，到岸上工作去了。戴维森在冲绳战役期间被解职，不得不担任训练部队指挥官，职业生涯也大受影响。

到1944年秋，太平洋舰队已经培养起了一批能力卓越、做事可靠、经验丰富的航母部队司令。如前文所述，其中有些人还没来得及到前线一展风采，或者环境不允许他们直接进行战场指挥。但他们作为护航航母部队司令、快速航母舰长或者关键岗位参谋人员也同样重要。这些人包括加德纳少将、巴伦廷少将、戴维斯少将、萨拉达少将，以及两位斯普拉格少将。

平均而言，将级以下的航空兵军官堪称训练充分、经验丰富，拉包尔战事结束后，他们的水平已经让日本人望尘莫及。许多飞行员的表现也十分出色，随着遭遇的敌人越来越逊色，大量战斗机飞行员成了王牌（击落5架及以上的敌机）。第二次世界大战期间，美国海军的头号王牌是“埃塞克斯”号第15舰载机大队的戴维·麦坎贝尔中校，他在“猎火鸡”和莱特湾海战中总共击落了34架日军飞机。由此，他成了快速航母特混舰队中唯一一位荣获国会荣誉勋章的飞行员（“屠夫”·奥黑尔曾在1942年获此殊荣）。他技术卓越、作战英勇，正是快速航母飞行员们的杰出代表。

战后海军的关键岗位大量任用快速航母部队指挥官并非偶然。福莱斯特部长热情欢迎了这些从战场归来的航母部队将领，他在1945年12月4日宣称：“实际情况是，海军正在变成一支飞行海军。这是海军作战方式的自然演变所致，也是海军事务中需要航空兵参与的情形越来越多带来的自然反应。海军的领导岗位要立即交给那些以这样或那样的形式参与过航空事务的人。”在着手推进这些变革之时，福莱斯特收集了一份航空兵关键人员名单。其中包括米切尔、拉福德、福雷斯特·谢尔曼、斯图亚特·英格索尔、托马斯·H. 罗宾斯（冲绳战役中“列克星敦”号的舰长），还有非航空兵出身的“米克”·卡尼。[24]

变化来得很快。到1946年夏季，战时快速航母部队的影响便已体现在了海军的最高指挥层。福莱斯特仍然是海军部部长，沙利文仍然是海军部次长。在海军作战部部长、五星上将尼米兹以下，是海军作战部次长“公爵”·拉姆齐上将、分管人事的海军作战部副部长路易斯·登菲尔德中将、分管作战的海军作战部副部长福雷斯特·谢尔曼中将、分管后勤的海军作战部副部长“米克”·卡尼中将，以及分管航空的海军作战部副部长亚瑟·拉福德中将。航空局局长仍然是斯拉茨·萨拉达少将，而马尔科姆·舒菲尔则成为首个航空兵出身的武器局副局长。“杰克”·托尔斯上将任太平洋舰队司令，“皮特”·米切尔任大西洋舰队司令。

即便是老派的顾问机构联合委员会也要进行全面重组，福莱斯特和金从1944年后期就开始筹划这件事了。战争结束时的联委会满是坐等退休的战列舰派老将（包括弗莱彻、戈姆利、哈斯特维特），福莱斯特于1947年年初让“杰克”·托尔斯出马重振联委会，引入一些更年轻、更具实战经验的将领，以便进行更有效的前瞻性研究。到1947年4月，托尔斯便搭建起了这样一套委员会班子：海军中将“苏格”·麦克莫里斯和帕特·贝林格，海军上校杜鲁门·海丁和阿利·伯克，以及陆战队上校兰道夫·派特。托尔斯任联委会主席，直到1947年12月彻底退休为止。继任者依次是“苏格”·麦克莫里斯、杰克·沙弗罗斯，以及哈里·希尔，这些人全都不是航空兵出身。许多聪颖的年轻将领和高年资上校也被引入了联委会。然而在冷战和军种合并的大势之下，海军自身的政策就充满矛盾，在这种情况下联委会也难有作为，不得不在1951年被撤销。[25]

在对日作战胜利后的十年时间里，美国海军的各个关键岗位充满了快速航母将领，还有一些已经在战时的航母部队中证明了自己具有某一方面专长的非航空兵军官。例如，分管航空的海军作战部副部长依次由海军中将拉福德（1946）、邓肯（1947）、普莱斯（1948）、杜尔金（1949）、卡萨迪（1950）、加德纳（1952）、奥夫斯蒂（1953）和康姆斯（1955）担任。航空局在1959年被裁撤之前，局长依次是海军少将普莱德（1947）、康姆斯（1951）、阿波罗·苏塞克（1953）、詹姆斯·S.拉塞尔（1955）和鲍勃·迪克逊（1957）。这些人中，苏塞克曾指挥“富兰克林·D.罗斯福”号航母加入现役，拉塞尔曾是拉尔夫·戴维森的参谋长，迪克逊则是“泰德”·谢尔曼的作战参谋。太平洋舰队航空兵司令依次是海军中将普莱斯（1946）、萨拉达（1948）、“汤米”·斯普拉格（1949）、马丁（1952）和普莱德（1956）。大西洋舰队航空兵司令则依次是海军中将博根（1946）、斯坦普（1948）、巴伦廷（1951）和麦克马洪（1954）。

战争结束不久，海军舰队的组织也进行了些许调整。从1947年1月1日起，所有舰队的编号被全部取消，代之以蒙哥马利中将指挥的“太平洋特混舰队”和斯派克·布兰迪中将指挥的“大西洋特混舰队”。太平洋上的分头指挥格局依然如故，麦克阿瑟将军控制了日本、琉球和菲律宾的美军部队，其余地盘则归海军的太平洋舰队司令部管辖。托尔斯在太平洋舰队的最高指挥岗位上只待了一个月，便被路易斯·登菲尔德接替了。[26]太平洋舰队副总司令一职，在战后依次由海军中将牛顿、拉姆齐、林德·D.麦克可米克、邓肯和萨拉达担任，最后在1948年被降格。

1948年夏，虽然所有参加过战争的航母都面临着退役和封存，但用数字标识各舰队的做法又回来了，不过它们标识的是“特混舰队”。最后，1950年，“特混”（task）一词被删除，舰队又变成了“第X舰队”。著名的第三舰队和第五舰队被撤销，但在远东却保留了第七舰队，同时在地中海新建了第六舰队。正如在战时一样，大西洋并不需要大型快速航母，但地中海地区却需要。因此，米切尔将军去世后，大西洋舰队一直由一些杰出的非航空兵将领指挥（1960年之前依次是布兰迪、菲彻勒、麦克可米克、杰劳尔德·莱特），直到1965年托马斯·H.摩尔上将执掌大西洋舰队，这里才迎来了第一位航空兵出身的总司令。第六舰队则成了一支航母舰队，其指挥官依次是海军中将福雷斯特·谢尔曼（1948）、巴伦廷（1949）、加德纳（1951）、卡萨迪（1952）、康姆斯（1954）和奥夫斯蒂（1955）。

太平洋上仍然是海军唱主角，在那里，快速航母部队的机动性使其可以对任何挑战做出快速反应。托尔斯卸任后，太平洋舰队总司令一职先后由海军上将登菲尔德（1947）、拉姆齐（1947）、拉福德（1949）和斯坦普（1953—1958）担任。1958年，这一区域被拆分为太平洋司令部和太平洋舰队，两个部门的指挥官都是海军上将衔。和太平洋战争时一样，第七舰队司令在远东的战争爆发前一直由非航空兵将领担任。之后，快速航母特混舰队重新在此集结，成为主要打击力量，第七舰队司令这才转由航空兵担任，依次是海军中将马丁（1951）、克拉克（1952）、普莱德（1953）、英格索尔（1955）和贝克利（1957）。[27]

海军的最高指挥岗位，海军作战部部长，最为深刻地体现了海军的航空化。虽然海军作战部部长并不总是由航空兵将领担任，但他与航空事务却密不可分，如果海军作战部部长本人不会飞行，那么他的副手就必须是飞行员出身。1947年尼米兹—拉姆齐任期结束后，围绕下一任海军作战部部长的竞争在老派"大炮俱乐部"支持的斯派克·布兰迪和航空兵（包括尼米兹和福雷斯特·谢尔曼）支持的"公爵"·拉姆齐之间展开。此时军种合并之争日趋白热化，杜鲁门总统想要平衡两股势力，于是他选择了双方都认可的路易斯·登菲尔德，登菲尔德则让亚瑟·拉福德担任海军作战部次长。[28]登菲尔德之后，担任海军作战部部长的人依次是航空兵福雷斯特·谢尔曼（1949）、非航空兵比尔·菲彻勒（1951年起，唐纳德·邓肯任海军作战部次长）、"米克"·卡尼（1953）和阿利·伯克（1955）。之后海军作战部部长就一直由航空兵将领担任，包括乔治·安德森（1961）、戴维·L. 麦克唐纳（1963年，他1944—1945年在"埃塞克斯"号上担任航空官和副舰长），以及汤米·摩尔（1967）。拉福德和摩尔两位上将先后于1953—1957年、1970—1974年担任参谋长联席会议主席。

英国海军也在迅速向航空化转型。弗雷泽上将说："英国舰队并不突出，也没有真正现代化，但总算还不错。"[29]话虽这么说，但英国舰队航空兵还是在战后航母技术的大发展中占据了领军位置。英国海军最大的问题在于舰艇数量太少，由于英国的衰落，其舰队规模也不得不缩减。有几艘在建的庄严级和大型航母最终未能建成，一部分巨人级轻型航母则被出售或租借给加拿大、澳大利亚、法国与荷兰。几近完工的重型航母也被搁置数年，36800吨的"鹰"号航母直到1951年才服役，其姊妹舰"皇家方舟"号和4艘22000吨的竞技神级轻型航母则要到20世纪50年代中期才加入舰队。

二战期间的英国皇家海军也是一支劲旅，在大西洋上剿灭德国战列舰、在地中海和太平洋组织航母长期征战。然而现在他们对未来也是一片茫然。1946

年年初，英国太平洋舰队将基地从悉尼迁至香港，当年6月，舰队航空兵的首席发言人，海军中将丹尼斯·博伊德爵士接替弗雷泽上将担任英国太平洋舰队司令。他在“可敬”号上升起了将旗，并宣称本舰队不需要战列舰。弗雷泽则效仿尼米兹，成为英国第一海务大臣（1947—1951年在任）并晋升为海军元帅。维安中将在短暂担任太平洋舰队副总司令之后，于1946—1947年任第五海务大臣（分管航空），他最终也官拜海军元帅。

战时英国快速航母的舰长们在战后也大多升为皇家海军的高级将领。“光辉”号舰长查尔斯·E. 拉姆比在航空兵岗位上继续工作了10年，最终在1960年以海军上将、第一海务大臣的身份退休。英军驻美国太平洋舰队航空兵司令部的观察员理查德·斯米顿和弗兰克·霍普金斯最后官至海军上将，前第三/第五舰队联络官迈克尔·李法努也是一样。1960—1963年，英国海军第一位当上快速航母舰长（“海洋”号）的飞行员——卡斯帕·约翰以海军元帅军衔就任第一海务大臣和海军参谋长，英国海军航空兵在行政地位上终于追上了美国同行。

航空兵的将领们在1945年掌管了美国海军，不过这无法掩盖一个事实：这种地位的转变完全基于在海上战争中的对日胜利，但是无论如何设想，这种胜利在未来都难以重现。像德国这样的大陆国家虽然可以被一场战役击败，但只要一代人的时间就能重新崛起并再次前来挑战，因为陆军的组建和训练很容易而且很迅速。但海军就复杂多了，它需要连续多年的发展和建造才能成型。日本海军从50年前开始崛起（在中日甲午战争中击败清帝国），如今一朝败亡。他们在1941—1942年取得的成就可谓惊人，但在美国这样强大的工业国家面前却无法维持。二战之后，无论是日本还是其他任何国家，都完全没有丝毫可能来挑战美国的海上霸权。如此，快速航母特混舰队的价值也就消弭于无形。

原子弹令海军的处境更加不妙。原子弹夷平了广岛和长崎，不到10天后日本就放弃了抵抗，于是结论也就显而易见：从战略轰炸机上投下的原子弹是日本投降的直接原因。公众是这么认为的，军事家们也这么认为——但战略轰炸调查组的结论并非如此。结论指出，苏联对日宣战和原子弹攻击对日本迅速投降的影响同样重要，但是日本的最终投降，同样要归因于水雷、潜艇、常规陆基和舰载机对日本进行的严密海空封锁。然而，陆军航空兵从B-29轰炸机上投下了原子弹，而海军却没有足够大的航母可供B-29这么大的轰炸机起降。不管怎样，在大部分人眼里是原子弹结束了战争，以此类推，未来的所有战争也将如此。因此，空军将会成为国防力量的骨干，而海军和航母都过时了。不仅如此，当1946年7月美军在马绍尔群岛比基尼环礁附近进行的核弹试验击沉了航母“萨拉托加”号、重创了轻型航母“独立”号时，航母在这种新武器面前也突然显得不堪一击了。

当大陆国家苏联在1946—1947年逐步成为新的假想敌时，美国海军便面临着两大难题：面向太平洋战场建立的快速航母部队该怎样对付莫斯科和乌克兰？它们在陆基航空兵的核攻击面前有多脆弱？

原子弹的出现，使得本已被搁置到战后考量的军种合并方案让海军感到愈加痛苦。陆军航空兵想要独立，以保持对战略轰炸与核武器的垄断。而海军，他们在战时发展起来的航空兵力量完全没有考虑这种战略轰炸，因此在面对独立的空军时不免自觉低人一等。好吧，美军战后的大复员此时正进行得如火如荼。美国还不知道当世界警察需要做些什么，他们的公众和政府只想着一件事——赶紧复员军队，让小伙子们回家。现在美国手中有了一件未来可以仰仗的神奇武器，那么大规模复员也就更加理直气壮了。美国大可以缩回自己的乌龟壳里，躲在战略轰炸机的背后——既经济，又有效，还简单。

海军实在找不出什么有说服力的理由来对付这种观点并抵制与独立空军合并。费迪南·埃伯斯塔特，就是先前奉福莱斯特之命设计海军在军种合并后的地位的那位，在1945年9月完成了他的报告。他提议建立三个相互独立的部门，战争部（相当于陆军部）、海军部和空军部，但无需由一个首脑来统一管辖。次月，美国参议院举行听证会，围绕海军的观点和陆军、陆军航空兵的观点进行了辩论，后两者都支持设立一个统管三军的国防部长。亚瑟·拉福德和福雷斯特·谢尔曼代表海军进行了发言。辩论中，理查德森报告被拿了出来，证明像尼米兹和哈尔西这样的名人虽然在战时都曾支持军种合并，但很快就改变了态度。但是陆军和陆军航空兵是玩政治的高手，他们在这种争论中太强大了。12月，他们成功地把杜鲁门总统拉到了自己这一边，军种合并也就只是个时间问题了。[30]

在1946年里，海军继续为反对军种合并而努力。尼米兹将军一开始反对合并，但福雷斯特·谢尔曼告诉他合并已经不可避免，他便和谢尔曼、拉姆齐一起转而支持它了。当然，海军将领们坚持要把海军航空兵和海军陆战队留在海军的体系内。拉福德将军并不同意尼米兹那些人的观点，有几位航空兵将领，尤其是“乔可”·克拉克也站到了他这一边。尽管如此，军种合并和成立美国空军还是在1947年7月用法律的形式确定了下来，福莱斯特被任命为首任国防部长。约翰·沙利文则成为海军部部长，此时这个职位的地位已经下降了。然而裁军和海军预算削减仍在继续，这甚至使拉福德等一干航空兵将领在1949年年末发动“兵变”：为了攻击空军的B-36战略轰炸机过于脆弱，海军作战部部长登菲尔德和一众打过仗的年轻海军飞行员向国会提交了他们的提案，在提案上签字的包括海军中将卡尼（非航空兵）、海军少将奥夫斯蒂、陆战队准将梅基、海军上校伯克（非航空兵）、萨奇和弗雷德·查普内尔（拉福德在战时的参谋长），以及海军中校比尔·马丁和比尔·莱昂纳多。这次争论导致的唯一结果便是把管理不力的海军作战部部长登菲尔德换成了更优秀的福雷斯特·谢尔曼。

对海军将领们来说，现在的头等大事是与空军分享战略轰炸任务与核攻击能力。当战时开建的埃塞克斯级和中途岛级航母在战后不久完工之后，海军便再也没有新的航母建造计划了。不过新的设计方案令人精神一振，那就是60000吨级的“超级航母”“合众国”号（CVB-58）。1949年4月，这艘超级航母开始铺设龙骨，但仅仅几天后其建造项目就被取消了，这才是“海军将领兵变”的主要原因。1950年，远东战争的爆发扭转了局面。次年，美国国会为新的，具备核打击能力的56000吨级福莱斯特级航母拨付了预算。从20世纪50年代中期开始，这一级航母和更大型的后续型号陆续加入舰队，进而演化出排水量达85000吨的巨型核动力航母企业级及其改型，它们于20世纪六七十年代服役。

除了新型航母，海军也从空军手中夺取了后者一直垄断的战略轰炸优先权。空军的战略核打击能力主要依赖有人驾驶的远程轰炸机和从美国本土加固发射井里发射的洲际弹道导弹。1960年，海军首艘装备“北极星”洲际弹道导弹的潜艇服役，更多同类潜艇随后陆续加入海军，它们可以从各大洋的水下发射导弹。这种“北极星”导弹潜艇无疑很难被发现，它们拥有空军打击部队不具备的灵活性和安全性。但是这种新武器又会给攻击型航母带来什么影响呢？

讽刺的是，当美国军队全力以赴发展战略武器准备和苏联人对抗时，全面核战争的风险却逐步消失了（从20世纪50年代中期起）。而新的挑战也出现了，全世界的民族解放运动风起云涌，美国人打算介入其中。但总不能用原子弹或者氢弹去轰炸被游击队渗透的村庄吧，也不能用这种武器去发动另一场全面战争吧？在远东—东南亚地区，也就是1944—1945年快速航母特混舰队大展拳脚的地方，这种游击战争最适合由快速、机动的航母搭载的舰载机去应付。但不幸的是，海军航空兵的将领们也和陆军、空军的同行一样，还要花上足足20年才能认识到这样的战争与同苏联对抗同等重要，甚至更重要一些。

和美国政府、公众一样，美军的领导层也觉得50年代初远东的那场战争简直是荒谬，是个错误，是“政治惹的祸”，日后不应再重演。但是单从军事上看，1950—1953年能为地面部队提供最有效空中支援的正是埃塞克斯级航母。在战后初期重新定位作战任务的过程中，美国海军于1946年11月取消了原有的轰炸中队（VB）和鱼雷中队（VT），转而引入了兼具两种机型能力的攻击中队（VA）。同时，他们还放弃了专门的夜战部队，转而让所有舰载机中队都具备全天候作战能力。最主要的全能攻击机是道格拉斯BT2D“无畏”II，1946年2月，这一型飞机被重新命名为“天袭者”，两个月后其型号又改为AD-1。这种原本为了对付日本而设计的飞机与老兵F4U“海盗”战斗机一起，为地面上的美国陆军和海军陆战队提供了理想的近距空中支援。与此同时，美国空军已完全醉心于战略轰炸，他们放弃了螺旋桨推进的攻击机，全面转向喷气机。这些高速飞机执行的还是陆军航空队当年的那一套纵深支援任务，实战证明，它们几乎发挥不了什么作用。[31]但反过来，美国空军的喷气式战斗机在实战中表现十分出色，而在二战后预算紧缩的环境下开发的海军战斗机，在空战中则不是对方战斗机的对手。

20世纪50年代初的这场战争显然只是一场突发性的危机，但是它却让美国海军找到了一根杠杆以争取国会批准建造更多的航母。海军航空兵的将领们并不怎么关注这场实战中运用的各项技术，和美国政府、两个兄弟军种，以及美国大众一样，他们关注的焦点只有一个，那就是苏联。实战中曾编入4艘航母，以近距支援任务为主，有时也执行一些战略轰炸任务的第77特混舰队被解散，代之以散布全球各地，单舰行动，装备仅能用于核攻击的福莱斯特级攻击型航母。

许多老旧的埃塞克斯级航母被改造为反潜航母（CVS），以压制巡航四海的苏联潜艇。快速战列舰在1950年时原本只剩下1艘在役，战争爆发后又快速扩编为4艘，他们为美军提供了十分有效的岸轰火力。不过这些优秀的两栖作战支援舰还是被认为已经过时，在1958年全部转入封存状态。可信赖的老“海盗”很快退役，90架最新型的F4U-7型机被卖给法国，去对付越南的游击队。原本设计用以替代AD攻击机的螺旋桨式攻击机XA2D-1易发机械故障，但海军认为不值得再作修改，在1953年直接取消了项目。用途广泛的AD“天袭者”攻击机于1957年停产。美国海军开始专心设计能够搭载重磅炸弹，甚至是核武器，从福莱斯特级航母上起飞轰炸关键目标的喷气式飞机——至于在亚洲丛林上空为登陆部队或地面部队提供低空低速近距支援，他们就不怎么考虑了。

20世纪50年代美国海军的地位体现了美国这个国家对战争和世界的理解，与空军的苦斗也是个影响因素。美国人打仗通常想的都是要获得彻底的军事胜利，这一时期他们考虑的就是战略轰炸。和二战时一样，他们主要的关注点仍然是欧洲。因此，“大规模报复”就成了20世纪50年代美国防务政策的基石，大量美军地面部队作为北大西洋公约组织战斗部队的一部分被部署在欧洲。但是世界在变，战争的政治目的也在变。日本战败后，东方阵营趁势而起，这大大改变了世界格局，而这种变化对那些已经在核军备竞赛中被忽略了的常规军事技术提出了新的要求。或许麦克阿瑟在1944年时说的那番话并不夸张：“未来一万年的世界历史将在太平洋上写就。”[32]

1960年，当首艘“北极星”导弹潜艇下水时，美国领导人担心被卷入东南亚的任何冲突中，因为“美国缺乏打一场有限战争的能力，尤其是非正规战争或游击战”。[33]美军设在日本、菲律宾、冲绳和关岛的空军基地距离东南亚太远，无法对发生在泰国、越南、印度尼西亚等国家的战斗进行有效空中支援。而第七舰队的三艘航母又过于分散——一艘在日本，一艘在东海周边，只有一艘在南海周边。这就是美国在20世纪60年代初卷入越南危机时所面临的情况。在那里，新的战争需求使美国不得不全面重新评估自己的军事目标和能力。

1965年2月，美国正式参加越南战争。当时，美军舰载机空袭北越，这就把美国海军拉回到了对日作战后期的场景中。由3～4艘航母组成的第77特混舰队在越南海岸外巡航，向越南沿岸的目标发动空袭并支援岸上作战的地面部队，就像当年第58特混舰队在冲绳所做的那样，只不过不必面对严重的空袭威胁。数量越来越少的"天袭者"（编号已改为A-1H）仍然是最可靠的固定翼近距支援飞机，就和20年前它作为XBT2D刚刚被设计出来时一样，只是这些飞机总是被派去执行战略轰炸任务，这无疑是一种浪费。喷气式飞机作为战斗机，已经被证明再理想不过了，但作为有效的近距支援飞机，它们飞得太快了。已经重整旗鼓的陆军航空兵驾驶着全新的武装直升机加入战场，为空中支援增加了新的手段，但同时，老旧的C-47运输机和B-52这样的喷气式战略轰炸机也不得不被用来执行战术空中支援任务。因此,海军和空军开始认真地重新评估为"天袭者"及其前辈TBM、SB2C研发后继机型的问题。

舰艇方面，我们熟悉的那些航母，譬如"提康德罗加"号和"汉考克"号，连同一群曾在冲绳岛外海与"神风"机血战的驱逐舰，伴随着新型航母和较轻型的战舰一同加入了战斗。同时，新的航母建造订单也已下达。更多证据证明，当年的那些老问题依旧存在，于是在1968年，美国海军重新启用了那四艘战列舰以执行对岸火力支援任务。

海军舰队在20世纪60年代末期的任务需求与1944年、1951年时十分相近，而这支以航母为核心的舰队的指挥官也还是我们的老熟人，只不过现在他们的军衔比当年更高了。有这样两位先是指挥第七舰队，随后又在1965—1968年升任太平洋舰队司令的人物——罗伊·L. 约翰逊上将和J. J. 海兰德上将，前者1944年时是"大黄蜂"号上的航空部门长，后者1945年时是"勇猛"号第10舰载机大队队长。同样，曾于1944年在"大E"上指挥米切尔的夜间"复仇者"中队，一年后又在"好人理查德"号上担任同样职务的比尔·马丁，现在已是海军中将，1967年阿以战争时他在地中海指挥拥有2艘航母的第六舰队。

到对日作战胜利时，美国海军航空兵的将领们已经通过对快速航母特混舰队的运用，成功打造了一支飞行海军。击沉日军的水面舰队之后，这支飞行海军的任务便转变为，对两栖部队进行近距支援以及对敌国进行海空封锁。这种封锁要通过击沉船舶和轰炸关键目标，尤其是陆地机场来实现。这种任务模式被几乎完全照搬到了后来的局部战争中，唯一的不同仅仅在于敌方航空兵的缺席。到1967年夏季，美国海军终于相信了《纽约时报》编辑写在社论中的这段话："再出现另一个越南的可能性，至少不比和东方阵营来一场核大战来得更低，因此拥有强大机动性和攻击力量的航母看起来也就和拥有洲际导弹同等重要。"[34]

整个20世纪70年代，美国海军继续在航空兵的引领下前行。当他们的快速航母在越南战争的最后阶段（1972—1973年）轰炸北越时，在1973年阿以战争期间于第六舰队静守待命时，在"美国霸权下的和平"中称霸全球五大洋时，甚至在面对苏联逐步打造出一支自己的小型航母舰队时，从二战一路走来的最后一批"棕鞋子"已经走上了海军的最高指挥层。1972—1976年，曾经在托尔斯指挥部中任职的诺尔·盖勒官拜上将，接掌了太平洋司令部大印。这是二战那批老人留下的最后一个印记了。以航空兵为中心的传统在美国海军中一直传承不断，并且构成了包括1990—1991年海湾战争在内，延续至20世纪末的"美国霸权下的和平"的核心。

战后，美国海军在太平洋地区打了三场局部战争，然而在这些战争的间隙，海军航空兵的将领们又总是会受困于对付苏联威胁所需的大陆战略，因而抓不准自己的目标。当"北极星"导弹潜艇承担了战略打击任务之后，现代化的快速攻击型航母便又可以去做自己最擅长的事，在各大陆板块的边缘近海征战了。既然"北极星"导弹潜艇的任务是被动反击，那么美国海军的大部分主动进攻行动就要依靠这支以航空母舰为核心的舰队来完成了。随着英国舰队航空兵的迅速衰落，这些局部战争中需要海军去执行的任务，便主要由美国海军承担了。

从1921年墨菲特将军建立海军航空局到1941年第一支大规模快速航母特混舰队突袭珍珠港，20年时间一晃而过。从快速航母特混舰队打败日本海军到美国海军最终认识到现代快速航母部队应该承担的职责，也就是在局部战争中系统遂行海军的所有任务，又过了20年。在这近半个世纪的历程中，1943—1945年无疑是快速航母的巅峰岁月，在这几年里，海军航空兵的将领们一边和海军内外的竞争对手斗智斗勇，一边在海上与敌人浴血奋战，最终打造了这支飞行海军。快速航母部队的胜利，也是他们的胜利。

附录 A 盟军航母数据统计表，1943—1945[1]

	萨拉托加（1927）	企业（1938）	埃塞克斯（1942）	提康德罗加（1944）[2]	中途岛（1945）	独立（1943）	塞班（1945）	光辉（1940）	怨仇（1944）	巨人（1944）[3]
标准排水量（吨）	33000	19800	27100	27100	45000	11000	14500	23000	23000	14000
全长（米）	270.7 米	246.7 米	265.8 米	270.7 米	300.5 米	189.7 米	208.5 米	229.5 米	233.5 米	211.8 米
飞行甲板最大宽度	39.6 米	33.4 米	45.0 米	45.0 米	41.5 米	33.3 米	35.1 米	29.3 米	29.3 米	24.4 米
吃水深（米）	7.3 米	8.5 米	8.7 米	8.7 米	10.7 米	7.9 米	8.5 米	8.9 米	8.95 米	7.0 米
最大航速（节）	33.91	32.5	33	33	33+	31	33	30.5	32.5	25
人员数量（含航空兵和舰员）	2122	2919	3448	3448	4104	1569	1721	1600	1650	950
最大载机量	90	85	100	100	137	45	50+	55	70	33
高射炮（以炮管数量为准）	100+	100+	80+	85+	108	24	40	120	125	88
弹射器数量	1	3	2	2	2	2	2	1	2	1
最大功率（马力）	180000	120000	150000	150000	212000	100000	120000	111000	148000	40000
在役数量（1943.8.1—1945.11.1）	1	1	10	7	2	9	0	4	2	5

【1】数据来自《美国海军战斗舰艇》第二卷（*American Naval Fighting Ships II*）① 第 462 页及第 464—467 页，以及英国海军部档案，由皇家海军少校 P. K. 肯普提供。

【2】提康德罗加级为埃塞克斯级的改进型号。

【3】庄严级轻型航母在主要参数上与此完全一致。

① 编注：联系后文“参考文献及其意义”部分，这里指的似乎是《美国海军战斗舰艇词典》第二卷（*Dictionary of American Naval Fighting Ships, Vol. 2*）。

附录 B 舰载机，1943—1945[1]

※ 以下数据主要用于对比，本书统计时未将下述数据差异纳入作战需求分析的考量。

机种	型号	最大航程（千米）	时速（千米）	实用升限（米）	乘员数	机枪 / 炮数量	炸弹	火箭弹 / 鱼雷
战斗机	美 F6F-3（1943.7）	2607	605	11700	1	6	–	–
	美 F6F-5（1944.11）	2655	621	11370	1	6	454 千克 ×2	127 毫米 ×6
	美 F4U-1D（1945.8）	2414	658	12190	1	6	454 千克 ×2	127 毫米 ×8
	英“海火”Mk3	1241	549	9600	1	6	113 千克 ×2	–
	英“萤火虫”	2092	509	8530	2	4	454 千克 ×2	26.2 千克 ×8
	日零战 32 型（1944.12）	2309	557	12130	1	4	60 千克 ×2	–
俯冲轰炸机	美 SBD-5（1944.6）	2165	406	7960	2	4	725 千克 ×1	127 毫米 ×8
	美 SB2C-4（1944.11）	2285	475	8870	2	4	454 千克 ×2	127 毫米 ×8 或 1 枚鱼雷
	日一式陆攻（1945.2）[2]	4949	455	9270	5—7	5	1000 千克 ×1	1 枚鱼雷
鱼雷轰炸机	美 / 英 TBM-3（1944.1）	2680	430	7710	3	4	454 千克 ×2	127 毫米 ×8 或 1 枚鱼雷
	日“彗星”（1945.3）	4152	546	10090	2	3	500 千克 ×1	1 枚鱼雷
	英“梭子鱼”Mk2	1851	455	5060	3	2	113 千克 ×6	1 枚鱼雷

【1】美国国防部武器系统鉴定小组研究报告，附录 G，附件 A，第 228—229 页，《第二次世界大战航母使用统计信息》（WSEG Study, Appendix G, Enclosure A, pp.228–29: "Statistical Information on World War II Carrier Experience"），1950 年 10 月由分管航空的海军作战部副部长下属航空历史处编纂；美国海军飞机的性能数据来自海军航空局发布的《美国海军飞机特性和性能数据表》（"U.S. Navy Service Airplane Characteristics and Performance Data Sheets"）；日本飞机数据来自飞机技术情报中心（Technical Aircraft Intelligence Center）的报告；英国飞机数据来自欧文·塞特福德《英国海军飞机》（Owen Thetford, *British Naval Aircraft*）一书第 152 页，第 160—161 页，第 303—304 页。

【2】一式陆攻通常被用作陆基鱼雷轰炸机。

附录C 美国海军概况，1943—1945

I. 海军航空管理架构

A. 海军部

1. 美国舰队总司令兼海军作战部部长：海军五星上将欧内斯特·金，1942—战争结束

2. 海军作战部副部长（分管航空）

a. 约翰·S. 麦凯恩中将，1943.8—1944.8

b. 奥伯里·W. 菲奇中将，1944.8—1945.8

c. 马克·A. 米切尔中将，1945.8—战争结束

3. 美国舰队司令部助理参谋长（分管作战）

a. 亚瑟·C. 戴维斯少将，1943.3—1944.8

b. 马尔科姆·F. 舒菲尔少将，1944.8—1945.8

c. A. R. 麦坎少将（非航空兵），1945.8—战争结束

4. 海军作战部副部长助理（分管航空）

a. 弗兰克·D. 瓦格纳少将，1943.8—1944.4

b. 亚瑟·W. 拉福德少将，1944.4—1944.10

c. 约翰·H. 卡萨迪少将，1944.10—战争结束

5. 美国舰队司令部助理作战官（分管航空）

a. 托马斯·P. 杰特尔上校，1942.11—1943.11

b. 华莱士·M. 比克利上校，1943.12—1945.5

c. 罗伯特·B. 皮里上校，1945.5—战争结束

6. 海军部副部长（分管航空）

a. 阿特慕斯·L. 盖茨，1941—1945.7

b. 约翰·L. 沙利文，1945.7—战争结束

7. 海军航空局局长

a. 约翰·S. 麦凯恩少将，1942—1943.8

b. 德威特·C. 拉姆齐少将，1943.8—1945.6

c. 哈罗德·B. 萨拉达少将，1945.6—战争结束

B．珍珠港

1. 太平洋舰队总司令兼太平洋战区总司令：海军五星上将切斯特·W. 尼米兹，1941—战争结束

2. 太平洋舰队副总司令兼太平洋战区副总司令（职责包括管辖航空事务）

a. 约翰·H. 托尔斯中将，1944.2—1945.7

b. 约翰·H. 胡佛中将，1945.7—1945.8

c. 约翰·H. 牛顿中将，1945.8—战争结束

3. 太平洋舰队司令部助理参谋长（后升为副参谋长）（分管计划）：福雷斯特·P. 谢尔曼少将，1943.11—战争结束

4. 太平洋舰队航空兵司令

a. 约翰·H. 托尔斯中将，1942—1944.2

b. 查尔斯·A. 波纳尔少将，1944.2—1944.8

c. 乔治·D. 穆雷中将，1944.8—1945.7

d. 阿尔弗雷德·E. 蒙哥马利少将，1945.7—战争结束

5. 太平洋舰队航空兵司令部参谋长（1944年12月之后升为副司令）

a. 福雷斯特·P. 谢尔曼上校，1942—1943.11

b. 亚瑟·W. 拉福德少将，1943.12—1944.2

c. J. J. 巴伦廷少将，1944.2—1944.9

d. 弗雷德里克·W. 麦克马洪准将，1944.10—战争结束

e. 加托·D. 小格罗沃少将，1945年8月到岗

C．前线

1. 太平洋快速航母部队司令

a. 查尔斯·A. 波纳尔少将，1943.11—1944.1

b. 马克·A. 米切尔中将，1944.1—1944.8

2. 太平洋第1快速航母部队司令

a. 马克·A. 米切尔中将，1944.8—1945.7

b. 弗雷德里克·C. 谢尔曼中将，1945.7—战争结束

3. 太平洋第2快速航母部队司令

a. 约翰·S. 麦凯恩中将，1944.8—1945.9

b. 约翰·H. 托尔斯中将，1945.9—战争结束

4. 第1航母分队司令
    a. 德威特·C. 拉姆齐少将，1942—1943.7
    b. 弗雷德里克·C. 谢尔曼少将，1943.7—1944.3
    c. 威廉·K. 哈里尔少将，1944.3—1944.8
    d. 弗雷德里克·C. 谢尔曼少将，1944.8—1945.7
5. 第2航母分队司令
    a. 拉尔夫·E. 戴维森少将，1944.7—1945.4
    b. C. A. F. 斯普拉格少将，1945.4—战争结束
6. 第3航母分队司令
    a. 查尔斯·A. 波纳尔少将，1943.8—1944.1
    b. 马克·A. 米切尔少将，1944.1—1944.3
    c. 阿尔弗雷德·E. 蒙哥马利少将，1944.3—1944.12
    d. 托马斯·L. 斯普拉格少将，1945.3—战争结束
7. 第4航母分队司令
    a. 约翰·H. 胡佛少将，1943.8—1943.10
    b. 约翰·W. 小里夫斯少将，1943.10—1944.7
    c. 杰拉尔德·F. 博根少将，1944.7—战争结束
    d. 唐纳德·B. 邓肯少将，1945年8月到岗
8. 第5航母分队司令
    a. 弗兰克·D. 瓦格纳少将，1944.4—1944.6
    b. J. J. 克拉克少将，1944.8—1945.7
    c. 亚瑟·C. 戴维斯少将，1945.7—战争结束
9. 第6航母分队司令
    a. 哈罗德·B. 萨拉达少将，1944.8—1944.11
    b. 亚瑟·W. 拉福德少将，1944.11—战争结束
10. 第7航母分队司令
    a. 马西亚斯·B. 加德纳少将，1944.12—1945.4
    b. J. J. 巴伦廷少将，1945.6—1945.8
11. 第11航母分队司令
    a. 亚瑟·W. 拉福德少将，1943.7—1943.12

b. 萨穆尔 · P. 金德少将，1943.12—1944.4

12. 第12航母分队司令：阿尔弗雷德 · E. 蒙哥马利少将，1943.8—1944.3

13. 第13航母分队司令：J. J. 克拉克少将，1944.3—1944.8

D．相关机构

1. 西海岸舰队航空兵司令

a. 查尔斯 · A. 波纳尔少将，1942—1943.8

b. 马克 · A. 米切尔少将，1943.8—1944.1

c. 威廉 · K. 哈里尔少将，1944.1—1944.3

d. 弗雷德里克 · C. 谢尔曼少将，1944.3—1945.2

e. 威廉 · K. 哈里尔少将，1944.8—1945.2

f. 阿尔弗雷德 · E. 蒙哥马利少将，1945.2—1945.7

g. 范 · H. 拉格斯戴尔少将，1945.7—1945.8

h. 约翰 · H. 胡佛中将，1945.8—战争结束

2. 陆战队航空兵总监：菲尔德 · 哈里斯少将，1944.7—战争结束

3. 大西洋舰队航空兵司令：帕特里克 · N. L. 贝林格中将，1943.3—战争结束

II. 在役的快速航母，1943.8—1945.11

A. 战前老舰

序号	舰名	服役日期
1	萨拉托加（CV-3）	1927.11.16
2	企业（CV-6）	1938.5.12

B. 埃塞克斯级

序号	舰名	服役日期
1	埃塞克斯（CV-9）	1942.12.31
2	约克城（CV-10）	1943.4.15
3	勇猛（CV-11）	1943.8.16
4	大黄蜂（CV-12）	1943.11.29
5	富兰克林（CV-13）	1944.1.31
6	列克星敦（CV-16）	1943.2.17
7	邦克山（CV-17）	1943.5.25

（续表）

序号	舰名	服役日期
8	黄蜂（CV-18）	1943.11.24
9	本宁顿（CV-20）	1944.8.6
10	好人理查德（CV-31）	1944.11.26

C. 提康德罗加级（改进型埃塞克斯级）

序号	舰名	服役日期
1	提康德罗加（CV-14）	1944.5.8
2	兰道夫（CV-15）	1944.10.9
3	汉考克（CV-19）	1944.4.15
4	拳师（CV-21）	1945.4.16
5	安提坦（CV-36）	1945.1.28
6	香格里拉（CV-38）	1944.9.15
7	查普兰湖（CV-39）	1945.1.3

D. 中途岛级

序号	舰名	服役日期
1	中途岛（CVB-41）	1945.9.10
2	富兰克林 · D. 罗斯福（CVB-42）	1945.10.27

E. 独立级

序号	舰名	服役日期
1	独立（CVL-22）	1943.1.14
2	普林斯顿（CVL-23）	1943.2.25
3	贝劳 · 伍德（CVL-24）	1943.3.31
4	考彭斯（CVL-25）	1943.5.28
5	蒙特利（CVL-26）	1943.6.17
6	兰利（CVL-27）	1943.8.31
7	卡伯特（CVL-28）	1943.7.24
8	巴丹（CVL-29）	1943.11.17
9	圣贾辛托（CVL-30）	1943.12.15

附录D 英国皇家海军概况，1943—1945

I. 舰队航空主管机构

A. 第五海务大臣兼海军航空装备主任：丹尼斯·W. 博伊德少将，1943.1—1945.5

B. 第五海务大臣（负责航空事务）：T. H. 查布里奇少将，1945.5—战争结束

C. 副审计长兼海军航空装备主任：M. S. 斯莱特里少将，1945.5—战争结束

D. 海军助理参谋长（分管航空）：

1. R. H. 波特尔少将，1943.6—1944.11

2. L. D. 麦金托什少将，1944.11—战争结束

E. 第一航空母舰中队司令：海军中将菲利普·L. 维安爵士，1944.11—战争结束

F. 第十一航空母舰中队司令：C. H. J. 哈尔考特少将，1945.3—战争结束

II. 在役的快速航母，1943.8—1945.11

A. 光辉级

序号	舰名	服役日期
1	光辉	1940.5.25
2	可畏	1940.11.24
3	胜利	1941.5.15
4	不屈	1941.10.10

B. 怨仇级（光辉级改进型）

序号	舰名	服役日期
1	不倦	1944.5.3
2	怨仇	1944.8.28

C. 巨人级

序号	舰名	服役日期
1	巨人	1944.12.16
2	复仇	1945.1.15
3	可敬	1945.1.17
4	光荣	1945.4.2
5	海洋	1945.8.8

附录E 旧日本海军概况，1943—1945

I. 海军航空主管机构

A. 海军航空本部长：

1. 塚原二四三中将，1942—1944.9
2. 户塚道太郎中将，1944.9—1945.4
3. 井上成美中将，1945.4—1945.5
4. 和田操中将，1945.5—战争结束

B. 机动舰队司令长官：小泽治三郎中将，1942—1945.2

C. 第1航空战队司令官：

1. 小泽治三郎中将，1942—1944.10
2. 古村启藏少将，1944.10—1944.12
3. 大林末雄少将，1944.12—1945.2

D. 第2航空战队司令官：城岛高次少将，1943.8—1944.7

E. 第3航空战队司令官：大林末雄少将，1944.2—1944.9

F. 第4航空战队司令官：松田千秋少将，1944.5—1945.2

II. 在役航母，1943—1945[1]

舰名	排水量（吨）	功率（马力）	航速（节）	载机量	建成日期
翔鹤	29800	160000	34.2	75	1941.8.8
瑞鹤	29800	160000	34.2	75	1941.9.25
隼鹰	27500	56250	25.5	54	1942.5.3
飞鹰	27500	56250	25.5	54	1942.7.31
大凤	34200	160000	33.3	75	1944.3.7
云龙	20400	152000	34	63	1944.8.6
天城	20400	152000	34	63	1944.8.10
葛城	20200	104000	32	63	1944.10.15
信浓	68060	150000	27	54	1944.11.19

（续表）

舰名	排水量（吨）	功率（马力）	航速（节）	载机量	建成日期
瑞凤（轻型）	13950	52000	28	30	1940.12.27
龙凤（轻型）	15300	52000	26.5	36	1942.11.28
千代田（轻型）	13600	56800	29	30	1943.10.31
千岁（轻型）	13600	56800	29	30	1944.1.1

【1】本表格中的排水量是满载排水量，取自奥宫正武和堀越二郎所著《零！》（*Zero!*）一书第176页引用的日本官方数据，但正文中使用的是标准排水量，数据取自《日本航空母舰和驱逐舰》（口袋画册第二卷）[*Japanese Aircraft Carriers and Destroyers* (Pocket Pictorial Vol. II)] 第6—61页，日本航母的部分细节也应参考该书。

参考文献及其意义

本研究主要基于美国海军的官方资料，另外也使用了来自英国皇家海军、皇家加拿大海军和旧日本海军的资料作为补充。这些官方材料、历史文件及其相关的辅助性作品大大方便了我们对这一时期海军历史的还原。然而，完全基于官方材料的历史作品往往不过是编年史或战斗过程的简单引述——读起来固然精彩，但却完全无助于理解历史上各种因素之间的联系。因此，本书作者参考了一部分私人收藏的文献，并对许多曾在第二次世界大战期间参与过快速航母特混舰队发展或熟悉这段历史的人士进行了信件请教或面访。

本书的主要资料来源是海军历史科，也就是后来的海军历史中心。米尔德雷德·D. 梅约夫人，一位不知疲倦的档案管理员，对找出各种相关文献的贡献尤其重大。这些文献包括舰队、特混舰队和特混大队、舰长的战斗报告，海军情报访谈，战役总结，主要指挥官的战时日记和执勤时间表，舰队的作战指令，官方通讯和备忘录，兵种司令的月度分析，以及各部队战史。这些档案中包括这样一些重要的专著和官方总结文件：

Weapons Systems Evaluation Group, "WSEG Study No. 4: Operational Experience of Fast Carrier Task Forces in World War II", 15 August 1951. 这份研究旨在评价快速航母的"总体有效性"，提供了极佳的统计数据和一些洞见，是份不错的资料汇编。

"United States Naval Administration in World War Ⅱ : Commander in Chief, United States Fleet" (1945). 由美国海军研究院的 W. M. 怀特希尔中校编纂，杰特尔·A. 伊斯利批评它不够完整，而且各章节之间关系不明，但它仍然提供了美国舰队总司令部的排班表，不失为有价值的历史档案。

Commander-in-chief, United States Pacific Fleet and Pacific Ocean Areas, "Command History, 7 December 1941-15 August 1945" (1945). 一份不错的指挥架构史料，展现了战时行政组织的关键变动。

"History: Commander Air Force Pacific Fleet" (002238, 3 December 1945). 一份极其详尽，很是不错的指挥架构历史。

"United States Naval Administration in World War Ⅱ : DCNO(Air): Air Task Organization in the Pacific Ocean Areas, Ship-based Aircraft" (1945). 这是所有航母特混舰队的勤务表，对作者来说须臾不可缺。

Office of the Commander, Air support Units, Amphibious U.S. Pacific Fleet, "Air Support History, August 1942 to 14 August 1945" (1945). 美国海军（退休）中将 R. F. 怀特黑德把这份很有价值的总结性历史材料的副本借给了作者。

本书还参考了一些公开出版的资料，包括：

Furer, Rear Admiral Julius Augustus, USN (Ret). *Administration of the Navy Department in world War Ⅱ*. Washington, 1959. 这是一本内容全面的大部头著作。

Rowland, Lieutenant Commander Buford, USNR, and Lieutenant William B. Boyd, USNR. *U.S. Navy Bureau of Ordnance in World War Ⅱ*. Washington, 1953. 一份尤其有用的历史资料，尤其是在航空弹药方面。

U.S. Naval Aviation in the Pacific: A Critical Review. Washington, 1947. 一份无懈可击的资料。

由亚德里安·O. 范·韦恩领导的航空历史组在战后编纂了几部专著，它们都被收入《二战中的美国海军部》(*United States Naval Administration in World War II*)之中，但拥有自己的子标题——“海军作战部副部长（分管航空）文集：海空作战”[DCNO (Air) Essays in the History of Naval Air Operations]。

"Carrier Warfare"

Part Ⅰ: "Remarks on the Development of the Fast Carrier Task Force", by Lieutenant Andrew R. Hilen, Jr, USNR (October 1945). 一份不错的探讨，但是过度倾向于弗雷德里克·C. 谢尔曼将军的理念，作者曾在他的参谋部里工作过一年。

Part Ⅲ: "History of Naval Fighter Direction", by Lieutenants William C. Bryant, USNR, and Heith I. Hermans, USNR (February 1946). 这份资料对理解航母的防空问题是不可或缺的。

Dittmer, Lieutenant (jg) Richard W, USNR. "Aviation Planning in World War Ⅱ" (nd). 详述了海军飞机采购和维持生产规模的问题。

Grimes,Lieutenant J.,USNR. "Aviation in the fleet Exercises, 1923–1939" (nd). 这份资料的内容本身不错，但对20世纪20年代的覆盖明显不足。

Land, Lieutenant W.G., USNR, and Lieutenant A. O.Van Wyen, USNR. "Naval Air Operations in the Marianas" (early 1945). 意在对战例进行研究以帮助未来作战，这份研究在完成时即已过时，但对历史学者来说很有价值。

Seim, Commander Harvey B, USN. "U.S.S. Independence–Pioneer Night Carrier" (January 1958). 对航母作战中的这一个领域的良好总结。

这个航空历史组还编写了四份值得一提的出版物：

Buchanan, Lieutenant A.R., USNR(ed). *The Navy' s Air War: A Mission Completed*. New York, 1946. 一份对战时美国海军航空兵的有用概述。

Duncan, Donald B, and H. M. Dater. "Administrative History of U.S. Naval Aviation", *Air Affairs*, Ⅰ (Summer, 1947), 526–39. 这是历史学者达特尔替邓肯将军"捉刀代笔"写的文章，发表于一份杂志上，这份杂志不久之后就停刊了，但文章对研究者而言仍有价值。

MacDonald, Scot. *Evolution of Aircraft Carrie*. Washington, 1964. 取自《海军航空新闻》(*Naval Aviation News*)的作品集，考察了所有国家的航母，完善且有用。

United States Naval Aviation, 1910–1960 (NAVWEPS 00–80P–1). Washington, 1961. 这是A. O. 范·韦恩和李·M. 皮尔森主笔，在海军航空兵成立50周年时所作的一份参考文献，价值难以估量。

李·M. 皮尔森，海军航空系统司令部的历史学者，他慷慨地向笔者提供了美国飞机和雷达的技术数据。同样，曾协助莫里森编写其历史著作（下文将讨论这一著作）的K. 杰克·鲍尔也从其主要信息来源中为作者提供了数据。最后，海军总审判长办公室也允许本书作者调阅了1944—1945年两次台风的质询调查记录。

特别感谢美国海军学院1966级班上两位学员，他们优秀的第一手研究论文具有很高的价值：查尔斯·E. 琼斯三世撰写了《SB2C "地狱俯冲者"：历史发展与总结》（*The SB2C Helldiver–An Historical Development and Analysis*）一文，詹姆斯·T. 佩蒂罗则撰有《日本在菲律宾群岛的空中防御》（*Japanese Air Defense of the Philippine Islands*）。

关于英国、加拿大和日本海军的主要资料都是通过官方渠道与所在国联系后，由个人提供的。皇家海军退役少校P. K. 肯普、皇家海军退役上校R. S. D. 阿莫，以及皇家海军退役人员唐纳德·麦金泰尔为作者提供了英国海军部档案中的材料，这些档案现已转由英国国防部下属的海军历史处管辖。除了舰船统计数据和其他杂项信息外，最有价值的是一份参谋部专著——《海军部航空行政组织笔记，1912—1945》（*Notes on the Administrative Organization for Air Matter within the Admiralty, 1912 to 1945*）。加拿大的原始资料来自皇家加拿大海军退役中校约翰·H. 阿比克，资料由海军情报处进行了脱密处理。日本方面资料来自防卫厅防卫研修所战史室主任西浦进，主要是日本军官的任务执行记录和传记。不过，源田实将军还向本书作者提供了一本由其本人撰写的极其优秀的专著《日本帝国海军航母战术的演化》（*Evolution of Aircraft Carrier Tactics of the Imperial Japanese Navy*）。

以日记为主的个人收藏文件，也发挥了作用，想要获得它们有些困难，因为战时的海军管理规则禁止军人记日记。不过，总有些人不理会这种禁令，比如弗雷德里克·C. 谢尔曼将军。他的第一本日记随老"列克星敦"号在珊瑚海沉没了，不过他没有改变写日记的习惯，日后他在日记前言中写道："水兵处下令禁止海军所有人员保留日记。我相信这种命令是非法的……不过，为了保守机密，我会把这本战争记录收藏起来，以供未来使用。当下我会把它藏起来，敌人永远不会拿到它。"

两个人的文档在本书中引用的最多，分别是谢尔曼和约翰·H. 托尔斯将军。托尔斯手下有个文书军士，负责提醒他即将召开的会议。他习惯于向这位军士口述自己每天的活动，形成他的"备忘录文集"。这便成了一份无与伦比、直接可用的1943—1944年太平洋舰队司令部的所有会议的记录。谢尔曼是个很情绪化的人，但他非凡的日记中记载了航母指挥官的挫折感。固然他有偏见，但没有理由怀疑他观点的正确性。感谢两位将军的遗孀向本书作者提供了他们的日记。1991年时，人们还不知道谢尔曼将军这本日记的存在，托尔斯夫人则把其丈夫的日记交给了美国国会图书馆。

C. M. 库克将军和H. E. 亚纳尔将军的文档也与航空兵有关。库克的日记是由美国空军少校C. M. 小库克提供的，它揭示了金和尼米兹历次旧金山会面的细节，此外1964年库克父子之间的谈话记录涵盖了这场战争的更多方面。亚纳尔的文件来自海军历史部门，主要涉及战前的事项和他1943年对海军航空所做的调研。

"黄蜂"号VB-14中队约瑟夫·E. 凯恩上尉在1944年5月10日到1945年2月12日之间的日记，为洞察普通飞行员的想法提供了极好的窗口。感谢美国海军学院1966届学员约瑟夫·E. 凯恩二世提供了这份资料。后来升为中将的詹姆斯·H. 弗拉特利的文件集是从美国海军学院1966届学员布莱恩·A. J. 弗拉特利处借来的，其内容主要是官方文件，但也有一些涉及航母战争的私信。另有两份内容乏善可陈的文档，分别是M. A. 米切尔将军和D. C. 拉姆齐将军的文件。米切尔的文件取自国会图书馆，其内容反映了这位将军的沉默寡言，他的文件里大部分都是他去世时的悼词。拉姆齐的文件也来自国会图书馆。

有一些在世的人（不过其中有些人已在本书出版前故去）也根据自己的战时经历提供了重大的信息。笔者对他们进行了面访或信件访谈，其中两位还把口述录音带寄给了笔者，另两人则与笔者通了电话。这些调研都是在1961年2月到

1968年6月之间进行的。下列被采访人员的军衔都是他们与作者联系时的情况，其中大部分人那时都已经退出了现役。一同列出的还有他们战时在航母部队或相关部门的职位。具体如下：

乔治·W. 安德森，美国海军上将。1943年任“约克城”号航海长，1943—1945年先后在太平洋舰队航空兵司令部、太平洋舰队司令部、美国舰队司令部任职。

约翰·H. 阿比克，皇家加拿大海军中校。1945年时在加拿大海军参谋部任海军航空科总监。

华莱士·M. 贝克利，美国海军中将。1943—1945年先后在太平洋舰队航空兵司令部、美国舰队司令部任职。

马歇尔·U. 比伯，美国海军上校。1944—1945年任VF-17中队队长。

J. T. 布莱克本，美国海军上校。1943—1944年任VF-17中队队长，1944年在航空局任职，1945年任VF-74中队队长。

杰拉尔德·F. 博根，美国海军中将。1944—1945年任第4航母分队司令。

W. 弗雷德·波恩，美国海军上将。1945年任“约克城”号舰长。

阿利·A. 伯克，美国海军上将。1944—1945年任第58/38特混舰队司令部参谋长。

M. C. 切克，美国海军少将。1942—1945年任第三舰队司令部参谋。

J. J. 克拉克，美国海军上将。1943—1944年任“约克城”号舰长，1944—1945年先后任第13、第5航母分队司令。

约瑟夫·C. 克里夫顿，美国海军少将。1943年任VF-12中队队长，1944年任第12舰载机大队队长，1945年任“黄蜂”号副舰长。

约瑟夫·C. 克罗宁，美国海军少将。1945年任第2战列舰分队司令部参谋长。

罗兰·H. 戴尔，美国海军上校。1943年任VF-24中队队长，1944年任第17舰载机大队队长，1944—1945年任第1航母分队司令部作战参谋。

巴尔顿·E. 代，美国海军上校。1945年任第3航母分队司令部参谋。

罗伯特·E. 迪克逊，美国海军少将。1943—1944年任第1航母分队司令部作战参谋，1944—1945年在航空局任职。

O. H. 多森，美国海军少将。1943—1944年任第12航母分队司令部幕僚。

罗伯特·G. 多斯，美国海军上校。1944年任VF-12中队队长。

罗伯特·F. 法林顿，美国海军上校。1943年任VT-12中队队长。

奥伯里·W. 菲奇，美国海军上将。1944—1945年任分管航空的海军作战部副部长。

马西亚斯·B. 加德纳，美国海军上将。1943—1944年任“企业”号舰长，1944—1945年任第11和第7航母分队司令，1945年任美国舰队司令部参谋。

源田实，旧日本海军大佐，日本航空自卫队航空幕僚长。1942—1944年任日本海军军令部参谋，1945年任第343海军航空队司令。

萨穆尔·B. 古德，美国海军预备役少校。1945年任第6航母分队司令部参谋。

休伊·H. 戈德温，美国海军中将。1944年任第6航母分队参谋长。

哈里·W. 希尔，美国海军上将。1943—1945年任两栖部队司令。

托马斯·P. 杰特尔，美国海军少将。1944年任“邦克山”号舰长，1944—1945年间任太平洋舰队战列舰部队、第2战列舰分队参谋长。

罗伊·L. 约翰逊，美国海军上将。1944年任第2舰载机大队队长，1944—1945年任“大黄蜂”号航空部门长。

L. J. 柯恩，美国海军少将。1944—1945年任第2航母分队作战参谋。

R. E. 劳伦斯，美国海军中校。1944—1945年任第6航母分队参谋。

迈克尔·李法努，英国皇家海军上将。1945年任美国第五/第三舰队参谋。

E. D. G. 莱文，英国皇家海军上校。1944—1945年任英国第1航母中队参谋。

戴维·麦坎贝尔，美国海军上校。1944年任第15舰载机大队队长。

道格拉斯·A. 麦克莱利，美国海军预备役上尉。1943—1944年在VT-5中队服役，1944—1945年任第13和第5航母分队幕僚。

J. C. 麦凯。固特异飞机公司员工。

J. W. 麦克马努斯，美国海军上校。1945年任VB-75中队队长。

A. I. 马尔斯托姆，美国海军少将。1945年任“塔拉瓦”号舰长。

P. G. 摩尔特尼，美国海军上校。1945年任第38特混舰队参谋。

C. J. 摩尔，美国海军少将。1943—1944年任第五舰队参谋长。

R. W. 莫尔斯，美国海军少将。1943—1944年任第五舰队参谋。

小F. W. 佩诺耶，美国海军中将。1943—1945年任太平洋舰队航空兵司令部参谋。

G. 威林·派珀，美国海军预备役上校。1942—1945年任太平洋舰队司令部航空兵参谋。

R. A. 菲利普斯，美国海军上校。1943—1945年任第12和第3航母分队参谋。

E. B. 波特，美国海军学院历史学教授。

查尔斯·A. 波纳尔，美国海军中将。1943年任第3航母分队、第50特混舰队司令，1944年任太平洋舰队航空兵司令。

约翰·拉比，美国海军少将。1943年任第9舰载机大队队长。

亚瑟·W. 拉福德，美国海军上将。1943年任第11航母分队司令，1943—1944年任太平洋舰队航空兵司令部参谋长，1944年任分管航空的海军作战部副部长助理，1944—1945年任第6航母分队司令。

H. S. 雷纳，皇家加拿大海军中将。1944—1945年任加拿大海军参谋。

小J. W. 里夫斯，美国海军上将。1943—1944年任第4航母分队司令。

H. E. 里根，美国海军少将。1944年任第1航母分队参谋长，1945年任“兰利”号舰长。

F. 罗伯特·雷诺德，美国海军预备役少校。1943—1944年在“约克城”号服役，1944—1945年任第13和第5航母分队参谋。

C. D. 李奇微，美国海军预备役上校。1943—1944年在“约克城”号服役，1944—1945年任第13和第5航母分队参谋。

赫伯特·D. 里雷，美国海军中将。1945年任第58特混舰队作战参谋。

詹姆斯·S. 拉塞尔，美国海军上将。1944—1945年任第2航母分队参谋长。

威廉·H. 拉塞尔，美国海军学院历史学教授。

H. B. 萨拉达，美国海军上将。1944年任第6航母分队司令，1945年任航空局局长。

V. H. 沙菲尔，美国海军少将。1943—1944年任“巴丹”号舰长，1944—1945年任第七舰队参谋长。

理查德·斯米顿爵士，英国皇家海军中将。1943—1944年任美国太平洋舰队航空兵司令部参谋，1944—1945年任英国第1航母中队参谋。

丹·F. 史密斯，美国海军少将。1944—1945年任第20舰载机大队队长，1945年任“独立”号副舰长。

欧文·E. 索沃林，美国海军预备役上校。1944—1945年任第13和第5航母分队参谋。

雷蒙德·A. 斯普鲁恩斯，美国海军上将。1943—1945年任第五舰队司令。

哈罗德·E. 斯塔森，美国海军预备役上校。1942—1945年任第三舰队参谋。

菲利克斯·B. 斯坦普，美国海军上将。1943—1944年任“列克星敦”号舰长。

E. E. 斯特宾斯，美国海军上校。1943—1944年任VB-5中队队长，1944年任第5舰载机大队队长。

约翰·L. 沙利文，1945年任分管航空的海军部副部长。

J. S. 萨奇，美国海军上将。1944—1945年任第38特混舰队作战参谋。

P. H. 托雷夫人，其子于1943—1945年任第9舰载机大队队长。

J. H. 托尔斯夫人，J. H. 托尔斯上将遗孀。

F. M. 特拉普耐尔，美国海军中将。1944—1945年任第6航母分队参谋长。

J. J. 冯克，美国海军上尉。1943—1944年在“约克城”号服役，1944—1945年任第58/38特混舰队参谋。

A. O. 沃斯，美国海军上校。1944—1945年任第80舰载机大队队长，1945年任“卡伯特”号航空部门长、航海长。

A. B. 沃塞勒，美国海军中将。1945年任第五舰队幕僚。

R. R. 沃勒，美国海军少将。1943年任“约克城”号参谋长，1943—1944年任太平洋舰队航空兵司令部参谋，1945年任第5航母分队参谋长。

C. J. 惠勒，美国海军少将。1943—1944年任“莫比尔”号舰长，1944—1945年任英国太平洋舰队参谋。

理查德·F. 怀特黑德，美国海军中将。1944—1945年任空中支援指挥部门司令，1945年任“香格里拉”号舰长。

T. B. 威廉姆森，美国海军中将。1945年任第2航母分队参谋。

E. E. 威尔逊，1931—1945年任联合飞机公司总裁

（并使用了藏于美国海军学院的哥伦比亚大学口述历史副本）

拉尔夫·E. 威尔逊，美国海军中将。1943—1945年任第三舰队参谋。

J. P. 莱特，英国皇家海军上校。1944—1945年任第1航母中队参谋长。

还有一些个人提供了当时的总体背景信息，也十分有用。具体如下：

W. C. 安塞尔，美国海军少将。

M. E. 阿诺德，美国海军少将。

G. C. 鲍德温，英国皇家海军上校。

L. H. 鲍尔，美国海军上校。

乔治·布雷泽，美国海军预备役人员，海军首席药剂师副手。

J. F. 波尔格，美国海军中将。

卡梅伦·布里格斯，美国海军少将。

库珀·B. 布莱特，美国海军上校。

K. C. 奇尔德斯，美国海军上校。

T. S. 康姆斯，美国海军中将。

D. S. 康威尔，美国海军中将。

C. J. 坎宁安，英国皇家海军中校。

W. M. 菲切勒，美国海军上将。

哈里·D. 菲尔特，美国海军上将。

加托·D. 小格罗沃，美国海军上将。

C. D. 格里芬，美国海军中将。

J. M. 霍斯金斯，美国海军中将。

佩奇·纳特，美国海军上校。

非祖尔·李，美国海军中将。

H. F. 麦克康姆西，美国海军上校。

H. M. 马丁，美国海军上将。

马科斯·米勒，美国海军预备役少校。

R. W. 帕科尔，美国海军上校。

B. R. 特莱克斯勒，美国海军中校。

C. O. 特里贝尔，美国海军少将。

关于美国海军的出版物的质量参差不齐，其中大部分都存在历史学家西奥多·罗普所贴切形容的“哦！老天爷！”，或者说过于追求刺激场面的问题。杰出的海军二战历史著作则包括萨穆尔·艾略特·莫里森的15卷本半官方《美国海军第二次世界大战史》（*History of United States Naval Operations in World War II*）。莫里森的作品最大的缺憾在于对海军航空兵的介绍过于粗浅。例如，他确实提到了托尔斯将军，但在总共8卷的关于太平洋战争的篇幅中仅仅提到了3次。莫里森是众多战列舰派将领的好友，在战争期间从未在航母上待过。他更喜欢战列舰、巡洋舰、驱逐舰，乃至海岸警卫队的巡逻船。他接受正规海军训练时，就连日德兰海战都没爆发。莫里森的战列舰派倾向性是可以理解的，但在他的鸿篇巨著中存在这样的缺陷，终究说不过去。本书参考的卷本均在波士顿出版，包括：

Coral Sea, Midway and Submarine Actions (Ⅳ).1949.

The Struggle for Guadalcanal (Ⅴ).1949

Breaking the Bismarck's Barrier (Ⅵ).1950

Aleutians, Gilberts and Marshalls (Ⅶ). 1957.

New guinea and the Marianas (Ⅷ). 1957.

The Invasion of France and Germany (Ⅺ).1957.

Leyte (Ⅻ). 1958.

The Liberation of the Philippines (XⅢ). 1959.

Victory in the Pacific (XⅣ). 1960

Supplement and Index (XV). 1962

此外，本书还从关于美国海军的其他书籍中得到了不少帮助：

Adamson, Colonel Hans Christian, USAF (Ret), and Captain George Francis Kosko, USN (Ret). *Halsey's Typhoons*. New York, 1967. 关于这一主题的无趣材料罗列。

Albion, Robert Greenhalgh, and Robert Howe Connery. *Forrestal and the Navy*. New York, 1962. 一本关于行政体系的佳作。

Arpee, Edward. *From Frigates to Flat-tops: The Story and Life of Rear Admiral William Adger Moffett, USN*. Chicago, 1953. 墨菲特的唯一一本传记，写得很好。

Baldwin, Hanson. "The Battle for Leyte Gulf", *Sea Fights and Shipwrecks* (with notes by Fleet Admiral W. F. Halsey, Jr, and Admiral T. C. Kinkaid). New York, 1955. 一本关于莱特湾海战的不错的综述，金凯德将军的评注令其增色不少。

Brodie, Bernard. *A Guide to Naval Strategy* (3rd ed.). Princeton, 1944. 对第二次世界大战中海战的扎实审视，后来的版本做了一些修改，更适合指导现在，不适用于历史研究。

Sea power in the Machine Age. Princeton, 1941. 对战前的介绍很不错，但是对航空兵在战争中的重要性估计不足。

Bryan, Lieutenant J, Ⅲ , USNR, and Philip G. Reed. *Mission Beyond Darkness*. New York, 1945. 详细重现了1944年6月20日那次精彩的战斗。

Buchanan, A. Russell. *The United States and world War II*, 2 vols. New York, 1964. 对二战所有方面的最佳总结，对技术领域的偏重格外有用。作者对海军航空十分了解，他曾在1946年编辑过航空历史部门的著作。

Carter, Rear Admiral Worrall Reed, USN (Ret.). *Beans, Bullets and Black Oil*. Washington, 1953. 一名指挥官对太平洋舰队后勤体系的不错的叙述。

Clark, Admiral J. J, USN (Ret.) with Clark G. Reynolds. *Carrier Admiral*. New York, 1967. 作为本书的合著者，笔者或可自称，这是一本非常优秀的从第一视角介绍快速航母大队指挥官的著作，笔者只希望其他人也喜欢它。

Davis, Vincent. *Postwar Defense Policy and the U.S. Navy, 1943–1946*. Chapel Hill, 1966. 或者该书前身 , "Admirals, Policies and Postwar Defense Policy: The Origins of the Postwar U.S. Navy, 1943–1946 and After", Unpublished Ph. D. dissertation, Princeton University, 1962. 一份对本研究而言不可或缺的资料，覆盖了海军行政管理和政策的诸多方面，作者是一位政治学者，其叙述有时似乎为了维护主旋律而忽略了历史，但总的来说还是一本很重要的著作。

Denlinger, [Henry] Sutherland, and Lieutenant Commander Charles B. Gray, USNR. *War in the Pacific: A Study in Navies, Peoples and Battle Problems*. New York, 1936. 一本于战前问世，关于太平问题的有趣作品。

Dictionary of American Naval Fighting Ships, Vol. 2. Washington, 1963. 其附件1很好地列出了1922—1962年美国海军所有航母的性能数据。第一卷（华盛顿，1959年版）的附件1则包含了相似的战列舰列表。

Falk, Stanley L. *Decision at Leyte*. New York, 1966. 关于这场战役的最新著作，不过其标题并不确切，因为它介绍的是整场战役，而不是哈尔西在其中的重大决定。

Forrestel, Vice Admiral E. P, USN (Ret.). *Admiral Raymond A. Spruance, USN: A Study in Command*. Washington, 1966. 这本著作并不很透彻，这很令人失望，因为作者福莱斯特的地位很特殊，他曾在1943年8月至1945年7月任斯普鲁恩斯的作战参谋。

Green, William. *War Planes of the Second world war: Fighters*, Vol. 4. Garden City, 1961. 本书对第二次世界大战期间美国所有战斗机的发展和性能的介绍非常好。

Halsey, Fleet Admiral William F, Jr, USN, and Lieutenant Com-mander J. Bryan III, USNR. *Admiral Halsey's Story*. New York, 1947. 本书的主旨是为哈尔西在战时的一些行动做辩护，穿插了一些趣闻轶事，合著者是他的前幕僚。总的来说，这是一份不太可信的纪实文学式的作品。

Jensen, Lieutenant Oliver, USNR. *Carrier War*. New York, 1945. 一份关于从马尔库斯空袭到莱特湾海战期间快速航母部队的不错的图史，其大部分内容集中于"约克城"号航母（CV-10）。

Karig, Captain Walter, USNR, et al. *Battle Report*, 6 vols: *The End of an Empire*, IV. New York, 1948. 一本普及型历史作品，有一些不错的轶闻趣事和亲历者自述。同类作品还有非官方文献 *Victory in the Pacific,* V (1949)。

King, Fleet Admiral Ernest J, USN. *U.S. Navy at war, 1941-1945*. Washington, 1945. 本书全面收集了美国舰队司令部每年发给海军部部长的年度战况报告。

King and Commander W. M. Whitehill, USNR. *Fleet admiral King*. New York, 1952. 一份从第三人称视角撰写的十分优秀的传记作品，文中重点介绍了他的历次重大决定，以及关于这场海军战争的方方面面。另可参考 Whitehill, "A Postscript to Fleet Admiral King: A Naval Record", Proceedings of the Massachusetts Historical Society, LXX, 203-26.

Leahy, Fleet Admiral William D, USN. *I Was There*. New York, 1950. 对高层决策过程的介绍很不错。

Lockwood, Vice Admiral Charles A, USN (Ret.) and Colonel Hans Christian Adamson, USAF (Ret.). *Zoomies, Subs and Zeros*. New York, 1956. 从潜艇兵视角撰写的太平洋战争中空潜协同的故事集，有些故事很不错。

Lockwood, *Battles of the Philippine Sea*. New York, 1967. 这位高产的作者对这一议题也没有说出什么新东西，他只是为斯普鲁恩斯在塞班岛外海对战列舰的运用做了一些辩护。

Meakin, Bob. *50th Anniversary of Naval Aviation*. El Segundo, Calif., 1962. 道格拉斯飞机公司的回忆。

Miller, Lieutenant Max, USNR. *Daybreak for Our Carrier*. New York, 1944. 一本介绍1943年时典型的快速航母上每日生活的大众书籍，作者是一位战地记者。

Millis, Walter, and E. S. Duffield (eds.). *The Forrestal Diaries*. New York, 1951. 一份关于1943—1949年美国海军行政管理变化的可靠资料，不过与本书关系不太大。

Mizrahi, J.V. *U.S. Navy Dive and Torpedo Bombers*. N.p., 1967. 一本关于从战前到二战中美国海军攻击机的不错的图集。

Morison, Elting E. *Admiral Sims and the Modern American Navy*. Boston, 1942. 关于这位美国海军最伟大将领，同时也是舰队航空兵早期支持者的十分优秀的传记作品。

Morison, Samuel Eliot. *The Two Ocean War*. Boston, 1963. 关于前文所述的莫里森那套半官方15卷本史诗巨著的综述。其价值在于揭示了作者的一些更主观的想法和观点。

O' Callahan, Father Joseph, S. J. *I Was Chaplain on the Franklin*. New York, 1956. 一则简单纯粹的英雄故事，讲述了“富兰克林”号荣誉勋章背后的牺牲和英勇。

Potter, E. B, and Fleet Admiral C. W. Nimitz, USN. *Sea Power*. Englewood Cliffs, N.J., 1960. 海军学院的海军史标准教材，该书对大航海时代战列线战术和混战战术之争的评价很不错，也很有用。

Pratt, Fletcher. *Fleet Against Japan*. New York, 1946. 作者普拉特在战时写给*Harper's*杂志的文章结集，并不准确，但独具个性。

Pyle, Ernie. *Last Chapter*. New York, 1946. 对冲绳外海快速航母上生活的极佳的第一人称视角介绍，这本书完成后不久，这位卓越的战地记者就在伊江岛滩头不幸遇难。

Ropp, Theodore. *War in the Modern World*. New York, 1962. 从宏观上提出了关于战争的关键问题。

Roscoe, Theodore. *United States Submarine Operations in World War*

II. Annapolis, 1949. 关于二战美国潜艇的最近专著，主要是对作战行动本身的叙述。

Roscoe, Theodore. *United States Destroyer Operations in World war ll*. Annapolis, 1953. 概要同上。

Roskill, Captain Stephen W, RN (Ret.). *The Strategy of Sea Power*. London, 1962. 一系列十分优秀的关于海军历史诸多方面的文集，本书主要引用了其对1816—1918年战列线战术和混战战术之争的新解。

Sherman, Admiral Frederick C, USN (Ret.). *Combat Command: The American Aircraft Carriers in the Pacific War*. New York, 1950. 鉴于谢尔曼颇具揭示性的战时日记的存在，本书内容乏善可陈。

Stafford, Commander Edward P, USN. *The Big E*. New York, 1962. 介绍了明星航母“企业”号（CV-6）的战场生涯，描述了许多精彩的战斗，其主题和覆盖面都是独一无二的。

Taylor, Theodore. *The Magnificent Mitscher*. New York, 1954. 并不怎么“壮丽”（Magnificent）的书，主角太沉默了，不过或许别人也没法比他写得更好。

Tuleja, Thaddeus V. *Statesmen and Admirals: Quest for a Far eastern Naval Policy*. New York, 1963. 对战前的介绍很不错。

Turnbull, Captain Archibald D, USNR, and Lieutenant Commander Clifford L. Lord, USNR. *History of United States Naval Aviation*. New Haven, 1949. 对1940年之前的海军航空历史作了极佳的介绍，不过没有提及二战期间的情况，这使该书有些文题不符。

Wagner, Ray. *American Combat Planes*. Garden City, 1960. 对美国军用飞机的不错的概述，提供了从最初到20世纪50年代所有作战飞机的性能数据。

Waters, Sydney D. *The Royal New Zealand Navy*. Wellington, 1956. 关于太平洋战争中英联邦国家海军战史的最好著作。

Wheeler, Gerald E. *Prelude to Pearl Harbor: The United States Navy and the Far East, 1921-1931*. Columbia, Mo, 1963. 对20世纪20年代情况的介绍很不错，应当与图莱雅的《政客与将军》（*Statesmen and Admirals*）一同阅读。

Wilson, Eugene E. *Slipstream: The Autobiography of an Air Craftsman*. New York, 1950. 关于20世纪20年代海军航空兵的不错著作，作者威尔逊当时是航空兵军官，在墨菲特将军和里夫斯将军手下当幕僚。

Woodward, C. Vann. *The Battle for Leyte Gulf*. New York, 1947. 关于这场大战的一份全面但不算正式的早期作品。

美国海军学会会刊上的文章尤其有用：

Sherman, Lieutenant Forrest, USN. "Air Warfare", 52 (January 1926), 62−71.

Woodhouse, Henry. "U.S. Naval Aeronautic Policies, 1904−42", 68 (February 1942), 161−75.

Percival, Lieutenant Franklin G, USN (Ret.). "Wanted: A New Naval Development Policy", 69 (May 1943), 655−66.

Ramsey, Captain Logan C, USN. "The Aero−Amphibious Phase of the Present War", 69 (May 1943), 695−701.

Stanford, Peter Marsh. "The Battle Fleet and World Air Power", 69 (December1943), 1533−39.

Hessler, Lieutenant William H, USNR. "The Carrier Task Force in World War II", 71 (November 1945), 1271−81.

Eckelmeyer, Captain Edward H., Jr., USN. "The Story of the Selfsealing Tank", 72 (February 1946), 205−19.

Halsey, Lieutenant Commander Ashley, Jr., USNR. "The CVL's Success Story", 72 (April 1946), 523−31.

Steinhardt, Jacinto. "The Role of Operations Research in the Navy", 72 (May 1946), 649−55.

Gray, Commander James S, USN. "Development of Naval Night Fighters in World War II", 74 (July 1948), 847−51.

Halsey, Fleet Admiral William F., Jr., USN. "The Battle for Leyte Gul", 78 (May 1952), 487–95.

Hamilton, Captain Andrew, USNR. "Where is Task Force Thirty–Four?", 86 (October 1960), 76–80.

Reynolds, Clark G. "Sara' in the East", 87 (December 1961), 74–83.

Potter, E. B. "Chester William Nimitz, 1885–1966", 92 (July 1966), 31–55.

Dyer, Vice Admiral George C., USN (Ret.). "Naval Amphibious Landmarks", 92 (August 1966), 51–60.

本书还引用了其他一些文章：

"Air Group Nine Comes Home", Life (1 May 1944).

Bauer, K. Jack, and Alvin C. Coox. "OLYMPIC vs. KETTSU–GO", Marine Corps, 49 (August 1965), 32–44.

Brodie, Bernard. "Our Ships Strike Back", The Virginia Quarterly Review, XXI (Spring 1945), 186–206.

Brodie, Bernard. "The Battle for Leyte Gulf", The Virginia Quarterly Review, XXIII (Summer 1947), 455–60.

Bywater, Hector C. "The Coming Struggle for Sea Power", Current History, 41 (October 1934), 9–16.

Crichton, Kyle. "Navy's Air Boss", Collier's (23 October 1943).

Demme, Robert E. "Evolution of the Hellcat", The Second Navy Reader (ed. by Lieutenant William Harrison Fetridge, USNR). New York, 1944.

Hayes, John D. "Joseph Mason Reeves 94(1872–1948)", Shipmate, 25 (May 1962), 10–11.

Jones, George E. "Brain Center of Pacific War", The New York Times Magazine (8 April 1945).

McCain, John Sidney. "So We Hit Them in the Belly", Saturday Evening

Post (14 July and 21 July 1945).

Morris, Frank D. "Our Unsung Admiral", Collier's (1 January 1944).

Waite, Elmont. "He Opened the Airway to Tokyo", Saturday Evening Post (2 December 1944).

还有一些资料很难分类。各种关于舰船、航空兵大队和中队的图书就属这类。这些作品通常只是一些仅用于纪念的年刊。不过，它们对作者而言自有价值。介绍某一艘航母的著作中，罗伯特·L. 布兰特上尉编写的《羽翼迎风》(*Into the Wind*)就很好(介绍“约克城”号)。同样不错的还有美国海军预备役少校J. 布莱恩三世出版的日记集《航空母舰》(*Aircraft Carrier*，纽约，1954年版)，介绍的也是同一艘航母。舰载机大队方面，作者参考了罗伯特·吉罗克斯预备役上尉所编写的《第9大队(1942年5月—1944年5月)》[*Carrier Air Group 9 (March 1942–March 1944)*，1945年出版]，R. L. 布朗尼预备役上尉编写的《第10大队(1944年9月 —1945年11月)》[*Carrier Air Group Ten(September 1944–November 1945)*，1945年出版]，以及罗伯特·小坎普预备役上尉编写的《第86大队》(Carrier Air Group Eighty-Six，1946年出版)。航空兵中队方面，作者主要参考了罗伯特·奥兹的《“地狱俯冲者”中队》(*Helldiver Squadron*，纽约，1944年出版，介绍VB-17中队)，托马斯·L. 莫里西预备役上尉的《第二战斗中队的归途》(*Odyssey of Fighting Two*，1945年版)，以及西本·吉辛预备役少校的《第46战斗中队战史》(*History of Fighting Squadron Forty-Six*，1946年版)。

别无同类的还有A. A. 伯克准将在1945年8月录制的口述磁带，这一文件在缩微后被命名为《首战菲律宾海：避战决定，1944年6月18—19日的夜晚》[*The First Battle of the Philippine Sea: Decision Not to Force an Action on the Night of 18-19 June (1944)*]。这份讲述令我们获得了不同寻常的视角，以洞察在那个斯普鲁恩斯做出重大决策、足以决定命运的夜晚，第58特混舰队司令部的态度。

此外，美国海军战争学院的图书馆提供了从1935年到1944年全部军官的执勤表。

海军陆战队编写了一些官方历史资料，内容极其详尽，总体而言透彻表明了他们对自身得到的舰载机空中支援的态度：

Bartley, Lieutenant Colonel Whitman S., USMC. *Iwo Jima: Amphibious Epic*. Washington, 1951.

Boggs, Major Charles W., Jr., USMC. *Marine Aviation in the Philippines*. Washington, 1951.

Hoffman, Major Carl W., USMC. *Saipan: The Beginning of the End*. Washington, 1950.

Hoffman, Major Carl W., USMC. *The Seizure of Tinian*. Washington, 1951.

Hough, Major Frank O., USMCR. *The Assault on Peleliu*. Washington, 1950.

Lodge, Major O. R., USMC. *The Recapture of Guam*. Washington, 1954.

Nichols, Major Charles S., Jr., USMC, and Henry I. Shaw. *Okinawa: Victory in the Pacific*. Washington, 1955.

Stockman, Captain James R., USMC. *The Battle for Tarawa*. Washington, 1947.

有一本关于美国海军陆战队的著作十分优秀，也常被用于理解海军近距空中支援指挥流程，这本书就是杰特尔·A. 伊斯利和菲利普·A. 克罗尔的《陆战队和两栖战》(*The U. S. Marines and Amphibious War*，普林斯顿，1951年版)。内容同样充实的还有罗伯特·施罗德的《二战陆战队航空兵史》(*History of Marine Corps Aviation in World War II*，华盛顿，1952年版)，其对陆战队舰载机中队的介绍尤其有用。美国海军陆战队预备役少校弗兰克·O. 哈夫所著《岛屿战争》(*The Island War*，纽约，1947年版)对陆军航空兵的空中战术提出了针对性的批评。陆战队退役上将霍兰德·M. 史密斯和珀西·芬奇合著的《珊瑚与黄铜》(Coral and Brass，纽约，1949年版)则是关于陆战队如何在太平洋的指挥体系内争取重要地位的最佳著作。

迄今为止，美国陆军的官方历史计划比其他所有军种加起来还要丰富。在本书的撰写过程中，“二战美国陆军”(*United States Army in world war II*)这一系列从书中毛里斯·马特罗夫所著《联合作战中的战略计划，1943—1944》(*Strategic Planning for Coalition warfare, 1943-1944*，华盛顿，1959年版)尤为重要，它完整覆盖了太平洋方向上所有的高层战略计划。这一丛书中还有其他几本也同样有用，不过它们都回避了对海军或陆军航空兵空中支援战术的评论：

Cannon, M. Hamlin. *Leyte: The Return to the Philippines*. Washington,1954.

Cline, Ray S. *Washington Command Post: The Operations Division*. Washington, 1951

Crowl, Philip A., and Edmund G. Love. *Seizure of the Gilberts and Marshalls*. Washington, 1955.

Crowl, Philip A. *Campaign in the Marianas*. Washington, 1960.

Morton, Louis. *Strategy and Command: The First Two Years*. Washington, 1962.

Smith, Robert Ross. *Triumph in the Philippines*. Washington, 1963.

Smith, Robert Ross. "Luzon versus Formosa" in Kent Roberts Greenfield(ed.), *Command Decisions*. Washington, 1960.

另见路易斯·莫顿的《太平洋司令部：部队关系研究》(*Pacific Command: A Study in Interservice Relations*，美国空军学院，1961年版)，以及格温弗雷德·艾伦的《夏威夷的战争岁月，1941—1945》(Hawaii's War Years, 1941-1945，檀香山，1950年版)。

美国空军只出版了一部官方二战史，韦斯利·弗兰克·克雷文和詹姆斯·李·凯特编的《二战中的美国陆军航空队》(*The Army Air Forces in world War II*)，共六卷。其中第四卷《太平洋：从瓜达尔卡纳尔到塞班，1942年8月—1944年7月》(*The Pacific: Guadalcanal to Saipan, August 1942 to July 1944*，芝加哥，1950年版)和第五卷《太平洋：从马特宏到长崎，1944年6月—1945年8月》(*The Pacific: Matterhorn to Nagasaki, June 1944 to August 1945*，芝加哥，1953年版)的前言部分介绍了美国陆军航空兵在太平洋空战中的战术政策，有时也会攻击海军。这些著作远不如其他军种的完善，不过有些小故事还是有用的：

Futrell. Frank. "Prelude to Invasion", V.

Futrell. Frank. "Leyte", V.

Futrell. Frank. "Mindoro", V.

Futrell. Frank. "Luzon", V.

Futrell. Frank and James Taylor. "Reorganization for Victory", V.

Olsen, James C. "The Gilberts and Marshalls", IV.

Olsen, James C. and Captain Bernhardt L. Mortensen, USAF. "The Marianas", IV.

Olsen, James C. and James Lea Cate. "Iwo Jima", V.

R. 厄尔·麦克伦敦撰写了两部不错的专著:《美国空军的自主权问题，1907—1946》(*The Question of Autonomy for the United States Air Arm, 1907-1946*，空军大学文献研究，1948年版)以及《陆军航空兵，1947—1953》(*Army Aviation, 1947-1953*，空军大学文献研究，1954年版)。关于陆军航空兵将领米切尔的最佳著作是美国空军少校阿尔弗雷德·F. 霍雷所著的《空中十字军》(*Crusader for Air Power*，纽约，1964年版)。乔治·C. 肯尼将军所著《肯尼将军的报告》(*General Kenney Reports*，纽约，1949年版)对太平洋战略的讨论比较不错。空军五星上将H. H. 阿诺德所著《全球使命》(*Global Mission*，纽约，1949年版)也很值得一读。

英国的海军史总的来说都不错，尤其是其官方战史——英国海军上校斯蒂芬·W. 罗斯基尔的3卷本著作《海上战争，1939—1945》(*The war at Sea, 1939-1945*)，尤其是其中的第3卷《进攻》(*The Offensive*，伦敦，1961、1962年版)。英国海军少校 P. K. 肯普所著《舰队航空兵》(*Fleet Air Arm*，伦敦，1954年版)是一部不错的通史。伊恩·卡梅伦的(唐纳德·戈登·派内尔的化名)《晨曦之翼》(*Wings of the Morning*，伦敦，1962年版)也不错，不过这本书用起来要小心。飞机方面，唯一的完整资料是欧文·泰福德的《英国海军飞机，1912—1958》(*British Naval Aircraft, 1912-1958*，伦敦，1958年版)。关于战前时期最好的著作仍然来自罗斯基尔上校——两卷本的《间战期海军政策》(*Naval Policy between the wars*，伦敦，1968、1976年版)。感谢罗斯基尔上校把第一卷的手稿借给了本书作者使用。本书还参考了一些常见的年刊材料，比如《简氏战斗舰艇》（*Jane's Fighting Ships*）和《布拉希海军年鉴》（*Brassey's Naval annual*）。

关于英国太平洋舰队，最好的著作是战时快速航母部队司令、皇家海军元帅菲利普·L. 维安爵士所著《行动日：战争回忆录》（*Action This Day: A War Memoir*，伦敦，1960年版）。有三份著作介绍了太平洋战场上英美两军互派联络官的情况，分别是英国海军上校哈罗德·S. 霍普金斯所著《欢迎登舰》（*Nice to Have You Aboard*，伦敦，1964年版），英国海军上校 E. M. 埃文斯－朗姆比在皇家三军联合研究院学刊（*Royal United Service Institution Journal*）上发表的《太平洋上的皇家海军》["The Royal Navy in the Pacific"，1947年8月（第92期）]，以及美国海军上校 C. 朱利安·惠勒在美国海军学会会刊上发表的文章《英国人有求必到》["We Had the British Where We Needed Them"，1946年12月（第72期），第1583—1585页]。英国皇家三军联合研究院学刊上还有两篇关于战略的有用文章：海军上将、缅甸子爵蒙巴顿的《东南亚战役中的战略问题》["The Strategy of the Southeast Asia Campaign"，1946年11月（第91期），第479—483页]，以及马丁·哈里威尔的《突击日本计划》["The Projected Assault on Japan"，1947年8月（第92期），第348—351页]。最后，肯尼斯·波尔曼所著《"光辉"号》（*Illustrious*，伦敦，1955年版）也是一本出色的名舰舰史著作。

关于加拿大的战时海军，吉尔伯特·诺曼·塔克尔的两卷本《加拿大海军官方战史》（*The Naval Service of Canada: Its Official History*，渥太华1952年版）进行了详尽的研究。关于其海军航空兵，J. D. F. 基利和 E. C. 拉塞尔的《加拿大海军航空兵》（*A History of Canadian Naval Aviation*，渥太华，1967年版）颇为出色。美国陆军上校斯坦利·W. 朱班所著《美加军事关系，1939—1945》（*Military Relations Between the United States and Canada*, 1939-1945， 华盛顿，1959年版）虽然价值略低，但提供了一些有用的信息，这是美国陆军官方战史的一部分。

日本海军没有一份完整的全史，原因显而易见，日本作者对1942年之后的战史缺乏兴趣。但还是有一本相对来说比较好的历史著作，伊藤正德和罗杰·皮诺所著《日本帝国海军的末日》（*The End of the Imperial Japanese Navy*，纽约

1956年版）。还有两份可靠原始材料，分别是美国战略轰炸调查组的两卷本《日本官员审讯记录》（*Interrogations of Japanese Officials*，OpNav-P-03-100，华盛顿，1946年版），以及小约翰·C. 福特的《二战中日本海军行政机构的发展：基于远东国际军事法庭的文件》（"The Development of Japanese Naval Administration in World War II with Particular Reference to the documents of the International Military Tribunal for the Far East"，杜克大学未发表的硕士论文，北卡罗来纳州达勒姆，1956年）。其中前一本著作成了其他一些作品的基础，比如美国战略轰炸调查组的《太平洋战争中的战役》（*The Campaigns of the Pacific War*，华盛顿，1946年版），以及小詹姆斯·A. 菲尔德所著《日军在莱特湾》（*The Japanese at Leyte Gulf*，普林斯顿，1947年版）。本书还参照了美国战略轰炸调查组的《日本终结战争的挣扎》（*Japan's Struggle to End the War*，华盛顿1946年版）。

日本方面最好的战役研究作品是渊田美津雄大佐和奥宫正武中佐合著的《中途岛海战》（*Midway: The Battle that Doomed Japan*，安纳波利斯，1955年版）。日本作者还编写了一些着眼于舰艇、飞机或者空战战术的好书，包括：《日本航母与驱逐舰》（*Japanese Aircraft Carriers and Destroyers*，袖珍画报第二卷，伦敦，1964年版）；航空情报出版公司的《太平洋战争日本军机概览》（*General View of Japanese Military Aircraft in the Pacific War*，东京，1956年版）；郡捷、小森郁雄和内藤一郎合著，《日本航空五十年，1910—1960》（*The Fifty Years of Japanese Aviation, 1910-1960*，航空情报出版公司，东京，1961年版）；旧日本海军退役大佐猪口力平、退役中佐中岛正和罗杰·皮诺合著的《神风》（*The Divine Wind*，安纳波利斯，1958年版）；奥宫正武、堀越二郎和马丁·凯丁合著《零！》（*Zero!*，纽约，1956年版）；坂井三郎、马丁·凯丁和弗雷德·佐藤合著的《武士》（*Samurai*，纽约，1957年版）。战后，麦克阿瑟将军的司令部组织一众前日本军官编纂了一系列质量不一的专著，本书作者也获得了这些专著，但最终只有一本书的细节对本书有用，那就是第23本，《本土防空》（No. 23, *Air Defense of the homeland*）。

本书还借鉴了一些关键性的日本论文，包括：

Fukaya, Hajima (ed. by Martin E. Holbrook and Gerald E. Wheeler). "Japan's Wartime Carrier Construction", *U.S. Naval Institute Proceedings*, 81 (September 1955),1031–43.

Kiralfy, Alexander. "Japanese Naval Strategy", From Edward Mead Earle(ed.) *Makers of Modern Strategy* (Princeton, 1943). See also Kiralfy's *Victory in the Pacific* (New York, 1942).

Moore, Lynn Lucius. "Shinano: The Jinx Carrier", *U.S. Naval Institute Proceedings*, 79 (February 1953), 142–49.

"Professional Notes" (published comments by Admiral Tossio Matsunaga, IJN). *U.S. Naval Institute Proceedings*, 68 (June 1942), 885–86.

Sekine, Captain Gumpei, IJN. "Japans Case for Sea Power", *Current History*, 41 (November 1934).

Yokoi, Rear Admiral Toshiyuki, IJN (Ret.). "Thoughts on Japan's Naval Defeat", *U.S. Naval Institute Proceedings*, 86 (October 1960), 68–75.

关于太平洋战争爆发前日本的远东政策的信息来自赫伯特·菲斯所著《通往珍珠港之路》(*The Road to Pearl Harbor*，纽约，1962年版)。其他一些事项的参考来自若干本著作：加濑俊和所著《通向“密苏里”号之路》(*Journey to the Missouri*，纽黑文，1950年版)，介绍了日本高层的明争暗斗;简·拉特基所编《帝国落日》(*The Sun Goes Down*，伦敦，1956年版)中收录了“神风”队员的书信。另外，笔者还从1927年5月28日的《北方先驱报》(*North-China Herald*，CLXIII)上找到了一些关于日本飞行员训练的信息。

唯一一份依据日本和美国两国记录研究空战情况的文件是美国战略轰炸调查组的《太平洋战争中的空中战役》(*Air Campaigns of the Pacific War*，华盛顿，1947年7月版)。

有不少次要信息取自向来可信的《纽约时报》，尤其是军事编辑汉森·W. 鲍德温的文章和专栏。偶尔也会有些信息来自《时代》《海军航空兵新闻》《美国海军学会会刊》和《皇家三军联合研究院学刊》等刊物。

有三部商业电影十分好看，很好地展现了这场快速航母战争，推荐读者在午夜档电视节目中观看。1944年上映的《女战士》（*The Fighting Lady*）是一部彩色电影，1943年4月至1944年2月期间在“约克城”号上拍摄，1944年夏季又转往“提康德罗加”号续拍，片中还展示了照相枪拍摄的胶片和马里亚纳战役的真实场景。1945年的《飞翼与祈祷者》（*Wing and a Prayer*）群星荟萃，参演者包括达纳·安德鲁斯（扮演鱼雷中队队长）、唐·阿米奇（扮演航空部门长）、查尔斯·比克福德（扮演航母舰长），本片讲述了中途岛海战中“企业”号的故事，但使用的是1944年时的飞机和军舰。1949年的《特混舰队》（*Task Force*）同样有很多明星参演，比如加里·库珀（扮演航母舰长）、沃尔特·布伦南（扮演航母部队司令）、韦恩·莫里斯（扮演飞行员），它讲述了美国海军航空兵从“兰利”号年代到1945年“富兰克林”号受创撤退前的整个发展史。演员莫里斯战争期间曾在“埃塞克斯”号戴维·麦坎贝尔的第15战斗中队驾驶“地狱猫”战斗机。

关于快速航母的虚构文学作品很少，不过理查德·纽西法所著《最后的接敌》（The Last Tallyho，纽约，1964年版）开了个好头。纽西法少尉曾在“约克城”号的第5战斗中队驾驶“地狱猫”战斗机。

即便是在音乐领域，人们也可以听到好听的“快速航母的旋律”，这是20世纪50年代理查德·罗杰斯制作的优秀电视系列片《海上胜利》（*Victory at Sea*）的一部分。

现今人们所用的地图，很多都来自理查德·埃德斯·哈里森制作的优秀的战时地图集《看这个世界》（*Look at the World*，纽约，1944年版）。

普通读者和世界主要海军强国对航空母舰的兴趣从第二次世界大战一直延续至今，相关著作也汗牛充栋。下面列出的主要是在1969到1991年间出版的书籍和发表的文章（包括一部分前文中遗漏的更早期的作品），依本书作者看来，这些作品对快速航母的某些方面做了重要的补充。

Baker, Richard. *Dry Ginger: The Biography of Admiral of the Fleet Sir Michael Le Fanu*. London. 1977.

Belote, James H. and William M. *Titans of the Sea*. New York, 1975. 介绍

了1941—1944年的航母作战。

Brown, David. *Carrier Fighters, 1939–1945*. London, 1975.

Brown, David. *The Seafire: The Spitfire that Went to Sea*. Annapolis, 1989. 关于这种二战期间英国制造的最好的舰载战斗机的百科全书。

Brown, Eric. *Wings of the Navy*, 2nd ed. Annapolis, 1987. 关于二战期间16种舰载机的试飞评估。

Buell, Thomas B. *Master of Sea Power: A Biography of Fleet Admiral Ernest*. J. King. Boston. 1980.

Buell, Thomas B. *The Quiet Warrior: A Biography of Admiral Raymond A Spruance*. Boston 1974. 大概是关于斯普鲁恩斯的不可超越的最佳传记，书中自然也会为他的决定做辩护。关于托尔斯，“斯普鲁恩斯很少恨什么人，但他就是其中之一”（第216—218页），作者几乎对他视而不见，认为托尔斯的日记都是“自私自利的胡说八道”（第465页）。书中关于斯普鲁恩斯对塞班岛战役中运输船队态度的讨论十分精彩（第178—180页），同样精彩的还有关于金在马里亚纳战役前就决定要在战后解除摩尔职务的决定的讨论。不过作者几乎没有引用笔者本作，仅仅有一处脚注提了一次。

Cagle, M. W. "Arleigh Burke–Naval Aviator", *Naval Aviation Museum Foundation*, vol. 2, no. 2 (September 1981), 2–11.

Cagle, M. W. "Mr Wu, Part 2", *NAM Foundation*, vo1. 10, no. 2 (Fall 1989), 43–51.

Donald B. Duncan of the *Essex*.

Caldwell, Turner F. "We Put the Flattops on the Night Shift", *The Saturday Evening Post* (11 August 1945), 26–27, 41–42. 介绍航母夜间作战。

Dansereau, Raymond J. *Tomorrow's Mission: World War II Diary of a Combat Aircrewman*. Privately published, 1990. 介绍了一位在新“约克城”号（CV–10）VT–5和VT–3中队服役的航空无线电员的故事。

Dyer, George C. *The Amphibians Came to Conquer: The Story of Admiral Richmond Kelly Turner*, 2 vols. Washington, 1972.

Evans, David, and Mark R Peattie. *The Rising Sun at Sea: Japanese Naval Doctrine, Technology, and Leadership, 1887–1945*. Annapolis. 关于这一议题的权威著作，主要依靠日本资料撰写。

Francillon, Rene J. *Japanese Aircraft of the Pacific War*. Annapolis, 1987.

Francillon, Rene J. *U. S Navy Carrier Air Groups, 1941–45*. London, 1978.

Frank, Benis M. *Halsey*. New York, 1974.

Friedman, Norman. *Carrier Air Power*. Annapolis, 1981. 关于航母时代头60年里所有航母拥有国航母作战理念的杰出作品。

Friedman, Norman. U. S. Aircraft Carriers: An Illustrated Design History. Annapolis, 1983.

Heinemann, Edward H., and Rosario Rausa. *Ed. Heinemann: Combat Aircraft Designer*. Annapolis, 1980. 关于美国海军道格拉斯俯冲轰炸机和其他机型设计师的传记。

Hezlet, Sir Arthur. *Aircraft and Sea Power*. New York, 1970.

Hezlet, Sir Arthur. *The Electron and Sea power*. London. 1975.

Hoehling, A. A. *The Franklin Comes Home*. New York, 1974. 介绍CV–13航母。

Hoyt, Edwin P. *McCampbell's Heroes*. New York, 1983. 介绍VF–15中队。

Hoyt, Edwin P. *How They Won the War in the Pacific: Nimitz and his Admirals*. New York, 1970. 记录了尼米兹与手下高级将领历次会议的详细内容，十分有用。书中还提及了“乔可”·克拉克想要赶走波纳尔的经过（第316—318页），不过应克拉克的请求，笔者绝不会在他二人在世时提及此事。这本书还展现了托尔斯对斯普鲁恩斯的尊敬（第395页和其他各处）。

Hyams, Joe. *Flight of the Avenger: George Bush at War*. New York, 1991. 介绍了这位未来的美国总统当年在“圣贾辛托”号VT–51中队当TBM飞行员的日子。

Jentschura, Hansgeorg. Dieter Jung, and Peter Mickel. *Warships of the Imperial Japanese Navy, 1869–1945*. London, 1977.

Jurika, Stephen, Jr., ed. *From Pearl Harbor to Vietnam: The Memoirs of*

Admiral Arthur W. Radford. Stanford, 1980.

Lamb, Charles. *War in a Stringbag*. London, 1977, 1987. 英国鱼雷轰炸机飞行员的绝佳回忆录，大部分都是在早期的“剑鱼”鱼雷轰炸机上的战斗，但高潮部分讲的是主角1945年随“怨仇”号在特鲁克外海的作战。

MacIsaac, David. *Strategic Bombing in World War Two: The Story of the United States Strategic Bombing Survey*. New York, 1976. 作者在进行了彻底而卓越的分析之后，恰当地警告读者，美国战略轰炸调查组的部分结论要小心对待（第135页）。

Marder, Arthur, Mark Jacobsen, and John Horsfield. *Old Friends, New Enemies: The Royal Navy and the Imperial Japanese Navy, 1942–1945*. Oxford, England, 1990. 关于英国东方舰队和太平洋舰队的优秀作品。

Melhorn, Charles M. *Two–Block Fox: The Rise of the Aircraft Carrier, 1911–1929*. Annapolis, 1974.

Merrill, James M. *A Sailor's Admiral: A Biography of William F. Halsey*. New York, 1976.

Mersky, Peter. *The Grim Reapers: Fighting Squadron Ten in WW Ⅱ*. Mesa, Ariz., 1986.

Miller, Edward S. *War Plan Orange: The U.S. Strategy to Defeat Japan, 1897–1945*. Annapolis, 1991.

Miller, H. L. "The Last Dogfights of World War Ⅱ –A Correction", *NAM Foundation*, vol.6, no. 2 (Fall 1985), 67. 介绍了1945年8月15日“汉考克”号舰载机击落敌机的战斗。

Millot, Bernard. *Divine Thunder: The Life and Death of the Kamikazes*. New York, 1970.

Monsarrat, John. *Angel on the Yardarm: The Beginning of Radar Defense and the Kamikaze Threat*. Newport, 1986.

Phillips, Christopher. *Steichen at War*. New York, 1981. 关于快速航母的照片集。

Polmar, Norman. *Aircraft Carriers*. New York, 1969.

Potter, E. B. *Admiral Arleigh A. Burke: A Biography*. New York, 1990. 补充了一部分关于米切尔和伯克的细节。

Potter, E. B. *Bull Halsey*. Annapolis, 1985.

Potter, E. B. *Nimitz. Annapolis*, 1976. 优秀、公允的作品。“尼米兹个人从来都不喜欢托尔斯，但他认识到了这个人的能力，他在自己专业领域的考虑基本都是正确的。”（第361页）关于尼米兹在莱特湾海战中发给哈尔西的电文的描述也很精彩（第339页）。

Raven, Alan. *Essex-Class Carriers*. Annapolis, 1988.

Reynolds, Clark G. *Admiral John H. Towers: The Struggle for Naval Air Supremacy*. Annapolis, 1991. 约翰·H. 托尔斯的传记，提供了许多全新而且重要的信息，展示了他在塑造快速航母部队的过程中的地位。

Reynolds, Clark G. *The Carrier War. Alexandria*, Va., 1982.《时代生活》杂志“飞行时代”系列中的一份漂亮的图史。

Reynolds, Clark G. *Command of the Sea: The History and Strategy of Maritime Empires*. New York, 1974; revised ed., Robert Krieger, 2 vols., 1983.

Reynolds, Clark G. *Famous American Admirals*. New York, 1978. 包含了几位快速航母将领和成为将军的飞行员的完整经历。

Reynolds, Clark G. *The Fighting lady: The New Yorktown in the Pacific War*. Missoula, 1986. 以生动笔法介绍了1943—1945年CV-10的经历，其内容源于几十本日记、官方档案和口述。

Reynolds, Clark G. "Forrest P. Sherman" in R. W. Love, ed., *The Chiefs of Naval Operations*. Annapolis, 1980.

Reynolds, Clark G. "Halsey" in Jack Sweetman, ed., *The Great Admirals: Centuries of Command at Sea*. Annapolis, forthcoming.

Reynolds, Clark G. *History and the Sea: Essays on Maritime Strategies*. Columbia, S.C., 1989. 这一系列短文包含了对太平洋战争中的战略家欧内斯特·J. 金和道格拉斯·麦克阿瑟的分析，其中一篇写于1983年的短文介绍了旧日本的大陆战略，尤为值得一提。

Reynolds, Clark G. "Mitscher", Stephen Howarth, ed., *Men of War: Great Naval leaders of World War Two*. London, 1992.

Reynolds, Clark G. *The Saga of Smokey Stover*. Charleston, S.C., 1980. CV-10上E. T. 斯托佛上尉日记的精编版，这些内容也被放到了电影《女战士》上。

Reynolds, Clark G. "Taps for the Torpecker", *U. S. Naval Institute Proceedings*, 112, no. 12 (December 1986), 55-61. 记载了VT-9中队对“大和”号的最后攻击。

Reynolds, Clark G. *War in the Pacific*. New York, 1990. 主要是一部图史，讲到对日作战时，它不仅介绍了美国和英国，还介绍了苏联和中国的红色武装。

Reynolds, Clark G. "William A. Moffett: Steward of the Air Revolution" in James C. Bradford, ed., *Admirals of the New Steel Navy: Makers of the American Naval Tradition, 1880-1930*. Annapolis, 1990.

Roberts, John. *Anatomy of the Ship: The Aircraft Carrier Intrepid*. Annapolis, 1982. 介绍了航母CV-11。

Sakaida, Henry."The Last Dogfights of World War Ⅱ", *NAM Foundation*, vol. 6, no. 1(Spring 1985), 27-34. 15 August 1945.

Smith, Perry McCoy. *The Air Force Plans for Peace, 1943-1945*. Baltimore, 1970.

Smith, Peter C. *Dive Bomber ! An Illustrated History*. Annapolis, 1982.

Spurr, Russell. *A Glorious Way to Die*. New York, 1981. 介绍了击沉“大和”号的战斗，但必须与Richard K. Montgomery, "We Watched a Battleship Die" in *liberty* (1 September 1945) 结合起来看，二者都有错误。

Steichen, Edward. *The Blue Ghost*. New York, 1947. 介绍了航母CV-16。

Swanborough, Gordon and Peter M. Bowers. *United States Naval Aircraft Since 1911*. New York, 1968; Annapolis, 1976.

Thetford, Owen. *British Naval Aircraft Since 1912*, 2nd ed. London, 1962.

Thruelsen, Richard. *The Grumman Story*. New York, 1976.

Tillman, Barrett. *Avenger at War*. New York, 1980.

Tillman, Barrett. "Coaching the Fighters", *U.S. Naval Institute Proceedings*, 106, no.1 (January 1980), 39–45. 介绍了防空引导官。

Tillman, Barrett. *Corsair: The F4U in World War Ⅱ and Korea*. Annapolis, 1979.

Tillman, Barrett. *The Dauntless Dive Bomber in World War Ⅱ*. Annapolis, 1976.

Tillman, Barrett. *Hellcat: The F6F in World War Ⅱ*. Annapolis, 1979.

Warner, Oliver. *Admiral of the Fleet: The Life of Sir Charles Lambe*. London, 1969. 作者在1944—1945年任英国皇家海军“光辉”号航母舰长。

Wheeler, Gerald E. *Admiral William Veazie Pratt, U. S. Navy: A Sailor's Life*. Washington, 1974. 介绍了两次大战之间的航母条令。

Wheeler, Gerald E. "Thomas C. Kincaid: MacArthur's Master of Naval Warfare" in William M. Leary, ed., *We Shall Return! MacArthur's Commanders and the Defeat of Japan, 1942–1945*. Lexington, Ky., 1988. 另一本完整的金凯德传记。

"Wings over Water: A History of Naval Aviation and its Relationship to American Foreign Policy", 1986. 一部电视教育片，本书作者对此有所贡献并出镜，片中包含了出色的日本电影胶片资料。本作以录像带形式展现。

Winston, Robert A. *Fighting Squadron*. New York, 1946. Reprint. Annapolis: Naval Institute Press, 1991. “卡伯特”号VF–31中队队长撰写的本中队战史。

Winters, T. Hugh. *Skipper: Confessions of a Fighter Squadron Commander, 1943–1944*. Mesa, Ariz, 1985. 关于“列克星敦”号（CV–16）VF–19中队队长的优秀传记作品。

Winton, John. *Find, Fix and Strike! The Fleet Air Arm at War 1939–45*. London, 1980.

Winton, John. *The Forgotten Fleet: The British Navy in the Pacific, 1944–*

45. New York, 1970.

Y' Blood, William T. *Red Sun Setting: The Battle of the Philippine Sea*. Annapolis, 1981. 关于这场战役的一本不错的论述和评论，“如果斯普鲁恩斯更大胆一些的话，这场战役原本可以取得更具决定性的战果。”（第211页）

注释

第一章 快速航母，1922—1942

1. Scot MacDonald, *Evolution of Aircraft Carriers* (Washington,1964), p.22
2. Elting E. Morison, *Admiral Sims and the Modern American Navy* (Boston, 1942), p.506.
3. Henry Woodhouse, "U.S. Naval Aeronautic Policies, 1904-42", *United States Naval Institute Proceedings*, 68 (February 1942), 164.
4. Katsu Kohri, Ikuo Komori, and Ichiro Naito, Aireview's The Fifty Years of Japanese Aviation, 1910-1960 (Tokyo, 1961; Book Two of Eng. tr. by Kazuo Ohyauchi), p. 8.
5. Naval Historical Branch, Ministry of Defence, "Notes on the Administrative Organisation for Air Matters within the admiralty, 1912 to 1945", Appendix XIII to a staff history (London, 1965), p.2. 下文简称为 "Admiralty Air Administration"。
6. 同上，第 3—4 页。
7. lan Cameron [Donald Gordon Payne], *wings of the Morning* (London, 1962), p.237. *Jane's Fighting Ships*, 1944-45 (London, 1946), pp.31-33.
8. Captain S. W. Roskill, *Naval Policy Between the Wars: The Period of Anglo-American Antagonism, 1918-1928* (London, 1968), pp.310 ff.
9. *Japanese Aircraft Carriers and Destroyers* (London, 1964), pp. 6-17.
10. Joel C. Ford, Jr., "The Development of Japanese Naval Administration in World War II with Particular Reference to the Documents of the International Military Tribunal for the Far East" (Unpublished Master of Arts thesis, Duke University, Durham, N.C., 1956), pp. 61-62. 下文简称为 "Japanese Naval Administration"。
11. Reuters news bulletin, 23 May 1927, from *North-China Herald*, CLXIII (28 May 1927), 368. Courtesy of A. B. Pearson.
12. Admiral Tossio Matsunaga, Inspector of the Naval Air Service, in *The Aeroplane* (London, 20 March 1942), reprinted in "Professional Notes", *U.S. Naval Institute Proceedings*, 68 (June 1942), 886.
13. 同上，第 885 页。同见坂井三郎《武士》(*Samurai*) 一书 (纽约 1957 年版，第 26 页)。作者是二战期间日本著名王牌飞行员，按“击落 5 架敌机”的标准，他足够当上很多轮王牌了。
14. Minoru Genda, "Evolution of Aircraft Carrier Tactics of the Imperial Japanese Navy", pp.1-2. 这篇短文是作者源田实本人 1965 年提供给本书作者的一部手稿。
15. Captain Gunpei Sekine, IJN, "Japan's Case for Sea Power", *Current History*, 41 (November 1934), 130.
16. Hector C. Bywater, "The Coming Struggle for Sea Power", *Current History*, 41 (October 1934),15.
17. 人物资料来自日本防卫厅防卫研修所战史室主任西浦进，以及《日本传记百科全书》(*Japan Biographical Encyclopedia*) 和《马奎斯世界名人录》(*Who's Who*) .
18. Captain Mitsuo Fuchida and Commander Masatake Okumiya, *Midway: The Battle that Doomed Japan* (New York, 1958), p.74.

19. Rear Admiral Toshiyuki Yokoi, "Thoughts on Japan's Naval Defeat", *U.S. Naval Institute Proceedings*, 86 (October 1960), 72-74.
20. Fuchida and Okumiya, *Midway*, p. 26; Minoru Genda, "Japanese Carrier Tactics", pp. 3-7, 10; Alexander Kiralfy, "Japanese Naval Strategy" in Edward Mead Earle (ed.), *Makers of Modern Strategy* (Princeton, 1943), pp. 457-84, passim。这本书介绍了日本的岛屿防卫。另参见 J. C. Ford, Jr., "Japanese Naval Administration", pp. 90-91.
21. Minoru Genda, "Japanese Carrier Tactics", pp. 7-9.
22. Herbert Feis, *The Road to Pearl Harbor* (New York, 1962), pp. 191, 217.
23. Fuchida and Okumiya, *Midway*, pp. 107-08.
24. Minoru Genda, "Japanese Carrier Tactics", pp. 9-10.
25. Fuchida and Okumiya, *Midway*, pp. 32-34. 关于大西泷治郎的部分，见 Captain Rikihei Inoguchi, Commander Tadashi Nakajima, and Roger Pineau, *The Divine Wind* (New York, 1960), pp 159-63。
26. 同上，第 34 页。Herbert Feis, *The Road to Pearl Harbor*, p. 217.
27. Minoru Genda, "Japanese Carrier Tactics", p. 11. 本文是源田将军于 1965 年 11 月提供给作者的。Fuchida and Okumiya, *Midway*, pp. 34-36; J. C. Ford, Jr., "Japanese Naval Administration", pp. 120-21.
28. Minoru Genda, "Japanese Carrier Tactics", p.9.
29. 南云报告，引自 Fuchida and Okumiya, *Midway*, p. 43。
30. Minoru Genda, "Japanese Carrier Tactics", p. 10.
31. Herbert Feis, *The Road to Pearl Harbor*, passim.
32. Alexander Kiralfy, *Victory in the Pacific* (New York, 1942), p. 75.
33. Fuchida and Okumiya, *Midway*, pp. 93, 108-9, 200-2.
34. 同上，第 150 页、204 页。另参见：Samuel Eliot Morison, *Coral Sea, Midway and Submarine Actions* (Boston, 1950); Commander Thaddeus V. Tuja, USN, Climax at Midway (New York, 1960); Walter Lord, Incredible Victory (New York, 1967).
35. Masatake Okumiya and Jiro Horikoshi, with Martin Caidin, *Zero!* (New York, 1956), pp.165-66.
36. United States Strategic Bombing Survey (USSBS), *Interrogation of Japanese Officers* (Washington, 1946), II, 176. Testimony of Captain Toshikazu Ohmae, a top fleet staff officer.
37. Donald B. Duncan and H. M. Dater, "Administrative History of U.S. Naval Aviation", *Air Affairs*, Ⅰ (Summer 1947), 528-30.
38. S. W. Roskill, *Anglo-American Antagonism*, p. 116, also 234-268 and 356-399.
39. Gerald E. Wheeler, *Prelude to Pearl Harbor: The United States in the Far East, 1921-1931* (Columbia, Mo, 1963), p. 96.
40. 这是西姆斯 1921 年 2 月 10 日写给参议员亨利・卡伯特・洛奇的信，取自洛奇的文件集。引自 S. W. Roskill, Anglo-American Antagonism, p. 248。西姆斯在 1922 年 3 月给一位朋友的信中写道："战列舰死了。" 出自 E. E. Morison, *Admiral Sims and the Modern American Navy*, p. 506。西姆斯后来于 1922 年 10 月从美国海军退役。
41. Duncan and Dater, "Administrative History", p. 530.
42. Major Alfred F. Hurley, USAF, *Billy Mitchell: Crusader for Air Power* (New York, 1964), pp. 56-72.
43. Captain Archibald D. Turnbull, USNR, and Lieutenant Commander Clifford L. Lord, USNR, *History of United States Naval Aviation* (New Haven,1949), pp. 255-56.
44. 同上，第 260—261 页。

45. Lieutenant J. Grimes, USNR, *Aviation in the Fleet Exercises, 1923-1939* (Manuscript history, Navy Department, n. d.), pp. 5-7, 10-12.
46. Turnbull and Lord, *Naval Aviation*, pp. 217-18.
47. J. Grimes, *Aviation in the Fleet Exercises*, pp. 16-18.
48. 从1920年起，美国海军开始给舰艇编号。其中字母“V”代表“重于空气的飞行器”，“C”意指“母舰”（Carrier）。这样CV-1就是“兰利”号航空母舰，VF-1指第1战斗中队，依此类推。
49. J. Grimes, *Aviation in the Fleet Exercises*, p. 48.
50. 同上，第62—63页，及文中各处。
51. 亚纳尔在1944年11月17日写给J. V. 福莱斯特的信中提到了此事。来自亚纳尔的文件集，由美国海军历史中心提供。
52. J. Grimes, *Aviation in the Fleet Exercises*, p. 106.
53. 同上，第157—165页。
54. War Instructions, United States Navy, 1934 (F.T.P. 143). 这份文件和本书所引用其他所有官方文档，除特殊说明外均来自华盛顿海军部海军历史科的作战档案类目。
55. Admiral Clark, USN (Ret.) with Clark G. Reynolds, *Carrier admiral* (New York, 1967), pp. 49-50. 另参见 Fleet Admiral E. J. King, USN, and Commander Walter Muir Whitehill, USNR, *Fleet Admiral King: A Naval Record* (New York, 1952), p. 232.
56. *Fleet Admiral King*, P. 260.
57. Lieutenant A. R. Buchanan, USNR (ed.) and the Aviation History Unit, *The Navy's Air War: A Mission Completed* (New York, 1946), p.16.
58. Fleet Admiral E. J. King, *U.S. Navy at war, 1941-1945* (official war-reports) (Washington, 1945), p. 23.
59. "Current Tactical Orders and Doctrine, U.S. Fleet Aircraft, Vol. One, Carrier Aircraft, USF-74(Revised), March 1941", prepared by Commander Aircraft Battle Force, 20 April 1941.
60. United States Naval Aviation, 1910-1960 (NAVWEPS 00-80P-1) (Washington, 1961), p. 76. 在1940年7月之前，还没有一艘美国战列舰进行过海上加油。
61. J. Grimes, *Aviation in the Fleet Exercises*, pp. 216-17.
62. Duncan and Dater, "Administrative History", p. 534.
63. Lieutenant (ig) Richard W. Dittmer, USNR, *Aviation Planning in World War II* (Manuscript history, n. d.), pp. 12-13.
64. Bernard Brodie, *Sea Power in the Machine Age* (Princeton, 1941), p.433.

第二章 筚路蓝缕，1942—1943

1. 除了来自 *Fleet Admiral King* 一书外，还参见 Walter Muir Whitehill, "A Postscript to Fleet Admiral King: A Naval Record", Proceedings of the Massachusetts History Society, LXX, pp.203-26.
2. Fletcher Pratt, *Fleet Against Japan* (New York, 1946), pp. 49-50. 在战争的大部分时间里，威廉·S. 佩伊中将都在高层司令部里发挥他卓越的思维；罗伯特·A. 西奥博尔德少将则为其暴脾气所累，最终失去了北太平洋战区司令的职位。

3. 这一信息出自 1941 年 12 月 6 日金写给航空局计划科主任 D. C. 拉姆齐上校的一份非正式手写便条。来自海军部航空历史组的拉姆齐文件集。拉姆齐在战争中经历丰富，以致这张便条构成了他收入个人文档中的最后一份文件。
4. Samuel Eliot Morison, *The Rising Sun in the Pacific* (Boston, 1957). pp. 235-37. 另参见 *Carrier Admiral*, pp. 83-85。
5. Admiral Frederick C. Sherman, *Combat Command: The American Air craft Carriers in the Pacific War* (New York, 1950), p. 87.
6. Files, Air History Unit; Turnbull and Lord, *History of United States Naval Aviation*, pp. 320-21.
7. Samuel Eliot Morison, Coral Sea, Midway and Submarine Operations (Boston, 1953), pp.29-30.
8. Weapon Systems Evaluation Group (Office of the Secretary of Defense), *Operational Experience of Fast Carrier Task Forces in World War Ⅱ*, WSEG Study No. 4, 15 August 1951, p. 21. 档案分类为“作战档案”，下文均简称为 WSEG Study.
9. S. E. Morison, *Coral Sea, Midway* …, pp. 113-23.
10. 关于这一奖励的情况引自海军部为布朗宁少将编写的官方油印版传记。
11. *U.S. Naval Aviation in the Pacific: A Critical Review* (Washington, 1947), p. 2; *United States Naval Aviation, 1910-1960*, p. 199; files, Air History Unit.
12. Cominch Secret Informations #1, #2, and #3, taken from Lieutenant A. R. Hilen, Jr. USNR, "Remarks on the Development of the Fast Carrier Task Force", *Carrier Warfare* (Manuscript history, October 1945). p.10.
13. 本书所用大部分中校以上军官的经历，均来自海军部信息办公室传记分部印制的油印版传记。
14. Jeter A. Isely and Philip A. Crowl, *The U.S. Marines and Amphibious War* (Princeton, 1951), pp. 89-90.
15. 同上，第 96 页 .
16. 同上，第 92—93 页，尤其是 1942 年 9 月 2 日尼米兹与金之间关于太平洋上未来航母运用方面的探讨。
17. Samuel Eliot Morison, *The Struggle for Guadalcanal* (Boston, 1949), pp27-28, 58-63.
18. 同上，第 107 页。
19. 同上，第 137 页。
20. 见 1942 年 10 月 27 日 F. C. 谢尔曼写给拉姆齐的信件。信件来自谢尔曼将军的私人日记，感谢谢尔曼将军夫人。谢尔曼文件集现存于加利福尼亚圣迭戈的西加州大学。另参见 Morison, *Guadalcanal*, p. 223。
21. 最后一位指挥航母的非航空兵指挥官是罗伯特 · C. 吉芬少将，他在 1943 年 1 月指挥 2 艘护航航母掩护一支运输船队，运载部队前往瓜岛接替守军。由于未采取基本防空举措，他在 1943 年 1 月的伦奈尔岛海战中损失了重巡洋舰“芝加哥”号。参见 S. E. Morison, *Guadalcanal*, pp.31-63.
22. F. C. Sherman diary, entries of 10 and 20 January and 15 March 1943.
23. H. M. Dater, "Memorandum for Files". 文件记载了 1951 年 1 月 18 日时，航空历史组组长达特尔和 H. S. 达克沃斯少将（他曾在 1943 年任谢尔曼的参谋长）的对话。后文简称为 "Dater Duckworth memorandum"。
24. ComCarDiv 1 War Diary 1943; ComCarDiv 2 War Diary 1943. 文件属于“作战档案”类目。
25. Samuel Eliot Morison, *Breaking the Bismarck's Barrier* (Boston, 957), pp.118-27.
26. F. C. Sherman diary, 15 April 1943.
27. Duncan and Dater, "Administrative History", p. 535.
28. A.R. Buchanan, *The Navy's Air War*, p. 17.

29. R. W. Dittmer, Aviation Planning in World War Ⅱ, pp. 16-17.
30. 同上，第28—29页。
31. 同上，第21、57—69页
32. 关于航母的数字取自：*Dictionary of American Naval Fighting Ships*, Ⅱ (Washington, 1963), Appendix L, "Aircraft Carriers, 1908-1962", 461-86. Lieutenant Commander Ashley Halsey, Jr., USNR, "The CVL's Success Story", *U.S. Naval Institute Proceedings*, 72 (April 1946), 523-31.
33. 见1942年3月14日联委会主席W. R. 塞克斯顿少将写给海军部部长弗兰克·诺克斯的信，文件序号174，这一要求在1942年3月18日首次获得认可。文件序号系“作战档案”类目下的序号，下同。
34. *Dictionary of American Naval Fighting Ships*, Ⅰ (Washington, 1959), Appendix Ⅰ, "Battleships, 1886-1948", pp.198-99.
35. Robert Greenhalgh Albion and Robert Howe Connery, *Forrestal and the Navy* (New York, 1962), P. 11.
36. 同上，第10页。
37. 同上，第97页。
38. 同上，第98—101页。
39. See Appendix C for the naval aviators on King 's staff from 1943 to 1945.
40. Kyle Crichton, "Navy Air Boss", *Collier 's*, 112 (23 October 1943), 21. 另参见 *Time*, 42 (26 July 1943), 68.
41. Duncan and Dater, "Administrative History", p. 536.
42. Rear Admiral Julius Augustus Furer, USN (Ret.), *Administration of the Navy Department in World War Ⅱ* (Washington, 1959), pp. 165.
43. Albion and Connery, Forrestal and the Navy, p. 101.
44. 金的指示引自J. A. Furer, Administration of the Navy Department, p. 164。
45. 同上，第16页、392页。
46. 来自作者1965年2月20日与W. M. 贝克利退役中将的对话。
47. Albion and Connery, *Forrestal and the Navy*, pp. 124-25; *Fleet Admiral King*, p. 629.
48. 出自亚纳尔1943年10月13日写给金的信,来自海军历史中心亚纳尔文件集。其中对金的称呼是“多利”，这是他早年的昵称，这封信可能是在诺克斯、福莱斯特或其他人的授意下写的。
49. 1943年9月7日亚纳尔写给尼米兹的信。档案类目为“作战档案”。下文中所有的书信、总结和手稿，如无特殊说明则全部来自这一档案类别。
50. Captain Logan C. Ramsey, USN, "The Aero-Amphibious Phase of the Present War", *U.S. Naval Institute Proceedings*, 69 (May 1943), 700.
51. 1943年8月4日亚纳尔写给托尔斯的信。
52. 1943年9月7日萨拉达写给亚纳尔的信。
53. 1943年9月15日萨奇写给亚纳尔的信。
54. 1943年8月30日杜尔金写给亚纳尔的信。
55. 1943年8月9日布朗写给亚纳尔的信。
56. 1943年8月25日加德纳写给亚纳尔的信。
57. 1943年9月1日尼米兹写给亚纳尔的信。
58. 太平洋舰队司令部密信，编号01945，写于1943年8月19日。

59. 1943 年 9 月 5 日 F. C. 谢尔曼写给尼米兹的信，编号 0111。本书作者使用的信件副本来自小詹姆斯·H. 弗拉特利中将的文件集，感谢布里安·A. “J”·弗拉特利学员。这封信当时寄给了在佛罗里达州杰克逊维尔市、军衔还是中校的弗拉特利，这意味着谢尔曼正在就自己的想法征询意见。1943 年 9 月 13 日，谢尔曼在写给亚纳尔的信中详细阐述了他的“飞行海军”设想。
60. 1943 年 9 月 7 日托尔斯写给亚纳尔的信。来自约翰·H. 托尔斯上将的文件集。感谢托尔斯夫人。
61. 确实没变。可参见 Lieutenant Forrest Sherman, "Air Warfare", *U.S. Naval Institute Proceedings*, 52 (January 1926), pp.62-71。
62. 1943 年 9 月 8 日 F. P. 谢尔曼写给亚纳尔的信。
63. 1943 年 9 月 7 日亚纳尔写给尼米兹的信。
64. 1943 年 10 月 4 日托尔斯写给尼米兹的信。7 日，尼米兹将其转发给了亚纳尔。
65. Admiral H. E. Yarnell, "Report on Naval Aviation", 6 November 1943, pp.1, 3, 1-12.
66. 1943 年 8 月 9 日布朗写给亚纳尔的信。
67. R. Earl McClendon, *The Question of Autonomy for the United States Air Arm, 1907-1946* (Maxwell Air Force Base, Alabama, December 1948), p.225-27.
68. Vincent Davis, "Admirals, Policies and Postwar Defense Policy: The Origins of the Postwar U.S. Navy, 1943-1946 and After" (Unpublished Ph. D. dissertation, Princeton University, 1962), pp. 15-18. 下文简称为 "Postwar Defense Policy"。这份资料还被引用到了书籍中，见 *Davis' Postwar Defense Policy and the U.S. Navy, 1943-1946* (Chapel Hill, 1966), p.10.
69. 同上，第 23—33 页。

第三章 航母部队准备进攻

1. Maurice Matloff, Strategic Planning for Coalition Warfare, 1943-44 (official U.S. Army history: Washington, 1959), p. 191. 这个委员会负责向参谋长联席会议提供关于“国家政策和全球战略方面的广泛问题”的建议，其成员包括陆军中将 S. D. 安比克，陆军航空兵少将穆尔·S. 费尔柴尔德，以及海军中将拉塞尔·威尔逊（前美国舰队副总司令）。
2. 同上，第 186—91 页。
3. 同上，第 207 页。
4. 同上，第 207—208 页。
5. *Into the Wind* (Yorktown cruise book, 1945), p. 74. 关于一艘典型快速航母上的生活，参见：Commander James Shaw, USN, "Fast Carrier Operations, 1943-1945"，收录于 Samuel Eliot Morison, *Aleutians, Gilberts and Marshalls* (Boston, 1957), pp. xxvii-xxxix，以及 Lieutenant Max Miller, USNR, *Daybreak for Our Carrier* (New York, 1944)。
6. A. H. Hilen, Jr., "Remarks on Carrier Development", p. 15.
7. Lieutenant William C. Bryant, USNR, and Lieutenant Heith I. Hermans, USNR, "History of Naval Fighter Direction", *Carrier warfare* (Vol. 1 of Essays in the History of Naval Air Operations), manuscript history, Air History Unit, February 1946, pp. 191, 194. 下文简称为 "Fighter Direction"。 另见 Lieutenant Commander Buford Rowland, USNR, and Lieutenant William B. Boyd, USNR, *U.S. Navy Bureau of Ordnance in World War II* (Washington, 1953), pp. 426-27.

8. 同上，第 192 页。A. R. Buchanan, *The United States in World War Ⅱ* (New York, 1964), pp.376-78.
9. Rowland and Boyd, *Bureau of Ordnance*, pp. 218-39, 268。另见 Bernard Brodie, "Our Ships Strike Back", *The Virginia Quarterly Review* XXI (Spring 1945), pp. 186-206.
10. 同上，第 258 页、第 272—287 页。
11. Robert E. Demme, "Evolution of the Hellcat", reprinted from *Skyways* magazine in *The Second Navy Reader* (New York, 1944), p. 193.
12. Okumiya and Horikoshi, *Zero!* , pp. 161-62. 这一信息来自奥宫正武，阿留申战役期间他曾在角田觉治将军的第 4 航空战队中担任航空参谋。
13. 参见附录 B。
14. Okumiya and Horikoshi, *Zero!* , p. 163; R. H. Demme, "Evolution of the Hellcat", pp. 194, 198, 200-1. Captain Edward H. Eckelmeyer, Jr., USN, "The Story of the Self-Sealing Tank", *U.S. Naval Institute Proceedings*, 72 (February 1946), 205-19.
15. Rowland and Boyd, *Bureau of Ordnance*, pp. 303-4, 332-33.
16. Midshipman 1/c Charles E. Jones, Ⅲ , USN, "The SB2C Helldiver-An Historical Development and Analysis" (Unpublished research paper, United States Naval Academy, 1966), p.15; J. J. Clark, *Carrier Admiral*, pp. 113-14.
17. Samuel Eliot Morison, *Supplement and General Index* (Boston, 1962), pp.112-13.
18. 同上，第 113 页。
19. *The New York Times*, 13 September 1943.
20. 这是 M. B. 加德纳退役上将在 1966 年 5 月 21 日告诉作者的。瓜岛战役时加德纳上校是麦凯恩的参谋长。
21. 取自 1943 年 6 月在航空局内对 Lieutenant Colonel Edward A. Montgomery, USMC 的面谈记录 "Night Fighter Operations in Great Britain"。
22. William Green, *War Planes of the Second World War: Fighters*, Ⅳ (Garden City, 1961), p. 106.
23. 1943 年 8 月 29 日托尔斯写给尼米兹的信，编号 00329。
24. Toshikazu Kase, *Journey to the Missouri* (New Haven, 1950), pp. 67-70.
25. ComAirPac, "Analysis of Air Operations: Solomons, New Guinea, and Netherlands East Indies Campaigns, March 1943", 00171, 21 April 1943. 这本秘密月刊介绍了 8 月之后的中太平洋战况。下文简称为 "ComAir-Pac Analysis"。
26. "Japanese General Outline of the Future War Direction Policy, Adopted at the Imperial Conference, 30 September 1943" in Louis Morton, *Strategy and Command: The First Two Years* (official U. S Army history: Washington, 1962), pp. 655-56.
27. 日本舰船数据来自：Okumiya and Horikoshi, *Zero!*, pp. 176-77; Pocket Pictorial 2, *Japanese Aircraft Carriers and Destroyers*, passim; Lynn Lucius Moore, "Shinano: The Jinx Carrier", *U.S. Naval Institute Proceedings*, 79 (February 1953), 142-49.
28. WSEG Study, p.21.
29. Masanori Ito, with Roger Pineau, *The End of the Imperial Japanese Navy* (New York, 1956), p.84.
30. Matloff, *Strategic Planning for Coalition Warfare*, pp. 313-14.
31. Gwenfred Allen, *Hawaii's War Years, 1941-1945* (Honolulu, 1950), pp.185-186.
32. Matloff, *Strategic Planning for Coalition Warfare*, p. 314; *Cincpac Command History*, pp 55, 60-61; General

Holland M. Smith, USMC (Ret.) and Percy Finch, *Coral and Brass* (New York, 1949), p. 115.

33. Vice Admiral George C. Dyer, USN (Ret.), "Naval Amphibious Landmarks", *U.S. Naval Institute Proceedings*, 92 (August 1966), 60.
34. Major Frank Hough, USMCR, *The Island War* (New York, 1947), p. 9.
35. 同上，转引自 AAF Field Service Regulations FM 100-20, "Command and Employment of Air Power", July 1943。
36. W. F. Craven and J. L. Cate, *The Army Air Forces in World War Ⅱ* (Chicago, 1950), ⅳ, ⅷ, ⅹⅲ - ⅹⅷ.
37. Lieutenant Franklin G. Percival, USN (Ret.), "Wanted: A New Naval Development Policy", *U.S. Naval Institute Proceedings*, 69 (May 1943), pp. 655-57.
38. Pacific Fleet Confidential Letter 31CL-42 and 33L-42, 02490, 13 August 1942.
39. F.C. Sherman diary, 30 March 1943.
40. Vice Admiral E.P. Forrestel, USN (Ret.), Admiral Raymond A. Spruance, *USN: A Study in Command* (Washington, 1966), p. 69.
41. Fletcher Pratt, *Fleet Against Japan*, p. 56.
42. 此处数据源于 1943 年 5 月 25 日 F. C. 谢尔曼少将和福雷斯特·谢尔曼上校在圣埃斯皮里图的对话，F. C. 谢尔曼当天的日记记录了这次谈话。
43. Entries in the F. C. Sherman diary throughout June and July 1943.
44. Current Tactical Orders and Doctrine, U.S. Pacific Fleet, PAC-10, 01338, 10 June 1943, Pt. Ⅳ, pp.5-7.
45. 同上，Pt. Ⅳ，第 4 页。
46. F.C. Sherman diary, 25 July 1943.
47. 同上，1943 年 7 月 16 日、25 日。在谢尔曼参加完 7 月 17 日的太平洋舰队司令部晨会后，尼米兹和他道别。后者“说他没有推荐把我下放”。载于 7 月 25 日的日记。
48. *Admiral Raymond A. Spruance*, p. 69.
49. F.C. Sherman diary, 25 July 1943.
50. 同上，1943 年 7 月 31 日，8 月 5 日、26 日、30—31 日，9 月 1—2 日、30 日，10 月 10 日。
51. 1943 年 8 月 11 日尼米兹写给托尔斯的信，编号 001011。
52. "History: Commander Air Force Pacific Fleet", 002238, 3 December 1945, p.14.
53. Towers to Nimitz, "Organization and Employment of Aircraft Carriers Pacific Fleet", 00318, 21 August 1943.
54. 1943 年 9 月 7 日托尔斯写给亚纳尔的信，来自托尔斯文件集。
55. Towers diary, 23 August 1943.
56. 1943 年 9 月 7 日托尔斯写给亚纳尔的信。
57. Towers diary, 26 August 1943.
58. 同上，1943 年 8 月 28 日。
59. 达克沃斯再也没有回到谢尔曼手下，这令他很恼火。F.C. Sherman diary, 22 August 1943.
60. Dater-Duckworth memorandum; Pownall Action Report, no serial, September 1943.
61. 一年后，海军正式宣布：“快速航母特混舰队的首战是 1943 年 8 月 31 日空袭马尔库斯岛。”见 *The New York Times*, 30 August 1944。
62. *U.S. Naval Aviation*, 1910-1960, p. 7.

63. *The New york Tines*, 30 August 1943.
64. Oliver Jensen, *Carrier War* (New York, 1945), p. 47.

第四章 战斗中成长

1. Isely and Crowl, *Amphibious War*, p. 200.
2. *Coral and Brass*, p. 136.
3. Isely and Crowl, *Amphibious War*, p. 200.
4. Vice Admiral Charles A. Lockwood, USN (Ret.) and Colonel Hans Christian Adamson, USAF (Ret.), *Zoomies, Subs and Zeros* (New York,1956), pp.12-14.
5. Pownall Action Report, no serial, 4 September 1943.
6. 2 月 20 日与退役中将贝克利的对话。
7. 同上。
8. Pownall Action Report, 4 September 1943.
9. Oliver Jensen, *Carrier War*, p. 51. 原“锯盖鱼”号艇长，查尔斯·O. 特里贝尔少将于 1961 年 4 月 17 日也如此告知作者。
10. *Carrier Admiral*, pp. 123, 125.
11. 同上，第 125—126 页。另见 2 月 20 日与贝克利中将的对话。
12. WSEG Study, p. 17.
13. Pownall Action Report, 4 September 1943.
14. Samuel Eliot Morison, *Aleutians, Gilberts and Marshalls* (Boston, 1957), pp.95-96.
15. Pownall Action Report, 005, 22 September 1943.
16. Towers diary, 9 September 1943.
17. Cincpac-Cincpoa "Command History, 7 December 1941-15 August 1945"(1945), p.70.
18. Towers diary, 8-9 September 1943.
19. *Carrier Admiral*, pp. 126-27.
20. ComAirPac Analysis, September 1943, 00413. 另见 Pownall Action Report, 0017, 3 October 1943，以及 1965 年 2 月 20 日与贝克利中将的对话。
21. Philip A. Crowl and Edmund G. Love, *Seizure of the Gilberts and Marshalls* (official U.S. Army history: Washington, 1955), pp.68-69.
22. Isely and Crowl, *Amphibious War*, p. 201.
23. Lexington Action Report, 009, 22 September 1943; Pownall Action Report, 3 October 1943.
24. Towers diary, 5 October 1943.
25. 同上，1943 年 9 月 28 日。
26. 同上，1943 年 9 月 19 日。
27. 同上，1943 年 9 月 20 日。
28. Dater - Duckworth memorandum.
29. *Fleet Admiral King*, pp. 490-91.

30. Towers diary, 25 September 1943.
31. Dater- Duckworth memorandum.
32. "United States Naval Administration in World War Ⅱ : DCNO (Air): Air Task Organization in Pacific Ocean Areas, Ship-based Aircraft" (1945), pp.20-22.
33. ComAirPac Analysis, October 1943.
34. “鳐鱼”号潜艇遭到一架日机扫射，艇上一名军官伤重而死，此事使得托尔斯从 12 月起派出战斗机掩护救援潜艇。*ComAirPac History*, p.108.
35. Dater-Duckworth memorandum.
36. Crowl and Love, *Gilberts and Marshalls*, p. 69.
37. Com Air Pac Analysis, October 1943.
38. J. Grimes, *Aviation in the Fleet Exercises*, p. 18.
39. 1943 年 10 月 4 日托尔斯写给尼米兹的信，这封信于 7 日被尼米兹转发给亚纳尔。
40. Towers diary, 5 October 1943.
41. History of Fleet Air Command, West Coast, 0255, 22 January 1945.
42. Towers diary (kept by Forrest Sherman), 6, 9 October 1943.
43. *Carrier Admiral*, p. 129.
44. F. C. Sherman diary, 10 October 1943.
45. 6 月 29 日退役少将罗伯特 · W. 莫尔斯告诉作者此事。
46. Towers diary, 12, 20 October 1943.
47. 关于“企业”号的情况，见 Commander Edward P. Stafford, USN. *The Big E* (New York, 1962), pp. 255-57。
48. Lee M. Pearson, *Naval Confidential Bulletin* (based on BuAer files, n.d.), p.75.
49. ComAirPac History, p. 1.
50. Crowl and Love, *Gilberts and Marshalls*, pp. 36-37.
51. 参见多份资料，例如 Thomas L. Morrissey, USNR, *Odyssey of Fighting Two* (published by the author, 1945), p. 31。
52. Crowl and Love, *Gilberts and Marshalls*, p. 162.
53. *Admiral Raymond A. Spruance*, p. 74.
54. "General Instructions to Flag Officers, Central Pacific Force, for Galvanic", 29 October 1943. 引自 *Admiral Raymond A. Spruance*, p.74。
55. 同上。
56. 美军起初打算把塔拉瓦和瑙鲁都攻下来。瑙鲁岛上的日军机场令尼米兹的作战计划官——非航空兵出身的詹姆斯 · M. 斯蒂勒上校和特纳将军十分担忧。但斯普鲁恩斯将军和 H. M. 史密斯则觉得瑙鲁防御过度坚固，所需代价大到不值得攻取，而航空兵军官们则认为那里的机场很容易被压制。最后一个因素影响了尼米兹和金，他们最终在 1943 年 9 月 27 日把进攻目标从瑙鲁换成了马金岛。信息来自 1964 年 5 月与小乔治 · W. 安德森将军的对话。另见：*Coral and Brass*, P. 114; S. E. Morison, *Aleutians, Gilberts and Marshalls*, pp. 84-85; *Admiral Raymond A. Spruance*, pp. 70-71.
57. Towers diary, 14 October 1943.
58. 同上，1943 年 10 月 17 日。

59. 同上，1943 年 11 月 21 日。
60. Fleet Admiral William F. Halsey, Jr., USN, and Lieutenant Commander J. Bryan, Ⅲ, USNR, *Admiral Halsey's Story* (New York, 1947), pp.177-78.
61. Samuel Eliot Morison, *Breaking the Bismarck's Barrier* (Boston, 1957), pp. 288.
62. *Admiral Halsey's Story*, p. 181.
63. VB-12 中队队长 R. F. 法灵顿少校在 1944 年 2 月 18 日接受一个航空情报组访谈时的记录。引用自 Director of Naval Intelligence (OP Nav-16-V-#E38), 23 March 1944。
64. 卡尼将军对当时的回忆，引自 *Admiral Halsey's Story*, p.181。
65. 俯冲角 60 ~ 90 度的叫俯冲轰炸，30 ~ 55 度叫下滑轰炸，跳弹轰炸或桅顶轰炸通常下滑角为 20 度，20 度以下是水平轰炸。摘自 Aviation Training Division, *Introduction to Naval Aviation* (NavAer-80R-19, January 1946)。
66. Oliver Jensen, Carrier War, p. 59; S. E. Morison, *Breaking the Bismarck's Barrier*, pp. 326-27。另见 1961 年与 J. C. 克里夫顿少将、R. G. 多斯上校（前 VF-12 中队成员）的谈话。
67. F C. Sherman diary, 6 November 1943.
68. Crowl and Love, *Gilberts and Marshalls*, p. 70.
69. F.C. Sherman diary, 12 November 1943.
70. *Admiral Halsey's Story*, p. 183.
71. Robert Olds, *Helldiver Squadron: The Story of Carrier Bombing Squadron 17 with Task Force 58* (New York, 1944), p. 51.
72. Commander James C. Shaw's account in S. E. Morison, *Breaking the Bismarck's Barrier*, pp. 332-36.
73. 来自 1944 年 3 月 18 日亚瑟·戴克尔少校接受航空情报组访谈时的记录。Director of Naval Intelligence (OpNav-16-V-#E42), 10 April 1944.
74. Oliver Jensen, *Carrier War*, P. 65.
75. 作为一个历史事件，这些军舰组成了第一支真正的快速航母特混舰队。Turnbull and Lord, *History of United States Naval Aviation*, p. 320.
76. E.P. Stafford, The Big E, pp. 261-62. 另见 1964 年 12 月与退役上将亚瑟·W. 拉福德的对话，以及 1966 年 5 月 21 日加德纳上将给作者的书信。
77. Isely and Crowl, *Amphibious War*, pp. 224-25, 230-31, 248-49; Crowl and Love, *Gilberts and Marshalls*, pp. 159-62; S. E. Morison, *Aleutians, Gilberts and Marshalls*, pp. 156-58.
78. Bryant and Hermans, "Fighter Direction", p. 197.
79. Towers diary, 21 November 1943.
80. 同上。
81. 同在 11 月 13—14 日夜间，“约克城”号飞行甲板上发生了降落坠机事故并引发严重火灾，几乎令这艘航母报废。见 *Carrier Admiral*, pp. 133-135。
82. 对这一事件最好的描述来自 E. P. Stafford, The Big E, pp. 280-85。“泰德”·谢尔曼认为夜间航空作战是“地狱般的行动，我们没人喜欢它”。见 F. C. Sherman diary, 30 November 1943。
83. Crowl and Love, *Gilberts and Marshalls*, p. 211.
84. ComAirPac Analysis, November 1943.

85. WSEG Study aircraft statistics. 另见本书附录 B。
86. Carrier Admiral, pp. 138-40.
87. Air Intelligence Group Interview, 4 January 1944, Director of Naval Intelligence (OPNav-16-V-#E28), 3 February 1944. 此外，斯坦普还说“波纳尔将军做了所有我——作为一名前鱼雷轰炸机飞行员——认为他应该做的机动”。
88. S. E. Morison, Aleutians, *Gilberts and Marshalls*, pp. 193-97; *Carrier Admiral*, pp. 140-41. 这两部著作栩栩如生地描绘了那地狱般的一夜。
89. “李是个好人，但他指挥了一支应当由航空兵来指挥的海空联合舰队。” F. C. Sherman diary, 7 December 1943.
90. 谢尔曼就如此抱怨道:“‘电流’行动之后珍珠港的所有航母就什么都不干了。” 同上，1943 年 12 月 28 日。
91. Admiral F. C. Sherman, *Combat Command*, pp. 209-12.
92. Captain James R. Stockman, USMC, The Battle for Tarawa (official Marine Corps history: Washington, 1947), p. 68.
93. Peter Marsh Stanford, "The Battle Fleet and World Air Power", *U.S. Naval Institute Proceedings*, 69 (December 1943), 1538.
94. Vincent Davis, "Postwar Defense Policy", p. 52.

第五章 第58特混舰队

1. 这些结论来自 "Overall Plan for the defeat of Japan: Report by the Combined Staff Planners, Approved in Principle, 2 December 1943" in Louis Morton, *First Two Years*, pp. 668-71。
2. Okumiya and Horikoshi, *Zero!*, p.308.
3. 原定进攻马绍尔群岛的日期是 1944 年 1 月 1 日，但是 1943 年 10 月 25 日尼米兹请求金上将同意自己推迟进攻日期，以留出时间修建吉尔伯特群岛的机场、训练部队、集中更多装备，以及修复在攻占吉尔伯特群岛时受损的舰船。参联会同意了，因此进攻日期更改为 1 月 31 日。Crowl and Love, *Gilberts and Marshalls*, pp. 167-68.
4. Maurice Matloff, *Strategic Planning for Coalition Warfare*, p. 377.
5. 参见退役上将哈里・W. 希尔 1965 年 1 月 13 日给美国海军学院学员做的演讲。希尔是作为炮击舰队指挥官参加这次会议的，他说听到尼米兹这番戏剧性言语的时候是他自己“在战争中最激动的时刻”。
6. 关于马绍尔群岛战略的内容取自 ：Crowl and Love, *Gilberts and Marshalls*, pp.168-70; Isely and Crowl, *Amphibious War*, pp. 255-56; S. E. Morison, *Aleutians, Gilberts and Marshalls*, pp. 201-6; *Coral and Brass*, pp. 112-14,141.
7. S. E. Morison, *Breaking the Bismarck's Barrier*, pp. 226-27; F. G. Percival, "Wanted: A New Naval Development Policy", *Proceedings* (May 1943); Admiral Halsey,s Story, pp. 170-71. 另见 1965 年 2 月 20 日与贝克利中将的对话。当时还是中校的贝克利与托尔斯将军一同在圣诞节访问了瓜岛，返回夏威夷途中二人在萨摩亚暂歇。贝克利在卧室里听到托尔斯和普莱斯一晚上大部分时间都在讨论蛙跳战术。
8. Minutes of Pacific Conference, San Francisco, 3-4 January 1944. 来自库克文件集。
9. *Admiral Halsey's Story*, pp. 187-88.
10. Towers diary, 7 November 1943.

11. ROADMAKER (capture of Truk) Joint Staff Study, 00023, 26 February 1944. 1944 年 1 月 5 日托尔斯写给尼米兹的信件，编号 00088。
12. 1944 年 1 月 5 日托尔斯写给尼米兹的信件。
13. 同上，麦克莫里斯和谢尔曼的备忘录中都附带此信。另见 1944 年 1 月 16 日尼米兹写给金的信，编号 0005.
14. Matloff, *Strategic Planning for Coalition Warfare*, p. 455.
15. 同上，第 455—456 页。George C. Kenney, *General Kenney Reports* (New York,1949), pp.346-48.
16. *General Kenney Reports*, p. 348.
17. MacArthur to Marshall, 2 February 1944, in Matloff, *Strategic Planning for Coalition Warfare*, p. 456.
18. Albion and Connery, *Forrestal and the Navy*, pp.125-26.
19. *Coral and Brass*, pp. 138-39.
20. King to Knox, 516, 29 January 1944, First Endorsement of Yarnell report of 6 November 1943; Horne to King, 0402, 6 January 1944.
21. *The New York Times*, 24 January 1944.
22. Pacific Command History, pp. 70-71.
23. George E. Jones, "Brain Center of Pacific War", *The New York Times Magazine* (8 April 1945), p. 10.
24. *Carrier Admiral*, p. 142.
25. Towers diary, 27 December 1943. 其中包含了大量与克拉克将军以及几位原“约克城”号军官的对话。
26. Towers diary, 23, 25 December 1943; Theodore Taylor, *The Magnificent Mitscher* (New York, 1954), pp. 169-70.
27. Admiral Raymond A. Spruance, p. 102.
28. Towers diary, 27 December 1943.
29. 同上，1943 年 12 月 30 日至 1944 年 1 月 2 日。
30. 同上，1944年1月3—4日。实战中斯普鲁恩斯仍坚持只进行2天的战列舰炮击，显示出他已经转向托尔斯—拉福德的观点。见 *Admiral Raymond A. Spruance*, p. 103。
31. 同上，1944 年 1 月 5—7 日。
32. 1966 年 5 月 12 日加德纳上将写给作者的信。
33. F. C. Sherman diary, 16 January 1944.
34. Vincent Davis, *Postwar Navy*, pp. 199-201.
35. *The Magnificent Mitscher*, pp. 171, 178. 另见 1966 年 6 月 3 日与 A. A. 伯克退役上将的对话，1947 年 2 月 G. D. 穆雷中将写给亨利 · 索丹的信，以及 1947 年 2 月 4 日索丹发表在《纽瓦克晚报》上的米切尔的讣告。后两份文件均来自国会图书馆马克 · A. 米切尔的馆藏集。
36. 这是 1966 年 4 月 14 日 R. H. 戴尔退役上校告诉笔者的。时任中校的戴尔是谢尔曼的旗舰“邦克山”号上的舰载机大队队长。
37. *Admiral Raymond A. Spruance*, pp. 83, 102.
38. *The Magnificent Mitscher*, p. 202.
39. *Coral and Brass*, pp. 115-16.
40. S. E. Morison, *Aleutians, Gilberts and Marshalls*, p. 107.
41. 来自第 10 后勤中队序列表，源于 Rear Admiral Worrall Reed Carter, USN (Ret.), *Beans, Bullets, and Black*

Oil (Washington,1951), p.96。

42. S. E. Morison, *Aleutians, Gilberts and Marshalls*, pp. 107-8.
43. Towers diary, 26 August 1943; ComAir Pac History, p. 1.
44. WSEG Study, pp. 35-40.
45. Yarnell to Knox, "Report on Naval Aviation", 6 November 1943.
46. 1964 年 12 月与拉福德上将的对话。Towers diary, 9 February 1944. 托尔斯原本想让 J. J. 巴伦廷回去，但麦凯恩坚持要拉福德。
47. Current Tactical Orders and Doctrine, U.S. Fleet-USF 10A-Cominch 1944, pp. 4-22. PAC10 战术条令集整合了战争初期美国舰队总司令部发出的主要战术指导，文件又被称为 USF10，后来美国海军在此基础上发布了新的 USF10A 条令集。
48. 1943 年 12 月 16 日托尔斯发给太平洋舰队海军航空部队的函件，拉福德签发，编号 02330。
49. 1944 年 1 月 8 日托尔斯写给尼米兹的信，编号 0030。
50. Commander James S. Gray, Jr., "Development of Naval Night Fighters in World War II", *U.S. Naval Institute Proceedings*, 74 (July 1948). 848-49.
51. ComAirPac History, p. 22; ComAirPac memorandum for carrier divisions, 0050, 13 January 1944.
52. Towers diary, 31 December 1943. 战斗机的分配问题是旧金山会议上的一个主要议题。见 *The New York Times*, 9 January 1944 引用的麦凯恩中将的评述。
53. Interview of Lieutenant Commander J. E. Vose, USN, Commanding Bombing 17, 16 February 1944, Air Intelligence Group (Op-Nav-16-V#40), 23 March 1944.
54. Turner Action Report, 00165, 4 December 1943.
55. 同上，1943 年 12 月 23 日，编号 00371。
56. Craven and Cate, Foreword to Vol. Ⅴ, *AAF in World War II*, p. xvii.
57. "Air Support Command History, August 1942 to 14 August 1945", (1945), p.5.
58. 同上，第 4—5 页。
59. Isely and Crowl, *Amphibious War*, p. 249.
60. S. E. Morison, *Aleutians, Gilberts and Marshalls*, pp. 218-21.
61. *Air Support History*, p. 5. 这其中有些空中支援架次是反潜巡逻。
62. WSEG Study, pp. 9-10.
63. Isely and Crowl, *Amphibious war*, p. 292.
64. Cincpac Command History, pp. 137-38.
65. *Coral and Brass*, p. 145.
66. Isely and Crowl, *Amphibious War*, pp. 291-92. “电流” 和 “燧发枪” 行动之后，太平洋美军还是会为每次行动起代号——但实际上很少使用。作者也沿用了这一习惯。
67. F. C. Sherman diary, 27 February 1944. 参见 1944 年 2 月 11 日、23 日、24 日的前言。
68. 同上，1944 年 2 月 11 日。
69. Elmont Waite, "He Opened the Airway to Tokyo", *Saturday Evening Post* (2 December 1944), p. 20.
70. Oliver Jensen, *Carrier war*, p. 97. 书中提到第 17 轰炸中队的一名飞行员和战友开玩笑：“把你的遗书给我，我替你送给你家人。” 见 Robert Olds, *Helldiver Squadron*, pp. 182-83。

71. F. C. Sherman diary, 23 February 1944; *The Magnificent Mitscher*, p.182.
72. W.R. Carter, *Beans, Bullets, and Black Oil*, p. 121.
73. S. E. Morison, Aleutians, *Gilberts and Marshalls*, p. 320. 与战斗机扫荡不同，空袭前需进行进任务简报，明确将要打击的目标。
74. "Air Group Nine Comes Home", *Life* (1 May 1944), pp. 92-97; Oliver Jensen, *Carrier War*, p. 101.
75. Oliver Jensen, *Carrier War*, p. 105; S. E. Morison, *Aleutians, Gilberts and Marshalls*, pp. 326-29.
76. Bryant and Hermans, "Fighter Direction", p. 205.
77. Isely and Crowl, *Amphibious War*, p. 301.
78. *The Magnificent Mitscher*, p. 186.
79. Cincpac, "Operations in the Pacific Ocean Areas", February 1944.
80. *The Magnificent Mitscher*, p. 187.
81. Samuel Eliot Morison, *New Guinea and the Marianas* (Boston, 953), pp. 154-55.
82. *Carrier Air Group 9* (Chicago, 1945), p. 23.
83. ComAir Pac Analysis, February 1944, 00280, 24 March 1944; ComAirPac Supplementary Report on Carrier Operations, 30 January-24 February 1944. *Fleet Admiral King*, p. 536.
84. Oliver Jensen, *Carrier War*, p. 41.
85. Moore to Spruance, ComCenPac File A16-3, 19 February 1944. 另见 1961 年 8 月 5 日 C. J. 摩尔退役少将告知作者的情况，以及 1961 年 6 月与 C. A. 波纳尔退役中将的对话。
86. 1944 年 3 月 1 日尼米兹写给金的信，编号 00025。引自 Cincpac Command History, p. 140。
87. Fleet Admiral William D. Leahy, USN, I Was There (New York, 1950), p. 228; see Admiral Halsey's Story, pp. 189-90.
88. 同上，第 230 页。
89. Cincpac Command History, pp. 140-41; Robert Ross Smith, "Luzon versus Formosa" in Kent Roberts Greenfield (ed.), *Command Decisions* (Washington, 1960), p.465; *Fleet Admiral King*, p. 537.
90. 对此，肯尼将军都“惊呆了”。General Kenney Reports, p. 371.
91. Hanson Baldwin, "Navy Shift in Pacific", *The New York Times*, 11 February 1944.
92. Towers diary, 22 February 1944.
93. 同上，1944 年 2 月 22 日、28 日。
94. F.C. Sherman diary, 4, 6 March 1944.
95. *The Magnificent Mitscher*, pp. 190-91。另见 1966 年 6 月 3 日与伯克上将的对话。
96. 同上，第 196—197 页，第 247—248 页。
97. 1944 年 3 月 31 日谢尔曼写给林德 · D. 麦克柯米克少将的信，引用自：Cincpac Command History, p. 137；General Kenney Reports, pp. 376-77; *Admiral Halsey's Story*, pp. 189-90. 另见 本书第九章。
98. *Carrier Admiral*, pp. 149-50, 154, 157-58.
99. J. S. Gray, "Night Fighters", *Proceedings*, p. 850; ComAirPac History, p. 23. 见作者本人的 "Day of the Night Carriers" , *The Royal United Service Institution Journal*, CX (May 1965), pp. 148-54。
100. ComAirPac Analysis, April 1944, 00613, 1 June 1944; *The Magnificent Mitscher*, pp. 193-94; S. E. Morison, *New Guinea and the Marianas*, p. 33n; Oliver Jensen, Carrier War, pp. 122-27.
101. 金德的问题，克拉克的任命，以及米切尔对手下将领的态度均来自 The Towers diary, 10, 19 April 1944。

另见 1964 年与小乔治 · W. 安德森上将的对话，1966 年与 A. A. 伯克的对话，以及 1965 年 12 月与原第 58 特混舰队气象官 J. J. 冯克上尉的对话，还有 *Carrier Admiral* 一书各处。

102. *Air Support History*, pp. 5-6.

103. *The Magnificent Mitscher*, p. 205.

104. ComAirPac Analysis, March 1944, 00468, 30 April 1944.

105. Oliver Jensen, *Carrier War*, p. 131.

106. Clark Action Report，引自 Bryant and Hermans, "Fighter Direction", p.213。

107. Towers to AirPac Distribution List, 0057, 16 January 1944; Pownall to King, 00361, 14 April 1944.

108. ComAirPac Analysis, may 1944, 00740, 29 June 1944.

第六章 快速航母大会战

1. 这些人物经历来自日本防卫厅防卫研修所战史室主任，以及 USSBS, Ⅱ, 548-73。
2. Masanori Ito, *End of the Imperial Japanese Navy*, p. 95.
3. Okumiya and Horikoshi, *Zero!*, p. 323.
4. USSBS, Ⅰ, 10 (Ozawa).
5. Masanori Ito, *End of the Imperial Japanese Navy*, p. 108.
6. 这些数字来自当时在小泽中将麾下任高级参谋的大前敏一大佐，引自 Appendix Ⅱ, S. E. Morison, *New guinea and the Marianas*, pp. 146。这些飞机的盟军绰号分别是“齐克”“朱迪”“吉尔”和“瓦尔”。
7. Okumiya and Horikoshi, *Zero!*, p. 324.
8. Masanori Ito, *End of the Imperial Japanese Navy*, p. 96.
9. WSEG Study, P 21.
10. USSBS, I, 7(Ozawa).
11. Okumiya and Horikoshi, *Zero!*, pp. 322-23.
12. Mitscher (CTF 58) Operations Plan No. 7-44, Intelligence Annex, 24 May 1944; Clark (CTG 58.1) Operations Plan No. 7-44.
13. *The New York Times*, 21 June 1944.
14. 巧的是，如不考虑日期转换和时差，在 1545 年 8 月 15 日整整 400 年之后，也就是 1945 年 8 月 15 日，世界上最后一支强大战列舰队的巨炮最终停止了轰鸣。
15. 英国海军上将约翰 · 贝恩爵士，就因为没有在 1756 年 5 月的米诺卡海战中“做到最好”而被处决。
16. 要全面了解 1815 年之前线式战术和混战战术的情况，可以阅读 E. B. Potter and C. W. Nimitz (eds.), *Sea Power* (Englewood Cliffs, N J., 1960), pp. 21-167。想了解 1816—1918 年期间的情况可以阅读 Captain S. W. Roskill, *The Strategy of Sea Power* (London, 1962), pp. 80-81, 101-22。
17. *Admiral Raymond A. Spruance*, pp. 12-13, and the Naval War College rosters for 1936 to 1938. 从 1936 年起，一些军衔很低的航空兵军官开始进入战争学院供职。当时在初级战术班任教的人中有迈尔斯 · 布朗宁少校，T. P. 杰特尔少校和小 T. H. 小罗宾斯少校。罗宾斯还在 1937—1938 年当过斯普鲁恩斯的助理。1940 届学员中包括两位未来的杰出航空兵军官，弗雷德里克 · C. 谢尔曼上校和 C. A. F. 斯普拉格中校。
18. *Coral and Brass*, p. 165.

19. E.J. King, *U.S. Navy at War*, p. 34.
20. Towers diary, 14 June 19.
21. 同上，1944 年 6 月 14—15 日；1964 年 5 月与乔治・W. 安德森上将的对话。
22. Theodore Roscoe, *United States Submarine Operations in world war II* (Annapolis, 1949), p. 365.
23. Rowland and Boyd, *Bureau of Ordnance*, p. 427.
24. Bryant and Hermans, "Fighter Direction", p. 203.
25. 这里说的是 ASB 型雷达。"汉考克"号搭载的"地狱俯冲者"安装有更新型的 ASH 雷达，能够探测到 56 千米外的舰船。见 1944 年 7 月 12 日弗兰克・阿克尔斯上校写给 J. S. 麦凯恩中将的文件 "Information on Carrier Based Planes, Radar and other Electronics Equipment"。
26. 战斗机雷达叫 AIA。见 1944 年 7 月 12 日阿克尔斯写给麦凯恩的 "Pilots Operating Manual for Airborne Radar AN/APS-6 Series for Night Fighters" (CO NAVAER O8-5S-120, 17 February 1944) 第 5 页。
27. Clark Action Report, 0029, 10 May 1944.
28. Ofstie, "Operations against Marcus and Wake Islands," 19-23 May 1944. 引自 "Performance and Operational Data, U.S. Navy Planes in the Pacific, January-May 1944" (OpNav-16-V-E#122), August 1944。里奇的举动见 "Performance and Operational Data.., July-October 1944" (OpNav-16-V-E#345) December 1944。
29. 1944 年 6 月 13 日约翰・H. 格雷上尉写给詹姆斯・H. 弗拉特利中校的信。来自弗拉特利文件集。
30. Mitscher Action Report, 00388, 11 September 1944.
31. Lieutenants W.G. Land, USNR, and A O. Van Wyen, USNR, "Naval Air Operations in the Marianas," the Air History Unit, Washington, 1945 (irregular pagination) 复印版。 Mitscher Action Report, 29 June 1944.
32. VF-24 Action Report and Commander J. D. Blitch, VB-14 Action Report，引自 Land and Van Wyen, "The Marianas"。 本章多处引用了 Land-Van Wyen 的这份研究资料。
33. VT-16 中队在报告中抱怨道："火箭弹这种武器的好处不明确，对已经要冒险进攻的飞机来说更是一种拖累。" 参见 Mitscher Operations Plan 7-44, 00255, 24 May 1944。
34. S. E. Morison, *New Guinea and the Marianas*, pp. 179-80.
35. Isely and Crowl, *Amphibious War*, p. 331. 书中认为斯普鲁恩斯担心这些防空主力遭到损失而让它们远离滩头。不过也有为李的战列舰炮手们辩护的著作，见 Vice Admiral C. A. Lockwood, USN (Ret.)，以及 Colonel H. C. Adamson, USAF (Ret.), Battles of the Philippine Sea (New York, 1967), pp. 69-71。
36. Philip A. Crowl, *Campaign in the Marianas* (official U.S. Army history: Washington, 1960), p. 46; *Coral and Brass*, p.162.
37. Isely and Crowl, *Amphibious War*, pp. 331-34; *Air Support History*, pp.6-7.
38. Cincpac-Cincpoa Item #10, 238，引自 Major Carl W. Hoffman, USMC, *Saipan: The Beginning of the End* (official Marine Corps history: Washington, 1950), p. 36。
39. 1966 年 6 月与伯克上将的对话。
40. 1966 年 4 月 14 日 R. H. 戴尔上校写给作者的信。当时任中校的戴尔是哈里尔少将的作战参谋。
41. *Carrier Admiral*, pp. 162-63.
42. 与克拉克将军的多次对话；1966 年 4 月 14 日戴尔上校写给作者的信。
43. 对战场情况的逐小时叙述，最好的作品是 Samuel Eliot Morison, *New guinea and the Marianas*, pp. 170ff。但是除了详尽的每一时刻的进展描述之外，这一资料在涉及对舰队战术条令和斯普鲁恩斯战术的评价时却稍显肤浅且不够准确，这毫无疑问是因为作者在编写这套多卷本巨著时不免受到时间、空间和思维方式的局限，而且当莫里森的马里亚纳卷本出版时，大部分当事人都还在世，这也会带来影响。本章后文将对此做进一步评述。

44. *Admiral Raymond A. Spruance*, p. 138.
45. Fifth Fleet battle plan, 17 June，来源同上，第 243 页。
46. Towers diary, 14-15 June 1944.
47. *Carrier Admiral*, p. 165.
48. 1944 年 6 月 17 日斯普鲁恩斯如此告知米切尔。见 S. E. Morison, New Guinea and the Marianas, p. 243。
49. 以上均来自 *Carrier Admiral*, 第 166—68 页。
50. Oliver Jensen, *Carrier War*, p. 150.
51. 感谢美国海军学院的威廉・H. 拉塞尔教授提供了这里所表达的一系列观点。
52. *Carrier Admiral*, p. 166.
53. 同上，第 167 页。*Magnificent Mitscher*, pp. 212-13.
54. Mitscher Action Report, 11 September 1944.
55. *Admiral Raymond A. Spruance*, p. 137.
56. 1961 年 2 月 17 日，退役上将 R. A. 斯普鲁恩斯告知作者。
57. Commodore A. A. Burke, USN, *The First Battle of the Philippine Sea: Decision Not to Force an Action on the Night of 18-19 June* (Transcribed interview, 1945), p. 8. 下文简称为 Burke transcript。
58. Captain Harold (S.) Hopkins, RN, *Nice to Have You Aboard* (London, 1964), p. 140. 时任中校的霍普金斯是英国驻太平洋舰队司令部联络官。
59. Mitscher Action Report, 11 September 1944.
60. 1944 年 6 月 18 日斯普鲁恩斯告知米切尔，见 *Admiral Raymond A. Spruance*, p. 137。
61. Burke transcript, p. 9.
62. *Magnificent Mitscher*, pp. 215-16；另见 Fletcher Pratt, *Fleet Against Japan*, p. 159。
63. Diary of Lieutenant Joseph E. Kane, VB-14, 10 May 1944 to 12 February 1945. Entry of 18 June 1944. Courtesy of Midshipman Joseph E. Kane. II. UNA Class of 1966.
64. Burke transcript, p. 7. 文中说米切尔早在 17 日下午便已有此判断。
65. 同上，第 8 页。
66. 同上，第 4 页。S. E. Morison, *New Guinea and the Marianas*, p. 253.
67. 同上，第 4—5 页。
68. 同上。
69. *Carrier Admiral*, pp. 168, 175-76.
70. *Magnificent Mitscher*, pp. 220-21.
71. Mitscher Action Report, 11 September 1944.
72. *Admiral Raymond A. Spruance*, p.137.
73. 1966 年 6 月 29 日莫尔斯少将告知作者。
74. Mitscher Action Report, 11 September 1944.
75. Burke transcript, p. 10.
76. Spruance Action Report, 00026, 13 July 1944.

77. S. E. Morison, *New Guinea and the Marianas*, pp. 254-55.
78. 小泽本人在 1952 年将此事告诉莫里森手下的历史学者。*New guinea and the Marianas*, p. 232n.
79. Masanori Ito, *End of the Imperial apanese Navy*, pp.108-9.
80. Montgomery Action Report, 000223, 6 July 1944.
81. 仍来自 S. E. Morison, *New Guinea and the Marianas*, pp. 257-304。这是最佳资料来源，不过也可参见 Masanori Ito, *End of the Imperial Japanese Navy*, pp 103-7。
82. Montgomery Action Report, 6 July 1944.
83. “列克星敦”号 VF-16 中队队长保罗 · D. 布伊少校听见并转述。引自 *Magnificent Mitscher*, p. 227。
84. 来自 1966 年 6 月与前预备役上尉道格拉斯·A. 麦克克莱里的对话。他 1943 年 8 月到 1944 年 4 月间在“约克城”号的 VT-5 中队当 TBF 飞行员，后来又在克拉克少将手下任航空作战参谋。
85. *Magnificent Mitscher*, p. 227.
86. Spruance Action Report 00398, 14 July 1944.
87. 1944 年 6 月 19 日尼米兹发给斯普鲁恩斯 (见 Item 5 in Documentary Addendum)。
88. *Carrier Admiral*, p. 171.
89. S. E. Morison, *New guinea and the Marianas*, p. 268. A. R. Buchanan, *The United States and World War II*, p.521，书中说“美国方面的一项缺陷正是此时未能派出侦察机”。
90. 1955 年，斯普鲁恩斯上将提出，当时的舰载机完全没有装备搜索雷达，但这是错误的。P. A Crowl, *Campaign in the Marianas*, p.122.
91. *Admiral Raymond A. Spruance*, p. 52.
92. 第一部分引自 the Burke transcript, p 17，第二部分引自 Lieutenant J. Bryan III, USNR，以及 Philip G. Reed, *Mission Beyond Darkness*(New York, 1945), p. 15。
93. 同上，第 23 页。
94. Hornet Action Report, 0020, 1 July 1944, report of Commander Air Group 2.
95. "Action Narrative Carrier Air Group Fourteen Strike vs. Japanese Fleet, 20 June 1944."
96. Kane diary, 23 June 1944.
97. S. E. Morison, *New guinea and the Marianas*, p. 299.
98. USSBS, I, 10(Ozawa).
99. Lieutenant (jg) John Denley Walker in Walter Karig et al, Battle Report, IV(New York, 1948), p. 248.
100. "History of VF-1" (影印版)，第 4 页。
101. Bryan and Reed, *Mission Beyond Darkness*, pp. 63-64.
102. Kane diary, 25 June 1944.
103. Bryan and Reed, *Mission Beyond Darkness*, p. 69.
104. ComAirPac, Current Tactical Orders Aircraft Carriers U.S. Fleet USF-77(A), February 1943(Prefaced by Admiral E. J. King, 10 May 1943), p.20.
105. Kane diary, 24 June 1944.
106. Bryan and Reed, *Mission Beyond Darkness*, pp. 72-73; *Magnificent Mitscher*, pp. 234-35; *Carrier Admiral*, p. 173; S. E. Morison, *New Guinea and the Marianas*, pp. 302-4. 1965 年与退役上校 O.E. 索尔文的对话，他当时任克拉克少将的通讯官。

107. Montgomery Action report, 6 July 1944; Bryan and Reed, Mission beyond Darkness, pp.71, 78, 98-99.
108. Kane diary, 25 June 1944.
109. Bryan and Reed, *Mission Beyond Darkness*, pp. 103, 105.
110. S. E. Morison, *New Guinea and the Marianas*, p. 304.
111. *The New York Times*, 23 June 1944.
112. Hopkins, *Nice to Have You Aboard*, p. 146.
113. 来自 1964 年与乔治·安德森上将的对话。1944 年 6 月时任中校的安德森是太平洋舰队副总司令托尔斯中将的特别助理，因此十分了解太平洋方面的政策制定情况。
114. Mitscher Action Report, 11 September 1944. 1966 年与伯克上将的对话。
115. 1961 年 2 月 17 日斯普鲁恩斯上将写给作者的信。
116. *Admiral Raymond A. Spruance*, p. 137.
117. Montgomery Action Report, 6 July 1944.
118. F.C. Sherman, *Combat Command* (1950), p. 243. 谢尔曼在 1944 年 7 月 5 日的日记中关于马里亚纳战役只说了一句话："肯定是有地方出乱子了。"
119. *Carrier Admiral* (1967), pp. 175-76.
120. *Fleet Admiral King*, p. 563.
121. Harrill (CTG 58.4) Operations Plan No 1-44, Annex 1.
122. Reeves (CTG 58.3) Operations Order No. R-3-44, Part III, Annex F.
123. Burke transcript, pp. 11-12.
124. 在离职之前，戴维斯的正式职位是美国舰队司令部助理参谋长（分管作战）。
125. S. E. Morison, *New Guinea and the Marianas* (1953), pp. 310-19.
126. 同上。
127. 同上，第 314 页，注释 16。还可参见 Alfred Thayer Mahan, *The Influence of Sea Power Upon History, 1660-1783* (1890; American Century Series, 1957), p.481："一支强大的海军力量若要斩断敌人对海运线要地的长久控制（在此，这类要地主要是亚洲大陆沿海的日占港口和重要水道），只能通过战斗并打败敌人海军来实现。"
128. A. T. Mahan, *Influence of Sea Power*, pp. 444-49. 请原谅作者在此插一句题外话。马汉在著作中引述了一位不知名人士 1809 年对罗德尼的批评，说罗德尼（斯普鲁恩斯是不是也一样？）总喜欢把他在两年前，也就是 1780 年 4 月（对应到现在就是 1942 年 6 月）多米尼加战役（是不是很像中途岛？）中"赢得的声望寄托在"打败了法国"最好"的海军将领德·吉尚（是不是对应着当代的山本？）上。毫无疑问，无论斯普鲁恩斯本人喜欢与否，他的声望主要都是来自中途岛一战。
129. Captain S. W. Roskill, *The Strategy of Sea power*, p. 79.
130. J. Grimes, *Aviation in the Fleet Exercises*, p. 157.

第七章 航空兵将领的崛起

1. Bernard Brodie, *A Guide to Naval Strategy* (3rd ed., Princeton, 1944), pp. 57-58.
2. ComAirPac Analysis, June 1944, 00888, 27 July 1944.

3. ComAirPac Analysis of Marianas Operations, 11-30 June 1944, 001224, 20 September 1944.
4. Samuel Eliot Morison, *The Invasion of France and Germany*(Boston, 1957), p. 280. 护航航母也参加了萨莱诺战役，但只是执行一些侦察和掩护任务。
5. Albion and Connery, *Forrestal and the Navy*, pp. 125-26, 232-35.
6. J. A. Furer, Naval Administration, p. 165.
7. *Fleet Admiral King*, pp. 573-74.
8. Vincent Davis, "Postwar Defense Policy", p. 322.
9. 同上，第 67—71 页，第 73—74 页，第 151—152 页，第 210 页。
10. Towers diary, 14 July 1944.
11. 1944 年 7 月 31 日，金写给尼米兹的信，编号 002159，“Requirements for Naval Aviation in the Pacific Ocean Areas”。
12. 1944 年 8 月 17 日菲奇写给霍恩的信，编号 0178031。
13. Vincent Davis, "Postwar Defense Policy", pp. 226, 240-43.
14. 同上，第 109 页、114 页、119 页、317 页。
15. R. E. McClendon, *Separate Air Arm*, pp. 228-33; Towers diary, 28 November -10 December 1944.
16. Vincent Davis, "Postwar Defense Policy", pp. 164-66.
17. *The New York Times*, 30 August 1944.
18. J. C. Ford, Jr., *Japanese Naval Administration*, p. 126.
19. USSBS, *Japan's Struggle to End the War* (Washington, 1946), p. 10.
20. USSBS, II, 356. Interrogation of Fleet Admiral Osami Nagano, IJN.
21. Toshikazu Kase, *Journey to the Missouri*, p. 78.
22. 这些数据大部分来自 Hajime Fukaya (ed. by Martin E. Holbrook and Gerald E. Wheeler), "Japan's Wartime Carrier Construction," *U.S. Naval Institute Proceedings*, 81 (September 1955), 1031-43。
23. Katsu Kohri, Ikuo Komori, and Ichiro Naito, *Fifty Years of Japanese Aviation*, pp. 122, 130.
24. 引自 Captain Rikihei Inoguchi, Commander Tadashi Nakajima, and Roger Pineau, The Divine wind (Annapolis, 1958), p. 27。另参见 Masanori Ito, *End of the Imperial Japanese Navy*, pp. 180-81。
25. ComAirPac Analysis, June 1944.
26. Rowland and Boyd, *Bureau of Ordnance*, p. 245.
27. Mitscher Action Report, 11 September 1944.
28. Air Officer's Report in Hornet Action Report, 0020, 1 July 1944.
29. USSBS, I, 12(Ozawa).
30. "Rough Draft (Re4f) Fire Control Radar Equipment History–Installations," and other Bureau of Ordnance documents. 感谢海军航空系统司令部历史学者李 · M. 皮尔森。
31. William Green, *Fighters*, IV, 103-5.
32. *The New York Times*, 19 September 1944.
33. 1944 年 11 月 30 日 R. E. 迪克逊中校写给 J. H. 弗拉特利中校的信。来自弗拉特利文件集。
34. 1944 年 7 月 13—22 日旧金山会议的记录，来自库克文件集；1944 年 6 月 19 日拉福德少将的一份未签字的备忘录（编号 Op-03）：“建议改组 23 支舰载航空大队，装备 72 架舰载战斗机和 18 架轰炸鱼雷机”，文件编号 0129331；1944 年 7 月 31 日金发给尼米兹的文件。舰队里也有要求增加战斗机数量的声音，例如 Clark Action Report, 0070, 16 August。

35. ComAirPac Analysis, September 1944, 001809, n.d.; Kane diary, 28 August 1944. 这天 VB-14 中队的飞行员们得到了新的 F6F 战斗机。Towers diary, 12 October 1944，这天哈尔西的申请获批。
36. William Green, *Fighters*, IV, 192-94. 1965 年 2 月 20 日与贝克利中将的谈话。
37. William Green, *Fighters,* IV, 106-8.
38. Memo for Radford, 19 June 1944; *The New York Times*, 11 June 1944.
39. Towers diary, 28 August 1944. 1944 年 12 月 26 日陆战队航空兵总监菲尔德·哈里斯少将写给菲奇的信，文件编号 271500。
40. William Green, *Fighters*, IV, 109.
41. 迪克逊写给弗拉特利的信，1944 年 11 月 30 日。
42. Towers diary, 28 August 1944.
43. William Green, *Fighters*, IV, 88-89, 132-33, 186.
44. Jacinto Steinhardt, "The Role of Operations Research in the Navy", *U.S. Naval Institute Proceedings*, 72 (May 1946), 654.
45. Rowland and Boyd, *Bureau of Ordnance*, pp. 333-34, 339-40.
46. 同上，第 306—309 页。
47. Ray Wagner, *American Combat Planes* (Garden City, 1960), pp. 348, 351-52. 关于 XTB2D，参见 J. V. Mizrahi, *U.S. Navy Dive and Torpedo Bombers* (Sentry Books, 1967), pp. 56-57。
48. Captain H. F. Fick, *Plans Division of DCNO* (Air), to Fitch, "Substitution of SB2C Aircraft for TBM Aircraft", 0212331, 28 September 1944; Towers diary, 28 August 1944.
49. Ray Wagner, *American Combat Planes*, pp. 351-52; Memorandum, Fitch to Gates, 0288331, 30 December 1944; Bob Meakin, *50th anniversary of Naval Aviation* (El Segundo: Douglas Aircraft Corporation, 1962), p. 15; *U.S. Naval Aviation*, 1910-1960, p. 106.
50. ComAirPac History, p. 146.
51. Towers diary, 5 July 1944.
52. Mitscher Action Report, 11 September 1944.
53. 1944 年 7 月 15 日 C. W. 威伯尔上校发给麦凯恩的备忘录，文件编号 0150231。1944 年 7 月 31 日金发给尼米兹的信。Towers diary, 13 July 1944.
54. ComCarDiv 7, "History of the Navy's First Night Fighter Division", 0189, 27 August 1945.
55. 1944 年 7 月 12 日阿克尔斯发给麦凯恩的信；1944 年 7 月 15 日威伯尔发给麦凯恩的信。改进舰载雷达以满足夜间作战需要的事情由太平洋舰队总司令负责，他把此事交给了加德纳将军。
56. R. W. Dittmer, *Aviation Planning in World war II*, pp. 179-204, 219-20; J. A. Furer, *Naval Administration*, pp. 394-95. 1964 年 12 月 21 日与拉福德上将的对话。
57. ComAirPac History, p. 145; WSEG Study, p. 33.
58. 同上，第 25—37 页；1966 年 8 月 16 日 G. 韦林·派珀退役上校发给作者的信件。
59. 同上，第 2—4 页。
60. Gwenfred Allen, *Hawaii's War Years*, pp. 185, 187; James C. Olsen and Captain Bernhardt L. Mortensen, "The

Marianas". 见 Craven and Cate, *AAF in World War II*, IV, 693; *Coral and Brass*, p.201。

61. 1964 年 7 月 C. M. 库克退役上将接受采访的录音带，来自库克文件集。
62. *Fleet Admiral King*, p. 540.
63. *Admiral Halsey's Story*, pp. 193-94.
64. F. C. Sherman diary, 20 November 1944. 他还在 1944 年 6 月 24 日日记的开头记述了 5 月初在华盛顿与麦凯恩当面讨论米切尔替代人选的事情。
65. *The New York Times*, 25 May 1944; Towers diary, 30 May, 1 June 1944. 1964 年与拉福德上将的谈话，1966 年 12 月 29 日奥伯里・W. 菲奇退役上将向作者提供的消息。
66. 出自 W. S. 吉尔伯特的戏剧《“皮纳福”号》第一幕的名句，这里进行了活用。引自退役少将约瑟夫・C. 克罗宁于 1965 年 9 月 8 日写给作者的信，克罗宁当时是沙弗罗斯的参谋长。
67. 1944 年 11 月 24—26 日旧金山会议备忘录，来自库克文件集。
68. Towers diary, 13, 14, 22 July 1944.
69. 托尔斯的日记提到波纳尔曾经为“萨姆”・金德的立场辩护，想帮他保住职位。而库克的录音带则提到波纳尔反对太平洋舰队的“两套班子”指挥体系，因为这意味着将会不间断连续作战，这样“他们就太苦了”。——这里的“他们”指的是基层指挥官和参谋人员。
70. 同上。托尔斯在 1944 年 3—4 月的多篇日记，以及 7 月 22 和 31 日的日记，都提到了福雷斯特・谢尔曼告诉托尔斯的事情，他和麦克莫里斯都亲眼看到了波纳尔是多么抵触尼米兹。
71. F.C. Sherman diary, 21 December 1944.
72. 1944 年 9 月 29 日—10 月 1 日旧金山会议备忘录，来自库克文件集。
73. ComCarDiv 1 War Diary 1944; Towers diary, 22 July 1944.
74. 1944 年 7 月 13—22 日旧金山会议备忘录，来自库克文件集。然而，1944—1945 年间被浪费在环礁基地的将领仍然有伯恩哈德、金德、哈里尔、里夫斯、萨拉达，另外还有穆雷。下文还将详述。
75. 见 1944 年 9 月 24 日穆雷写给尼米兹的信，文件编号 001252。
76. 萨维・库克想要对日本发动登陆战，他还曾希望把两支特混舰队分别命名为第五和第三快速航母特混舰队。见 1944 年 7 月 31 日库克写给金的信。
77. *Magnificent Mitscher*, P. 248; Towers diary, 8-9 August 1944.
78. Towers diary, 15-16 August 1944.
79. *Carrier Admiral,* pp. 194-95; Commander Second Carrier Task Force Roster, 1 September 1944.
80. 同上，第 196—97 页。Towers diary, 21-22 August, 2, 3, 5, 7 October 1944; ComCarDiv 3 War Diary 1944. 1966 年 3 月 8 日与伯克上将的对话。
81. *Carrier Admiral*, pp. 181-83.
82. S. E. Morison, *New Guinea and the Marianas*, pp. 312-13.
83. 同上，第 379—380 页。
84. Isely and Crowl, *Amphibious War*, pp. 384-85. 另参见 Major Lodge, USMC, *The Recapture of Guam* (official Marine Corps history; Washington, 1954), pp. 33-36, 109。
85. 同上，第 359—364 页。另参见 Major W. Hoffmann, USMC, *The Seizure of Tinian* (official Marine Corps history, Washington, 1951), pp.127, 129。
86. Carrier Admiral, pp. 186-87. 部分基于克拉克的作战报告。

87. 同上。

88. Saburo Sakai, *Samurai*, p. 198.

89. *Magnificent Mitscher*, p. 245.

90. *Admiral Halsey's Story*, pp. 194-95.

91. R.R. Smith, "Luzon vs. Formosa", p.465.

92. Matloff, *Strategic Planning for Coalition Warfare*, pp. 480-81.

93. ComAirPac Analysis, September 1944, 001756, 11 December 1944.

94. Frank Futrell. "Prelude to Invasion", Craven and Cate, *AAF in World War II*. V. 281.

95. Matloff, Strategic Planning for Coalition Warfare, pp. 481-82; Samuel Eliot Morison, Leyte(Boston, 1958), p. 7; R.R. Smith, "Luzon vs Formosa", pp. 468-69.

96. Frank Futrell, "Prelude to Invasion," p. 286; R.R. Smith, "Luzon vs. Formosa", pp. 467-69.

97. 同上。金上将更希望直接进攻九州，而不是吕宋。见 1944 年 9 月 29 日—10 月 1 日的会议纪要。

98. 同上，第 286—287 页。S. E Morison, *Leyte*, p. 11; Matloff, *Strategic Planning for Coalition Warfare*, pp. 486-87.

99. *Admiral Halsey's Story*, pp. 199-200; *Carrier Admiral*, pp. 194-95.

100. R. R Smith, "Luzon vs. Formosa", pp. 470-76; S. E. Morison, Leyte, p.17.

101. 同上，第 476—477 页。 Matloff, *Strategic Planning for Coalition Warfare*. pp.530-31.

102. Matloff, *Strategic Planning for Coalition Warfare*. p. 487.

103. A. R. Buchanan, *The Navy's Air War*, pp. 218-20: Major Frank O. Hough, USMCR, *The Assault on Peleliu* (official Marine Corps history; Washington, 1950), p. 198.

104. O. R. Lodge, *The Recapture of Guam*, p. 169; F. O. Hough, *The Assault on Peleliu*, pp. 25, 192-93; Isely and Crowl, *Amphibious war*, pp. 416-22.

105. *Air Support History*, pp. 8-9.

106. ComAirPac Analysis, September 1944; *Admiral Halsey's Story*, p. 204; *U.S. Naval Aviation*, 1910-1960, p. 107.

107. W.R. Carter, *Beans, Bullets, and Black Oil*, p. 212.

108. 以上所有内容均来自 S. E. Morison, *Leyte*, pp. 74-80。

第八章 菲律宾战役

1. USSBS, I, 219 (Ozawa).

2. USSBS, I, 317 (Toyoda).

3. James A. Field, *The Japanese at Leyte Gulf* (Princeton, 1947), p. 18.

4. 来自 1964 年 5 月与乔治·安德森上将的对话。

5. *Air Support History*, p. 9. 1966 年 10 月 14 日怀特黑德中将告知作者。1944 年 10 月 4 日到 11 月 6 日期间，怀特黑德被派到第七舰队执行任务。

6. 1944 年 9 月 29 日—10 月 1 日旧金山会议纪要，来自库克文件集。

7. S. E Morison, *Leyte*, p. 58.

8. 1944 年 9 月 29 日—10 月 1 日旧金山会议纪要。

9. *Admiral Halsey's Story*, p. 198.

10. 这些细节来自哈尔西写给汉森·鲍德温所编写 "The Battle of Leyte Gulf" 一文的“特别说明”。见 Don Congdon (ed.), *Combat: Pacific Theater* (New York, 1958), p. 357。该文后来再次刊登于鲍德温所编 *Sea Fights and shipwrecks* (New York 1955)。
11. 哈罗德·E. 斯坦森预备役上校于 1964 年 6 月 16 日通过格伦·H. 斯塔森转告作者。
12. Kane diary, 21 October 1944.
13. Masanori Ito, *End of the Imperial Japanese Navy*, p. 209; S. E. Morison, *Leyte*, p. 91; J. A. Field, *Japanese at Leyte Gulf*, p. 27.
14. Kane diary, 18 October 1944.
15. USSBS, I, 219 (Ozawa).
16. J. A. Field, *Japanese at Leyte Gulf*, p 36n.
17. S. E. Morison, *Leyte*, pp. 165-69; USSBS, I, 60 (Captain Rikihei Inoguchi).
18. Report of Captain Raymond D. Tarbuck, USN, of General MacArthur's staff, 3 November 1944，被引用于 M. Hamlin Cannon, *Leyte: The Return to the Philippines* (official U.S. Army history: Washington, 1954), p. 45。
19. Kinkaid's notes to Baldwin, "Battle of Leyte Gulf", p. 348; *Admiral Halsey's Story*, p. 215.
20. USSBS, II, 500 (Fukudome).
21. *Magnificent Mitscher*, p. 260.
22. *Admiral Halsey's Story*, p. 214; Hanson Baldwin, "Battle of Leyte Gulf", p. 344.
23. Sherman Action Report, 0090, 2 December 1944.
24. 同上。
25. 曾任哈尔西作战参谋的拉尔夫·E. 威尔逊中将于 1967 年 8 月 15 日告知作者此事。
26. 曾任哈尔西副官的哈罗德·E. 斯塔森于 1964 年 6 月 25 日告知作者此事。
27. ComAirPac Analysis, August 1944, 001354, 14 October 1944.
28. *Admiral Halsey's Story*, p. 216.
29. Halsey Action Report, 0088, 13 November 1944.
30. 同上；曾任哈尔西情报官的 M. C. 切克退役少将于 1966 年 6 月 16 日告知作者此事；哈尔西发给鲍德温的“特别说明”，见 "Battle of Leyte Gulf", p.363；1964 年 8 月 12 日斯塔森写给作者的信。
31. 见 1964 年 6 月 25 日斯塔森写给作者的信。哈尔西在自传中对这一段历史的描述就没有这般高调了，他说自己告诉卡尼将军：“我们去这里，米克，让他们向北去。” *Admiral Halsey's Story*, p. 217.
32. *Admiral Halsey's Story*, p. 217.
33. Hanson Baldwin, "Battle of Leyte Gulf", p. 327.
34. 金凯德的说明，同上，第 349 页。
35. 同上，第 348—49 页。
36. S. E. Morison, *Leyte*, pp. 194n, 195; *Magnificent Mitscher*, p. 262.
37. *Admiral Halsey's Story*, p. 217.
38. 同上；*Magnificent Mitscher*, pp. 262-63；1966 年 3 月与伯克上将的对话；1964 年 5 月 11 日 G. F. 博根退役中将写给作者的信。
39. 1966 年时与 T. P. 杰特尔退役少将的对话。
40. C. Vann Woodward, *The Battle for Leyte Gulf* (New York, 1947), p.113; USSBS, I, 157 (Ohmae); *Magnificent*

Mitscher, p. 263; J. A. Field, *Japanese at Leyte Gulf*, pp. 47, 63-64, 72-73. 1964 年 5 月 11 日博根中将写给作者的信。

41. Whitehead Action Report, 2 November 1944. 1966 年 10 月 14 日怀特黑德中将写给作者的信。S. E Morison, *Leyte*, p 245.
42. 金凯德为鲍德温 "Battle of Leyte Gulf" 一文所作说明，见第 354 页。
43. 此事由威廉・H. 拉塞尔告诉作者，他从 1946 年起就一直是美国海军学院的历史学教授。
44. 来自海军战争学院的人事记录，感谢学院图书馆提供资料。
45. 来自 C. V. 伍德沃德的观察，见 *Battle for Leyte Gulf*, p. 133。
46. 1961 年 3 月 5 日戴维・麦坎贝尔上校写给作者的信。J. A. Field, Japanese at Leyte Gulf, p. 94.
47. 战斗细节见 See S. E, Morison, *Leyte*, pp. 322-28；另见 C. V. Woodward, *Battle for Leyte Gulf*, p. 125。
48. *Admiral Halsey's Story*, p. 219.
49. 见 1945 年 5 月 9 日金凯德写给人事局局长雅各布斯的信。
50. “人们都觉得盟国航空兵对进攻目标地域防御之敌时可能遇到的难题并没有充分的认识。” Whitehead Action Report, 2 November 1944.
51. Carrier Admiral, P. 201. 当时在珍珠港旁观了这一切的斯普鲁恩斯将军认为，若是自己指挥，就会让舰队守在圣博纳迪诺海峡旁。见 *Admiral Raymond A. Spruance*, p. 167。
52. Captain Andrew Hamilton, USNR, "Where is Task Force Thirty-Four?", U.S. Naval Institute Proceedings, 86 (October 1960), 76-80. 在乌利西的亚瑟・拉福德也机缘巧合读到了这份电文。来自 1964 年与拉福德将军的对话。
53. 金凯德写给鲍德温的说明，见 "Battle of Leyte Gulf," p. 350。
54. *Admiral Halsey's Story*, p. 220.
55. “泰德”・谢尔曼表达了他的极度郁闷：“我们统治了周围的海空，空中已经没有敌机能来阻挠我们，敌人正在大撤退，而我们要做的只是不让他们的残损舰艇逃走而已。” Sherman Action Report, 2 December 1944.
56. 哈尔西发给尼米兹的电文，文件编号 250215。Halsey Action Report, 13 November 1944.
57. S. E Morison, *Leyte*, pp. 330-31.
58. 伊藤正德对栗田的访问，这段文字引自 *End of the Imperial Japanese Navy*, p. 166。
59. 同上，第 166—167 页。J. A. Field, *Japanese at Leyte Gulf*, pp. 125-28.
60. Commander Harvey B. Seim, USN, "U.S.S. Independence-Pioneer Night Carrier". Unpublished manuscript (January 1958) at the Air History Unit, Office of the Chief of Naval Operations, pp. 47-48, 66-71.
61. C. V. Woodward, *Battle for Leyte Gulf*, p. 185.
62. S. E. Morison, *Leyte*, p. 193.
63. 1964 年 12 月与拉福德上将的对话。
64. Halsey Action Report, 13 November 1944.
65. 哈罗德・斯塔森 1964 年 6 月 16 日写给作者的信。
66. "The Battle for Leyte Gulf", *U.S. Naval Institute Proceedings*, 78 (May 1952), 487-95.
67. *Magnificent Mitscher*, p. 265.
68. "Kinkaid Charges Blunder at Leyte", *The New York Times*, 26 April 1949.

69. 1966年10月27日V. H. 沙菲尔退役少将写给作者的信。
70. M. H. Cannon, *Leyte*, p. 92.
71. Frank Futrell, "Leyte", in Craven and Cate, *AAF in World War II*, V, 364n.
72. Commander Harold S. Hopkins, RN, to Naval Attache, Washington, 28 October 1944, in Hopkins, Nice to Have You Aboard, p. 193.
73. E. B. Potter, "Chester William Nimitz, 1885-1966", *U.S. Naval Institute Proceedings*, 92 (July 1966), 49. 下文另述。
74. 1964年5月与小乔治・W. 安德森上将的对话。
75. ComAirPac Analysis, October 1944, 001883, 30 December 1944.
76. 1944年11月24—26日旧金山会议备忘录，来自库克文件集。
77. 1964年6月库克上将之子C. M. 库克少校对将军进行采访的录音带，来自库克文件集。
78. *Admiral Halsey's Story*, p. 226.
79. *Fleet Admiral King*, p. 580.
80. Ernie Pyle, *Last Chapter* (New York, 1945), p. 57.
81. Assistant Secretary of the Navy (Air) John L. Sullivan, A Report on Naval Aviation in the Pacific War (mimeographed press release, 22 September 1945), p. 26.
82. C.V. Woodward, *Battle for Leyte Gulf*, p. 109.
83. F C. Sherman, *Combat Command*, pp. 313-14.
84. Bernard Brodie, "The Battle for Leyte Gulf", *The Virginia Quarterly Review*, XIII (Summer 1947), 459-60.
85. Samuel Eliot Morison, *The Two Ocean War* (Boston, 1963), pp. 454, 475, 582.
86. Stanley L. Falk, *Decision at Leyte* (New York, 1966), pp. 209-11, 317.
87. *The New York Times*, 16 December 1944.
88. L. L. Moore, "Shinano", p. 148; Katsu Kohri, Ikuo Komori, and Ichiro Naito, *Fifty Years of Japanese Aviation*, p. 133.
89. Hajima Fukaya, "Japan's Carrier Construction", pp. 1032-35.
90. "Aireview", *Japanese Military Aircraft*, pp. 39, 43, 84-85.
91. 来自乔治・穆雷少将的讲述，引自 *The New York Times*, 12 November 1944。
92. USSBS, I, 62 (Inoguchi).
93. *Admiral Halsey's Story*, p. 228.
94. *ComAirPac History*, pp. 148-49.
95. 1944年12月21日穆雷写给尼米兹的信件，文件编号001835。
96. AAF Evaluation Board, Pacific Ocean Areas, Report 3. 文件基于 The Observations of Brigadier General Martin F. Scanlon, USAAF 编写，引自 M. H. Cannon, *Leyte*, p. 93。根据 AAF Field Manual 100-20, 21 July 1943, "Command and Employment of Air Power", p. 16 的说明，为步兵部队提供近距支援在第五航空队的任务优先级中只排在第三位，低于攻击敌人船运与部队集结地，以及遮断敌人补给线。
97. S. E. Morison, *Leyte*, pp. 343-53; ComAir Pac Analysis, November 1944, 00286, 13 February 1945.
98. 同上，第354—357页。Frank Futrell, "Leyte", p. 373.
99. Major Charles W. Boggs, Jr., USMC, *Marine Aviation in the Philippines* (official Marine Corps history: Washington, 1951), p. 29.

100. 1961 年 2 月 J. T. 布莱克本上校写给作者的信；1961 年 10 月 12 日伯克上将写给作者的信。1944 年 10 月，时任中校的汤米·布莱克本被派往太平洋前线，听取米切尔关于用 F8F 取代 F6F 作为标准舰载战斗机的意见。
101. Robert Sherrod, *History of Marine Corps Aviation in world War II* (Washington, 1952), pp. 326-29, 331.
102. 同上，第 332 页。1944 年 12 月 3 日穆雷发给金的函件 "Revision of Naval Aviation Program"，文件编号 001685；尼米兹于 1944 年 12 月 11 日批准这一方案，文件编号 004227；1944 年 12 月 6 日穆雷写给雅各布斯的信；Towers diary, 28 November 1944；*Magnificent Mitscher*, p. 269。
103. 1944 年 12 月 3 日穆雷发给金的函件。ComAirPac History, p. 18; Sherman Action Report, 0091, 8 December 1944; Halsey Action Report, 0081 23 January 1945. 1961 年 4 月 19 日 M. U. 比伯上校写给作者的信，时任少校的比伯是 VF-17 的中队长。
104. 数据来自 ComAirPac Analysis, December 1944, 00495, 10 March 1945；A. R. Hilen, Jr., "Remarks on Carrier Developments", p. 19；WSEG Study pp. 21-22；*Carrier Admiral*, p. 206；Vice Admiral John Sidney McCain, USN, "So We Hit Them in the Belly," Saturday Evening Post (14 July 1945), p. 44；*Admiral Halsey's Story*, p. 233；1962 年 1 月 22 日 J. S. 萨奇中将写给作者的信。
105. Towers diary, 10 December 1944; "History of the Navy's First Night Carrier Division"; Burke transcript, pp. 33-36.
106. F.C. Sherman diary, 20, 29 November; 5, 7, 9, 12, 17, 18 December 1944.
107. 同上，1944 年 12 月 4 日。
108. ComAirPac History, p. 109.
109. 关于这次台风的最好的介绍是 Samuel Eliot Morison, *The Liberation of the Philippines* (Boston, 1959), pp. 59-87。
110. "Record of Proceedings of a Court of Inquiry, etc., 26 December 1944", pp. 54-57, 65-67, 69-71. 来自海军军法处。这份资料记录了对博根少将、科尔诺德尔上校，以及蒙哥马利少将的参谋长 J. B. 莫斯上校的询问报告。
111. 同上，第 11—18 页，第 67—73 页，第 80 页。包括对麦凯恩中将、谢尔曼少将、博根少将、贝克少将（第 38 特混舰队参谋长）、莫斯上校和科斯科中校的询问报告。
112. 见 1945 年 1 月 22 日尼米兹写给军法处的信。雅各布斯在 1945 年 5 月 26 日写给福莱斯特的信中指出，资历更老、更有经验的气象军官很难得，仅有的这一类人都被派到了舰队。科斯科后来自己写了一本书，但并无新意，而且刻意规避了责任问题。见 Colonel Hans Christian Adamson, USAF (Ret.) and Captain George Francis Kosko, USN (Ret.), *Halsey's Typhoons* (New York, 1967)。
113. Robert Sherrod, *Marine Corps Aviation*, p. 333.
114. *Admiral Halsey's Story,* p. 243.
115. F. C. Sherman diary, 5-8, 11 January 1945.
116. *Carrier Admiral,* p. 207.
117. F. C. Sherman diary, 10-12 January 1945. 根据谢尔曼 11 日的记录，麦凯恩试图插手指挥，但是总的来看，哈尔斯似乎想要尽可能地架空麦凯恩。
118. USSBS, I, 282 (Matsuda).
119. S. E. Morison, *Liberation of the Philippines,* pp. 168-73.
120. 同上，第 179—182 页。

121. 语出美国陆军第 1 骑兵师师长韦恩·D. 马奇少将。引自 A.R. Buchanan(ed.) *Navy's Air War*, pp. 268-69，另参见：Major C. W. Boggs, Jr., USMC, *Marine Aviation in the Philippines* (Washington, 1951) especially pp. 71-76 81-85, 106；Frank Futrell, "Luzon," in Craven and Cate, *AAF in World War II*, V, 420-21, 426, 429；Robert Ross Smith, *Triumph in the Philippines*(official U.S. Army history: Washington, 1963), p. 655。骑兵师的指挥官们“显然一致地更希望”由陆战队航空兵来提供近距空中支援，而不是陆军航空兵。
122. *Admiral Halsey's Story*, p. 250.
123. 哈尔西和麦凯恩之间的关系，很类似美国南北战争中 1864—1865 年最后一次弗吉尼亚战役时北军将领格兰特和 G. G. 米德之间的关系。①

第九章 英国快速航母部队

1. Matloff, *Strategic Planning for Coalition Warfare*, p. 452.
2. 1943 年 12 月 13 日金写给霍恩的信，文件编号 002739，见 Vincent Davis, "Post war Naval Policy", p. 59。
3. Matloff, *Strategic Planning for Coalition Warfare*, pp. 452-53.
4. 同上，第 496 页。*Fleet Admiral King*, p. 562; Admiral the Viscount Mountbatten of Burma, "The Strategy of the South-east Asia Campaign", *Royal United Service Institution Journal*, 91 (November 1946), 479.
5. 1943 年 7 月 30 日—8 月 1 日旧金山太平洋会议纪要，来自库克文件集。
6. "Admiralty Air Organization", pp. 5-6, 8.
7. 关于英国航母的关键信息大部分都是皇家海军 P. K. 肯普少校提供给作者的，他是国防部官方历史学家。见肯普 *Fleet Air Arm* (London, 1954) 一书。
8. Owen Thetford, *British Naval Aircraft*, 1912-1958 (London, 1958).
9. 1943 年 12 月 26 日伯恩哈德写给 H. E. 亚纳尔退役上将的信。
10. Harold Hopkins, *Nice to Have You Aboard*, pp. 38, 72, 199, 213.
11. 见英国皇家海军上将迈克尔·李法努爵士于 1967 年 7 月 28 日写给作者的信。另见 *Admiral Raymond A. Spruance*, p.170。
12. Towers diary, 12 September 1943.
13. Harold Hopkins, *Nice to Have You Aboard*, p. 96; ComAirPac History, pp. 40-41.
14. 同上，第 94—95 页。
15. "Admiralty Air Organization", pp. 8-9.
16. Kenneth Poolman, *Illustrious* (London, 1955), p. 166，以及克里夫顿少将和作者一同享用香草冰激凌时的无数次对话。
17. Ian Cameron, *Wings of the Morning*, p. 256.
18. Kenneth Poolman, *Illustrious*, pp. 169-70；1961 年与克里夫顿少将和 R. G. 多斯上校的对话。另见本书作者的 "'Sara' in the East", U.S. Naval Institute Proceedings, 87(December 1961), 74-83。考克遇难后，英国海军迈克尔·特里东少校接替了他的职位。

---

① 译注：二人虽是战友，但也相互倾轧。

19. Captain S. W. Roskill RN, *The War at Sea,* III, *The Offensive* (Part I) (official history; London, 1960), 354.
20. Towers diary, 7 July 19.
21. Captain S. W. Roskill RN, *The War at Sea*, III, *The Offensive* (Part II) (official history; London, 1961), 200-01; Owen Thetford, *British Naval aircraft*, p. 151.
22. Kenneth Poolman, *Illustrious*, p. 204.
23. *Fleet Admiral King*, p. 581.
24. Admiral of the Fleet Sir Philip Vian RN., *Action This Day* (London, 190), p. 159.
25. Towers diary, 31 December 1944.
26. 同上，1945 年 1 月 8 日。
27. Captain C. Julian Wheeler USN, "We Had the British Where We Needed Them", *U.S. Naval Institute Proceedings, 72 (* December 1946), 1584.
28. 1967 年 7 月 28 日李法努上将写给作者的信。
29. Captain E. M. Evans-Lombe RN, "The Royal Navy in the Pacific", *Royal United Service Institution Journal,* 92 (August 1947), 335. 埃文斯 - 拉姆比上校当时是弗雷泽上将的参谋长。
30. S. W. Roskill, *The War at Sea*, III (Pt. 2), 202.
31. 同上，第 309 页。
32. 同上，第 310 页。Philip Vian, *Action This Day*, pp. 163-67.
33. 同上，第 333—34 页。*Action This Day*, pp. 167-68.
34. 同上，第 344 页注释。有时还会搭载一架“海象”水上飞机用于执行救援任务。
35. 见 *Action This Day*, pp. 168-70，尤其是其中的“光辉”号作战报告。
36. 1945 年 3 月的旧金山太平洋会议纪要，来自库克文件集。
37. E. M. Evans-Lombe, "The Royal Navy in the Pacific", p. 338.
38. Action This Day, pp. 190-91；1966 年 4 月 22 日 E. D. G. 莱文写给作者的信。
39. Jane's *Fighting Ships, 1946-47*, p. 34.
40. Colonel Stanley W. Dziuban, *Military Relations Between the United States and Canada, 1939-1945* (Washington, 1959), p. 268.
41. J. D. F. Kealy and E. C. Russell, *A History of Canadian Naval Aviation, 1918-1962* (Ottawa, 1967), p. 35.
42. 同上，第 35—36 页。
43. 同上，第 36 页。1964 年 1 月 3 日加拿大海军退役中校约翰·H. 阿比克写给作者的信。
44. Gilbert Norman Tucker, *The Naval Service of Canada: Its Official History* (Ottawa, 1952), II, 101-2, 104. 1964 年与阿比克中校的对话。
45. 1945 年 6 月 11 日海军参谋部会议纪要，同时参考了 1945 年 5 月 29 日阿比克的备忘录；RCN Press Release of 18 July 1945；1964 年 1 月 3 日阿比克中校写给作者的信；Kealy and Russell, *Canadian Naval Aviation*, pp. 37-38。感谢阿比克中校允许作者直接使用加拿大海军情报处的文件。
46. 1964 年 1 月 16 日加拿大海军 H. S. 雷纳中将写给作者的信。1944 年 9 月到 1945 年 12 月，雷纳在加拿大海军参谋部担任计划总监，军衔为中校。
47. S. W. Dziuban, Military Relations Between the United States and Canada, pp. 269-71.

第十章 新的角色：日本近海作战

1. 即 1945 年 3 月 19 日拉姆齐在飞行俱乐部的演讲。见 *The New York Times*, 20 March 1945。
2. Halsey Action Report, "Operations of the Third Fleet, 26 January-1 July 1945", 00228, 14 July 1945; *Admiral Halsey's Story*. p.249.
3. Lieutenant William H. Hessler, USNR, "The Carrier Task Force in World War II", *U.S. Naval Institute Proceedings*, 71 (November 1945), 1279.
4. *Fleet Admiral King*, p. 575.
5. Cincpac Staff Memorandum 47-44, 6 December 1944.
6. Matloff, *Strategic Planning for Coalition Warfare*, pp. 487-89.
7. 1944 年 9 月 29 日—10 月 1 日旧金山会议纪要。
8. *Admiral Halsey's Story*, p. 250.
9. *Admiral Raymond A. Spruance*, p. 209；1944 年 10 月 20 日库克写给谢尔曼的信；1944 年 10 月 16 日库克写给金的信，来自库克文件集；Frank Futrell and James Taylor, "Reorganization for Victory", *AAF in World War II*, V, 677-78；1944 年 11 月 24—26 日旧金山会议纪要，来自库克文件集。
10. 1945 年 3 月 13 日库克写给金的信；1945 年 3 月旧金山会议纪要。
11. Cincpac Joint Staff Study LONGTOM 0005023, 27 February. 文件建议将登陆日期选在 8 月 20 日到 9 月 15 日之间，即稻田漫灌的间隙。金和库克将日期定在 8 月 20 日，斯普鲁恩斯则更希望选择 8 月 15 日。
12. 1945 年 7 月 18 日 T. S. 威尔金森中将写给 H. W. 希尔中将的信。威尔金森和希尔是计划中“长脚汤姆”行动的两栖战指挥官。
13. R. W. Dittmer, *Aviation Planning in World War II*, pp. 226-30, 241.
14. 见 1945 年 2 月 27 日菲奇写给盖茨的信，文件编号 052031。
15. William Green, *Fighters*, IV, 110-11, 133, 186, 194.
16. 见 1944 年 12 月 10 日弗拉特利写给萨奇的信。另见 Towers diary, 19 November 1944。
17. 1944 年 12 月 30 日菲奇写给盖茨的信。McCain Action Report, 00168, 7 February 1945; Ray Wagner, American Combat Planes, pp. 351-52.
18. Duncan and Dater, "Administrative History", pp. 537-38; ComAirPac History, p.111.
19. WSEG Study, p. 21.
20. W.R. Carter, *Beans, Bullets, and Black Oil*, pp. 355-56. 1944 年 11 月 24—26 日旧金山会议纪要。
21. WSEG Study, p. 33.
22. *The New york Times*, 16 December 1944.
23. 见 Arthur Krock in The New york Times, 23 March 1945；另见 F. C. Sherman diary, 8 March 1945，对谢尔曼和拉福德之间对话的描述。
24. 1944 年 11 月 24—26 日旧金山会议纪要。
25. F. C. Sherman diary, 26 January 1945. 谢尔曼从菲奇和米切尔口中听说了此事。
26. 1966 年 6 月 29 日莫尔斯少将写给作者的信；1965 年 2 月 A. B. 沃塞勒退役中将为作者录制的录音带。
27. 金是在 1944 年 11 月 24—26 日的会议上把普莱斯的事告诉尼米兹的。这次后方指挥官会议纪要被列入了西海岸舰队航空兵司令部史料，1945 年 3 月 13 日，文件编号 0077。
28. Current Tactical Orders and Doctrine, U.S. Fleet (USF 10B), Cominch 1 May I945, pp. "4-29" and "4-45".

29. Air Intelligence Group Interview of Commander Turner F. Caldwell, Jr., USN, 23 March 1945 (OpNav-16-V-#E0706, 24 May 1945).
30. Commander First Carrier Task Force, "TACTICS--As applied to Fast Carrier Task Force Now", 7 February 1945. 谢尔曼在边白处用铅笔写有注解。1945 年 2 月 12 日戴尔写给谢尔曼的信，来自 F. C. 谢尔曼文件集。
31. Air Support History, pp. 10-11. 1966 年 12 月 19 日与怀特黑德中将的电话交流。
32. 这是他 1945 年 5 月 18 日写的一封信。引自 Jean Larteguy, ed., *The Sun Goes Down* (London, 1956), pp. 141-42。
33. Toshikazu Kase, *Journey to the Missouri*, pp. 247-48.
34. 1945 年 3 月 3 日特纳写给斯普鲁恩斯的信。Lieutenant Colonel Whitman S. Bartley, USMC, *Iwo Jima: Amphibious Epic* (official Marine Corps history: Washington, 1954), pp. 36-37, 39-40, 52n.
35. Isely and Crowl, *Amphibious War*, pp. 445-47.
36. ComAirPac Analysis of Air Operations, Tokyo Strikes, February 1945, 00931, 28 April 1945.
37. ComAirPac Analysis of Air Operations, Tokyo Strikes, February 1945, Clark Action Report, 0027, 15 March 1945.
38. [Lieutenant Commander Hibben Ziesing, USNR], *History of Fighting Squadron Forty-Six* (New York, 1946), p. 12; Isely and Crowl, *Amphibious War*, pp. 506-7, 509.
39. W. S. Bartley, *Iwo Jima*, pp. 42n, 52, 204-6; Isely and Crowl, *Amphibious War*, p 506.
40. Samuel Eliot Morison, *Victory in the Pacific* (Boston, 1960), pp. 53-56.
41. W.S. Bartley, *Iwo Jima*, pp. 116, 118, 147, 187; Isely and Crowl, *Amphibious War*, p. 509.
42. F. C. Sherman diary, 28 February 1945.
43. 同上，1945 年 3 月 7 日和 10 日。Mitscher Action Report, 0045, 13 March 1945.
44. Okumiya and Horikoshi, *Zero!*, pp. 382-83; Saburo Sakai, *Samurai*, pp.256-57.
45. Father Joseph T. O'Callahan, S.J., *I Was Chaplain on the Franklin* (New York, 1956)。在书中，舰上一位荣誉勋章得主为我们绘声绘色地讲述了这场战斗。
46. F.C. Sherman diary, 22 March 1945.
47. Bryant and Hermans, "Fighter Direction", p. 216.
48. *Carrier Admiral*, p. 221.
49. *Action This Day*, p. 18.
50. Sydney D. Waters, *The Royal New Zealand Navy* (Wellington, 1956), p. 376.
51. Major Charles S. Nichols, Jr., USMC, and Henry I. Shaw, *Okinawa: Victory in the Pacific* (official Marine Corps history: Washington, 1955), pp.27, 34, 63.
52. *Air Support History*, p. 12.
53. S.E. Morison, *Victory in the Pacific*, p. 101.
54. *Carrier Admiral*, p. 225.
55. 第 58 特混舰队组织结构取自 Mitscher Action Report, 00222, 18 June 1945。
56. Nichols and Shaw, *Okinawa*, pp. 126-27.
57. Isely and Crowl, *Amphibious War*, p. 565.
58. 1966 年 9 月 19 日与怀特黑德中将的电话交流。

59. E. B. Potter, "Chester William Nimitz", p. 52.
60. 1965 年 2 月沃塞勒中将录制的录音带；另见 *The Magnificent Mitscher*, p. 287。
61. 见 1944 年 11 月 24—26 日旧金山会议纪要。当时尼米兹拒绝解除胡佛的职务。
62. 他和哈尔西也是这么说的。见 *Admiral Halsey's Story*, p. 253。
63. Craven and Cate (eds.), *AAF in World War II*, V, ix-x.
64. *Action This Day*, p. 185.
65. *Magnificent Mitscher*, pp. 292-99; E. P. Stafford, *The Big E*, pp. 492-96.
66. 同上，第 290 页、299 页。Mitscher Action Report, 18 June 1945; F. C. Sherman diary, 28 May 1945.
67. 1945 年 4 月 8 日库克写给金的信，来自库克文件集。
68. F. C. Sherman diary, 28 May 1945；1965 年与拉福德、克拉克两位上将的对话。
69. 细节见 S. E. Morison, *Victory in the Pacific*, pp. 298-309，以及 *Carrier Admiral*, pp. 232-38。
70. 1965 年 12 月与拉福德上将的对话。
71. Testimony of Commander Kosko, "Record of Proceedings of a Court of Inquiry, etc..." convened 15 June 1945, pp. 64, 71-72. 来自军法处。
72. Testimonies of Vice Admiral McCain and Commander Tatum, pp. 54-55, 76；另见 *Carrier Admiral*, p. 233, 该部分资料基于 Clarks Action Report。
73. Testimony of Rear Admiral Clark, p. 45.
74. Court of Inquiry summary narrative of typhoon, n.p.
75. Halsey Action Report, 00194, 18 June 1945.
76. 1945 年 7 月 31 日金写给福莱斯特的信，文件编号 001897。
77. Letter to Forrestal, 14th Endorsement to Cominch-CNO Secret Letter, 00476 of 21 February 1945, 23 November 1945. 科斯科辩称哈尔西由于担心“神风”攻击而不想让他的两支特混大队分散，但这种辩驳很无力。Adamson and Kosko, *Halsey's Typhoons*, 6. 183.
78. *Admiral Halsey's Story*, p. 254.
79. Rowland and Boyd, *Bureau of Ordnance*, p. 322.
80. *U.S. Naval Aviation*, 1910-1960, p. 112.
81. Cominch History, pp.140-41；1966 年与伯克上将的对话。

第十一章 目标日本

1. *Fleet Admiral King*, pp. 598, 621.
2. 见 Admiral Leahy, *I was There*, pp. 383-85，书中提供了关于这一决定的更多详情。8 月初，有人无意中将“奥林匹克”这一代号泄露给了媒体，因此参联会立即将代号改成了“庄严”（MAJESTIC）。
3. *Fleet Admiral King*, p. 611.
4. R. Earl McClendon, *Separate Air Arm*, p. 236n.
5. 引自 Albion and Connery, *Forrestal and the Navy*, p. 260。
6. 同上，第 262—263 页。Vincent Davis, "Postwar Defense Policy", pp. 263-64, 290, 294, 299, 308-9, 314-15; R. W. Dittmer, *Aviation Planning in World war II*, pp. 242-48.

7. General of the Air Force H. H. Arnold, USAF, *Global Mission* (New York, 1949), p. 561 及各处；Louis Morton, *Pacific Command: A Study in Interservice Relations* (U.S. Air Force Academy, 1961), pp. 27-28；General Kenney Reports, pp. 566-67。1945 年 6 月 30 日—7 月 1 日旧金山会议纪要，来自库克文件集。
8. Vincent Davis, "Postwar Defense Policy", pp. 372-74, 383-87.
9. *The New York Times*, 22 June 1945.
10. 1945 年 6 月 9 日哈尔西写给尼米兹的信，引自 Halsey Action Report, 00228, 14 July 1945。
11. 计划服役日期来自菲奇制作的分配列表："Schedule of Naval Aeronautic Organization...", 31 July 1945, 047903, 11 August 1945。"报复"号和"硫磺岛"号分别于 1944 年 7 月和 1945 年 1 月开始铺设龙骨。
12. 第一位指挥英军"慢速"航母的飞行员是 T. O. 布尔蒂尔上校，他在 1943 年年初离世之前先后指挥过"百眼巨人"号和"暴怒"号。感谢皇家海军唐纳德·麦金泰尔上校提供信息。
13. Rowland and Boyd, *Bureau of Ordnance*, pp. 246, 260-61, 267-68.
14. 1945 年 5 月 31 日米切尔写给尼米兹的信，文件编号 00220。
15. Rowland and Boyd, *Bureau of Ordnance*, p. 334; William Green, *Fighters*, IV, 105, 133.
16. 1945 年 6 月 25 日卡萨迪写给盖茨的信，文件编号 021003。
17. Bryant and Hermans, "Fighter Direction", p. 224.
18. 1945 年 5 月 28 日菲奇写给盖茨的信，文件编号 06403。
19. 1945 年 5 月 31 日米切尔写给尼米兹的信。
20. 1945 年 8 月 11 日菲奇的分配表。ComAirPac Analysis, Okinawa Carrier Operations, 002144, 28 September 1945."中途岛"号第 74 舰载机大队指挥官汤米·布莱克本中校想要得到 36 架 F8F、72 架 F4U、36 架 F7F，但是维护方面的问题使得 F8F 要等到 1946 年才能登上航母，F7F 则只能装备海军陆战队用于执行陆基航空任务。以上信息来自 1961 年 2 月 22 日 J. T. 布莱克本上校写给作者的信。
21. 1945 年 5 月 31 日米切尔写给尼米兹的信；Sherman Action Report, 0069, 18 June 1945, 以及 1945 年 8 月 2 日米切尔的签批。
22. ComCarDiv 7 War Diary, 1945.
23. 这些信息主要是英国国防部海军历史处的皇家海军上校 A. S. D. 阿莫尔和唐纳德·麦金泰尔提供给作者的。
24. *Time* (18 June 1945), p.14.
25. *The New York Times*, 15 July 1945.
26. 1945 年 4 月 8 日库克写给金的信，来自库克文件集。
27. F. C. Sherman diary, 24, 25 April, 2, 8, 9, 30 May 1945. 1945 年 5 月 21 日谢尔曼写给菲奇的信，来自谢尔曼文件集。
28. F. C. Sherman diary, 7, 11, 13, 14, 15, 19, 20, 26 June1945.
29. 在最后一封发给第 38 特混舰队的电报中，麦凯恩说道："我很高兴而且自豪，能在战斗生涯的最后一年里与威震大洋的快速航母部队共同奋战。"载于 *Admiral Halsey' s Story*, p. 283。
30. F. C. Sherman diary, 26 June 1945; Towers diary, 2 July 1945.
31. Albion and Connery, *Forrestal and the Navy*, pp. 33-34.
32. 所有可用的资料都集中于 k. Jack Bauer and Alan C. Coox, "OLYMPIC vs. KETTSUGO", Marine Corps Gazette, 49 (August 1965), 33-44.
33. Futrell and Taylor, "Reorganization for Victory", *AAF in World War II*, V, 678; *Fleet Admiral King*, p. 598.

34. W. R. Carter, *Beans, Bullets, and black Oil*, p. 379; WSEG Study, p. 33.
35. 1945 年 8 月 11 日菲奇的分配表。WSEG Study, pp. 41- 45; ComAirPac Weekly Availability Report, 3 July 1945.
36. 关于奥林匹克行动的信息取自：Cincpac-Cincpoa Joint Staff Study OLYMPIC, 25 June 1945; OLYMPIC Operations Plan 10-45, no serial,8 August 1945; Operations Plan 11-45, 0005812,9 August 1945, "Forces under Fleet Admiral C. W. Nimitz, USN, to Conduct Operations in Support of the Invasion of Kyushu, Japan" . 其中后一篇资料和 1945 年 8 月 11 日菲奇的分配表，可以确定 1945 年 10 月和 11 月的特混舰队编成。另见 Bauer and Coox, "OLYMPIC vs. KETTSUGO", 以及 *Admiral Halsey's Story*。
37. Cominch Weekly Memorandum, Composition of Task Forces, "Effective at Future Date", 16 August 1945.
38. Futrell and Taylor, "Reorganization for Victory", *AAF in World War II*, V, 690.
39. 同上，这一决定是尼米兹和麦克阿瑟于 1945 年 8 月 3—7 日在马尼拉做出的。
40. 在这里，作者大胆地用“查普兰湖”号替代了原本应该出现在此处的“邦克山”号。这两艘舰都隶属于第 4 航母分队，但后者要到 10 月底才能完成修复归队。
41. *Air Support History*, p.12; Turner Operation Plan No. A11-45 (Advance Draft).
42. 作者认为，到 1945 年 10 月时，“胜利”号将急需维修。更新、更大、载机更多的“怨仇”号和“不倦”号，可能还有刚抵达远东不久的“可畏”号将会留下来参加九州登陆战役。“光辉”号已经在夏季返回英格兰进行维修。
43. Martin Halliwell, "The Projected Assault on Japan", *Royal United Service Institution Journal*, XCII (August 1947), 348-51.
44. S. E. Morison, *Victory in the Pacific*, p. 311; *Admiral Halsey's Story*, p.259.
45. 1964 年 1 月 28 日约翰・L. 沙利文先生写给作者的信；1965 年 3 月 11 日沃塞勒中将写给作者的信。
46. *Admiral Halsey's Story*, p. 262.
47. *Action This Day*, p. 197.
48. *Admiral Halsey's Story*, pp. 264-65.
49. Japanese Monograph No. 23, *Air Defense of the Homeland*, pp. 31, 73, 91.
50. S. W. Roskill, *The War at Sea: The Offensive*, III (Pt. 2), 377n.
51. *Admiral Halsey's Story*, p. 267; Commander Third Fleet War Diary 1945.
52. Ray S. Cline, *Washington Command Post* (official U.S. Army history; Washington, 1951), p. 344.
53. *Adrmiral Halsey's Story*, p. 269; ComThird Fleet and ComCarDiv 7 war diaries; Pacific Command History, p. 111.
54. ComFifth Fleet War Diary 1945.
55. 尼米兹是 1945 年 8 月 16 日在关岛将此事告知谢尔曼中将的，载于 F. C. Sherman diary, 24 August 1945。
56. ComCarDiv 4 War Diary 1945; Bogan Action Report on Typhoon off Honshu and Shikoku, 25 August 1945, 0542, 30 August 1945. 另见托尔斯 1945 年 9 月 10 日的批复，文件编号 01778。
57. 1966 年 11 月与里雷中将的对话。另见哈尔西为 F. C. 谢尔曼所著 *Combat Command* 一书所作序言(第 9 页)。
58. *Admiral Halsey's Story*, p. 277.
59. Com Third Fleet War Diary 1945; CTF 38 War Diary 1945.
60. Mc Cain Action Report, 00242, 31 August 1945.

61. Unit history of Langley, 0587, 16 October 1945; mimeographed ship's history of Cabot (1950), p. 28.
62. Albion and Connery, *Forrestal and the Navy*, p. 180.
63. *Action This Day*, pp. 215-16.

第十二章 篇末：历史与将来

1. S. E. Morison, *Leyte*, p. 412.
2. United States Strategic Bombing Survey, *Air Campaigns of the Pacific War* (Washington, July 1947), p. 3.
3. 同上，第 3 页，第 59—60。
4. 同上，第 66—67 页
5. 同上，第 3 页，第 59 页。
6. 同上，第 57—58 页。
7. Martin Halliwell, "Projected Assault on Japan", p. 349.
8. USSBS, *Air Campaigns of the Pacific War*, p 53.
9. ComAirPac Analysis, Fast Carrier Empire Strike, July-August 1945, 002195, 23 October 1945. 原版为斜体字。
10. Carrier Task Force Tactical Instructions, United States Fleet USF-4 (promulgated 19 August 1946), p. xv. General Tactical Instructions, USF-2 (28 April 1947), p. xiii 中也有完全相同的文字。
11. Office of the CNO, U.S. Naval Aviation in the Pacific (Washington, 1947), p.42.
12. A. H. Hilen, Jr., "Remarks on Carrier Development", p. 20.
13. 1965 年 12 月与拉福德上将的对话。
14. Isely and Crowl, *Amphibious War*, pp. 585-86.
15. 1966 年 9 月与怀特黑德中将的电话交流。
16. W. H. Hessler, "The Carrier Task Force in World War II", p. 1281.
17. ComAirPac Analysis, Okinawa Carrier Operations, March-June 1945, 002144, 28 September 1945.
18. 1945 年 9 月 24 日米切尔写给福莱斯特的信，见 *Magnificent Mitscher*。
19. Albion and Connery, *Forrestal and the Navy*, pp. 237-39.
20. E. B. Potter, "Chester William Nimitz", p. 52.
21. Theodore Ropp, *War in the Modern World* (New York, 1962), pp.381-82.
22. F. C. Sherman diary, 8 September 1945.
23. 见尼米兹为米切尔做的称职能力报告，引自 *Magnificent Mitscher*, p. 304。
24. Vincent Davis, "Postwar Defense Policy", pp. 474-78; *Magnificent Mitscher*, pp. 320-21.
25. 1944 年 11 月 24—26 日旧金山会议纪要；1966 年 6 月与伯克上将的对话；1945—1951 年联委会人事记录。
26. Walter Millis and E. S. Duffield (eds.), *The Forrestal Diaries* (New York, 1951), p. 195. Entry of 21 August 1946. 另见 *The New York Times*, 13 November 1946, 1 January 1947。
27. 只有一个例外，1952 年时，非航空兵将领罗伯特・P. 布里斯科中将曾临时担任第七舰队司令。
28. *The Forrestal Diaries*, p. 343. Entry of 12 November 1947. 另见 Carrier Admiral, pp. 252-53。
29. 维安上将在 *Action This Day*, p. 196 也引用了此语。
30. Albion and Connery, *Forrestal and the Navy*, pp. 263-67; R. E. McClendon, *Separate Air Arm*, pp. 236-42.

31. R. Earl McClendon, *Army Aviation, 1947-1953* (Air University Documentary Research Study, 1954), pp. 12, 15.
32. The Forrestal Diaries, p. 18. 1944 年 11 月 22 日。Entry of 22 November 1944。这篇日记引用了一篇由 Bert Andrews 发表在 *New York Herald Tribune* 上的关于麦克阿瑟的文章。
33. John Spanier, *American Foreign Policy Since World War II* (2nd rev. ed.) (New York, 1965), p. 215 and passim.
34. The New York Times, "News of the Week in Review", 6 August 1967, p. 2E.

文献补遗

本书书稿初成时，金上将和尼米兹上将之间的个人信函还没有公开。后来海军作战档案馆公开了这些资料，从而揭示了5个有关快速航母特混舰队历史的重要事项。按时间顺序排列如下：

一、关于金不允许托尔斯指挥快速航母部队

1943年8月12日，金突然给尼米兹写了一封信，反对托尔斯出海。他没有提及托尔斯的名字，但是要求尼米兹不能让航空兵“兵种司令”——也就是太平洋舰队航空兵司令——离开舰队司令部出海去前线。“如果他的参谋长就能解决问题，那么还要这个职位干什么？我们要从哪里培养特混舰队的参谋人员？他若是离开司令部，这将不仅仅是‘人走了’（指参加战斗），他的心也会走，他在组织、作战准备和训练方面也都不会再花心思了！”托尔斯如果真想去看看“实际作战”，那么他可以和南太平洋航空兵司令菲奇轮岗，当然，这个战区并非航母部队的关注重点。至于托尔斯资历更深的问题，金则表示“这无足轻重”。

二、关于“大黄蜂”号舰长迈尔斯·布朗宁的解职

“大黄蜂”号在锚泊时，舰上发生了一起事故，导致一名水手丧生，米切尔将其归咎于布朗宁，于是他在1944年5月24日写信给尼米兹，称布朗宁的这艘舰没有同其他航母那样做好战斗准备。他讲述了自己在霍兰迪亚—特鲁克作战时是怎样让“乔可”·克拉克去指导布朗宁的：“我认为克拉克是最好的航母舰长之一，我一直很乐于和他共事。”无论如何，布朗宁并不擅长操舰，他的军舰遭到了沉重的战斗伤亡，另外他在这起事故中犯有玩忽职守罪。“所有事情都表明‘大黄蜂’号全舰陷入了紧张不安之中。”米切尔提议解除布朗宁的职务，当时身为米切尔上级的李将军赞同这个建议。

三、关于航母分队的新任指挥官

在一份1944年7月28日发给金的备忘录中，霍恩将军提议让拉尔夫·F. 伍德少将指挥一支航母分队。当金把此事转交给尼米兹时，福雷斯特·谢尔曼和“苏格”·麦克莫里斯，还有其他一些将领纷纷给尼米兹发出了未标明日期的备忘录，他们几乎异口同声地反对对伍德的任命。最后，托尔斯在1944年8月1日提笔告知尼米兹，伍德此人“过于跋扈而资历不足”，还拿他和布朗宁，以及“富兰克林”号舰长舒马科上校做了对比。后来伍德被任命为第七舰队航空兵部队司令时，第七舰队司令卡朋特上将又把他彻底踢了出去。由此，托尔斯得出结论，“整个海军航空兵都不喜欢且不信任”伍德。

四、关于尼米兹对哈尔西在莱特湾战役中所犯错误的真实态度

战役结束2天后，即1944年10月28日，尼米兹给金写了一封信，称自己很后悔没有让李的第34特混舰队留在“萨马岛附近”。尼米兹说，“从未想到，哈尔西在明知锡布延海中敌人舰队构成的情况下，会将圣博纳迪诺海峡弃之不顾，即便有报告说锡布延海中的日军舰队已遭重创，也不应如此”。所有那些护航航母和护卫舰艇之所以能免遭全歼，“完全要感谢上天的眷顾”。波特在其所著的《尼米兹》一书第344页更完整地引述了这封信的内容。

五、1944年6月19日尼米兹发给斯普鲁恩斯的电文

这份电文取自美国海军战争学院档案馆23号档案架，第2盒，12号文件，斯普鲁恩斯手稿集（感谢杰拉尔德·E. 惠勒）。全文如下：

Cincpac File

UNITED STATES PACIFIC FLEET
AND PACIFIC OCEAN AREAS
HEADQUARTERS OF THE COMMANDER IN CHIEF

SECRET

June 19 1944

SECRET and PERSONAL [illegible]

Dear Raymond:

We are following with the closest interest your operations around the Marianas, and we share with you a feeling which I know you must have - that of frustration in our failure to bring our carrier superiority to bear on the Japanese fleet during the last few days.

We all understand, of course, that the Japanese had better information of our whereabouts through their shorebased long-range search than we had of their locations. It was exasperating to have one of the early reports of the first long-range search conducted from Saipan be delayed 8 hours in reaching you. Whether or not the situation would have been different had this delay not occurred is of course problematical.

It now appears that the Jap fleet is retiring for replenishment, and that following a short period for this purpose we may have another chance at it. If they come back, I hope you will be able to bring them into action.

The CAVALLO's report of three torpedo hits in a SHOKAKU class carrier is what I have been expecting to hear for the last two years, and I hope the report is correct. I also hope that the ship is destroyed, although her sinking simplified the problem presented the Japanese fleet, had she remained afloat in an almost salvageable condition it is possible that you would have had a chance to attack the ships attending her.

We regret the delay in starting the Guam operation, but we know we must accept the dictum of those on the spot. We hope that Guam will be less tough than Saipan.

With assurance of our keenest interest in what you are doing, and of all the support of which we are capable, and with kindest regards and best wishes.

Sincerely yours,

Admiral Raymond Spruance, USN,
USS INDIANA,
Fleet Post Office, San Francisco.

莱特湾海战

荣获美国军事历史学会2006年度"杰出图书"奖

THE BATTLE

OF

LEYTE GULF

The Last Fleet Actio

- 史上规模No.1的海战
- 巨舰大炮时代的绝唱
- 航母海空对决的终曲
- 日本海军的垂死一搏

复盘近**400 艘舰船**、**2000 架战机**的生死角逐

决不，决不，
决不放弃
英国航母折腾史
1945 年以后
NEVER GIVE IN
THE BRITISH
CARRIER STRIKE FLEET
AFTER 1945
[英] 大卫·霍布斯 著
谭星 译

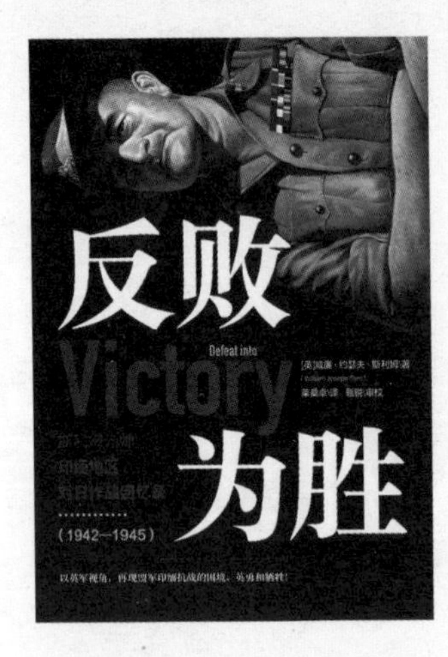

Defeat into Victory

反败为胜：斯利姆元帅印缅地区对日作战回忆录（1942—1945）

姆威廉·约瑟夫·斯利姆（William Joseph Slim）著

- ○ 探秘英军视角下的中国远征军
- ○ 印缅抗战经典著作，首推中译本，余戈、萨苏作序推荐
- ○ 斯利姆被赞誉为“不仅是一个专业的士兵，也是一个专业的作家”

1942 年 3 月，日军占领仰光，盟军节节败退。斯利姆抵达缅甸时，面对的便是如此灾难性的开局。他率领被打垮的英军，进行了一场鲜为人知的、如噩梦般的大撤退，一直从缅甸撤到印度。糟糕的环境、残酷的敌人、低落的士气，局势对盟军非常不利！

逆境之中，斯利姆头脑清醒，在几乎没有任何欧洲支援的情况下，恢复了军队的战斗力和士气，并联合中国远征军与美国军队发起绝地反击。从若开到英帕尔，从伊洛瓦底江到密铁拉，再到夺取仰光，一系列精彩的反攻战无不彰显了他超凡的指挥才能，以及英、中、美、缅、印五国人民联手抗日的不屈精神和顽强意志。

The Roots of Blitzkrieg

两次世界大战之间的德军

詹姆士·S. 科鲁姆（James S. Corum）著

- ○ 塞克特集团如何突破《凡尔赛和约》的封锁?
- ○ 魏玛共和国如何重建、改革、发展国防军?
- ○ 第三帝国军事崛起的坚实基础从何而来?

作者以魏玛国防军总司令汉斯·冯·塞克特领导的时代为重心，描述了一战后德国在战略战术、武器研发、编制、训练中为本国未来战争打下坚实基础的关键性变革。除此之外，一批富有远见的德军军官也在此过程中发挥了重要作用，如装甲战术家恩斯特·沃尔克海姆和空中战术家赫尔穆特·威尔伯格。最后，得益于这些实干家和他们付出的努力，魏玛国防军重获新生，并由此发展出了在后来辉煌一时的“闪击战”理论。

The Fast Carriers

航母崛起：争夺海空霸权

克拉克·G. 雷诺兹（Clark G.Reynolds）著

- ○ 美国海军学院资助研究项目，海军参谋人员的重要参考书
- ○ 一个波澜壮阔的腹黑故事，一部战列舰没落、航空兵崛起的太平洋战争史
- ○ 笑看“航母派”外驱东瀛强虏、暴揍联合舰队，内斗“战列舰派”、勇夺海军大印

这是一部美国航母部队的发展史、一部海军航空兵的抗争史、一部飞行海军视角下的太平洋战争史。本书以太平洋上的一场场海空大战、航母对决为线索，把美国快速航母部队的一点一滴串连起来，讲述了一段扣人心弦的故事：对外，他们狠揍日本海军，终于把舰队开到敌人家门口，打赢了这场押上国运的大仗；对内，他们把“战列舰派”按在地上摩擦，不仅驱使昔日的“海上霸主”给航母当小弟，而且在海军领导层实现了整体夺权。